"十二五"职业教育国家规划教材

经全国职业教育教材审定委员会审定

国家卫生和计划生育委员会"十二五"规划教材

全国中等卫生职业教育教材

供制药技术、药剂专业用

基 础 化 学

主　编　石宝珏　宋守正

副主编　接明军　刘俊萍　李　春　杨经儒

编　者（以姓氏笔画为序）

丁亚明（无锡卫生高等职业技术学校）　　杨经儒（河源市卫生学校）

王　虎（玉林市卫生学校）　　　　　　　肖立军（济南护理职业学院）

石宝珏（济南护理职业学院）　　　　　　宋守正（山东省青岛第二卫生学校）

刘俊萍（济南市第五人民医院）　　　　　赵广龙（山东省青岛卫生学校）

阮桂春（茂名卫生学校）　　　　　　　　高琦宽（甘肃卫生职业学院）

孙丽花（郑州市卫生学校）　　　　　　　接明军（山东省莱阳卫生学校）

杜宗涛（山东省临沂卫生学校）　　　　　廖禹东（江西省赣州卫生学校）

李　春（江苏省南通卫生高等职业技术
　　　　学校）

人民卫生出版社

图书在版编目（CIP）数据

基础化学 / 石宝珏，宋守正主编 . —北京：人民卫生
出版社，2015

ISBN 978-7-117-19976-6

I. ①基… Ⅱ. ①石…②宋… Ⅲ. ①化学 – 中等专业
学校 – 教材 Ⅳ. ①O6

中国版本图书馆 CIP 数据核字（2014）第 262463 号

人卫智网	www.ipmph.com	医学教育、学术、考试、健康，购书智慧智能综合服务平台
人卫官网	www.pmph.com	人卫官方资讯发布平台

基 础 化 学

主　　编：石宝珏　宋守正
出版发行：人民卫生出版社（中继线 010-59780011）
地　　址：北京市朝阳区潘家园南里 19 号
邮　　编：100021
E - mail：pmph @ pmph.com
购书热线：010-59787592　010-59787584　010-65264830
印　　刷：人卫印务（北京）有限公司
经　　销：新华书店
开　　本：787×1092　1/16　印张：28　插页：1
字　　数：699 千字
版　　次：2015 年 7 月第 1 版　2022 年 6 月第 1 版第 9 次印刷
标准书号：ISBN 978-7-117-19976-6
定　　价：55.00 元

出版说明

为全面贯彻党的十八大和十八届三中、四中全会精神，依据《国务院关于加快发展现代职业教育的决定》要求，更好地服务于现代卫生职业教育快速发展的需要，适应卫生事业改革发展对医药卫生职业人才的需求，贯彻《医药卫生中长期人才发展规划（2011—2020 年）》《现代职业教育体系建设规划（2014—2020 年）》文件精神，人民卫生出版社在教育部、国家卫生和计划生育委员会的领导和支持下，按照教育部颁布的《中等职业学校专业教学标准（试行）》医药卫生类（第一辑）（简称《标准》），由全国卫生职业教育教学指导委员会（简称卫生行指委）直接指导，经过广泛的调研论证，成立了中等卫生职业教育各专业教育教材建设评审委员会，启动了全国中等卫生职业教育第三轮规划教材修订工作。

本轮规划教材修订的原则：①明确人才培养目标。按照《标准》要求，本轮规划教材坚持立德树人，培养职业素养与专业知识、专业技能并重，德智体美全面发展的技能型卫生专门人才。②强化教材体系建设。紧扣《标准》，各专业设置公共基础课（含公共选修课）、专业技能课（含专业核心课、专业方向课、专业选修课）；同时，结合专业岗位与执业资格考试需要，充实完善课程与教材体系，使之更加符合现代职业教育体系发展的需要。在此基础上，组织制订了各专业课程教学大纲并附于教材中，方便教学参考。③贯彻现代职教理念。体现"以就业为导向，以能力为本位，以发展技能为核心"的职教理念。理论知识强调"必需、够用"；突出技能培养，提倡"做中学、学中做"的理实一体化思想，在教材中编入实训（实验）指导。④重视传统融合创新。人民卫生出版社医药卫生规划教材经过长时间的实践与积累，其中的优良传统在本轮修订中得到了很好的传承。在广泛调研的基础上，再版教材与新编教材在整体上实现了高度融合与衔接。在教材编写中，产教融合、校企合作理念得到了充分贯彻。⑤突出行业规划特性。本轮修订紧紧依靠卫生行指委和各专业教育教材建设评审委员会，充分发挥行业机构与专家对教材的宏观规划与评审把关作用，体现了国家卫生计生委规划教材一贯的标准性、权威性、规范性。⑥提升服务教学能力。本轮教材修订，在主教材中设置了一系列服务教学的拓展模块；此外，教材立体化建设水平进一步提高，根据专业需要开发了配套教材、网络增值服务等，大量与课程相关的内容围绕教材形成便捷的在线数字化教学资源包，为教师提供教学素材支撑，为学生提供学习资源服务，教材的教学服务能力明显增强。

人民卫生出版社作为国家规划教材出版基地，获得了教育部中等职业教育专业技能课教材选题立项 24 个专业的立项选题资格。本轮首批启动了护理、助产、农村医学、药剂、制药技术专业教材修订，其他中职相关专业教材也将根据《标准》颁布情况陆续启动修订。

药剂、制药技术专业编写说明

　　药剂、制药技术专业是 2014 年教育部首批发布的 14 个专业类的 95 个《中等职业学校专业教学标准（试行）》中的两个专业。新版教学标准与以往相比做了较大调整，在课程的设置上更加注重满足产业发展和就业岗位对技能型劳动者职业能力的需求，打破了过去"以学科体系为引领、以学科知识为主线"的框架，向"以解决岗位问题为引领、以实际应用和能力提高为主线"转变。根据这一发展要求，并综合考虑目前全国中等卫生职业教育药品类专业的办学现状，我们规划并启动了本轮教材的编写工作。

　　本轮药剂、制药技术专业规划教材涵盖了《标准》课程设置中的主要专业核心课和大部分专业（技能）方向课，以及部分专业选修课。同时，为兼顾当前各院校教学安排实际情况，满足过渡时期的教学需要，在《标准》的基础上增加了《天然药物学基础》《天然药物化学基础》《医院药学概要》和《人体解剖生理学基础》等 4 种教材。

　　本轮教材的编写特别强调以中职学生认知发展规划为基础，以"宽基础，活模块"的编写模式为导向，既保证为今后的继续学习奠定必要的理论基础，又充分运用各种特色功能模块，将大量的实际案例、技能要点等贯穿其中，有效形成知识传授、能力形成的立体教材框架。教材中设置了"学习目标"、"导学情景"、"知识链接"、"课堂活动"、"案例分析"、"学以致用"、"点滴积累"、"目标检测"、"实训／实验"等模块，以力求教材内容的编排体现理论知识与工作任务之间的清晰关系，使学生在获取知识的过程中始终都与具体的职业实践相对应。

　　本系列教材将于 2015 年 6 月前全部出版。

全国中等卫生职业教育"十二五"规划教材目录

护理、助产专业

序号	教材名称	版次	主编		课程类别	所供专业	配套教材
1	解剖学基础*	3	任 晖	袁耀华	专业核心课	护理、助产	√
2	生理学基础*	3	朱艳平	卢爱青	专业核心课	护理、助产	
3	药物学基础*	3	姚 宏	黄 刚	专业核心课	护理、助产	√
4	护理学基础*	3	李 玲	蒙雅萍	专业核心课	护理、助产	√
5	健康评估*	2	张淑爱	李学松	专业核心课	护理、助产	√
6	内科护理*	3	林梅英	朱启华	专业核心课	护理、助产	√
7	外科护理*	3	李 勇	俞宝明	专业核心课	护理、助产	√
8	妇产科护理*	3	刘文娜	闫瑞霞	专业核心课	护理、助产	√
9	儿科护理*	3	高 凤	张宝琴	专业核心课	护理、助产	√
10	老年护理*	3	张小燕	王春先	老年护理方向	护理、助产	√
11	老年保健	1	刘 伟		老年护理方向	护理、助产	
12	急救护理技术	3	王为民	来和平	急救护理方向	护理、助产	√
13	重症监护技术	2	刘旭平		急救护理方向	护理、助产	
14	社区护理	3	姜瑞涛	徐国辉	社区护理方向	护理、助产	√
15	健康教育	1	靳 平		社区护理方向	护理、助产	
16	解剖学基础*	3	代加平	安月勇	专业核心课	助产、护理	√
17	生理学基础*	3	张正红	杨汛雯	专业核心课	助产、护理	√
18	药物学基础*	3	张 庆	田卫东	专业核心课	助产、护理	√
19	基础护理*	3	贾丽萍	宫春梓	专业核心课	助产、护理	√
20	健康评估*	2	张 展	迟玉香	专业核心课	助产、护理	√
21	母婴护理*	1	郭玉兰	谭奕华	专业核心课	助产、护理	√

续表

序号	教材名称	版次	主编	课程类别	所供专业	配套教材
22	儿童护理 *	1	董春兰　刘俐	专业核心课	助产、护理	√
23	成人护理（上册）—内外科护理 *	1	李俊华　曹文元	专业核心课	助产、护理	√
24	成人护理（下册）—妇科护理 *	1	林珊　郭艳春	专业核心课	助产、护理	√
25	产科学基础 *	3	翟向红　吴晓琴	专业核心课	助产	√
26	助产技术 *	1	闫金凤　韦秀宜	专业核心课	助产	√
27	母婴保健	3	颜丽青	母婴保健方向	助产	√
28	遗传与优生	3	邓鼎森　于全勇	母婴保健方向	助产	
29	病理学基础	3	张军荣　杨怀宝	专业技能课	护理、助产	√
30	病原生物与免疫学基础	3	吕瑞芳　张晓红	专业技能课	护理、助产	√
31	生物化学基础	3	艾旭光　王春梅	专业技能课	护理、助产	
32	心理与精神护理	3	沈丽华	专业技能课	护理、助产	
33	护理技术综合实训	2	黄惠清　高晓梅	专业技能课	护理、助产	√
34	护理礼仪	3	耿洁　吴彬	专业技能课	护理、助产	
35	人际沟通	3	张志钢　刘冬梅	专业技能课	护理、助产	
36	中医护理	3	封银曼　马秋平	专业技能课	护理、助产	
37	五官科护理	3	张秀梅　王增源	专业技能课	护理、助产	√
38	营养与膳食	3	王忠福	专业技能课	护理、助产	
39	护士人文修养	1	王燕	专业技能课	护理、助产	
40	护理伦理	1	钟会亮	专业技能课	护理、助产	
41	卫生法律法规	3	许练光	专业技能课	护理、助产	
42	护理管理基础	1	朱爱军	专业技能课	护理、助产	

农村医学专业

序号	教材名称	版次	主编	课程类别	配套教材
1	解剖学基础*	1	王怀生　李一忠	专业核心课	
2	生理学基础*	1	黄莉军　郭明广	专业核心课	
3	药理学基础*	1	符秀华　覃隶莲	专业核心课	
4	诊断学基础*	1	夏惠丽　朱建宁	专业核心课	
5	内科疾病防治*	1	傅一明　闫立安	专业核心课	
6	外科疾病防治*	1	刘庆国　周雅清	专业核心课	
7	妇产科疾病防治*	1	黎　梅　周惠珍	专业核心课	
8	儿科疾病防治*	1	黄力毅　李　卓	专业核心课	
9	公共卫生学基础*	1	戚　林　王永军	专业核心课	
10	急救医学基础*	1	魏　蕊　魏　瑛	专业核心课	
11	康复医学基础*	1	盛幼珍　张　瑾	专业核心课	
12	病原生物与免疫学基础	1	钟禹霖　胡国平	专业技能课	
13	病理学基础	1	贺平则　黄光明	专业技能课	
14	中医药学基础	1	孙治安　李　兵	专业技能课	
15	针灸推拿技术	1	伍利民	专业技能课	
16	常用护理技术	1	马树平　陈清波	专业技能课	
17	农村常用医疗实践技能实训	1	王景舟	专业技能课	
18	精神病学基础	1	汪永君	专业技能课	
19	实用卫生法规	1	菅辉勇　李利斯	专业技能课	
20	五官科疾病防治	1	王增源	专业技能课	
21	医学心理学基础	1	白　杨　田仁礼	专业技能课	
22	生物化学基础	1	张文利	专业技能课	
23	医学伦理学基础	1	刘伟玲　斯钦巴图	专业技能课	
24	传染病防治	1	杨　霖　曹文元	专业技能课	

药剂、制药技术专业

序号	教材名称	版次	主编	课程类别	适用专业
1	基础化学 *	1	石宝珏　宋守正	专业核心课	制药技术、药剂
2	微生物基础 *	1	熊群英　张晓红	专业核心课	制药技术、药剂
3	实用医学基础 *	1	曲永松	专业核心课	制药技术、药剂
4	药事法规 *	1	王　蕾	专业核心课	制药技术、药剂
5	药物分析技术 *	1	戴君武　王　军	专业核心课	制药技术、药剂
6	药物制剂技术 *	1	解玉岭	专业技能课	制药技术、药剂
7	药物化学 *	1	谢癸亮	专业技能课	制药技术、药剂
8	会计基础	1	赖玉玲	专业技能课	药剂
9	临床医学概要	1	孟月丽　曹文元	专业技能课	药剂
10	人体解剖生理学基础	1	黄莉军　张　楚	专业技能课	药剂、制药技术
11	天然药物学基础	1	郑小吉	专业技能课	药剂、制药技术
12	天然药物化学基础	1	刘诗洗　欧绍淑	专业技能课	药剂、制药技术
13	药品储存与养护技术	1	宫淑秋	专业技能课	药剂、制药技术
14	中医药基础	1	谭　红　李培富	专业核心课	药剂、制药技术
15	药店零售与服务技术	1	石少婷	专业技能课	药剂
16	医药市场营销技术	1	王顺庆	专业技能课	药剂
17	药品调剂技术	1	区门秀	专业技能课	药剂
18	医院药学概要	1	刘素兰	专业技能课	药剂
19	医药商品基础	1	詹晓如	专业核心课	药剂、制药技术
20	药理学	1	张　庆　陈达林	专业技能课	药剂、制药技术

注：1. * 为"十二五"职业教育国家规划教材。

　　2. 全套教材配有网络增值服务。

前　言

　　本书是根据"教育部关于'十二五'职业教育教材建设的若干意见",并按照教育部办公厅公布的首批《中等职业学校专业教学标准(试行)》(教职成厅函〔2014〕11 号),对接药学类职业教育的岗位要求编写而成,主要供三年制中职学校的制药技术专业(药物制剂、化学制药)和药剂专业(药品营销、药品物流、临床调剂)的学生使用,也可供相关专业的中职或高职学生选用。

　　本书在编写中严格遵循中等职业学校专业教学标准和教学大纲,注重工学结合,力求体现教材的思想性、科学性、先进性、启发性和适用性。

　　本书努力突出以下几个特点:

　　1. 在教材内容范围和深浅度问题上,按照"需用为准、够用为度、实用为先"的原则安排教学内容。尽量降低教材的难度,克服理论知识偏深、偏难、偏多的状况,对基本理论知识只作适当介绍,内容不追求多和全,也不刻意追求学科的系统性和全面性,淡化了烦琐的推导、分析和解释,重在实际应用,使学生学了会用,学了有用。

　　2. 在教材的灵活性和趣味性问题上,根据学生的年龄和心理特点,在编排上努力做到图文并茂,形式活泼,各章内容联系密切。除正文外,每章均设置了以下模块:学习目标、导学情景、课堂活动、知识链接、知识拓展(主要为不同专业、不同程度及不同学时数的学生选用)、点滴积累、目标检测;另外有些章节根据不同情况增加了学以致用、案例分析等模块,进一步加强了教材内容与医药学的联系,让学生了解实际工作岗位对知识和技能的需求,做到学有所用,与时俱进,体现时代特点。以上内容丰富多彩,实用性、趣味性强,有助于学生对基本理论知识的理解和掌握,能进一步实现和专业课程的无缝对接。通过以上做法,提高了教材的灵活性、趣味性和可读性。

　　3. 为了使理论教学与实践教学紧密结合,在理论课教材中编写了必要的演示实验,在教材末专门安排了实训教学的内容,供各校在教学中使用。通过实训可以加深对化学基础知识、基本技能的掌握,让学生更好地理解把握所学与所用,进一步提高实践能力,养成严谨求实的科学态度和协作互助的团队意识。

　　4. 考虑到学生进入中职阶段进行化学学习时,都要以中学化学知识作为基础,因此把中学化学应知应会的部分基础知识编排在本书的附录中,教师可根据学生的实际情况和专业需要,确定是否让学生温习这部分内容。这样可以使学生更顺利地进入新课程的学习,温故而知新。

　　5. 本书从科学素养的三个维度、综合职业能力的培养等角度出发来选择和编排学习内容,引导同学们学习最核心的化学基础知识和基本技能、最有价值的基本方法以及最重要的职业观念和态度,学习并逐步掌握科学的方法和养成良好的科学习惯。

　　本书共二十四章,包括无机化学、分析化学和有机化学三部分。书后有实训及附录。鉴于各校的实施性教学计划和学生实际情况的差异,教师在使用本书时,可对教学内容适当增减,实行分层次选择教学。

　　本书在编写过程中,得到了人民卫生出版社与各位编者所在单位的大力支持和帮助,本书插图除部分章节由编者本人和人民卫生出版社提供外,还有部分章节由李春老师绘制,在编写过程中,还参考了部分文献资料,从中借鉴了许多有益的内容,在此一并表示感谢!全书经互审和编者集中审定,由石宝珏、宋守正、接明军老师统稿,肖立军、李春、刘俊萍老师协助统稿,由石宝珏老师最后定稿。

　　鉴于编者水平所限及时间仓促,书中难免会有疏漏和不妥之处,恳切希望专家、同行以及使用本书的师生提出宝贵意见,以便进一步修改订正,以臻完善。

编　者
2015 年 5 月

目 录

第一章 物质结构基础

学习目标

1. 掌握原子核外电子的排布规律、元素周期表的结构和元素性质的递变规律,共价键的概念、形成以及类型。
2. 熟悉原子的构成和离子键的概念及其形成。
3. 了解分子的极性和氢键。

情景导学

情景描述：

  1875 年,法国实验工作者布瓦博德朗在分析比里牛斯山的闪锌矿(ZnS)时,从中发现一种新元素,他为了纪念他的祖国,就以拉丁文命名为镓(Ga),并把所测得的镓的一些重要性质简要地发表在《巴黎科学学院院报》上。可是不久他收到俄国化学家门捷列夫的来信,信中指出:报告中镓的比重不应该是4.7,而应为5.9~6.0。当时布瓦博德朗大惑不解,他非常清楚自己是世界上独一无二拥有镓的人,为什么门捷列夫却固执地坚持镓的比重不是4.7,而是5.9~6.0呢? 从严谨的科学态度出发,于是他又一次提纯了镓,重新仔细测定了镓的比重,结果却为5.94,这一结果使他大为吃惊。随后他在另一篇论文中写道:“我以为没有必要再说明门捷列夫元素周期律的伟大意义了”。

学前导语：

  元素周期律是门捷列夫在自然科学上对人类的巨大贡献,他揭示了元素之间相互联系的性质递变规律,论证了自然界从量变到质变的转化。学好元素周期律,有助于系统掌握物质化学性质的变化规律和指导今后的学习。

第一节 原子结构

一、原子的构成和同位素

(一)原子的构成

  我们知道,原子是由居于原子中心带正电荷的原子核和核外带负电荷的电子构成的。原子很小,其半径约为 10^{-10} 米,而原子核更小,它的半径约为原子半径的十万分之一。原子

1

核虽小,但并不简单,它由质子和中子两种粒子构成。现将构成原子的粒子及其性质归纳于表 1-1 中。

表 1-1 构成原子的粒子及其性质

原子的构成	原子核		电子
	质子	中子	
电性和电量	带 1 个单位正电荷	不显电性	带 1 个单位负电荷
质量/kg	1.673×10^{-27}	1.675×10^{-27}	9.109×10^{-31}
相对质量	1.007	1.008	/

原子作为一个整体不显电性,而核电荷数又是由质子数决定的,由此可知:

核电荷数 = 核内质子数 = 核外电子数

由于电子的质量很小,仅为质子质量的 1/1836。因此,原子质量主要集中在原子核上。可以认为,原子的质量就是质子和中子的质量总和。质子和中子的相对质量都近似为 1,如果忽略电子的质量,将原子核内所有的质子和中子的相对质量取近似整数值加起来所得的数值,称为原子的质量数,用符号 A 表示。中子数用符号 N 表示,质子数用符号 Z 表示。则

$$质量数(A) = 质子数(Z) + 中子数(N)$$

如果以 $_Z^A X$ 代表一个质量数为 A,质子数为 Z 的原子,则构成原子的粒子间的关系表示如下:

$$原子\ _Z^A X \begin{cases} 原子核 \begin{cases} 质子\ Z\ 个 \\ 中子(A-Z)\ 个 \end{cases} \\ 核外电子\ Z\ 个 \end{cases}$$

例如, $_{11}^{23}Na$ 表示钠原子的质量数是 23,质子数是 11,中子数是 12,核电荷数和核外电子数都是 11。

(二)同位素

元素是具有相同核电荷数(即质子数)的同一类原子的总称。也就是说,同种元素原子的质子数相同。若在同种元素原子的原子核里含有不同数目的中子时,就形成同种元素的多种原子。例如,氢元素有 3 种不同的原子,它们原子核内都只有 1 个质子,但中子数不同,见表 1-2。这种**质子数相同而中子数不同的同种元素的不同原子互称为同位素**。

表 1-2 氢元素的 3 种不同原子的组成

名称	质子数	中子数	核电荷数	质量数	符号
氕	1	0	1	1	$_1^1H(H)$
氘	1	1	1	2	$_1^2H(D)$
氚	1	2	1	3	$_1^3H(T)$

大多数元素都有同位素。上述 $_1^1H$、$_1^2H$、$_1^3H$ 是氢元素的 3 种同位素;铀元素有 $_{92}^{234}U$、$_{92}^{235}U$、$_{92}^{238}U$ 等多种同位素,碳元素有 $_6^{12}C$、$_6^{13}C$、$_6^{14}C$ 等几种同位素,其中 $_6^{12}C$ 就是我们把它质量的 1/12 作为相对原子质量标准的碳原子。同一元素的各种同位素虽然质量数不同,但它们的化学

性质几乎完全相同。

同位素可分为两类:具有放射性的称为放射性同位素,没有放射性的称为稳定同位素。氢元素中$_1^1H$和$_1^2H$是稳定同位素,$_1^3H$是放射性同位素。放射性同位素在科学研究和医学上被广泛应用,例如:测定$_6^{14}C$的含量能推算文物或化石的"年龄";$_{92}^{235}U$用作核反应堆的燃料;$_{27}^{60}Co$放出的射线能深入组织,对癌细胞有破坏作用;根据$_{53}^{131}I$被甲状腺吸收的量来确定甲状腺的功能;利用$_{15}^{32}P$来鉴别乳腺肿瘤的良性或恶性等。

课堂活动

截至2014年,人们已经知道了119种元素,能不能说人们已经知道了119种原子,为什么?

案例分析

案例:

我国最大的辐射保鲜包装基地于1986年在上海竣工投产。这个基地能够把成箱成批的新鲜蔬菜、水果等食品进行辐射保鲜。只要揿动控制器上的按钮,把一箱箱水果蔬菜送入钴源室的通道,经过辐射处理,就能保存一年多的时间。它也可以用于医疗器械消毒,各种商品的防霉杀虫等。

分析:

辐射消毒不需要消毒剂和器具,其奥秘在于放射性同位素$_{27}^{60}Co$。因为钴-60会放出γ射线,这种射线能量很高(称为暗物质或暗能量),有穿透墙壁的本领,一般的包装,不管是木箱还是塑料盒都阻挡不住它。而躲藏在水果、蔬菜里的微生物、幼虫、致病菌受到γ射线的照射后,生理功能紊乱,不能生长发育,直至死亡。同时γ射线也可延缓食品的生长或成熟,达到保质食品的目的。

辐射食品时,只需低剂量的γ射线,不会把食品变成有放射性的物质。同时,在辐射时,食品根本碰不到放射性物质钴-60,不会带有放射性的残留物。

二、原子核外电子的排布

(一)原子核外电子排布规律

原子中,原子核和电子之间相对来说是十分敞空的,电子就在核外这个敞空的区域中作高速运动。在含有多个电子的原子中,电子的能量并不相同,它们运动的区域也不相同。能量低的,通常在离核近的区域运动;能量高的,通常在离核远的区域运动。根据这种差别,我们把核外电子运动的不同区域看成不同的电子层,并用$n=1$、2、3、4、5、6、7表示从内到外的电子层,这七个电子层又分别称为K、L、M、N、O、P、Q层。n值越小,说明电子运动的区域离核越近,电子的能量越低;n值越大,则说明电子运动的区域离核越远,电子的能量越高。

核外电子的分层运动,又称核外电子的分层排布。科学研究证明,电子总是尽量先排布在能量最低的电子层里,然后由里向外,依次排布在能量逐步升高的电子层里,即排满了K层才排L层,排满了L层才排M层,依此类推。原子核外电子排布的规律可以归纳如下:

1. 各电子层最多容纳的电子数目是$2n^2$(n表示电子层数);

$n=1$ K层 最多容纳的电子数为 $2\times1^2=2$个

$n=2$ L层   最多容纳的电子数为 $2 \times 2^2 = 8$ 个

$n=3$ M层   最多容纳的电子数为 $2 \times 3^2 = 18$ 个

2. 最外层电子数目不超过8个(K层为最外层时不超过2个);

3. 次外层电子数目不超过18个。

核电荷数为1~20的元素原子的核外电子排布情况见表1-3。

表1-3 核电荷数为1~20的元素原子的电子层排布

核电荷数	元素名称	元素符号	各电子层的电子数			
			K	L	M	N
1	氢	H	1			
2	氦	He	2			
3	锂	Li	2	1		
4	铍	Be	2	2		
5	硼	B	2	3		
6	碳	C	2	4		
7	氮	N	2	5		
8	氧	O	2	6		
9	氟	F	2	7		
10	氖	Ne	2	8		
11	钠	Na	2	8	1	
12	镁	Mg	2	8	2	
13	铝	Al	2	8	3	
14	硅	Si	2	8	4	
15	磷	P	2	8	5	
16	硫	S	2	8	6	
17	氯	Cl	2	8	7	
18	氩	Ar	2	8	8	
19	钾	K	2	8	8	1
20	钙	Ca	2	8	8	2

（二）原子核外电子排布表示方法

1. 原子结构示意图 如图所示,小圆圈表示原子核, +Z 表示核电荷数,弧线表示电子层,弧线上的数字表示该层的电子数。

氧原子

钙原子

2. 电子式 用元素符号表示原子核和内层电子,并在元素符号周围用·或×表示原子最外层的电子。例如:

$$Na\cdot \quad \cdot Mg\cdot \quad \cdot \overset{\cdot}{Al}\cdot \quad \cdot \overset{\cdot}{Si}\cdot \quad \cdot \overset{\cdot\cdot}{P}\cdot \quad \cdot \overset{\cdot\cdot}{S}\colon \quad \colon \overset{\cdot\cdot}{Cl}\colon \quad \colon \overset{\cdot\cdot}{Ar}\colon$$

(三) 原子结构与元素性质的关系

元素的性质与它的原子最外层电子数有非常密切的关系。稀有气体元素原子的最外层电子数是 8 个(氦是 2 个),属于稳定结构,不易发生化学反应。其他元素的原子都有得失电子使其最外层达到稳定结构的倾向。

1. 元素的金属性 金属元素的原子最外层电子数一般少于 4 个,在化学反应中易失电子,使次外层变为最外层,达到 8 个电子的稳定结构。通常把原子失去电子成为阳离子的趋势称为元素的**金属性**。原子失去电子的能力越强,该元素的金属性就越强。

2. 元素的非金属性 非金属元素的原子最外层电子数一般多于 4 个,在化学反应中易得电子,使最外层达到 8 个电子的稳定结构。通常把原子得到电子成为阴离子的趋势称为元素的**非金属性**。原子得到电子的能力越强,该元素的非金属性就越强。

课堂活动

N 表示第_____电子层,最多能容纳_____个电子。当它为最外层时能容纳_____个电子,为次外层时能容纳_____个电子。

点滴积累

1. 核电荷数 = 核内质子数 = 核外电子数;质量数(A) = 质子数(Z) + 中子数(N)。
2. 原子核外电子排布的规律是:各电子层最多容纳的电子数目是 $2n^2$,最外层电子数目不超过 8 个(K 层为最外层时不超过 2 个),次外层电子数目不超过 18 个。

第二节 元素周期律与元素周期表

一、元素周期律

为了认识元素之间的相互联系和内在规律,现将核电荷数为 3 ~ 18 的元素原子的最外层电子数、原子半径、最高正化合价和负价以及元素的金属性和非金属性,列成表 1-4 来加以讨论。为了方便,人们按核电荷数由小到大的顺序给元素编号,所得的序号称为该元素的原子序数。显然,原子序数在数值上等于这种原子的核电荷数。

表 1-4 元素性质随着核外电子周期性的排布而呈周期性的变化

原子序数	元素名称	元素符号	最外层电子数	原子半径 $(10^{-10}m)$	最高正价	最低负价	金属性和非金属性
3	锂	Li	1	1.52	+1		活泼金属元素
4	铍	Be	2	0.89	+2		金属元素

原子序数	元素名称	元素符号	最外层电子数	原子半径（10^{-10} m）	最高正价	最低负价	金属性和非金属性
5	硼	B	3	0.82	+3		不活泼非金属元素
6	碳	C	4	0.77	+4	-4	非金属元素
7	氮	N	5	0.75	+5	-3	活泼非金属元素
8	氧	O	6	0.74		-2	很活泼非金属元素
9	氟	F	7	0.71		-1	最活泼非金属元素
10	氖	Ne	8	—	0		稀有气体
11	钠	Na	1	1.86	+1		很活泼金属元素
12	镁	Mg	2	1.60	+2		活泼金属元素
13	铝	Al	3	1.43	+3		两性元素
14	硅	Si	4	1.17	+4	-4	不活泼非金属元素
15	磷	P	5	1.10	+5	-3	非金属元素
16	硫	S	6	1.02	+6	-2	活泼非金属元素
17	氯	Cl	7	0.99	+7	-1	很活泼非金属元素
18	氩	Ar	8	—	0		稀有气体

从表1-4中可以看出,元素原子随着原子序数的递增,其结构和性质都呈现周期性的变化。即每间隔一定数目的元素之后,又出现和前面元素相类似的性质。

（一）原子最外层电子数的周期性变化

3~10号元素原子的核外有两个电子层,最外层电子从1个增到8个,达到稳定结构;11~18号元素原子的核外有三个电子层,最外层电子也从1个增到8个,达到稳定结构。对18号以后的元素继续研究下去,会发现同样的变化规律。即随着原子序数的递增,元素原子的最外层电子数呈周期性的变化。

（二）原子半径的周期性变化

除稀有气体外,从金属锂到非金属氟,随着原子序数的递增,原子半径由大逐渐变小。再由金属钠到非金属氯,随着原子序数的递增,原子半径也是由大逐渐变小。若将所有的元素原子半径按原子序数递增顺序排列起来,将会发现随着原子序数的递增,原子半径发生周期性的变化。

（三）元素化合价的周期性变化

除氧与氟外,随着原子序数的递增,元素的最高正化合价从+1价依次递增到+7价;非金属元素的负化合价从-4价依次递变到-1价。并且非金属元素的最高正化合价与负价的绝对值之和等于8。稀有气体元素的化合价为零。即元素的化合价随着原子序数的递增而呈现周期性的变化。

（四）元素金属性和非金属性的周期性变化

从表1-4中可看出,3~10号元素是从活泼的金属元素开始逐渐递变到活泼的非金属元素,最后是稀有气体元素,11~18号元素重复出现了上述变化规律。由此可知,元素的金

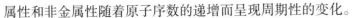

属性和非金属性随着原子序数的递增而呈现周期性的变化。

原子半径、元素的主要化合价、金属性和非金属性都是元素的重要性质。通过上述研究,可以归纳出这样一条规律:**元素的性质随着元素原子序数的递增而呈现周期性的变化,这个规律称为元素周期律。**

元素周期律深刻揭示了原子结构和元素性质的内在联系,元素性质的周期性变化是元素原子核外电子排布的周期性变化的必然结果。

二、元素周期表

根据元素周期律,把目前已知的一百多种元素中电子层数目相同的各种元素,按原子序数递增的顺序从左到右排成横行;再把不同横行中最外层电子数相同的元素,按电子层数递增的顺序由上而下排成纵行,这样制成的一张表,称为**元素周期表**(见封三:元素周期表)。元素周期表是元素周期律的具体表现形式,它反映了元素之间相互联系的规律,是我们学习化学的重要工具。

(一)元素周期表的结构

1. 周期 元素周期表的横行称为周期,周期表有 7 个横行,即 7 个周期。周期的序数用 1、2、3、4、5、6、7 表示。元素的周期序数与该元素原子具有的电子层数的关系为:

周期序数 = 电子层数

例如,某元素的原子有 4 个电子层,则该元素一定是第 4 周期元素。

各周期里元素的数目不一定相同,第 1、2、3 周期含元素数目较少,称为短周期;第 4、5、6 周期含元素数目较多,称为长周期;第 7 周期因至今还未填满,称为不完全周期。

除第 1 周期和第 7 周期外,其余每一周期的元素都是从活泼的金属元素开始,逐渐过渡到活泼的非金属元素,最后以稀有气体元素结束。

第 6 周期中,57 号元素镧到 71 号元素镥,共 15 种元素,它们的电子层结构和性质非常相似,总称为镧系元素。第 7 周期中也有一组类似的锕系元素。为了使周期表的结构紧凑,将全体镧系元素和锕系元素分别按周期各放在同一个格内,并按原子序数递增的顺序,把它们分两行另列在表的下方。

2. 族 元素周期表有 18 个纵行。除第 8、9、10 三个纵行称为第Ⅷ族元素外,其余 15 个纵行,每个纵行为一族。族序数用罗马数字Ⅰ、Ⅱ、Ⅲ、Ⅳ、Ⅴ、Ⅵ、Ⅶ等表示。族可分为主族、副族、第Ⅷ族和 0 族。

由短周期元素和长周期元素共同构成的族称为主族。共有 7 个主族,在族序数后标 "A",如ⅠA、ⅡA……ⅦA。同一主族元素的最外层电子数相同,主族元素的族序数和该元素原子的最外层电子数的关系为:

主族序数 = 最外层电子数

例如,某主族元素的原子的最外层电子数目为 6 个,则该元素一定是第ⅥA 族元素。

完全由长周期元素构成的族称为副族,在族序数后面标 "B" 表示副族,如ⅠB、ⅡB…。通常把第Ⅷ族和全部副族元素称为过渡元素。稀有气体化学性质不活泼,在通常情况下难以发生化学反应,化合价看作 0 价,因而称为 0 族。元素周期表中有 7 个主族、7 个副族、1个第Ⅷ族和 1 个 0 族,共 16 个族。

总的来说,在整个元素周期表里共有 7 个周期,16 个族。

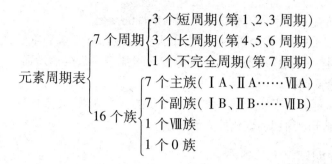

元素周期表 {
　7 个周期 {
　　3 个短周期(第 1、2、3 周期)
　　3 个长周期(第 4、5、6 周期)
　　1 个不完全周期(第 7 周期)
　}
　16 个族 {
　　7 个主族(ⅠA、ⅡA……ⅦA)
　　7 个副族(ⅠB、ⅡB……ⅦB)
　　1 个Ⅷ族
　　1 个 0 族
　}
}

课堂活动

1. 已知某元素原子序数为 19,请画出它的原子结构示意图。不看元素周期表,指出它在哪一周期,哪一族,是什么元素?

2. 药学类专业中常用的元素除 1 ~ 20 号外,还常用到:铬、锰、铁、钴、镍、铜、锌、砷、硒、溴、碘、银、锡、钡、铂、金、汞、铅等元素,写出它们的元素符号,并通过查阅元素周期表,指出每一种元素在周期表中的位置。

(二)元素周期表中元素性质的递变规律

1. 同周期元素性质的递变规律 在同一周期中,各元素的原子核外电子层数虽然相同,但从左到右,核电荷数依次增多,原子半径依次减小,失电子能力逐渐减弱,得电子能力逐渐增强。因此,**同一周期从左到右,元素的金属性逐渐减弱,非金属性逐渐增强**。

【演示实验 1-1】(1) 在盛有水的小烧杯中,加入 1 滴酚酞试液,再放入 1 块绿豆大小的用滤纸吸干煤油的金属钠,观察现象。

(2) 在两支试管中各加入 3ml 水和 1 滴酚酞试液,分别放入去掉氧化膜的镁带和铝片,观察现象;加热至沸,再观察现象。

(3) 在分别盛有 3ml 2.5mol/L HCl 溶液中,分别放入去掉氧化膜的镁带和铝片,观察现象。

$$2Na + 2H_2O =\!=\!= 2NaOH + H_2 \uparrow$$

$$Mg + 2H_2O \xrightarrow{\triangle} Mg(OH)_2 + H_2 \uparrow$$

$$Mg + 2HCl =\!=\!= MgCl_2 + H_2 \uparrow$$

$$2Al + 6HCl =\!=\!= 2AlCl_3 + 3H_2 \uparrow$$

实验表明,钠与冷水剧烈反应,溶液立即变红。镁不与冷水反应,但能与沸水反应,产生气泡,溶液变红。而铝与冷水、热水反应均不明显。镁、铝都能与盐酸反应,置换出氢气,但铝不如镁反应剧烈。上述事实说明镁的金属性不如钠强,铝的金属性又次于镁。

【演示实验 1-2】取 5ml 0.5mol/L AlCl_3 溶液于试管中,逐滴加入 3mol/L NaOH 溶液,至产生大量的沉淀为止,再取 1 支试管将沉淀一分为二,并分别滴加 3mol/L H_2SO_4 和 3mol/L NaOH 溶液,观察现象。

两支试管中的白色沉淀都消失,从实验现象可以看出:氢氧化铝既能与硫酸反应,也能与氢氧化钠反应。像这种既能跟酸起反应,又能跟碱起反应的氢氧化物称为两性氢氧化物。氢氧化铝是两性氢氧化物,铝是两性元素。

$$AlCl_3 + 3NaOH \!=\!=\!= Al(OH)_3 \downarrow + 3NaCl$$
$$2Al(OH)_3 + 3H_2SO_4 \!=\!=\!= Al_2(SO_4)_3 + 6H_2O$$
$$Al(OH)_3 + NaOH \!=\!=\!= NaAlO_2 + 2H_2O$$

一般来说,金属单质置换水或酸中氢的难易,可以反映元素的金属性强弱;而元素的最高价氧化物的水化物的酸碱性强弱,则可反映元素的非金属性强弱。从硅(Si)到氯(Cl)元素的最高价氧化物的水化物的酸碱性见表 1-5。

表 1-5 从硅(Si)到氯(Cl)元素的最高价氧化物的水化物的酸碱性

元素符号	Si	P	S	Cl
最高化合价	+4	+5	+6	+7
最高价氧化物	SiO_2	P_2O_5	SO_3	Cl_2O_7
最高价氧化物对应的水化物的分子式	H_2SiO_3	H_3PO_4	H_2SO_4	$HClO_4$
酸碱性	弱酸	中强酸	强酸	最强酸

表 1-5 说明从硅到氯非金属性逐渐增强。

综上所述,我们可以得出以下结论:

Na Mg Al Si P S Cl

金属性逐渐减弱,非金属性逐渐增强

2. 同主族元素性质的递变规律 在同一主族的元素中,由于从上到下电子层数依次增多,原子半径依次增大,失电子能力逐渐增强,得电子能力逐渐减弱。因此,**同一主族从上到下,元素的金属性逐渐增强,非金属性逐渐减弱。**

例如:钾和钠是ⅠA族的两种金属元素,根据上述结论判断出钾的金属性比钠强;氟和氯都是ⅦA族的非金属元素,由上述结论可知氟的非金属性比氯强。

现将元素周期表中元素性质的递变规律列于表 1-6。

表 1-6 元素金属性和非金属性的递变

周期 \ 族	ⅠA	ⅡA	ⅢA	ⅣA	ⅤA	ⅥA	ⅦA	0
1								
2	Li	Be	B	C	N	O	F	
3	Na	Mg	Al	Si	P	S	Cl	
4	K	Ca	Ga	Ge	As	Se	Br	
5	Rb	Sr	In	Sn	Sb	Te	I	
6	Cs	Ba	Tl	Pb	Bi	Po	At	
7	Fr	Ra						

非金属性逐渐增强

金属性逐渐增强

非金属性逐渐增强

稀有气体元素

金属性逐渐增强

从表1-6中可以看出,虚线的左面是金属元素,虚线的右面是非金属元素。左下方是金属性最强的元素,右上方是非金属性最强的元素。最右一个纵行是稀有气体元素。由于金属性、非金属性没有严格的界线,位于分界线附近的元素,既表现出某些金属性质,又表现出某些非金属性质。

学以致用

工作场景:

一天,工作后的药学专业毕业生小孙在参加单位组织的消防知识竞赛抢答中,利用所学知识准确地回答了钠着火时用干沙扑灭,而不用水灭。为其科室代表队赢得了关键的10分。

知识运用:

钠与水剧烈反应,放出大量的热,可以将反应产生的氢气燃烧。用水灭金属钠着火,恰恰助长了钠与水的进一步接触,反应会更加剧烈,并可能引发事故。而用干沙灭钠着火,可以使钠隔绝空气和水,达到灭火的目的。

(三)元素周期律和元素周期表的意义

历史上,为了寻求各种元素及其化合物间的内在联系和规律性,许多人进行了各种尝试。1869年,俄国化学家门捷列夫在前人探索的基础上发现了元素周期律,并编制了第一个元素周期表。直到20世纪原子结构理论有了发展之后,元素周期律和周期表才发展成为现在的形式。

元素周期律和元素周期表,对化学的学习、研究是一个重要的规律和工具,在生产和科学研究方面有着广泛的应用。例如,运用元素性质的递变规律,可根据元素在周期表中的位置来判断它的一般性质;对主族元素中某一代表物质性质的学习,就能了解同主族中其他元素相似的性质。又如,利用周期表对元素性质的系统研究,去发现新的物质,在金属与非金属分界线附近去发现性能优良的半导体材料;在过渡元素中寻找催化剂和耐高温、耐腐蚀的合金材料;在非金属区域中研究合成高效的新型农药等。

点滴积累

1. 元素周期表中有7个周期和16个族;族包括7个主(A)族、7个副(B)族、1个第Ⅷ族和1个0族。
2. 对周期表中的原子来说,周期序数=电子层数,主族序数=最外层电子数。
3. 在元素周期表中同一周期从左到右,元素的金属性逐渐减弱,非金属性逐渐增强;同一主族从上到下,元素的金属性逐渐增强,非金属性逐渐减弱。

第三节 化学键与分子的极性

原子既然可以结合成分子,说明原子之间存在着相互作用。化学上把这种**相邻的两个或多个原子之间强烈的相互作用称为化学键**。根据相互作用的方式不同,化学键可以分为离子键、共价键等不同类型。

一、离子键

（一）离子键的形成

我们知道,金属钠和氯气能发生反应,生成氯化钠。由于钠原子的最外层只有 1 个电子,容易失去,氯原子的最外层有 7 个电子,容易得到 1 个电子,从而使双方最外层都成为 8 个电子的稳定结构。当金属钠和氯气反应时,就发生了这种电子的得失,形成了带正电荷的钠离子(Na^+)和带负电荷的氯离子(Cl^-)。钠离子和氯离子之间除了有静电相互吸引的作用外,还有电子与电子、原子核与原子核之间的相互排斥作用。当两种离子接近到某一定距离时,吸引和排斥作用达到平衡,于是阴离子和阳离子之间就形成了稳定的化学键。

这种阴、阳离子间通过静电作用所形成的化学键,称为离子键。

当活泼金属(如钾、钠、钙等)与活泼非金属(如氟、氯、氧等)化合时,都能形成离子键。例如,$NaCl$、CaF_2、K_2O 等都是由离子键所形成的。

氯化钠离子键的形成过程,可以用电子式来表示:

$$Na \times + \cdot \overset{\cdot\cdot}{\underset{\cdot\cdot}{Cl}} : \longrightarrow Na^+ \left[\overset{\cdot\cdot}{\underset{\cdot\cdot}{\overset{\cdot\cdot}{\times}Cl}} : \right]^-$$

（二）离子化合物

以离子键形成的化合物称为离子化合物。 例如,$NaCl$、CaF_2、KBr、MgO 等都是离子化合物。在离子化合物中,离子具有的电荷数,就是它们的化合价。如 Na^+、K^+ 是 +1 价,Ca^{2+}、Mg^{2+} 是 +2 价,Cl^-、Br^- 是 -1 价,O^{2-}、S^{2-} 是 -2 价。

二、共价键

（一）共价键的形成

当非金属元素的原子相互作用时,由于都易获得电子,因此,原子间不可能以得失电子的方式来形成化学键。例如,两个氢原子形成氢分子时,由于得失电子的能力相同,电子不是从一个氢原子转移到另一个氢原子,而是在两个氢原子间形成共用电子对,同时围绕两个氢原子核运动,使每个氢原子都具有氦原子的稳定结构。这样,两个氢原子通过共用电子对结合成一个氢分子。

这种原子间通过共用电子对所形成的化学键,称为共价键。

非金属原子相互结合时,易形成共价键。例如,H_2、N_2、Cl_2、HCl、H_2O、NH_3 等都是由共价键形成的。

共价键的形成,可用电子式表示。例如:

氢分子 $\quad\quad H \cdot + \times H \longrightarrow H \times H$

氯分子 $\quad\quad \overset{\times\times}{\underset{\times\times}{Cl}} \times + \cdot \overset{\cdot\cdot}{\underset{\cdot\cdot}{Cl}} : \longrightarrow \overset{\times\times}{\underset{\times\times}{Cl}} \overset{\cdot\cdot}{\times} \overset{\cdot\cdot}{\underset{\cdot\cdot}{Cl}} :$

氯化氢分子 $\quad H \times + \cdot \overset{\cdot\cdot}{\underset{\cdot\cdot}{Cl}} : \longrightarrow H \overset{\cdot\cdot}{\times} \overset{\cdot\cdot}{\underset{\cdot\cdot}{Cl}} :$

水分子 $\quad\quad H \cdot + \times \overset{\cdot\cdot}{\underset{\cdot\cdot}{O}} \times + \cdot H \longrightarrow H \overset{\cdot\cdot}{\times} \overset{\cdot\cdot}{\underset{\cdot\cdot}{O}} \overset{}{\times} H$

氨分子 $\quad\quad 3H \times + \cdot \overset{\cdot\cdot}{N} \cdot \longrightarrow H \overset{\cdot\cdot}{\times} \overset{\cdot}{\underset{\underset{H}{\overset{\cdot}{N}}}{N}} \overset{\cdot}{\times} H$

化学上通常用一根短线"—"表示一对共用电子。用这样的方法表示分子结构的式子称为结构式。例如,氢分子的结构式为 H—H,氯化氢分子的结构式为 H—Cl。

（二）共价化合物

全部以共价键形成的化合物称为共价化合物。例如,HCl、H_2O、NH_3、CO_2 等都是共价化合物。在共价化合物中,元素的化合价是该元素一个原子与其他原子间形成共用电子对的数目。由于元素原子的种类不同,吸引电子的能力也不同,共用电子对会偏向吸引电子能力强的一方。所以共用电子对偏向的一方为负价,偏离的一方为正价。例如,HCl 中,H 为 +1 价、Cl 为 -1 价。

（三）共价键的类型

1. 非极性共价键 **由同种元素的原子形成的共价键**,两个原子吸引电子的能力相同,共用电子对不偏向任何一个原子,这种共价键称为非极性共价键,简称**非极性键**。例如,H—H 键、Cl—Cl 键都是非极性键。

2. 极性共价键 **由不同种元素的原子形成的共价键**,由于原子吸引电子的能力不同,共用电子对必然偏向吸引电子能力较强的原子一方,使其带部分负电荷,而使吸引电子能力较弱的原子带部分正电荷,这种共价键称为极性共价键,简称**极性键**。例如,H—Cl键是极性键,共用电子对偏向 Cl 原子一端,使 Cl 原子带部分负电荷,H 原子带部分正电荷。

3. 配位键 配位键是一种特殊的共价键。两原子间的共用电子对是由一个原子单独提供,并和另一个原子共用。这种**由一个原子单独供给一对电子为两个原子共用而形成的共价键,称为配位键。**

例如,氨分子和氢离子反应生成铵离子时,就形成配位键。氨分子中氮原子上有一对尚未共用的电子,习惯上称为孤对电子,氢离子核外没有电子。当氨分子和氢离子作用时,氮原子上的孤对电子就和氢离子共用,形成配位键。

用电子式表示配位键的形成:

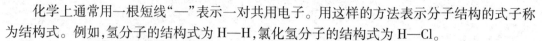

氨分子　　氢离子　　　铵离子

配位键可用箭头"→"表示,箭头指向接受电子的原子。铵离子的结构式可表示为:

$$\left[\begin{array}{c} H \\ | \\ H—N—H \\ | \\ H \end{array}\right]^+$$

在铵离子中,虽然 1 个 N→H 键和其他 3 个 N—H 键的形成过程不同,但这 4 个氮氢键的性质完全相同。

含配位键的化合物很多,配位键不仅存在于分子和离子之间,也存在于分子与分子、离子与离子以及组成分子的原子之间。

由多种元素组成的化合物中,往往不只含有一种化学键。例如 NaOH 中,Na^+ 和 OH^- 之间是离子键,O—H 之间是共价键。又如 NH_4Cl 中,NH_4^+ 和 Cl^- 之间是离子键,NH_4^+ 中有 3 个 N—H 共价键,1 个 N→H 配位键。

 **课堂活动**

1. 比较离子键和共价键的区别。

2. 指出下列物质中化学键的类型：

(1) KCl　(2) MgO　(3) HBr　(4) H_2S　(5) NaOH

三、分子的极性和氢键

（一）分子的极性

1. **分子的极性**　根据分子内部电荷分布情况的不同,分子可以分为非极性分子和极性分子。分子的极性与键的极性有关。一般来说,以非极性键形成的双原子分子都是非极性分子(例如:H_2、Cl_2、N_2)。以极性键形成的双原子分子都是极性分子(例如:HCl、HBr、CO、NO)。以极性键形成的多原子分子中,若分子结构对称,键的极性相互抵消,分子内部电荷分布均匀,是非极性分子(例:CO_2 直线形、CH_4 正四面体);若分子结构不对称,分子内部电荷分布不均匀,是极性分子(例:H_2O 角形、NH_3 三角锥形)。

2. **分子极性的应用**　溶质与溶剂分子的极性是影响溶质溶解度的一个重要因素。**若溶质与溶剂的极性相近(都有极性或都无极性),则溶解度较大;反之,则溶解度较小。**简单地说就是**极性相似者相溶**。

通常把可以溶解在极性溶剂(水、乙醇等)中的物质称为"水溶性物质",把可以溶解在非极性溶剂(汽油、丙酮、油脂等)中的物质称为"脂溶性物质"。一般来说,大多数无机物是"水溶性物质"的,大多数有机物是"脂溶性物质"的。例如,根据溶解性差异,维生素分为两大类,即水溶性维生素和脂溶性维生素。

大多数药物通过有机物合成而制得,为了改善其在水中的溶解性,便于吸收,往往是通过化学反应改变内部结构,增加极性基团。

（二）氢键

凡是与非金属性很强、原子半径较小的原子(F、O、N)以共价键相结合的氢原子,还可以再和这类元素的另一个原子结合,这种相互作用称为氢键。用 $X—H...Y$ 表示。**氢键不是化学键,而是一种特殊的分子间作用力**。氢键可对物质的某些物理性质产生影响。例如,具有氢键的化合物的熔点和沸点比没有氢键的同类化合物要高。

 点滴积累

1. 共价键分为非极性键和极性键,配位键是由一个原子单独供给一对电子,为两个原子共用而形成的特殊共价键。

2. 以离子键形成的化合物称为离子化合物,全部以共价键形成的化合物称为共价化合物。

 目标检测

一、选择题

（一）单项选择题

1. 决定原子种类的是（　　　）

    A. 核外电子数　　　　　　　　　　　　B. 核内质子数

    C. 核内中子数　　　　　　　　　　　　D. 核内质子数和中子数

2. 下列各组物质中,互为同位素的是(　　　)

    A. 金刚石和石墨　　　　　　　　　　　B. 水和重水(D_2O)

    C. 氕和氘　　　　　　　　　　　　　　D. 烧碱和纯碱

3. 某元素二价阴离子的核外有 18 个电子,质量数为 32,该元素原子核内的中子数为(　　　)

    A. 18　　　　　　B. 16　　　　　　C. 12　　　　　　D. 14

4. 据报道,某医院正在研究用放射性同位素$^{125}_{53}I$治疗肿瘤。该同位素原子核内的中子数与核外电子数之差是(　　　)

    A. 72　　　　　　B. 19　　　　　　C. 53　　　　　　D. 125

5. 现代战争中使用的贫铀弹,含有放射性的铀－235(^{235}U),使用时会造成放射性污染。关于^{235}U和^{238}U原子,下列说法不正确的是(　　　)

    A. 它们的化学性质基本相同　　　　　　B. 它们互称为同位素

    C. 它们的中子数相等　　　　　　　　　D. 它们的质子数相等

6. 下列原子结构示意图中,正确的是(　　　)

A. (+3)3　　　B. (+8)2 6　　　C. (+12)2 8 3　　　D. (+19)2 8 9

7. 最稳定的原子最外层含有的电子数为(　　　)

    A. 4 个　　　　　　B. 6 个　　　　　　C. 8 个　　　　　　D. 18 个

8. 某元素原子核外有 3 个电子层,最外层有 4 个电子,该原子核内的质子数为(　　　)

    A. 14　　　　　　B. 15　　　　　　C. 16　　　　　　D. 17

9. 下列各元素原子中,最外层电子数不是电子层数 2 倍的是(　　　)

    A. S　　　　　　B. He　　　　　　C. P　　　　　　D. C

10. Na 和 Na$^+$ 两种粒子中,不相同的是(　　　)

    ①核内质子数　　　②核外电子数　　　③最外层电子数　　　④核外电子层数

    A. ①、②　　　　B. ①、③　　　　C. ②、③　　　　D. ②、③、④

11. 19 世纪门捷列夫的突出贡献是(　　　)

    A. 提出了原子学说　　　　　　　　　　B. 发现了镭元素

    C. 发现了稀有气体　　　　　　　　　　D. 发现了元素周期律

12. 元素化学性质发生周期性变化的根本原因是(　　　)

    A. 元素的金属性和非金属性呈周期性变化

    B. 元素原子的核外电子排布呈周期性变化

    C. 元素原子半径呈周期性变化

    D. 元素的化合价呈周期性变化

13. 周期表里金属元素和非金属元素分界线附近能找到可以用来制成(　　　)

    A. 催化剂的元素　　　　　　　　　　　B. 新农药的元素

    C. 半导体的元素　　　　　　　　　　　D. 耐高温的合金元素

14. 下列原子中,原子半径最小的是( )

    A. Li   B. Na   C. K   D. Rb

15. 在下列元素中,最高正化合价数值最大的是( )

    A. Na   B. Al   C. P   D. Cl

16. 下列说法中,正确的是( )

    A. 在周期表里,主族元素所在的族序数等于原子核外电子数

    B. 在周期表里,元素所在的周期序数等于原子核外电子层数

    C. 最外层电子数为 8 的粒子是稀有气体元素的原子

    D. 元素的原子序数越大,其原子半径也越大

17. 下列说法中,不符合ⅦA族元素性质特征的是( )

    A. 从上到下原子半径逐渐减小   B. 都是非金属元素

    C. 最高正化合价为 +7 价   D. 易形成 -1 价离子

18. N 电子层是第( )电子层

    A. 4   B. 3   C. 2   D. 1

19. A 元素的 +2 价离子核外有 18 个电子,A 元素位于第( )周期

    A. 4   B. 3   C. 2   D. 1

20. 同位素是指质子数相同而( )不同的同种元素的不同原子

    A. 核外电子数   B. 中子数

    C. 质量数   D. 核电荷数

21. 原子失去电子成为阳离子的趋势称为元素的( )

    A. 惰性   B. 金属性   C. 非金属性   D. 两性

22. $Al(OH)_3$ 是( )氢氧化物

    A. 碱性   B. 酸性   C. 两性   D. 不能确定的

23. NaCl 是( )化合物

    A. 离子   B. 共价   C. 酸性   D. 碱性

24. H_2O 分子中的化学键是( )

    A. 离子键   B. 共价键   C. 氢键   D. 配位键

25. 配位键是特殊的( )

    A. 离子键   B. 共价键   C. 氢键   D. 分子间力

(二) 多项选择题

1. 对于原子序数为 16 的元素,下列叙述错误的是( )

    A. 最高正化合价为 +5   B. 位于元素周期表的第 3 周期

    C. 位于元素周期表的ⅥA族   D. 属于活泼的非金属元素

    E. 最高价氧化物是强酸

2. 根据原子序数,下列各组原子能以离子键结合的是( )

    A. 9 与 19   B. 6 与 16   C. 11 与 17   D. 14 与 8   E. 9 与 9

3. 下列物质中,有离子键的是( )

    A. NaOH   B. NaCl   C. KBr   D. MgO   E. H_2O

4. 下列物质中,既有离子键,又有共价键的是( )

    A. NH_4Cl B. $CaCl_2$ C. KOH   D. CO_2 E. H_2

5. 下列说法正确的是(　　　)

　　A. 含有离子键的化合物一定是离子化合物

　　B. 含有共价键的化合物一定是共价化合物

　　C. 离子化合物中可能存在共价键

　　D. 共价化合物中不可能存在离子键

　　E. 双原子单质分子中的共价键一定是非极性键

6. 下列物质中不含有极性共价键的是(　　　)

　　A. 氢气　　　　　　　　　　B. 单质碘(I_2)　　　　　　　　C. 氟化钙

　　D. 氧化钾　　　　　　　　　E. 水

7. 下列各组物质中,化学键类型(离子键、共价键)相同的是(　　　)

　　A. HCl 和 NaCl　　　　　　　B. F_2 和 KF　　　　　　　C. NH_3 和 HF

　　D. KF 和 Na_2O　　　　　　E. NH_3 和 NH_4Cl

8. 下列叙述不正确的是(　　　)

　　A. 化学键包括离子键、共价键、氢键

　　B. 化学键是相邻的分子之间强烈的相互作用

　　C. 化学键是分子中相邻原子之间强烈的相互作用

　　D. 甲烷分子中的 C—H 键是非极性键

　　E. 氯气分子中的 Cl—Cl 键是极性键

9. 对下列元素的金属性描述正确的是(　　　)

　　A. Na > Li　　　B. Ra > Ba　　　C. Fr < K　　　D. Mg < K　　　E. Ba > Ca

10. 除了稀有气体,对第 3 周期元素描述正确的是(　　　)

　　A. Cl 的非金属性最强

　　B. P 的最高价氧化物的水化物是 H_3PO_4

　　C. 金属性 Na > Mg

　　D. Al 是两性元素

　　E. 从右到左元素的金属性逐渐增强

二、填空题

1. 填表

元素	原子序数	质子数	中子数	电子数	质量数
Al	13				27
Be		4			9
Ca			20	20	
Si		14	14		
P	15		16		
Br				35	80

　　2. 元素周期表中有_____个周期,其中_____个短周期,_____个长周期,_____个不完全周期。周期表中共有_____个族,其中_____个主族,_____个副族,_____个Ⅷ族,_____个 0 族。

3. 同周期元素的原子,在原子结构上具有相同的_____,同周期元素性质的递变规律是_____;同主族元素的原子,在原子结构上具有相同的_____,同主族元素性质的递变规律是_____。

三、简答题

1. 名词解释

(1) 同位素　　　(2) 元素周期律　　　(3) 离子键　　　(4) 共价键

2. ^2_1H、$2H$、$2H^+$、H_2 都可以表示氢,它们有什么区别?

3. 在多电子原子里,根据什么划分电子层? 各电子层最多容纳的电子数是多少?

4. 比较下列各组中的两种元素,哪一种元素表现出更强的金属性或非金属性。

(1) Na、K　　　(2) Mg、Al　　　(3) P、Cl　　　(4) O、S　　　(5) S、Cl

5. 稀有气体为什么不能形成双原子分子?

6. A 元素位于周期表中第 4 周期 Ⅰ A 族,B 元素原子核外有 3 个电子层,且最外层电子数是 K 层电子数的 3 倍,C 元素原子核内只有 1 个质子。

(1) 写出这三种元素的名称和元素符号。

(2) 写出这三种元素的原子结构示意图。

(3) 用电子式表示化合物 A_2B 以及 C 的单质的形成过程,并指出化学键的类型。

(宋守正)

第二章 溶 液

1. 掌握物质的量、摩尔质量的概念及相关计算。
2. 熟悉几种常见溶液浓度的表示法及相关计算和换算、渗透压与溶液浓度的关系。
3. 了解分散系的分类及溶胶和高分子溶液的特点、渗透压在医学上的意义。
4. 学会常见溶液的配制和稀释的步骤和方法。
5. 具有运用公式进行简单计算的能力。

 导学情景

情景描述：

小宇的爸爸参加职工体检,拿回一份体验报告(表2-1),要求小宇帮他看看各项指标是否正常。小宇打开本章内容,了解各检验项目的单位含义,结合参考范围,向爸爸解释检验报告结果。

表2-1 XXXX 医院肝肾功能检验报告单

姓名：×××　　　　　性别：男　　　　　年龄：××　　　　　标本类型：血

项目名称	检查结果	单位	参考范围	备注
谷丙转氨酶(ALT)	28.00	U/L	5.00~40.00	
尿素(Urea)	5.60	mmol/L	2.86~8.20	
总蛋白(TP)	78.50	g/L	60.00~82.00	
尿酸(UA)	261.00	μmol/L	149.00~416.00	
肌酐(CREA)	69.30	μmol/L	44.00~133.00	
总胆固醇(CHOL)	5.00	mmol/L	3.10~5.70	
甘油三酯(TG)	0.57	mmol/L	0.56~1.70	
谷草转氨酶(AST)	23.00	U/L	8.00~40.00	

送检日期：××××　　　　报告日期：××××　　　　体检单号：××××

学前导语：

生化检验的项目中涉及很多单位,而这些单位是本章的主要内容,要掌握这些知识,就要掌握物质的量及溶液浓度的表示方法,本章内容是进行化学相关计算的基础。

第一节 物 质 的 量

一、物质的量及单位

（一）物质的量的概念

在化学实验室做实验或在医院中取用药品,可以用器具称量。而物质之间发生的化学反应是原子、离子或分子之间按一定的数目关系进行的,对此,我们肉眼看不见,也难以称量。那么,可称量的物质与原子、离子或分子之间有什么联系? 为了建立物质的微观粒子数目与宏观物质的质量或体积之间的联系,科学上引入了"物质的量"这个物理量。

在微观世界里,**物质的量是用来表示构成物质微观粒子数目多少的基本物理量**。它与长度、质量、温度和时间等一样,是国际单位制(SI)7 个基本物理量之一(表 2-2)。物质的量用符号"n"来表示,书写物质的量 n 时,要在 n 的右下角或用括号写明物质的化学式。如:

钠原子的物质的量　记为 n_{Na} 或 $n(Na)$

氧分子的物质的量　记为 n_{O_2} 或 $n(O_2)$

镁离子的物质的量　记为 $n_{Mg^{2+}}$ 或 $n(Mg^{2+})$

B 的物质的量　　　记为 n_B 或 $n(B)$

在应用物质的量时,需要注意两点:一是"物质的量"是一个专有名词,缺一不可。二是物质的粒子类型应予指明,这些粒子必须是微观粒子。

表 2-2　国际单位制(SI)的 7 个基本单位

基本物理量(符号)	基本单位	单位符号
长度(L)	米	m
质量(m)	千克	kg
时间(t)	秒	s
电流(I)	安[培]	A
热力学温度(T)	开[尔文]	K
物质的量(n)	摩[尔]	mol
发光强度(I)	坎[德拉]	cd

（二）物质的量的单位

1971 年第 14 届国际计量大会(CGPM)正式通过决议,规定了**"物质的量"的基本单位是"摩尔",简称"摩",单位符号**用 **mol** 表示。摩尔一词来源于拉丁文 moles,原意为大量和堆集。

同千克、米等其他基本单位一样,摩尔也有自己的基准。它以 0.012kg ^{12}C 所含的原子数为基准,即 0.012kg ^{12}C 所含的原子数就是 1mol。其他任何物质只要所含的基本粒子数和 0.012kg ^{12}C 所含的原子数一样多,那么它就是 1mol。

0.012kg^{12}C 所包含的碳原子数目称为阿伏伽德罗常数(N_A),目前实验测得**阿伏伽德罗**

常数的近似值 $N_A = 6.02 \times 10^{23}/mol$。即 1mol 任何物质都约含有 6.02×10^{23} 个基本微粒。如：

1mol C 约含有 6.02×10^{23} 个碳原子；

1mol Na^+ 约含有 6.02×10^{23} 个钠离子；

1mol H_2SO_4 约含有 6.02×10^{23} 个硫酸分子。

综上所述，**摩尔是物质的量的基本单位，1 摩尔任何物质都含有约 6.02×10^{23}（阿伏伽德罗常数）个基本微粒。**

物质的量（n_B）与物质的微粒数（N_B）成正比，它们之间的关系如下：

$$n_B = \frac{N_B}{N_A}$$ 式(2-1)

物质的量相等的物质，它们所含的粒子数一定相同，而微观粒子数目太大，在以后的应用中，我们要比较几种物质所含粒子数目的多少，只需比较它们的物质的量的多少即可。

在实际应用中，物质的量的单位也常采用毫摩尔（mmol）、微摩尔（μmol）等。

$$1mol = 10^3 mmol = 10^6 \mu mol$$

二、摩尔质量

（一）摩尔质量的概念

摩尔质量就是质量 m 除以物质的量 n。摩尔质量的符号为 M。其数学表达式为：

$$M = \frac{m}{n}$$ 式(2-2)

课堂活动

下列说法正确吗？
(1) 1mol 氢
(2) 1mol 小米
(3) N_A 就是 6.02×10^{23}

书写摩尔质量 M 时，要在其右下角或用括号写明物质的化学式。如：氢氧化钠的摩尔质量，记为 M_{NaOH} 或 $M(NaOH)$；泛指时，B 物质的摩尔质量，记为 M_B 或 $M(B)$。

在化学和医药上，摩尔质量的单位常用 g/mol，中文符号为：克/摩。

1mol 任何物质中所含的分子、原子或离子的数目虽然相同，但由于不同粒子的质量不同，因此，不同物质的摩尔质量也不相同。

科学证明，**任何分子的摩尔质量 M，如果以 g/mol 作单位，数值上就等于该分子的相对分子质量。**同理，原子的摩尔质量 M，如果以 g/mol 作单位，数值上就等于该原子的相对原子质量。离子的摩尔质量 M，如果以 g/mol 作单位，数值上就等于该离子的相对离子质量。例如：

C 的摩尔质量记为：$M_C = 12g/mol$

NaCl 的摩尔质量记为：$M_{NaCl} = 58.5g/mol$

SO_4^{2-} 的摩尔质量记为：$M_{SO_4^{2-}} = 96g/mol$

（二）与摩尔质量有关的计算

物质的量（n）、物质质量（m）和摩尔质量（M）之间的关系可以用式(2-3)表示：

$$n = \frac{m}{M}$$ 式(2-3)

课堂活动

计算下列物质的摩尔质量。
(1) NaOH
(2) $NaHCO_3$
(3) $C_6H_{12}O_6$

如果物质已知，它的摩尔质量就确定了。通过物质的量和摩尔质量，把肉眼看不见的微粒数与可称量的物质质量之间联系起来，给化学实验和研究带来了极大的方便。

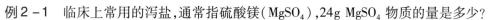

例 2-1 临床上常用的泻盐,通常指硫酸镁($MgSO_4$),24g $MgSO_4$ 物质的量是多少?

解:已知

$$M_{MgSO_4} = 120g/mol \quad m_{MgSO_4} = 24g$$

故

$$n_{MgSO_4} = \frac{m_{MgSO_4}}{M_{MgSO_4}} = \frac{24g}{120g/mol} = 0.2mol$$

答:24g $MgSO_4$ 物质的量是 0.2mol。

例 2-2 临床治疗代谢性酸中毒,常使用 $NaHCO_3$ 注射液,1.5mol $NaHCO_3$ 的质量是多少?

解:已知

$$M_{NaHCO_3} = 84g/mol \quad n_{NaHCO_3} = 1.5mol$$

故

$$m = n \times M = 1.5mol \times 84g/mol = 126g$$

答:1.5mol $NaHCO_3$ 的质量是 126g。

知识拓展

反应式中有关物质的量的简单计算

物质的量相等的任何物质,所含有的粒子数一定相同,化学方程式可以明确地表示出化学反应中这些粒子数之间的数目关系,这些粒子之间的数目关系又称化学计量数关系。化学方程式中各物质的化学计量数之比,等于各物质的物质的量之比。如:

$$2NaOH + H_2SO_4 = Na_2SO_4 + 2H_2O$$

化学计量数之比: 2 : 1 1 : 2

物质的量之比: 2mol : 1mol 1mol : 2mol

例: 完全中和 4g NaOH 需要 H_2SO_4 的物质的量是多少?质量是多少?

解:

$$n_{NaOH} = \frac{m_{NaOH}}{M_{NaOH}} = \frac{4g}{40g/mol} = 0.1mol$$

设完全中和 4g NaOH 需要 H_2SO_4 的物质的量是 x

$$2NaOH + H_2SO_4 = Na_2SO_4 + 2H_2O$$

2mol 1mol

0.1mol x mol

列出比例: 2mol : 0.1mol = 1mol : x mol

得:

$$x = \frac{0.1 \times 1}{2} = 0.05(mol)$$

$$m_{H_2SO_4} = n_{H_2SO_4} \times M_{H_2SO_4} = 0.05mol \times 98g/mol = 4.9g$$

答:完全中和 4g NaOH 需要 H_2SO_4 的物质的量是 0.05mol,质量是 4.9g。

点滴积累

1. 摩尔是物质的量的基本单位,1 摩尔任何物质都含有约 6.02×10^{23}(阿伏伽德罗常数)个基本微粒。

2. 任何物质的摩尔质量 M,如果以 g/mol 作单位,数值上就等于该种物质的化学式量。

第二节 溶液的浓度

一、常用溶液浓度的表示方法

在化学实验、药品生产、临床工作的溶液配制中,经常需要精确地知道溶液中各组分的含量。例如,医院常用的药品消毒酒精、过氧化氢溶液(双氧水)、氯化钠注射液等都要求溶液具有一定的浓度,所以,规范地表示和准确地计算溶液的浓度是非常必要的。

溶液的浓度是指一定量的溶液或溶剂中所含溶质的量。可用下式表示:

$$溶液浓度 = \frac{溶质的量}{溶液(或溶剂)的量}$$

溶液的浓度有多种表示方法,医学上常用以下几种。

(一)物质的量浓度

"物质的量浓度"简称浓度,对溶质为 B 的溶液,**溶质 B 的物质的量除以溶液的体积称为"B 的物质的量浓度"或"B 的浓度"**,用符号 c_B 或 $c(B)$ 表示。例如,氢氧化钠溶液物质的量浓度,记为 c_{NaOH} 或 $c(NaOH)$。

物质的量浓度的表示式为:

$$c_B = \frac{n_B}{V} \qquad\qquad 式(2-4)$$

或

$$c_B = \frac{m_B}{M_B V} \qquad\qquad 式(2-5)$$

式(2-4)中,n_B 为溶质 B 的物质的量,V 为溶液的体积。

注意,物质的量浓度单位中,表示溶质的物质的量单位可以改变,而表示溶液体积的单位一般用 L(升)。但临床上有时常用 ml(毫升),使用时应知道体积单位之间转换的数量级关系。即:

$$1L = 1000ml$$

物质的量浓度的单位在化学和医学上多用 mol/L、mmol/L、μmol/L 等表示。

$$1mol/L = 10^3 mmol/L = 10^6 μmol/L$$

例2-3 将 9g NaCl 溶于水配制成 1000ml 溶液,求该溶液的物质的量浓度?

解:已知 $\qquad m_{NaCl} = 9g \quad M_{NaCl} = 58.5g/mol \quad V = 1000ml = 1L$

故 $\qquad c_{NaCl} = \frac{m_{NaCl}}{M_{NaCl} V} = \frac{9g}{58.5g/mol \times 1L} = 0.154mol/L$

答:该溶液的物质的量浓度为 0.154mol/L。

例2-4 正常人血清中 Ca^{2+} 的物质的量浓度为 2.50mmol/L,求 100ml 正常人血清中含多少毫克 Ca^{2+}?

解:已知 $c_{Ca^{2+}} = 2.50mmol/L = 0.0025mol/L \quad M_{Ca^{2+}} = 40.0g/mol \quad V = 100ml = 0.1L$

故 $\quad m_{Ca^{2+}} = c_{Ca^{2+}} \times M_{Ca^{2+}} \times V = 0.0025mol/L \times 40.0g/mol \times 0.1L = 0.01g = 10mg$

答:100ml 正常人血清中含 10mg Ca^{2+}。

 **课堂活动**

1. 下列说法正确吗?

(1) 将40g NaOH 溶解在1L 水中,所得溶液的物质的量浓度就是1mol/L 吗?

(2) 从1L 物质的量浓度为1mol/L 的 NaOH 溶液中取出100ml,问余下的 NaOH 溶液的物质的量浓度是多少?

2. 临床上纠正酸中毒时也可使用物质的量浓度1mol/L 的乳酸钠($NaC_3H_5O_3$)注射液,规格为每支注射液中含乳酸钠2.24g,求每支乳酸钠注射液的体积是多少毫升?

(二) 质量浓度

质量浓度是指溶质的质量除以溶液的体积。对于溶质 B,其质量浓度用符号 ρ_B 表示:

$$\rho_B = \frac{m_B}{V} \hspace{3cm} 式(2-6)$$

注意,质量浓度单位中表示溶质的质量单位可以改变,而表示溶液体积的单位一般用 L(升)。

在化学和医药上质量浓度多用 g/L、mg/L、μg/L 等单位表示。

应注意质量浓度的符号 ρ_B 与密度符号 ρ 的区别,密度 ρ 没有下标,表示的是溶液的质量与溶液的体积之比,单位多用 kg/L、g/ml。质量浓度 ρ_B 要有下标指明溶质,如氯化钠溶液的质量浓度记为 ρ_{NaCl}。

 知识链接

质量体积百分浓度

过去用的质量体积百分浓度(%)应逐步废止,改用质量浓度代替。例如,临床上给患者注射的等渗葡萄糖溶液,过去标为5%,即5g/100ml,现应标为50g/L 葡萄糖。

例2-5 临床上使用的生理盐水规格就是 100ml 的生理盐水中含有 NaCl 0.9g(100ml:0.9g),问生理盐水的质量浓度是多少? 某患者需要静脉滴注800ml,问有多少克 NaCl 进入了体内?

解:已知 $\hspace{2cm} m_{NaCl} = 0.9g \hspace{1cm} V = 100ml = 0.1L$

故 $\hspace{3cm} \rho_{NaCl} = \frac{m_{NaCl}}{V} = \frac{0.9g}{0.1L} = 9g/L$

现患者需要 $\hspace{3cm} V = 800ml = 0.8L$

故 $\hspace{2cm} m_{NaCl} = \rho_{NaCl} \times V = 9g/L \times 0.8L = 7.2g$

答:生理盐水的质量浓度是9g/L,某患者需要静脉滴注800ml,有7.2g NaCl 进入体内。

世界卫生组织建议,在医学上表示溶液浓度时,凡是已知相对分子质量的物质,均用其物质的量浓度;在使用物质的量浓度时,必须将该物质的基本微粒指明,它可以是原子、分子、离子以及其他粒子或这些粒子的特定组合体。如正常人体血液中 Na^+ 的浓度为 135~145mmol/L,K^+ 的浓度为 3.5~5.5mmol/L。对于未知其相对分子质量的物质,则可用其他溶液的浓度来表示,如质量浓度。

（三）质量分数

质量分数是指溶质 B 的质量与溶液质量之比，用符号 ω_B 表示：

$$\omega_B = \frac{m_B}{m} \qquad\qquad 式（2-7）$$

应注意溶质与溶液的质量单位必须相同，ω_B 可用小数表示，也可用百分数表示，如市售浓硫酸的 $\omega_B = 0.98$ 或 98%。

例2-6 氯化钾注射液在临床常用来治疗各种原因引起的低钾血症，将 5g KCl 完全溶于 95g 水中，计算氯化钾溶液中 KCl 的质量分数。

解:已知 $\qquad\qquad m_{KCl} = 5g \quad m = 5g + 95g = 100g$

故 $\qquad\qquad \omega_{KCl} = \frac{m_{KCl}}{m} = \frac{5g}{100g} = 0.05$

答:此氯化钾溶液中 KCl 的质量分数为 0.05。

（四）体积分数

体积分数是指液态溶质 B 的体积与溶液体积之比，用符号 φ_B 表示：

$$\varphi_B = \frac{V_B}{V} \qquad\qquad 式（2-8）$$

应注意溶质与溶液的体积单位必须相同，体积分数既可用小数表示，也可用百分数表示。例如，消毒酒精溶液中酒精的体积分数为 $\varphi_B = 0.75$ 或 $\varphi_B = 75\%$。

例2-7 根据我国药典规定，0.5L 消毒酒精中含纯酒精 0.375L，计算消毒酒精的体积分数为多少?

解:已知 $\qquad\qquad V_{C_2H_5OH} = 0.375L \quad V = 0.5L$

故 $\qquad\qquad \varphi_{C_2H_5OH} = \frac{V_{C_2H_5OH}}{V} = \frac{0.375L}{0.5L} = 0.75$

答:消毒酒精的体积分数为 0.75。

 知识链接

酒类的"度"

乙醇的体积分数是商业上表示酒类浓度的方法。白酒、黄酒、葡萄酒等酒类的"度"就是指酒精的体积分数。我国白酒历史悠久，俗称烧酒，是一种高浓度的酒精饮料，一般为 50~65 度。例如:52 度的白酒，表示 100ml 溶液里含有乙醇 52ml。

二、溶液浓度的换算

在实际工作中，我们常需要将溶液浓度由一种表示法变换成另一种表示法，换算只是不同的浓度表示方法之间单位的变换，而溶质的量和溶液的量都没有改变。常见的有两种类型。

（一）物质的量浓度与质量浓度之间的换算

由于配制溶液时使用质量浓度比较方便，而进行有关化学反应计算时使用物质的量浓度比较方便，如果能将两者进行换算，会给工作或计算应用带来方便。

根据两者公式：
$$c_B = \frac{m_B}{M_B V} \Rightarrow m_B = c_B \times M_B \times V$$

$$\rho_B = \frac{m_B}{V} \Rightarrow m_B = \rho_B \times V$$

$$\Rightarrow c_B = \frac{\rho_B}{M_B} \qquad\qquad 式(2-9)$$

或
$$\rho_B = c_B \times M_B \qquad\qquad 式(2-10)$$

例2-8 患者在临床需要大量补液时，使用50g/L的葡萄糖($C_6H_{12}O_6$)溶液，求该溶液的物质的量浓度是多少？

解：已知
$$\rho_{C_6H_{12}O_6} = 50g/L \qquad M_{C_6H_{12}O_6} = 180g/mol$$

故
$$c_{C_6H_{12}O_6} = \frac{\rho_{C_6H_{12}O_6}}{M_{C_6H_{12}O_6}} = \frac{50g/L}{180g/mol} = 0.278mol/L$$

答：这种葡萄糖溶液的物质的量浓度是0.278mol/L。

（二）物质的量浓度与质量分数之间的换算

根据两者公式：
$$c_B = \frac{m_B}{M_B V} \Rightarrow m_B = c_B \times M_B \times V$$

$$\omega_B = \frac{m_B}{m} \Rightarrow m_B = \omega_B \times m$$

$$\Rightarrow c_B = \frac{\omega_B \times m}{M_B \times V} \quad \rho = \frac{m}{V}$$

$$\Rightarrow c_B = \frac{\omega_B \times \rho}{M_B} \qquad\qquad 式(2-11)$$

例2-9 市售浓HCl含量$\omega_{HCl} = 0.365$，密度$\rho = 1.19kg/L$，它的物质的量浓度是多少？

解：已知
$$M_{HCl} = 36.5g/mol \qquad \omega_{HCl} = 0.365$$

$$\rho = 1.19kg/L = 1190g/L$$

故
$$c_{HCl} = \frac{\omega_{HCl} \times \rho}{M_{HCl}} = \frac{0.365 \times 1190g/L}{36.5g/mol} = 11.9mol/L$$

答：这种浓HCl的物质的量浓度是11.9mol/L。

三、溶液的稀释和配制

（一）溶液的稀释

在工作中，常需要把一定浓度的浓溶液稀释成所需要的浓度。如将$c_B = 12mol/L$的浓HCl稀释为分析化学实验常用的$c_B = 0.1mol/L$的稀HCl，或将$\varphi_B = 0.95$的药用酒精稀释为$\varphi_B = 0.75$的消毒酒精等。

溶液的稀释是指在原溶液中加入溶剂，使原溶液的浓度降低的过程。其特点是溶液的体积增大了，但溶质的量没有变。即：

稀释前溶质的量 = 稀释后溶质的量

即：稀释前浓度×稀释前体积 = 稀释后浓度×稀释后体积

表达式为：
$$c_1 V_1 = c_2 V_2 \qquad\qquad 式(2-12)$$

式(2-12)称为溶液的**稀释公式**，下标"1"表示稀释前状态，下标"2"表示稀释后状态。

必须注意以下几个方面的问题：

1. 稀释前后的浓度 c_1、c_2 单位必须相同,体积 V_1、V_2 单位也必须一致。

2. c_1、c_2 为广泛意义上的浓度,可以是物质的量浓度 c_B、质量浓度 ρ_B 或体积分数 φ_B 等,但不能是质量分数 ω_B。若浓度用质量分数 ω_B 表示,则稀释公式为：

$$\omega_{B1}m_1 = \omega_{B2}m_2 \qquad\qquad 式(2-13)$$

知识链接

溶液的浓缩

　　溶液的浓缩是溶液的稀释的反过程,浓缩是使原溶液的浓度升高的过程。其特点是溶液的体积因溶剂减少而缩小,但溶质的量没有变。即浓缩前溶质的量等于浓缩后溶质的量,因此溶液的浓缩也符合稀释公式。

　　例 2-10　苯巴比妥钠(俗名鲁米那)在临床上用于镇静、催眠及抗惊厥等。该注射液的质量浓度 $\rho_B = 100g/L$,现将一支 $1ml$ 的注射液稀释为小白鼠抗惊厥的药物实验中需要用的质量浓度 $\rho_B = 5g/L$ 的溶液,问稀释后的体积是多少毫升？

解：已知　　　　　　　　$\rho_1 = 100g/L$　$\rho_2 = 5g/L$　$V_1 = 1ml$　求 $V_2 = ?$

根据稀释公式　　　　　　　　$\rho_1 V_1 = \rho_2 V_2$

故　　　　　　　　$V_2 = \dfrac{\rho_1 V_1}{\rho_2} = \dfrac{100g/L \times 1ml}{5g/L} = 20ml$

答：稀释后的体积是 $20ml$。

（二）溶液的配制

溶液的配制一般分两种情况：一种是溶质为固体,直接配成一定浓度的溶液,如 $NaCl$、KCl、$NaHCO_3$ 等溶液的配制；另一种是溶质为浓溶液稀释成一定浓度的溶液,如 HCl、H_2SO_4、酒精等溶液的稀释。

1. 溶质为固体,直接配成一定浓度的溶液的配制步骤(图2-1)

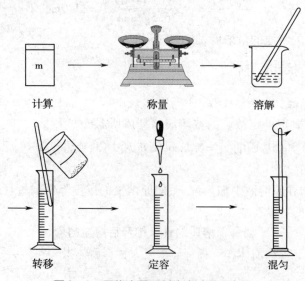

计算　　　　　　　　称量　　　　　　　　溶解

转移　　　　　　　　定容　　　　　　　　混匀

图2-1　固体溶质配制溶液过程示意图

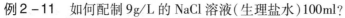

例 2-11 如何配制 9g/L 的 NaCl 溶液(生理盐水)100ml?

解:(1) **计算:**根据所需溶液的浓度和体积计算所需溶质的质量。

$$m_{NaCl} = \rho_{NaCl} \times V = 9g/L \times 0.1L = 0.9g$$

(2) **称量:**用托盘天平称取 0.9g NaCl 固体。

(3) **溶解:**将 0.9g NaCl 倒入烧杯中,加入适量蒸馏水,并用玻璃棒搅拌至溶解。

(4) **转移和洗涤:**将上述溶液用玻璃棒引流至 100ml 量筒中,用洗瓶快速冲洗烧杯内壁和玻璃棒 2~3 次,并将洗涤液全部转移至量筒中。

(5) **定容:**向量筒中加蒸馏水距 100ml 刻度线 1~2cm 处,改用胶头滴管滴加蒸馏水至溶液凹液面的最低点与刻度线相切。

(6) **混匀:**用玻璃棒将溶液搅拌均匀。

2. 溶质为浓溶液时稀释成一定浓度的溶液稀释步骤

例 2-12 如何用 $\varphi_B = 0.95$ 的药用酒精配制 $\varphi_B = 0.75$ 的消毒酒精 100ml?

(1) **计算:**根据稀释公式,计算出所需要溶质的体积。

$$V_1 = \frac{\varphi_2 V_2}{\varphi_1} = \frac{0.75 \times 100ml}{0.95} \approx 78.9ml$$

(2) **量取:**用 100ml 量筒准确量取 $\varphi_B = 0.95$ 的药用酒精 78.9ml。

(3) **定容:**向量筒中加入蒸馏水稀释至液面距 100ml 刻度线 1~2cm 处,改用胶头滴管滴加蒸馏水至溶液凹液面的最低点与刻度线相切。

(4) **混匀:**用玻璃棒将溶液搅拌均匀。

一般情况下,配制溶液使用的仪器主要是托盘天平称量固体质量,量杯或量筒取液体和盛装所配溶液,但如果对配制溶液的浓度要求十分精确时,则需要使用分析天平称量固体质量,移液管或吸量管准确量取浓溶液和容量瓶盛装所配溶液。

 学以致用

工作场景:

青霉素是一种高效、低毒、临床应用广泛的重要抗生素,但青霉素会使个别人发生过敏反应,在使用前须做过敏试验,试验结果呈阴性方可使用。青霉素过敏试验用皮内注射法,一般要求青霉素 G 钠皮试液每毫升含 500U 为标准。现有 80 万 U/支的青霉素 G 钠,用生理盐水作为溶媒和稀释液,配制 500U/ml 的青霉素皮试药液。

知识运用:

青霉素 G 钠皮试液的配制。

(1) 取 80 万 U 的青霉素一支,加生理盐水 4ml,振荡溶解。该溶液中青霉素的含量为 20 万 U/ml,则 1ml 含 20 万 U。

$$c_{后} = \frac{c_{原}}{V_{生理盐水}} = \frac{80 \text{ 万 U}}{4ml} = 20 \text{ 万 U/ml}$$

(2) 取上述溶液 0.1ml,加生理盐水至 1ml,摇匀。根据稀释公式得出该溶液中青霉素的含量为 2 万 U/ml。

$$c_{后} = \frac{c_{前} \times V_{取}}{V_{后}} = \frac{20 \text{ 万 U} \times 0.1ml}{1ml} = 2 \text{ 万 U/ml}$$

（3）取上述溶液0.1ml,加生理盐水至1ml,摇匀。同理可算出青霉素的含量为2000U/ml。

（4）取上述溶液0.25ml,加生理盐水至1ml,摇匀。同理可算出青霉素的含量为500U/ml。

可取上述500U/ml的青霉素皮试液0.1ml作皮试(即50U)。

注:U代表单位,是临床实践根据某些药物制定的一个质量标准,是具有一定生物效能的最小单位。式中$c_前$代表这一步稀释前青霉素的溶液浓度,$c_后$代表稀释后青霉素的溶液浓度。

点滴积累

1. 溶液的浓度是指一定量的溶液或溶剂中所含溶质的量。
2. 物质的量浓度是溶质B的物质的量除以溶液的体积。
3. 质量浓度是指溶质的质量除以溶液的体积。

第三节 溶液的渗透压

一、渗透现象和渗透压

在一杯清水中加入浓糖水,不久整杯水都会有甜味,最后得到浓度均匀的糖水溶液,这种现象称为扩散,两种浓度不同的溶液混合时都会产生扩散现象。

有一种性质特殊的薄膜,它只允许较小的溶剂水分子自由通过而溶质分子很难通过,这种薄膜称为**半透膜**。例如鸡蛋衣,植物的细胞膜,人类的红细胞膜、膀胱膜、毛细血管壁等都是各种性质不同的半透膜。

如果我们用这种特殊的半透膜将等体积的纯水和蔗糖溶液隔开(如图2-2a所示),会发生什么现象呢?一段时间后,蔗糖溶液上方液面逐渐升高(如图2-2b所示)。产生这种现象的原因是由于半透膜两侧的水分子可以自由通过,但蔗糖分子不可以通过,开始时,单位时间内由纯水进入蔗糖溶液中的水分子比由蔗糖溶液进入纯水中的水分子多,所以,蔗糖溶液上方液面升高。随着溶液一侧液面的上升,由于受到水柱压力影响,两侧水分子通过半透膜的数量最终相等,两侧液面不再变化,从而达到一种动态平衡状态。这种**溶剂分子通过半透膜由纯溶剂(或稀溶液)进入溶液(或浓溶液)的现象就称为渗透现象,简称渗透**。如果要阻止渗透现象的发生,就要在蔗糖溶液上方施加一定的压力,这种**恰能阻止渗透现象继续发生而达到渗透平衡的单位面积上的压力称为该溶液的渗透压**(如图2-2c所示)。渗透压符号为π,单位Pa(帕斯卡)或kPa(千帕),医学上常用kPa。

渗透压是溶液自身的一种性质,凡是溶液都有渗透压,但是**产生渗透现象必须具备两个条件:一是要有半透膜存在;二是半透膜两侧溶液浓度不相等**。

产生**渗透的方向**总是由纯溶剂或稀溶液(水分子数较多)的一方指向浓溶液(水分子数较少)的一方。**渗透结果**是缩小了半透膜两侧液体的浓度差。

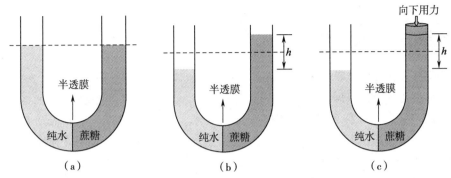

图2-2 溶液的渗透现象开始前后和渗透压

二、影响渗透压的因素

医学上把溶液中**能够产生渗透作用的各种粒子**(包括电解质离子和非电解质分子)**的总浓度称为渗透浓度**,用 $c_{渗}$ 表示。渗透浓度常用单位 mmol/L 表示。

实验证明,**在一定温度下,溶液的渗透压与渗透浓度成正比,而与溶质的性质无关**。即温度一定的条件下,渗透压与粒子种类无关,只与其渗透浓度有关。要比较溶液渗透压的大小,只要比较相同温度下溶液渗透浓度的大小即可。

对于大部分酸、碱、盐在水中能完全解离的电解质,如 HCl、NaOH、NaCl 等,其渗透浓度等于溶液中各离子的物质的量浓度之和。

对于在水中不能解离而是以分子形式存在的非电解质,如葡萄糖、蔗糖等溶液,其渗透浓度等于溶液的物质的量浓度。

例2-13 比较相同温度下,0.1mol/L NaCl 溶液与 0.1mol/L 葡萄糖溶液渗透压大小。

解:由于 NaCl 在水中能解离为 Na^+ 和 Cl^-,所以 0.1mol/L NaCl 溶液的渗透浓度是 Na^+ 和 Cl^- 的总浓度,为 0.2mol/L,即 200mmol/L;葡萄糖在水中不能解离,以分子形式存在,所以其渗透浓度为溶液的物质的量浓度,为 0.1mol/L,即 100mmol/L,所以 0.1mol/L NaCl 溶液比 0.1mol/L 葡萄糖溶液的渗透压大。

三、渗透压在医药上的意义

在相同温度下,渗透压相等的两种溶液,称为**等渗溶液**。对于渗透压不相等的两种溶液,渗透压低的溶液称为**低渗溶液**,渗透压高的溶液称为**高渗溶液**。

医学上的等渗、低渗和高渗溶液都是以血浆的渗透压为标准确定的。**37℃时,人体血浆渗透压的正常范围为 720~800kPa,相当于渗透浓度为 280~320mmol/L 所产生的渗透压**。因此,临床上规定凡渗透浓度在 280~320mmol/L 范围或接近此范围的溶液称为等渗溶液,低于 280mmol/L 的溶液称为低渗溶液,高于 320mmol/L 的溶液称为高渗溶液。临床常用的等渗和高渗溶液,见表2-3。

表2-3 临床常用的等渗和高渗溶液

临床常用的等渗溶液	临床常用的高渗溶液
50g/L(0.278mol/L)葡萄糖溶液	100g/L(0.56mol/L)葡萄糖溶液
9g/L(0.154mol/L)NaCl 溶液	500g/L(2.78mol/L)葡萄糖溶液
12.5g/L(0.149mol/L)NaHCO$_3$ 溶液	200g/L(1.10mol/L)甘露醇溶液

滴 眼 剂

　　滴眼剂为直接用于眼部的外用液体制剂,以水溶液为主,包括少数水性混悬液,也有将药物做成片剂,临用时制成水溶液。滴眼剂虽然是外用剂型,但质量要求类似注射剂,对 pH、渗透压、无菌、澄明度等都有一定的要求。其中,渗透压是滴眼液的一个重要理化指标,《中国药典》要求应与泪液等渗,即眼球能适应的渗透压范围相当于浓度为 0.6%~1.5% 的氯化钠溶液。因为高渗溶液或低渗溶液会刺激眼部,使泪液增加而迅速稀释或冲去药液,从而降低生物利用度,此外,还会使眼部产生不适甚至疼痛。

　　渗透压与医学的关系十分密切,如临床上给患者大量输液时,**必须使用等渗溶液**,以维持正常的血浆渗透压,使红细胞维持其正常的形态和生理活性(如图 2-3b 所示)。若输入高渗溶液,如 15g/LNaCl 溶液,由于红细胞内溶液的渗透浓度低于细胞外溶液的渗透浓度,红细胞内的水分子就会透过细胞膜进入细胞外的溶液,致使红细胞逐渐皱缩(如图 2-3a 所示),医学上称这一现象为胞浆分离,若发生在血管内则造成**血栓**。若输入大量的低渗溶液,如 5g/LNaCl 溶液,由于红细胞内溶液的渗透浓度高于细胞外溶液的渗透浓度,低渗溶液中的水分子就会透过细胞膜进入红细胞内,致使红细胞逐渐膨胀,直至破裂(如图 2-3c 所示)。红细胞破裂释放出的血红蛋白会使溶液成红色,医学上称这一现象为**溶血**。

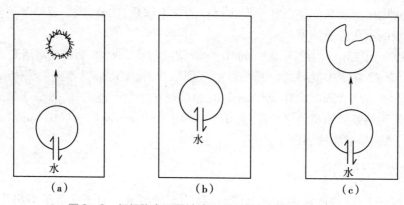

图 2-3　红细胞在不同浓度 NaCl 溶液中的形态示意图

　　临床为了治疗的需要,输入少量高渗溶液也是允许的,但高渗溶液的用量不能太大,输液速度要缓慢,以免造成局部高渗引起红细胞皱缩,如脑水肿患者常用高渗溶液 200g/L 甘露醇溶液作为脱水剂。

血液渗透压的生理意义

　　人体内的水与溶解于其中的物质构成了体液,人体中许多反应是在体液中进行的,体液的含量、分布、渗透压、酸碱性及电解质含量必须维持正常,才能保证生命活动的正常进行。当体液的渗透压平衡被破坏时,可引起体液中水、电解质和有机物变化,导致机体的功能活动异常。

人体血浆中,既含有大量 NaCl、KCl、尿素、葡萄糖等低分子晶体物质,又含有蛋白质、核酸等高分子胶体物质。其中血浆渗透压主要来自溶解于其中的晶体物质,由晶体物质所形成的渗透压称为晶体渗透压,其中 80% 来自 Na^+ 和 Cl^-。血浆中虽含有大量蛋白质,但分子数量少,所以产生的渗透压小,由蛋白质所形成的渗透压称为胶体渗透压。

晶体渗透压对维持细胞内外的水盐平衡起主要作用,胶体渗透压对维持血容量和毛细血管内外的水平衡起主要作用。如血浆蛋白减少,胶体渗透压降低时,血管内的水分将向组织内转移,最终引起组织水肿。反之,如果血浆蛋白浓度升高,如严重的腹泻、呕吐、烧伤等,大量水分丢失,血浆的胶体渗透压相对升高,细胞间液的水移向血浆以维持血容量,最终引起脱水,所以临床上对大面积烧伤或由于失血过多而造成血容量降低的患者进行补液时,在补生理盐水的同时还需要输入血浆或右旋糖酐,以提高血浆的胶体渗透压,扩充血容量。

 点滴积累

1. 产生渗透现象的两个条件:一是要有半透膜存在;二是半透膜两侧溶液浓度不相等。
2. 能够产生渗透作用的各种粒子的总浓度称为渗透浓度。
3. 37℃时,人体血浆渗透压相当于渗透浓度为 280～320mmol/L 所产生的渗透压。

第四节　分散系和胶体溶液

一、分散系

一种或几种物质被分散成细小的粒子,分布在另一种物质当中所形成的体系叫做分散系。其中,被分散的物质叫分散相,容纳分散相的物质叫做分散介质或分散剂。例如,生理盐水就是氯化钠的氯离子和钠离子分散在水中的分散系,氯化钠是分散相,水是分散介质。根据分散相粒子的大小,分散系可分为以下 3 类:分子或离子分散系、胶体分散系和粗分散系(表 2-4)。

表 2-4　分散系分类

分散质粒子直径	分散系类型	分散质粒子	实例
<1nm	分子或离子分散系	小分子或离子	葡萄糖溶液、生理盐水
1～100nm	胶体分散系	胶粒	氢氧化铁溶胶
	胶体溶液 高分子溶液	单个高分子	蛋白质溶液
>100nm	粗分散系 乳浊液	液体小液滴	医药用松节油搽剂
	悬浊液	固体小颗粒	医用杀菌药硫黄合剂

分子或离子分散系通常又叫真溶液,简称溶液。在真溶液里,分散相又叫溶质,分散介质又叫做溶剂。我们在初中学的酸、碱、盐溶液均属于此类分散系。

二、胶体溶液

胶体分散系,简称胶体溶液。胶体溶液的种类很多,根据分散剂的不同可分为3类,即溶胶、气溶胶、固溶胶。分散剂为液体的是溶胶,如硅酸溶胶、氢氧化铁溶胶等;分散剂为固体的是固溶胶,如有色玻璃等,其中溶胶是典型代表。

胶体溶液的性质主要有:

1. 丁铎尔现象　将溶胶置于暗处,用一束强光照射溶胶,在与光束垂直的方向观察,可以看到溶胶中有一束浑浊发亮的光柱,这种现象是由英国物理学家丁铎尔发现的,称为丁铎尔现象。利用此现象可以区别真溶液和溶胶(彩图1)。

2. 电泳现象　胶粒在外电场力的作用下发生定向移动的现象,称为电泳。

电泳现象说明胶粒带有电荷。向阴极移动的胶粒带正电荷,胶粒带正电荷的胶体溶液称为正胶体,如 $Fe(OH)_3$ 溶胶;向阳极移动的胶粒带负电荷,胶粒带负电荷的胶体溶液称为负胶体,如 $AgCl$ 溶胶。由于同种胶粒带同种电荷,同种电荷之间的相互排斥作用,使胶粒不易聚集,所以胶粒带电是溶胶稳定的主要因素之一。

3. 稳定性和凝聚　胶粒带电及胶粒表面的水化膜是溶胶稳定的主要因素。溶胶稳定性比真溶液差,溶胶的稳定性是有条件的,**如果破坏其稳定因素,胶粒会相互聚集成较大颗粒而沉淀,这种过程称为聚沉**。可以通过加入少量电解质、加入与胶粒带有相反电荷的溶胶和加热等方法使溶胶聚沉。

 知识链接

电泳法在医学的应用

人的体液均为胶体,利用胶体粒子带电的特点,通过电泳方法可分离体液,判断某器官是否病变等。如当人体的脂质代谢遭到破坏时,血液中红细胞的电泳率就会低于正常值,通过电泳的测定就可判定人体肝功能是否正常。

三、高分子溶液

高分子化合物是指相对分子质量在 1 万以上的大分子化合物,例如蛋白质、淀粉、核酸等都属于高分子化合物,高分子溶液是指高分子化合物溶解在适当溶剂中所形成的溶液,属于胶体分散系,但由于其分散相粒子是单个分子,因此高分子溶液有一些特殊性质。

(一)高分子溶液的特性

1. 稳定性较大　高分子溶液比较稳定,在无细菌及无溶剂挥发的情况下,长期放置不会沉淀。其稳定性比胶体溶液更稳定,和真溶液相似。因为高分子溶液中分散质是以单一分子分散在溶液中,这与真溶液的分散相类似。此外,高分子化合物的分子结构中存在较多的吸水性基团,具有很强的溶剂化作用。

2. 黏度大　高分子溶液的黏度比一般溶液或胶体溶液的大。

(二)高分子化合物溶液对溶胶的保护作用

由于高分子溶液比较稳定,在溶胶中加入一定量的高分子溶液,能显著增强溶胶的稳定性,当受外部因素的作用时,不易发生聚沉,这种现象叫做对溶胶的保护作用。

　　高分子化合物溶液对溶胶的保护作用在人体生理过程中有着重要的生理意义。血液中存在着微溶性的无机盐(如碳酸盐、磷酸盐等),由于血液中的蛋白质等高分子化合物对这些盐类起到保护作用,所以它们可以在血液中稳定地存在,并随着血液的流动运输到各组织被摄取利用。若发生某些疾病使血液中蛋白质等高分子化合物减少,削弱了这些盐类的保护作用,这些盐有可能在各器官中沉积,从而形成结石。

知识链接

钡 餐 造 影

　　钡餐造影即消化道钡剂造影,是指用硫酸钡作为造影剂,在 X 线照射下显示消化道有无病变的一种检查方法。与钡灌肠不同,钡餐造影是用口服的途径摄入造影剂,可对整个消化道,尤其是上消化道进行更清晰的放射性检查。因为硫酸钡合剂含有足够量的一种高分子化合物阿拉伯胶,其对硫酸钡溶胶起保护作用,当患者服用后,硫酸钡胶浆能均匀地黏附在胃肠道壁上形成薄膜,从而有利于造影检查。又因为硫酸钡合剂不溶于水和脂质,所以不会被胃肠道黏膜吸收,因此对人基本无毒性。

点滴积累

1. 一种或几种物质被分散成细小粒子,分布在另一种物质当中所形成的体系叫分散系。
2. 利用丁铎尔现象可以区别真溶液和溶胶。
3. 胶粒带电及胶粒表面的水化膜是溶胶稳定的主要因素。

目标检测

一、选择题

(一) 单项选择题

1. 下列有关摩尔的叙述正确的是(　　　　)
　　A. 摩尔是物质质量的单位　　　　　　　　B. 摩尔是物质数量的单位
　　C. 摩尔是物质重量的单位　　　　　　　　D. 氢气的摩尔质量是 2g/mol

2. 在 $0.5mol\ Na_2SO_4$ 中含有 Na^+ 的数目是(　　　　)
　　A. 3.01×10^{23} 　　　　　　　　　　　B. 6.02×10^{23}
　　C. 1.204×10^{24} 　　　　　　　　　　　D. 0.5

3. 下列各物质质量相同时,物质的量最少的是(　　　　)
　　A. H_2O 　　　　　B. H_2SO_4 　　　　　C. NaOH 　　　　　D. Na_2SO_4

4. 下列物质各 1mol,质量最大的是(　　　　)
　　A. H_2O 　　　　　B. CO_2 　　　　　C. O_2 　　　　　D. NH_3

5. Na^+ 的摩尔质量为(　　　　)
　　A. 23 　　　　　B. 23g 　　　　　C. 23mol 　　　　　D. 23g/mol

6. 下列表示方法中错误的是(　　　　)
　　A. 2mol 硫酸　　　　　　　　　　　　　B. 1mol CO_2

C. 0.02mol 氢氧化钠　　　　　　　　　D. 1mol 氮

7. a mol H_2 和 $2a$ mol 氦气具有相同的（　　）

    A. 分子数　　　　B. 原子数　　　　C. 质子数　　　　D. 质量

8. 下列有关表示溶液浓度的公式错误的是（　　）

    A. $c_B = n_B/V$　　　B. $\rho_B = m_B/V$　　　C. $\omega_B = m_B/V$　　　D. $\varphi_B = V_B/V$

9. 将 9.5g 的 $MgCl_2$ 固体溶于水，配成 250ml 溶液，该溶液的物质的量浓度为（　　）

    A. 0.1mol/L　　　B. 0.2mol/L　　　C. 0.3mol/L　　　D. 0.4mol/L

10. 配制物质的量浓度的溶液必须使用的量器是（　　）

    A. 天平　　　　　B. 量筒　　　　　C. 胶头滴管　　　D. 玻棒

11. 将 4gNaOH 溶解在 1L 水中，取出 10ml，其物质的量浓度是（　　）

    A. 1mol/L　　　　B. 0.1mol/L　　　C. 0.01mol/L　　　D. 10mol/L

12. 用葡萄糖配制 0.1mol/L 的葡萄糖溶液 500ml，需要葡萄糖的质量为（　　）

    A. 5.0g　　　　　B. 9.0g　　　　　C. 10.0g　　　　D. 18.0g

13. 0.149mol/L $NaHCO_3$ 溶液，其质量浓度为（　　）

    A. 12.1g/L　　　B. 12.2g/L　　　C. 12.3g/L　　　D. 12.5g/L

14. 生理盐水物质的量浓度是（　　）

    A. 0.154mol/L　　B. 0.0154mol/L　　C. 0.280mol/L　　D. 1.54mol/L

15. 相同条件下，决定渗透压大小的因素是（　　）

    A. 粒子大小　　　B. 溶液体积　　　C. 溶液质量　　　D. 粒子数目

16. 相同温度下，0.1mol/L 下列各溶液渗透压最大的是（　　）

    A. 氯化钠　　　　B. 氯化钾　　　　C. 氯化钙　　　　D. 葡萄糖

17. 静脉滴注 0.9g/L 的 NaCl 溶液，红细胞会（　　）

    A. 正常　　　　　B. 基本正常　　　C. 皱缩　　　　　D. 溶血

18. 大量输液时，必须使用（　　）溶液

    A. 等渗溶液　　　B. 高渗溶液　　　C. 低渗溶液　　　D. 缓冲溶液

19. 会使红细胞发生皱缩的是（　　）

    A. 12.5g/L 的 $NaHCO_3$　　　　　　　　B. 1.00g/L 的 NaCl

    C. 生理盐水　　　　　　　　　　　　　D. 15g/LNaCl

20. 100ml 0.1mol/L$CaCl_2$ 溶液的渗透浓度是（　　）

    A. 100mmol/L　　B. 200mmol/L　　C. 300mmol/L　　D. 400mmol/L

（二）多项选择题

1. 下列关于物质的量的说法正确的是（　　）

    A. 物质的量是一个物理量

    B. 物质的量的单位是摩尔

    C. 物质的量是一个专有名词，缺一不可

    D. 物质的量是用来描述物质个数的多少

    E. 物质的量可以描述任何物质

2. 下列属于溶液配制的步骤是（　　）

    A. 计算、称量　　　　　B. 溶解、转移　　　　　C. 搅拌、加热

    D. 洗涤、过滤　　　　　E. 定容、混匀

3. 临床常用的等渗溶液有(　　)

  A. 50g/L 葡萄糖溶液　　　　　　　　B. 100g/L 葡萄糖溶液

  C. 9g/L NaCl 溶液(生理盐水)　　　　　D. 12.5g/L NaHCO₃ 溶液

  E. 18.7g/L 乳酸钠(NaC₃H₅O₃)溶液

4. 下列属于高分子化合物特性的是(　　)

  A. 丁铎尔现象　　　　　B. 电泳现象　　　　　C. 稳定性大

  D. 黏度大　　　　　　　E. 易聚沉

二、填空题

1. 物质的量代表符号是_____，它的单位是_____，单位符号是_____。

2. 阿伏伽德罗常数的数值是_____，代表符号是_____。1mol 任何物质都含有_____个基本微粒。

3. 1mol H₂SO₄ 含有_____个硫酸分子,质量是_____。

4. 4g NaOH 的物质的量是_____,0.5mol CO₂ 的质量是_____。

5. 生理盐水是质量浓度为_____g/L 的_____溶液。

6. 医用消毒酒精的体积分数是_____。

7. 稀释定律指的是在稀释前后,溶液中的_____不变。

8. 渗透现象发生的条件是_____和_____。

9. 一定温度下,_____相同,渗透压才相等。

10. 正常人体血浆渗透压为_____,相当于血浆渗透浓度为_____。

三、简答题

1. 请简述配制 9g/L 的 NaCl 溶液 50ml 的操作步骤。

2. 正常人血液中的葡萄糖(简称血糖,相对分子质量为180)的浓度为3.9~6.1mmol/L。测得某人1ml血液中含有葡萄糖1mg,此人的血糖正常吗?

四、计算题

1. 100ml 正常人血浆中含血浆蛋白7g,血浆蛋白在血浆中的质量浓度为多少?

2. 纠正酸中毒时用的乳酸钠(NaC₃H₅O₃)注射液的质量浓度为112g/L,它的物质的量浓度是多少?

3. 临床上治疗支气管哮喘时使用的氨茶碱注射液,规格为每支2ml含氨茶碱0.25g(2ml:0.25g),成人用量一次1支,小儿用药量酌减,现医生处方为0.06g,应吸取氨茶碱注射液多少毫升?

4. 配制 φ_B=0.75 的消毒酒精500ml,需取 φ_B=0.95 的药用酒精多少毫升?

（阮桂春）

35

第三章　化学反应速率与化学平衡

学习目标

1. 掌握浓度、温度对化学平衡移动的影响规律。
2. 熟悉浓度、温度和催化剂对化学反应速率的影响。
3. 了解化学平衡常数表达式。

导学情景

情景描述：

中专生小张放暑假回到家里，糖尿病的奶奶问她如何保存从医院取回来的胰岛素针剂。小张告诉奶奶，由于胰岛素针剂不稳定，常温下变质的化学反应发生得比较快，应放到指定温度的冰箱中，因为温度下降可使胰岛素针剂发生化学反应的速度变慢，这样可有效保护其生理活性，避免变质。

学前导语：

要控制一个化学反应，必须知道其反应是如何进行的，反应进行的快慢程度，以及影响化学反应快慢的外部因素。上述胰岛素针剂的保存就是利用了温度对化学反应速率的影响，通过降低温度使化学反应速率减慢，来达到保质目的。要想掌握外部因素对化学反应的影响，就要认真学习本章的相关知识。

化学反应速率和化学平衡是大部分化学反应都会涉及的两方面的问题。研究化学反应的快慢，它属于化学反应速率的范畴；研究化学反应进行的方向和程度，它属于化学平衡的问题。在这一章里，我们重点学习和探讨化学反应速率和化学平衡的有关知识。

第一节　影响化学反应速率的因素

在日常生活和生产中，各种化学反应的进行有快有慢。有些反应进行得很快，如炸药爆炸、酸碱中和反应、照相底片的感光等瞬间就能完成；而有些反应进行得非常慢，如铁生锈、橡胶的老化、大理石的风化等，需要很长时间才能完成。就同一化学反应而言，在不同条件下，反应快慢也有所不同。为了比较各种化学反应进行的快慢，需要引入化学反应速率的概念。

化学反应速率(用 v 表示)即化学反应进行的快慢，通常是指在一定条件下，某化学反应的反应物转变为生成物的速率，它是用单位时间内某种反应物（或生成物）浓度变化的数值来表示的,其大小表示了化学反应的快慢程度。

影响化学反应速率最重要的因素是反应物的本性,此外,浓度、压强、温度、催化剂等外界条件对化学反应速率也会产生影响。我们可通过改变这些外界条件来控制化学反应的快慢。根据药剂专业的工作情况,本章主要讨论浓度、温度、催化剂对于化学反应速率的影响。

一、浓度对化学反应速率的影响

科学家通过对化学反应的研究,发现浓度对化学反应速率有很大的影响。例如铁丝在空气中不能燃烧,但在纯氧中剧烈燃烧,火星四射,就是因为空气中和纯氧中的氧气浓度不同。

观察不同浓度的硫代硫酸钠与硫酸反应时,溶液变浑浊的快慢。

【演示实验3-1】取两支试管,在第一支试管中加入 0.1mol/L $Na_2S_2O_3$ 溶液 2ml,在第二支试管中加入 0.1mol/L $Na_2S_2O_3$ 溶液 1ml 和蒸馏水 1ml。然后同时向这两支试管中分别加入 0.1mol/L H_2SO_4 溶液 2ml,观察实验现象。

实验现象表明:第一支试管中先出现浑浊,第二支试管中后出现浑浊。即反应物硫代硫酸钠浓度越大时,反应速率越大。

大量实验证明:**当其他条件不变时,增大反应物的浓度,会增大反应速率;减小反应物的浓度,会减小反应速率。**

 知识链接

有效碰撞理论

化学反应发生的先决条件是反应物分子相互接触和碰撞,反应物分子之间的碰撞次数很多,但并不是每一次碰撞均可以发生化学反应。在化学中,把能够发生化学反应的碰撞叫有效碰撞,不能发生化学反应的碰撞叫无效碰撞;化学反应发生的原因是反应物的分子之间发生了有效碰撞,有效碰撞次数越多,反应速率越快。能够发生有效碰撞的分子叫活化分子。反应物分子中活化分子越多,产生的有效碰撞就越多,反应就越快。实验证明,若增大反应浓度,即单位体积内反应物分子总数增大,单位体积内活化分子数增加,有效碰撞次数增多,反应速率就加快。

二、温度对化学反应速率的影响

【演示实验3-2】取两支试管,分别加入 0.1mol/L 的 $Na_2S_2O_3$ 溶液 2ml,放在盛有热水和冷水的两个烧杯中。稍候片刻,同时向这两支试管中分别加入 0.1mol/L 的 H_2SO_4 溶液 2ml,观察实验现象。

实验现象表明:放在热水中的试管里先出现浑浊;放在冷水中的试管里后出现浑浊。即反应温度越高时,化学反应速率越大。

温度对反应速率的影响远远大于浓度的影响。例如常温下氢气和氧气的反应十分缓慢,但温度升高到600℃时,则会发生猛烈的爆炸。大量实验证明:**当其他条件不变时,升高温度,可以增大反应速率;降低温度,可以减小反应速率。**第一位(1901年度)获得诺贝尔化学奖的荷兰化学家范特霍夫(1852—1911年)于1884年总结出一个经验规律:对于一般反应,当其他条件不变时,温度每升高 10℃,反应速率可增大到原来的 2~4 倍,当温度降低时,反应速率以相同的比例减小。

知识链接

温度影响的原因

实验证明升高温度时反应物的能量增加,使一部分原来能量较低的分子变为活化分子,增加了反应物中活化分子的百分数,从而使有效碰撞的次数增多,反应速率加快。

在生产实践中,人们常常通过改变温度来控制化学反应速率。对于我们需要的化学反应,常常采用加热的方式来加快化学反应速率;而对食物变质、药品失效等不利反应,常常采取将食物、药品保存在电冰箱或低温阴凉处来减慢变质反应的速率。例如,胰岛素、球蛋白、疫苗等药物在常温下只能短暂保存,存放在指定温度的冰箱中可有效保护其生理活性,避免变质。

三、催化剂对化学反应速率的影响

催化剂是一种能改变其他物质的化学反应速率,而本身的组成、质量和化学性质在反应前后都不发生变化的物质。催化剂既可以使缓慢的化学反应迅速进行,发挥催化作用(这样的催化剂叫正催化剂);也可以使激烈的化学反应趋于缓和,发挥阻化作用(这样的催化剂叫负催化剂)。一般情况下,我们使用正催化剂来增大反应速率。

【演示实验3-3】取一支试管,加入质量分数为0.03的H_2O_2溶液1ml,观察是否有气泡产生;然后加入少许二氧化锰(MnO_2)粉末,再观察是否有气泡产生。

实验现象表明:加入少许二氧化锰粉末后有大量气泡产生。这说明催化剂MnO_2可以加速H_2O_2的分解反应。

 知识拓展

压强对化学反应速率的影响

对于有气体参加的化学反应,在一定的温度下,压强的改变会影响体积的变化,从而引起浓度的改变,对反应速率产生影响。温度一定时,气体的单位体积与其所受的压强成反比,压强增大,气体的体积缩小,单位体积内的分子数(即浓度)就增加。所以,对于气体反应,增大压强,就是增大气体反应物的浓度,因而可以增大反应速率;反之,减小压强,气体反应物浓度减小,因而可以减小反应速率。对于固体、纯液体或在溶液中进行的反应,由于改变压强对它们的体积影响很小,其浓度几乎不变,因此,可以认为压强与固体或液体物质间的反应速率无关。

除浓度、温度、压强和催化剂影响化学反应速率外,溶剂、光、紫外线、超声波、电磁波、激光、反应物颗粒的大小、扩散速率等因素在一定条件下也能影响化学反应的反应速率。

 点滴积累

1. 影响化学反应速率的主要因素有:浓度、温度、压强和催化剂。
2. 当其他条件不变时,增大反应物的浓度(或升高温度),会增大化学反应速率;减小反应物的浓度(或降低温度),会降低化学反应速率。

第二节 化学平衡

一、可逆反应和化学平衡

（一）可逆反应和不可逆反应

在一定条件下,有一些化学反应一旦发生就能不断进行,反应物几乎完全转变成生成物,这种只能从反应物向生成物一个方向单向进行的反应称为**不可逆反应**。如:

$$NaOH + HCl \Longrightarrow NaCl + H_2O$$

当有足量的盐酸时,氢氧化钠将全部反应完全,而且这个反应不能逆向进行,即相同条件下不可能将氯化钠加入水而得到盐酸和氢氧化钠。

但还有许多化学反应与上述反应不同。在同一反应条件下,反应物能转变成生成物,同时生成物也可以转变成反应物,这种**在同一条件下能同时向两个相反方向双向进行的反应,称为可逆反应**。为了表示反应的可逆性,化学方程式中常用两个带相反箭头的符号（也叫可逆号）"$\rightleftharpoons$"代替"$\Longrightarrow$"。

例如,氮气和氢气化合生成氨气的反应就是可逆反应:

$$N_2 + 3H_2 \rightleftharpoons 2NH_3$$

在可逆反应中,始终存在着反应物转变成生成物,即从左到右进行的反应,我们称为**正反应**;同时也存在着从生成物转变成反应物,即从右向左进行的反应,我们称为**逆反应**。正反应和逆反应构成可逆反应。可逆反应的特点是:在密闭容器中反应不能进行到底,无论反应进行多久,反应物和生成物总是同时存在,反应物永远不会全部转变成生成物。

> **课堂活动**
>
> 1. 观察化学反应方程式时,如何判断反应是不是可逆反应?
> 2. 氢气和氧气在点燃条件下生成水,水又可以电解生成氢气和氧气,这是一个可逆反应吗?

（二）化学平衡

在上述合成氨的反应中,反应开始,密闭容器中只有 H_2 和 N_2,而且浓度最大,因而正反应速率也最大,逆反应速率为零。随着反应的进行,N_2 和 H_2 不断消耗,因而浓度逐渐减小,正反应速率也相应地逐渐减小;另一方面,反应一旦发生,由于 NH_3 的生成,逆反应便开始进行,一部分 NH_3 开始分解为 N_2 和 H_2。开始时,由于 NH_3 的浓度很小,逆反应速率也很小,随着反应的进行,NH_3 的浓度逐渐增大,逆反应速率也逐渐增大。当反应进行到一定程度时,正反应速率等于逆反应速率,即 N_2 和 H_2 合成 NH_3 的速率等于 NH_3 的分解速率（图 3-1）。此时,在微

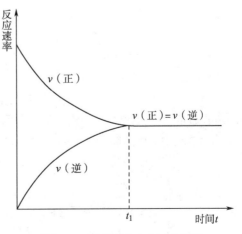

图 3-1 可逆反应中的反应速率

观上,单位时间内正反应减少的 H_2 和 N_2 分子数,恰好等于逆反应生成的 H_2 和 N_2 分子数;同时正反应增加的 NH_3 分子数恰好等于逆反应减少的 NH_3 分子数。在宏观上,N_2、H_2 和 NH_3 的浓度不再随反应时间的改变而改变,而是各自保持一定的数值不变。所以,当可逆反应到达一定程度时,化学反应虽然没有停止,但各反应物和生成物的浓度均不再随时间而变化,这时可逆反应处于一种特定的状态,即化学平衡状态。

在一定条件下,可逆反应的正反应速率等于逆反应速率,反应物和生成物的浓度不再随时间而改变的状态,称为化学平衡。

"化学平衡状态"是一种表面静止的状态,此时反应混合物中各自浓度保持恒定。化学平衡特征如表 3-1 所列。

表 3-1 化学平衡特征

化学平衡	特征
研究对象	可逆反应
平衡条件	正反应速率等于逆反应速率
平衡标志	各自浓度保持恒定
平衡特点	是一种动态平衡

课堂活动

你在今后的学习和工作中,如何根据化学反应方程式确定反应是否存在化学平衡?

二、化学平衡常数

一定条件下,当可逆反应达到平衡时,反应物和生成物的浓度不再发生变化。实验证明,对于任一可逆反应:

$$aA + bB \rightleftharpoons dD + eE$$

在一定温度下达到化学平衡时,平衡体系中各物质浓度间存在下列定量关系:

$$K = \frac{[D]^d [E]^e}{[A]^a [B]^b}$$

$[A]$、$[B]$、$[D]$、$[E]$:表示 A、B、D、E 在平衡时的浓度;上述关系式称为化学平衡常数表达式,K 为常数,称为**化学平衡常数**,简称**平衡常数**。它表示**在一定温度下,某一个可逆反应在达到平衡时,生成物浓度的幂次方乘积与反应物浓度的幂次方乘积之比值是一个常数**(浓度的幂次方在数值上等于反应方程式中各物质化学式前的系数)。

平衡常数的大小表示在平衡体系中各平衡混合物相对浓度的大小。**K 值越大,平衡混合物中生成物的相对浓度就越大**。

应用化学平衡常数应注意以下几点。

1. 同一个可逆反应中,平衡常数 K 与浓度的变化无关,与温度的变化有关,温度不同,K 值不同;通常一个温度下同一化学反应只有一个平衡常数。

2. 化学反应方程式写法不同,平衡常数的表达式也不同。例如:

$$N_2 + 3H_2 \rightleftharpoons 2NH_3 \qquad K_1 = \frac{[NH_3]^2}{[N_2][H_2]^3}$$

$$2NH_3 \rightleftharpoons N_2 + 3H_2 \qquad K_2 = \frac{[N_2][H_2]^3}{[NH_3]^2}$$

这里,$K_1 \neq K_2$,而是 $K_1 = 1/K_2$。

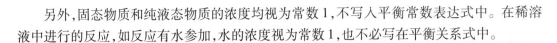

另外,固态物质和纯液态物质的浓度均视为常数1,不写入平衡常数表达式中。在稀溶液中进行的反应,如反应有水参加,水的浓度视为常数1,也不必写在平衡关系式中。

三、化学平衡的移动

一切平衡都是相对的和暂时的。化学平衡也只是在一定条件下保持相对的和暂时的平衡状态。如果反应条件(浓度、温度、压强等)发生改变,就会使可逆反应的正、逆反应速率不再相等,旧的化学平衡被破坏,反应体系中反应物和生成物的浓度发生变化。可逆反应就从暂时的平衡变为不平衡,直至在新的条件下又达到新的平衡。在新的平衡状态下,各物质的浓度都已不是原来平衡时的浓度了。

这种因反应条件的改变,使可逆反应从一种平衡状态向另一种平衡状态转变的过程,叫做化学平衡的移动。

在新的平衡状态下,如果生成物的浓度比原来平衡时的浓度大了,就称平衡向正反应的方向移动(即向右移动);如果反应物的浓度比原来平衡时的浓度大了,就称平衡向逆反应方向移动(即向左移动)。

影响化学平衡移动的因素主要有浓度、温度、压强等。根据药剂专业的工作情况,本章主要讨论浓度、温度对化学平衡的影响。

(一)浓度对化学平衡的影响

【演示实验3-4】在一只烧杯中,加入0.3mol/L $FeCl_3$溶液和1mol/L KSCN溶液各5滴,再加15ml水稀释并摇匀。取3支试管,编号,各加入3ml上述混合溶液后,在1号试管中加入0.3mol/L $FeCl_3$溶液2滴,在2号试管中加入1mol/L KSCN溶液2滴,3号试管作为对照,观察现象并进行比较。

$FeCl_3$与KSCN反应产生血红色的$Fe(SCN)_3$,这个反应可表示为:

$$FeCl_3 + 3KSCN \Longleftrightarrow Fe(SCN)_3 + 3KCl$$

黄色 血红色

实验现象表明:加入$FeCl_3$或KSCN后,试管中溶液的红色变深,即生成物$Fe(SCN)_3$的浓度增大;这就说明,增大反应物的浓度,平衡向正反应方向移动,结果使生成物的浓度增大。

浓度对化学平衡的影响可以概括为:**在其他条件不变时,增大反应物的浓度或减小生成物的浓度,平衡向正反应方向移动(即平衡向右移动);增大生成物的浓度或减小反应物的浓度,平衡向逆反应方向移动(即平衡向左移动)。**

这是一条很重要的规律,在生产实践中常采用增大反应物浓度或减小生成物浓度的方法,来提高原料的转化率。

案例分析

案例:
临床上抢救危重患者时通常给患者输氧,以缓解症状,争取时间,达到治愈的目的。

分析:
人体血液中的血红蛋白(Hb)有输送氧的功能,它在肺部与氧结合成氧合血红蛋白(HbO_2),氧合血红蛋白随血液流经全身各组织,将氧气放出,供全身组织利用。

$$Hb + O_2 \Longleftrightarrow HbO_2$$

这是一个化学平衡,当输氧时肺部氧气浓度增大,该平衡则因反应物氧气浓度的增大而向正反应方向移动,使氧合血红蛋白的量增多,促使其在组织中放出更多的氧气,满足危重患者对氧的需要,以此来缓解其症状。

(二)温度对化学平衡的影响

化学反应发生的过程中通常会出现放热或吸热的现象。化学上将放出热量的反应称为放热反应,吸收热量的反应称为吸热反应。一般在化学方程式右端写出热量变化,用符号"Q"表示热量,放热用"$+$"表示,吸热用"$-$"表示。物质的固态、液态、气态可分别用符号s、l、g表示,例如:

$$2NO_2(g) \Longleftrightarrow N_2O_4(g) + Q$$

$$\text{红棕色} \qquad\qquad \text{无色}$$

对于可逆反应,如果正反应是放热反应,逆反应就一定是吸热反应;如果正反应是吸热反应,那么逆反应一定是放热反应,而且,放出的热量和吸收的热量相等。温度对平衡的影响可由以下实验得到证明。

【演示实验3-5】取出装有 NO_2 和 N_2O_4 混合气体的平衡仪,将平衡仪的一端放入盛有热水的烧杯中,另一端放入盛有冰水的烧杯中,观察并比较两个玻璃球中气体颜色的变化(见彩图2所示)。

实验现象:放入热水的玻璃球中气体的红棕色加深,而放入冰水的玻璃球中气体的红棕色变浅。这说明升高温度,NO_2 的浓度增加,即平衡向逆反应方向(吸热方向)移动;降低温度,NO_2 的浓度减少,即平衡向正反应方向(放热方向)移动。

大量实验表明:**在其他条件不变时,升高温度,平衡向吸热反应方向移动;降低温度,平衡向放热反应方向移动**。

从以上讨论可知,如果在平衡体系内增加反应物浓度,平衡就向着由反应物转变成生成物即减小反应物浓度的方向移动;如果升高温度,平衡就向能够降低温度(即吸热反应)的方向移动。

 知识拓展

压强对化学平衡的影响

实验证明:对于有气体参加的可逆反应,在其他条件不变时,增大压强,平衡向气体分子数减少(气体体积缩小)的方向移动;减小压强,平衡向气体分子数增加(气体体积增大)的方向移动。

对于反应前后气体分子数相等的可逆反应,改变压强,不会使化学平衡移动。因压强对固态物质或液态物质的体积影响也很小,可以忽略。

法国化学家吕·查德里(1850—1936)在1885年根据以上结论,概括为一条普遍规律:**任何已经达到平衡的体系,如果改变影响平衡的一个条件(浓度、温度或压强等),平衡就向着能够减弱或消除这种改变的方向移动。这个规律叫做平衡移动原理,又称吕·查德里原理**。

对于可逆反应,催化剂能够同时以同等程度影响正反应和逆反应的速率,因此催化剂不能使化学平衡移动。但是,使用催化剂能够改变化学反应速率,缩短或延长反应达到平衡所需的时间。

　　平衡移动原理可以用来判断平衡移动的方向,适用于所有动态平衡(如酸碱电离平衡、沉淀溶解平衡、配位平衡等),但它只能用于已经达到平衡的体系,而不适于尚未达到平衡的体系。所有动态平衡均可用化学平衡的有关原理和方法来处理和计算。

 点滴积累

1. 可逆反应在化学方程式中常用可逆符号"$\rightleftharpoons$"表示。可逆反应在一定条件下都会达到化学平衡。
2. 影响化学平衡的因素有:浓度、温度、压强等,其影响规律遵循吕·查德里原理。
3. 催化剂不能改变化学平衡的移动,但能够改变化学反应速率,缩短或延长反应达到平衡所需的时间。

目标检测

一、选择题

(一) 单项选择题

1. 影响化学反应速率的最重要因素有(　　)
   　A. 浓度　　　　　　　B. 温度　　　　　　C. 催化剂　　　　　D. 以上都不是

2. 决定化学反应速率的最主要因素是(　　)
   　A. 反应物浓度　　　B. 反应的温度　　　C. 催化剂　　　　　D. 反应物的本性

3. 对某一可逆反应来说,使用催化剂的作用是(　　)
   　A. 增大正反应速率,减小逆反应速率
   　B. 改变平衡混合物的组成
   　C. 能使平衡向逆反应方向移动
   　D. 改变化学反应速率,缩短或延长反应达到平衡所需的时间

4. 可使化学平衡 $SO_2 + O_2 \rightleftharpoons 2SO_3 + Q$ 向正反应方向移动的是(　　)
   　A. 升高温度　　　　　　　　　　　　B. 减小 SO_2 的浓度
   　C. 加入催化剂　　　　　　　　　　　D. 增加氧气的浓度

5. 反应 $CO + H_2O \rightleftharpoons CO_2 + H_2 + Q$ 达到平衡状态时,欲使平衡向右移动,可采取的措施是(　　)
   　A. 升高温度　　　　　　　　　　　　B. 减小 CO_2 的浓度
   　C. 加入催化剂　　　　　　　　　　　D. 增加氢气的浓度

6. 关于化学平衡的叙述,正确的是(　　)
   　A. 增大反应物的浓度,平衡向生成物浓度增大的方向移动
   　B. 加热能使吸热反应速率加快,放热反应速率减慢
   　C. 增大反应物的浓度,平衡向生成物浓度减小的方向移动
   　D. 凡能影响反应速率的因素,都能使化学平衡移动

7. 下列说法正确的是(　　)
   　A. 可逆反应达到平衡后,各反应物和生成物的浓度相等
   　B. 升高温度不仅能增大反应速率,而且能使平衡向正反应方向移动

C. 在平衡体系中加入催化剂,能使平衡向正反应方向移动

D. 减少反应物的浓度,平衡向生成物浓度减少方向移动

8. 属于可逆反应的是(　　　)

A. 碘受热变成碘蒸气,遇冷又变成碘固体

B. 在同一反应条件下,氮气和氢气化合生成氨气,氨气同时又可分解成氮气和氢气

C. NH_3 和 H_2O 结合生成 $NH_3 \cdot H_2O$,$NH_3 \cdot H_2O$ 受热又可分解成 NH_3 和 H_2O

D. NH_4Cl 受热分解成 NH_3 和 HCl,NH_3 和 HCl 反应生成 NH_4Cl

9. 下列关于平衡常数说法错误的是(　　　)

A. 平衡常数的大小表示在平衡体系中各平衡混合物相对浓度的大小

B. 平衡常数 K 值越大,平衡混合物中生成物的相对浓度就越大

C. 同一个可逆反应中,平衡常数 K 与浓度的变化无关

D. 同一个可逆反应中,平衡常数 K 与温度的变化无关

10. 把某些药物放在冰箱中储存以防变质,其主要作用是(　　　)

A. 避免与空气接触　　　　　　　　B. 保持干燥

C. 避免光照　　　　　　　　　　　D. 降温减小变质的反应速率

11. 炭燃烧时,下列措施不能加快反应速率的是(　　　)

A. 增大 O_2 的浓度　　　　　　　　B. 将木炭粉碎

C. 升高温度　　　　　　　　　　　D. 增加木炭的质量

12. 使任何化学反应速率加快的因素是(　　　)

A. 增大生成物的质量　　　　　　　B. 移去生成物

C. 升高温度　　　　　　　　　　　D. 增大反应物的质量

(二) 多项选择题

1. 影响化学反应速率的因素是(　　　)

A. 反应物浓度　　　　　B. 反应的温度　　　　　C. 催化剂

D. 反应的压强　　　　　E. 反应物的本性

2. 增加反应物的浓度,能够产生影响的是(　　　)

A. 加快化学反应速率　　　　　　　B. 使平衡向正反应方向移动

C. 使平衡向右移动　　　　　　　　D. 使平衡向吸热反应方向移动

E. 无法判断

3. 在反应 $CO + H_2O \Longrightarrow CO_2 + H_2 + Q$ 达到平衡状态时,欲使平衡向左移动,可采取的措施是(　　　)。

A. 升高温度　　　　　B. 减小 CO_2 的浓度　　　　　C. 加入催化剂

D. 增加氢气的浓度　　　E. 减小 CO 的浓度

二、填空题

1. 影响化学反应速率的外界因素主要有_____、_____、_____和_____。

2. 已知可逆反应 $CO_2(气) + C(固) \Longrightarrow 2CO(气)$,当反应达平衡后,增大_____浓度可使平衡向正方向移动;如果升高温度可使平衡朝正方向移动,那么生成 CO 的方向是_____(吸或放)热反应。

3. 影响化学反应平衡移动的因素主要有_____、_____和_____。

三、简答题

（一）名词解释

1. 化学反应速率　　2. 可逆反应　　3. 化学平衡　　4. 化学平衡常数

（二）问答题　人吸入 CO 后，CO 会将人体中的血红蛋白建立如下平衡：

$$CO + HbO_2 \rightleftharpoons O_2 + HbCO$$

当 HbCO 浓度为 HbO$_2$ 浓度的 2% 时，人的智力就会受到严重损伤。如果有人发生了 CO 中毒，根据化学平衡移动原理，请你讲讲应该怎么办？

（王　虎）

第四章　电解质溶液

学习目标

1. 掌握强电解质、弱电解质、解离度、同离子效应、盐的水解、缓冲溶液的概念;pH 与溶液酸碱性的关系。
2. 熟悉不同类型盐溶液的酸碱性、缓冲溶液的组成和缓冲作用原理。
3. 了解盐的水解和缓冲溶液在医学上的意义。
4. 学会书写离子方程式和有关溶液 pH 的计算。

导学情景

情景描述:

　　八月份的一天下午,天气闷热,爱好运动的小杨打完篮球后,大汗淋漓,喝了一瓶矿泉水,洗澡后躺下休息不到 1 小时,全身乏力虚脱。同学急送他到学校医院治疗,医生的诊断结果是,这位同学大量出汗导致体内电解质流失,造成电解质紊乱。

学前导语:

　　水和电解质广泛分布在细胞内外,参与体内许多重要的功能和代谢活动,对正常生命活动的维持起着非常重要的作用。本章将带领同学们一起学习电解质溶液的有关知识。

　　电解质是一类重要的化学物质,广泛存在于日常生活、化学工业及药物生产等领域,并与生命活动密切相关。它们常以离子形式,如 Na^+、K^+、Ca^{2+}、Mg^{2+}、Cl^-、HCO_3^-、HPO_4^{2-}、$H_2PO_4^-$、SO_4^{2-} 等存在于人的体液和组织液中,这些离子是维持体液平衡、酸碱平衡的重要成分,其含量与人体的许多生理及病理现象有着密切的关系。因此,掌握各类电解质在溶液中的特性及变化规律,是学习医学科学知识所必需的。

第一节　电解质在溶液中的解离

一、电解质和非电解质

　　金属能够导电,而许多化合物溶解在水中也有不同程度的导电性,有的化合物在熔融状态下也能导电。

　　在水溶液或熔融状态下能导电的化合物称为电解质。酸、碱、盐大都是电解质,如氢氧化钠、盐酸、氯化钠等,它们的水溶液称为电解质溶液。

在水溶液和熔融状态下都不能导电的化合物称为非电解质。大多数的有机化合物是非电解质,如葡萄糖、蔗糖、酒精等。

电解质在水溶液中为什么能够导电呢?我们知道电流是由带电粒子按一定方向移动而形成的,因此能导电的物质必须具有能自由移动的带电粒子。如氯化钠溶于水时,在水分子的作用下,阴、阳离子脱离晶体表面扩散到溶液中,形成能够自由移动的阴、阳离子,即氯离子(Cl^-)和钠离子(Na^+),我们把这个过程称为解离。如图 4-1 所示。

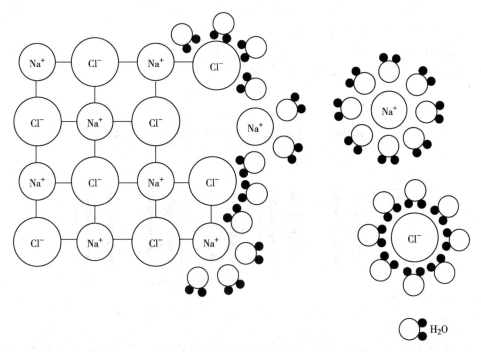

图 4-1 氯化钠晶体的解离过程

这个过程可用解离方程式表示:

$$NaCl = Na^+ + Cl^-$$

再如盐酸(氯化氢的水溶液),氯化氢分子中的氢原子和氯原子之间是以共价键结合,但共用电子对强烈地偏向氯原子,使氢原子一端带部分正电荷,氯原子一端带部分负电荷,在水分子的作用下,形成了氢离子(H^+)和氯离子(Cl^-)。如图 4-2 所示。

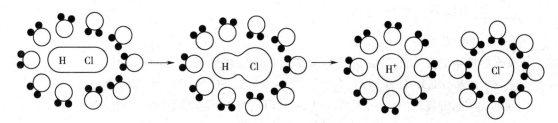

图 4-2 氯化氢的解离过程

盐酸的解离方程式:

$$HCl = H^+ + Cl^-$$

在电解质溶液中,当插上电极接通电源时,自由移动的阴、阳离子就分别向电性相反的电极移动。阴离子不断地在正极上失电子,阳离子不断地在负极上得电子,而形成电流。由此可以看出,电解质溶液导电依靠的是自由移动的阴、阳离子,而金属导电依靠的是自由移动的电子。

不同的电解质溶液导电能力是否相同呢?我们可以通过下面的演示实验找出答案。

课堂活动

下列说法正确吗?
1. 铜可以导电,所以铜是电解质。
2. 氯气的水溶液(氯水)可以导电,所以氯气是电解质。

【演示实验4-1】在图4-3中的5个烧杯中分别盛有等体积的0.1mol/L氢氧化钠、盐酸、氯化钠、氨水和醋酸溶液,插入电极,接通电源。注意观察灯泡的明亮程度。

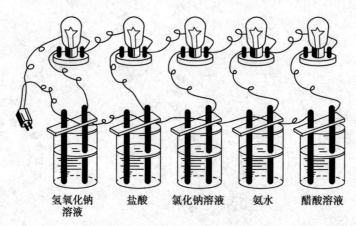

氢氧化钠　　盐酸　　氯化钠溶液　　氨水　　醋酸溶液
溶液

图4-3　几种电解质溶液的导电实验

通过上述实验可发现,这些灯泡的明亮程度明显是不一样的。盐酸、氢氧化钠、氯化钠溶液所连电路上的灯泡较亮,而氨水和醋酸溶液所连电路上的灯泡则较暗。这说明在相同体积和浓度的条件下,不同电解质的导电能力是不同的。电解质溶液导电能力的强弱与单位体积溶液里自由移动的离子多少有关,即与离子浓度的大小有关。单位体积溶液中自由移动的离子数目越多,离子浓度越大,溶液的导电能力就越强;相反,导电能力就越弱。而溶液中离子数目的多少是由电解质的解离程度决定的。根据电解质导电能力强弱或者解离程度的大小不同,可将电解质分为强电解质和弱电解质。

二、强电解质和弱电解质

(一)强电解质
在水溶液中能完全解离成离子的电解质称为强电解质。强酸(如 HCl、H_2SO_4、HNO_3 等)、强碱(如 $NaOH$、KOH 等)和大多数盐(如 $NaCl$、Na_2SO_4、KNO_3 等)都是强电解质。

强电解质的解离是不可逆的、单向性的,其解离方程式通常用"====="来表示。例如:

$$HCl === H^+ + Cl^-$$
$$NaOH === Na^+ + OH^-$$
$$KNO_3 === K^+ + NO_3^-$$

(二)弱电解质
在水溶液中只能部分解离成离子的电解质称为弱电解质。弱酸(如 CH_3COOH、H_2CO_3、

H_2S 等）、弱碱（如 $NH_3 \cdot H_2O$ 等）、水和少数盐类都是弱电解质。

在弱电解质溶液中，弱电解质分子解离成离子的同时，离子又相互结合成分子，其解离过程是可逆的、双向性的，在一定条件下可达到动态平衡。解离方程式通常用"$\rightleftharpoons$"表示。例如：

$$NH_3 \cdot H_2O \rightleftharpoons NH_4^+ + OH^-$$

$$CH_3COOH \rightleftharpoons H^+ + CH_3COO^-$$

需要说明的是，醋酸在无机化学及分析化学部分，既可写成 CH_3COOH，也可简写成 HAc，其简写式 HAc 的解离方程式表示为：

$$HAc \rightleftharpoons H^+ + Ac^-$$

如果弱电解质是多元弱酸，则它们的解离是分步进行的。如碳酸的解离分两步进行：

第一步解离 $\qquad\qquad H_2CO_3 \rightleftharpoons H^+ + HCO_3^-$

第二步解离 $\qquad\qquad HCO_3^- \rightleftharpoons H^+ + CO_3^{2-}$

多元弱酸的解离第一步解离程度较大，第二步解离程度减小，并依次递减。

三、弱电解质的解离平衡

（一）解离平衡

弱电解质的解离过程是可逆的。例如醋酸是弱电解质，在水溶液中存在下列解离平衡：

$$CH_3COOH \rightleftharpoons CH_3COO^- + H^+$$

开始主要是醋酸分子解离成为氢离子和醋酸根离子，解离速率较快，此过程称为解离的正过程。随着醋酸分子的解离，溶液中的离子浓度不断增大，醋酸分子浓度逐渐降低，因而解离速率逐渐减慢，而氢离子和醋酸根离子结合成醋酸分子的速率逐渐加快，此过程称为解离的逆过程。在一定温度下，解离的正过程和逆过程的速率相等时，醋酸分子、醋酸根离子和氢离子的浓度不再随时间而改变，整个体系达到平衡状态。

在一定条件下，当弱电解质分子解离成离子的速率和离子重新结合成弱电解质分子的速率相等时，解离过程即达到动态平衡，称为弱电解质的解离平衡。 达到解离平衡时，未解离的分子浓度和已解离出来的各离子浓度不再改变。解离平衡是化学平衡的一种类型，符合化学平衡规律。

（二）解离常数

在一定温度下，弱电解质达到解离平衡状态时，已解离的各离子浓度幂的乘积与未解离的分子浓度的比值是一常数，称为解离平衡常数，简称为解离常数， 用 K_i 表示。例如：

$$CH_3COOH \rightleftharpoons CH_3COO^- + H^+$$

其解离常数表达式为： $\qquad K_i = \dfrac{[H^+][CH_3COO^-]}{[CH_3COOH]} \qquad\qquad$ 式（4-1）

式（4-1）中的 $[H^+]$、$[CH_3COO^-]$ 和 $[CH_3COOH]$ 均为达到解离平衡时的浓度，单位以 mol/L 表示。

K_i 的大小可以表示弱电解质在水溶液中解离成离子程度的强弱。K_i 越大，解离程度越大；K_i 越小，则解离程度越小。

通常用 K_a 表示弱酸的解离常数；用 K_b 表示弱碱的解离常数。在一定温度下，K_a 越大，表示弱酸的酸性越强；K_b 越大，表示弱碱的碱性越强。

根据化学平衡原理，解离常数与弱电解质的本性和温度有关，而与弱电解质溶液的浓度无关。

几种常见弱电解质的解离常数见表 4 – 1。

表 4 – 1 几种常见弱电解质的解离常数 (25℃ ,0.1mol/L)

电解质	化学式	解离常数
醋酸	CH_3COOH	$K_a = 1.76 \times 10^{-5}$
碳酸	H_2CO_3	$K_{a_1} = 4.3 \times 10^{-7}$
		$K_{a_2} = 5.6 \times 10^{-11}$
磷酸	H_3PO_4	$K_{a_1} = 7.52 \times 10^{-3}$
		$K_{a_2} = 6.23 \times 10^{-8}$
		$K_{a_3} = 2.2 \times 10^{-13}$
草酸	$H_2C_2O_4$	$K_{a_1} = 5.9 \times 10^{-2}$
		$K_{a_2} = 6.4 \times 10^{-5}$
亚硫酸	$H_2SO_3^*$	$K_{a_1} = 1.54 \times 10^{-2}$
		$K_{a_2} = 1.02 \times 10^{-7}$
氢硫酸	H_2S^*	$K_{a_1} = 9.1 \times 10^{-8}$
		$K_{a_2} = 1.1 \times 10^{-12}$
氨水	$NH_3 \cdot H_2O$	$K_b = 1.79 \times 10^{-5}$

* 物质的解离常数是在 18℃ 条件下的测定值

（三）解离度

不同的弱电解质在水溶液里的解离程度是不同的。有的解离程度大,有的解离程度小。弱电解质解离程度的大小除了可用解离常数表示,也可用解离度来表示。解离度是衡量电解质解离程度的又一个依据。**解离度是指在一定温度下,当弱电解质在溶液中达到解离平衡时,已解离的弱电解质分子数占解离前该弱电解质分子总数的百分数。** 解离度通常用符号 α 表示。

$$\alpha = \frac{\text{已解离的弱电解质的分子数}}{\text{弱电解质的分子总数}} \times 100\% \qquad \text{式（4 – 2）}$$

例如在 25℃ 时,0.1mol/L 醋酸溶液中,每 10 000 个醋酸分子中有 132 个分子解离成离子,此时醋酸的解离度为:

$$\alpha = \frac{132}{10\ 000} \times 100\% = 1.32\%$$

弱电解质解离度的大小,主要取决于电解质的本性,同时也与弱电解质的浓度和温度有关。所以,表示弱电解质的解离度时,必须指明溶液的浓度和温度。

课堂活动

同种溶液浓度减小时,解离度增大,而溶液的导电性会增强吗? 为什么?

四、同离子效应

弱电解质的解离平衡与其他化学平衡一样,也是动态平衡,当外界条件不变时,解离平衡保持不变;当外界条件发生变化时,解离平衡就会发生移动。例如,在氨水中存在下列解离平衡:

$$NH_3 \cdot H_2O \rightleftharpoons NH_4^+ + OH^-$$

达到平衡时,溶液里〔$NH_3 \cdot H_2O$〕、〔NH_4^+〕和〔OH^-〕不再变化。当外界条件(如浓度)改变时,解离平衡则会发生移动。如果向溶液中加入少量盐酸,盐酸解离产生的 H^+ 与溶液中的 OH^- 结合成难解离的水分子($H^+ + OH^- \rightleftharpoons H_2O$),使氢氧根离子浓度减小,解离的正过程加强,解离平衡向右移动,即向氨水解离的方向移动,使氨水的解离度增大。同样,若在氨水中分别加入少量氢氧化钠或氯化铵,氨水的解离平衡也将会产生移动。

【演示实验4-2】 取试管一支,加入 1mol/L 氨水 2ml,酚酞试液 1 滴,振摇混匀后分装到两支试管中,向其中的一支试管中加入少量氯化铵固体,振摇使之溶解,观察两支试管的颜色变化。

实验结果表明,在氨水中滴加酚酞,溶液因呈碱性而显红色,加入固体氯化铵后,溶液红色变浅,说明氨水溶液的碱性减弱,即 OH^- 浓度减小。这是由于氯化铵是强电解质,在溶液里完全解离,溶液中 NH_4^+ 浓度增大,使氨水解离的逆过程加强,解离平衡向左移动,即向生成氨水的方向移动,从而降低了氨水的解离度,溶液中的 OH^- 浓度随之减小,碱性减弱。这一过程可表示如下:

$$NH_3 \cdot H_2O \rightleftharpoons NH_4^+ + OH^-$$
$$NH_4Cl \rightleftharpoons NH_4^+ + Cl^-$$

同理,向氨水中加入氢氧化钠,解离度也会降低。

在弱电解质溶液中,加入与弱电解质具有相同离子的强电解质,使弱电解质解离度降低的现象,称为同离子效应。

同离子效应可以使弱电解质的解离平衡发生移动,解离度减小,但弱电解质的解离平衡常数不变。同离子效应在药物分析中用来控制溶液中某种离子的浓度,还可用于指导缓冲溶液的配制。

课堂活动

在醋酸溶液中,分别加入盐酸、氢氧化钠、醋酸钠,解离平衡向哪个方向移动?其中哪一种能产生同离子效应?

点滴积累

1. 强酸、强碱和盐是强电解质;弱酸、弱碱和水是弱电解质。
2. 解离度和解离常数都可衡量弱电解质的解离程度。
3. 同离子效应可使弱电解质的解离度降低。在化学分析中可控制溶液中某种离子的浓度。

第二节 溶液的酸碱性及其 pH

化学中的溶液如果无特别说明,指的都是水溶液。人们通常认为纯水是不导电的,但用精密仪器测量时,发现水也有微弱的导电性,说明水是极弱的电解质,也能产生解离。因此,要讨论溶液的酸碱性首先要了解水的解离情况。

一、水的解离

水是极弱的电解质,能解离出少量的 H^+ 和 OH^-,它的解离方程式是:

$$H_2O \rightleftharpoons H^+ + OH^-$$

根据实验精密测定,25℃达到解离平衡时,纯水中的$[H^+]$和$[OH^-]$都等于10^{-7}mol/L。水的解离达到平衡时,根据化学平衡定律,其平衡常数表达式是:

$$K_i = \frac{[H^+][OH^-]}{[H_2O]}$$

即 $$[H^+][OH^-] = K_i[H_2O]$$

在一定温度下,K_i是常数,$[H_2O]$也可看成是常数,因此,$K_i[H_2O]$为常数,用K_w表示。

K_w就是在一定温度下,在水或以水为溶剂的溶液中,当水的解离达到平衡时,$[H^+]$和$[OH^-]$的乘积是一个常数,称为水的离子积常数,简称水的离子积。

25℃时,$K_w = [H^+][OH^-] = 10^{-7} \times 10^{-7} = 1 \times 10^{-14}$。 式(4-3)

水的解离是吸热过程,所以水的离子积随温度的升高而增大,随温度的降低而减小,如不指明温度,一律按常温考虑,计算时采用$K_w = 1 \times 10^{-14}$。

由于水的解离平衡的存在,所以无论是在纯水中,还是在任何酸性、碱性、中性水溶液中都存在H^+和OH^-,并且$[H^+]$和$[OH^-]$的乘积在一定温度下是一个常数,室温时都为1×10^{-14}。

二、溶液的酸碱性

常温下,在纯水中$[H^+]$和$[OH^-]$相等,都是10^{-7}mol/L,所以纯水既不显酸性也不显碱性,它是中性的。

如果向纯水中加酸,由于$[H^+]$的增大,使水的解离平衡向左移动,当达到新的平衡时,溶液中$[H^+] > [OH^-]$,即$[H^+] > 10^{-7}$mol/L,$[OH^-] < 10^{-7}$mol/L,溶液呈酸性。

如果向纯水中加碱,由于$[OH^-]$的增大,也使水的解离平衡向左移动,当达到新的平衡时,溶液中$[OH^-] > [H^+]$,即$[OH^-] > 10^{-7}$mol/L,$[H^+] < 10^{-7}$mol/L,溶液呈碱性。

综上所述,溶液的酸碱性与$[H^+]$和$[OH^-]$的关系可表示为:

中性溶液 $[H^+] = [OH^-] = 1 \times 10^{-7}$mol/L

酸性溶液 $[H^+] > 1 \times 10^{-7}$mol/L$ > [OH^-]$

碱性溶液 $[H^+] < 1 \times 10^{-7}$mol/L$ < [OH^-]$

由此可见,在任何水溶液中由于都存在着水的解离平衡,因此H^+和OH^-永远是共存的,且二者浓度的乘积是一个常数。溶液的酸碱性取决于溶液中H^+和OH^-浓度的相对大小。当$[H^+] > [OH^-]$时,溶液显酸性;当$[OH^-] > [H^+]$时,溶液显碱性;当$[H^+] = [OH^-]$时,溶液显中性。并且$[H^+]$越大,溶液的酸性越强;$[OH^-]$越大,溶液的碱性越强。

溶液的酸碱性可用$[H^+]$或$[OH^-]$来表示,习惯上常用$[H^+]$表示。但当溶液里的$[H^+]$很小时,如血浆中$[H^+] = 3.98 \times 10^{-8}$mol/L,用$[H^+]$表示溶液的酸碱性就很不方便,此时可采用pH来表示溶液的酸碱性。

三、溶液的pH

(一)溶液的pH
pH就是溶液中氢离子浓度的负对数。其数学表达式为:

$$pH = -\lg[H^+]$$ 式(4-4)

例如:纯水中$[H^+]=1\times10^{-7}$mol/L,则纯水的 pH $=-\lg(1\times10^{-7})=7$;某酸性溶液中 $[H^+]=1\times10^{-2}$mol/L,则溶液的 pH $=-\lg(1\times10^{-2})=2$;某碱性溶液$[H^+]=1\times10^{-11}$mol/L,则溶液的 pH $=-\lg(1\times10^{-11})=11$。

根据水的离子积和 pH 数学表达式可得出溶液的酸碱性与$[H^+]$、pH 的关系。

中性溶液　$[H^+]=1\times10^{-7}$mol/L　pH $=7$

酸性溶液　$[H^+]>1\times10^{-7}$mol/L　pH <7

碱性溶液　$[H^+]<1\times10^{-7}$mol/L　pH >7

$[H^+]$和 pH 的对应关系见表 4-2。

表 4-2　溶液的酸碱度与$[H^+]$和 pH 的对应关系

$[H^+]$	10^0	10^{-1}	10^{-2}	10^{-3}	10^{-4}	10^{-5}	10^{-6}	10^{-7}	10^{-8}	10^{-9}	10^{-10}	10^{-11}	10^{-12}	10^{-13}	10^{-14}
pH	0	1	2	3	4	5	6	7	8	9	10	11	12	13	14

当溶液的$[H^+]$大于 1mol/L 时,pH <0,一般不用 pH 而是直接用$[H^+]$来表示溶液的酸碱性;pH >14 时,直接用$[OH^-]$表示溶液的酸碱性。

当溶液的$[H^+]$很小,如小于 10^{-6}mol/L 时,在进行有关计算时,水的解离不能忽略。

 知识链接

酸碱指示剂

能借助自身颜色的改变来指示溶液 pH 的物质称为酸碱指示剂。把指示剂由一种颜色过渡到另一种颜色时溶液 pH 的变化范围,称为指示剂的变色范围。常见酸碱指示剂的名称、变色范围和颜色变化见下表。

名称	变化范围(pH)	颜色变化
酚酞	8.0～10.0	无色至红色
石蕊	5.0～8.0	红色至蓝色
甲基橙	3.1～4.4	红色至黄色

(二)溶液 pH 的计算

先计算出溶液的$[H^+]$,再根据公式 pH $=-\lg[H^+]$求出溶液的 pH。

1. 强酸溶液　可以直接利用公式 pH $=-\lg[H^+]$计算。

例 4-1　求 0.001mol/L HCl 溶液的 pH。

解:已知 HCl 是强电解质,在水溶液中全部解离,所以:

$$[H^+]=0.001\text{mol/L}=1\times10^{-3}\text{mol/L}$$

$$\text{pH}=-\lg[H^+]=-\lg(1\times10^{-3})=-(0-3)=3$$

答:0.001mol/L HCl 溶液的 pH 为 3。

2. 强碱溶液　可先利用公式$[H^+][OH^-]=1\times10^{-14}$计算出$[H^+]$,再根据公式 pH $=-\lg[H^+]$求出溶液的 pH。

例 4-2　求 0.01mol/L NaOH 溶液的 pH。

解:已知 NaOH 是强电解质,在水溶液中全部解离,所以:

$$[\mathrm{OH}^-] = 0.01\,\mathrm{mol/L} = 1 \times 10^{-2}\,\mathrm{mol/L}$$

$$[\mathrm{H}^+] = \frac{10^{-14}}{[\mathrm{OH}^-]} = \frac{10^{-14}}{0.01} = 10^{-12}\,(\mathrm{mol/L})$$

$$\mathrm{pH} = -\lg[\mathrm{H}^+] = -\lg(1 \times 10^{-12}) = -(0-12) = 12$$

答:0.01mol/L NaOH 溶液的 pH 为 12。

 学以致用

工作场景:

人们日常生活中的食品,有的显酸性,有的显碱性,有的显中性,不同的患者对摄取的食物有不同的要求,为了更好地配合治疗,需要对常用食品的酸碱性有所了解。怎样测定常用食品的酸碱性?

知识运用:

利用 pH 试纸自测食品酸碱性的近似值。

玻璃板一块,pH 试纸一本,滴管或玻璃棒或筷子一支。

测定时将玻璃板洗净、晾干,将一片 pH 试纸放在玻璃板上。如果测定的是液体食品(如食醋、酱油、啤酒等),可直接将此液体滴到 pH 试纸上;如果测定的是固体食品,可加适量水将固体食品捣碎变成溶液再进行测定。根据试纸上呈现的颜色和标准比色卡对照就可得知被测食品的近似 pH,并进一步判断出食品的酸碱性。

 点滴积累

1. 在 25℃时,水的离子积 $K_w = [\mathrm{H}^+][\mathrm{OH}^-] = 1 \times 10^{-14}$。

2. $\mathrm{pH} = -\lg[\mathrm{H}^+]$。中性溶液 pH = 7;酸性溶液 pH < 7;碱性溶液 pH > 7。

第三节 离子反应

一、离子反应的概念

【演示实验4-3】在 3 支洁净的试管里分别加入 0.01mol/L 氯化钠、氯化钾和盐酸溶液各 2ml,然后各加入 0.01mol/L 的硝酸银溶液 5 滴,观察现象。

实验结果表明,在 3 支试管中均出现了白色沉淀。虽然 3 支试管内是 3 种不同的物质,但是在它们的水溶液中都有 Cl^-,因此加入硝酸银溶液后,Cl^- 和硝酸银溶液中的 Ag^+ 结合生成相同的 AgCl 白色沉淀。

已知电解质在溶液里能够解离成自由移动的离子,所以电解质在溶液里的反应实质上是离子间的反应。在溶液中,**凡是有离子参加的化学反应称为离子反应**。如氯化钠溶液与硝酸银溶液的反应:

$$\mathrm{NaCl} + \mathrm{AgNO_3} =\!=\!= \mathrm{AgCl} \downarrow + \mathrm{NaNO_3}$$

NaCl、AgNO₃ 和 NaNO₃ 都是强电解质,在溶液中都以离子形式存在,AgCl 是难溶于水的物质,在溶液中以沉淀的形式存在,不能写成离子,以分子的形式表示,因此该化学反应方程式可改写为：

$$Na^+ + Cl^- + Ag^+ + NO_3^- = AgCl\downarrow + Na^+ + NO_3^-$$

可以看出，反应前后 Na^+ 和 NO_3^- 没有发生变化，即没有参加反应，可以删去，则上式可简化为：

$$Ag^+ + Cl^- = AgCl\downarrow$$

氯化钾与硝酸银和盐酸与硝酸银的反应都可以用这一方程式表示。它们之间的反应实质上是 Ag^+ 和 Cl^- 结合生成 $AgCl$ 白色沉淀。

用实际参加化学反应的离子的符号和化学式来表示离子反应的式子称为离子方程式。

离子方程式与一般化学方程式不同，它不仅能表示一定物质间的某个具体反应，而且还能表示同一类型的反应。

二、离子方程式的写法及离子反应的条件

（一）离子方程式的写法

以 Na_2CO_3 溶液和 HCl 溶液的反应为例说明书写步骤。

1. 写出反应的化学方程式并配平，概括为"一写"。

$$Na_2CO_3 + 2HCl = 2NaCl + H_2O + CO_2\uparrow$$

2. 将化学方程式中易溶的强电解质写成离子形式，难溶物质、难解离的物质（弱电解质）、单质、气体等以化学式表示，概括为"二拆"。

$$2Na^+ + CO_3^{2-} + 2H^+ + 2Cl^- = 2Na^+ + 2Cl^- + H_2O + CO_2\uparrow$$

3. 删除方程式两边不参加反应的离子，概括为"三删"。

$$2H^+ + CO_3^{2-} = H_2O + CO_2\uparrow$$

4. 检查方程式两边各元素的原子个数和电荷数是否相等，概括为"四查"。

$$2H^+ + CO_3^{2-} = H_2O + CO_2\uparrow$$

（二）离子反应发生的条件

从上面两个例子可以看出，复分解反应实质上是两种电解质在溶液中的离子反应。此类离子反应发生的条件之一是生成：①难溶性的物质；②弱电解质；③气体。

除了复分解反应外，离子反应还包括其他类型的反应，如置换反应、氧化还原反应等，例如：

课堂活动

写出下列反应的离子方程式。

1. 氨水和盐酸反应
2. 醋酸和氨水反应

$$Zn + 2H^+ = Zn^{2+} + H_2\uparrow$$

$$6I^- + Cr_2O_7^{2-} + 14H^+ = 2Cr^{3+} + 3I_2 + 7H_2O$$

$$2MnO_4^- + 5C_2O_4^{2-} + 16H^+ = 2Mn^{2+} + 10CO_2\uparrow + 8H_2O$$

 点滴积累

1. 凡是有离子参加的化学反应称为离子反应。
2. 书写离子方程式一般分为 4 步，即一写、二拆、三删、四查。
3. 离子反应发生的条件之一是生成难溶性物质、弱电解质或气体。

第四节 盐的水解

一、盐的类型

按照中和反应生成盐的酸和碱类型不同,可将盐分为 4 种类型。

1. 强酸强碱盐　由强酸和强碱所生成的盐即为强酸强碱盐,如 $NaCl$、Na_2SO_4、KNO_3、$CaCl_2$ 等。

2. 强酸弱碱盐　由强酸和弱碱所生成的盐即为强酸弱碱盐,如 NH_4Cl、$(NH_4)_2SO_4$、$Cu(NO_3)_2$ 等。

3. 强碱弱酸盐　由强碱和弱酸所生成的盐即为强碱弱酸盐,如 Na_2CO_3、CH_3COONa、K_2CO_3、Na_2S 等。

4. 弱酸弱碱盐　由弱酸和弱碱所生成的盐即为弱酸弱碱盐,如 $(NH_4)_2CO_3$、CH_3COONH_4 等。

课堂活动

确定下列盐的类型:

1. SO_4^{2-} 对应的酸是_____,它是_____酸(强酸还是弱酸);Na^+ 对应的碱是_____,它是_____碱(强碱还是弱碱),所以 Na_2SO_4 是_____盐。

2. CO_3^{2-} 对应的酸是_____,它是_____酸(强酸还是弱酸);NH_4^+ 对应的碱是_____,它是_____碱(强碱还是弱碱),所以 $(NH_4)_2CO_3$ 是_____盐。

二、盐的水解及其酸碱性判断

通过前面的学习已经知道,酸的水溶液显酸性,碱的水溶液显碱性,那么盐的水溶液是不是全部呈现中性呢?

【演示实验4-4】在白色点滴板的 3 个凹穴中,各放入一片广泛 pH 试纸,分别滴加 1 滴 0.1mol/L 的醋酸钠、氯化铵、氯化钠溶液,然后与标准比色卡对照,分别测定其水溶液的近似 pH。将测定结果填入表 4-3。

表 4-3　盐溶液的 pH 测定及酸碱性判定

实验的盐	CH_3COONa		NH_4Cl		$NaCl$	
生成盐的相应的酸和碱的类型	酸	碱	酸	碱	酸	碱
	弱酸	强碱	强酸	弱碱	强酸	强碱
盐溶液的 pH	9		5		7	
盐溶液的酸碱性	碱性		酸性		中性	

通过上面的实验,我们知道不是所有的盐溶液都显中性,为什么有的盐水溶液会显示酸性或碱性呢? 下面以醋酸钠为例说明。

CH_3COONa 可以看做是弱酸(CH_3COOH)和强碱($NaOH$)反应生成的盐,其水解过程如下:

$$CH_3COONa \Longrightarrow CH_3COO^- + Na^+$$

$$+$$

$$H_2O \Longrightarrow \quad H^+ \quad + \quad OH^-$$

$$\Updownarrow$$

$$CH_3COOH$$

CH_3COONa 是强电解质,在水溶液中全部解离成 CH_3COO^- 和 Na^+,水是极弱的电解质,能解离出极少量的 H^+ 和 OH^-。由于 CH_3COO^- 和水解离出来的 H^+ 结合生成弱电解质 CH_3COOH,降低了溶液中 H^+ 的浓度,从而破坏了水的解离平衡,使水的解离平衡向右移动,导致 OH^- 浓度相对增大。当建立新的平衡时,溶液中［OH^-］＞［H^+］,pH ＞7,所以 CH_3COONa 溶液显碱性。

CH_3COONa 水解的化学方程式是:

$$CH_3COONa + H_2O \Longrightarrow CH_3COOH + NaOH$$

CH_3COONa 水解的离子方程式是:

$$CH_3COO^- + H_2O \Longrightarrow CH_3COOH + OH^-$$

从上面的分析可知,**盐的水解就是盐在水溶液中解离出的离子与水解离出的 H^+ 或 OH^- 结合生成弱电解质的反应**。盐的水解与生成该盐的酸和碱的强弱有很大关系,不同类型的盐水解后的酸碱性不同。

1. 强碱弱酸盐的水解　　从上述实验得知,醋酸钠水溶液显碱性。经大量实验及分析证明,**强碱和弱酸生成的盐(即强碱弱酸盐)能水解,其水溶液显碱性**。如碳酸钠、碳酸钾、硫化钠等盐溶液的水解就属于这种类型。

2. 强酸弱碱盐的水解　　从上述实验得知,氯化铵水溶液显酸性。经大量实验及分析证明,**强酸和弱碱生成的盐(即强酸弱碱盐)能水解,其水溶液显酸性**。如硫酸铵、氯化铵、硫酸铜等盐溶液的水解就属于这种类型。

3. 弱酸弱碱盐的水解　　弱酸弱碱盐在水溶液中强烈水解,其水溶液的酸碱性取决于水解后生成的弱酸和弱碱的相对强弱。由于其水解情况较复杂,这里不做介绍。

4. **强酸强碱盐不水解,其水溶液显中性**,如氯化钠、硫酸钾等。

知识拓展

影响盐的水解的因素

盐的水解程度的大小主要由盐的本身性质决定,也受温度、盐溶液的浓度和溶液的酸碱性等外界条件的影响。

1. 温度　　盐的水解是吸热过程,升高温度可促进盐的水解。

2. 盐溶液的浓度　　稀释盐溶液,可以促进盐的水解。例如:在配制 $FeCl_3$ 溶液时,为了防止 $FeCl_3$ 水解,一般先配成饱和溶液,以避免因水解产生 $Fe(OH)_3$ 而出现浑浊现象。

3. 溶液的酸碱性　　盐的水解反应常使溶液呈现酸性或碱性,因此控制溶液的酸碱性,可以抑制或促进水解。如配制 $FeCl_3$ 溶液时,可加入盐酸以增加 H^+ 浓度,抑制 Fe^{3+} 的水解。

三、盐的水解在医药上的应用

盐的水解在医药上的应用非常广泛,具有重要的意义。如临床上纠正酸中毒或治疗胃酸过多时使用乳酸钠或碳酸氢钠,就是利用其水解后显碱性的原理;治疗碱中毒时使用氯化铵,是利用其水解后显酸性的原理。

盐的水解某些情况下也会带来不利的影响。例如某些药物与潮湿的空气接触,可以因水解而变质。对于易水解的药物,在制剂时通常制成片剂或胶囊剂等。若需制成注射剂,则考虑制成粉针剂,临用前加注射用水溶解。对于易水解的药物在贮存时,应密闭保存在干燥处。

 案例分析

案例:

某同学近期有恶心、呕吐、腹痛、腹泻,并伴有心律失常、面色潮红、血压下降、呼吸加快加深、疲乏、眩晕、嗜睡、烦躁等一系列症状,经相关项目的检查,医生诊断为代谢性酸中毒。医生除针对其基本病因进行治疗外,并辅以 $NaHCO_3$ 药物治疗。

分析:

$NaHCO_3$ 可看做是 H_2CO_3(弱酸)和 $NaOH$(强碱)生成的盐,能发生水解反应,其水溶液显碱性。其水解的离子方程式如下:

$$HCO_3^- + H_2O \rightleftharpoons H_2CO_3 + OH^-$$

因此,利用 $NaHCO_3$ 的碱性即可中和人体内非正常代谢产生的多余酸性物质,使体液的酸度维持在正常的 pH 范围内。

 点滴积累

1. 盐的离子与水中的 H^+ 或 OH^- 结合生成弱电解质的反应称为盐的水解。
2. 强碱弱酸盐、强酸弱碱盐和弱酸弱碱盐都能水解,溶液的酸碱性显相对强的一方;强酸强碱盐不能水解,溶液显中性。

第五节 缓冲溶液

许多化学反应,往往都需要在一定的 pH 条件下才能正常进行。如生物体内在生理变化过程中起重要作用的酶,必须在特定的 pH 条件下才能发挥有效的作用,pH 稍有偏离,酶的活性就会大大降低,甚至丧失活性。生物体在代谢过程中不断产生酸和碱,但是人体内各种体液都能把自身的 pH 维持在一定的范围内。如人体血液的 pH 始终维持在 7.35 ~ 7.45,若持续偏离将导致代谢紊乱,严重时甚至会危及生命造成死亡。因此,如何控制溶液的酸碱性,保持溶液的 pH 相对稳定,在化学和医学上都具有十分重要的意义。

一、缓冲溶液的概念

人们在长期的实验中证明,在纯水或 NaCl 等溶液中加入少量的 HCl 溶液或 NaOH 溶液时,pH 改变很大,而在 CH_3COOH 和 CH_3COONa 的混合溶液中加入少量的 HCl 溶液或 NaOH 溶液时,pH 改变很少,可以说几乎不发生变化,说明 CH_3COOH 和 CH_3COONa 的混合溶液具有抵抗外加少量酸和少量碱的能力。若在 CH_3COOH 和 CH_3COONa 的混合溶液中加入适量水稀释,其 pH 也几乎不变。像这种**能抵抗外加少量强酸、强碱或适当的稀释而保持溶液的 pH 几乎不变的作用称为缓冲作用。具有缓冲作用的溶液称为缓冲溶液。**

二、缓冲溶液的组成

缓冲溶液之所以具有缓冲作用,是因为溶液里通常含有两种成分:一种是能与外加的酸作用,称为**抗酸成分**;另一种是能与外加的碱作用,称为**抗碱成分**。两种成分之间只相差一个 H^+。通常把这两种成分称为**缓冲对或缓冲系**。缓冲对或缓冲系主要分为 3 种类型。

（一）弱酸及其对应的盐

弱酸(抗碱成分)	对应的盐(抗酸成分)
CH_3COOH	CH_3COONa
H_2CO_3	$NaHCO_3$
H_3PO_4	NaH_2PO_4

例如:

（二）弱碱及其对应的盐

弱碱(抗酸成分)	对应的盐(抗碱成分)
$NH_3 \cdot H_2O$	NH_4Cl

例如:

（三）多元酸的酸式盐及其对应的次级盐

多元酸的酸式盐(抗碱成分)	对应的次级盐(抗酸成分)
$NaHCO_3$	Na_2CO_3
NaH_2PO_4	Na_2HPO_4
Na_2HPO_4	Na_3PO_4

例如:

三、缓冲作用原理

缓冲溶液为什么能抵抗外加的少量强酸或强碱,而溶液的 pH 几乎保持不变呢? 现以 CH_3COOH 和 CH_3COONa 组成的缓冲溶液为例,来说明缓冲作用原理。

在 CH_3COOH 和 CH_3COONa 组成的缓冲溶液中,由于 CH_3COOH 是弱电解质,解离度很小,仅有少量的 CH_3COOH 分子解离成 H^+ 和 CH_3COO^-。而 CH_3COONa 是强电解质,在水溶液中完全解离成 Na^+ 和 CH_3COO^-。它们的解离方程式如下:

$$CH_3COOH \rightleftharpoons CH_3COO^- + H^+$$
$$CH_3COONa \Longrightarrow CH_3COO^- + Na^+$$

从解离方程式中可以看出,因 CH_3COO^- 的同离子效应,使 CH_3COOH 的解离度更小,因而 CH_3COOH 几乎完全以分子状态存在于溶液中,所以溶液中 CH_3COO^- 和 CH_3COOH 的浓度都较大。而 CH_3COO^- 主要来源于 CH_3COONa 的解离。

1. 向溶液中加入少量强酸(H^+) 溶液中大量的 CH_3COO^- 和外加的少量的 H^+ 结合生成难解离的 CH_3COOH,将外来的少量强酸中的 H^+ 几乎全部耗尽,使 CH_3COOH 的解离平衡向左移动。当建立新的平衡时,溶液中的 CH_3COOH 浓度略有增加,CH_3COO^- 浓度略有减少,但 H^+ 的浓度几乎没有因外来强酸的加入而增加,故溶液的 pH 几乎不变。

在这个过程中,CH_3COO^- 起到了对抗外来 H^+ 的作用,由于 CH_3COO^- 主要来自 CH_3COONa,因此 CH_3COONa 是抗酸成分。

2. 向溶液中加入少量碱(OH^-) 溶液中 CH_3COOH 解离出的 H^+ 和外加的 OH^- 结合生成 H_2O,破坏了 CH_3COOH 的解离平衡,使解离平衡向右移动,致使溶液中大量的 CH_3COOH 不断解离出的 H^+ 和外加的 OH^- 结合,同时也弥补溶液中的 H^+ 因此而导致的减少。当建立新的平衡时,溶液中 CH_3COOH 的浓度略有减少,CH_3COO^- 的浓度略有增加,但 H^+ 的浓度几乎没有因碱(OH^-)的加入而减少,故溶液的 pH 几乎不变。

在这个过程中,CH_3COOH 解离出的 H^+ 起到了对抗外来 OH^- 的作用,因此 CH_3COOH 是抗碱成分。

其他类型缓冲溶液的作用原理与上述作用原理基本相同。

应当注意的是,当向缓冲溶液中加入的酸或碱的量过多时,溶液中的抗碱成分和抗酸成分就会消耗尽,缓冲溶液就会失去缓冲作用,因此,缓冲溶液的缓冲能力是有限度的。适当增大缓冲溶液中缓冲对的浓度,可以提高缓冲溶液的缓冲能力。

四、缓冲溶液的选择和配制

在实际工作中,有时需要配制一定 pH 的缓冲溶液,为使所配制的缓冲溶液符合工作需要,可按以下原则和步骤进行。

1. 选择合适的缓冲对 使所选缓冲对中弱酸的 pK_a 尽可能接近所配制溶液的 pH,从而使缓冲溶液具有较大的缓冲能力。如配制 pH 为 4.8 的缓冲溶液可选择 CH_3COOH 和 CH_3COONa 组成的缓冲对,因 CH_3COOH 的 $pK_a = 4.75$。还应注意组成缓冲对的物质应稳定、无毒、不参与化学反应等。例如硼酸盐缓冲液有一定毒性,不能用做口服液和注射液的缓冲对。在加温灭菌和储存期内为保持稳定,不能用易分解的 $H_2CO_3 - NaHCO_3$ 缓冲对。

2. 选择适当的浓度 缓冲溶液的总浓度越大,抗酸抗碱成分越多,缓冲能力越强,但浓度过高会造成不必要的浪费。所以,在实际工作中,抗酸成分和抗碱成分总浓度一般控制在 $0.05 \sim 0.5 mol/L$。

3. 计算所需缓冲对的量 一般为了计算和配制方便,常使用相同浓度的缓冲对,按照公式 $pH = pK_a + \lg \dfrac{[B^-]}{[HB]}$ 计算出缓冲对的体积,分别取所需的体积混合即可。

4. 校正 用上述方法计算和配制的缓冲溶液 pH 与实际测得的 pH 会稍有差异,是因为计算公式忽略了溶液中各离子、分子间的相互影响所致。若需要准确配制缓冲溶液时,按上述方法配好后,再用酸度计加以校正。

五、缓冲溶液在医药上的意义

缓冲溶液在医药学上具有重要意义。在药物生产中,药物的疗效、稳定性、溶解性以及对人体的刺激性均须全面考虑。选择合适的缓冲溶液在药物生产中是必不可少的。如维生素 C 水溶液(5mg/ml)的 pH = 3.0,若直接用于局部注射会产生难受的刺痛,常用 $NaHCO_3$ 调节其 pH 为 5.5 ~ 6.0,就可以减轻注射时的刺痛,并能增加其稳定性。在配制抗生素的注射剂时,常加入适量的维生素 C 与甘氨酸钠作为缓冲剂以减少机体的刺激,且有利于药物吸收。有些注射液经高温灭菌后,pH 会发生较大变化,一般可采取加入适当的缓冲液进行 pH 调整,使加温灭菌后其 pH 仍保持恒定。对药物制剂进行药理、生理、生化实验时,都需要使用缓冲溶液,可见缓冲溶液在药学工程中是十分重要的。

人体内各种体液都有一定的 pH 范围,例如**正常人体血液的 pH 总是维持在 7.35 ~ 7.45**,最有利于细胞的代谢及整个机体的生存。**临床上把血液 pH < 7.35 时叫做酸中毒,pH > 7.45 时叫做碱中毒**。人体中由于食物消化、吸收或组织中新陈代谢会产生大量的酸性物质或碱性物质,为什么正常人体血液的 pH 还始终恒定在一定的范围,没有发生酸中毒或碱中毒呢? 原因之一就是其中存在着一系列缓冲对。

血液中的缓冲对主要分布于血浆和红细胞中。

1. 血浆中的缓冲对 主要包括 H_2CO_3 – $NaHCO_3$、NaH_2PO_4 – Na_2HPO_4、HPr – $NaPr$(Pr 代表血浆蛋白)。

2. 红细胞中的缓冲对 主要包括 H_2CO_3 – $KHCO_3$、KH_2PO_4 – K_2HPO_4、HHb – KHb(Hb 代表血红蛋白),$HHbO_2$ – $KHbO_2$(HbO_2 代表氧合血红蛋白)。红细胞里血红蛋白缓冲对的含量占绝对优势,是红细胞里的主要缓冲对。

在这些缓冲对中,H_2CO_3 – $NaHCO_3$ 缓冲对在血液中浓度最高,缓冲能力最大,对维持血液的正常 pH 作用最重要。在人体代谢过程中产生的酸性或碱性物质以及食入的酸性或碱性物质进入血液后,正是因为这些缓冲对发挥其抗酸抗碱作用,才使血液的 pH 维持恒定。

当人体代谢过程中产生的酸性物质进入血液时,HCO_3^- 就会立即与它结合生成 H_2CO_3,H_2CO_3 不稳定,又会分解成 CO_2 和 H_2O,形成的 CO_2 由肺部排出,消耗掉的 HCO_3^- 可通过肾脏的调节得以补偿,这样就能抑制酸度变化,而使血液的 pH 保持在正常范围。肺气肿引起的肺部换气不足、患糖尿病以及食用低碳水化合物和高脂肪食物等,常引起血液中 H^+ 浓度增加,但通过血浆内的缓冲系统和机体补偿功能的作用,可使血液中的 pH 保持基本恒定。但在严重腹泻时,由于丧失 HCO_3^- 过多或因肾衰竭引起 H^+ 排泄减少,缓冲系统和机体的补偿功能往往不能有效地发挥作用而使血液的 pH 下降,当 pH < 7.35 时,则易引起酸中毒。

当人体代谢过程中产生的碱性物质进入血液时,身体的补偿机制由通过降低肺部 CO_2 的排出量和通过肾脏增加对 HCO_3^- 的排泄来配合缓冲系统,从而使血液的 pH 不因碱性代谢物的产生而发生改变。若通过缓冲系统和机体补偿功能不能阻止血液中 pH 的升高,当 pH > 7.45 时,则易引起碱中毒。

 点滴积累

1. 缓冲溶液具有抗酸、抗碱和抗稀释的作用。
2. 缓冲溶液的抗酸成分抵抗外来的少量碱;抗碱成分抵抗外来的少量酸。
3. 选择合适的缓冲对、适当的浓度,并通过相关的计算可配制所需的缓冲溶液。

 目标检测

一、选择题

(一)单项选择题

1. 下列有关盐的水解的说法不正确的是( )

    A. 盐的水解破坏了水的解离平衡

    B. 盐的水解是酸碱中和反应的逆反应

C. 盐的水解使盐溶液不一定显中性

D. 酸式盐一定显酸性

2. 下列哪种物质能够发生水解( )

 A. $BaCl_2$ B. K_2SO_4 C. CH_3COOH D. $FeCl_3$

3. 在下列溶液中, pH 小于 7 的是( )

 A. $NaNO_3$ B. $CuSO_4$ C. KCl   D. $NaHCO_3$

4. 下列各对物质, 能组成缓冲溶液的是( )

 A. NaOH – HCl   B. KCl – HCl

 C. H_2CO_3 – Na_2CO_3 D. CH_3COOH – CH_3COONa

5. 人体血液中, 最重要的缓冲对是( )

 A. NaH_2PO_4 – Na_2HPO_4 B. H – 蛋白质 – Na – 蛋白质

 C. H_2CO_3 – $NaHCO_3$ D. Na_3PO_4 – Na_2HPO_4

6. 下列物质属于弱电解质的是( )

 A. 醋酸铵   B. 硫酸钡   C. 氨水   D. 碳酸钠

7. 下列各组物质中全都是弱电解质的是( )

 A. 氢硫酸、醋酸、碳酸   B. 氢硫酸、亚硫酸、硫酸

 C. 水、酒精、蔗糖   D. 氨水、氢氧化铁、氢氧化钡

8. 关于酸性溶液, 下列叙述正确的是( )

 A. 只有 H^+ 存在   B. $[H^+] < 10^{-7}\,mol/L$

 C. $[H^+] > [OH^-]$ D. pH ≤ 7

9. $[H^+] = 1.0 \times 10^{-11}\,mol/L$ 的溶液, pH 为( )

 A. 1   B. 3   C. 11   D. 13

10. 0.01mol/L 的 NaOH 溶液中, $[H^+]$ 和 pH 分别是( )

 A. 0.01mol/L 和 2   B. 0.01mol/L 和 12

 C. $1.0 \times 10^{-11}\,mol/L$ 和 10   D. $1.0 \times 10^{-12}\,mol/L$ 和 12

11. 已知成人胃液的 pH = 1, 婴儿的胃液 pH = 5, 成人胃液的 $[H^+]$ 是婴儿的胃液 $[H^+]$ 的( )

 A. 5 倍   B. 1000 倍   C. 10 000 倍   D. 10^{-5} 倍

12. 物质的量浓度相同的下列溶液, pH 最大的是( )

 A. $CuSO_4$ B. K_2CO_3 C. NaCl   D. $NaHCO_3$

13. 下列各组溶液混合, 能发生同离子效应的是( )

 A. 氨水中加入 HCl   B. 盐酸中加入 H_2SO_4

 C. 氨水中加入 NaOH   D. 醋酸中加入 NaOH

14. 下列溶液 pH 最大的是( )

 A. CH_3COOK B. HCl   C. NaCl   D. $NaNO_3$

15. 向 CH_3COOH 溶液中加入 CH_3COONa, 则溶液的 pH( )

 A. 减少   B. 增加   C. 不变   D. 几乎不变

16. 关于氢氧化钠溶液, 下列说法正确的是( )

 A. 只有氢氧根存在

 B. 只有氢离子存在

C. 氢氧根离子和氢离子都存在

D. 氢氧根离子和氢离子都不存在

17. 相同温度下,物质的量浓度相同的下列溶液,导电能力最弱的是( )

  A. 盐酸   B. 氢氧化钠   C. 氯化铵   D. 氨水

18. 下列盐溶液,呈酸性的是( )

  A. NaCl   B. Na_2S C. NH_4Cl D. CH_3COONH_4

19. 甲基橙指示剂的变色范围是( )

  A. 4.4~6.2   B. 5.0~8.0   C. 8.0~10.0   D. 3.1~4.4

20. 在一定温度下,向0.1mol/L的醋酸溶液加蒸馏水稀释后其( )

  A. 解离度增大   B. 解离度减少   C. 解离度不变   D. 解离常数增大

21. pH相同的下列酸,物质的量的浓度最小的是( )

  A. 氢硫酸   B. 盐酸   C. 碳酸   D. 醋酸

22. 向醋酸和醋酸钠混合溶液中加入适量的蒸馏水,则溶液的pH( )

  A. 增加   B. 减少   C. 几乎不变   D. 无法判断

23. 不能发生水解的是( )

  A. CH_3COOK B. CH_3COONH_4 C. $FeCl_3$ D. NaCl

24. 下列物质的水溶液呈中性的是( )

  A. CH_3COOK B. Na_2S C. NaCl   D. $FeCl_3$

25. 临床上纠正酸中毒,可选用( )

  A. 乳酸钠   B. 氯化铵   C. 葡萄糖   D. 氯化钠

26. 临床上纠正碱中毒,可选用( )

  A. 乳酸钠   B. 氯化铵   C. 葡萄糖   D. 氯化钠

27. 在一定温度下,向纯水中加少量酸或碱后,水的离子积( )

  A. 增大   B. 减小   C. 不变   D. 加酸变小,加碱变大

28. 向氨水溶液中加入氯化铵,则溶液的pH( )

  A. 减少   B. 增加   C. 不变   D. 几乎不变

29. 向醋酸和醋酸钠混合溶液中加入少量的盐酸,则溶液的pH( )

  A. 增加   B. 减少   C. 几乎不变   D. 无法判断

30. 用CH_3COOH和CH_3COONa配制缓冲溶液,所得缓冲溶液的抗酸成分是( )

  A. H^+ B. OH^- C. CH_3COOH D. CH_3COO^-

(二) 多项选择题

1. 能发生水解的物质是( )

  A. CH_3COOK B. CH_3COONH_4 C. NaCl

  D. KCl   E. $FeCl_3$

2. 影响盐的水解的因素有( )

  A. 盐的本性   B. 温度   C. 盐溶液的浓度

  D. 溶液的酸碱性   E. 压强

3. 向CH_3COOH溶液中加入CH_3COONa,下列说法正确的是( )

  A. 解离度降低   B. pH增加   C. 解离常数不变

  D. 解离度增加   E. 解离常数增加

4. 向 $NH_3 \cdot H_2O$ 溶液中加入 NH_4Cl,下列说法正确的是( )

    A. 解离度降低   B. pH 增加   C. 解离常数不变

    D. 解离度增加   E. 解离常数增加

5. 属于弱电解质的是( )

    A. HCl   B. NaOH   C. CH_3COOH

    D. $NH_3 \cdot H_2O$ E. KCl

6. 影响弱电解质解离度大小的因素有( )

    A. 电解质的本性   B. 温度   C. 电解质的浓度

    D. 溶液的导电性   E. 溶液的压强

7. 使 $H_2CO_3 \rightleftharpoons H^+ + HCO_3^-$ 解离平衡向左移动的条件是( )

    A. 加水   B. 加碳酸氢钠   C. 加盐酸

    D. 加氢氧化钠   E. 加氯化钠

8. 离子反应发生的条件是( )

    A. 有沉淀生成   B. 有气体生成   C. 有弱电解质生成

    D. 有盐生成   E. 有水生成

9. 溶液的 pH 越大则( )

    A. 酸性越强   B. 碱性越强   C. $[H^+]$ 越大

    D. $[OH^-]$ 越大   E. 酸性越弱

10. 可使 $NH_3 \cdot H_2O$ 的解离度降低的是( )

    A. 加盐酸   B. 加氢氧化钠   C. 加氯化钠

    D. 加水   E. 加氯化铵

二、填空题

1. 盐的水解是盐的离子与_____结合生成_____,从而破坏了_____的解离平衡,溶液呈现出不同的酸碱性。

2. 强酸弱碱盐,其水溶液呈_____;强碱弱酸盐,其水溶液呈_____;强酸强碱盐,其水溶液呈_____。

3. 硫化钠水溶液呈_____,能使酚酞试液显_____色;硝酸铵水溶液的 pH _____7,能使紫色石蕊试液显_____色。

4. 血液中浓度最大、缓冲能力最强的缓冲对是_____。其中_____是抗酸成分,_____是抗碱成分。

5. 常见的缓冲对类型有_____、_____、_____。

6. 现有 KCl、$FeCl_3$、NH_4NO_3、CH_3COONa、Na_2S、CH_3COOK、CH_3COONH_4、$NaHCO_3$ 几种溶液,显酸性的有_____,显碱性的有_____,显中性的有_____。

7. 物质的量浓度相同的下列五种溶液 HNO_3、$NaHCO_3$、$Al_2(SO_4)_3$、$NaCl$、$NaOH$ 的 pH 由小到大的顺序是_____。

8. 正常人体血液的 pH 范围是_____,当 pH _____时,是_____中毒,可用_____来纠正。当 pH _____时,是_____中毒,可用_____来纠正。

9. 所谓 pH 就是溶液中_____浓度的_____。数学表达式为_____。

10. $[H^+] = 1.0 \times 10^{-5}$ mol/L 的溶液 pH = _____,溶液呈_____;若将 pH 调到 9,则 $[H^+]$ 为_____ mol/L,溶液呈_____性。

11. 向氨水中加入酚酞,溶液呈_____色,若向其中加入固体氯化铵,溶液的颜色将_____,原因是_____。

12. 在 CH_3COOH 和 CH_3COONa 缓冲溶液中,抗酸成分是_____,抗酸反应的离子方程式是_____。抗碱成分是_____,抗碱反应的离子方程式是_____。

13. 离子反应发生的条件是_____、_____、_____。

14. 同一弱电解质,溶液的浓度越小,解离度越_____;温度越高,解离度越_____。

三、简答题

（一）名词解释

1. 电解质　　2. 弱电解质　　3. 解离度　　4. 同离子效应

5. 盐的水解　　6. 缓冲溶液　　7. 酸碱指示剂　　8. pH

（二）写出下列反应的离子方程式

1. 大理石和盐酸的反应

2. 醋酸和氢氧化钠溶液反应

3. 碳酸钠溶液和硫酸反应

4. 硫酸铵溶液和氢氧化钡溶液共热的反应

5. 醋酸和氨水的反应

（三）将下列溶液按酸碱性分类

Na_2CO_3、$CuSO_4$、KCN、$FeCl_3$、H_2S、$BaCl_2$、CH_3COONH_4、$NaHCO_3$、$NH_3 \cdot H_2O$

四、计算题

1. 计算下列溶液的 pH

（1）0.1mol/L 盐酸溶液

（2）0.1mol/L 氢氧化钠溶液

（3）$[H^+] = 1 \times 10^{-5}$mol/L

（4）$[OH^-] = 1 \times 10^{-10}$mol/L

2. 将 0.1mol/L 盐酸溶液和 0.12mol/L 氢氧化钠溶液等体积混合,计算混合后溶液的 pH。

（接明军）

第五章 常见元素及其化合物

第一节　常见非金属元素及其化合物

一、卤族元素

　　元素周期表ⅦA元素统称卤族元素，简称卤素，包括氟（F）、氯（Cl）、溴（Br）、碘（I）、砹（At）5种元素，砹是放射性元素，卤素在希腊文中是成盐元素的意思。

　　卤素原子核外最外层电子数都是7，易获得1个电子达到8电子的稳定结构，常表现为 -1 价。因此，卤素都是典型的非金属元素，具有相似的化学性质。

（一）卤素单质

　　1. 物理性质　卤素单质都是双原子分子，且均为非极性分子，难溶于水，易溶于乙醇、氯仿、四氯化碳等有机溶剂。Cl_2、Br_2、I_2 的水溶液分别称为氯水、溴水、碘水。卤素单质的物理性质见表5-1。

表5-1 卤素单质的物理性质

卤素单质	F_2	Cl_2	Br_2	I_2
颜色状态(25℃)	淡黄色气体	黄绿色气体	红棕色液体	紫黑色固体
熔点(℃)	-219.2	-101	-7.2	113.5
沸点(℃)	-188.1	-34.6	58.8	184.4
毒性	剧毒	有毒	有毒	有毒
溶解度(常温、100g 水)	反应	$226cm^3$	4.17g	0.029g

 知识链接

碘的生理作用及科学补碘

碘是人体必需的微量元素,是人体各系统特别是甲状腺激素合成和神经系统发育所必不可少的。碘缺乏可引起甲状腺肿大,由此可引起吞咽困难、气促、声音嘶哑、精神不振。幼儿缺碘的主要病症是呆痴、身体矮小、聋哑等。

我国是碘缺乏病较严重的国家之一,但只要长期科学补碘,就能免受碘缺乏之害,保证身体健康。天然含碘较高的食品主要为海带、海藻等海产品,平时应注意多吃这类食品,日常饮食中也常用加碘盐来补充碘。

值得注意的是,人体摄入过量的碘也是有害的。因此,不能认为高碘的食物吃得越多越好,要根据个人的身体情况而定。

2. 化学性质 卤素表现出典型的非金属性,其非金属性按氟、氯、溴、碘的顺序依次减弱。

(1)与金属反应:卤素与金属反应,生成金属卤化物。氟和氯可与所有金属反应;溴和碘可与除贵金属以外的大多数金属反应,但反应较慢。

(2)与氢气反应:卤素都能与氢气直接化合,生成卤化氢(HX),但反应的剧烈程度以及生成卤化氢的稳定性按氟、氯、溴、碘顺序依次减弱。

卤化氢的水溶液称为氢卤酸,其中氢氯酸俗称盐酸。除氢氟酸是弱酸外,盐酸、氢溴酸、氢碘酸都是强酸,均具有酸的通性,酸性强弱顺序为:

$$HF < HCl < HBr < HI$$

盐酸是最常见的氢卤酸,属于挥发性强酸。在人体胃液中存在盐酸(约0.5%),有促进食物消化和杀菌的作用。

(3)与水反应:卤素都能与水反应,只是反应程度由氟到碘逐步减弱。

氟遇水剧烈反应,使水分解。

$$2F_2 + 2H_2O == 4HF + O_2\uparrow$$

氯气溶于水形成氯水。其中氯水中溶解的一部分氯气能与水反应,生成盐酸与次氯酸。

$$Cl_2 + H_2O == HCl + \underset{次氯酸}{HClO}$$

次氯酸不稳定,容易分解放出氧气,当受到日光照射时,次氯酸的分解加快。

$$2HClO \xrightarrow{光照} 2HCl + O_2\uparrow$$

次氯酸是强氧化剂,能杀死细菌,所以城市供水系统常用氯气来杀菌消毒。

67

次氯酸的氧化性还表现在,它可使有机色素氧化而变成无色物质,故可用作棉、麻、纸张等物的漂白剂。

溴、碘也可与水反应生成相应的氢卤酸和次卤酸,但反应要弱一些。

(4)与碱反应:将氯气通入到氢氧化钠溶液,则可迅速发生反应。

$$Cl_2 + 2NaOH =\!\!= NaCl + NaClO + H_2O$$

所以实验室制取氯气时,常用碱液来吸收多余的有害氯气。次氯酸盐比次氯酸稳定,容易保存,且具有强氧化性,通常也用作漂白剂。

与氯一样,溴、碘也可与碱反应。

(5)卤素单质间的置换反应:实验证明,氯能把溴和碘分别从溴化物、碘化物中置换出来,溴可以把碘从碘化物中置换出来。可用此法来检验 Cl^-、Br^-、I^- 的存在。

$$2NaBr + Cl_2 =\!\!= 2NaCl + Br_2$$
$$2KI + Cl_2 =\!\!= 2KCl + I_2$$
$$2KI + Br_2 =\!\!= 2KBr + I_2$$

但 F_2 不能从氯化物、溴化物和碘化物的水溶液中置换出 Cl_2、Br_2 和 I_2,因为氟遇水剧烈反应。

(6)碘与淀粉反应:碘遇淀粉呈蓝色,反应非常灵敏,这是 I_2 的特性。利用这一性质可以检验 I_2 或淀粉的存在。

 知识拓展

如何检验卤素离子(Cl^-、Br^-、I^-)

大多数卤化物都是白色晶体,易溶于水。但 Cl^-、Br^-、I^- 与 $AgNO_3$ 溶液反应可生成氯化银白色沉淀、溴化银浅黄色沉淀、碘化银黄色沉淀,不但难溶于水而且也难溶于稀硝酸,可利用这一性质来检验 Cl^-、Br^-、I^-。

前面介绍的利用卤素单质间的置换反应也可检验 Cl^-、Br^-、I^- 的存在。

(二)金属卤化物

1. 氯化钠($NaCl$) 俗称食盐,氯化钠可配制成 9g/L 的生理盐水,常用作等渗溶液为临床患者输液,也用于出血过多、严重腹泻等所引起的缺水症和洗涤伤口等。

2. 氯化钾(KCl) 氯化钾是临床常用的电解质平衡调节药,可治疗各种原因引起的钾缺乏症和低钾血症,如进食不足、呕吐、严重腹泻、长期应用糖皮质激素和补充高渗葡萄糖后引起的低钾血症等。

3. 氯化钙($CaCl_2$) 无水氯化钙有强吸湿性,是常用的干燥剂,易溶于水和乙醇,临床上可用于钙缺乏症,也可用作抗过敏药。

4. 碘化钾(KI) 碘化钾易溶于水,其水溶液久置空气中易被氧化而析出碘变黄,在医药上可用于治疗甲状腺肿大。碘化钾也是配制碘酊的助溶剂,由于 I_2 易溶于 KI 溶液中,与 I^- 形成 I_3^-,I_2 的溶解度越大,溶液颜色越深。

 **课堂活动**

你知道卤素包括哪些元素吗?卤素单质有哪些主要性质?

$$I_2 + I^- \rightleftharpoons I_3^-$$

二、氧族元素

氧族元素是元素周期表中ⅥA族元素,包括氧(O)、硫(S)、硒(Se)、碲(Te)、钋(Po)5种元素。氧族元素的原子核外最外层电子数为6,表现出较活泼的非金属性。其中,氧和硫是典型的非金属元素,氧元素常见化合价为-2,硫元素常见化合价为-2、+4、+6。

(一)氧及其化合物

1. 氧单质 氧单质有氧气(O_2)和臭氧(O_3),最稳定的是氧气。

氧气在常温下是无色、无味、无臭的气体。O_2最主要的化学性质是氧化性。

臭氧在常温下是浅蓝色的气体,因有刺激性臭味而称"臭氧"。臭氧比氧气易溶于水,不稳定,易分解为氧气。臭氧有较强的氧化性,可用作氧化剂、漂白剂和消毒剂,作用强、速度快,而且不会造成二次污染。

 知识链接

臭 氧 层

在距地面20~40km的高空,有一稳定的臭氧层,能吸收太阳光的紫外线,为保护地面上的生物免受太阳强烈辐射提供了一个防御屏障,即臭氧保护层。但是,近年来由于人类大量使用矿物燃料和氯氟烃,使大气中NO、NO_2、氯氟化碳等含量过多,引起臭氧过多分解,使臭氧层遭受破坏,皮肤癌患者增加,因此,应采取积极措施保护臭氧层。

2. 过氧化氢(H_2O_2) 纯的过氧化氢为淡蓝色的黏稠液体,可与水以任意比例混溶,其水溶液俗称双氧水,含量为3%~30%。

过氧化氢为极性分子,分子中有一过氧键(—O—O—),分子中氧的化合价为-1,处于氧的中间价态,使H_2O_2既有氧化性又有还原性。H_2O_2的主要化学性质如下。

(1)不稳定性:常温下分解缓慢,加热或更高温度时,纯的过氧化氢激烈分解而爆炸,遇热、遇光和遇酸、碱、重金属等可加速分解。因此,应保存在避光、低温的棕色瓶中。例如MnO_2就可以加速H_2O_2的分解:

$$2H_2O_2 \xrightarrow{MnO_2} 2H_2O + O_2\uparrow$$

(2)氧化还原性:H_2O_2既可作氧化剂,也可作还原剂,在酸性介质中是强氧化剂,还原性只有遇到更强的氧化剂才表现出来:

$$H_2O_2 + 2I^- + 2H^+ == I_2 + 2H_2O$$
$$2MnO_4^- + 5H_2O_2 + 6H^+ == 2Mn^{2+} + 5O_2\uparrow + 8H_2O$$

H_2O_2作氧化剂最突出的优点是氧化性强,且不引入杂质。

过氧化氢溶液(双氧水)具有消毒、防腐、漂白作用。医疗上常用3%的双氧水清洗疮口、治疗口腔炎;1%的双氧水可用于含漱。工业上常作为漂白剂用于漂白棉、毛、麻、丝织物、羽毛、纸浆等。

(二)硫及其化合物

1. 单质硫 纯净的硫是淡黄色的晶体,俗称硫黄。单质硫不溶于水,易溶于二硫化碳(CS_2)、四氯化碳(CCl_4)等有机溶剂中。

硫的化学性质比较活泼,可以形成化合价为 -2 的化合物,也可以形成化合价为 $+4$ 或 $+6$ 的共价化合物,因此硫既有氧化性又有还原性。

知识链接

硫在医药方面的应用

《中国药典》收载的硫黄是升华硫(S_8),此外药用硫还有沉降硫和洗涤硫两种。升华硫用于配制10%的硫黄软膏,外用治疗疥疮、真菌感染等。洗涤硫和沉降硫既可外用也可内服,内服有消炎、镇咳、轻泻作用。

2. **硫代硫酸钠** 硫粉和亚硫酸钠共煮可制得硫代硫酸钠,市售硫代硫酸钠俗称大苏打或海波,化学式为 $Na_2S_2O_3 \cdot 5H_2O$。硫代硫酸钠是一种无色透明晶体,易溶于水,其水溶液显弱碱性,遇酸迅速分解。

$$Na_2S_2O_3 + 2HCl == 2NaCl + S\downarrow + SO_2\uparrow + H_2O$$

该反应常用作 $S_2O_3^{2-}$ 的鉴定反应。

硫代硫酸钠因其中1个硫原子的化合价为0而具有较强的还原性,常用作药物制剂中的抗氧化剂。硫代硫酸钠可被碘氧化为连四硫酸钠,分析化学中常用该反应定量测定碘。

$$2S_2O_3^{2-} + I_2 == S_4O_6^{2-} + 2I^-$$

$S_2O_3^{2-}$ 能与许多重金属离子形成稳定的配合物,并能将 CN^- 转化为 SCN^-,医药上常用作卤素、氰化物和重金属中毒时的解毒剂。

$$2\ S_2O_3^{2-} + AgX == [Ag(S_2O_3)_2]^{3-} + X^-$$

$$S_2O_3^{2-} + CN^- == SO_3^{2-} + SCN^-$$

三、氮及其化合物

氮位于元素周期表第2周期ⅤA族,ⅤA族包括氮(N)、磷(P)、砷(As)、锑(Sb)、铋(Bi)5种元素,总称氮族元素,其原子核外最外层电子数为5,化合价主要为 -3、$+3$ 和 $+5$。

课堂活动

你知道氧族元素包括哪些元素吗?如何用化学方法鉴别硫酸钠和硫代硫酸钠?

(一)氮气

氮气(N_2)在常温常压下是一种无色无味、无臭、无毒的气体,性质很稳定,常温下很难与其他物质发生反应,可用作保护气体,如金属焊接、制造灯泡等。用氮气填充粮仓及水果仓库,能使害虫缺氧窒息而死亡,可达到长期储存的目的。氮气的主要用途是用于合成氨和制取硝酸。在临床上液氮广泛用作深度制冷剂,利用其挥发极度致冷的作用,将病区细胞迅速杀死,一般用来治疗瘊子、鸡眼、疣以及皮肤病等。

(二)氨和铵盐

1. **氨(NH_3)** 氨是具有刺激性气味的无色气体,极易溶于水,常温常压下,1体积水约能溶解700体积氨气。与水作用时,氨和水以氢键结合,形成缔合分子一水合氨,常写为 $NH_3 \cdot H_2O$,通常将氨的水溶液称为氨水。$NH_3 \cdot H_2O$ 是弱电解质,能解离出少量 NH_4^+ 和 OH^-,所以氨水呈弱碱性,能使酚酞溶液变红色。

$$NH_3 + H_2O \rightleftharpoons NH_3 \cdot H_2O \rightleftharpoons NH_4^+ + OH^-$$

氨是常见的配体,可与中心原子形成稳定的配合物,如$[Ag(NH_3)_2]^+$、$[Cu(NH_3)_4]^{2+}$等。因此,许多金属难溶盐和难溶氢氧化物能够溶解在氨水中。

2. 铵盐 铵盐一般为无色晶体,易溶于水,是强电解质。铵盐与碱共热都能产生有刺激性气味的氨气,氨气能使湿润的红色石蕊试纸变蓝色,这是铵盐的共同性质,可以利用这一特性来检验铵根离子的存在。

课堂活动

你知道氮族元素包括哪些元素吗?氮族元素中氮的重要化合物氨、铵盐的主要性质有哪些?

$$NH_4^+ + OH^- \xrightarrow{\triangle} NH_3\uparrow + H_2O$$

点滴积累

1. 卤素包括氟(F)、氯(Cl)、溴(Br)、碘(I)、砹(At)5种元素,卤素具有典型的非金属性,其非金属性按氟、氯、溴、碘的顺序依次减弱。
2. H_2O_2 具有氧化性、还原性及不稳定性。$Na_2S_2O_3$ 有较强的还原性,可被碘氧化,常用于分析测定碘。
3. $NH_3 \cdot H_2O$ 是弱电解质,能解离出少量 NH_4^+ 和 OH^-,显弱碱性。

第二节 常见金属元素及其化合物

一、碱金属

元素周期表的第ⅠA族中,除氢(H)外的其余6种元素锂(Li)、钠(Na)、钾(K)、铷(Rb)、铯(Cs)、钫(Fr)都是金属元素,由于其氧化物的水溶液呈强碱性,因此通称为碱金属。

碱金属元素原子核外最外层电子数为1,很容易失去1个电子而变成稳定的 +1 价阳离子,因此它们都是典型的活泼金属,具有典型的金属性。例如:钠在干燥的空气中燃烧生成过氧化钠(Na_2O_2);钠、钾与水剧烈反应生成氢氧化物和氢气;由于钠、钾易被空气中的氧所氧化,通常将钠和钾保存在干燥的煤油中。

以下简要介绍在医药上常用的碳酸钠和碳酸氢钠。

(一)碳酸钠

碳酸钠(Na_2CO_3)俗名苏打,工业上称为纯碱,为白色晶体,易溶于水,其水溶液呈较强的碱性。碳酸钠受热无变化,能与酸反应放出 CO_2 气体。碳酸钠晶体($Na_2CO_3 \cdot 10H_2O$)含有结晶水,在干燥空气中易失去结晶水而逐渐风化成白色粉末。

碳酸钠是一种基本化工原料,在玻璃、造纸、纺织、印刷、冶金、肥皂、医药、食品等工业有广泛应用。

(二)碳酸氢钠

碳酸氢钠($NaHCO_3$)俗名小苏打,白色晶体,易溶于水,水溶液呈弱碱性。碳酸氢钠也能与酸反应放出 CO_2 气体。碳酸氢钠对热稳定性较差,受热易分解,利用这一反应可以鉴别碳酸钠和碳酸氢钠。

$$2NaHCO_3 \xrightarrow{\triangle} Na_2CO_3 + H_2O + CO_2\uparrow$$

碳酸氢钠可用于医药、食品工业,也常用在泡沫灭火器中,临床上可用 $NaHCO_3$ 注射液纠正代谢性和呼吸性酸中毒。

二、碱土金属

碱土金属包括铍(Be)、镁(Mg)、钙(Ca)、锶(Sr)、钡(Ba)、镭(Ra)6 种金属元素,位于周期表中ⅡA族。

碱土金属元素原子核外最外层电子数为 2,很容易失去 2 个电子而变成稳定的 +2 价阳离子,因此碱土金属元素的化学性质较活泼。

以下简要介绍在医药上常用的硫酸镁和硫酸钙。

硫酸镁($MgSO_4$)又称为泻盐,内服用作缓泻剂和十二指肠引流剂,$MgSO_4$ 注射剂主要用于抗惊厥。

含两分子结晶水的硫酸钙称为石膏($CaSO_4 \cdot 2H_2O$),加热到 160~200℃ 时,失去大部分结晶水而变为熟石膏($2CaSO_4 \cdot H_2O$)。

熟石膏粉与水混合成糊状后,很快凝固和硬化,重新变成石膏。利用这种性质,熟石膏可以铸造模型和雕像,在医疗外科上用作石膏绷带。

《中国药典》中收录的钙盐类药物主要有葡萄糖酸钙、磷酸氢钙、乳酸钙和氯化钙,用于治疗急性血钙缺乏症、慢性钙缺乏症、抗炎、抗过敏,以及作为镁中毒时的拮抗剂。

三、铝及其化合物

铝是元素周期表中第 3 周期ⅢA族元素,其原子核外最外层电子数为 3,在化合物中的化合价为 +3。铝在地壳中的含量仅次于氧和硅,位居第 3 位。

铝是银白色轻金属,具有良好的延展性,易于制成筒、管、棒或箔,铝箔广泛用于药品片剂、胶囊剂的包装。铝是较活泼的两性金属,既可与强酸反应,也能与强碱反应。

以下简要介绍在医药上常用的明矾和氢氧化铝。

(一)明矾

明矾[$KAl(SO_4)_2 \cdot 12H_2O$]为无色晶体,易溶于水,并发生水解反应,溶液呈酸性。明矾水解生成的 $Al(OH)_3$ 溶胶具有吸附能力,广泛用于水的净化,明矾具有收敛作用,5~20g/L 的溶液可用于洗眼或含漱。

(二)氢氧化铝

氢氧化铝为不溶于水的白色胶状物质。氢氧化铝与酸反应生成铝盐,临床上内服用于中和胃酸,$Al(OH)_3$ 是良好的抗酸药,常制成氢氧化铝凝胶剂或氢氧化铝片剂,作用缓慢而持久。$Al(OH)_3$ 凝胶本身就能保护溃疡面,并具有吸附作用,其产物 $AlCl_3$ 也具有收敛和局部止血的作用。

$Al(OH)_3$ 是两性物质,既能溶于酸,又能溶于碱。

$$Al(OH)_3 + 3HCl \Longrightarrow AlCl_3 + 3H_2O$$
$$Al(OH)_3 + NaOH \Longrightarrow NaAlO_2 + 2H_2O$$

四、铁及其化合物

铁(Fe)位于元素周期表的第 4 周期Ⅷ族,是过渡金属元素,铁常见的化合价为 +2 和 +3,以 +3 价态的化合物较为稳定。

铁能被磁铁吸引,具有铁磁性。铁属于中等活泼金属,能与氧、硫、氮、卤素等非金属单质反应,也能与水、酸、盐、浓碱液等化合物反应。铁与冷的浓硫酸或浓硝酸因发生钝化作用而不反应,因此贮运浓硝酸、浓硫酸的容器和管道可用铁制品。

铁在人体中是最重要、含量最多的生命必需微量元素。其中大部分是以血红蛋白和肌红蛋白的形式存在于血液和肌肉组织中,其余与各种蛋白质和酶结合,分布在肝、骨髓及脾脏内。血红蛋白和肌红蛋白分别起着载氧和储氧的功能。缺铁可引起缺铁性贫血、中枢神经系统功能异常、机体免疫功能下降等多种疾病。但过量摄入铁制剂,将诱发肿瘤或引起急性铁中毒。

以下简要介绍在医药上常用的硫酸亚铁和氯化铁。

（一）硫酸亚铁

$FeSO_4 \cdot 7H_2O$ 为浅绿色的晶体,俗称绿矾。硫酸亚铁在医药上用作内服药补血剂,用于治疗缺铁性贫血。

硫酸亚铁易水解、易被氧化,为防止 $FeSO_4$ 水解及被氧化,配制溶液时可以加入适量稀硫酸使溶液呈酸性,同时加入铁钉,阻止其氧化。

$$4FeSO_4 + O_2 + 2H_2O = 4Fe(OH)SO_4$$

（二）氯化铁

氯化铁（$FeCl_3$）属于共价型化合物,易溶于有机溶剂,也易溶于水,溶于水时发生强烈的水解反应。因此,在配制 $FeCl_3$ 溶液时,一定要先加入适量的浓盐酸,抑制 Fe^{3+} 的水解反应。

$$Fe^{3+} + 3H_2O = Fe(OH)_3 + 3H^+$$

$FeCl_3$ 水解形成胶体溶液,它可和悬浮在水中带负电的泥沙等杂质一起聚沉,再加上有吸附作用,因此可作净水剂。

Fe^{3+} 具有明显的氧化性,例如:

$$2Fe^{3+} + Cu = 2Fe^{2+} + Cu^{2+}$$
$$2Fe^{3+} + 2I^- = 2Fe^{2+} + I_2$$

铁元素能与 CN^-、SCN^-、F^-、Cl^-、CO 等许多配体形成配合物,例如,$K_3[Fe(CN)_6]$、$K_4[Fe(CN)_6]$、$Fe(CO)_5$ 等。

铁盐（Fe^{3+}）溶液遇到无色的 KSCN 溶液变血红色,亚铁盐（Fe^{2+}）溶液遇 KSCN 溶液不变色,因此可利用此反应检验 Fe^{3+} 的存在。

此外,三氯化铁能使蛋白质迅速凝固,医药上可用作伤口的止血剂。

 知识拓展

化学元素与人体健康

按照化学元素在人体内的含量多少,可分为宏量元素及微量元素两类。

人体中的**宏量元素**也叫常量元素,是指含量占人体总重量万分之一以上的元素,共有氧(O)、碳(C)、氢(H)、氮(N)、钙(Ca)、磷(P)、硫(S)、钾(K)、钠(Na)、氯(Cl)、镁(Mg)11 种元素,约占体重的 99.95%,其中碳、氢、氧、氮 4 种元素占人体总重量的 96%以上,这 11 种宏量元素均为人体必需元素。人体必需元素中,碳、氢、氧、氮、硫和磷是组成人体的主要元素,它们是蛋白质、核酸、糖类和脂类的组成成分,是生命体的物质基础。

　　微量元素是指人体内含量少于体重万分之一的元素,其中必需微量元素是生物体不可缺少的元素,目前,已被确认与人体健康和生命有关的必需微量元素有铁、铜、锌、钴、锰、铬、硒、碘、镍、氟、钼、钒、锡、硅、锶、硼、钶、砷等。这些必需微量元素,虽然在人体内的含量不多,约占体重的 0.05%,但能量大,可称之为"生命的火花",在维持人类健康中起基础性的作用。

　　另外一些则是能够显著毒害有机体的元素,如铅、镉、汞、铊等,叫做**有害元素**或有毒元素。这些重金属对环境的污染问题已日益引起人们的重视。

　　必须要说明的是,必需微量元素不仅存在于人体中,而且还必须在恰当的部位,有适宜的含量,并处于特定的价态,以及同恰当的化学组分相结合。当人体中任何一种必需的微量元素缺乏时,人体就会处于生理生化上的不正常状态。而当人体对某种必需微量元素的摄入量超过了肾和肠的排泄能力时,该元素就会在体内积蓄,则不论该元素在适量时对于生命有多么重要,也会对组织细胞某脏器或对某系统产生毒害,甚至引起严重的疾病,这时必需元素就转变成了有害元素,同样会使人处于病理状态,严重时则有致命的危险。例如,人体中的硒元素含量低于 0.00001% 时,会导致肝坏死和心肌病;若高于 0.001% 时,则使人体中毒,甚至致癌;再如,铁缺乏时会引起贫血,而过量摄入铁可导致青年智力发育缓慢、肝硬化,甚至诱发肿瘤等。

 点滴积累

1. 碱金属包括锂(Li)、钠(Na)、钾(K)、铷(Rb)、铯(Cs)、钫(Fr)6 种金属元素,它们具有典型的金属性。
2. 碱土金属包括铍(Be)、镁(Mg)、钙(Ca)、锶(Sr)、钡(Ba)、镭(Ra)6 种金属元素,其化学性质较活泼。
3. Al 和 $Al(OH)_3$ 都是两性物质,既可与强酸反应也能与强碱反应。
4. 铁的常见价态为 +2 和 +3,以 +3 的化合物较为稳定。

 目标检测

一、选择题

(一)单项选择题

1. 随着卤素原子序数的递增,下列递变规律正确的是( )
   A. 单质的熔、沸点逐渐降低
   B. 卤素离子的还原性逐渐增强
   C. 气态氢化物稳定性逐渐增强
   D. 卤化氢水溶液的酸性逐渐减弱

2. 双氧水应避光保存是因为其具有( )
   A. 强酸性　　　　B. 强还原性　　　　C. 挥发性　　　　D. 不稳定性

3. 常温下能与水反应的金属是( )
   A. Fe　　　　　　B. Al　　　　　　C. Cu　　　　　　D. Na

4. 能溶于 NaOH 溶液的化合物是(   )

    A. $Al(OH)_3$ B. Cu   C. $CaCO_3$ D. Fe_2O_3

5. 具有两性的金属是(   )

    A. Fe   B. Al   C. Na   D. Cu

6. 过氧化氢分子中氧元素的化合价为(   )

    A. -2 B. 0   C. -1 D. $+2$

7. 金属钠应保存在(   )

    A. 酒精中   B. 液氨中   C. 煤油中   D. 空气中

8. 下列物质既有氧化性又有还原性的是(   )

    A. H_2O_2 B. Na_2S C. Na_2SO_4 D. H_2O

9. 下列不具有氧化性的物质是(   )

    A. KI   B. I_2 C. HClO   D. Cl_2

10. 下列离子中,遇酸分解,产生无色气体和淡黄色沉淀的是(   )

    A. CO_3^{2-} B. NH_4^+ C. SO_3^{2-} D. $S_2O_3^{2-}$

11. 下列离子中,遇热的 NaOH 溶液能产生无色气体的是(   )

    A. CO_3^{2-} B. NH_4^+ C. SO_3^{2-} D. $S_2O_3^{2-}$

12. 下列物质中,只具有还原性的是(   )

    A. H_2O_2 B. SO_2 C. H_2S D. H_2SO_3

13. 检验 Fe^{3+} 的特效试剂是(   )

    A. KCN   B. KSCN   C. NH_3 D. $AgNO_3$

(二) 多项选择题

1. 下列关于氯水的叙述,错误的是(   )

    A. 新制氯水中只含有 Cl_2 和 H_2O 分子

    B. 新制氯水可使蓝色石蕊试纸先变红后褪色

    C. 光照氯水有气体 Cl_2 逸出

    D. 氯水放置数天后溶液中的 Cl_2 不减少

    E. 氯水为一种混合物

2. 下列关于氮的说法正确的是(   )

    A. 液氮可作冷冻剂

    B. 氮气分子是双原子分子

    C. 氮有多种化合价

    D. 氮气的性质很稳定,可用作保护气体

    E. 氮气可用于仓库长期储存食物

3. 下列物质中能用作消毒剂的是(   )

    A. 氨水   B. 氯水   C. 臭氧   D. 双氧水   E. 氮气

4. 过氧化氢的化学性质主要有(   )

    A. 不稳定性   B. 消毒杀菌性   C. 氧化性

    D. 还原性   E. 强酸性

5. 硫代硫酸钠的主要性质有(   )

    A. 遇强酸分解   B. 还原性   C. 配位性

    D. 氧化性   E. 稳定性

二、简答题

(一) 请简单回答以下问题

1. 实验室中有 3 个试剂瓶的标签已被腐蚀,只知道它们分别是氯化钠、溴化钠、碘化钾 3 种溶液,试用两种方法予以鉴别,并写出化学反应方程式。

2. H_2O_2 既可作氧化剂又可作还原剂,试举例写出有关的化学方程式。

3. 试举例说明氯气、氮气在日常生活中的用途。

4. 如何配制 Fe^{2+} 及 Fe^{3+} 的盐溶液?

(二) 将下列物质的化学式与对应的临床医疗作用进行连线

$FeSO_4$	伤口止血剂
$Al(OH)_3$	纠正酸中毒
$NaHCO_3$	治疗贫血
$FeCl_3$	胃酸抑制剂
$2CaSO_4 \cdot H_2O$	杀菌消毒剂
H_2O_2	作石膏绷带
$NaCl$	治疗低钾血症
KCl	洗涤伤口、灌肠

(三) 完成下列化学方程式

1. Fe^{3+} + I^- ⟶

2. Fe + HCl ⟶

3. Na + H_2O ⟶

4. Cl_2 + H_2O ⟶

5. $Al(OH)_3$ + $NaOH$ ⟶

(石宝珏)

第六章 定量分析基础

 学习目标

1. 掌握定量分析的任务、分类方法和误差的种类、来源、表示方法。
2. 熟悉有效数字及其运算规则。
3. 了解误差的减免方法和提高分析结果准确度的方法。

 导学情景

情景描述：

药剂班的小宋和小丽在做实验时争论了起来。小宋认为自己实验得到的数据应最准确，因为他连续做了三次实验，得到的数据都非常接近。用分析天平称量试样质量分别为 0.121g、0.122g、0.122g，滴定时消耗体积分别是 20.3ml、20.4ml、20.5ml，但小丽则认为他数据有问题，误差很大，实验数据不可取，应重做实验。小丽结合本章知识，向小宋解释在做分析化学实验时，应准确记录和处理得到的实验数据。

学前导语：

在定量分析中，为了获得可靠的分析结果，除了要准确测定各种数据，还要正确记录和计算。如何去评价一组实验数据是否准确，是本章的主要内容。本章就将带领大家学习定量分析的基本知识，为以后进行药物分析等课程的学习打好基础。

第一节 定量分析概论

一、定量分析的任务

分析化学是研究物质化学组成的分析方法及有关理论的一门科学，是化学学科的一个重要分支。**分析化学的任务是：①鉴定物质的化学组成；②测定各组分的相对含量；③确定物质的化学结构**。分析化学内容丰富，按不同分类方法可将分析化学方法归属不同类别，其中根据分析化学的任务可划分为定性分析、定量分析和结构分析。

定量分析是分析化学中一个很重要的任务，也是药物质量控制中极其重要的一个环节。定量分析是利用化学或物理化学的手段，测定试样中有关组分相对含量的分析方法。**定量分析任务是准确测定试样中各组分的相对含量**。

在药学类专业教育中，分析化学的理论知识和实验技能在药物分析等学科都有广泛的应用。作为生命科学一个分支的医药领域,其生产、研发和应用没有一刻离开过分析化学的帮助,临床检验、疾病诊断、病因调查、新药研制、药品质量的全面控制、中草药有效成分的分离和测定、药物代谢和药物动力学研究、药物制剂的稳定性、生物利用度和生物等效性研究都离不开分析化学。而本教材将重点介绍药物相对含量测定的定量分析方法。

二、定量分析方法的分类

定量分析方法通常按取样量或组分含量、测定原理和操作方法、分析目的等不同来分类。

(一)根据取样量或组分含量多少分类

根据取样量多少不同可分为:常量分析、半微量分析、微量分析和超微量分析法。

各种方法所需样品和被测组分的重量如表 6 - 1 所示。

表 6 - 1 各种分析方法的取样量

方法	试样重量(mg)	试液体积(ml)
常量分析	100 ~ 1000	10 ~ 100
半微量分析	10 ~ 100	1 ~ 10
微量分析	0.1 ~ 10	0.01 ~ 1
超微量分析	0.001 ~ 0.1	0.001 ~ 0.01

根据被测组分含量高低不同,定量分析方法又可分为常量组分(含量 > 1%)、微量组分(含量 0.01% ~ 1%)和痕量组分(含量 < 0.01%)分析。痕量组分分析不一定是微量分析或超微量分析,因为有时测定痕量组分要取大量样品。

(二)根据测定原理和操作方法不同分类

一般分为化学分析和仪器分析两大类。

1. 化学分析法 以物质的化学反应为基础的分析方法,它的历史悠久,又称为经典分析法。化学分析包括滴定分析法和重量分析法。

(1)滴定分析法:是根据一种已知准确浓度的试剂溶液(通常称为滴定液)与被测物质完全反应时所消耗的体积及其浓度来计算被测组分含量的方法。滴定分析法又称为容量分析法,主要有:酸碱滴定法、氧化还原滴定法、配位滴定法、沉淀滴定法等。

滴定分析法应用范围广泛,所用仪器简单,操作简便,分析结果准确,尽管不够灵敏,但仍然是定量分析方法的基础。

(2)重量分析法:是根据被测物质在化学反应前后的重量差来测定组分含量的方法。主要有挥发法、萃取法和沉淀法。

化学分析法在测定时取样量较多,一般属于常量分析或半微量分析。如在药物定量分析中一般采用常量分析。

2. 仪器分析法 利用物质的物理或物理化学性质进行分析的方法。主要有以下几种。

(1)色谱法:如气相色谱法、高效液相色谱法等。

(2)电化学分析法:如伏安分析法、库仑分析法、电位分析法等。

(3)光学分析法:如原子吸收法、原子发射法、红外光谱法、紫外光谱法、吸光光度法、拉曼光谱法等。

仪器分析法的特点是取样量少、灵敏度高、分析快速、比较准确、仪器可自动化,适合于微量或痕量组分的分析。

（三）根据分析目的不同分类

1. 例行分析　是指一般实验室常用的分析方法,又称常规分析。

2. 仲裁分析　是指不同单位对同一产品的分析结果有争论时,请权威单位(如一定级别的药检所、法定检验单位等)用指定方法进行裁判的分析。

 案例分析

案例：

药物分析中常要求对维生素 C 含量进行测定,操作步骤:精密称取维生素 C 约 0.2g,加新煮沸过的冷水 100ml 和稀醋酸 10ml,溶解后加淀粉指示液 1ml,立即用碘滴定液(约 0.05mol/L)滴定至溶液显蓝色并在 30 秒内不褪色为终点。

分析：

维生素 C 又称 L - 抗坏血酸,是一种水溶性维生素。水果和蔬菜中含量丰富,在氧化还原代谢反应中起调节作用,缺乏它可引起坏血病。其含量可以通过定量分析方法中的氧化还原滴定来测定。因为维生素 C 具有较强的还原性,能被碘定量氧化成去氢维生素。因在酸性介质中维生素 C 受空气中氧的氧化作用减小,故加入稀醋酸使滴定在酸性溶液中进行,以减少维生素 C 受其他氧化剂作用的影响。在这个常量分析中,试样是维生素 C,试剂是碘滴定液。

三、定量分析的一般程序

定量分析的分析程序一般包括下列五个步骤。

（一）实验方案设计

实验方案设计包括方法和仪器、试剂等实验条件的选取。因为各种分析方法各有其特点和局限性,所以在实际工作中应根据被测物的性质、含量、试样的组成和对分析结果准确度的要求等具体情况来确定。

（二）试样的采集

试样的采集要科学、真实。定量分析工作中是以少量试样的分析结果来表示大量分析对象中被测组分的平均含量,这就要求采集的供分析用的试样组成必须具有代表性和均匀性。如从 50kg 原料药中取 1g 用于分析测定,这 1g 试样应代表整体,否则分析工作进行得再仔细也毫无意义。

（三）试样的制备

根据试样的性质,试样制备包括干燥、粉碎、研磨、溶解、过滤、提取、分离和富集等步骤。试样制备应使试样适合已选定的测定方案,消除可能的干扰。

（四）分析测定

根据实验方案设计的方法完成实验,实验前应确保所用试剂纯度满足实验要求,所用实验仪器的准确度和精密度要符合测定要求。

课堂活动

1. 药物分析的基本方法是什么?

2. 仪器分析具有快速、灵敏、准确的特点,能否取代化学分析?

（五）实验报告

根据所取试样的量、测定所得数据和分析过程中有关化学反应的计量关系,计算报告试样中有关组分的含量。实验报告一般包括实验方法、原理、步骤、数据记录、计算结果及误差分析等。实验报告应简明扼要,记录与计算结果尽可能采用表格进行表述,同时应注意有效数字的正确运用。

点滴积累

1. 定量分析是利用化学或物理化学的手段,准确测定各组分的相对含量。
2. 根据分析方法测定原理不同,可以分为化学分析和仪器分析。
3. 在药物定量分析中一般采用常量分析。

第二节　定量分析的误差

定量分析的任务是准确测定试样中各组分的相对含量,因此要求分析结果必须具有一定的准确度。在临床检验或药品检测中,不正确的检测结果会导致错误的病情诊断或给药量不当,直接危及患者的生命安全。

在定量分析中,由于受分析方法、测量仪器、试剂和分析工作者操作差异等方面因素的影响,使测得的分析结果不可能与真实值完全一致,即使是技术熟练的分析工作者使用最精密的仪器,在完全相同的情况下,对同一样品进行多次测定,也不可能得到完全一致的分析结果,这说明误差是客观存在的,并且难以避免。因此,在进行定量分析时,不仅要测定被测组分的含量,而且还要对实验数据进行正确的处理,对分析结果作出科学的评价,找出产生误差的原因,采取有效措施减少误差,提高分析结果的准确度。

一、误差的来源和减小误差的方法

在定量分析中将测量值与真实值之差叫做测量误差,简称误差。**根据误差的性质和产生的原因,将误差分为系统误差和偶然误差。**

知识链接

真　实　值

真实值是指在一定条件下被测量物质客观存在的实际值。真实值通常是一个未知量,一般说的真实值是指理论真实值和约定真实值。

1. 理论真实值　是由理论推导得出,例如,三角形的内角和为$180°$、圆周率等。

2. 约定真实值　是由国际计量大会定义的单位(国际单位)及我国的法定计量单位。例如,阿伏加德罗常数、各元素的相对原子质量等。

分析化学工作也常采用对标准试样进行多次测定所得结果的平均值作为真实值的替代值。

（一）系统误差

系统误差又称可测误差,是由分析过程中某些确定的因素所造成的,对分析结果的影响比较恒定。其特点是在同一条件下重复测定时,它会重复出现,即具有重复性。根据系统误差的性质和产生的原因,可以将其分为以下4类。

1. 方法误差 由于分析方法本身的缺陷所造成的误差。例如,滴定分析中反应进行不完全,副反应的发生;指示剂选择不当,使滴定终点和化学计量点不相符产生的误差。

2. 仪器误差 由于所用仪器不准确或未经校准所引起的误差。例如,天平两臂不等长,砝码生锈;滴定管、容量瓶、移液管等刻度不准确所带来的误差。

3. 试剂误差 由于所用试剂或蒸馏水含有杂质而引起的误差。例如,试剂纯度不高或含有微量被测组分都会带来这种误差。

4. 操作误差 在正常的操作情况下,由于操作者的主观因素所造成的误差。例如,滴定管读数偏高或偏低,对某种颜色的辨别不够敏锐等所造成的误差。

（二）偶然误差

偶然误差又称随机误差,是由某些难以控制或不确定的因素所造成的,并对分析结果的影响具有可变性。如测量时温度、湿度、气压的微小变化,分析仪器的轻微波动等,都会引起测量数据的波动,并且误差的大小、正负都不确定。

 知识链接

过 失 误 差

过失误差是由于分析工作者的粗心大意或不按操作规程操作所产生的错误,不属于操作误差,必须重做予以纠正。例如,溶液溅失、加错试剂、读错刻度、记录和计算错误等,这些误差都是可以避免的,会对分析结果带来严重影响,不属于上述两种误差的讨论范围。

（三）减小误差的方法

从误差产生的原因来看,系统误差和偶然误差都是不可避免的,只有尽可能地减小系统误差和偶然误差,才能提高分析结果的准确性。

1. 减小测量中的系统误差

（1）对照试验:对照试验是检查系统误差的有效方法,如检查试剂是否失效、反应条件是否正常、测量方法是否可靠等。常用标准品对照法,即用已知准确含量的标准品代替待测样品,在完全相同的条件下进行分析,以此对照。

（2）空白试验:在不加试样的情况下,用与测定样品相同的方法、条件、步骤对空白样品（一般用蒸馏水）进行定量分析,把所得结果作为空白值,从样品的分析结果中减掉空白值。这样可以消除由于试剂、蒸馏水、实验器皿和环境带入的杂质所引起的系统误差,使实验的测量值更接近于真实值。

（3）校准仪器:仪器误差可以通过校准仪器来减小。例如在精密分析中,砝码、移液管、滴定管、容量瓶等必须进行校准,并在计算结果时采用其校正值。

2. 减小测量中的偶然误差 因为偶然误差的特点是可变性的,大小、正负不确定,并且不可避免,所以不能用校正值的方法减免或消除。但通过多次测量就会发现,偶然误差的出现服从统计规律,可以通过增加平行测定的次数予以减小。所以,可以通过选用稳定性更好的仪器、改善实验环境、提高实验技术人员操作熟练程度、增加平行测定次数取平均值等方法来减小偶然误差。

下列情况属于哪种误差?

(1) 操作人员看错砝码;

(2) 称量过程中受到震动;

(3) 所用试剂含有少量被测物质;

(4) 操作者对终点颜色的变化辨别不够敏锐;

(5) 天平零点突然有变动。

二、准确度和误差

准确度是指测量值与真实值接近的程度。它常用误差来表示,误差越小,表示测量值与真实值越接近,准确度越高;相反,误差越大,表示准确度越低。误差的表示方法可分为绝对误差和相对误差。

$$绝对误差(E) = 测量值(x) - 真实值(T) \qquad 式(6-1)$$

$$相对误差(RE) = \frac{绝对误差(E)}{真实值(T)} \times 100\% \qquad 式(6-2)$$

例6-1 用万分之一电子天平称量某样品两份,质量分别是2.5001g和0.2501g,假定两份样品的真实质量各为2.5000g和0.2500g,求两次称量的绝对误差和相对误差。

解:据式(6-1),称量的绝对误差为:

$$E_1 = 2.5001 - 2.5000 = 0.0001(g)$$
$$E_2 = 0.2501 - 0.2500 = 0.0001(g)$$

据式(6-2),称量的相对误差分别为:

$$RE_1 = \frac{0.0001}{2.5000} \times 100\% = 0.004\%$$

$$RE_2 = \frac{0.0001}{0.2500} \times 100\% = 0.04\%$$

从上例可知,两份试样质量称量的绝对误差相同,但相对误差不同。当被测定的量较大时,相对误差小,测定的准确度较高。反之,当被测定的量较小时,相对误差大,测定的准确度较低。所以,用相对误差表示测定结果的准确度更具有现实意义。

绝对误差和相对误差都有正、负值,正值表示分析结果偏高,负值表示分析结果偏低。

三、精密度和偏差

(一) 精密度

精密度是指在相同条件下,多次测量值之间相互吻合的程度。它反映了测定结果的再现性,可用偏差表示。偏差绝对值越小,说明分析结果的精密度越高;反之,精密度越低。

(二) 偏差

偏差可分为绝对偏差、平均偏差、相对平均偏差等。

1. 绝对偏差(d) 表示测量值(x_i)与平均值($\bar{x}$)之差。

$$d = x_i - \bar{x} \qquad 式(6-3)$$

d 值有正、负。

2. 平均偏差($\bar{d}$) 表示各单个绝对偏差绝对值的平均值。

$$\bar{d} = \frac{|x_1 - \bar{x}| + |x_2 - \bar{x}| + \Lambda\Lambda + |x_n - \bar{x}|}{n}$$

$$\bar{d} = \frac{\sum_{i=1}^{n} |x_i - \bar{x}|}{n} \qquad 式(6-4)$$

式(6-4)中,n 为测量次数,在分析化学实验中,一般测量 3~6 次,应注意 $\bar{d}$ 均为正值。

3. 相对平均偏差($R\bar{d}$) 指平均偏差占测量平均值的百分率。

$$R\bar{d} = \frac{\bar{d}}{\bar{x}} \times 100\% \qquad 式(6-5)$$

滴定分析中,滴定常量成分时,分析结果的相对平均偏差一般应小于 0.2%。

例6-2 标定盐酸溶液的浓度时,平行测定 3 次,测定结果分别是:0.1021mol/L、0.1017mol/L、0.1016mol/L,求平均值、绝对偏差、平均偏差、相对平均偏差。

解:
$$\bar{x} = \frac{0.1021 + 0.1017 + 0.1016}{3} = 0.1018(\text{mol/L})$$

$$d_1 = 0.1021 - 0.1018 = 0.0003$$

$$d_2 = 0.1017 - 0.1018 = 0.0001$$

$$d_3 = 0.1016 - 0.1018 = 0.0002$$

$$\bar{d} = \frac{|0.0003| + |-0.0001| + |-0.0002|}{3} = 0.0002$$

$$R\bar{d} = \frac{0.0002}{0.1018} \times 100\% = 0.2\%$$

(三)精密度与准确度的关系

准确度与精密度概念不同,但两者却有密切的关系。以 4 种方法测定某铜合金中铜的含量为例(真实含量为 10.00%),每种方法都测定 6 次,测定结果如图 6-1 所示。

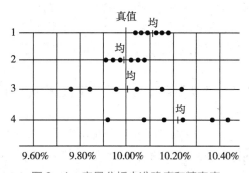

图 6-1 定量分析中准确度和精密度

从图 6-1 中可以看出,方法 1 的精密度好,但准确度不高,说明系统误差大;方法 2 准确度和精密度都高,说明系统误差和偶然误差都小,测量结果准确可靠;方法 3 精密度很差,说明偶然误差大,测量结果不可取;方法 4 的准确度、精密度都不高,说明系统误差、偶然误差都大,测量结果更不可取。

由此可见,**精密度高,准确度不一定高,但高精密度是获得高准确度的必要条件,只有精**

密度与准确度都高的测量值才是可取的。因此,我们评价分析结果时,必须将系统误差和偶然误差的影响结合起来考虑,只有消除了系统误差也减小了偶然误差,才能提高分析结果的准确性。

 知识链接

灵 敏 度

　　在分析测量中,精密度和准确度是对仪器和测量而言的,而灵敏度仅对实验仪器而言,它是指仪器测量最小被测量物质的能力。所测的最小值越小,该仪器的灵敏度就越高。灵敏度一般是对天平和电气仪表而言的,对直尺、游标卡尺、螺旋测微器、秒表等则无所谓灵敏度。仪器的灵敏度并不是越高越好,因为灵敏度过高,测量时的稳定性就越差,甚至不易测量,即准确度差,因此在保证准确度的前提下,灵敏度也不宜要求过高。

 点滴积累

1. 根据误差的性质和产生的原因,将误差分为系统误差和偶然误差。
2. 准确度是指测量值与真实值接近的程度。
3. 精密度是指在相同条件下,多次测量值之间相互吻合的程度。
4. 精密度高,准确度不一定高,但高精密度是获得高准确度的必要条件。

第三节　有效数字及其运算规则

一、有效数字

　　在定量分析中,为了获得可靠的分析结果,除了要准确测定各种数据,还要正确记录和计算。一个分析数据不仅可以表示量的大小,还能反映准确程度。例如 20.00ml 和 20ml 虽然数值一样,但前者反映的准确度比后者要高。对于一个数据要准确到什么程度,要保留几位数字才符合客观要求? 应了解有效数字的相关问题及结合实际工作情况作出决定。

(一) 有效数字

　　有效数字是指在分析工作中实际能测量到的数字,包括所有准确数字和最后一位可疑数字。即有效数字的构成:

准确数字 +1 位可疑数字

　　如图 6 - 2 所示,从滴定管读取滴定液体积读数 17.78ml,前三位数字是确定的,最后一位数字"8"是可疑数字,有效数字位数共有四位。记录测量数据和计算分析结果时,保留几位数字作为有效数字,须根据测量仪器、分析方法的准确程度确定。

　　如用托盘天平称量 2.5g 的试样,记录为 2.5g 时,表示试样的实际重量是 (2.5 ± 0.1)g,其相对误差为:

$$\frac{\pm 0.1}{2.5} \times 100\% = \pm 4\%$$

图 6 - 2　滴定管读数

若用万分之一分析天平称量 2.5g 试样时,记录为 2.5000g 时,表示试样的实际重量是 (2.5000 ± 0.0001)g,其相对误差为:

$$\frac{\pm 0.0001}{2.5000} \times 100\% = \pm 0.004\%$$

分析天平能准确称量至 0.0001g,而托盘天平只能准确称量至 0.1g,由此可见,测量的准确度前者比后者高 1000 倍。所以在定量分析中,精密称量物体的质量通常用万分之一及十万分之一的分析天平。

(二)有效数字位数的确定方法

1. 数据中的"0"前无具体数字,只作定位,不属有效数字;在数字中间或后面,则均为有效数字。如 0.005652、1.008、0.4850、5.010 均为四位有效数字。

2. 对数中的有效数字位数,如 pH、pM、pK 的有效数字位数取决于小数点后的数字位数。如 pH = 12.68,即 $[H^+] = 2.1 \times 10^{-13}$,有效数字为二位。

3. 科学记数法或百分数表示数据时,有效数字位数看前面的数。如 2.1×10^{-3}、0.18% 均为二位有效数字。

4. 数据变换单位时,有效数字位数不变。如 20.50ml 可写成 0.02050L。

5. 不是测量得到的数字,如自然数、倍数、分数等,视为无限多位有效数字。如 100、$\frac{4}{5}$。

二、有效数字的运算规则

(一)有效数字的运算规则

1. **记录规则** 记录测量数据时,只保留一位可疑数字。

2. **数字修约规则** 在处理数据时,应合理保留有效数字的位数,按要求弃去多余的尾数,称为数字的修约。数字修约规则如下:

课堂活动

确定下列数据有效数字的位数:

0.003080、6.020×10^{-3}、1.60×10^{-5}、pH = 10.85、pK_a = 4.75、1.02%

(1)"四舍六入五留双"原则

1)被修约的数字小于或等于 4 时,舍去该数字;被修约的数字大于或等于 6 时,则进位。如将 2.1354 修约为四位有效数字为 2.135。将 0.87126 修约为四位有效数字为 0.8713。

2)被修约的数字等于 5,且 5 的后面无数字或数字为"0",如 5 的前一位是偶数(包括 0)就舍去;若是奇数就进位。如将数据修约为三位有效数字:6.1450 为 6.14,1.3050 为 1.30,5.3750 为 5.38。

3)被修约的数字等于 5,且 5 后面还有非零数字,则进位。如将数据修约为二位有效数字:0.009351 为 0.0094,1.652 为 1.7。

(2)一次修约原则:对原测量值要一次修约到所需位数,不能分次修约。如将 9.546 修约为两位有效数字,不能先修约为 9.55,再修约为 9.6,而应一次修约为 9.5。

3. **运算规则**

(1)加减法:几个数字相加减时,和(或差)中有效数字保留的位数,应以小数点后位数最少的数据为判断依据。

例如:0.0451 + 23.61 + 3.14467,它们的和应以 23.61 为依据,保留到小数点后二位。

所以,先修约再计算 0.05 + 23.61 + 3.14 = 26.80。

（2）乘除法:几个数相乘除时,积或商的有效数字位数的保留,应以有效数字位数最少的数据为依据。

例如:0.0451 × 23.61 × 3.14467,它们的积应以 0.0451 为依据,保留三位有效数字。所以,先修约后计算 0.0451 × 23.6 × 3.14 = 3.34。

（3）表示准确度和精密度时,在大多数情况下,保留一位有效数字,最多取两位有效数字,且修约时一律进位。如:$\bar{Rd}$ = 0.0134% 如取两位有效数字,应修约为 0.014%;如取一位,则应为 0.02%。

三、有效数字在定量分析中的应用

1. 正确地记录测量数据 用万分之一的分析天平进行称量时,称量结果必须记录到以克为单位的小数点后四位。例如:0.1190g 不能写成 0.119g;在滴定管上读取数据时,必须记录到以毫升为单位小数点后二位,如消耗溶液的体积为22ml,要写成22.00ml。

2. 正确选取试剂用量和选用适当的仪器 例如,万分之一的天平,其绝对误差为 ±0.0001g。为了使称量的相对误差在 0.1% 以下,样品称取量(m)应为多少克才能达到上述要求? 计算如下:

$$RE = \frac{E}{m} \times 100\%$$

$$m = \frac{0.0001}{0.1\%} \times 100\% = 0.1g$$

由此可知,样品称量的质量不能低于 0.1g。

又如,常量滴定管的绝对误差为 +0.02ml,要求相对误差在 0.1% 以下,滴定管上消耗的溶液体积(V)为多少毫升才能达到上述要求? 计算如下:

$$RE = \frac{E}{V} \times 100\%$$

$$V = \frac{0.02}{0.1\%} \times 100\% = 20ml$$

在滴定分析中,一般要求消耗滴定液体积为 20 ~ 25ml。

知识拓展

分析天平的种类

在定量分析中,分析天平是最常使用的仪器,其结构种类很多,按结构特点可分为等臂双盘天平和不等臂天平。等臂双盘天平可分为阻尼天平和电光天平,电光天平又分为半机械加码电光天平和全机械加码电光天平;不等臂天平分为单盘减码式电光天平和电子天平。电光天平在分析化学中最常使用,它性能稳定,灵敏度高,能准确称量至 0.1mg,但因为操作烦琐,正逐渐被电子天平代替。

按天平的分度值分为:千分之一天平,万分之一天平,十万分之一天平等。在药物分析中,我们常使用的万分之一分析天平主要指能准确称量至 0.1mg 的电光天平和电子天平。

点滴积累

1. 有效数字是指在分析工作中实际能测量到的数字。
2. 记录测量数据时,只保留一位可疑数字。
3. 数字修约原则是"四舍六入五留双"。

目标检测

一、选择题

(一) 单项选择题

1. 按任务分类的分析方法为(　　)
   A. 无机分析与有机分析
   B. 定性、定量和结构分析
   C. 化学分析与仪器分析
   D. 重量分析与滴定分析

2. 滴定分析法一般属于(　　)
   A. 常量分析
   B. 微量分析
   C. 超微量分析
   D. 以上都不对

3. 下列分析方法为经典分析法的是(　　)
   A. 仪器分析
   B. 化学分析
   C. 光学分析
   D. 色谱分析

4. 在常量分析中对固体物质称样量范围的要求是(　　)
   A. 0.1～1g
   B. 0.01～0.1g
   C. 0.001～0.01g
   D. 1g以上

5. 下列说法正确的是(　　)
   A. 化学分析只能确定有机物的结构
   B. 重量分析和滴定分析统称为容量分析
   C. 滴定分析法是定量分析方法的基础
   D. 随着科学的发展,仪器分析将完全取代化学分析

6. 在滴定分析中,导致系统误差出现的是(　　)
   A. 试样未经充分混匀
   B. 滴定管的读数读错
   C. 滴定时有液滴溅出
   D. 砝码未经校正

7. 下列叙述中错误的是(　　)
   A. 方法误差属于系统误差
   B. 系统误差具有重复性
   C. 偶然误差完全可以避免
   D. 系统误差又称可测误差

8. 下列因素中,可产生系统误差的是(　　)
   A. 称量时未关天平门
   B. 砝码稍有侵蚀
   C. 滴定管末端有气泡
   D. 滴定管最后一位读数估计不准

9. 下列情况所引起的误差中,不属于系统误差的是(　　)
   A. 移液管转移溶液后残留量稍有不同
   B. 移液管未经校正
   C. 天平的两臂不等长
   D. 试剂里含微量的被测组分

10. 下列误差中,属于偶然误差的是( )

    A. 砝码未经校正

    B. 读取滴定管读数时,最后一位数字估计不准

    C. 容量瓶和移液管不配套

    D. 重量分析中,沉淀有少量溶解损失

11. 准确度和精密度的正确关系是( )

    A. 准确度不高,精密度一定不会高   B. 两者没有关系

    C. 准确度高,要求精密度也高   D. 精密度高,准确度一定高

12. 从精密度好就可判断分析结果准确度的前提是( )

    A. 偶然误差小   B. 系统误差小

    C. 操作误差不存在   D. 相对偏差小

13. 精密度的高低用( )表示

    A. 误差   B. 相对误差   C. 偏差   D. 准确度

14. 绝对偏差是指单项测定值与( )的差值

    A. 真实值   B. 平均值   C. 测定次数   D. 绝对误差

15. 滴定时,不慎从锥形瓶中溅失少许试液,是属于( )

    A. 操作误差   B. 偶然误差   C. 过失误差   D. 方法误差

16. 下列叙述正确的是( )

    A. $pH = 11.32$,读数有四位有效数字

    B. $0.0150g$ 试样的质量有四位有效数字

    C. 测量数据的最后一位数字不是准确值

    D. 从 $50ml$ 滴定管中,可以准确放出 $5.000ml$ 标准溶液

17. 增加平行测定次数可以减少( )

    A. 系统误差   B. 偶然误差   C. 过失误差   D. 方法误差

18. 下列数据中有效数字的位数为三位的是( )

    A. 0.0650   B. 1.010   C. 2.8×10^{-3} D. 0.02%

19. 分析天平的称样误差约为 $0.0002g$,如使测量时相对误差达到 0.1%,试样至少应该称( )

    A. 0.1000g 以上   B. 0.1000g 以下

    C. 0.2g 以上   D. 0.2g 以下

20. 如果要求分析结果达到 0.1% 的准确度,$50ml$ 滴定管读数误差约为 $0.02ml$,滴定时所用液体的体积至少要( )

    A. 10ml   B. 5ml   C. 20ml   D. 40ml

(二) 多项选择题

1. 分析化学内容丰富,按不同分类方法可将分析化学方法归属为不同类别,下列属于按分析任务划分类别的是( )

    A. 定性分析   B. 定量分析   C. 结构分析

    D. 化学分析   E. 仪器分析

2. 下列情况引起的误差,属于系统误差的有( )

    A. 砝码腐蚀

  B. 天平零点突然有变动

  C. 称量时试样吸收了空气中的水分

  D. 读取滴定管读数时,最后一位数字估测不准

  E. 以含量约98%的金属锌作为基准物质标定EDTA的浓度

3. 提高分析结果准确度的方法是( )

  A. 做空白试验   B. 做对照试验   C. 校正仪器

  D. 增加平行测定的次数   E. 选择合适的分析方法

4. 系统误差产生的原因有( )

  A. 仪器误差   B. 偶然误差   C. 试剂误差

  D. 操作误差   E. 方法误差

二、填空题

1. 分析化学是一门＿＿＿＿＿＿＿＿＿＿＿的学科。

2. 分析化学的任务是＿＿＿＿＿＿、＿＿＿＿＿＿、＿＿＿＿＿＿。

3. 根据测定原理,定量分析可以分为化学分析和＿＿＿＿＿;化学分析又分为＿＿＿＿＿和＿＿＿＿＿。

4. 在定量分析中,根据被测组分含量不同,分为＿＿＿＿＿组分、＿＿＿＿＿组分和痕量组分分析。

5. 准确度是指＿＿＿＿＿与＿＿＿＿＿接近的程度,而多次测定值之间相吻合的程度称为＿＿＿＿＿。

6. 减少偶然误差的方法是＿＿＿＿＿＿＿＿＿＿＿＿＿＿。

7. 不加试样,按照试样分析步骤和条件平行进行的分析试验,称为＿＿＿＿＿。通过它主要可以消除由试剂、蒸馏水及器皿引入的杂质造成的＿＿＿＿＿。

8. 误差表示分析结果的＿＿＿＿＿;偏差表示分析结果的＿＿＿＿＿。

9. 以下两个数据,根据要求需保留三位有效数字:

1.05499 修约为＿＿＿＿＿;4.715 修约为＿＿＿＿＿。

10. 在分析化学的数据处理中,加减法的规则是按照小数点后位数＿＿＿＿＿的一个数字来决定结果的保留有效数字位数;而乘除法的结果则是和算式中有效数字位数＿＿＿＿＿的数据相同。

三、简答题

1. 将下列数据修约为四位有效数字

7.5324、1.0186、1.13850、2.12750、0.178651。

2. 计算

(1) $0.0118 \times 18.61 \times 3.15667$

(2) $1.045 + 12.85 + 7.114$

(3) 测定某样品含量,三次平行测定的结果分别是0.3526、0.3530、0.3528,求相对平均偏差。

(阮桂春)

第七章　滴定分析法概述

1. 掌握滴定、滴定液、指示剂、化学计量点、滴定终点、终点误差、滴定度、基准物质等基本概念。
2. 熟悉滴定分析法的条件、滴定分析法的分类及滴定方式。
3. 学会滴定液的配制及标定方法。
4. 能正确运用滴定分析的计算公式进行滴定分析计算。

 导学情景

情景描述：

　　药剂班的小李暑假回家,见在自己村庄旁边新建了一家化工厂,每天都向外排大量污水。村民们担心排出的污水把大家喝的地下水给污染了。于是,小李将自家水井的水拿到市里进行化验,他发现工作人员做实验时,将试液从一支玻璃管中滴加到放在下面的装有水样的锥形瓶中,经过一段时间后锥形瓶中的水样发生了颜色变化。然后工作人员通过计算告诉他水样中的银离子、汞离子等重金属离子超标,对人体危害很大。于是,小王将情况反映给村委会,通过村委会要求化工厂立即停产,直至建立污水处理系统。

学前导语：

　　工作人员化验所进行的操作称为滴定分析操作,他们用滴定分析的常用玻璃仪器对小李的水样进行了测定,并最终得出检验结果。滴定分析法应用范围广,所用仪器简单,结果准确,是常用的一种检验方法。在本章,我们将学习滴定分析法的基本内容。

　　滴定分析是定量化学分析中最常用的分析方法。它是将一种已知准确浓度的溶液(滴定液)滴加到被测物质的溶液中,当所加的溶液与被测物质按化学计量关系定量反应完全时,根据滴加溶液的浓度和消耗的体积,计算出被测溶液浓度或被测物质含量的方法。

 知识链接

滴定分析法的起源

　　"滴定"这种想法是直接从生产实践中得到启示的。早在 1685 年,一位名叫格劳贝尔的科学家利用硝酸和锅灰碱制造纯硝石。他把硝酸逐滴加到锅灰碱中,直到不再发生气泡,这时两种物料就都失掉了它们的特性,这是反应到中和点的标志。后来经过许许多多科学家的探索,滴定分析法得到了进一步的发展。这里最有名的要数法国化学家盖·吕萨克,他继承了前人的成果,进一步提高了测定的准确度,提出了沉淀滴定法,该法至今还在使用,因此,人们把盖·吕萨克奉为滴定分析法的创始人。

第一节　滴定分析的特点及分类

一、滴定分析的基本术语和特点

【演示实验7-1】准确量取20.00ml HCl溶液于洁净的250ml锥形瓶中,再加2滴酚酞指示剂。用0.1mol/L NaOH溶液滴定 HCl溶液由无色变成浅红色。

在滴定分析中**已知准确浓度的溶液称为滴定液**,又称标准溶液。**将滴定液从滴定管中滴加到被测物质溶液中的操作过程称为滴定。当加入的滴定液与被测物质按化学计量关系定量反应完全时,称反应到达了化学计量点,简称计量点。**

大多数滴定反应在到达化学计量点时,外观上没有明显的改变,为了准确确定化学计量点,在实际滴定时,常在被测物质的溶液中加入指示剂,利用它的颜色变化,作为化学计量点到达的信号终止滴定。化学计量点是根据化学反应的计量关系求得的理论值,而滴定终点是滴定时的实际测量值,指示剂不一定恰好在化学计量点时变色,因此滴定终点也不一定与化学计量点完全符合,它们之间存在很小的差别,**滴定终点与化学计量点之间的误差称为终点误差**。为了减小终点误差,应选择合适的指示剂,使滴定终点尽可能接近化学计量点。

滴定分析常用于常量分析,一般情况下相对误差在0.2%以下,具有仪器简单、操作方便、测定快速、准确度高等特点,因此,这种方法广泛应用于药物分析,特别是原料药物的分析。

二、滴定反应的基本条件

滴定分析是以化学反应为基础的分析方法,能用于滴定分析的化学反应必须符合下列条件。

1. 反应能够定量完成　滴定液与被测物之间的反应要严格按一定的化学反应方程式进行,反应定量完成的程度要求达到99.9%以上。

2. 反应速率要快　滴定反应要求在瞬间完成,对于速率较慢的反应,要有适当的方法提高反应速度。

3. 无副反应发生　滴定液只能与被测物质反应,被测溶液中的杂质不得干扰主要反应,否则应预先将杂质除去。

4. 有合适的方法确定滴定终点。

课堂活动

什么是滴定液?实验室有一瓶浓度为0.1mol/L的溶液,该溶液是滴定液吗?

三、滴定分析法的分类

根据滴定液与被测物质所发生的化学反应类型不同,在水溶液中滴定分析法可分为以下几类。

（一）酸碱滴定法

以酸碱中和反应为基础的滴定分析方法称为酸碱滴定法。反应式为：

$$H^+ + OH^- \rightleftharpoons H_2O$$

（二）沉淀滴定法

以沉淀反应为基础的滴定分析方法称为沉淀滴定法。最常用的为银量法，反应式为：

$$Ag^+ + X^- \rightleftharpoons AgX$$

式中 X^- 为 Br^-、I^- 及 SCN^- 等离子。

（三）配位滴定法

以配位反应为基础的滴定分析方法称为配位滴定法。反应式为：

$$M + Y \rightleftharpoons MY$$

式中 M 代表金属离子，Y 代表配位剂，目前最常用的是氨羧配位剂 EDTA。

（四）氧化还原滴定法

以氧化还原反应为基础的滴定分析方法称为氧化还原滴定法。

 知识拓展

在非水溶液中进行的滴定分析法

多数滴定分析在水溶液中进行，若待测物质在水中的溶解度小或其他原因不能以水为溶剂时，有时可采用水以外的溶剂为滴定介质，称为非水滴定法。非水滴定法有非水酸碱滴定、沉淀滴定、配位滴定及氧化还原滴定等。在药物分析中以非水酸碱滴定为主，而其中又以高氯酸的冰醋酸溶液为滴定剂最为常见。

 点滴积累

1. 滴定分析法是以滴定液与被测物质所发生的化学反应类型来进行分类的。
2. 化学计量点是理论值，滴定终点是实验值，它们之间的误差就是终点误差。应选择合适的指示剂，使滴定终点尽可能接近化学计量点，以减小误差。
3. 定量、快速、无干扰和能指示滴定终点是能用于滴定分析化学反应的四个条件。

第二节　基准物质与滴定液

一、基准物质

能用于直接配制滴定液的物质称为基准物质。基准物质必须符合下列要求。

1. 物质的组成要与化学式完全符合，若含结晶水，结晶水的数目也应与化学式符合，如硼砂等。

2. 物质的纯度要高，质量分数不低于 0.999。

3. 物质的性质要稳定，应不分解、不潮解、不风化、不吸收空气中的二氧化碳和水、不被空气中的氧气氧化等。

4. 物质的摩尔质量要尽可能大，以减小称量误差。

常用的基准物质见表 7-1。

表 7-1 常用的基准物质

名称	化学式	使用前的干燥条件
碳酸钠	Na_2CO_3	270~300℃干燥 2~2.5h
邻苯二甲酸氢钾	$KHC_8H_4O_4$	110~120℃干燥 1~2h
重铬酸钾	$K_2Cr_2O_7$	100~110℃干燥 3~4h
草酸钠	$Na_2C_2O_4$	130~140℃干燥 1~1.5h
氧化锌	ZnO	800~900℃干燥 2~3h
氯化钠	$NaCl$	500~650℃干燥 40~45min

二、滴定液

（一）滴定液的配制与标定

1. 滴定液的配制 滴定液常用的配制方法有两种，即直接配制法和间接配制法。

（1）直接配制法：准确称取一定量的基准物质，加适量的蒸馏水溶解后，定量转移到容量瓶中，加蒸馏水稀释至标线，摇匀。根据称取基准物质的质量和容量瓶的容积，直接计算出滴定液准确浓度的方法，称为直接配制法。

直接配制法操作方便，溶液配好便可使用。但配制滴定液所用的物质一般要求为基准物质。

（2）间接配制法：用非基准物质配制滴定液，可先配制成近似浓度的溶液，再用基准物质或另一种滴定液来确定它的准确浓度。**利用基准物质或已知准确浓度的溶液来确定滴定液浓度的操作称为标定**。用间接法配制溶液时，可用托盘天平称量、烧杯溶解。将配制好的溶液转移到干净的试剂瓶中，待标定后才能作为滴定液使用。例如：$KMnO_4$ 和 $Na_2S_2O_3$ 不易提纯，且见光分解，在空气中不稳定。故它们都不能采用直接配制法配制，必须用间接法配制，经标定后再作滴定液使用。

2. 滴定液的标定 标定时可采用下列两种方式。

（1）基准物质标定法

1）多次称量法：精密称取基准物质若干份，分别置于标号的洁净锥形瓶中，加适量的蒸馏水溶解后，分别加入指示剂，用待标定的滴定液滴定至终点，根据基准物质的质量和待标定滴定液所消耗的体积，计算出滴定液的准确浓度。如果该测定结果的精密度符合要求，则取其平均值作为待标定滴定液的浓度。

2）移液管法：精密称取基准物质于烧杯中，加适量溶剂溶解后，定量转移至容量瓶中，加溶剂稀释至刻度线，摇匀，计算出该溶液的准确浓度。用移液管精密移取该溶液置于锥形瓶中，加指示剂，用待标定的滴定液滴定至终点，根据其反应的化学计量关系计算出待标定滴定液的准确浓度。平行实验 3 次。如果该测定结果的精密度符合要求，则取其平均值作

课堂活动

含量 99.99% 的物质一定是基准物质吗？盐酸和氢氧化钠能否作为基准物质，为什么？

课堂活动

比较直接配制法和间接配制法的区别。若配制 0.1mol/L 盐酸滴定液，应采用哪种方法？如何配制？

为待标定滴定液的浓度。

（2）比较法标定：准确量取一定体积的待标定溶液，用已知准确浓度的滴定液滴定，或准确量取一定体积的滴定液，用待标定的溶液进行滴定，平行实验3次。根据两种溶液反应完全时消耗的体积及滴定液的浓度，计算出待标定溶液的准确浓度。用已知浓度滴定液来测定待标定溶液准确浓度的操作过程称为比较法标定。

标定完毕，盖紧瓶塞，贴好标签备用。基准物质标定法准确度较高，引入误差的可能性较小。当每次滴定所需基准物质的称取量小于0.1g时，可采用移液管法标定，其操作稍复杂。比较法标定操作简便、快速，但不如基准物质标定法精确，引入误差的可能性较大。

（二）滴定液浓度的表示方法

滴定液浓度常用物质的量浓度和滴定度表示。

1. 物质的量浓度　溶质B的物质的量除以溶液的体积称为B的物质的量浓度，简称浓度。以符号 c_B 或 $c(B)$ 表示，单位为 mol/L。

$$c_B = \frac{n_B}{V} \qquad \qquad 式（7-1）$$

$$n_B = \frac{m_B}{M_B} \qquad \qquad 式（7-2）$$

$$c_B = \frac{m_B}{M_B V} \qquad \qquad 式（7-3）$$

例7-1　1.000L氢氧化钠溶液中含有溶质 NaOH 10.00g，问该 NaOH 溶液的浓度是多少？

解：已知 $m(NaOH) = 10.00g$　$M(NaOH) = 40.00g/mol$　$V(NaOH) = 1.000L$

根据公式 $c_B = \frac{m_B}{M_B V}$ 得：

$$c(NaOH) = \frac{m(NaOH)}{M(NaOH)V(NaOH)} = \frac{10.00}{40.00 \times 1.000} = 0.2500(mol/L)$$

答：该 NaOH 溶液的浓度为 0.2500mol/L。

2. 滴定度　在日常分析工作中，有时也用滴定度表示滴定液的浓度。

滴定度是以每毫升滴定液相当于被测物质 A 的质量表示的溶液浓度，用 $T_{B/A}$ 表示。单位为 g/ml。 其中 B 表示滴定液的化学式，A 表示被测物质的化学式。如 $T_{KMnO_4/Fe^{2+}} = 0.005800g/ml$，表示用 $KMnO_4$ 滴定液滴定 Fe^{2+} 试样时，每1ml $KMnO_4$ 滴定液可与0.005800g Fe^{2+} 完全反应。

若已知溶液的滴定度及滴定中所消耗滴定液的体积，则可以计算出被测物质的质量。计算公式为：

$$m_A = T_{B/A} V_B \qquad \qquad 式（7-4）$$

例7-2　用 $T_{HCl/NaOH} = 0.004000g/ml$ 的滴定液滴定 NaOH 试样，达到滴定终点时消耗该 HCl 滴定液 15.00ml，问被测溶液中氢氧化钠的质量。

解：已知　　　　　　　$T_{HCl/NaOH} = 0.004000g/ml$　$V_{HCl} = 15.00ml$

根据公式 $m_A = T_{B/A} V_B$ 得：

$$m_{NaOH} = T_{HCl/NaOH} V_{HCl} = 0.004000 \times 15.00 = 0.06000(g)$$

答：被测溶液中氢氧化钠的质量为 0.06000g。

点滴积累

1. 滴定液的配制方法有直接法和间接法。
2. $KMnO_4$、HCl 和 NaOH 等不易提纯、见光分解、在空气中不稳定的物质可采用间接配制法配制。
3. 滴定液的浓度一般用物质的量浓度和滴定度表示。

第三节 滴定分析的计算

一、滴定分析的计算依据

在滴定分析中,设 B 为滴定液,A 为被测物质,其滴定反应可用下式表示:

$$bB \quad + \quad aA \quad \Longrightarrow \quad P$$
（滴定液） （被测物） （生成物）

当滴定达到化学计量点时,b mol 的 B 恰好与 a mol 的 A 完全作用（或相当）,则:

$$n_A : n_B = a : b$$

即:
$$n_A = \frac{a}{b} n_B \quad 或 \quad n_B = \frac{b}{a} n_A \qquad 式(7-5)$$

二、滴定分析的计算实例

（一）用比较法标定滴定液的浓度

例 7-3 滴定 0.1020mol/L 的 NaOH 滴定液 20.00ml,至滴定终点时消耗 H_2SO_4 溶液 19.15ml,计算 H_2SO_4 溶液的物质的量浓度。

解:已知 $c(NaOH) = 0.1020mol/L$ $V(NaOH) = 20.00ml$ $V(H_2SO_4) = 19.15ml$

$$2NaOH + H_2SO_4 \Longrightarrow Na_2SO_4 + 2H_2O$$
$$b = 2 \quad a = 1$$

根据公式 $n_A = \frac{a}{b} n_B$ 可得 $c_A V_A = \frac{a}{b} c_B V_B$,公式变换后得:

$$c(H_2SO_4) = \frac{a}{b} \times \frac{c(NaOH)V(NaOH)}{V(H_2SO_4)} = \frac{1}{2} \times \frac{0.1020 \times 20.00}{19.15} = 0.05326(mol/L)$$

答:H_2SO_4 溶液的物质的量浓度为 0.05326mol/L。

（二）用基准物质标定溶液的浓度

例 7-4 精密称取基准物质邻苯二甲酸氢钾（$KHC_8H_4O_4$）0.5212g,标定 NaOH 溶液,终点时用去 NaOH 溶液 22.20ml,求 NaOH 溶液的物质的量浓度。

解:已知 $m(KHC_8H_4O_4) = 0.5212g$ $V(NaOH) = 22.20ml$ $M(KHC_8H_4O_4) = 204.4g/mol$

$$\text{（邻苯二甲酸氢钾结构式）} \quad + \quad NaOH \Longrightarrow \text{（邻苯二甲酸钾钠结构式）} \quad + \quad H_2O$$

$$a = 1 \qquad\qquad b = 1$$

根据公式 $m_A = \frac{a}{b} c_B V_B M_A \times 10^{-3}$ 得:

$$c(\text{NaOH}) = \frac{b}{a} \times \frac{m(\text{KHC}_8\text{H}_4\text{O}_4)}{V(\text{NaOH})M(\text{KHC}_8\text{H}_4\text{O}_4) \times 10^{-3}} = \frac{0.5212}{22.20 \times 204.4 \times 10^{-3}} = 0.1149(\text{mol/L})$$

答：NaOH 溶液的物质的量浓度为 0.1149mol/L。

（三）估算应称取基准物质的质量

例 7 - 5　标定盐酸滴定液时，为使 0.1mol/L 的盐酸滴定液消耗 20～25ml，应称基准物质无水 Na_2CO_3 的质量在什么范围内？

解：已知 $c(\text{HCl}) = 0.1\text{mol/L}$　$V(\text{HCl}) = 20～25\text{ml}$　$M(\text{Na}_2\text{CO}_3) = 105.99\text{g/mol}$

$$2\text{HCl} + \text{Na}_2\text{CO}_3 =\!=\!= 2\text{NaCl} + \text{CO}_2 \uparrow + \text{H}_2\text{O}$$

$$b = 2 \quad a = 1$$

根据公式 $m_A = \frac{a}{b}c_B V_B M_A \times 10^{-3}$ 得：

$$m(\text{Na}_2\text{CO}_3) = \frac{1}{2}c(\text{HCl})V(\text{HCl})M(\text{Na}_2\text{CO}_3) \times 10^{-3}$$

当 $V(\text{HCl}) = 20\text{ml}$ 时　$m(\text{Na}_2\text{CO}_3) = \frac{1}{2} \times 0.1 \times 20 \times 105.99 \times 10^{-3} = 0.11(\text{g})$

当 $V(\text{HCl}) = 25\text{ml}$ 时　$m(\text{Na}_2\text{CO}_3) = \frac{1}{2} \times 0.1 \times 25 \times 105.99 \times 10^{-3} = 0.13(\text{g})$

答：欲消耗 0.1mol/L HCl 溶液 20～25ml，应称取基准物质无水 Na_2CO_3 的质量为 0.11～0.13g。

（四）被测物质含量的计算

被测物质的含量用质量分数表示。设 m_s 为样品的质量，m_A 为样品中被测组分的质量，ω_A 为被测组分的质量分数。则：

$$\omega_A = \frac{m_A}{m_s} \qquad\qquad \text{式}(7-6)$$

例 7 - 6　精密称取 NaCl 样品 0.1985g，加水溶解，加指示剂适量，用 0.1060mol/L 的 AgNO_3 滴定液滴定至终点，消耗 AgNO_3 溶液 24.20ml，计算样品中 NaCl 的质量分数。

解：已知 $m(\text{NaCl}) = 0.1985\text{g}$　$c(\text{AgNO}_3) = 0.1060\text{mol/L}$　$V(\text{AgNO}_3) = 24.20\text{ml}$　$M(\text{NaCl}) = 58.44\text{g/mol}$

$$\text{AgNO}_3 + \text{NaCl} =\!=\!= \text{AgCl} \downarrow + \text{NaNO}_3$$

$$b = 1 \quad a = 1$$

根据公式 $m_A = \frac{a}{b}c_B V_B M_A \times 10^{-3}$ 得

$$m(\text{NaCl}) = c(\text{AgNO}_3)V(\text{AgNO}_3)M(\text{NaCl}) \times 10^{-3} = 0.1060 \times 24.20 \times 58.44 \times 10^{-3} = 0.1499(\text{g})$$

$$\omega(\text{NaCl}) = \frac{m(\text{NaCl})}{m_s} = \frac{0.1499}{0.1985} = 0.7552$$

答：样品中 NaCl 的质量分数为 0.7552。

第四节　滴定分析常用仪器

一、滴定管

（一）滴定管的类型与规格

1. **滴定管的类型**　滴定管是带有精密刻度的细长玻璃管，下端连有控制液体流量的开关,在滴定时用来测定自管内流出体积的一种测量仪器。滴定管的零刻度在最上面,数值自上而下读取。

滴定管控制开关有活塞(图7-1a、b)和橡胶管玻璃球阀(图7-1c)两种,滴定管的活塞材质有聚四氟乙烯(图7-1a)和玻璃(图7-1b)。

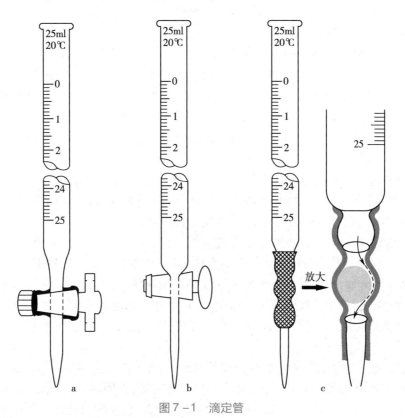

图7-1 滴定管

a. 聚四氟乙烯滴定管;b. 酸式滴定管;c. 碱式滴定管

滴定管根据可盛放溶液的不同,分为酸式滴定管和碱式滴定管两种。

(1) 酸式滴定管:这是一种下端带有玻璃活塞的滴定管。玻璃活塞会因碱性液的腐蚀而卡住,所以用来存放酸性、氧化性及盐类溶液,不能存放碱性溶液。

(2) 碱式滴定管:这是一种下端连有一根橡胶管,橡胶管中装有一个玻璃球,通过挤压玻璃球来控制溶液流速的滴定管。碱式滴定管用来存放碱性溶液,不能装入酸性和强氧化性溶液,以免腐蚀橡胶管。

另外还有聚四氟乙烯活塞的滴定管,习惯上又称为聚四氟塞滴定管,既耐酸又耐碱,可以盛放任何滴定液。

2. 滴定管的规格 常用的滴定管有10ml、25ml、50ml 三种,最小刻度为0.1ml,可估读至0.01ml,一般有±0.01ml 的读数误差,所以每次滴定所用的溶液体积最好在20ml 以上,若滴定所用体积过小,则相对误差偏大。

滴定管的颜色有无色、棕色两种,棕色的滴定管可以存放需避光的滴定液,如硝酸银、高锰酸钾、硫代硫酸钠、碘和亚硝酸钠滴定液等。

(二) 滴定管的操作方法

1. 涂凡士林 酸式滴定管的活塞要转动灵活,且密不漏液。滴定管发现漏液以及活塞转动不灵活的,都需将活塞取下重新装配。方法是:把滴定管平放在桌上,拔出活塞,塞上滤纸,塞进活塞套内旋转以擦净污渍和水分,然后在活塞粗端、活塞细端涂上少许凡士林(图7-2);把活塞插入活塞套内,沿同一方向转动,直到两者接触部位呈透明为止。最后在活塞尾部套上橡皮圈,以防活塞

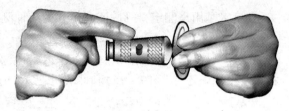

图7-2 涂凡士林

脱落。如果发现旋转不灵活或出现纹路,表示涂凡士林不够;如果有凡士林从活塞隙缝溢出或被挤入活塞孔堵塞通道或管尖等,表示涂凡士林涂得太多,可在热水中浸泡并用力下抖,或重新装配,再检查活塞是否漏液。

聚四氟塞滴定管一般不需要涂凡士林,活塞的松紧程度由活塞细端的螺母来控制,使用前直接检查活塞是否漏水。

2. 检查漏水 首先应将滴定管内充满水,调整至某一刻度后关闭活塞,直立一会儿后,用滤纸在活塞周围检查有无水渗出,观察管尖处水滴是否增大,液面是否下降。酸式滴定管将活塞旋转180°,再次观察,如均不漏水,滴定管即可使用。

如碱式滴定管漏水,可将橡皮管中的玻璃珠向上或向下移动一下,或更换橡皮管。

3. 洗涤 洗净的滴定管应是将管内的水放出后,洁净的滴定管内壁不挂水珠。否则应清洗。如果无明显油污,可用自来水冲洗。如仍不能洗净,则需用铬酸洗液润洗,在滴定管的内壁沾满洗液后,将洗液放回原洗液瓶中,然后再用自来水冲洗滴定管,最后用少量蒸馏水洗涤2~3次。碱式滴定管用铬酸洗液洗涤时,应先取下橡胶管,安上红色胶头,再按上法洗涤。

4. 装滴定液 为了避免滴定管中残留的水分稀释滴定液,必须先用滴定液润洗滴定管,每次用量为滴定管的1/5左右。润洗时两手平端滴定管,慢慢转动,使溶液流遍全管,打开滴定管的活塞,让部分溶液从管口下端流出,倒转滴定管,再从上口倒净。如此荡洗2~3次后,开始装入溶液,装液时必须(从原瓶中)直接注入,不能使用漏斗或其他器皿辅助,以免污染滴定液。

5. 检查和排除气泡 当装入滴定液时,应检查滴定管下端是否有气泡。对于活塞滴定管,可将滴定管倾斜30°左右,迅速打开活塞,使气泡随溶液流出。若是碱式滴定管,则可将橡胶管向上弯曲,用两指挤压玻璃珠,形成缝隙,让气泡随溶液从尖嘴口喷出(图7-3)。

6. 滴定 滴定可在锥形瓶、碘量瓶或烧杯中进行。滴定前,首先应将滴定液调至"0"刻度稍上处,稍作停留,使附着在管壁上的溶液流

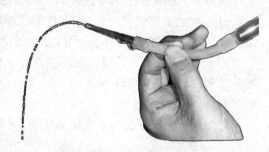

图7-3 碱式滴定管排气泡

下,然后再调至"0"刻度(每次滴定最好从0.00开始)。滴定前,还须用洁净的烧杯内壁或滤纸碰掉悬挂在滴定管尖的液滴,滴定管的高度应以其下端伸入瓶口内约1cm为宜。使用活塞滴定管时,如图7-4(a),左手拇指在前,食指和中指在后,手指轻轻向里扣住,手心不要顶住活塞的小头。转动活塞时,只要将拇指稍稍下按,食指和中指夹住活塞轻轻上提,就能控制活塞的角度。使用碱式滴定管时,如图7-4(b)左手拇指和食指挤玻璃珠稍上侧部

位的橡胶管,使弹性的橡胶管与玻璃珠形成一条缝隙,让溶液流出。注意不要捏玻璃珠下部的橡胶管,以免空气进入而形成气泡,影响读数。

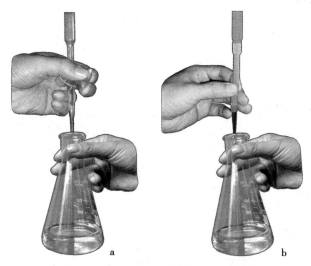

图7-4 滴定管使用

a. 酸式滴定管;b. 碱式滴定管

开始时的滴定速率可稍快些,流速每秒4滴左右,右手握锥形瓶颈,用手腕的力量向一个方向旋摇,左手控制活塞,边滴边摇,眼睛注视溶液颜色的变化。近终点时,用洗瓶冲洗锥形瓶内壁,将溅起的溶液淋下,使反应完全。接近终点时速率放慢,以防过量,甚至控制成半滴加入。具体做法是:控制液滴悬而不落,用锥形瓶内壁把液滴靠下来,用少量蒸馏水冲洗液滴至溶液中,使之反应。如此重复,直到终点出现(至指定颜色且30秒不变色),读数并记录。

7. 读数 读数时,滴定管应保持垂直,通常用大拇指和食指夹持在滴定管液面上方,让滴定管自然垂下,视线与凹液面在同一水平线上(图7-5),读取凹液面最低处与刻度的相切点。对于深色溶液,由于凹液面不明显,可读两侧最高点的刻度。读数时应估读到0.01ml。每次滴定完毕,须等1分钟后读数。每次滴定的初读数和终点读数必须由一人读取,以减小读数误差。每次读数都要及时记录。实验完毕,应将滴定管内剩余的溶液倒入废液缸,用水冲洗后倒立夹在滴定管架上。

图7-5 读数

 知识链接

凹液面的"虚"与"实"

在用容量瓶定容时,我们会清楚地看到凹液面下端分成不透明和透明的两层(见图7-5),最下面透明的一层是因为玻璃管的构造使光线弯曲而造成的虚像,如果我们在玻璃管的反面衬上一张读数卡,则透明的虚像消失。因此我们读数时应以"两层"液体的分界线为准,这分界线就是凹液面实线的最下端。

二、容量瓶

（一）容量瓶的类型与规格

容量瓶（简称量瓶）是一种具有准确体积的细颈梨形平底的容量器。其带有磨口塞，颈上有标线，表示液体在所指温度下达到标线时恰好与瓶上所注明的容积相等。常用的容量瓶有 50ml、100ml、250ml、500ml、1000ml 等多种规格。容量瓶有无色和棕色两种，见光易变质的物质应选用棕色瓶。容量瓶主要用于准确配制和稀释溶液。

（二）容量瓶的操作方法

1. 检查漏水 容量瓶的检漏见图 7-6。在容量瓶中装水至近刻度处，塞紧瓶塞，擦干外壁，用手指顶住瓶塞，另一只手的手指托住瓶底，使其倒立 1 分钟以上，观察是否漏水，如果不漏，把塞子旋转 180°，再次倒立观察。经检查不漏水的容量瓶才能使用。容量瓶的瓶塞用绳系在瓶颈上，以防丢失、混用或弄脏。

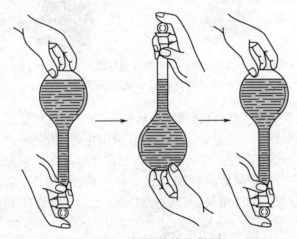

图 7-6 容量瓶的检漏或混匀

2. 洗涤 将容量瓶用肥皂水或铬酸洗液洗涤，然后用自来水洗，最后用蒸馏水荡洗 3 遍，洗净的容量瓶内壁应不挂水珠。

3. 定量转移溶液 把准确称量好的固体物质放在烧杯中溶解，用玻璃棒引流转移入容量瓶中（图 7-7），引流时玻璃棒的下端靠在容量瓶颈内壁上，溶液倒完后要用蒸馏水洗涤烧杯和玻璃棒，洗涤液都要沿玻璃棒转移入容量瓶中，洗涤烧杯和玻璃棒 3 次后，直接加蒸馏水至 2/3 时，将容量瓶平摇 10 周以上（勿加塞，勿倒转），使溶液大体混匀。继续加蒸馏水至距标线 1cm 左右时，改用洁净滴管小心滴加，至凹液面实线的最低处与标线相切。一旦超过标线，必须倒掉洗净后，重新进行配制。

4. 摇匀 盖紧瓶塞，用食指顶住瓶塞，另一只手的手指尖托住瓶底，见图 7-6，注意不要用掌心，以免体温影响体积，对于小于 100ml 的容量瓶，不必托住瓶底。随后

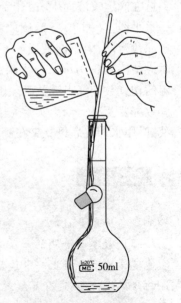

图 7-7 溶液转入容量瓶

将容量瓶倒转,使气泡上升到顶,再倒转过来,仍使气泡上升到顶,倒转数次后要提一次瓶塞,使夹在瓶塞边上的溶液也得到混匀。如此反复倒转 15 次以上,确保溶液混匀。静置后如果液面降低了,不应再加水,可能是在瓶颈处湿润消耗,不影响所配制溶液的浓度。

知识链接

管内液面的"凹"与"凸"

生活中有一种有趣的现象,同样是玻璃管内的液面,移液管中的水液面是凹的,血压计中的汞液面是凸的,这是由毛细现象造成的。从直观来判断,水能浸润玻璃,汞不能浸润玻璃,根据能否浸润玻璃就能判别液面的形状,如水不能浸润石蜡,水在石蜡管中是凸液面。

(三)容量瓶使用的注意事项

1. 固体试剂不能直接在容量瓶里进行溶解。
2. 容量瓶不能加热。因为温度变化会导致瓶体体积变化,所量体积不准。
3. 容量瓶只能用于配制溶液,不能长期储存溶液。

三、移液管

(一)移液管的类型与规格

移液管是用来准确移取一定体积溶液的量器。移液管通常有两种类型,见图 7-8,一种是中间有一膨大部分的细长玻璃管,下端的管颈拉尖,上端管颈刻有一环状标线,是所移取的准确体积的标志,这种移液管又称为腹式吸管,或胖肚移液管。常用的有 2ml、5ml、10ml、20ml 和 25ml 等规格,它只能量取某一规格的体积,这种只有一个标线的又称之为单标线移液管。还有一种是具有刻度的直形玻璃管,又称为吸量管,常用的有 1ml、2ml、5ml 和 10ml 等规格,它可以量取在刻度范围内的任意体积。移液管所移取的体积通常可准确到 0.01ml。

(二)移液管的操作方法

1. **检查** 检查移液管口和尖嘴有无破损,若有破损则不能使用。
2. **洗涤** 使用时先将移液管洗净,用蒸馏水荡洗 2~3 次,用待量取的溶液润洗 2~3 次(图 7-9)。操作如下:摇匀待吸溶液,将小烧杯用少量的待吸溶液润洗 3 遍后加入适量的待吸溶液,用右手拿移液管,食指靠近管上口,中指和拇指握住移液管,左手取滤纸条吸干移液管尖端内外的溶液后,将移液管插入小烧杯的溶液中,左手换拿吸耳球,排出球内空气后插入或紧靠在移液管上口,慢慢地将溶液吸入管内,当吸至移液管的容量约 1/3 时,右手食指按住管口,取出,横持并转动移液管,使溶液流遍全管内壁,将溶液从下端尖口处排入废液杯内,如此操作润洗 3 遍后即可吸取溶液。

3. **移液** 用滤纸条吸干移液管尖端内外的溶液后,将移液管插入待吸溶液的瓶内,如图 7-10(a)所示,插入待吸液面下 2cm 处,用吸

图 7-8 移液管

101

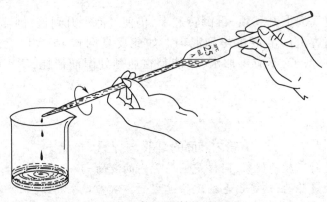

图7-9 移液管的润洗

耳球吸取溶液(注意移液管插入溶液不能太深,并要边吸边往下插入),当管内液面上升至标线以上约2cm时,迅速用右手食指堵住管口,取出,用滤纸条吸干移液管下端的黏附溶液后,左手拿洁净小烧杯,如图7-10(b)所示,将移液管管尖紧靠小烧杯内壁成约30°夹角,使移液管保持垂直,刻度线和视线保持水平,稍稍松开食指,使管内液面慢慢下移至近标线时,压紧管口,停顿片刻,待管壁上溶液全流下后,直到溶液的凹液面实线最下端与标线相切为止,压紧管口。

4. 放液 左手移走小烧杯,换上接受器,如图7-10(c)所示,移液管直立,下端紧靠接受器内壁约成30°,松开食指,让溶液沿内壁流下,管内溶液流完后需停留15秒,右手中指和拇指轻轻捻转移液管两下后移走。如果是吸量管,每次都应从0刻度处为起始点,放出所需体积的溶液,余下的溶液倒入废液缸,不可倒回原溶液中。如溶液不是全部流出,在所需体积刻度处停留的时间与0刻度处停留的时间相仿即可。如果溶液全部流出,停留的时间与上述腹式吸管的相同。实验结束,则用蒸馏水洗净,将移液管放置在移液管架上。

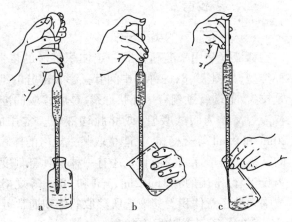

图7-10 移液管操作
a. 吸液;b. 调液面;c. 放液

 知识链接

移液管的"吹"与"不吹"

移液管是分析化学实验常用的玻璃仪器,操作时有着"吹"与"不吹"的疑惑。移液管一般标有:"吹"、"快"、"A"、"B"等符号。写有"吹"字的移液管放液结束,还要用吸耳球把移液管尖端残存的液柱吹出,不能不吹,否则移取的体积偏少;"快"字的移液管液体放完,再等3秒钟就拿走移液管,不能将尖端残存的液柱吹出,不然移取的体积偏多。"A"的移液管一般都很贵,精确度高些,液体放完之后,还要等待15秒才能让移液管离开容器壁。写有"B"的精确度比"A"低些。

（三）移液管与容量瓶的相对校准

移液管与容量瓶常常是配合使用的，因此，重要的不是要知道所用容量瓶的绝对容积，而是容量瓶与移液管的容积是否配合，如100ml容量瓶的容积是否为25ml移液管所放出的液体体积的4倍。因此，一般只需要做移液管与容量瓶的相对校准即可。其校准方法如下：用25ml移液管吸取蒸馏水于洁净并干燥的100ml容量瓶中，操作时尽量不要让水碰到容量瓶的磨口，移取4次后，观察容量瓶中水的凹液面实线的最下端是否与标线相切，若不相切，表示有误差，做上新标记，一般应将容量瓶干燥后再重复校准一次，以后配合该支移液管使用时，以新标记为准。经相互校准的容量瓶与移液管做上相同记号。如果容量瓶不干燥，可用少量乙醇润洗后，晾晒，即可快速干燥。

点滴积累

1. 滴定管的零刻度在上，数值自上而下读取，其读数可准确到0.01ml。
2. 容量瓶主要用于准确配制和稀释溶液。
3. 移液管所移取的溶液体积通常可准确到0.01ml。

目标检测

一、选择题

（一）单项选择题

1. 用基准物质配制滴定液的方法称为（　　　）
   A. 间接配制法　　　B. 移液管法　　　C. 直接配制法　　　D. 比较法

2. 标定HCl溶液的基准物质是（　　　）
   A. NaOH　　　B. NaCl　　　C. Na_2CO_3　　　D. H_3BO_3

3. 滴定分析法属于下列哪种分析方法（　　　）
   A. 化学分析　　　B. 仪器分析　　　C. 重量分析　　　D. 物理分析

4. 滴定分析法的相对误差一般情况下为（　　　）
   A. ≤0.01%　　　B. ≤0.1%　　　C. ≤0.02%　　　D. ≤0.2%

5. 滴定中指示剂变色时停止滴定，该点称为（　　　）
   A. 计量点　　　B. 化学计量点　　　C. 滴定终点　　　D. 间接滴定

6. 滴定终点是指（　　　）
   A. 指示剂发生颜色变化的点
   B. 反应达到质量相等的那一点
   C. 滴定液与被测物质按化学计量关系定量反应完全的那一点
   D. 滴定液与被测物质体积相等的那一点

7. 下列物质可以作为基准物质的是（　　　）
   A. Na_2CO_3　　　B. HCl　　　C. NaOH　　　D. H_2SO_4

8. 用$AgNO_3$滴定液测定NaCl的含量，若$T_{AgNO_3/NaCl} = 1.00 \times 10^{-2} g/ml$，达到终点时，用去$AgNO_3$滴定液22.00ml，则样品中NaCl的质量为（　　　）
   A. 0.022g　　　B. 0.058g　　　C. 0.22g　　　D. 0.58g

9. 在实验室常用的玻璃仪器中,可以加热的仪器是( )

    A. 锥形瓶和烧杯　　B. 容量瓶和烧杯　C. 移液管和烧杯　D. 容量瓶和锥形瓶

10. $T_{NaOH/HCl} = 0.003646g/ml$,表示为( )

    A. 每毫升 NaOH 滴定液中含有 NaOH 为 0.003646g

    B. 每毫升 HCl 滴定液中含有 HCl 为 0.003646g

    C. 每毫升 NaOH 滴定液相当于 HCl 的质量为 0.003646g

    D. 每毫升 HCl 滴定液相当于 NaOH 的质量为 0.003646g

11. 使用碱式滴定管时,正确的操作是( )

    A. 左手挤玻璃珠稍下侧部位的橡胶管

    B. 左手挤玻璃珠稍上侧部位的橡胶管

    C. 右手挤玻璃珠稍下侧部位的橡胶管

    D. 右手挤玻璃珠稍上侧部位的橡胶管

12. 用 0.1000mol/L HCl 溶液滴定 0.1000mol/L NaOH 溶液,化学计量点时溶液的 pH 为( )

    A. < 7.00　　　　　B. > 7.00　　　　　C. = 7.00　　　　　D. 无法判断

13. 当滴定管有油污时可用下列哪种洗涤后,依次用自来水、蒸馏水洗涤( )

    A. 铬酸洗液　　　B. 强酸溶液　　　　C. 强碱溶液　　　　D. 毛刷

(二) 多项选择题

1. 下列容器不可以加热的是( )

    A. 锥形瓶　　　B. 容量瓶　　　C. 滴定管　　　D. 移液管　　　E. 烧杯

2. 滴定分析法对化学反应的要求是( )

    A. 反应必须按化学计量关系进行完全(达 99.9% 以上)

    B. 反应速度迅速

    C. 有适当的方法确定滴定终点

    D. 化学反应必须有颜色变化

    E. 化学反应必须有沉淀生成

3. 下列器皿中,需要在使用前用待装溶液润洗 2~3 次的是( )

    A. 锥形瓶　　　B. 滴定管　　　C. 容量瓶　　　D. 移液管　　　E. 烧杯

4. 无色酸式滴定管能用来装的溶液为( )

    A. 酸性溶液　　　　　　　　B. 见光易分解的溶液　　　　　C. 氧化性溶液

    D. 盐类溶液　　　　　　　　E. 碱性溶液

5. 基准物质必须符合下列要求( )

    A. 物质的组成要与化学式完全符合

    B. 若含结晶水,结晶水的数目也应与化学式符合

    C. 物质的纯度要高,质量分数不低于 0.999

    D. 物质的性质要稳定,应不分解、不潮解、不风化等

    E. 物质的摩尔质量要尽可能大,以减小称量误差

6. 在实验中要准确量取 20.00ml 溶液,可以使用的仪器有( )

    A. 量筒　　　B. 滴定管　　　C. 滴管　　　D. 移液管　　　E. 小烧杯

7. 以下滴定操作中错误的是( )

A. 滴定前期,左手离开旋塞,使溶液自行流下

B. 滴定完毕,管尖处有气泡

C. 近终点时,半滴半滴地加入滴定液

D. 初读数时,滴定管持在手中,终读数时,滴定管夹在滴定台上

E. 初读数时,滴定管夹在滴定台上,终读数时,滴定管持在手中

二、填空题

1. 在滴定分析中_____的试剂溶液称为滴定液。

2. 将滴定液从_____称为滴定。当加入的滴定液与被测物质按_____时,称为化学计量点。

3. 物质的量浓度是_____。

4. 终点误差是指_____之间的误差。

5. 滴定管在装入滴定液之前要用滴定液润洗_____次,其目的是确保滴定液_____。

6. 正式滴定前,应将滴定液调至"0"刻度稍上处停留片刻,以使_____。每次滴定最好从_____开始。

7. 容量瓶的检漏要求在容量瓶中装水至瓶的_____附近,塞紧瓶塞,倒立,观察瓶塞口,如果不漏水,如果不漏水,把塞子_____,再次倒立观察。

8. 配制准确浓度的溶液,需把准确称量好的固体物质放在_____中溶解,用_____引流转移入_____中,溶液倒完后要用蒸馏水洗涤_____和_____,洗涤液都要沿玻璃棒转移入_____中,洗涤烧杯和玻璃棒3次后,直接加蒸馏水至2/3时,平摇,继续加蒸馏水至距标线_____cm左右时,改用_____滴加,至_____与容量瓶的标线相切。一旦超过标线,必须_____。随后将容量瓶倒转_____次以上,确保溶液混匀。

9. 移液管所移取的体积通常可准确到_____ml。移液时,让溶液沿内壁流下,管内溶液流完后需停留_____秒。如果是吸量管,每次都应从_____刻度处为起始点,放出所需体积的溶液,余下的溶液倒入_____。

三、简答题

1. 用于滴定分析的化学反应必须具备哪些条件? 作为基准物质又要具备什么条件?

2. 滴定管为什么每次都应从最上面的零刻度线为起点使用?

3. 滴定管、容量瓶和移液管用蒸馏水洗净后,哪些还要用操作液润洗3次,为什么?

4. 若用 NaOH 滴定液来测定 HCl 溶液,分析下列操作会对测定结果产生什么影响?

(1) 碱式滴定管水洗之后未用标准碱溶液润洗。

(2) 滴定前碱式滴定管中未将气泡赶尽,滴定后气泡消失。

(3) 滴定前碱式滴定管中无气泡,但滴定过程中由于捏玻璃珠下部的橡皮管,管内进了气泡。

(4) 锥形瓶水洗后用待测酸液润洗。

(5) 若使用的锥形瓶水洗之后未干燥,即注入酸并进行滴定。

(6) 滴定读数时,开始时平视,结束时仰视。

四、计算题

1. 精密移取 0.1021mol/L 的 NaOH 溶液 20.00ml 于锥形瓶中,加入甲基橙指示剂,用

HCl 滴定液滴定,用去 23.33ml 时溶液由黄色变橙色。计算 HCl 滴定液的浓度。

2. 精密称取 0.1286g 基准物 Na_2CO_3 于锥形瓶中,加水溶解后加入甲基橙指示剂,用 HCl 滴定液滴定,用去 22.88ml 时溶液由黄色变橙色。计算 HCl 滴定液的浓度 $[M(Na_2CO_3) = 105.99g/mol]$。

3. 精密称取不纯的 Na_2CO_3 样品 0.1560g 于锥形瓶中,加水溶解后加入甲基橙指示剂,用 0.1000mol/L 的 HCl 滴定液滴定,用去 22.88ml 时溶液由黄色变橙色。计算 Na_2CO_3 的含量 $[M(Na_2CO_3) = 105.99g/mol]$。

（李　春）

第八章　酸碱滴定法

学习目标

1. 掌握酸碱指示剂的变色原理及变色范围;酸碱滴定中指示剂的选择原则;酸碱滴定液的配制及标定方法。
2. 熟悉滴定突跃的概念及影响因素。
3. 了解酸碱滴定法的含义、类型和适用范围。

导学情景

情景描述:

王大爷买来了 9 度米醋,用于泡鸡蛋制备"醋蛋液"。王大爷说:醋蛋液有降血压、降血脂、软化血管、补钙等功效。小强想:只听说酒有度数,醋也有度数吗? 回家上网一查才知道:醋的度数是食醋含量的一种表示方法,它是指醋中总酸量相当于乙酸的质量。9 度就是 100ml 醋中含有 9g 乙酸。

学前导语:

食醋的含量如何测定呢? 酸碱滴定法就是一种测定食醋中总酸量的经典方法,它是利用食醋中有机酸可以定量地被氢氧化钠中和而测定。由于酸碱中和反应无明显外观现象,所以必须选择合适的指示剂,才能把握好滴定终点,才能准确计算其含量。你也想测定一下家中食醋的含量吗? 那就认真学习本章吧!

　　酸碱滴定法是以酸碱中和反应为基础的滴定分析方法。一般的酸、碱以及能与酸、碱直接或间接反应的物质,几乎都可利用酸碱滴定法进行含量测定。酸碱滴定法是药物含量测定中应用最为广泛的滴定方法之一。

　　酸碱中和反应通常无外观现象变化,在滴定中常选用适当的酸碱指示剂,利用其颜色变化来确定反应是否进行完全,从而判断滴定终点。为了正确地确定化学计量点的到达,必须掌握酸碱指示剂的变色原理、变色范围以及滴定过程中溶液 pH 的变化情况,以便能够正确地选用指示剂,获得准确的分析结果。

　　需要指出的是,判断终点并不一定都要用指示剂,还可以用其他方法来确定。

第一节　酸碱指示剂

一、指示剂的变色原理

常用的酸碱指示剂一般是一些有机弱酸或有机弱碱或既有弱酸性又有弱碱性的两性物质,其共轭酸碱对具有不同的结构和颜色。下面以酚酞指示剂为例,说明指示剂的变色原理。

酚酞是一种有机弱酸,在溶液中发生部分解离。解离情况可用下式表示:

$$HIn \rightleftharpoons H^+ + In^-$$

酸式　　　　碱式
(无色)　　　(红色)

其中 HIn 代表酚酞指示剂解离前的酸式结构,In$^-$ 代表酚酞指示剂解离后的碱式结构。

由于酚酞的酸式结构是无色的,所以在酸性溶液中不显色,但在溶液中加入碱时,平衡向右移动,当溶液中碱式结构 In$^-$ 增加到一定浓度时,溶液即显红色。因此,酸碱指示剂的变色与溶液的 pH 有着密切关系。

课堂活动

酸碱指示剂为何能随着溶液 pH 的变化而变色?

二、指示剂的变色范围

以弱酸型指示剂为例来说明指示剂的变色与溶液 pH 的数量关系。弱酸型指示剂在溶液中的解离平衡可用下式表示:

$$HIn \rightleftharpoons H^+ + In^-$$

平衡时:

$$K_{HIn} = \frac{[H^+][In^-]}{[HIn]}$$

则:

$$[H^+] = K_{HIn}\frac{[HIn]}{[In^-]}$$

若以 pH 表示则为:$pH = pK_{HIn} - \lg\frac{[HIn]}{[In^-]}$

上式中[HIn]、[In$^-$]分别为指示剂酸式色和碱式色的平衡浓度。K_{HIn} 为指示剂的解离平衡常数,在一定温度下是一常数。因此,$\frac{[HIn]}{[In^-]}$ 的比值只与溶液的 pH 有关,也就是说,在一定的 pH 条件下,$\frac{[HIn]}{[In^-]}$ 的比值一定,溶液的颜色也必然一定,溶液的 pH 改变时,溶液的颜色也就相应地发生改变。由于人的视觉分辨能力有限,在两种颜色又相互掩盖的情况下,pH 的微小变化引起 $\frac{[HIn]}{[In^-]}$ 的比值微小变化,这种变化通常不能用肉眼观察出来,当两种颜色的浓度相差 10 倍以上时,只能看出浓度较大的那种颜色,而另一种颜色就看不出。即:

当 $\frac{[HIn]}{[In^-]} \geq 10$,而 $pH \leq pK_{HIn} - 1$ 时,观察到的是酸式色;

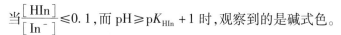

当 $\dfrac{[\text{HIn}]}{[\text{In}^-]} \leqslant 0.1$，而 pH $\geqslant$ p$K_{\text{HIn}} + 1$ 时，观察到的是碱式色。

因此，当溶液的 pH 由 p$K_{\text{HIn}} - 1$ 变化到 p$K_{\text{HIn}} + 1$ 或从 p$K_{\text{HIn}} + 1$ 变化到 p$K_{\text{HIn}} - 1$ 时，人眼才能明显地观察出指示剂颜色的变化。故指示剂的**理论变色范围**为：

$$pH = pK_{\text{HIn}} \pm 1$$

当 $[\text{HIn}] = [\text{In}^-]$，即 $\dfrac{[\text{HIn}]}{[\text{In}^-]} = 1$ 时，pH $=$ pK_{HIn}，观察到的是指示剂的中间色，此时是指示剂变色最灵敏的一点，这时的 pH 叫做指示剂的**理论变色点**。

根据理论推算，指示剂的变色范围应该是两个 pH 单位。但实际测得的各种指示剂的变色范围并不都是两个 pH 单位（如表 8-1 所示）。主要是人的眼睛对混合色中两种颜色的敏感程度不同，以及指示剂的两种颜色之间互相掩盖所致。

例如，甲基橙的 p$K_{\text{HIn}} = 3.4$，理论变色范围应为 2.4~4.4，而实际测定的变色范围是 3.1~4.4。这是由于人的眼睛对红色比黄色更为敏感的缘故，所以甲基橙的实际变色范围在 pH 小的一端比理论变色范围短一些。

课堂活动

1. 什么是指示剂的理论变色点？理论变色范围？

2. 酚酞的 pK_{HIn} 为 8，其理论变色点是多少？理论变色范围是多少？与实际变色范围一致吗？为什么？

指示剂的变色范围越窄越好，因为 pH 稍有改变，就可立即由一种颜色变为另一种颜色，使变色更敏锐，有利于提高分析结果的准确度。

表 8-1 常用的酸碱指示剂

指示剂	变色范围 pH	颜色		pK_{HIn}	浓度	用量滴/10ml
		酸色	碱色			
百里酚蓝	1.2~2.8			1.65	0.1% 的 20% 酒精溶液	1~2
甲基黄	2.9~4.0	红	黄	3.25	0.1% 的 90% 乙醇溶液	1
甲基橙	3.1~4.4	红	黄	3.45	0.05% 的水溶液	1
溴酚蓝	3.0~4.6	黄	紫	4.10	0.1% 的 20% 乙醇溶液或其钠盐的水溶液	1
溴甲酚绿	3.8~5.4	黄	蓝	4.90	0.1% 的乙醇溶液	1~3
甲基红	4.4~6.2	红	黄	5.00	0.1% 的 60% 乙醇溶液或其钠盐的水溶液	1
溴百里酚蓝	6.2~7.6	黄	蓝	7.30	0.1% 的 20% 乙醇溶液或其钠盐的水溶液	1
中性红	6.8~8.0	红	黄橙	7.40	0.1% 的 60% 乙醇溶液	1
酚红	6.7~8.4	黄	红	8.00	0.1% 的 20% 乙醇溶液或其钠盐的水溶液	1
酚酞	8.0~10.0	无	红	9.10	0.5% 的 90% 乙醇溶液	1~3
百里酚酞	9.4~10.6	无	蓝	10.00	0.1% 的 90% 乙醇溶液	1~2

案例分析

案例：

蒸馏水酸碱度的检查：取供试品 10ml，加甲基红指示液 2 滴，不得显红色；另取 10ml，加溴百里酚蓝指示液 5 滴，不得显蓝色。

分析：

蒸馏水在制备过程中不可能完全去除所有的杂质，也没有必要。因此，在不影响药物的疗效和不发生毒性的前提下，允许存在一定量的杂质。

在 10ml 蒸馏水中，加甲基红指示液（pH4.4～6.2，红至黄）2 滴，如果不显红色说明 pH>4.4，酸性杂质不多；加溴百里酚蓝指示液（pH6.2～7.6，黄至蓝）5 滴，如果不显蓝色说明 pH<7.6，碱性杂质不多。该蒸馏水的 pH 为 4.4～7.6，酸碱度符合《中国药典》的要求。

三、影响指示剂变色范围的因素

为了使滴定终点更接近于化学计量点，要求在化学计量点时，溶液的 pH 稍有改变，指示剂就发生颜色转变，因此指示剂的变色范围应越窄越好。影响指示剂变色范围的因素主要如下。

1. 温度　指示剂变色范围与 K_{HIn} 有关，而 K_{HIn} 与温度有关，因此，温度改变，指示剂的变色范围也随之改变。一般要求滴定应在室温下进行为宜。

2. 溶剂　指示剂在不同溶剂中的 K_{HIn} 不同，故变色范围不同。

3. 指示剂的用量　指示剂用量不宜过多，浓度大时变色不敏锐。同时，指示剂本身又是弱酸或弱碱，会消耗一部分滴定液，带来一定误差。指示剂用量也不能太少，因为颜色太浅不易观察到颜色的变化。

4. 滴定程序　颜色变化从浅色到深色较明显，易被辨认。例如，用 NaOH 滴定 HCl，可选用酚酞或甲基橙作指示剂，但优先选择酚酞指示剂。因为酚酞溶液颜色由无色变成红色，颜色变化明显，易于辨认；甲基橙溶液颜色由红色变成黄色，颜色变化反差较小，难以辨认，易滴过量。因此在 NaOH 滴定 HCl 时宜选用酚酞作指示剂，而在 HCl 滴定 NaOH 时宜选用甲基橙作指示剂。

知识链接

混合指示剂

混合指示剂具有变色范围窄，变色敏锐的特点。通常可分为两类，一类是在某种指示剂中加入一种惰性染料，可以使指示剂的酸式色与碱式色反差变大，易于辨认。另一类是由两种或两种以上的指示剂按一定比例混合而成。此种混合指示剂变色范围比单一指示剂更窄，变色敏锐。

点滴积累

1. 以酸碱中和反应为基础的滴定分析方法称为酸碱滴定法。
2. 指示剂的理论变色点是 $pH = pK_{HIn}$，指示剂的理论变色范围为：$pH = pK_{HIn} \pm 1$。

第二节　酸碱滴定类型及指示剂的选择

　　酸碱滴定的终点通常是用指示剂变色来指示,而指示剂变色与溶液的 pH 有关。因此必须了解滴定反应过程中溶液酸度的变化规律,尤其是在计量点前后 0.1% 的相对误差范围内溶液的 pH 变化情况。因为在此 pH 范围内发生颜色变化的指示剂,才符合滴定分析误差的要求。为了表示在滴定过程中溶液的 pH 变化规律,常用实验或计算方法记录滴定过程中溶液的 pH 随滴定液加入量变化的图形,即滴定曲线来表示。滴定曲线在滴定分析中不仅可从理论上解释滴定过程中 pH 的变化规律,而且还对指示剂的选择具有重要的指导意义。下面介绍几类基本类型的酸碱滴定曲线及指示剂的选择方法。

一、强碱滴定强酸

（一）滴定曲线

强碱滴定强酸的基本反应为:

$$H^+ + OH^- \Longrightarrow H_2O$$

　　现以 0.1000mol/L 的 NaOH 溶液滴定 20.00ml 0.1000mol/L 的 HCl 溶液为例,讨论滴定过程中溶液 pH 的变化情况。

　　通过加入 NaOH 的量和剩余 HCl 的量计算滴定过程中溶液的 pH 变化,其值列于表 8-2 中。

表 8-2　NaOH(0.1000mol/L)滴定 20.00ml HCl(0.1000mol/L)溶液的 pH 变化(25℃)

加入的 NaOH		剩余的 HCl		$[H^+]$	pH	
%	ml	%	ml			
0	0	100	20.00	1.0×10^{-1}	1.00	
90.0	18.00	10.0	2.00	5.0×10^{-3}	2.30	
99.0	19.80	1.00	0.20	5.0×10^{-4}	3.30	
99.9	19.98	0.10	0.02	5.0×10^{-5}	4.30	突跃范围
100.0	20.00	0	0	1.0×10^{-7}	7.00	
		过量的 NaOH		$[OH^-]$	计量点	
100.1	20.02	0.1	0.02	5.0×10^{-5}	9.70	
101	20.20	1.0	0.20	5.0×10^{-4}	10.70	

　　以 NaOH 加入量为横坐标,溶液的 pH 为纵坐标绘图,得到强碱滴定强酸的滴定曲线。如图 8-1 所示。

（二）滴定曲线的特点

　　从表 8-2 的数据和图 8-1 的滴定曲线可看出:

　　1. 从滴定开始到加入 NaOH 溶液 19.98ml,溶液 pH 仅仅改变了 3.30 个 pH 单位,即 pH 变化缓慢,因此曲线的变化较平坦。

　　2. 但从 19.98ml 到 20.02ml,即在计量点前后 ±0.1% 范围内加入 NaOH 0.04ml

（约1滴）时，溶液的 pH 由 4.30 急剧变化至 9.70，改变了 5.40 个 pH 单位，溶液由酸性突变到碱性，曲线呈近似垂直的一段。这种在化学计量点附近，由一滴滴定液的加入引起溶液 pH 突变的现象称为 **滴定突跃**，滴定突跃所在的 pH 范围称为 **滴定突跃范围**。

3. 化学计量点（pH = 7.00）在突跃范围内。

4. 达到化学计量点后继续滴加 NaOH 溶液，pH 变化又很缓慢，曲线的变化又比较平坦。

（三）指示剂的选择

滴定突跃范围是选择指示剂的依据，**凡是变色范围全部或部分在滴定突跃范围内的指示剂，都可以指示滴定终点**。根据这一原则，以上滴定可选甲基橙、甲基红、酚酞等作指示剂。

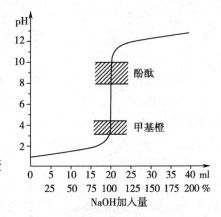

图 8 − 1　NaOH（0.1000mol/L）滴定 HCl（0.1000mol/L）的滴定曲线

课堂活动

1. 什么是滴定突跃？滴定突跃范围？

2. 为什么变色范围全部或部分在滴定突跃范围内的指示剂，都可以指示滴定终点？

3. 试分析强酸滴定强碱的滴定曲线、突跃范围以及指示剂的选择与强碱滴定强酸有何异同。

（四）滴定突跃范围与浓度的关系

图 8 − 2 是三种不同浓度的 NaOH 溶液滴定不同浓度的 HCl 溶液的滴定曲线。由图 8 − 2 可见，滴定突跃范围的大小与溶液的浓度有关。浓度越大，滴定突跃范围越大，可供选用的指示剂越多；浓度越小，滴定突跃范围越小，可供选用的指示剂越少。例如：NaOH 溶液（0.01mol/L）滴定 HCl 溶液（0.01mol/L），滴定突跃范围为 5.30 ～ 8.70，可选甲基红、酚酞作指示剂，但却不能选甲基橙作指示剂，否则会超过滴定分析的误差。需要强调的是，滴定液的浓度不能太小，否则滴定突跃范围太窄；也不能太大，浓度太大会造成浪费。一般滴定液浓度控制在 0.1 ～ 0.5mol/L 较适宜。

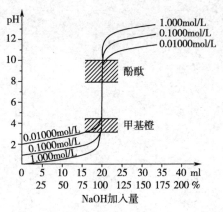

图 8 − 2　不同浓度 NaOH 溶液滴定不同浓度 HCl 溶液的滴定曲线

二、强碱滴定弱酸

（一）滴定曲线

现以 NaOH（0.1000mol/L）溶液滴定 20.00ml HAc（0.1000mol/L）溶液为例。

基本反应为：$OH^- + HAc \rightleftharpoons Ac^- + H_2O$

滴定过程中溶液 pH 变化情况的滴定曲线如图 8 – 3 所示。

（二）滴定曲线的特点

1. 由于 HAc 是弱酸,滴定前溶液中 $[H^+]$ 较低,即 pH 较高,因此,曲线的起点从 pH 2.87 开始,比滴定 HCl 的起点高。

2. 滴定的突跃范围为 pH 7.70 ~ 9.70。

3. 化学计量点时溶液为碱性,pH = 8.70。

（三）指示剂的选择

指示剂的选择原则与强碱滴定强酸相同。

（四）影响突跃范围的因素

用 NaOH(0.1000mol/L)滴定不同强度一元弱酸(0.1000mol/L)的滴定曲线,如图 8 – 4 所示。从图 8 – 2 和图 8 – 4 可以看出:

> **课堂活动**
>
> 查阅表 8 – 1,选择出用 NaOH 滴定 HAc 时能选用的指示剂。

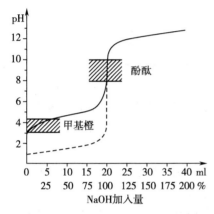

图 8 – 3 NaOH(0.1000mol/L) 滴定 HAc(0.1000mol/L)的滴定曲线

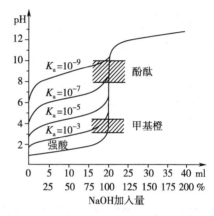

图 8 – 4 NaOH(0.1000mol/L)滴定不同强度酸(0.1000mol/L)的滴定曲线

1. **酸的强弱** 当酸的浓度一定时,被滴定的酸越弱(K_a 越小),滴定的突跃范围越小。当 $K_a \leqslant 10^{-9}$ 时,已无明显突跃,难以选择指示剂指示滴定的终点。

2. **酸的浓度** 当弱酸的强度 K_a 一定时,酸的浓度越大,突跃范围越大。

如果弱酸的 K_a 很小或酸的浓度很低,则不能准确滴定。因此对于弱酸的滴定,一般要求弱酸的 $cK_a \geqslant 10^{-8}$,这样才有明显的滴定突跃,才能用指示剂确定终点。

> **知识拓展**
>
> **多元酸的滴定**
>
> 多元酸在溶液中是分步解离的,因此中和反应也是分步进行的。但是,并不是每一级都可以被滴定。只有当 $cK_a \geqslant 10^{-8}$ 时,这一级才可以被准确滴定;只有当相邻两级解离常数之比 $\geqslant 10^4$ 时,会有两个突跃,可以分步滴定。

三、强酸滴定弱碱

以 HCl(0.1000mol/L)滴定 20.00ml $NH_3 \cdot H_2O$(0.1000mol/L)为例,滴定过程中溶液的

pH 变化情况绘制成滴定曲线,如图 8-5 所示。

由图 8-5 可知:此类型的滴定曲线和强碱滴定弱酸的曲线相似,所不同的是溶液 pH 由大到小,曲线形状相反,突跃范围的 pH 为 6.34~4.30,在酸性范围,须选择在酸性区域变色的指示剂,如甲基橙、甲基红等。但不能选用酚酞等在碱性区域内变色的指示剂。

同理,要求弱碱 $cK_b \geqslant 10^{-8}$,才能被强酸准确滴定。

必须指出,弱酸和弱碱之间不能滴定,因无明显的滴定突跃,无法用一般的指示剂指示确定终点。故在酸碱滴定中,一般以强碱和强酸作滴定液。

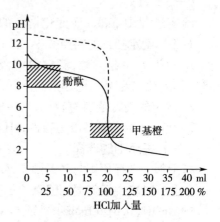

图 8-5　HCl(0.1000mol/L) 滴定 $NH_3 \cdot H_2O$(0.1000mol/L) 的滴定曲线

点滴积累

1. 滴定过程中溶液的 pH 随滴定液加入量而变化的图形称为滴定曲线。
2. 在化学计量点附近,由一滴滴定液的加入引起溶液 pH 突变的现象称为滴定突跃;滴定突跃所在的 pH 范围称为滴定突跃范围。
3. 凡是变色范围全部或部分在滴定突跃范围内的指示剂,都可以指示滴定终点。

第三节　酸碱滴定液的配制和标定

酸碱滴定中最常用的滴定液是 HCl 和 NaOH 溶液,浓度一般为 0.01~1mol/L,最常用的浓度为 0.1mol/L。

一、盐酸滴定液的配制和标定

由于盐酸是挥发性液体,所以常采用间接法配制。

（一）配制

配制 0.1mol/L 盐酸滴定液 1000ml 的方法和步骤。

通常以市售盐酸(浓度为 12mol/L)进行配制,需要市售盐酸的体积为:

$$0.1 \times 1000 = 12V$$

$$V = 8.3ml$$

为了使配制的盐酸滴定液浓度不低于 0.1mol/L,故取用市售盐酸的量应比计算量稍多一些,取 9.0ml。

操作方法:用量筒量取浓盐酸 9.0ml,加入 1000ml 的量筒中,加水稀释至刻度,混匀,倒入洁净试剂瓶中,待标定。

（二）标定

标定盐酸滴定液的基准物质常用无水碳酸钠,也可用硼砂来标定。

用碳酸钠作基准物标定盐酸的反应式为:

$$Na_2CO_3 + 2HCl = 2NaCl + CO_2\uparrow + H_2O$$

操作方法:精密称取在270～300℃干燥至恒重的基准无水碳酸钠3份,每份约0.12g,加蒸馏水约50ml使溶解,加甲基红-溴甲酚绿混合指示剂10滴,用盐酸滴定液滴定至溶液由绿色转变为紫红色时,煮沸2分钟(除去二氧化碳),冷却至室温,继续滴定至溶液由绿色变为暗紫色为终点。平行测定3次。按下式计算盐酸滴定液的浓度:

$$c_{HCl} = \frac{2m_{Na_2CO_3}}{V_{HCl}M_{Na_2CO_3} \times 10^{-3}}$$

二、氢氧化钠滴定液的配制和标定

(一)配制

NaOH易吸收空气中的水分和CO_2生成Na_2CO_3,因此NaOH滴定液要采用间接法配制。Na_2CO_3在饱和NaOH溶液中溶解度很小,可作为不溶物而沉淀于溶液底部,因此,配制时应取饱和NaOH的上层清液,稀释成所需浓度的溶液。

NaOH饱和溶液密度为1.56,质量分数为0.52,物质的量浓度为20mol/L。使用前贮于塑料瓶中。

如果配制0.1mol/LNaOH滴定液1000ml,应取饱和NaOH溶液的体积为:

课堂活动

盛装NaOH滴定液的试剂瓶对瓶塞有什么要求?

$$20 \times V = 0.1 \times 1000$$
$$V = 5(ml)$$

一般比计算量多取一些,取5.6ml。

(二)标定

《中国药典》中标定NaOH滴定液采用的基准物质为邻苯二甲酸氢钾。标定反应如下:

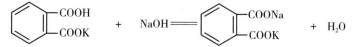

操作方法:精密称取在105℃干燥至恒重的基准邻苯二甲酸氢钾3份,每份0.4～0.5g,加新煮沸过的冷蒸馏水约50ml,振摇,使其溶解,加酚酞指示剂2滴,用NaOH滴定液滴定至溶液显粉红色,且30秒钟不褪色时,即为终点。平行测定3次。按下式计算NaOH滴定液的浓度:

$$c_{NaOH} = \frac{m_{KHC_8H_4O_4}}{V_{NaOH}M_{KHC_8H_4O_4} \times 10^{-3}}$$

除了上述用基准邻苯二甲酸氢钾标定NaOH滴定液的浓度外,还可采用基准草酸进行标定,也可以用已知浓度的酸滴定液进行比较法标定。

学以致用

工作场景:

苯甲酸可以抑制细菌的生长,经常作为防腐药物使用,在工作中有时需要测定其含量。

知识运用:

其含量可用酸碱滴定法测定。

苯甲酸为有机弱酸,其 $K_a = 6.2 \times 10^{-5}$;因其在水中溶解度很小,所以用中性乙醇作溶剂,则 cK_a 大于 10^{-8},可以用酚酞为指示剂,用 NaOH 滴定液直接滴定。

精密称取供试品约 0.25g,加中性稀乙醇 25ml 溶解后,加酚酞指示液 3 滴,用氢氧化钠滴定液(0.1mol/L)滴至浅红色即为终点。根据滴定液消耗的体积和浓度即可计算其含量。

计算公式:

$$\omega_{C_7H_6O_2} = \frac{c_{NaOH} V_{NaOH} M_{C_7H_6O_2} \times 10^{-3}}{m_s}$$

点滴积累

1. 用间接法配制 0.1mol/LHCl 滴定液,通常用无水碳酸钠为基准物质标定。
2. 用间接法配制 0.1mol/LNaOH 滴定液,通常用邻苯二甲酸氢钾为基准物质标定。

第四节 应用与示例

一、食醋中总酸量含量测定

食醋中酸的主要成分为 HAc,也含有少量其他有机酸。在食醋检验中,经常测定食醋中各种有机酸的总量,将其折算成醋酸含量,借以检定食醋的质量。普通食醋中总酸量相当于 HAc 含量为 3% ~ 5%,一般用 NaOH 滴定。用 NaOH 溶液滴定 HAc 的反应如下:

$$NaOH + HAc \Longrightarrow NaAc + H_2O$$

以酚酞为指示剂,终点时溶液由无色变至浅红色。按下式计算含量:

$$\rho_{HAc} = \frac{c_{NaOH} V_{NaOH} M_{HAc} \times 10^{-3}}{V_s} (g/ml)$$

二、乙酰水杨酸的含量测定

乙酰水杨酸(阿司匹林)是常用的解热镇痛药,含芳酸酯类结构,在水溶液中可离解出 H^+,$pK_a = 3.49$,故可以酚酞作指示剂,用 NaOH 滴定液直接滴定。滴定反应如下:

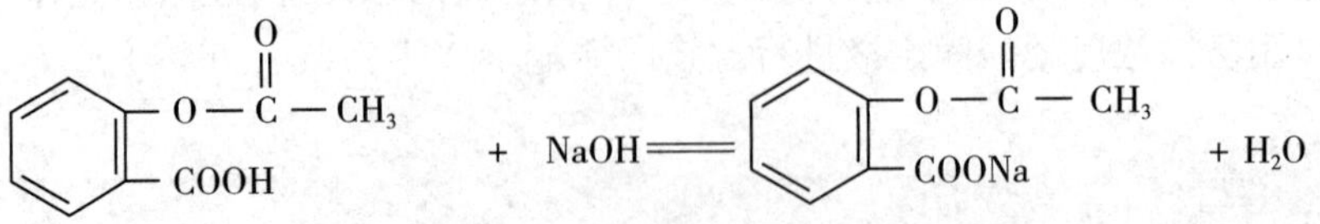

为了防止分子中酯结构水解,滴定反应在中性乙醇溶液中进行。按下式计算乙酰水杨酸的含量。

$$\omega_{C_9H_8O_4} = \frac{c_{NaOH} V_{NaOH} M_{C_9H_8O_4} \times 10^{-3}}{m_s}$$

目标检测

一、选择题

（一）单项选择题

1. NaOH 滴定 HAc 时,应选用的指示剂是（　　）

    A. 甲基橙　　　　　B. 甲基红　　　　　C. 酚酞　　　　　D. 百里酚蓝

2. 关于酸碱指示剂下列哪种说法是不恰当的（　　）

    A. 指示剂本身是一种弱酸或弱碱　　　　　B. 指示剂的变色点与溶液的体积有关

    C. 指示剂的颜色变化与溶液的 pH 有关　　D. 指示剂的变色与其 K_{HIn} 有关

3. 用 HCl 滴定 Na_2CO_3 接近终点时,需要煮沸溶液,其目的是（　　）

    A. 驱赶 O_2　　　　　　　　　　　　　　B. 指示剂在热的溶液中容易变色

    C. 驱赶 CO_2　　　　　　　　　　　　　D. 为了加快反应速度

4. 下列哪一种酸不能用 NaOH 滴定液直接滴定（　　）

    A. $HCOOH(K_a = 1.77 \times 10^{-4})$

    B. $H_3BO_3(K_a = 7.3 \times 10^{-10})$

    C. $HAc(K_a = 1.76 \times 10^{-5})$

    D. $H_2C_4H_4O_4(K_{a_1} = 6.4 \times 10^{-5}; K_{a_2} = 2.7 \times 10^{-6})$

5. 某溶液加甲基红显黄色,加酚酞无色,该未知液的 pH 区间为（　　）

    A. 3.1 ~ 4.4　　　B. 6.2 ~ 8.0　　　C. 4.4 ~ 6.2　　　D. 8.0 ~ 10.0

6. 标定 NaOH 滴定液时常用的基准物质是（　　）

    A. 无水 Na_2CO_3　　　　　　　　　　　B. 邻苯二甲酸氢钾

    C. 硼砂　　　　　　　　　　　　　　　　D. 草酸钠

7. 下列关于指示剂的叙述错误的是（　　）

    A. 指示剂的变色范围越窄越好

    B. 指示剂的用量应适当

    C. 只能用混合指示剂

    D. 指示剂的变色范围应恰好在突跃范围内

8. 为了减小指示剂变色范围,使变色敏锐,可采用（　　）

    A. 酚酞为指示剂　　　　　　　　　　　　B. 甲基红为指示剂

    C. 加温　　　　　　　　　　　　　　　　D. 混合指示剂

9. 可用来标定 HCl 滴定液的基准物是（　　）

    A. 无水 Na_2CO_3　　　　　　　　　　　B. 邻苯二甲酸氢钾

    C. 甲酸　　　　　　　　　　　　　　　　D. 氢氧化钠

10. 某滴定的突跃范围是 pH7.75 ~ 9.70,可选用哪种指示剂确定终点（　　）

    A. 甲基橙(pH 3.1 ~ 4.4)　　　　　　　B. 甲基红(pH 4.2 ~ 6.2)

    C. 甲基黄(pH 2.9 ~ 4.0)　　　　　　　D. 酚酞(pH 8.0 ~ 10.0)

（二）多项选择题

1. 下列关于指示剂的叙述正确的是（　　）

    A. 在溶液中酸式色和碱式色永远同时存在

B. 当 $\dfrac{[HIn]}{[In^-]} \geq 10$ 时只能观察到碱式色

C. $pH = pK_{HIn}$ 时指示剂变色最灵敏

D. 酸式色和碱式色随 pH 变化可以相互转变

E. 指示剂本身就是一种有机弱酸或弱碱

2. 酸碱滴定法常用的类型有(　　)

A. 强碱滴定强酸　　　　B. 强酸滴定强碱　　　　C. 强碱滴定弱酸

D. 强酸滴定弱酸　　　　E. 弱碱滴定强酸

3. 影响强碱滴定弱酸突跃范围大小的因素有(　　)

A. 指示剂用量　　　　B. 浓度　　　　C. 温度

D. 弱酸的强度　　　　E. 体积

4. 指示剂的选择原则是(　　)

A. 变色范围不在突跃范围内　　　　B. 变色范围部分在突跃范围内

C. 变色范围全部在突跃范围内　　　　D. 变色范围一定要跨越 pH =7 这个点

E. 变色范围不一定跨越 pH =7 这个点

二、填空题

1. 某指示剂 HIn 的 $pK_{HIn} = 5.8$,其理论变色范围的 pH 为_____。

2. 滴定突跃范围的意义是_____。

3. 指示剂的选择原则是_____。

4. 准确滴定一元弱酸的判据是_____。

5. 配制饱和 NaOH 溶液的目的是_____。

6. 滴定液的配制方法有_____、_____。

7. 溶液 $pH = pK_{HIn} \pm 1$ 称为指示剂的_____。

8. 测定食醋中醋酸含量时,常用_____作滴定液进行滴定,用_____作指示剂,其终点颜色是_____。

9. 标定盐酸时常用_____作基准物质,标定氢氧化钠时常用_____作基准物质。

10. 影响指示剂变色范围的主要因素是 _____、_____、_____、_____。

三、名词解释

1. 变色范围　　2. 变色点　　3. 滴定突跃　　4. 滴定突跃范围

5. 酸碱滴定曲线　　6. 基准物质

四、计算题

1. 称取基准物质 Na_2CO_3 0.1520g 标定 HCl 滴定液。以甲基橙作指示剂,终点时用去 HCl 溶液 25.20ml,求 HCl 溶液的浓度。

2. 精密量取食醋 5.00ml,加水稀释后以酚酞为指示剂,用 NaOH 滴定液(0.1080mol/L)滴定至淡红色,计消耗体积 24.60ml,求食醋中醋酸的含量。

3. 标定 0.1mol/L NaOH 溶液的浓度,欲消耗滴定液 20ml,问应称取基准邻苯二甲酸氢钾多少克?

(杜宗涛)

第九章 沉淀滴定法

学习目标

1. 掌握铬酸钾指示剂法和吸附指示剂法的滴定原理、$AgNO_3$ 滴定液的配制与标定。
2. 熟悉铬酸钾指示剂法和吸附指示剂法的应用范围和含量的测定方法。
3. 了解溶度积规则和沉淀滴定反应必须具备的条件。

导学情景

情景描述：

药剂专业的小唐和小王在学习过程中讨论到了生理盐水。

小唐：生理盐水是 9g/L 的 NaCl 溶液，在临床医疗中有着广泛的应用。

小王：我们如何知道生理盐水中 NaCl 的含量是 9g/L 呢？如何测定呢？

小唐：可以用铬酸钾指示剂法求出溶液中 Cl^- 的含量，再转化成 NaCl 的含量就可以了。

学前导语：

铬酸钾指示剂法是沉淀滴定法中的一类，它是利用铬酸钾为指示剂来指示沉淀反应的终点，与之相关的还有吸附指示剂法、铁铵矾指示剂法，它们都属于银量法。接下来，我们将学习到沉淀滴定法的基本内容。

第一节 沉淀溶解平衡简介

一、溶度积

任何难溶电解质在水中会或多或少溶解，绝对不溶的物质是不存在的。难溶电解质在水中的溶解是一可逆过程。例如，在一定温度下，将难溶电解质 AgCl 放入水中，在极性水分子的作用下，AgCl 固体表面的 Ag^+、Cl^- 进入溶液，这个过程就是溶解。同时溶液中已溶解的 Ag^+、Cl^- 不断地回到 AgCl 固体表面，又形成沉淀。当沉淀与溶解的速率相等时，沉淀与溶解建立了动态平衡，平衡时的溶液为饱和溶液。平衡关系可表示为：

$$AgCl(s) \underset{沉淀}{\overset{溶解}{\rightleftharpoons}} Ag^+ + Cl^-$$

其平衡常数表达式为：
$$K = \frac{[Ag^+][Cl^-]}{[AgCl]}$$

在一定温度下，K 为常数，AgCl 是固体，其浓度也看作常数。所以，$K[AgCl]$ 的乘积也为常数，用 K_{sp} 表示。即：

$$K_{sp} = [Ag^+][Cl^-]$$

K_{sp} 表示在难溶电解质饱和溶液中，有关离子浓度的乘积在一定温度下是个常数。它的大小与物质溶解度有关，因而称为难溶电解质的溶度积常数，简称溶度积。25℃时，AgCl 的溶度积是 1.8×10^{-10}，写成 $K_{sp,AgCl} = 1.8 \times 10^{-10}$。

知识拓展

对于电离出两个或多个相同离子的难溶电解质，各离子的浓度应取其解离方程式中该离子的系数为指数。对于 $A_m B_n$ 型的难溶电解质：

$$A_m B_n \rightleftharpoons mA^{n+} + nB^{m-}$$

$$K_{sp} = [A^{n+}]^m [B^{m-}]^n$$

例如：$Fe(OH)_3$ 的 K_{sp} 写为：$K_{sp,Fe(OH)_3} = [Fe^{3+}][OH^-]^3$。

K_{sp} 反映了难溶电解质在水中的溶解能力。K_{sp} 表示式中各离子浓度的单位为 mol/L。K_{sp} 的值与难溶电解质的本性和温度有关，与浓度无关。实际工作中常采用温度为 25℃时的 K_{sp}。常见难溶银盐的溶度积常数见表 9 - 1。

表 9 - 1 常见难溶银盐的溶度积常数（25℃）

化学式	K_{sp}	化学式	K_{sp}
AgCl	1.8×10^{-10}	$Ag_2Cr_2O_7$	2.0×10^{-7}
AgBr	5.4×10^{-13}	Ag_2SO_3	1.5×10^{-14}
AgI	8.5×10^{-17}	Ag_2SO_4	1.2×10^{-5}
AgSCN	1.0×10^{-12}	AgOH	2.0×10^{-8}
Ag_2S	6.3×10^{-50}	Ag_3PO_4	1.4×10^{-16}
Ag_2CrO_4	1.1×10^{-12}	Ag_2CO_3	8.4×10^{-12}

二、溶度积规则

K_{sp} 是表示难溶电解质溶液中的离子达到平衡（饱和溶液）时，离子浓度幂的乘积。任一条件下离子浓度幂的乘积称为离子积，用符号 Q 表示。

Q 和 K_{sp} 的表达式类似，但含义不同。在温度一定时，某一难溶电解质 K_{sp} 是定值，K_{sp} 仅是 Q 的一个特例。而 Q 的数值不定，会随着溶液中离子浓度的改变而变化。对于一给定的难溶电解质溶液，Q 和 K_{sp} 之间有下列 3 种情况：

（1）$Q = K_{sp}$，溶液为饱和溶液，沉淀溶解处于动态平衡。

（2）$Q > K_{sp}$，溶液为过饱和溶液，有沉淀析出直至达到饱和。

（3）$Q < K_{sp}$，溶液为不饱和溶液，可以继续溶解难溶电解质。

以上 3 条称为溶度积规则，运用此规则可以判断化学反应中沉淀生成和溶解的可能性。

必须注意,有时根据计算结果 $Q > K_{sp}$,应有沉淀析出,但由于有过饱和现象或沉淀极少,有时肉眼观察不到。

学以致用

工作场景:

在药物的生产和储藏过程中难免会引入杂质。设想怎样通过所学知识对药品中的杂质进行检查?

知识运用:

沉淀反应——药物中氯化物的检查

药物的杂质检查可保证用药的安全。在药物的杂质检查中常利用沉淀反应的原理,如将一定量被检杂质的标准溶液与一定量的样品溶液在相同条件下加入沉淀剂,比较反应的浑浊度,以确定杂质是否超过规定。例如《中国药典》对药品中氯化物的检查是利用氯化物在硝酸酸化条件下与硝酸银试液作用,生成氯化银胶体微粒而显白色浑浊,与一定量的标准氯化钠溶液在相同条件下生成的氯化银浑浊程度比较,若供试管的浑浊程度低于对照物,判为符合限量规定。

点滴积累

1. 溶度积(K_{sp})是在一定温度条件下,难溶电解质的饱和溶液中各离子浓度幂的乘积。
2. $Q = K_{sp}$,沉淀溶解处于动态平衡;$Q > K_{sp}$,沉淀析出;$Q < K_{sp}$,沉淀溶解。

第二节　沉淀滴定法

一、银量法概述

沉淀滴定法是以沉淀反应为基础的一种滴定分析方法。沉淀反应虽然很多,但能用于沉淀滴定的反应并不多,用于沉淀滴定的反应必须满足下列条件:

1. 沉淀的溶解度必须足够小,反应要完全。
2. 必须有适当的方法指示化学计量点。
3. 沉淀反应必须迅速、定量地进行。

实际上符合上述条件的沉淀反应并不多,而能用于沉淀滴定的主要是一类生成难溶性银盐的反应,例如:

$$Ag^+ + X^- \rightleftharpoons AgX$$

其中 X⁻ 包括 Cl^-、Br^-、I^-、CN^-、SCN^- 等离子。

利用生成难溶性银盐的反应来进行滴定分析的方法称为银量法。银量法既可以测定无机物中的 X⁻ 和 Ag^+ 等,又可以测定经处理后能定量产生卤素离子的有机物中的卤素等。根据确定终点所用指示剂的不同,银量法可分为铬酸钾指示剂法(莫尔法)、铁铵矾指示剂法(佛尔哈德法)和吸附指示剂法(法扬司法)。本节仅讨论铬酸钾指示剂法和吸附指示剂法。

二、铬酸钾指示剂法

（一）原理

铬酸钾指示剂法（也称莫尔法）是以铬酸钾为指示剂，硝酸银为滴定液，在中性或弱碱性溶液中直接滴定氯化物或溴化物的方法。

由于 AgCl 沉淀的溶解度小于 Ag_2CrO_4 沉淀的溶解度，因此在滴定终点前首先生成的是 AgCl 白色沉淀。随着 AgCl 沉淀的析出，待测溶液中 Cl^- 浓度不断下降，当 Cl^- 沉淀完全，即到达化学计量点时，稍过量的 Ag^+ 与 CrO_4^{2-} 发生反应，生成砖红色的 Ag_2CrO_4 沉淀，以指示滴定终点的到达。反应式如下：

终点前：　　$Ag^+ + Cl^- \Longleftrightarrow AgCl\downarrow$（白色）

终点时：　　$2Ag^+ + CrO_4^{2-} \Longleftrightarrow Ag_2CrO_4\downarrow$（砖红色）

（二）条件

1. 指示剂的用量　为了准确滴定，必须控制 K_2CrO_4 的浓度，因为 Ag_2CrO_4 砖红色沉淀的产生与溶液中 CrO_4^{2-} 的浓度有关。若指示剂用量过多，会使溶液中的 Cl^- 尚未沉淀完全时，Ag^+ 就与 CrO_4^{2-} 发生反应，导致终点提前。反之，若指示剂用量过少，滴定至化学计量点时，稍过量的 $AgNO_3$ 仍不能形成 Ag_2CrO_4 沉淀，导致终点滞后。经实验证明，浓度为 $5.0\times10^{-3}mol/L$ 时比较适宜（即在 50~100ml 的溶液中加入 5% K_2CrO_4 溶液 1~2ml）。

2. 溶液的酸度　滴定反应必须在中性或弱碱性溶液中进行，适宜的酸度范围是 pH 6.5~10.5，但不可以是氨碱性。

当溶液的酸性太强时，应用 $NaHCO_3$（或硼砂）中和。当碱性太强时，应用稀 HNO_3 中和，再用 $AgNO_3$ 滴定液滴定，否则应改用其他指示剂法。

若试液中有铵盐存在，要求溶液 pH 控制在 6.5~7.2 为宜，因为在氨碱性溶液中，AgCl 和 Ag_2CrO_4 与氨可形成 $[Ag(NH_3)_2]^+$ 而溶解，影响滴定的准确度。

3. 排除干扰离子　溶液中不能含有能与 CrO_4^{2-} 生成沉淀的阳离子，如 Ba^{2+}、Pb^{2+} 等，也不能含有在中性或微碱性溶液中易发生水解的离子，如 Fe^{3+}、Al^{3+} 等。如含上述离子，则应预先排除干扰离子后才能滴定。

4. 滴定时应充分振摇　主要是为防止 AgCl 和 AgBr 沉淀对 Cl^- 或 Br^- 产生吸附作用，使终点提前。

本法仅适用于直接滴定 Cl^- 或 Br^-，在弱碱性条件下也可以测定 CN^-，但不适宜用于测定 I^- 和 SCN^-。因为 AgI 或 AgSCN 沉淀对 I^- 或 SCN^- 有较强的吸附作用，导致测定结果不准确。铬酸钾指示剂法也不适于用 NaCl 滴定液直接滴定 Ag^+，因为置于锥形瓶中的 Ag^+ 在滴定前与 CrO_4^{2-} 生成沉淀后，再用 NaCl 溶液滴定时，Ag_2CrO_4 沉淀转化成 AgCl 沉淀的速度极慢，使终点滞后。

三、吸附指示剂法

（一）吸附指示剂法的原理

吸附指示剂法（也称法扬司法）是用 $AgNO_3$ 为滴定液，用吸附指示剂确定滴定终点，用于测定卤素离子的银量法。

吸附指示剂是一种有机染料,在溶液中电离出的阴离子是一种颜色,当被带相反电荷的胶粒沉淀所吸附后,产生另外一种颜色的吸附化合物,因而可以指示滴定终点。常用的吸附指示剂如荧光黄、二氯荧光黄、曙红等都是有机弱酸。

例如,以荧光黄($K_a \approx 10^{-8}$)为指示剂,用 $AgNO_3$ 滴定液滴定 Cl^-。

荧光黄用 HFI 表示,其解离可简单表示为:

$$HFI \rightleftharpoons H^+ + FI^- (黄绿色)$$

化学计量点前,溶液中存在未滴定完的 Cl^-,此时 AgCl 胶粒优先吸附 Cl^-,使胶粒带上负电荷,由于同种电荷相斥,因此荧光黄阴离子 FI^- 不能被胶粒吸附,使溶液仍呈现荧光黄阴离子的黄绿色。终点前的吸附反应可简单表示为:

$$(AgCl) \cdot Cl^- + FI^-(黄绿色) \rightleftharpoons (AgCl) \cdot Cl^- + FI^-(黄绿色)$$

当达到化学计量点时,溶液中稍微过量的 Ag^+ 就可以被沉淀优先吸附,使沉淀胶粒带正电荷,带正电荷的胶粒强烈地吸附荧光黄阴离子 FI^-,引起指示剂离子结构变形,生成淡红色吸附化合物。此时,溶液由黄绿色转变为淡红色,指示终点到达。

终点前 Cl^- 过量: $(AgCl) \cdot Cl^- + FI^-(黄绿色)$

终点时 Ag^+ 过量: $(AgCl) \cdot Ag^+ + FI^-(黄绿色) \rightleftharpoons (AgCl) \cdot Ag^+ \cdot FI^-(淡红色)$

(二)吸附指示剂法的条件

为了使滴定终点前、后的颜色变化明显,使用吸附指示剂时需注意以下几个问题。

1. 滴定前应加入糊精或淀粉等亲水性高分子化合物 目的是使 AgCl 沉淀保持溶胶状态而具有较大的吸附表面,终点变色敏锐。同时,要避免大量中性盐的存在,以防止胶体的凝聚。

2. 胶粒对指示剂离子的吸附能力应略小于对待测离子的吸附能力 滴定稍过化学计量点即 $AgNO_3$ 稍微过量,胶粒就立即吸附指示剂阴离子而变色。如果胶粒对指示剂离子吸附力太强,将使终点提前,产生负误差。若对指示剂离子吸附力太弱,则滴定达到化学计量点后不能立即变色,使终点滞后,产生正误差。

卤化银胶体对卤素离子和几种常用吸附指示剂的吸附力大小次序如下:

$$I^- > 二甲基二碘荧光黄 > Br^- > 曙红 > Cl^- > 荧光黄$$

3. 溶液的 pH 要适当 一般吸附指示剂大多为有机弱酸,而起指示剂作用的主要是阴离子。因此,为了使指示剂主要以阴离子形态存在,必须控制溶液的 pH。对于 K_a 值较小的吸附指示剂,溶液的 pH 要高些;而对于 K_a 值较大的吸附指示剂,则溶液的 pH 可低些,见表 9-2。

表 9-2 常用的吸附指示剂

指示剂	使用条件(pH)	颜色变化	适测离子	
荧光黄	7.0~10.0	黄绿→粉红	Cl^-	Br^-
二氯荧光黄	4.0~10.0	黄绿→红	Cl^-	Br^-
曙红	2.0~10.0	橙→深红	Br^-	I^-
二甲基二碘荧光黄	4.0~7.0	橙红→蓝红	I^-	

4. 应避免在强光照射下滴定 卤化银会感光分解析出金属银,使沉淀变灰或变黑,影响终点观察。

（三）吸附指示剂法的滴定液

吸附指示剂法的滴定液最常用的是 $AgNO_3$ 溶液,配制与标定 0.1mol/L $AgNO_3$ 的方法与铬酸钾指示剂法相同。

课堂活动

测定 Cl^- 和 Br^- 时,应该分别采用何种吸附指示剂为宜?

四、硝酸银滴定液的配制和标定

（一）0.1mol/L $AgNO_3$ 滴定液的配制

1. **直接配制法** 精密称取在 110℃ 干燥至恒重的基准试剂硝酸银约 4.3g(称量至 0.0001g)置于烧杯中,用少量蒸馏水溶解完全后,定量转移至 250ml 棕色容量瓶中,加蒸馏水稀释至标线,摇匀即可。按下式计算硝酸银滴定液的浓度:

$$c_{AgNO_3} = \frac{m_{AgNO_3}}{V_{AgNO_3} M_{AgNO_3} \times 10^{-3}}$$

2. **间接配制法** 市售硝酸银中往往含有水分和一些杂质,不符合基准物质的要求,则需用间接法配制。先配成近似浓度的溶液,然后再进行标定。例如配制 0.1mol/L $AgNO_3$ 滴定液,则可在托盘天平上称取 8.6g 分析纯硝酸银,加蒸馏水溶解后稀释成 500ml,摇匀,置于棕色试剂瓶中保存,待标定。

（二）0.1mol/L $AgNO_3$ 滴定液的标定

标定 $AgNO_3$ 滴定液最常用的基准物质是 NaCl。精密称取干燥至恒重的基准 NaCl 约 0.2g(称量至 0.0001g),置于 250ml 锥形瓶中,加蒸馏水 50ml 使其溶解,再加入 50g/L 的 K_2CrO_4 指示剂 1ml,在不断振摇下,用待标定的 $AgNO_3$ 滴定液滴定至出现砖红色沉淀即为终点。做空白实验。$AgNO_3$ 滴定液的浓度按下式计算:

$$c_{AgNO_3} = \frac{m_{NaCl}}{(V - V_{空})_{AgNO_3} M_{NaCl} \times 10^{-3}}$$

注意:①$AgNO_3$ 见光易分解,所以应贮存于棕色试剂瓶中;②若放置时间过长,应重新标定;③标定 $AgNO_3$ 滴定液应用酸式滴定管;④为了减少方法误差,其标定方法最好与测定样品的方法相同。

五、应用与示例

碘化钾含量的测定:精密称取碘化钾样品约 0.3g(称量至 0.0001g)置于锥形瓶中,加蒸馏水 30ml 使其溶解,加稀醋酸 10ml,曙红指示剂 10 滴,用 0.1000mol/L 的 $AgNO_3$ 滴定液滴定至沉淀变成深红色为终点,记录消耗的 $AgNO_3$ 滴定液的体积。按下式计算碘化钾的含量:

$$\omega_{KI} = \frac{c_{AgNO_3} V_{AgNO_3} M_{KI} \times 10^{-3}}{m_s}$$

卤化物均可利用吸附指示剂法测定其含量。

 知识链接

沉淀分离法

在分析化学中,沉淀分离是一种经典的分离方法。主要根据溶度积原理,利用沉淀反应将被测组分与干扰组分进行分离,来消除干扰进行定量测定;或者以某种沉淀作为载体,将痕量组分定量地共沉淀下来,溶解在少量溶剂中,达到分离与富集的目的。

沉淀分离法包括无机沉淀剂分离法、有机沉淀剂分离法(适用于常量组分的分离)和共沉淀分离法(适用于痕量组分的分离和富集)。尤其是共沉淀分离法是分析化学中常用的微量元素的分离富集方法,例如用于矿石中微量稀土元素的测定;富集海水中的铀;用于测定生物试样中的 Be^{2+} 等。

 点滴积累

1. 铬酸钾指示剂法是以铬酸钾为指示剂,硝酸银为滴定液,在 pH 6.5 ~ 10.5 的溶液中直接滴定氯化物或溴化物的方法。
2. 吸附指示剂法是用 $AgNO_3$ 为滴定液,用吸附指示剂确定终点的银量法。

 目标检测

一、选择题

(一) 单项选择题

1. 沉淀滴定法是以下列哪项反应为基础的滴定分析方法(   )
   A. 配位反应   B. 沉淀反应
   C. 氧化 – 还原反应   D. 酸碱反应

2. 依据以下哪项的不同,银量法可分 3 类(   )
   A. 滴定液   B. 被测离子   C. 指示剂   D. 终点颜色

3. 银量法不能测定(   )
   A. Cl^- B. I^- C. SCN^- D. Ac^-

4. 用 $AgNO_3$ 滴定氯化物,以荧光黄为指示剂,最适宜的 pH 范围是(   )
   A. 7 ~ 10   B. 4 ~ 6   C. 2 ~ 10   D. 1.5 ~ 3.5

5. 铬酸钾指示剂法所用的指示剂是(   )
   A. $K_2Cr_2O_7$ B. K_2CrO_4
   C. $NH_4Fe(SO_4)_2 \cdot 12H_2O$ D. $AgNO_3$

6. 标定 $AgNO_3$ 的基准物质是(   )
   A. K_2CrO_4 B. NaCl   C. Na_2CO_3 D. NaAc

7. 用吸附指示剂法在中性或弱碱性条件下测定氯化物时,应选用的指示剂为(   )
   A. 曙红   B. 荧光黄   C. 甲基紫   D. 二甲基二碘荧光黄

8. $AgNO_3$ 滴定液应贮存于(   )
   A. 白色容量瓶   B. 棕色试剂瓶   C. 白色试剂瓶   D. 棕色量瓶

9. 铬酸钾指示剂法测定 NaCl 含量时,其滴定终点的颜色是(   )
   A. 黄色   B. 黄绿色   C. 淡蓝色   D. 砖红色

(二) 多项选择题

1. 下列情况下的分析测定结果偏高的是(   )
   A. 用吸附指示剂法测定 Cl^-,选用荧光黄作指示剂
   B. 试样中含有铵盐,在 pH = 10 时用铬酸钾指示剂法测定 Cl^-
   C. pH = 7 时用铬酸钾指示剂法测定 Cl^-

D. 用吸附指示剂法测定 I^-,选用荧光黄作指示剂

E. pH = 4 时用铬酸钾指示剂法测定 Cl^-

2. 为使滴定终点颜色变化明显,用吸附指示剂法测定卤化物时需注意的是（　　）

A. 加入糊精使卤化银呈胶状

B. 卤化银对指示剂的吸附力应略大于被测离子的吸附力

C. 避免强光照射下进行

D. 滴定在酸性溶液中进行

E. 滴定在尽量稀的溶液中进行

3. 测定下列试样中的 Cl^- 时,选用 K_2CrO_4 指示终点比较合适的是（　　）

A. KCl　　　　　　　　B. $BaCl_2$　　　　　　　　C. $NaCl + Na_2SO_4$

D. $NaCl + Na_3PO_4$　　　　E. $BaCl_2 + KI$

4. 铬酸钾指示剂法可以测定（　　）

A. I^-　　　　B. Br^-　　　　C. CN^-　　　　D. SCN^-　　　　E. Cl^-

二、填空题

1. 沉淀滴定法根据使用的_____不同可分为_____法、_____法和_____法。

2. 铬酸钾指示剂法又称_____法,通常以_____为滴定液,在 pH 为_____的溶液中测定_____化物或_____化物的沉淀滴定法。

3. 吸附指示剂法又称_____法,滴定中所用的吸附指示剂多是一些有机_____的形式,终点时它们被_____到沉淀表面,发生变化而改变颜色,指示终点到达。

三、简答题

1. 什么是沉淀滴定法?试举例说明。

2. 沉淀滴定的反应必须满足哪些条件?

3. 简述铬酸钾指示剂法的滴定原理。

4. 简述吸附指示剂法的滴定原理。

5. 为什么配制好的 $AgNO_3$ 滴定液要进行标定?标定 $AgNO_3$ 滴定液最常用的基准物质是哪种物质?

四、计算题

1. 准确称取不纯的氯化钠样品 0.1348g,溶于水后,加入铬酸钾指示剂,用 0.1000mol/L 的硝酸银滴定液滴定,终点时消耗硝酸银溶液 22.60ml,计算氯化钠样品的含量。

2. 准确移取氯化钠溶液 20.00ml,加入铬酸钾指示剂,用 0.1000mol/L 的硝酸银滴定液滴定,终点时消耗硝酸银溶液 23.88ml,计算氯化钠的物质的量浓度及其质量浓度。

（石宝珏）

第十章 氧化还原滴定法

 学习目标

1. 掌握高锰酸钾法、碘量法的基本原理和指示剂的选择。
2. 熟悉高锰酸钾法、碘量法的测定条件。
3. 了解影响氧化还原反应速率的因素及用于滴定分析的要求。

 导学情景

情景描述：

2008年，某市环保局执法人员在例行现场检查中，发现某公司直接向外排放未经处理的高浓度废水，执法人员当即采取了水样。经检测，外排废水中污染物浓度 COD 为 40928.0mg/L、NH_3 – N 为 450.0mg/L [国家污水综合排放标准（GB8978—1996）规定 COD 为 100mg/L，NH_3 – N 为 15mg/L]，严重超出了国家排放标准，属于未正常使用水污染处理设施违法排污行为。环保部门即刻下达了环境违法行为限期改正通知书，……。

学前导语：

本案例中 COD（化学需氧量）的检测结果成为了非常重要的证据。本章将介绍氧化还原滴定法的知识，通过本章的学习，可以对上述案例有所了解。

第一节 氧化还原反应

一、氧化还原反应的概念

对于氧化还原反应的认识，人们经历了一个由浅入深、由表及里、由现象到本质的过程。最初是根据得氧、失氧进行定义的。得到氧的化学反应称为氧化反应，失去氧的化学反应称为还原反应。例如：

失去氧，还原反应

$$2CuO + C \xrightarrow{\text{高温}} 2Cu + CO_2$$

得到氧，氧化反应

在这个反应里,氧化铜失去氧,发生还原反应(被还原);碳得到氧,发生氧化反应(被氧化)。这两个截然相反的过程是在一个反应中同时发生的。像这种一种物质被氧化,另一种物质被还原的反应,称为氧化还原反应。

后来,发现许多类似的反应都没有氧的参与,因此这种定义法有很大的局限性。目前公认比较好的定义法是通过对氧化还原反应中化合价的变化来分析得出。

$$\underset{化合价升高,氧化反应}{\underset{化合价降低,还原反应}{2\overset{+2}{Cu}O + \overset{0}{C} \xrightarrow{高温} 2\overset{0}{Cu} + \overset{+4}{C}O_2}}$$

在上例中,铜元素的化合价由氧化铜的 +2 价变成单质铜的 0 价,铜的化合价降低了,氧化铜被还原了,发生了还原反应;同时,碳元素的化合价由单质碳的 0 价变成了二氧化碳中的 +4 价,碳的化合价升高了,碳被氧化了,发生了氧化反应。

用化合价升降的观点,不仅能分析像碳跟氧化铜这类有得氧、失氧的反应,还能分析那些没有得、失氧,但发生了元素化合价升降的反应。物质所含元素化合价升高的反应,就是氧化反应;物质所含元素化合价降低的反应,就是还原反应。**凡是有元素化合价升降变化的化学反应就是氧化还原反应。**

课堂活动

请分析、判断下列反应是否属于氧化还原反应?

1. $2Na + Cl_2 \xrightarrow{点燃} 2NaCl$

2. $2HClO \xrightarrow{光照} 2HCl + O_2 \uparrow$

3. $CaCO_3 + 2HCl == CO_2 \uparrow + CaCl_2 + H_2O$

元素化合价的升降与电子得失(偏移)是密切相关的,化合价的升降是电子得失(偏移)的表现。因此,化合价的升降仅是氧化还原反应的特征。要想揭示氧化还原反应的本质,需要从电子得失(偏移)的角度进行讨论。例如:

$$\underset{失去4e,化合价升高,氧化反应}{\underset{得到4e,化合价降低,还原反应}{2\overset{+2}{Cu}O + \overset{0}{C} \xrightarrow{高温} 2\overset{0}{Cu} + \overset{+4}{C}O_2}}$$

在这个反应中,氧化铜得到电子,其中的铜元素化合价降低,氧化铜发生还原反应;而碳失去电子,化合价升高,发生氧化反应。

从电子得失(偏移)的观点来看氧化还原反应有更广泛的含义:**物质失去电子的反应是氧化反应,物质得到电子的反应是还原反应。凡是有电子得失(偏移)的反应,都是氧化还原反应。**得、失电子同时发生,即还原反应和氧化反应同时发生,互为依存。

案例分析

案例：

一个体重50kg的健康人,体内约含有2g铁,其主要以Fe^{2+}和Fe^{3+}的形式存在。其中,Fe^{2+}易被吸收,所以治疗缺铁性贫血给患者补充铁时,应给予含Fe^{2+}的亚铁盐,如硫酸亚铁。另外,服用维生素C也可使食物中的Fe^{3+}转化成Fe^{2+},有利于人体的吸收。

分析：

Fe^{3+}是铁的高价态,有较强的氧化性,而维生素C是一种还原剂。所以服用维生素C后,食物中的Fe^{3+}可与维生素C发生氧化还原反应,从而将Fe^{3+}还原成易被人体吸收的Fe^{2+}。

二、氧化剂和还原剂

在氧化还原反应中,**氧化剂是得到电子(化合价降低)的物质**。氧化剂具有氧化性,本身被还原。氧化剂被还原后的生成物称为还原产物。**还原剂是失去电子(化合价升高)的物质**。还原剂具有还原性,本身被氧化。还原剂被氧化后的生成物称为氧化产物。例如:

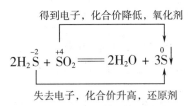

从以上两个反应可以看出,SO_2既可作氧化剂又可作还原剂,也就是氧化剂与还原剂是相对的,并不是一成不变的。同一种物质,在某一反应中作氧化剂,在另一反应中也可能作还原剂。

综上所述,在氧化还原反应中,氧化剂和还原剂是同时存在的,都是指参加反应的物质。但需要指出的是:在同一个氧化还原反应中,氧化剂和还原剂也可能是同一种物质。另外,氧化剂和还原剂也是相对的,并不是一成不变的。对于同一种物质,在这一反应中作氧化剂,但在另一反应中可能作还原剂。当一种元素的化合价有多种价态,在与其他物质发生反应时,通常处于最高价态的物质只能作氧化剂,处于最低价态的物质只能作还原剂,处于中间价态的物质既可作氧化剂又可作还原剂。

物质的氧化性、还原性强弱与得失电子的能力有关,与得失电子的数目无关。得电子能力强的物质,其氧化性强,称为强氧化剂;失电子能力强的物质,其还原性强,称为强还原剂。

学以致用

工作场景：

在药物分析中检查碘化物中的氯化物,方法是在酸性溶液中加入过量的过氧化氢,煮沸至溶液无色后,再加入硝酸和硝酸银,然后与标准氯化钠溶液比浊,从而确定氯化钠的含量是否符合要求。

知识运用：

此处主要利用了过氧化氢的氧化性。在酸性溶液中加入过量的过氧化氢，煮沸至溶液无色后，溶液中的 I^- 完全被过氧化氢氧化成 IO^-（无色溶液），此时溶液中能与硝酸银反应产生浑浊的只有 Cl^-。所以，如果此时溶液中的浑浊度不超过标准溶液，就可以说明氯化钠的含量符合要求。

点滴积累

1. 氧化还原反应的本质是电子得失（偏移），特征是化合价的升降。
2. 氧化还原反应中得到电子（化合价降低）的物质称为氧化剂，氧化剂被还原后的生成物称为还原产物；失去电子（化合价升高）的物质称为还原剂，还原剂被氧化后的生成物称为氧化产物。

第二节　氧化还原滴定法

一、概述

氧化还原滴定法是以氧化还原反应为基础的滴定分析方法。可用于测定具有氧化性和还原性的物质，也可间接测定不具有氧化性和还原性的物质。在药物分析中有着广泛的用途。

氧化还原反应具有反应复杂，常伴有副反应；反应速率较慢；受外界影响较大等特点。因此，氧化还原滴定法要注意选择合适的条件，才能使反应定量、迅速、完全地进行。

能用于滴定分析的氧化还原反应必须满足下列要求：

1. 滴定反应必须按一定的化学反应方程式定量进行，且反应完全，无副反应。
2. 反应必须足够快。
3. 必须有适当的方法确定化学计量点。

在氧化还原滴定中，为加快反应速率，常采取增大反应物浓度、升高温度、加入催化剂等措施。

氧化还原滴定法根据所用的滴定液不同，可以分为高锰酸钾法、碘量法、亚硝酸钠法等。本章重点介绍高锰酸钾法和碘量法。

二、高锰酸钾法

（一）基本原理和条件

高锰酸钾法是以高锰酸钾为滴定液的氧化还原滴定法。高锰酸钾是强氧化剂，它在酸性溶液中能被还原成二价锰。

高锰酸钾法应在强酸性条件下进行滴定。但是酸度太高时，会导致高锰酸钾分解。酸度控制常用硫酸来调节，$[H^+]$ 控制在 $1\sim2mol/L$ 为宜。需要注意的是，不能用硝酸或盐酸来控制酸度。因为硝酸具有氧化性，会与被测物反应；而盐酸具有还原性，能与高锰酸钾反应。

知识拓展

高锰酸钾在不同条件下的还原结果

高锰酸钾是一种强氧化剂,在不同条件下氧化能力不同,可以得到不同的结果。其中在中性条件下会产生棕色沉淀 MnO_2,在碱性条件下会产生墨绿色的 MnO_4^{2-},而在酸性条件下产生的是近无色的 Mn^{2+}。综合考虑三种情况,在酸性条件下,高锰酸钾不仅表现出强氧化性,而且反应可以定量进行,其产物的颜色和状态也不干扰终点的判断。所以高锰酸钾法通常选择在强酸性条件下进行滴定。

滴定开始时反应速率较慢,可适当加热或加入适量催化剂以加快反应速率。不过考虑到反应中产生的 Mn^{2+} 本身就可起催化作用,所以一般不另加催化剂。这种利用反应中的某**种生成物进行的催化作用,称为自动催化作用**。另外,有一些在空气中易氧化或加热易分解的还原性物质不能加热,如 Fe^{2+} 和 H_2O_2。

计量点前 Mn^{2+} 的颜色很浅,溶液几乎无色,计量点后稍过量的 MnO_4^- 就可使溶液变为微红色。所以通常不需要另加指示剂就可以判断滴定终点。这种**利用滴定液或样品溶液本身颜色变化来指示终点的方法称为自身指示剂法**。

知识链接

高锰酸钾在医药中的应用

高锰酸钾有强氧化性,医学上常用作消毒药物,尤其是在妇科方面。高锰酸钾的主要功效有四种:①治疗感染创面。用 1:1000 的高锰酸钾溶液清洗,具有预防感染、收敛止痛、止痒和消炎的作用。②用于妇科炎症。患有细菌性阴道炎、宫颈糜烂等,使用 1:5000～1:10 000 的高锰酸钾溶液外洗或坐浴,有助于控制感染,促进愈合。③用 1:5000 的高锰酸钾溶液外洗有助于减轻腋臭、脚臭。④可以消毒蔬果和餐具。

（二）测定方法

1. **直接滴定法** 利用高锰酸钾的强氧化性,可直接测定还原性物质(如 Fe^{2+}、H_2O_2、$C_2O_4^{2-}$ 等)的含量。

2. **返滴定法** 可测定一些不能直接滴定的氧化性和还原性物质(如 MnO_2、SO_3^{2-} 等)的含量。

3. **间接滴定法** 可测定一些非氧化还原性物质(如 Ca^{2+})的含量。

知识链接

补钙剂中 Ca^{2+} 含量的测定

补钙剂中 Ca^{2+} 含量的测定可以采用高锰酸钾法中的间接法。在样品中加入一定体积过量的 $Na_2C_2O_4$ 溶液,将 Ca^{2+} 沉淀为 CaC_2O_4,过滤洗涤沉淀后,加稀硫酸溶解 CaC_2O_4 沉淀,然后用高锰酸钾滴定液滴定溶解后的 $C_2O_4^{2-}$,根据高锰酸钾滴定液的浓度和用量即可计算出 Ca^{2+} 的含量。

（三）高锰酸钾滴定液的配制与标定

1. 配制　市售高锰酸钾纯度不够高,常含少量的 MnO_2 等杂质,蒸馏水中含有微量的还原性物质,可还原高锰酸钾。此外,高锰酸钾能自行分解,见光分解更快,所以,高锰酸钾滴定液只能用间接法配制。

配制高锰酸钾滴定液需注意以下几点:

（1）配制中需将溶液缓慢煮沸 15 分钟,以促使溶剂中可能混存的还原性物质反应完全,避免贮存过程中浓度改变。

（2）配制好的溶液须放置 2 周,使其浓度稳定后,再过滤除去 MnO_2 沉淀。

（3）应贮存在棕色瓶中。

2. 标定　高锰酸钾滴定液可用基准草酸钠进行标定。标定反应为:

$$2MnO_4^- + 5\ C_2O_4^{2-} + 16H^+ \Longrightarrow 2Mn^{2+} + 10CO_2\uparrow + 8H_2O$$

标定时需注意以下几个方面:

（1）必须用新煮沸过的冷蒸馏水。

（2）溶液的酸度要足够。

（3）开始滴定时,可加热使锥形瓶内的温度达到 75～80℃。

三、碘量法

（一）基本原理和条件

碘量法是利用碘的氧化性或碘离子的还原性进行物质含量测定的方法。

1. 直接碘量法　直接碘量法是直接用 I_2 滴定液滴定还原性物质,又叫碘滴定法。其基本反应是:

$$I_2 + 2e \Longrightarrow 2I^-$$

直接碘量法可以测定 As_2O_3、Sn^{2+} 等还原性物质的含量。

直接碘量法只能在弱酸性、中性或弱碱性溶液中进行。若在强酸性或强碱性溶液中,可发生副反应而使测定结果不准确。

直接碘量法可用淀粉指示剂指示终点。淀粉遇碘显蓝色,反应极为灵敏。化学计量点稍过,溶液中稍过量的碘就能与淀粉结合而出现蓝色,指示终点到达。

2. 间接碘量法　间接碘量法是利用碘离子的还原性,使其与氧化性物质反应产生碘,然后用 $Na_2S_2O_3$ 滴定液滴定释放出的碘。最后根据滴定终点时 $Na_2S_2O_3$ 滴定液的用量来计算氧化性物质含量的一种方法。间接碘量法又称为滴定碘法。其基本反应是:

$$2I^- - 2e \Longrightarrow I_2$$

可用于测定氧化性物质(如以 $Cr_2O_7^{2-}$、Cu^{2+} 等)的含量。

间接碘量法的指示剂仍然是淀粉溶液,但终点颜色变化为蓝色消失。

间接碘量法的反应条件和滴定条件如下。

（1）酸度:间接碘量法的滴定反应为:

$$I_2 + 2\ S_2O_3^{2-} \Longrightarrow 2I^- + S_4O_6^{2-}$$

此反应要求在中性或弱酸性溶液中进行。若在碱性或强酸性溶液中,则会发生一些副反应,造成较大的误差。所以在用 $Na_2S_2O_3$ 滴定液对释放出的碘进行滴定前,必须将体系的酸度调为中性或弱酸性。

> **课堂活动**
>
> 1. 为什么高锰酸钾滴定液只能用间接法配制?
>
> 2. 在高锰酸钾滴定液的标定中,滴定速度应如何控制?

（2）防止 I_2 的挥发：在用 $Na_2S_2O_3$ 滴定液对释放出的碘进行滴定前，必须采取措施，防止 I_2 的挥发，以免产生较大的误差。通常可以采取以下措施。

1）加入过量的 KI：在氧化性物质与 KI 反应阶段，加入大量的 KI（比理论值大 2~3 倍），不仅可以加快反应速率，同时可以与 I_2 反应生成 I_3^-，减少 I_2 的挥发。

2）在碘量瓶中进行实验：使用密封性好的碘量瓶，可以防止或减少 I_2 的挥发，同时可以减少溶液中的 KI 与空气接触。

3）滴定在室温下进行，并避免剧烈振摇。

（3）防止 I^- 被氧化：在日光照射下，I^- 可以加速被空气中的氧气氧化。在间接碘量法中加入了大量 KI，所以应避免光照，以免因 I^- 被氧化而产生误差。通常采取的措施是将氧化性物质和过量的 KI 混合后，在暗处放置 5~10 分钟使其反应完全后，立即用 $Na_2S_2O_3$ 滴定液对释放出的碘进行滴定。

（4）近终点时加入淀粉指示剂：如果淀粉加入过早，能和 I_2 形成大量稳定的蓝色配合物，造成终点变色不敏锐甚至出现较大的终点推迟，产生较大的终点误差。

在间接碘量法中，经常遇到回蓝现象，即蓝色消失后，过一段时间又重新变蓝。出现这种现象可能有两种情况：

（1）在第一阶段氧化性物质和 KI 反应不完全，氧化性物质仍有残留。这种情况往往回蓝比较快，5 分钟内就回蓝。此时，应继续滴定至蓝色消失作为终点。

（2）碘量瓶中的 I^- 被空气中的氧气氧化成 I_2 而回蓝。这种情况往往回蓝比较慢，5 分钟后才可能回蓝。这种回蓝是不需要处理的。

（二）滴定液的配制与标定

碘量法常用的滴定液有碘滴定液和硫代硫酸钠滴定液。

1. 碘滴定液（0.05mol/L）的配制和标定

（1）配制：由于碘具有挥发性和腐蚀性，所以不适合用直接法配制，常用间接法配制。

取碘 13g，加碘化钾 36g 与水 50ml，溶解后加稀盐酸 3 滴，加水稀释至 1000ml，摇匀，贮存于棕色试剂瓶中备用。

（2）标定：精密称取经 105℃ 干燥至恒重的 As_2O_3（俗称砒霜，剧毒）0.15g，加 1mol/L 氢氧化钠溶液 10ml，稍微加热使溶解，加水 20ml，甲基橙指示剂 1 滴，加 0.5mol/L 硫酸溶液适量至溶液由黄色转变为粉红色，再加碳酸氢钠 2g，加水 50ml，淀粉指示剂 2ml，用待标定的碘滴定液滴定至溶液显浅蓝色为终点。

滴定反应为：

$$As_2O_3 + 6OH^- \rightleftharpoons 2AsO_3^{3-} + 3H_2O$$

$$AsO_3^{3-} + I_2 + 2OH^- \rightleftharpoons AsO_4^{3-} + 2I^- + H_2O$$

2. 硫代硫酸钠滴定液的配制和标定

（1）配制：因为 $Na_2S_2O_3 \cdot 5H_2O$ 晶体易风化，常含一些杂质如 S、Na_2SO_4、NaCl，会与溶解在水中的 CO_2、微生物和 O_2 反应，并且溶液不稳定、易分解，所以，硫代硫酸钠滴定液只能采用间接法配制。

配制硫代硫酸钠滴定液时应采取下列措施：

1）用新煮沸冷却后的蒸馏水配制，目的是杀死水中的微生物，同时可除去大部分溶解在水中的 CO_2 和 O_2。

2）加入少量的 Na_2CO_3，使溶液呈弱碱性，目的是杀死水中的微生物，减少溶解在水中

的 CO_2。

3）将配好的滴定液贮存于棕色瓶中，放置 8～10 天，待其浓度稳定后再标定。其间，若发现溶液变浑浊，应重新配制。

（2）标定：硫代硫酸钠滴定液可用 $K_2Cr_2O_7$ 为基准物质，进行间接碘量法标定。

氧化还原滴定法除了上述的高锰酸钾法和碘量法以外，还有亚硝酸钠法、重铬酸钾法、铈量法、溴酸钾法等。环境水样中化学需氧量（chemical oxygen demand，COD）的测定通常就是利用重铬酸钾法进行的。

 知识链接

COD（化学需氧量）及其测定方法

COD 是水中有机物消耗氧的含量，是反映废水污染程度的重要指标之一，是水质监测的重中之重，与我们的生活息息相关。COD 是在一定条件下，采用一定的氧化剂处理水样时所消耗的氧化剂量。它是表示水中还原性物质多少的一个指标。水中的还原性物质有各种有机物、亚硝酸盐、硫化物、亚铁盐等，但主要是有机物。因此，COD 又往往作为衡量水中有机物含量多少的指标。COD 越大，说明水体受有机物污染越严重。COD 的测定，随着测定水样中还原性物质以及测定方法的不同，其测定值也不同。目前应用最普遍的是酸性高锰酸钾法与重铬酸钾法。高锰酸钾法氧化率较低，但比较简便，在测定水样中有机物含量的相对比较值及清洁地表水和地下水样时，可以采用。重铬酸钾法氧化率高，再现性好，适用于废水监测中测定水样中有机物的总量。重铬酸钾法的测定原理是，在水样中加入准确过量的重铬酸钾和催化剂硫酸银，在强酸性介质中加热回流一定时间，使部分重铬酸钾被水样中的可氧化性物质还原。然后用硫酸亚铁铵滴定液滴定剩余的重铬酸钾，根据消耗重铬酸钾的量计算 COD。

 点滴积累

1. 以高锰酸钾为滴定液来测定其他物质含量的滴定分析法称为高锰酸钾法。
2. 高锰酸钾法具有自动催化和自身指示剂现象。
3. 利用碘的氧化性或碘离子的还原性进行物质含量测定的方法称为碘量法。
4. 直接碘量法以蓝色出现来指示终点，间接碘量法以蓝色消失来指示终点。

 目标检测

一、选择题

（一）单项选择题

1. 下列有关氧化还原反应的叙述，不正确的是（　　）
    A. 氧化还原反应必然有电子的得失或偏移
    B. 氧化还原反应必然引起元素化合价的改变
    C. 同种元素的原子之间不会发生电子的得失或偏移
    D. 氧化反应和还原反应一定同时发生，互为依存的条件

2. 氧化还原滴定法的分类依据是（　　　）

    A. 滴定方式不同   B. 所用指示剂不同

    C. 配制滴定液所用的氧化剂不同   D. 测定对象不同

3. 高锰酸钾法确定终点是依靠（　　　）

    A. 酸碱指示剂   B. 吸附指示剂   C. 金属指示剂   D. 自身指示剂

4. 高锰酸钾法在下列哪种介质中进行滴定分析（　　　）

    A. 盐酸   B. 硫酸   C. 硝酸   D. 醋酸

5. 用高锰酸钾法测定 Ca^{2+} 时，所属的滴定方式是（　　　）

    A. 直接法   B. 间接法   C. 返滴定法   D. 剩余滴定法

6. 标定硫代硫酸钠滴定液时，下列说法错误的是（　　　）

    A. 应在室温下进行   B. 加入过量的 KI 晶体

    C. 终点颜色是蓝色   D. 在中性或弱酸性条件下进行滴定

7. 间接碘量法中加入淀粉指示剂的适宜时间是（　　　）

    A. 滴定开始前   B. 滴定开始后

    C. 滴定至近终点时   D. 滴定至过终点后

8. 有关碘量法的叙述错误的是（　　　）

    A. 直接碘量法是利用碘的氧化性   B. 间接碘量法是利用 I^- 的还原性

    C. 间接碘量法溶液的酸度要低一些   D. 间接碘量法终点为蓝色消失

9. 直接碘量法应控制的酸度条件是（　　　）

    A. 强酸性条件   B. 强碱性条件

    C. 中性或弱酸性条件   D. 什么条件都可以

10. 碘量法中使用碘量瓶的目的是（　　　）

    A. 防止碘的挥发   B. 防止溶液与空气接触

    C. 防止溶液溅出   D. 容易观察

11. 间接碘量法中，加入 KI 的作用是（　　　）

    A. 作为氧化剂   B. 作为还原剂   C. 作为掩蔽剂   D. 作为沉淀剂

12. 下列哪种物质不能用碘量法测定其含量（　　　）

    A. 漂白粉   B. MnO_2 C. Na_2SO_4 D. $K_2Cr_2O_7$

13. 用 $K_2Cr_2O_7$ 作为基准物质标定 $Na_2S_2O_3$ 滴定液的滴定方式是（　　　）

    A. 直接滴定法   B. 间接滴定法   C. 剩余滴定法   D. 置换滴定法

14. 配制 $Na_2S_2O_3$ 滴定液时，要加入少许碳酸钠，其目的是（　　　）

    A. 提高 $Na_2S_2O_3$ 的稳定性   B. 增强 $Na_2S_2O_3$ 的还原性

    C. 除去微生物和 CO_2 D. 作抗氧剂

15. 在间接碘量法中，滴定至终点后5分钟内回蓝，原因是（　　　）

    A. KI 加入量太多   B. 空气的氧化作用

    C. 待测物与 KI 反应不完全   D. 溶液中淀粉太多

（二）多项选择题

1. 氧化还原反应的特点是（　　　）

    A. 反应速度较慢   B. 副反应较多   C. 反应机制较复杂

    D. 受外界影响较大   E. 反应中物质之间发生了电子的转移

2. 直接碘量法适宜的酸碱度条件是( )

A. 强酸性　　B. 弱酸性　　C. 强碱性　　D. 弱碱性　　E. 中性

3. 在碘量法中,为了减少 I_2 的挥发,常采用的措施有( )

A. 使用碘量瓶　　　　　　B. 加入过量 KI　　　　　　C. 滴定时不要剧烈摇动

D. 滴定在室温下进行　　　　E. 加入淀粉指示剂

4. 下列可用高锰酸钾法测定的物质有( )

A. $C_2O_4^{2-}$　　B. H_2O_2　　C. HAc　　D. NaCl　　E. $FeSO_4$

5. 直接碘量法和间接碘量法的不同之处有( )

A. 指示剂不同　　　　　　　　　　B. 滴定液不同

C. 加入指示剂的时间不同　　　　　　D. 终点颜色不同

E. 直接碘量法用三角烧瓶,间接碘量法用碘量瓶

二、填空题

1. 氧化还原反应中,氧化剂＿＿＿＿电子,所含元素的化合价＿＿＿＿,发生＿＿＿＿反应。

2. 碘量法分为＿＿＿＿和＿＿＿＿两种方法,前者是利用＿＿＿＿的＿＿＿＿性测定＿＿＿＿性物质的含量。

3. 标定碘滴定液的基准物质是＿＿＿＿,标定硫代硫酸钠滴定液的基准物质是＿＿＿＿。

4. 用草酸钠标定高锰酸钾滴定液的浓度,滴定速度开始时应＿＿＿＿,然后＿＿＿＿,近终点时又＿＿＿＿。

5. 用高锰酸钾法测定 H_2O_2 的含量,实验中出现棕色沉淀,原因可能是＿＿＿＿＿＿。

三、简答题

（一）名词解释

1. 氧化还原反应

2. 自动催化作用

3. 自身指示剂

4. 回蓝现象

（二）简答题

1. 为了使反应符合滴定分析的要求,可通过哪些方法来加快氧化还原反应的速度?

2. 配制碘滴定液时,为什么要加入适量 KI?

四、计算题

准确称取 0.1228g 基准物质 $K_2Cr_2O_7$ 于碘量瓶中,溶解于水后,加酸酸化,并加入过量的 KI,待反应完全后,析出的碘用 $Na_2S_2O_3$ 滴定液滴定,终点时消耗 $Na_2S_2O_3$ 滴定液 24.12ml。计算 $Na_2S_2O_3$ 滴定液的浓度。

（赵广龙）

第十一章 配位滴定法

学习目标

1. 掌握配位滴定的原理及滴定条件；EDTA 滴定液的配制和标定方法及其测定物质含量的方法。
2. 熟悉配合物的组成和命名；EDTA 的配位特点以及酸度对配位滴定的影响。
3. 了解金属指示剂的作用原理及使用条件。

导学情景

情景描述：

药剂班的同学到水厂参观，工厂的工程师给他们介绍监测自来水中钙、镁离子含量（水的总硬度）的方法，运用 EDTA 滴定液在一定条件下对水样进行滴定，计算出其含量后，根据标准就可判断水样是否合格。

学前导语：

配位滴定法是滴定分析中极为重要的方法，在上述测定中就是利用钙、镁离子与 EDTA 结合成配合物的性质，运用配位滴定的方法进行含量测定。想要掌握配位滴定法的原理及操作技术，就必须认真学习本章配合物的基本知识和滴定分析方法，为今后的专业学习打好基础。

配位化合物（以下简称配合物）与医学有着密切的关系。对人体有着特殊生理功能的必需元素 Mn、Fe、Co、Cu 等都是以配合物的形式存在于体内，生物体中的化学反应除极少数外，大多是在酶的催化下进行，目前已知的一千多种酶中约有 1/3 是金属离子配合物，有些金属解毒剂、抗癌药物本身就是配合物。在药物分析、新药研制和开发等方面都要用到配合物的知识。

第一节 配 合 物

一、配合物的概念和组成

（一）配合物的概念

常见的酸、碱、盐、氧化物等，都是一些简单的化合物，它们的组成符合化合价理论，即元素相互化合时，各元素原子间有一定的数量比。经过研究，发现还有一类组成较为复杂的化合物是由简单的化合物加合而成的。这类复杂的化合物就是配位化合物,简称配合物。

下面让我们通过实验来认识配合物。

【演示实验 11-1】取两支试管,分别加入硫酸铜溶液 1ml。在第一支试管中加入氢氧化钠溶液少许,立即出现蓝色氢氧化铜沉淀。在第二支试管中加入少量氯化钡溶液,即出现白色硫酸钡沉淀。

有关的反应方程式如下:

$$CuSO_4 + 2NaOH \Longrightarrow Cu(OH)_2 \downarrow + Na_2SO_4$$

$$CuSO_4 + BaCl_2 \Longrightarrow CuCl_2 + BaSO_4 \downarrow$$

实验证明,在硫酸铜溶液中含有 Cu^{2+} 和 SO_4^{2-}。

【演示实验 11-2】取试管一支,加入硫酸铜溶液 1ml,然后加入适量的氨水,开始出现浅蓝色的碱式硫酸铜 $[Cu_2(OH)_2SO_4]$ 沉淀,继续加入氨水,沉淀消失,溶液变为深蓝色。将深蓝色溶液分装在两支试管中,在一支试管中加入少量氯化钡溶液,有白色沉淀生成,说明存在硫酸根离子;在另一支试管中加入少量氢氧化钠溶液,并无氢氧化铜沉淀产生。说明溶液中几乎检查不出 Cu^{2+}。

这是因为 Cu^{2+} 和 NH_3 分子以配位键结合成难解离的复杂离子——铜氨配离子 $[Cu(NH_3)_4]^{2+}$,它在水中只能部分地解离出 Cu^{2+} 和 NH_3,绝大多数以 $[Cu(NH_3)_4]^{2+}$ 的形式存在。所以,加入 NaOH 溶液就不会再有 $Cu(OH)_2$ 沉淀生成。

$$CuSO_4 + 4NH_3 \Longrightarrow [Cu(NH_3)_4]SO_4$$

这种**由一个金属阳离子(或原子)与一定数目的中性分子或阴离子以配位键结合而成的复杂离子(或分子)称为配离子(或配位分子)。含有配离子的化合物和配位分子统称为配合物**,如 $[Cu(NH_3)_4]SO_4$、$[Pt(NH_3)_2Cl_2]$、$[Fe(CO)_5]$ 等。

 知识链接

配合物在医药上的意义

配合物是一类复杂而又普遍存在的化合物,在医药上有着重要的意义。许多药物就是配合物,如常用的抗恶性贫血的维生素 B_{12}(钴的配合物)、治疗血吸虫病的酒石酸锑钾、抗肿瘤药物顺铂(顺 $-[Pt(NH_3)_2Cl_2]$)、治疗糖尿病的胰岛素(锌的配合物)等。在对药品进行质量检查时,许多物质的鉴别试剂也都与配合物有关,铵盐鉴别使用的碘化汞钾($K_2[HgI_4]$),鉴别单糖的费林试剂(碱性酒石酸铜)均为配合物;Fe^{3+} 最常用的鉴别方法就是利用它与硫氰化钾反应生成血红色的配合物($K_3[Fe(SCN)_6]$)。

(二)配合物的组成

配合物一般是由配离子与带相反电荷的其他离子所组成。配离子是配合物的特征部分,称为配合物的内界,写化学式时常用方括号([   ])括起来,它由中心离子和配位体组成。配合物中,除配离子以外的其他离子称为配合物的外界。外界大多是一些简单离子。**配合物的内界和外界之间以离子键结合**,在水中易解离出配离子和外界离子;**中心离子与配位体间通常以配位键相结合**,在水中很难离解出中心离子和配位体。现以配合物 $[Cu(NH_3)_4]SO_4$ 为例,说明配合物的结构与组成。

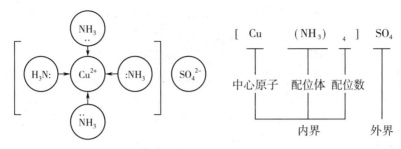

1. 中心离子　中心离子是配合物的形成体,位于配合物的中心,一般是带正电荷的、具有空轨道的金属阳离子,如 Ag^+、Cu^{2+}、Fe^{3+}、Hg^{2+} 等。但也有电中性的原子,如 Fe、Co 等。

2. 配位体　与中心离子以配位键相结合的分子或阴离子叫配位体(简称配体)。配位体中提供孤对电子与中心离子直接形成配位键的原子叫配位原子。常见的无机配位体有 NH_3、H_2O、X^-、CN^-、SCN^- 等,其中 N、O、X、C、S 分别是这些配位体所对应的配位原子;有机配位体有草酸、乙二胺、氨基乙酸、乙二胺四乙酸等。

3. 配位数　即配离子中配位体的数目。配位数常常是中心离子化合价的 2~3 倍。常见中心离子的配位数见表 11-1。

表 11-1　常见中心离子的配位数

中心离子	化合价	配位数
Ag^+、Cu^+	+1	2
Cu^{2+}、Zn^{2+}、Hg^{2+}、Co^{2+}	+2	4
Fe^{2+}、Fe^{3+}、Co^{2+}、Co^{3+}、Cr^{3+}	+2 或 +3	6

二、配合物的命名

(一)配离子的命名

配离子的命名按如下顺序进行:配位体数目(中文数字表示)→配位体名称→合→中心离子名称→中心离子价数(罗马数字加括号)。

例如:

$[Ag(NH_3)_2]^+$	二氨合银(Ⅰ)配离子
$[Fe(CN)_6]^{4-}$	六氰合铁(Ⅱ)配离子
$[Cu(NH_3)_4]^{2+}$	四氨合铜(Ⅱ)配离子

(二)配合物的命名

配合物的命名服从一般无机化合物命名原则,即阴离子名称在前,阳离子名称在后。

若配离子的内界为阴离子时,作为酸根称"**某酸某**",如:

$[Cu(NH_3)_4]SO_4$	硫酸四氨合铜(Ⅱ)

若配离子的内界是阳离子时,相当于盐(或碱)中的金属阳离子,称"**某化某**""**某酸某**"或"**氢氧化某**"等。如:

$[Cu(NH_3)_4]Cl_2$	氯化四氨合铜(Ⅱ)
$K_4[Fe(CN)_6]$	六氰合铁(Ⅱ)酸钾
$[Ag(NH_3)_2]OH$	氢氧化二氨合银(Ⅰ)

若有多种配位体时，一般先无机配位体，后有机配位体；先阴离子配位体，后中性分子配位体。如：

$$[Pt(NH_3)_2Cl_2] \qquad 二氯二氨合铂（Ⅱ）$$

对于一些常见的配离子和配合物，通常还用习惯名称。如$[Ag(NH_3)_2]^+$、$[Cu(NH_3)_4]^{2+}$分别称为银氨配离子和铜氨配离子；$K_3[Fe(CN)_6]$、$K_4[Fe(CN)_6]$分别称为铁氰化钾和亚铁氰化钾。

课堂活动

请说出下列配合物的名称：

1. $[Zn(NH_3)_4]SO_4$　　2. $[Cu(NH_3)_4](OH)_2$　　3. $K_3[Fe(SCN)_6]$

三、螯合物简介

在配合物中，配位体既可以是无机物也可以是有机化合物。由于有机配位体通常含有2个或2个以上的配位原子，从而形成的配合物更复杂。

例如，乙二胺（$H_2N-CH_2-CH_2-NH_2$）就是一种有机配位体，当它与铜离子配合时，乙二胺上的两个$-NH_2$（氨基）上的氮原子可以与铜离子形成两个配位键，从而形成具有两个五元环的配合物，就像螃蟹的两个螯钳，从两边紧紧地把金属离子钳在中间。二（乙二胺）合铜（Ⅱ）离子的结构式为：

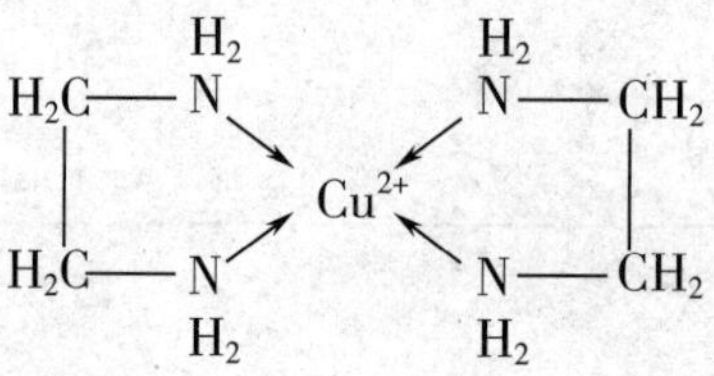

这种具有环状结构的配合物称为螯合物。形成螯合物的配位体称为螯合剂。

螯合剂一般应具备下列条件：

1. 每个分子或离子中含有2个或2个以上的配位原子。

2. 两个配位原子间应间隔2个或3个其他原子，以便形成稳定的五元环或六元环。

生物体内能与金属离子形成配合物的配位体有蛋白质、肽、核酸、糖等高分子，氨基酸、核苷酸、有机酸根、某些维生素、激素等小分子或离子等。生物高分子与金属离子配位形成稳定螯合物，如血红素、叶绿素、维生素B_{12}等。

四、配位平衡

配合物在水溶液中同时存在着配离子的生成与解离反应，在一定条件下可达到平衡状态，称为**配位平衡**。例如，在$CuSO_4$溶液中加入过量氨水生成深蓝色的$[Cu(NH_3)_4]^{2+}$离子，同时，极少部分$[Cu(NH_3)_4]^{2+}$离子发生离解：

$$Cu^{2+}+4NH_3 \rightleftharpoons [Cu(NH_3)_4]^{2+}$$

当上述反应达到平衡时，依据化学平衡原理，其配位平衡常数表达式为：

$$K=\frac{[Cu(NH_3)_4^{2+}]}{[Cu^{2+}][NH_3]^4}$$

K 越大,生成配离子的倾向越大,配离子解离程度越少,配离子越稳定。所以**配位平衡常数又称稳定常数**,用 $K_稳$ 表示。一般配合物的 $K_稳$ 数值均很大,为方便起见,常用 $\lg K_稳$ 表示。常见配离子的稳定常数和 $\lg K_稳$ 值见表 11 – 2。

表 11 – 2 一些常见配离子的 $K_稳$ 和 $\lg K_稳$ 值

配离子	$[Ag(NH_3)_2]^+$	$[Zn(NH_3)_4]^{2+}$	$[Cu(NH_3)_4]^{2+}$	$[Fe(CN)_6]^{3-}$
$K_稳$	1.10×10^7	2.87×10^9	2.09×10^{13}	1.00×10^{42}
$\lg K_稳$	7.05	9.46	13.32	42.00

配位平衡属于化学平衡,遵循化学平衡原理,任何能影响化学平衡的因素也能影响配位平衡。

点滴积累

1. 配合物是一种含有由金属阳离子(或原子)与一定数目的中性分子或阴离子以配位键结合而成的复杂离子(或分子)的化合物,其稳定性用稳定常数 $K_稳$ 或 $\lg K_稳$ 表示。
2. 配合物由外界和内界组成;内界由中心离子和配位体构成。
3. 配合物的命名按照配位数目→配位体名称→合→中心离子名称及价数(罗马数字)及阴离子名称在前,阳离子名称在后的方式进行。

第二节 配位滴定法

一、概述

配位滴定法是以配位反应为基础的滴定分析法。能用于配位滴定的配位反应必须具备下列条件:

1. 配位反应必须完全,生成的配合物要稳定($K_稳 \geqslant 10^8$)。
2. 反应必须按一定的反应式定量进行。
3. 反应必须迅速,并且生成可溶性的配合物。
4. 有适当的方法指示滴定终点。

大多数无机配位剂不符合配位滴定的要求,应用较多的是有机配位剂。

(一)乙二氨四乙酸

在有机配位剂中,使用最广泛的是氨羧配位剂。氨羧配位剂是以氨基二乙酸基团为主体的一类有机配位剂的总称,配位能力强,能与大多数的金属离子形成稳定的配合物。目前,这类配位剂中应用最广泛的是乙二氨四乙酸(简称 EDTA)。

1. EDTA 的性质 EDTA 可用简式 H_4Y 表示。为白色粉末状结晶,无臭、无毒,微溶于水,难溶于酸及一般有机溶剂,易溶于苛性碱溶液和氨性溶液中,生成相应的盐。在室温时,每 100ml 水中只能溶解 0.02g EDTA,其水溶液显酸性,pH 约为 2.3。其二钠盐可用 $Na_2H_2Y \cdot 2H_2O$ 表示,简称 EDTA 二钠,通常也称为 EDTA。

$Na_2H_2Y \cdot 2H_2O$ 为白色结晶粉末,无臭无毒,在水中有较大的溶解度,室温时每 100ml

水中能溶解 11.1g,水溶液呈弱酸性,pH 约为 4.8。

由于 H_4Y 在水中的溶解度较小,不宜作配位滴定的滴定液。其二钠盐的溶解度较大,且易于精制,因此 **EDTA 滴定液常用 $Na_2H_2Y \cdot 2H_2O$ 配制**。

2. EDTA 的解离平衡　在酸性较高的溶液中,一个 H_4Y 可接受两个 H^+,形成 H_6Y^{2+},所以 EDTA 就相当于一个六元酸,有六级电离平衡。

在水溶液中,EDTA 总是以 H_6Y^{2+}、H_5Y^+、H_4Y、H_3Y^-、H_2Y^{2-}、HY^{3-}、Y^{4-} 七种形式存在。只是在不同的 pH 时,EDTA 的主要存在形式不同。见表 11-3。

表 11-3　不同 pH 时 EDTA 的主要存在形式

pH 范围	<1	1~1.6	1.6~2.0	2.0~2.67	2.67~6.16	6.16~10.26	>10.26
主要存在形式	H_6Y^{2+}	H_5Y^+	H_4Y	H_3Y^-	H_2Y^{2-}	HY^{3-}	Y^{4-}

当溶液 pH > 10.26 时,EDTA 主要以 Y^{4-} 的形式存在。在进行配位反应时,只有 Y^{4-} 才能与金属离子直接配合。溶液的 pH 越大,Y^{4-} 的浓度越大。**因此,在碱性溶液中,EDTA 的配位能力最强。**Y^{4-} 一般可简写成 Y。

> **课堂活动**
>
> EDTA 在水溶液中存在几级电离?以多少种形式存在?能与金属离子直接配合的 EDTA 形式是什么?影响 EDTA 解离的因素又是什么?

3. EDTA 与金属离子形成配合物的特点

(1) EDTA 与金属离子形成 1:1 型配合物:在一般情况下,无论金属离子是几价的,都是等物质的量的 EDTA 与金属离子配位,形成 1:1 型配合物。可写成通式:

$$M + Y \Longrightarrow MY$$

(2) EDTA 与金属离子形成的配合物稳定性高:EDTA 与大多数金属离子配合时,能形成具有多个五元环结构的配合物,故配合物的稳定性高。

表 11-4 列出了常见的金属离子与 EDTA 所形成配合物的 $\lg K_稳$ 值。

表 11-4　常见金属离子与 EDTA 所形成配合物的 $\lg K_稳$

金属离子	配合物	$\lg K_稳$	金属离子	配合物	$\lg K_稳$
Na^+	NaY^{3-}	1.66	Co^{2+}	CoY^{2-}	16.31
Ag^+	AgY^{3-}	7.32	Zn^{2+}	ZnY^-	16.50
Ba^{2+}	BaY^{2-}	7.86	Pb^{2+}	PbY^{2-}	18.30
Mg^{2+}	MgY^{2-}	8.64	Cu^{2+}	CuY^{2-}	18.70
Ca^{2+}	CaY^{2-}	10.69	Hg^{2+}	HgY^{2-}	21.80
Mn^{2+}	MnY^{2-}	13.87	Cr^{3+}	CrY^-	23.00
Fe^{2+}	FeY^{2-}	14.33	Fe^{3+}	FeY^-	25.10
Al^{3+}	AlY^-	16.11	Co^{3+}	CoY^-	36.00

在一定条件下,只有 $\lg K_稳 \geq 8$ 时,才能用于配位滴定。

学以致用

工作场景:

环境的污染,使得某些有害的重金属离子如 Pb、Hg、Cd 等进入人体内,给人体健康带来了严重的危害。临床上如何进行解毒?

知识运用:

临床上利用一些配位能力较强的配位体与有毒重金属离子形成无毒、易溶于水的配合物解毒且排出体外。如用乙二胺四乙酸钙钠治疗铅中毒,使铅转变为稳定、无毒的可溶性配离子,经肾脏排出体外。

(3) 形成的配合物多数可溶于水。

(4) 配合物的颜色:EDTA 与无色的金属离子形成的配合物无色,与有色的金属离子形成的配合物颜色加深。例如:

Mg^{2+}	MgY^{2-}	Mn^{2+}	MnY^{2-}	Cu^{2+}	CuY^{2-}
无色	无色	肉红色	紫红色	淡蓝色	深蓝色

4. 酸碱度对 EDTA 与金属离子配位反应的影响

(1) 滴定允许的最高酸度:各种金属离子与 EDTA 生成的配合物稳定性不同,溶液的酸度(pH)对它们的影响也不同。稳定性较低的配合物,在酸性较弱的条件下即可解离;稳定性较高的配合物,只有在酸性较强时才会解离。例如:

MgY^{2-}: $\lg K_{稳} = 8.7$,pH 5 ~ 6 时,MgY^{2-} 几乎全部解离。

ZnY^{2-}: $\lg K_{稳} = 16.5$,pH 5 ~ 6 时,ZnY^{2-} 稳定存在。

FeY^-: $\lg K_{稳} = 25.1$,pH 1 ~ 2 时,FeY^- 稳定存在。

所以,用 EDTA 滴定每一种金属离子时,都必须控制在一定的 pH 之上进行。**将金属离子与 EDTA 生成的配合物刚好能稳定存在时溶液的 pH 称为滴定允许的最高酸度(也称最低 pH)**。如果滴定时溶液的 pH 低于该种金属离子的最低 pH,就不能进行滴定。常见金属离子用 EDTA 滴定时的最低 pH 见表 11 - 5。

表 11 - 5 EDTA 滴定金属离子的最低 pH

金属离子	$\lg K_{稳}$	pH	金属离子	$\lg K_{稳}$	pH
Mg^{2+}	8.64	9.7	Zn^{2+}	16.50	3.9
Ca^{2+}	10.96	7.5	Pb^{2+}	18.04	3.2
Mn^{2+}	13.87	5.2	Cu^{2+}	18.70	2.9
Fe^{2+}	14.33	5.0	Hg^{2+}	21.80	1.9
Al^{3+}	16.11	4.2	Sn^{2+}	22.10	1.7
Co^{2+}	16.31	4.0	Fe^{3+}	25.10	1.0

从表 11 - 5 中可以看出,酸度对不同稳定性的配合物的影响不同,配合物的 $\lg K_{稳}$ 越大,则滴定时的最低 pH 越小。因此,可利用调节溶液 pH 的方法,在几种离子同时存在时,滴定某种离子或进行混合物的连续滴定。如 Fe^{3+} 和 Ca^{2+} 共存时,可先调节溶液呈酸性,用 EDTA

滴定 Fe^{3+}，此时 Ca^{2+} 不受干扰，因为在酸性溶液中 Ca^{2+} 不能与 EDTA 反应，而 Fe^{3+} 能形成相当稳定的配合物。当 Fe^{3+} 被滴定完后，再调节溶液呈碱性，继续用 EDTA 滴定 Ca^{2+}。

（2）滴定允许的最低酸度：溶液的 pH 升高，[Y]增大，配合物 MY 能稳定存在。但金属离子在 pH 较高的溶液中会发生水解生成氢氧化物沉淀，使[M]降低，配合反应不完全，影响滴定的进行。**被滴定的金属离子刚开始发生水解时溶液的 pH 称为滴定允许的最低酸度（也称最高 pH）。**

滴定某一金属离子的允许最高酸度与最低酸度之间的 pH 范围就是滴定该金属离子的适宜酸度范围。

（3）酸度的控制：在滴定过程中，EDTA 会不断地解离出 H^+，使溶液的酸度升高。因此，不仅要在滴定前调节好溶液的酸度，而且整个滴定过程都必须控制在一定的酸度范围内进行。例如，用 EDTA 滴定 Mg^{2+} 时，会发生如下反应：

$$Mg^{2+} + H_2Y^{2-} \rightleftharpoons MgY^{2-} + 2H^+$$

在反应过程中不断产生 H^+，而使溶液的 pH 降低。为了消除反应中产生的 H^+ 的影响，在配位滴定中常需加入一定量的缓冲溶液，以维持溶液的 pH 始终在允许的范围之内。

（二）金属指示剂

1. 金属指示剂的作用原理　金属指示剂多为有机染料，同时也是配位剂（用 In 表示），它能与被滴定的金属离子反应，生成一种与染料本身颜色有显著差别的配合物。

滴定前：　　　　　　　　M　+　In　$\rightleftharpoons$　MIn
　　　　　　　　　　　　　　颜色1　　　颜色2

终点前：　　　　　　　　M　+　Y　$\rightleftharpoons$　MY

由于 MIn 不及 MY 稳定，故

终点时：　　　　　　　　MIn　+　Y　$\rightleftharpoons$　MY + In
　　　　　　　　　　　颜色2　　　　　　　　　颜色1

当溶液由配合物的颜色转变为指示剂本身的颜色时，即显示滴定终点到达。

以铬黑 T（EBT）为指示剂，用 EDTA 滴定 Mg^{2+} 为例，说明金属指示剂的变色原理。

铬黑 T 在 pH 7～11 时呈蓝色，与 Mg^{2+} 配位后生成红色的配合物。

滴定前：　　　　　　　　Mg^{2+} + EBT $\rightleftharpoons$ Mg – EBT
　　　　　　　　　　　　　蓝色　　　红色

滴定开始，随着 EDTA 的加入，溶液中游离的 Mg^{2+} 不断与 EDTA 反应，生成无色的 Mg – EDTA，溶液仍呈现红色。

$$Mg^{2+} + EDTA \rightleftharpoons Mg – EDTA$$
　　　　　　　　　　　　　　　　无色

终点时：由于 Mg – EBT 的稳定性小于 Mg – EDTA 的稳定性，加入的 EDTA 置换出 Mg – EBT 中的 EBT，溶液由红色变为蓝色，指示滴定终点到达。

$$Mg – EBT + EDTA \rightleftharpoons Mg – EDTA + EBT$$
　　　　酒红色　　　　　　　　　　　　　　蓝色

2. 金属指示剂应具备的条件

（1）配合物 MIn 与指示剂 In 的颜色应有明显的差别。

（2）配合物 MIn 要有足够的稳定性（$lgK_稳 > 4$）。只有这样，在接近化学计量点时，溶液

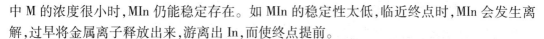

中 M 的浓度很小时,MIn 仍能稳定存在。如 MIn 的稳定性太低,临近终点时,MIn 会发生离解,过早将金属离子释放出来,游离出 In,而使终点提前。

(3) MIn 的稳定性应小于 MY 的稳定性。一般要求 $\lg K_{稳 Mg-EDTA} - \lg K_{稳 MIn} \geq 2$。终点时 EDTA 才能夺取 MIn 中的 M,使 In 游离出来而变色。

(4) 指示剂与金属离子配位反应灵敏、快速并且有良好的变色可逆性。

3. 指示剂的封闭现象和掩蔽作用

(1) 封闭现象:在配位滴定中,如果 MIn 的稳定性大于 M – EDTA 的稳定性,到达化学计量点后,过量的 EDTA 无法从 MIn 中将指示剂置换出来,因而看不到指示剂变色,这种现象称为指示剂的封闭现象。

例如,铬黑 T 与 Fe^{3+}、Al^{3+}、Cu^{2+}、Co^{2+}、Ni^{2+} 生成的配合物非常稳定,用 EDTA 滴定这些离子时,即使过量较多的 EDTA 也不能把铬黑 T 从 M – EBT 的配合物中置换出来,所以在滴定这些离子时不能用铬黑 T 作指示剂。

(2) 掩蔽作用:在配位滴定时,如果封闭现象是由干扰离子所引起的,常用控制酸度的方法来消除部分离子对配位滴定的干扰。当用此方法不能消除干扰离子时,可采用加入掩蔽剂掩蔽干扰离子,排除封闭现象的影响。

4. 常用的金属指示剂 配位滴定中常用金属指示剂的应用范围、封闭离子和掩蔽剂选择情况见表 11 – 6。

表 11 – 6 常用金属指示剂

指示剂	pH 使用范围	颜色变化 In	颜色变化 MIn	直接滴定离子	封闭离子	掩蔽剂
铬黑 T	7 ~ 10	蓝	红	Mg^{2+}、Zn^{2+}、Cd^{2+} Pb^{2+}、Mn^{2+}、Hg^{2+}	Al^{3+}、Fe^{3+} Cu^{2+}、Co^{2+}、Ni^{2+}	三乙醇胺 氰化钾
钙指示剂	10 ~ 13	蓝	酒红	Ca^{2+}	与铬黑 T 相似	与铬黑 T 相似

(1) 铬黑 T:简称 EBT。黑褐色粉末,带有金属光泽。在水溶液中,随着 pH 不同而呈现出 3 种不同的颜色:当 pH < 6 时,显红色;当 7 < pH < 11 时,显蓝色;当 pH > 12 时,显橙色。

铬黑 T 可与许多金属离子,如 Ca^{2+}、Mg^{2+}、Mn^{2+}、Zn^{2+}、Cd^{2+}、Pb^{2+} 等形成红色的配合物,因此,铬黑 T 只能在 pH 7 ~ 11 的条件下使用才有明显的颜色变化(红色→蓝色)。由此可见,配位滴定中的指示剂也要求在一定的 pH 范围内使用。固体的铬黑 T 相当稳定,而其水溶液易发生分子聚合,不再与金属离子显色。

常用配制方法:①铬黑 T 与干燥 NaCl 按 1 : 100 的比例混合研细后存于干燥器内,用时取少许即可;②称取 0.1g 铬黑 T,溶于 15ml 三乙醇胺中,加入 5ml 无水乙醇即得。此溶液可保存数个月不变质。

(2) 钙指示剂:简称 NN,又称钙紫红素。其水溶液也随溶液 pH 不同而呈不同的颜色:pH < 7 时显红色;pH 8 ~ 13.5 时显蓝色;pH > 13.5 时显橙色。

在 pH 12 ~ 13 时,它与 Ca^{2+} 形成红色配合物,所以常在此条件下用其作指示剂测定钙的含量,终点溶液由酒红色变成蓝色。

纯的钙指示剂为紫黑色粉末,水溶液或乙醇溶液均不稳定,可与干燥的 NaCl 固体研匀配成 1 : 100 固体混合物使用。

二、EDTA 滴定液的配制与标定

（一）0.05mol/L EDTA 滴定液的配制

EDTA 滴定液常用 EDTA 二钠盐（$Na_2H_2Y \cdot 2H_2O$，相对分子质量为 372.2）配制。

1. 直接配制法　精密称取干燥后的分析纯 $Na_2H_2Y \cdot 2H_2O$ 约 19g（称量至 0.0001g）置于烧杯中，加入适量的温蒸馏水使其溶解，冷却后定量转移至 1000ml 容量瓶中，稀释至标线，摇匀。按下式计算浓度：

$$c_{EDTA} = \frac{m_{EDTA}}{V_{EDTA}M_{EDTA}} \times 10^3$$

2. 间接配制法　用托盘天平粗略称取 19g $Na_2H_2Y \cdot 2H_2O$，溶于 300ml 温热蒸馏水中，冷却后稀释至 1000ml，混匀并贮于硬质玻璃瓶或聚乙烯塑料瓶中。

（二）0.05mol/L EDTA 滴定液的标定

Zn 或 ZnO 是标定 EDTA 滴定液常用的基准物质，现以 ZnO 为例说明标定方法。

精密称取在 800℃灼烧至恒重的基准氧化锌约 0.12g，加稀盐酸 3ml 使溶解，加蒸馏水 25ml，甲基红指示剂 1 滴，滴加氨试液至溶液呈微黄色，再加蒸馏水 25ml 和氨 - 氯化铵缓冲溶液 10ml，铬黑 T 指示剂少许，用待标定的 EDTA 滴定至溶液由红色变为蓝色即为终点。记录所消耗 EDTA 的体积（ml），按下式计算 EDTA 的浓度：

$$c_{EDTA} = \frac{m_{ZnO}}{V_{EDTA}M_{ZnO}} \times 10^3$$

三、EDTA 滴定法的应用与示例

（一）水的总硬度及 Ca^{2+}、Mg^{2+}含量测定

硬水是指含钙、镁盐较多的水。硬度是水质的重要指标，测定水的硬度，实际上就是测定水中 Ca^{2+}、Mg^{2+}含量。含量越高，表示水的硬度越大。

水的硬度是将水中 Ca^{2+}、Mg^{2+}的量折算成 $CaCO_3$ 的质量，以每升水中所含 $CaCO_3$ 的毫克数表示。

$$\rho_{CaCO_3} = \frac{(cV)_{EDTA}M_{CaCO_3}}{V_{水样}} \times 10^3 (mg/L)$$

测定时，精密量取一定量的水样，加氨 - 氯化铵缓冲溶液调节 pH = 10，以铬黑 T 作指示剂，用 EDTA 滴定液滴定至溶液由红色变为蓝色时为终点。

（二）氯化钙注射液含量的测定

精密量取氯化钙注射液适量（约相当于氯化钙 0.15g）置锥形瓶中，加水适量使成 100ml，再加入 1mol/L 的氢氧化钠试液 15ml，钙指示剂约 0.1g，用 EDTA 滴定液（0.05mol/L）滴定至溶液由酒红色变为纯蓝色即为终点。按下式计算氯化钙（$CaCl_2 \cdot 2H_2O$）的含量。

$$\rho_{CaCl_2 \cdot 2H_2O} = \frac{(cV)_{EDTA}M_{CaCl_2 \cdot 2H_2O}}{V_{供}} \times 10^3 (mg/L)$$

《中国药典》规定氯化钙注射液的规格有 4 种，即：①10ml : 0.3g；②10ml : 0.5g；③20ml : 0.6g；④20ml : 1g。因此在测定时应根据不同的规格，计算供试品的取样量。

案例分析

案例:

人体血液中含钙量可采用多种方法进行测定,配位滴定法就是其中之一。

分析:

标本中钙离子在碱性溶液中与钙红指示剂结合成为可溶性复合物,使溶液呈淡红色。EDTA 对钙离子的亲和力很大,能与该复合物中的钙离子配合,指示剂重新游离而使溶液呈现蓝色。所以滴定钙时,加入钙红后呈淡红色,用 EDTA 滴定至转变为蓝色时达到滴定终点。从而计算出标本中钙的含量。

点滴积累

1. 配位滴定的滴定液是 EDTA,在水中有六级电离,七种存在形式,与金属离子配位的形式是 Y^{4-}。其滴定原理为:$M + Y \rightleftharpoons MY$。

2. 配位滴定的条件:①$lgK_稳 \geqslant 8$;②最佳酸度范围:$pH_低 < pH_佳 < pH_高$;③加入缓冲溶液控制溶液的 pH。

3. 滴定所用指示剂为金属指示剂,其作用原理为:

滴定前: $\quad\quad\quad\quad\quad M\ +\ In\ \rightleftharpoons\ MIn$
$\quad\quad\quad\quad\quad\quad\quad\quad\quad$ 颜色1 $\quad\quad$ 颜色2

终点时: $\quad\quad\quad MIn\ +\ Y\ \rightleftharpoons\ MY\ +\ In$
$\quad\quad\quad$ 颜色2 $\quad\quad\quad\quad\quad\quad\quad\quad\quad$ 颜色1

目标检测

一、选择题

(一) 单项选择题

1. 下列物质中属于配合物的是(　　)

 A. $(NH_4)_2SO_4$ 　　　　　　　　　　B. $[Cu(NH_3)_4]SO_4$

 C. $NH_4Fe(SO_4)_2 \cdot 12H_2O$ 　　　　　D. $CuSO_4 \cdot 5H_2O$

2. 配合物 $K_4[Fe(CN)_6]$ 的中心离子是(　　)

 A. K^+ 　　　　B. Fe^{2+} 　　　　C. Fe^{3+} 　　　　D. CN^-

3. 配离子与外界离子之间相结合的化学键是(　　)

 A. 离子键 　　　B. 共价键 　　　C. 氢键 　　　D. 配位键

4. 在配合物中,中心离子和配位体相结合的化学键是(　　)

 A. 离子键 　　　B. 共价键 　　　C. 氢键 　　　D. 配位键

5. 作为中心离子必须具备的条件是(　　)

 A. 有能成键的空轨道 　　　　　　　B. 有能提供孤对电子的原子

 C. 带正电荷 　　　　　　　　　　　D. 带负电荷

6. 作为配位体必须具备的条件是(　　)

 A. 有能成键的空轨道 　　　　　　　B. 有能提供孤对电子的原子

C. 带正电荷 D. 带负电荷

7. pH = 1 的溶液中,EDTA 的主要存在形式是( )

    A. H_6Y^{2+} B. H_4Y C. H_2Y^{2-} D. Y^{4-}

8. 用 EDTA 配位滴定法测定 Mg^{2+} 含量,以 EBT 为指示剂,指示终点的物质是( )

    A. Mg – EDTA   B. EBT   C. Mg – EBT   D. Mg^{2+}

9. EDTA 与金属离子生成的配合物刚好能稳定存在时溶液的酸度称为( )

    A. 最佳酸度   B. 最低酸度   C. 最高酸度   D. 最适宜酸度

10. EDTA 与无色金属离子生成的配合物的颜色是( )

    A. 红色   B. 蓝色   C. 不能估计   D. 无色

11. pH = 11 时铬黑 T 指示剂在水中的颜色是( )

    A. 红色   B. 蓝色   C. 酒红色   D. 黄色

12. EDTA 与大多数金属离子配位时的配位比是( )

    A. 1:1   B. 1:2   C. 2:3   D. 6:1

13. 标定 EDTA 标准溶液的浓度应选择的基准物质是( )

    A. 硼砂   B. 无水碳酸钠   C. 氧化锌   D. 邻苯二甲酸氢钾

14. 在一定条件下,只有当金属离子与配位剂生成的配合物的 $\lg K_{稳}$ 满足以下条件时才能用于配位滴定( )

    A. $\lg K_{稳} \geq 6$ B. $\lg K_{稳} \geq 10^{-6}$ C. $\lg K_{稳} \leq 8$ D. $\lg K_{稳} \geq 8$

15. EDTA 不能直接滴定的离子是( )

    A. Na^+ B. Mg^{2+} C. Ca^{2+} D. Zn^{2+}

(二) 多项选择题

1. 配位滴定中溶液酸度将影响( )

    A. EDTA 的离解   B. 金属指示剂的电离

    C. 金属离子的水解   D. 滴定终点的观察

    E. 无法判断

2. 下列关于水的硬度的叙述,正确的是( )

    A. 水的硬度是水质的重要指标之一

    B. 水的硬度是指水中 Ca^{2+}、Mg^{2+} 总量

    C. 水的总硬度常用的测定方法是 EDTA 配位滴定法

    D. 测定水的总硬度时,使用钙指示剂指示滴定终点

    E. 水的硬度是指水中 H^+ 总量

3. 下列分子属于配合物的是( )

    A. $[Cu(NH_3)_4]SO_4$ B. $KAl(SO_4)_2 \cdot 12H_2O$

    C. $[Ag(NH_3)_2]Cl$ D. $K_3[Fe(SCN)_6]$

    E. $NH_4Fe(SO_4)_2 \cdot 12H_2O$

4. 下列离子能成为中心离子的是( )

    A. H^+ B. Cu^{2+} C. Ag^+ D. Fe^{3+} E. HCO_3^-

5. 滴定时,溶液 pH 为 8 时,对 EDTA 测定钙存在干扰的是( )

    A. Mg^{2+}(最低 pH = 9)   B. Al^{3+}(最低 pH = 4.2)

    C. Zn^{2+}(最低 pH = 3.9)   D. Cu^{2+}(最低 pH = 2.9)

E. Fe^{3+}(最低 pH = 1)

二、填空题

1. 配合物一般是由_____和_____组成。

2. EDTA 在水溶液中一般以_____种形式存在,其中只有_____形式才能与金属离子直接配位。

3. 配合物的稳定程度通常用_____或_____表示。

4. 被滴定的金属离子刚开始发生水解时溶液的 pH 称为_____。

5. 当两种金属离子的最低 pH 相差较大时,可通过_____来进行分别滴定。

三、简答题

1. 命名下列配合物,并指出其中的中心离子、配位体、配位原子和配位数。

(1) $[Ag(NH_3)_2]OH$

(2) $[Ag(NH_3)_2]Cl$

(3) $[Cu(NH_3)_4]SO_4$

(4) $[Zn(NH_3)_4]SO_4$

2. 用 EDTA 滴定液测定 Ca^{2+}、Mg^{2+} 等金属离子含量时,为什么在滴定前需要加入缓冲溶液?

3. 精密称取干燥恒重的分析纯 $Na_2H_2Y \cdot 2H_2O$ 9.3050g 置烧杯中,温热溶解并冷却后定量转移至 500ml 容量瓶中,稀释至标线。计算该滴定液的浓度。

4. 临床上测定葡萄糖酸钙的含量操作如下:精密称取葡萄糖酸钙试样 0.5312g 置锥形瓶中,加水微热溶解后,用 NaOH 调节溶液 pH 至 12 ~ 13,加钙紫红素指示剂,用 0.05020mol/L EDTA 滴定液滴定,用去 19.86ml。计算试样中葡萄糖酸钙的含量(葡萄糖酸钙 $C_{12}H_{22}O_{14}Ca \cdot H_2O = 448.4$)。

5. 精密量取水样 100.0ml,用氨性缓冲溶液调节 pH = 10,以铬黑 T 为指示剂,用浓度为 0.05026mol/L 的 EDTA 标准溶液滴定至终点,消耗 6.00ml,计算水的总硬度。

(王 虎)

第十二章　电位分析法

学习目标

1. 掌握直接电位法的基本概念。
2. 熟悉常用的酸度计、指示电极、参比电极和 pH 复合电极。
3. 了解电极电位和电动势等基本知识。
4. 学会测定溶液 pH 的方法。

导学情景

情景描述：

　　药剂班的小李想知道家乡的造纸厂是否污染了环境。他悄悄地在造纸厂旁的河流中取了一瓶水，拿到学校的分析化学实验室请老师进行检测。他看到老师将酸度计接上电源和复合电极，然后把复合电极插入已知 pH 的标准缓冲溶液中进行仪器校准，校准后的酸度计就可以测量 pH 了。方法很简单，将洗净的复合电极插入待测溶液中，酸度计上就显示出该溶液的 pH，进而可判断河水的污染情况。

学前导语：

　　用酸度计测定溶液 pH 的方法属于电位分析法，该方法是利用化学电池的电动势与待测组分浓度之间的函数关系，通过测定电极电位而直接求得待测组分浓度的分析方法。这种方法仪器设备较简单、测量范围宽、准确度高、灵敏度高，属于较简单的仪器分析方法。接下来，我们就来学习这种分析方法。

第一节　电位分析法的基本概念

一、电极的性能

（一）电极的电极电位

　　金属插入电解质溶液后，金属中的原子有失去电子并以离子的形式离开金属表面进入溶液的倾向，这是金属的溶解；溶液中的金属离子也有在金属表面得到电子进入金属的倾向，这是金属离子的沉积。**当金属的溶解与金属离子的沉积达到动态平衡时，电极与溶液的接触界面上产生了电位差，这个电位差称为金属在此溶液中的电位或电极电位。**

（二）原电池的电动势

单个电极的电位是无法测量的，只有将欲研究的电极与另一个作为参比的电极组成原电池，通过测量该原电池的电动势，才能确定所研究的电极的电位。**组成原电池的两个电极之间的电位差称为电动势。**两支电极与待测溶液组成原电池，**通过测定原电池的电动势变化，求出待测物质含量的方法称为电位分析法。**电位分析法分为直接电位法和电位滴定法。

利用电位分析法进行测量，必须使用电极才能完成。常用的电极有参比电极、指示电极和复合电极。

二、参比电极

参比电极是指该电极的电极电位与待测物质的含量没有关系，在测定过程中始终保持恒定电位的电极。常用的参比电极有甘汞电极和银－氯化银电极。

1. 甘汞电极　甘汞电极的构造如图 12－1 所示，由金属汞、甘汞（Hg_2Cl_2）和 KCl 溶液组成。

25℃时，甘汞电极电位随氯离子浓度的变化而变化，当氯离子浓度一定时，甘汞电极的电极电位为一定值。25℃条件下，KCl 浓度不同时，甘汞电极的电极电位值见表 12－1。

表 12－1　甘汞电极的电极电位（25℃）

KCl 溶液浓度	0.1mol/L KCl	1mol/L KCl	饱和 KCl
电极电位（V）	0.3337	0.2801	0.2412

饱和甘汞电极（SCE 电极）是电位分析法中最常用的参比电极。其电位稳定，构造简单，保存和使用都很方便。

2. 银－氯化银电极　银－氯化银电极是由一根表面镀上氯化银的银丝，浸入到一定浓度的氯化钾溶液中构成。其构造如图 12－2 所示。

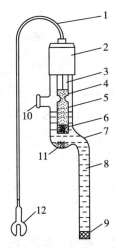

图 12－1　饱和甘汞电极

1. 导线；2. 电极帽；3. 铂丝；4. 汞；5. 汞与甘汞糊；
6. 棉絮塞；7. 外玻璃管；8. KCl 饱和溶液；9. 素瓷芯；
10. 加液口；11. KCl 结晶；12. 接头

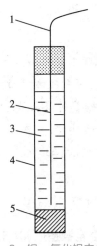

图 12－2　银－氯化银电极构造

1. 银丝；2. 银－氯化银；3. 饱和 KCl 溶液；
4. 玻璃管；5. 素瓷芯

与甘汞电极相同,银－氯化银电极的电极电位随电极内部氯离子浓度的变化而变化。其电位值见表12－2。

表12－2　银－氯化银电极的电极电位(25℃)

KCl 溶液浓度	0.1mol/L KCl	1mol/L KCl	饱和 KCl
电极电位(V)	0.2880	0.2220	0.1990

银－氯化银电极结构简单,可制成很小的体积,常作为各种离子选择性的内参比电极。

甘汞电极和银－氯化银电极通常作参比电极,但也可以作测定氯离子的指示电极。某一电极是作参比电极还是指示电极,不是绝对的。

三、指示电极

指示电极是电极电位随待测离子浓度的变化而变化的电极。指示电极的种类有多种,最常用的是pH 玻璃电极。

pH 玻璃电极的主要部分是电极下端的玻璃球泡,球泡的下半部是玻璃薄膜,能对 H^+ 选择性响应,泡内装有含 Cl^- 的一定 pH 的缓冲溶液作为内参比溶液,其中插入一根 Ag－AgCl 电极作为内参比电极。由于玻璃电极的内阻很高($50 \sim 500 M\Omega$),所以导线及电极引出线都要高度绝缘,并装有屏蔽隔离罩,以免漏电和静电干扰。其构造见图12－3。

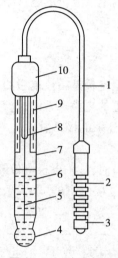

图12－3　玻璃电极

1. 绝缘屏蔽电缆;2. 高绝缘电极插头;
3. 金属接头;4. 玻璃球泡;
5. 内参比电极;6. 内参比溶液;
7. 外管;8. 支管圈;9. 屏蔽层;
10. 塑料电极帽

 知识拓展

pM 玻璃电极

玻璃膜电极对阳离子的选择性响应与玻璃的成分有关,除了测定 H^+ 的 pH 玻璃电极外,还有可测定 Na^+、K^+、Ag^+、Ca^+ 等离子浓度的玻璃电极。若向玻璃中引入 Al_2O_3 或 B_2O_3,则其对碱金属的响应能力增强。在碱性范围内,玻璃膜的电极电位由碱金属离子的浓度决定,此类玻璃电极称为 pM 玻璃电极,pM 玻璃电极中最常用的是用于测定 Na^+ 浓度的 pNa 电极。

四、pH 复合电极

pH 复合电极是把 pH 玻璃电极和参比电极组合在一起的电极。根据外壳材料的不同分塑壳和玻璃两种。相对于两个电极而言,复合电极最大的好处就是结构简单,使用方便,测量不受氧化性或还原性物质的影响,平衡速率较快,测定值较稳定,外壳的抗冲击能力较玻璃电极强。

pH 复合电极的外形与 pH 玻璃电极相似,也由插入待测液的玻璃球泡和连接酸度计的高绝缘电极插头等组成。

点滴积累

1. 参比电极是具有恒定电极电位的电极,即该电极的电极电位不随待测溶液中离子浓度的变化而变化。饱和甘汞电极(SCE 电极)是最常用的参比电极。
2. 指示电极是电极电位值随溶液中待测离子浓度的变化而变化的电极。pH 玻璃电极是最常用的指示电极。
3. 复合电极是把参比电极和指示电极组合在一起的电极。

第二节 直接电位法测定溶液 pH

直接电位法是利用化学电池的电动势与待测组分浓度之间的函数关系,通过测定电极电位而直接求得待测组分浓度的电位分析法。此法通常用于测定溶液的 pH 和其他离子的浓度。

一、测定原理

酸度计可把测得的标准溶液和待测溶液的电动势转化成 pH 表示出来。

测定时,先将 pH 玻璃电极 – 甘汞电极对(或复合电极)插入 pHs 标准溶液,利用酸度计上的定位调节器直接调出标准溶液的 pHs;之后再将上述电极插入 pHx 待测溶液,此时,酸度计显示的即为被测溶液的 pHx。

若标准的 pHs 和被测溶液 pHx 两者 pH 接近($\Delta pH < 3$),则仪器的误差可忽略。因此,**在定位时,选用的标准缓冲溶液与待测溶液 pH 应尽量接近**。

二、测量方法

直接电位法测定溶液的 pH 主要有以下两种方法。

1. 单标准 pH 缓冲溶液法 单标准 pH 缓冲溶液法常用于精度不太高的酸度计。如 25 型酸度计,见图 12 – 4,一般校准仪器所选用的标准缓冲溶液的 pHs 应尽量接近待测液的 pHx($\Delta pH < 3$)先将温度补偿器旋转到标准 pH 缓冲溶液的温度,将电极插入标准 pH 缓冲溶液中,待读数稳定后,调节"定位"调节器使酸度计显示该标准 pH 缓冲溶液的 pHs。然后,将温度补偿器旋转至待测液的温度,再将洗净、吸干的电极插入待测液,显示屏的数值稳定后,显示的数值即为待测液的 pHx。

2. 双标准 pH 缓冲溶液法 双标准 pH 缓冲溶液法需采用更为精密的酸度计,如 pHS – 29A 型酸度计,见图 12 – 5。在功能上这种酸度计比 25 型酸度计多了一个"斜率"调节器,测量时需要用两种标准缓冲溶液进行校准。如:以 pH = 6.86 的标准缓冲溶液进行"定位"校准,然后根据待测液的酸碱情况,再选用 pH = 4.00(酸性)或 pH = 9.18(碱性)的标准缓冲溶液进行"斜率"校正。最后,将酸度计的温度补偿器旋转至待测溶液温度,将电极插入待测溶液,显示屏的数值稳定后,显示的数值即为待测液的 pHx。

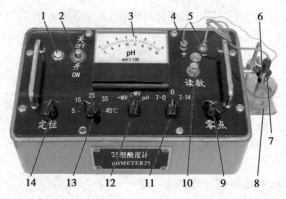

图 12 - 4　25 型酸度计

1. 指示灯；2. 电源开关；3. 指示电表；4. 参比电极接线柱；5. 玻璃电极插孔；
6. 玻璃电极；7. 饱和甘汞电极；8. 待测溶液；9. 零点调节器；10. 读数开关；
11. 量程选择开关；12. pH - mV 开关；13. 温度补偿器；14. 定位调节器

图 12 - 5　pHS - 29A 型酸度计

1. 温度补偿器；2. 斜率调节器；3. 定位调节器；4. pH - mV 开关；5. pH 复合电极；6. 待测溶液；
7. 电极夹；8. 电极杆；9. 导线；10. 电源开关；11. 复合电极插孔；12. 显示屏

利用直接电位法测定溶液的 pH 时，必须选择合适的标准缓冲溶液。常用标准缓冲溶液的 pH 见表 12 - 3。

表 12 - 3　常用标准缓冲溶液的 pH

温度 （℃）	0.05mol/L 草酸三氢钾	0.05mol/L 邻苯二甲酸氢钾	饱和酒 石酸氢钾	0.025mol/L KH_2PO_4 和 0.025mol/L Na_2HPO_4
0	1.666	4.003	–	6.984
10	1.670	5.998	–	6.923
20	1.675	4.002	–	6.881
25	1.679	4.008	3.557	6.865
30	1.683	4.015	3.552	6.853
35	1.688	4.024	3.549	6.844
40	1.694	4.035	3.547	6.838

三、pH 计及其使用方法

pH 计（酸度计）主要用来精密测量液体介质的酸碱度值，配上相应的离子选择电极也可

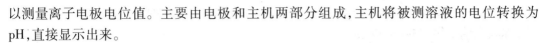

以测量离子电极电位值。主要由电极和主机两部分组成,主机将被测溶液的电位转换为pH,直接显示出来。

酸度计因用途和测量精度不同分为多种不同的类型,可以根据情况选择合适的酸度计。

(一)酸度计的主要调节旋钮及功能

1. mV - pH 转换器　功能选择按钮,指向"mV"时,仪器用于测量电池的电动势;指向"pH"时,仪器用于测量 pH。

2. "温度"补偿器　调节温度至标准缓冲溶液或待测溶液的温度。

3. "定位"调节器　调节仪器,使显示的 pH 与标准缓冲溶液的 pHs 相同。

4. "斜率"补偿调节器　调节电极系数,确保仪器能精密测量 pH。

(二)使用酸度计测量溶液 pH 的注意事项

1. 玻璃电极初次使用前,应把玻璃球部位在蒸馏水中浸泡 24 小时以上。因为插入待测液的玻璃球泡是一种特殊的玻璃膜,在玻璃膜表面有一很薄的水合凝胶层,它只有在充分湿润的条件下才能与溶液中的 H⁺ 离子有良好的响应,使测得的电极电位稳定。甘汞电极初次使用前应浸泡在饱和氯化钾溶液内,并应有少许氯化钾结晶存在。

2. pH 玻璃电极的内参比电极与球泡间不能有气泡,若有气泡,应轻甩电极。

3. 玻璃电极不能测定含有氟离子的溶液,以防腐蚀电极;也不能用浓硫酸、乙醇来洗涤电极,以防电极表面脱水,失去功能。

4. 饱和甘汞电极的平衡时间较长,电极插入溶液后应有足够的平衡时间。

5. 校准仪器所用标准缓冲溶液的 pHs 应尽量接近待测液的 pHx(ΔpH < 3)。

6. 标准缓冲溶液与待测溶液的温度应尽量相同。

7. pH 玻璃电极敏感膜很薄,容易破碎损坏,使用面纸吸干玻璃电极膜上的水珠时,动作一定要轻,否则会损害玻璃膜。

8. 调正"定位"、"斜率"后,调节器不应再转动位置,否则应重新操作。

9. 测定时,如应用磁力搅拌器,搅拌速率不宜过快,否则易产生气泡附在电极上,造成读数不稳。

四、应用与示例

(一)血液 pH 的测定

食物代谢产生的各类酸碱性物质将直接进入体液,体液 pH 必须维持在一定范围内;如果机体某一方面调节作用出现障碍,体内酸(碱)聚集过多,将会出现酸(碱)中毒,甚至危及生命。糖尿病酮症酸中毒(DKA)诊断可通过测其 pH 来了解影响 DKA 患者发病、存活率及预后的因素,为临床诊治 DKA 提供参考。

(二)水 pH 的测定

我国及大多数国家生活饮用水水质标准规定 pH 的范围为 6.5 ~ 8.5,一般认为饮用水的 pH 在较大范围内(6.5 ~ 9.5)不会影响人体健康和生活饮用。酸性水对金属有腐蚀性,可能会引起金属急慢性中毒;碱性水影响水的感官性状,并有腐蚀作用。监测水的 pH,有利于及时发现水污染。

(三)土壤 pH 的测定

pH 是土壤重要的基本性质,也是影响肥力的因素之一,土壤 pH 测定可以为改良和利用土壤提供参考依据。

电位分析法中除了直接电位法以外,还有电位滴定法,它是根据滴定过程中电极电位的突变来确定滴定终点的一种方法。

 知识拓展

永停滴定法

永停滴定法就是将两个相同的铂电极插入滴定溶液中,在两个电极之间外加一小电压(10~100mV),观察滴定过程中电流的变化来确定滴定终点的一种仪器分析法。

永停滴定法属于电化学分析中的电流滴定法,又称双电流滴定法或安培滴定法。永停滴定法具有仪器简单、操作简便、方法准确可靠等特点,因此得到了广泛应用,早已被《中国药典》收载为重氮化滴定法和费休氏水分测定法确定终点的法定方法。亚硝酸钠法中,与使用指示剂确定化学计量点相比,采用永停滴定法确定化学计量点更方便、更准确。

 点滴积累

1. 直接电位法测定溶液 pH 的方法有单标准 pH 缓冲溶液法和双标准 pH 缓冲溶液法,双标准 pH 缓冲溶液法中增加了调节"斜率",以确保仪器能更精密测量 pH。
2. pH 计(酸度计)主要用来精密测量液体介质酸碱度值,配上相应的离子选择电极也可以测量离子的浓度。

 目标检测

一、选择题

(一) 单项选择题

1. 下列电极常用作参比电极的是( )
   A. 玻璃电极　　　B. 甘汞电极　　　C. 复合电极　　　D. 以上都不对
2. 电位法测定溶液的 pH 常选用的指示电极为( )
   A. 玻璃电极　　　　　　　　　　B. 1mol/L KCl 甘汞电极
   C. 饱和甘汞电极　　　　　　　　D. 银－氯化银电极
3. 25℃时,饱和甘汞电极电位值是( )
   A. 0.3337V　　　B. 0.2801V　　　C. 0.2412V　　　D. 0.3081V
4. 玻璃电极在使用前应预先在纯化水中浸泡( )
   A. 4 小时　　　B. 8 小时　　　C. 12 小时　　　D. 24 小时
5. 直接电位法测定溶液的 pH 时,标准溶液与待测溶液的 pH 之差为( )
   A. <1　　　B. <3　　　C. >1　　　D. >3
6. 若酸度计显示的 pH 与标准缓冲溶液的 pH 不一致时,可通过调节( )
   A. 温度补偿器　　　　　　　　　B. mV－pH 转换器
   C. 零点调节器　　　　　　　　　D. 定位调节器
7. 电位分析法测定溶液 pH 的实验中常用的参比电极是( )
   A. 0.1mol/L KCl 甘汞电极　　　　　　B. 饱和甘汞电极

C. 1mol/L KCl 甘汞电极　　　　　　　　　D. 1mol/L KCl 银－氯化银电极

8. 电位法测定溶液的 pH 属于(　　)

A. 直接电位法　　　B. 重量分析法　　　C. 化学分析法　　　D. 永停滴定法

9. 下列关于电位法的叙述,错误的是(　　)

A. 电位法属电化学分析法

B. 电位法属于仪器分析法中的一种

C. 电位法的指示电极一般要用饱和甘汞电极

D. 电位法包括直接电位分析法和电位滴定法

10. 玻璃电极的内参比电极是(　　)

A. 银电极　　　　　B. 氯化银电极　　　C. 铂电极　　　D. 银－氯化银电极

(二) 多项选择题

1. 饱和甘汞电极的组成为(　　)

A. 金属汞　　　　　　　　　B. 甘汞(Hg_2Cl_2)　　　　　　　　C. KCl 溶液

D. H_3PO_4　　　　　　　　　E. 少量 KCl 结晶

2. 电位法测定溶液的 pH 常选择的电极是(　　)

A. 玻璃电极　　　　　　　　　B. 银－氯化银电极　　　　　　　　C. 饱和甘汞电极

D. 1mol/L KCl 甘汞电极　　　　　　　　　E. 复合 pH 电极

3. 下面属于参比电极的是(　　)

A. 玻璃电极　　　　　　　　　B. 银－氯化银电极　　　　　　　　C. 复合电极

D. 饱和甘汞电极　　　　　　　　　E. 0.1mol/L KCI 甘汞电极

4. 使用饱和甘汞电极时,正确的说法是(　　)

A. 电极下端要保持有少量的氯化钾晶体存在

B. 饱和甘汞电极内装的是 HCl 溶液

C. 使用前要检查电极下端陶瓷芯毛细管是否畅通

D. 安装电极时,内参比溶液的液面要比待测溶液的液面要低

E. 使用前应将电极下端的橡胶套取下

5. pHS－29A 型酸度计能进行双标准 pH 缓冲溶液法测定,这种酸度计上有(　　)

A. 温度补偿器　　　　　　　　　B. 斜率调节器　　　　　　　　C. 定位调节器

D. 零点调节器　　　　　　　　　E. pH－mV 开关

二、填空题

1. 通过测量_____来确定待测物质含量的方法称为电位法。电位法中常用的电极有_____、_____和_____。

2. 电极电位值随溶液中待测离子浓度的变化而变化的电极称为_____。

3. 在电位法中_____是最常用的参比电极。pH 复合电极是把_____和_____组合在一起的电极。

4. pH 计测定 pH 时,要求定位的标准溶液 pHs 和被测溶液 pHx 相差小于____。

5. 直接电位法测定溶液的 pH 主要方法有_____和_____。

6. 玻璃电极初次使用前,应浸泡在_____中_____以上。

7. 饱和甘汞电极的加液口中应加入_____溶液,在该溶液中还应有少许_____存在。

8. pH 玻璃电极不能测定含有_____的溶液,以防腐蚀电极;也不能用_____、_____来洗涤电极,以防电极表面脱水,失去功能。

三、简答题

直接电位法测定溶液 pH 时,为什么要求标准溶液 pH 与待测溶液 pH 接近?

（李 春）

第十三章　紫外－可见分光光度法

学习目标

1. 掌握光的吸收定律、吸光系数的意义并学会有关的计算。
2. 熟悉吸收光谱的绘制方法及意义。
3. 了解分光光度法的特点。

导学情景

情景描述：

布洛芬和对乙酰氨基酚都是儿童退热药首选。强生布洛芬在中国销售的商品名为美林。2003年，美国7岁女孩萨曼莎因服用强生布洛芬致全身90%皮肤灼伤，最终双目失明。萨曼莎父母以强生没有明确告之药品不良反应为由将强生告上法庭，法院裁定，强生应向女孩及其父母赔偿6300万美元。

学前导语：

对乙酰氨基酚是更安全的非甾体抗炎解热镇痛药，它被FDA(美国食品药品监督局的简称)批准用于新生儿、婴儿和儿童，特别适合不能应用羧酸类药物的患者，而布洛芬只能用于大于6个月的婴儿和儿童。那你知道对乙酰氨基酚的含量测定方法吗？

第一节　概　　述

在仪器分析中，根据待测物质发射或吸收的电磁辐射以及待测物质与电磁辐射的相互作用而建立起来的定性、定量和结构分析方法，统称为**光学分析法**。分光光度法是其中的一种。

在紫外光区(200～400nm)和可见光区(400～760nm)，根据待测物质对不同波长电磁辐射的吸收程度不同而建立起来的分析方法，称为**紫外－可见分光光度法**。其所用的仪器称为紫外－可见分光光度计。它是药物分析、临床生化检验、卫生理化检验、环境分析、科学研究和工农业生产等领域的重要分析方法。

紫外－可见分光光度法主要有如下特点。

1. **灵敏度高**　被测物最低浓度一般为10^{-5}～10^{-6}mol/L，适用于微量或者痕量组分分析。

2. **准确度高**　相对误差在1%～5%，对微量组分的分析已能满足要求。

3. 操作简便、快速 采用高精仪器和电脑技术,自动化、程序化、智能化程度越来越高;采用选择性高的显色剂和适当的比色条件,可以不经分离干扰物质即可直接进行测定,从而缩短分析时间。

4. 应用范围广 几乎所有的无机离子和有机化合物均可直接或间接用紫外－可见分光光度法进行测定。

一、光的本质与物质的颜色

如果把不同颜色的物质放在暗处,则看不出任何颜色。这说明物质呈现的颜色和光有着密切的关系。一种物质所呈现何种颜色,与光的组成和物质本身的结构有关。

光是一种电磁波,它具有波动性和微粒性,即光的波粒二象性。通常用频率和波长来描述光的波动性。人的视觉所能感觉到的光称为**可见光**,波长范围在 400～760nm。人的眼睛感觉不到的还有红外光(波长 >760nm)、紫外光(波长 <400nm)、X 射线等。图 13－1 为几种光的波长范围。

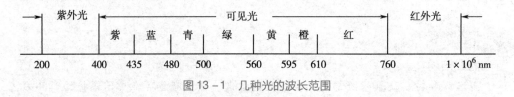

图 13－1 几种光的波长范围

在可见光区,不同波长的光呈现不同的颜色,但各种有色光之间并没有严格的界限,而是由一种颜色逐渐过渡到另一种颜色。

具有单一波长的光称为**单色光**。由不同波长的光组成的光称为**复合光**。实验证明,白光(如日光、白炽电灯光、日光灯光等)属于复合光,它是由各种不同颜色的光按一定强度比例混合而成的。如果让一束白光通过棱镜,便可分解为红、橙、黄、绿、青、蓝、紫七种颜色的光,这种现象称为**光的色散**。

图 13－2 光的互补色示意图

两种适当颜色的单色光按一定强度比例混合可成为白光,这两种单色光称为**互补色光**,简称**互补色**。如图 13－2 中直线相连的两种色光彼此混合可成白光,它们为互补色光。如黄光和蓝光互补,绿光和紫光互补。

物质的颜色是由于物质选择性地吸收了可见光中某一波长的光而产生的。例如,若溶液选择性地吸收了黄色波长的光,其溶液就会显示出蓝色。当一束白光通过某一溶液时,如果该溶液对各种颜色的光都不吸收,则溶液无色透明;如果完全吸收,则溶液显黑色;如果某些波长的光被溶液吸收,另一些波长的光不被吸收而透过溶液,溶液的颜色就是它的吸收光的互补色。

课堂活动

根据物质的颜色与光的选择性吸收,你认为高锰酸钾溶液吸收了什么颜色的光?硫酸铜溶液又吸收了什么颜色的光?

二、光的吸收定律

（一）透光率（T）和吸光度（A）

当一束单色光照射到均匀而无散射的溶液时,一部分光被溶液吸收,另一部分光透过溶液。假设 I_0 为入射光的强度,I_a 为溶液吸收光的强度,I_t 为透过光的强度,则:

$$I_0 = I_a + I_t \qquad\qquad 式(13-1)$$

当入射光的强度 I_0 一定时,溶液吸收光的强度 I_a 越大,则溶液透过光的强度 I_t 越小,表明溶液对光的吸收程度越大。

透射光的强度 I_t 与入射光强度 I_0 之比称为**透光率**,用符号 T 表示:

$$T = \frac{I_t}{I_0} \times 100\% \qquad\qquad 式(13-2)$$

透光率越大,溶液对光的吸收越少;反之,透光率越小,溶液对光的吸收越多。

透光率的负对数称为**吸光度**,用 A 表示。

$$A = -\lg T \qquad\qquad 式(13-3)$$

A 越大,溶液对光的吸收越多。

知识拓展

吸光度具有加和性

如果溶液中同时存在两种或两种以上的吸光性物质,则测得的该溶液的吸光度等于溶液中各吸光性物质吸光度的总和。

$$A = A_1 + A_2 + A_3 + \cdots + A_n$$

根据吸光度的加和性,可以在同一样品中不经分离同时测定两个以上的组分。这个性质在实际操作中有着极其重要的意义。

（二）光的吸收定律

当一束平行的单色光通过均匀、无散射的溶液时,在单色光波长、强度、溶液的温度等条件不变的情况下,溶液的吸光度与溶液的浓度及液层厚度的乘积成正比。其数学表达式为:

$$A = KcL \qquad\qquad 式(13-4)$$

式（13-4）中, A——吸光度;

K——吸光系数;

c——溶液的浓度,mol/L 或 g/100ml;

L——液层的厚度,cm。

朗伯－比尔定律又称为**光的吸收定律**,是分光光度法定量分析的依据。它不仅适用于有色溶液,也适用于无色溶液及气体和固体的非散射均匀体系;不仅适用于可见光区的单色光,也适用于紫外和红外光区的单色光。但它只适用于稀溶液和单色光,若为浓溶液或复合光时,误差较大。

（三）吸光系数

朗伯－比尔定律中的 K 称为吸光系数,是物质的特征常数之一。**其物理意义是吸光物质在单位浓度、单位液层厚度时的吸光度**。当溶液的浓度选用不同的表示方法时,吸光系数的表示方法也不同。常用的表示方法有两种。

1. **摩尔吸光系数** 摩尔吸光系数是指在波长一定时,吸光物质的溶液浓度为 **1mol/L**,液层厚度为 **1cm** 时的吸光度,单位为 **L/(mol·cm)**。常用 ε 表示。

$$\varepsilon = \frac{A}{cL} \qquad 式(13-5)$$

式(13-5)中,ε——摩尔吸光系数,L/(mol·cm);

                A——吸光度;

                c——溶液的物质的量浓度,mol/L;

                L——液层的厚度,cm。

2. **百分吸光系数** 百分吸光系数是指在波长一定时,吸光物质的溶液浓度为 **1g/100ml**,液层厚度为 **1cm** 时的吸光度,单位为 **100ml/(g·cm)**。常用 E_{1cm}^{12} 表示。在药物分析工作中,应用较多的是百分吸光系数。

$$E_{1cm}^{1\%} = \frac{A}{\rho_B L} \qquad 式(13-6)$$

式(13-6)中,$E_{1cm}^{1\%}$——百分吸光系数,100ml/(g·cm);

                A——吸光度;

                ρ_B——溶液的质量浓度,g/100ml;

                L——液层的厚度,cm。

摩尔吸光系数(ε)和百分吸光系数($E_{1cm}^{1\%}$)之间的换算关系是:

$$\varepsilon = E_{1cm}^{1\%} \frac{M}{10} \qquad 式(13-7)$$

式(13-7)中,M 为吸光物质的摩尔质量,其单位为 g/mol。

例 13-1 某化合物的摩尔质量为 125g/mol,摩尔吸光系数为 2.5×10^5 L/(mol·cm),配制该化合物溶液 1L,将其稀释 200 倍,于 1.00cm 吸收池中测得其吸光度为 0.6000,问需要该化合物的质量是多少?

解:已知 $M = 125$g/mol $\varepsilon = 2.5 \times 10^5$ L/(mol·cm) $L = 1.00$cm $A = 0.6000$ $V = 1$L
设需要该化合物的质量为 x,

根据公式 $A = \varepsilon c L$ 得:

$$0.6000 = 2.5 \times 10^5 \times \frac{\frac{x}{125}}{1 \times 200} \times 1.00$$

$$x = 0.0600(g)$$

答:需要该化合物质量为 0.0600g。

例 13-2 用氯霉素(摩尔质量为 323.15g/mol)纯品配制 100ml 含 2.00mg 的溶液,在 1.00cm 厚的吸收池中,于 278nm 波长处测得其吸光度为 0.614,试计算氯霉素在 278nm 波长处的百分吸光系数和摩尔吸光系数。

解:已知 $M = 323.15$g/mol $\rho_B = 2.00$mg/100ml $= 2.00 \times 10^{-3}$g/100ml

            $A = 0.614$ $L = 1.00$cm

根据公式 $E_{1cm}^{1\%} = \frac{A}{\rho_B L}$ 得:

$$E_{1cm}^{1\%} = \frac{0.614}{2.00 \times 10^{-3} \times 1.00} = 307[100ml/(g·cm)]$$

根据公式　$\varepsilon = E_{1cm}^{1\%} \dfrac{M}{10}$　得:

$$\varepsilon = 307 \times \frac{323.15}{10} = 9920 \mathrm{L/(mol \cdot cm)}$$

答:氯霉素在 278nm 波长处的百分吸光系数和摩尔吸光系数分别为 307[100ml/(g·cm)] 和 9920L/(mol·cm)。

吸光系数在一定条件下是一个常数,它与入射光的波长、溶质的本性以及溶液的温度有关,也与仪器的灵敏度有关,它的数值越大,说明有色溶液对光越容易吸收,测定的灵敏度越高。一般 ε 值在 10^3 以上即可用于分光光度法的测定。

不同物质对同一波长单色光可以有不同的吸光系数。同一物质对不同波长单色光也会有不同的吸光系数。一般用物质最大吸收波长(λ_{max})处的吸光系数作为一定条件下衡量灵敏度的特征常数,因此,吸光系数是分光光度法进行定性和定量分析的重要依据。

三、吸收光谱曲线

吸收光谱曲线又称**吸收光谱或吸收曲线**,它是在浓度一定的条件下,以波长(λ)为横坐标,吸光度(A)为纵坐标所绘制的曲线。例如将不同波长的单色光依次通过一定浓度的高锰酸钾溶液,便可测出该溶液对各种单色光的吸光度。然后以波长(λ)为横坐标,以吸光度(A)为纵坐标,绘制曲线,曲线上吸光度最大的地方称为**最大吸收峰**,它所对应的波长称为**最大吸收波长**,用 λ_{max} 表示。图 13 – 3 为不同浓度高锰酸钾溶液的吸收光谱曲线。

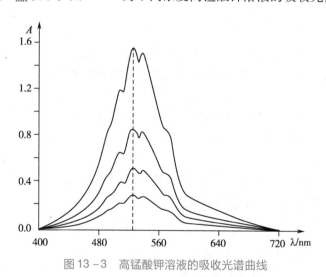

图 13 – 3　高锰酸钾溶液的吸收光谱曲线

从图 13 – 3 中四种不同浓度高锰酸钾溶液的吸收光谱曲线可以看出:

1. 高锰酸钾溶液的 λ_{max} 为 525nm,说明高锰酸钾溶液对波长 525nm 附近的绿色光有最大吸收,而对紫色光和红色光则吸收很少,故高锰酸钾溶液显现绿色光的互补色(紫色)。

2. 四种不同浓度的高锰酸钾溶液在相同的波长范围内所形成的吸收峰高度不同,浓度越大,吸收峰越高,即吸光度越大。因此在相同条件下,吸光度的大小与浓度有关。这是分光光度法定量分析的依据。

3. 在相同条件下,四种不同浓度的高锰酸钾溶液,其吸收光谱曲线的形状非常相似,最大吸收波长相同,说明吸收光谱的形状与溶液中溶质的结构有关,而与溶液的浓度无关。这是分光光度法定性分析的依据。

4. 当溶液的浓度、温度、液层的厚度一定时,溶液对 λ_{max} 的光吸收程度最大。因此,常用 λ_{max} 的光作为测定溶液吸光度的入射光,以获得较高的测定灵敏度。

点滴积累

1. 朗伯－比尔定律 $A = KcL$ 是分光光度法进行定量分析的依据。

2. 摩尔吸光系数:$\varepsilon = \dfrac{A}{cL}$;百分吸光系数:$E_{1cm}^{1\%} = \dfrac{A}{\rho_B L}$。二者的关系为:$\varepsilon = E_{1cm}^{1\%}\dfrac{M}{10}$。

3. 吸收光谱曲线上吸光度最大的地方称为吸收峰,其对应的波长是最大吸收波长 (λ_{max}),可作为定性、定量分析的依据。

第二节 紫外－可见分光光度法

分光光度法是通过测定溶液对单色光的吸收程度来进行定性和定量分析的方法。该法是借棱镜或光栅作为分光器,用狭缝分出波长很窄的一条光,这条光的波长范围一般约 5nm,因而其测定的灵敏度、准确度和选择性都比较高。分光光度法所用的仪器是分光光度计。

一、紫外－可见分光光度计

分光光度计根据所用的光源不同,可分为紫外分光光度计、可见分光光度计、红外分光光度计。由于紫外分光光度计和可见分光光度计的构造原理相同,常合并在一个仪器上,称为紫外－可见分光光度计。

在 200～760nm 波长范围内,能够任意选择不同波长的单色光来测定溶液吸光度的仪器,称为紫外－可见分光光度计。本节主要介绍紫外－可见分光光度计。

(一) 基本结构

各种型号的紫外－可见分光光度计,就其基本结构来说,都是由光源、单色器、吸收池、检测器及信号显示系统五个主要部件组成的。

$$\boxed{光源} \to \boxed{单色器} \to \boxed{吸收池} \to \boxed{检测器} \to \boxed{信号显示系统}$$

1. 光源　光源是提供入射光的部件。要求能够发射出强度足够而且稳定的连续光谱,不同的光源可以提供不同波长范围的光波。紫外－可见分光光度计常用的光源有两种。

(1) 热辐射光源:用于可见光区,如钨灯、卤钨灯等。可使用的波长范围为 360～1000nm。

(2) 气体放电光源:用于紫外光区,如氢灯、氘灯等。可使用的波长范围为 200～360nm。

2. 单色器　单色器是将光源发射的复合光色散分离出单色光的光学装置。其由入射狭缝、准直镜(透镜或凹面反射镜,它可使入射光变成平行光)、色散元件、聚焦元件和出射狭缝等几部分组成。其核心部分是色散元件,起分光作用。狭缝在决定单色器性能

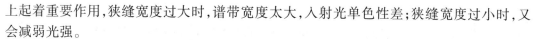

上起着重要作用,狭缝宽度过大时,谱带宽度太大,入射光单色性差;狭缝宽度过小时,又会减弱光强。

色散元件主要有棱镜和光栅。

(1)棱镜:有玻璃和石英两种材料。不同波长的光通过棱镜时有不同的折光率,因而棱镜可将不同波长的光分开。由于玻璃会吸收紫外光,所以玻璃棱镜适用于可见光区,石英棱镜适用于紫外光区。

(2)光栅:光栅是依据光的衍射和干涉原理而制成的。它是在高度抛光的玻璃表面上每毫米刻有大约1200个等宽、等距的平行条纹的色散元件。它可用于紫外、可见和近红外光谱区域,在整个波长区域中具有良好的、几乎均匀一致的色散率,并且具有适用波长范围宽、分辨本领高、成本低、便于保存和易于制作等优点,所以光栅是目前用得最多的色散元件。光栅也有不足之处,其缺点是形成的各级光谱会重叠而产生干扰。

3. 吸收池 吸收池是用于盛放分析液的器皿,也叫比色皿或比色杯。吸收池一般有玻璃和石英两种材质。玻璃吸收池只能用于可见光区。石英吸收池可用于可见光区及紫外光区。吸收池的大小规格从几毫米到几厘米不等。最常用的是1cm的吸收池。为减少光的反射损失,吸收池的光学面必须严格垂直于光束方向。在分析测定过程中,吸收池要挑选配对,使它们的性能基本一致。因为吸收池材料本身及光学面的光学特性及吸收池光程长度的精确性等对吸光度的测量结果都有直接影响。吸收池上的指纹、油污或池壁上的沉积物都会影响其透光性,因此不能用手接触透光面,使用前后必须彻底清洗,并用擦镜纸将外部擦拭干净。

4. 检测器 检测器是一种光电转换元件,是检测单色光通过溶液后透过光的强度、把光信号转变为电信号的装置。检测器有光电池、光电管和光电倍增管等。

(1)光电池:是一种光敏半导体元件。主要是硒光电池和硅光电池,其特点是不必经过放大就能产生直接推动微安表或检流计的光电流。但由于它容易出现“疲劳效应”、寿命较短而只能用于低档的仪器中。

(2)光电管:光电管在紫外－可见分光光度计上应用很广泛。它是以一弯成半圆柱且内表面涂上一层光敏材料的镍片作为阴极,以置于圆柱形中心的一金属丝作为阳极,密封于高真空的玻璃或石英中构成的。当光照射到阴极上的光敏材料时,阴极发射出电子,被阳极收集而产生光电流。与光电池比较,光电管具有灵敏度高、光敏范围宽、不易疲劳等优点。

(3)光电倍增管:光电倍增管实际上是一种加上多级倍增电极的光电管。光电倍增管的输出电流随外加电压的增加而增加,且极为敏感。光电倍增管灵敏度高,是检测微弱光最常见的光电元件,对光谱的精细结构有较好的分辨能力。

5. 信号显示系统 信号显示系统的作用是放大信号并以适当的方式显示或记录信息。常用的信号显示系统有指针式、数字式等。现在许多分光光度计配有微电脑处理工作站,一方面可以对仪器进行控制,另一方面可以对数据自动进行处理。

课堂活动

简述分光光度计的主要部件及其各部件的作用。

(二)基本类型

1. 可见分光光度计 在实际工作中,常用分光光度计为722型。其外形如图13－4所示。722型可见分光光度计的光源为12V、25W的钨灯,电磁辐射的波长为360～800nm;色散元件为光栅;吸收池由光学玻璃制成,每台配有一套厚度分别为 0.5cm、1.0cm、2.0cm、3.0cm、5.0cm 等规格的吸收池供选用;检测器为真空光电管;显示器为数字式。这种仪器构造简单,单色性差,故常用于可见光区的一般定量分析。

2. 紫外-可见分光光度计 紫外-可见分光光度计根据光学系统不同,分为单波长分光光度计和双波长分光光度计两大类。单波长又分为单光束分光光度计和双光束分光光度计。各类仪器的基本结构相似,都配有卤钨灯和氘灯两种光源。卤钨灯的使用波长为 330 ~ 1000nm,氘灯的使用波长为 190 ~ 330nm,二者转换用手柄控制;单色器的色散元件是一个平面光栅;吸收池有玻璃和石英材质的各一套;检测器是 PD 硅光电池或光电倍增管;终端输出用数字显示浓度(c)、吸光度(A)和透光率(T),有的显示吸收曲线和标准曲线,同时可以打印测量结果。

国产 UV755B 型分光光度计的外形如图 13-5 所示。

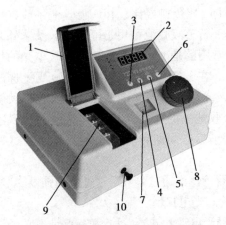

图 13-4 722 型可见分光光度计
1. 试样室盖;2. 数字显示屏;3. 确认键;
4. 0%T 键;5. 100%T 键;6. 功能键;
7. 波长读数窗;8. 波长旋钮;
9. 试样室;10. 试样架推拉杆

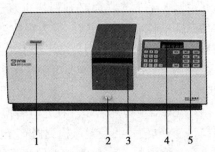

图 13-5 UV755B 型紫外-可见
分光光度计
1. 波长读数窗;2. 试样架推拉杆;3. 试样室盖;
4. 数字显示屏、确认键;5. 功能键

 知识链接

红外分光光度法

红外分光光度法是利用物质对红外光的吸收光谱而建立起来的分析方法,又称为红外吸收光谱法,用 IR 表示。其特点是光谱与分子结构密切相关,吸收峰既多又密,信息量多,特征性强。其主要应用于有机化合物的定性鉴别和结构分析,也可用于定量分析,但其灵敏度和准确度均较低。

(三) 使用方法(722 型)

1. 接通电源,依次打开试样室盖和仪器开关,将选择开关置于"T"位(透过率),波长旋钮调整至测定所需波长值,灵敏度旋钮调至低位,预热 30 分钟。

2. 将空白溶液、标准溶液、待测溶液依次在仪器的样品架上放好。

3. 使空白溶液处于光路位置,调节"0"旋钮,使读数显示为"0.00",盖上试样室盖,调节"100%"旋钮,使读数显示为"100.0"。

4. 反复调节"0"和"100%"旋钮,即打开试样室盖,用零点调节钮调"0",关闭试样室盖调"100％",直至稳定不变。

5. 盖上箱盖,依次拉出吸收池架推拉杆,将标准溶液、待测溶液置入光路,分别记录透光率读数。

6. 若测定吸光度 A,将选择开关置于"A"位,调节"消光零"旋钮,使显示数字为"0.000",然后将标准溶液、待测溶液移入光路,则显示的数值为吸光度。

7. 若测量浓度 c,将选择开关旋至"c",将标准溶液置于光路,调节"浓度"旋钮,使数字显示为标定值,将被测样品移入光路,即可读出被测样品的浓度值。

8. 测定完毕,关闭仪器开关,切断电源,将各旋钮恢复至原位,将比色皿清洗干净,置于滤纸上晾干后装入比色皿盒,罩好仪器。做好仪器使用记录。

案例：

青霉素钠是临床治疗中常用的抗生素类药物,在其生产过程中可能引入过敏性杂质,如果不加以检查控制,在使用时就有可能导致患者过敏性休克,甚至造成心力衰竭而死亡。因此,必须对其纯度和杂质限量进行检测。

分析：

根据《中国药典》规定,取青霉素钠样品,加水制成每毫升含 1.80mg 的溶液,在 280nm 的波长处测定其吸光度,不得大于 0.1。在 264nm 的波长处测定其吸光度应在 0.80～0.88 范围内。

二、定性、定量分析方法

（一）定性分析方法

1. **比较吸收光谱的一致性** 在相同条件下,分别测定并绘制未知物和标准品的吸收光谱曲线,对比二者是否一致。当没有标准物时,可以将未知药物的吸收光谱与《中国药典》中收录的药物标准图谱进行严格的对照比较。如果这两个吸收光谱曲线的形状和光谱特征,如吸收曲线的形状、肩峰、吸收峰的数目、峰位和强度(吸光系数)等完全一致,则可以初步认为二者是同一化合物。需要注意的是,只有在用其他光谱方法进一步证实后,才能得出较为肯定的结论。因为主要官能团相同的物质,可能会产生非常相似甚至相同的紫外－可见吸收光谱曲线,所以,吸收光谱曲线相同,不一定是同一种化合物。但如果这两个吸收光谱曲线的形状和光谱特征有差异,则可以肯定二者不是同一种化合物。

2. **比较吸收光谱的特征数据** 最大吸收波长(λ_{max})和吸光系数是用于定性鉴别的主要光谱特征数据。在不同化合物的吸收光谱中,最大吸收波长(λ_{max})可以相同,但因相对分子质量不同,百分吸光系数值会有差别。有些化合物的吸收峰较多,而各吸收峰对应的吸光度或百分吸光系数的比值是一定的,因此,也可以通过比较吸光度或百分吸光系数的比值的一致性,进行定性鉴别。

（二）定量分析方法

朗伯－比尔定律是分光光度法定量分析的依据。被测溶液的吸光度与其浓度、液层的厚度之间符合 $A = KcL$ 关系式。在符合光的吸收定律的条件下,选用 λ_{max} 光作为入射光,在

167

相同条件下测出标准溶液和样品溶液的吸光度,即可计算出被测组分的含量。常用的方法主要有 3 种。

1. **标准曲线法** 标准曲线法是分光光度法中最常用的定量方法,特别适合于大批量样品的定量测定。具体方法如下。

(1) 配制标准系列:取若干个相同规格的容量瓶,按照由少到多的顺序依次加入标准溶液,并分别加入等体积的试剂及显色剂,再加溶剂稀释至标线,摇匀备用。

(2) 配制样品溶液:另取一个相同规格的容量瓶,精密吸取一定体积的原样品溶液,按照与标准系列相同的操作程序和实验条件,配制一定浓度的样品溶液。

(3) 测定标准系列和样品溶液的吸光度:选择合适的参比(空白)溶液,在相同的条件下,以该溶液最大吸收波长(λ_{max})的光作为入射光,分别测定标准系列各溶液和样品溶液所对应的吸光度。

(4) 绘制标准曲线:根据测定结果,以标准溶液浓度(c)为横坐标,所对应的吸光度(A)为纵坐标,绘制吸光度-浓度曲线,称为**标准曲线**,也称为**工作曲线或 $A-c$ 曲线**。如图 13-6 所示。

(5) 计算原样品溶液的浓度:根据测定的样品溶液的吸光度,在标准曲线上的纵坐标上找到样品的吸光度($A_{样}$),再在标准曲线的横坐标上确定所对应的样品溶液的浓度($c_{样}$),如图 13-6 所示。最后,根据配制样品溶液时所取的原样品溶液的体积以及容量瓶的容积,用式(13-8)计算原样品溶液的浓度($c_{原样}$)

$$c_{原样} = c_{样} \times 稀释倍数 \qquad\qquad 式(13-8)$$

使用标准曲线法一般要用 4~7 个标准溶液,其浓度范围应在溶液的吸光度与其浓度呈线性关系的区间内,且溶液的吸光度最好控制在 0.2~0.8 范围内。

如果标准系列的浓度适当,测定条件合适,那么理想的标准曲线就是一条通过坐标原点的直线,如图 13-6 所示。在实际工作中,很多因素可能导致吸光度偏离光的吸收定律,常出现标准曲线在高浓度端发生弯曲的现象,给测定结果带来误差,如图 13-7 所示。

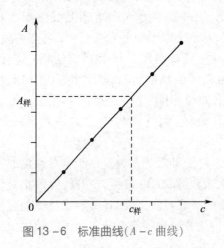

图 13-6 标准曲线($A-c$ 曲线)

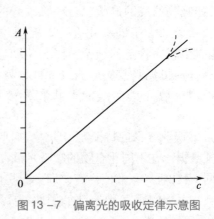

图 13-7 偏离光的吸收定律示意图

导致偏离光的吸收定律的主要原因是单色光不纯、溶液浓度过高或过低、吸光物质性质不稳定等。

2. **标准品对照法** 在相同的条件下,配制浓度为 $c_{标}$ 的标准溶液和浓度为 $c_{样}$ 的样品溶

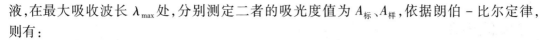

液,在最大吸收波长 λ_{max} 处,分别测定二者的吸光度值为 $A_{标}$、$A_{样}$,依据朗伯 - 比尔定律,则有:

$$A_{标} = K_{标} c_{标} L_{标}$$
$$A_{样} = K_{样} c_{样} L_{样}$$

由于是同一种物质,用同一台仪器、相同厚度的吸收池在同一波长处测定,因此可得:

$$c_{样} = c_{标} \frac{A_{样}}{A_{标}} \qquad\qquad 式(13-9)$$

再根据稀释倍数求出原样品液的浓度:

$$c_{原样} = c_{样} \times 稀释倍数$$

一般来说,为了减少误差,标准品对照法配制的标准溶液浓度常与样品溶液的浓度相接近。

例 13 - 3 精密吸取 $KMnO_4$ 样品溶液 5.00ml,加蒸馏水稀释至 25.00ml。另配制 $KMnO_4$ 标准溶液的浓度为 $25.0\mu g/ml$。在 $\lambda_{max} = 525nm$ 处,用 1cm 厚的吸收池,测定样品溶液和标准溶液的吸光度分别为 0.220 和 0.250,求原样品溶液中 $KMnO_4$ 的浓度。

解:已知 $A_{标} = 0.250$ $A_{样} = 0.220$ $c_{标} = 25.0\mu g/ml$

根据公式 $c_{样} = c_{标} \dfrac{A_{样}}{A_{标}}$ 得:

$$c_{样} = c_{标} \frac{A_{样}}{A_{标}} = 25.0 \times \frac{0.220}{0.250} = 22.0(\mu g/ml)$$

根据公式 $c_{原样} = c_{样} \times 稀释倍数$ 得:

$$c_{原样} = c_{样} \times 稀释倍数 = 22.0 \times \frac{25.0}{5.00} = 110(\mu g/ml)$$

答:原样品溶液中 $KMnO_4$ 的浓度为 $110\mu g/ml$。

3. 吸光系数法 吸光系数法又称绝对法,是直接利用朗伯 - 比尔定律的数学表达式 $A = KcL$ 进行计算的定量分析方法。在相关的手册中查出待测物质在最大吸收波长 λ_{max} 处的吸光系数 $(\varepsilon、E_{1cm}^{1\%})$,并在相同条件下测量样品溶液的吸光度 A,则其浓度可根据以下公式计算:

$$c = \frac{A}{\varepsilon L} \quad 或 \quad \rho_B = \frac{A}{E_{1cm}^{1\%} L} \qquad\qquad 式(13-10)$$

例 13 - 4 维生素 B_{12} 的水溶液在 $\lambda_{max} = 361nm$ 处的百分吸光系数 $E_{1cm}^{1\%} = 207$ $[100ml/(g \cdot cm)]$。若用 1cm 的吸收池,测得维生素 B_{12} 样品溶液在 361nm 波长处的吸光度 $A = 0.621$,试求该溶液的质量浓度。

解:已知 $E_{1cm}^{1\%} = 207[100ml/(g \cdot cm)]$ $L = 1.00cm$ $A = 0.621$

根据公式 $\rho_B = \dfrac{A}{E_{1cm}^{1\%} L}$ 得:

$$\rho_B = \frac{A}{E_{1cm}^{1\%} L} = \frac{0.621}{207 \times 1.00} = 0.00300(g/100ml)$$

答:该溶液的质量浓度为 $0.00300g/100ml$。

知识链接

目视比色法

用肉眼观察、比较溶液颜色深浅来确定物质含量的方法称为目视比色法。最常用的是标准系列法。

将不同量的同一标准溶液按照由少到多的顺序依次加入规格相同的比色管中,在相同的反应条件下,加入相同量的显色剂和其他化学试剂,最后加蒸馏水稀释至相同体积,摇匀,即形成颜色逐渐加深的标准系列溶液(标准色阶)。另取一定量的样品溶液置于另一支比色管中,用同样的方法配制样品溶液。从管口垂直向下观察(也可以从比色管侧面观察),如果样品液颜色与标准色阶中某溶液的颜色相同,则说明这两支比色管中的溶液浓度相等;如果样品液的颜色介于相邻两标准溶液的颜色之间,则样品液的浓度在这两个标准溶液的浓度之间。

4. 测量条件的选择　为了提高分析方法的灵敏度和准确度,可从以下方面选择最佳的测量条件。

(1) 选择入射光的波长:由于溶液对光的吸收是有选择性的,所以测定时要根据吸收光谱曲线选择吸光性物质的最大吸收波长(λ_{max})作为分析波长,这样可保证测定的灵敏度,而且此处曲线较平坦,吸光系数变化不大,对光的吸收定律的偏离程度最小。

(2) 选择适当的吸光度读数范围:读数范围应控制在吸光度为 0.2～0.8、透光率为 20%～65%。为此,可通过控制试样的取样量来实现。如果试液已显色,可通过改变吸收池厚度的方法来改变吸光度的数值。

(3) 选择合适的参比溶液:在测定溶液的吸光度时,为了消除溶液中其他成分的干扰,首先要用参比溶液(空白溶液)调节百分透光率为 100%,以消除溶液中的其他成分以及吸收池和溶剂等带来的影响。参比溶液应当是与配制试样溶液条件相同而又不含试样的溶液。如蒸馏水就是常用的空白溶液。

学以致用

工作场景:

药物中铁盐的存在可对药物的稳定性和活性成分等产生影响,使药物的疗效降低,甚至引起重金属盐中毒。如果你是检测人员,如何设计试验判断硼砂样品中铁离子的浓度是否超出《中国药典》规定的限量。

知识运用:

利用铁离子与硫氰酸铵反应生成红色配离子,通过比较样品与对照品溶液的颜色,检查硼砂中的铁盐。

需要的仪器和试剂有托盘天平、烧杯、比色管、量筒、硼砂、稀盐酸、过硫酸铵、30%硫氰酸铵、标准铁溶液。

称取硼砂 0.1g 于烧杯中,加水 25ml 溶解后,转移至 50ml 的比色管中,加稀盐酸4ml,过硫酸铵 50mg,加水稀释成 35ml,加 30% 硫氰酸铵溶液 3ml,再加水稀释至标线,摇匀。如显色,立即用 3.0ml 标准铁溶液按同法配成的对照液(0.003%)比较,不得比对照液的颜色深。

点滴积累

1. 紫外－可见分光光度计主要由光源、单色器、吸收池、检测器、信号显示系统五部分构成。
2. 定量分析方法主要包括标准曲线法、标准品对照法、吸光系数法。

目标检测

一、选择题

（一）单项选择题

1. 有色物质的浓度、最大吸收波长、吸光度三者的关系是（　　　）
   A. 增加、增加、增加
   B. 减小、不变、减小
   C. 减小、增加、增加
   D. 增加、不变、减小

2. 某浓度的溶液在1cm吸收池中测得透光率为T，若浓度增大1倍，则透光率为（　　　）
   A. T^2　　　　　　B. $T/2$　　　　　　C. $2T$　　　　　　D. $\sqrt{T}$

3. 以下说法错误的是（　　　）
   A. 吸光度随浓度增加而增加
   B. 吸光度随液层厚度增加而增加
   C. 吸光度随入射光的波长减小而增加
   D. 吸光度随透光率的增大而减小

4. 下列关于吸收光谱曲线的描述中，不正确的是（　　　）
   A. 吸收光谱曲线表明了吸光度随波长的变化情况
   B. 吸收光谱曲线以波长为纵坐标，以吸光度为横坐标
   C. 吸收光谱曲线中，最大吸收峰处的波长为最大吸收波长
   D. 吸收光谱曲线表明了吸光物质的光吸收特性

5. 用1cm吸收池测定某有色溶液的吸光度为A，若改用2cm吸收池，则吸光度为（　　　）
   A. $2A$　　　　　　B. $A/2$　　　　　　C. A　　　　　　D. $4A$

6. 吸收光谱曲线是（　　　）
   A. 吸光度(A)－时间(t)曲线
   B. 吸光度(A)－波长(λ)曲线
   C. 吸光度(A)－浓度(c)曲线
   D. 吸光度(A)－温度(T)曲线

7. 分光光度法中的标准曲线是（　　　）
   A. 吸光度(A)－时间(t)曲线
   B. 吸光度(A)－波长(λ)曲线
   C. 吸光度(A)－浓度(c)曲线
   D. 吸光度(A)－温度(T)曲线

8. 下列说法正确的是（　　　）
   A. 吸收曲线的形状与溶液的浓度无关
   B. 吸收曲线与物质的特性无关
   C. 溶液的浓度越大，吸光系数越大
   D. 溶液的颜色越浅，吸光度越大

9. 当入射光的强度(I_0)一定时，溶液吸收光的强度(I_a)越小，则溶液的透过光强度(I_t)（　　　）

  A. 越大   B. 越小   C. 保持不变   D. 等于 0

10. 在某一波长处测得溶液的吸光度为 1.0,其透光率应为( )

  A. 0.1%   B. 1.0%   C. 20%   D. 10%

11. 在测定 Fe^{3+} 含量时,加入 NH_4SCN 显色剂,生成的配合物是红色的,则此配合物主要吸收了白光中的( )

  A. 红光   B. 青光   C. 紫光   D. 蓝光

12. 在分光光度分析中,透过光强度(I_t)与入射光强度(I_0)之比,即 I_t/I_0 之比称为( )

  A. 吸光度   B. 消光度   C. 透光率   D. 密度

(二) 多项选择题

1. 为了使被测物质溶液的吸光度为 0.2~0.8,可采取的方法是( )

  A. 读数太小时,换用较厚的比色皿

  B. 读数太大时,将溶液准确稀释后再行测定

  C. 改变测定的波长,选用波长较短的光波

  D. 读数太大时,换用较薄的比色皿

  E. 改变测定的波长,选用波长较长的光波

2. 在某一波长处,测得某物质的摩尔吸光系数(ε)很大,则说明( )

  A. 光通过该物质溶液的光程很长

  B. 该物质对某波长光的吸光能力很强

  C. 该物质溶液浓度很大

  D. 在此波长处测定该物质的灵敏度很高

  E. 该物质对某波长光的吸光能力很弱

3. 分光光度法中的定量分析方法有( )

  A. 标准曲线法   B. 标准品对照法   C. 空白溶液法

  D. 吸光系数法   E. 目视比色法

4. 物质的摩尔吸光系数与下列哪些因素有关( )

  A. 物质结构   B. 物质浓度   C. 溶剂

  D. 入射光波长   E. 温度

二、填空题

1. 已知某有色配合物在一定波长下用 2cm 吸收池测定时其透光率 $T=0.60$,若在相同条件下改用 1cm 吸收池测定,吸光度 A 为_____;用 3cm 吸收池测量,透光率 T 又为_____。

2. 测量某有色配合物的透光率时,若吸收池厚度不变,当有色配合物浓度为 c 时的透光率为 T,当其浓度变为原来 1/3 时的透光率为_____。

3. 吸收曲线上吸光度最大的地方称为_____,它对应的波长称为_____,吸收曲线的_____和_____与物质的分子结构有关,因此,吸收曲线的特征可作为对物质进行_____的基础。

4. 对于同一物质的不同浓度溶液来说,其吸收曲线的形状_____,最大吸收波长_____,只是吸收程度_____,表现在曲线上就是曲线的_____。

三、名词解释

1. 工作曲线

2. 吸收光谱曲线

3. 最大吸收波长

4. 光的吸收定律

5. 摩尔吸光系数

6. 百分吸光系数

四、计算题

1. 药物卡巴克络的摩尔质量为 236g/mol, 将其配成每 100ml 含 0.4962mg 的溶液, 盛于 1cm 吸收池中, 在 λ_{max} 为 355nm 处测得 A 值为 0.557, 求卡巴克络的摩尔吸光系数 ε。

2. 已知一溶液在 λ_{max} 处 ε 为 1.40×10^4 L/(mol·cm), 现用 1cm 吸收池测得该物质的吸光度为 0.85, 计算该溶液的浓度。

3. 已知 $KMnO_4$ 溶液的摩尔吸光系数为 2.2×10^3 L/(mol·cm), $KMnO_4$ 的摩尔质量为 158g/mol, 求将质量浓度为 0.02g/L 的 $KMnO_4$ 溶液放在 3cm 吸收池中测得的吸光度是多少?

(接明军)

第十四章　色谱分析法

学习目标

1. 掌握固定相、流动相、分配系数、保留时间和比移值的概念。
2. 熟悉色谱法的分类及特点、薄层色谱法的技术要点。
3. 了解柱色谱法、纸色谱法、气相色谱法和高效液相色谱法。

导学情景

情景描述：

　　儿童小轩，突然呕吐，其四肢和嘴唇发紫。送医后，医生根据发病症状诊断小轩为亚硝酸盐中毒，初步怀疑其误服了超量磺胺类抗生素，目前临床认为磺胺类药物容易引起亚硝酸盐中毒，不适宜于儿童。

学前导语：

　　本案例中磺胺类药物的检测结果成为了重要的治疗依据。通过本章的学习，我们可以对磺胺类药物的测定手段有所了解。

第一节　色谱法的原理和分类

一、色谱法的原理

　　色谱法是利用样品中不同组分在流动相与固定相中的分配系数不同而实现分离和分析的一种方法。

知识链接

色谱法的由来

　　俄国植物学家茨威特一生致力于植物色素的分离与提纯工作，在1906年首先提出应用吸附原理分离植物色素的新方法：将植物色素的石油醚提取液倒入装有碳酸钙吸附剂的玻璃柱内，色素提取液被吸附在碳酸钙颗粒上。然后用纯石油醚冲洗，发现在白色碳酸钙柱的不同部位形成了不同颜色的色带，色谱由此而得名。按色带的颜色对色素混合物进行鉴定分析的方法称为色谱法。柱内的填充物称为固定相，冲洗剂称为流动相。

分配系数是指在低浓度和一定温度下,各组分以固定规律分散于互不相溶的二相中,达到平衡状态时,任一组分在固定相(s)与流动相(m)中的浓度(c)之比为常数,称为分配系数。以 K 表示:

$$K = \frac{c_{s}}{c_{m}}$$

通过两相的相对运动,使样品中不同组分在两相中进行多次反复分配,分配系数大的组分迁移速率慢,分配系数小的组分迁移速率快,从而达到分离目的,再逐个分析。

K 的意义

分配系数(K)反映了溶质在两相中的迁移能力及分离效能,是描述物质在两相中行为的重要特征参数。分配系数与组分、流动相和固定相的热力学性质有关,也与温度、压力有关。

在不同的色谱分离机制中,K 有不同的意义:吸附色谱法为吸附系数,离子交换色谱法为选择性系数(或称交换系数),凝胶色谱法为渗透参数。但一般情况都可用分配系数来表示。

在同一色谱条件下,样品中 K 值大的组分在固定相中滞留时间长,后流出色谱柱;K 值小的组分滞留时间短,先流出色谱柱。混合物中各组分的分配系数相差越大,越容易分离。因此混合物中各组分的分配系数不同是色谱分离的前提。

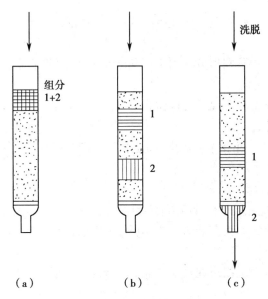

图 14-1 吸附柱色谱洗脱过程示意图
a. 样品上柱 b. 样品分离 c. 洗脱

如顺式偶氮苯与反式偶氮苯理化性质非常接近,用常规的分离方法难以分离,但色谱法可以将两者较好地分离。如图 14-1 所示,在一根下端垫有精制棉或玻璃棉的玻璃柱中装入吸附剂氧化铝(固定相)用少量石油醚将顺、反偶氮苯的混合物溶解后加到氧化铝柱的顶端,如图 14-1a 所示。然后用含 20% 乙醚的石油醚(流动相)连续不断地从上到下冲洗氧化铝柱。很快白色氧化铝柱上出现两个色环(又名色带),1、2 两组分被分开,如图 14 – 1b 所示,继续加入流动相冲洗,则两个色带(代表两种组分)就会依次从柱中流出,达到分离的目的,如图 14 – 1c 所示。

从理论上讲,不同的组分只要在理化性质上存在着差异,就能够被分离。当流动相流经固定相表面时,已吸附在固定相上的各种组分又溶解于流动相中而被解吸附,并随着流动相移动,已解吸附的组分遇到新的固定相吸附剂颗粒,又再次被吸附。

课堂活动

吸附力的强弱与被分离组分的极性有何关系?

经过无数次这样的**吸附**、**解吸附(溶解)**、**再吸附**、**再解吸附**……的过程,将各组分的微小差异放大,形成巨大差异。其结果是吸附能力弱(分配系数小)的组分先从柱中流出,而吸附能力强(分配系数大)的组分后从柱中流出,从而使各组分得到分离。因此,色谱法是目前分离混合物最有效的手段之一。

二、色谱法的分类

(一)按流动相与固定相的所处状态分类

1. 气相色谱法(G – C) 流动相是气体。当固定相是固体吸附剂时,称为气 – 固色谱法;当固定相是液体时,称为气 – 液色谱法。

2. 液相色谱法(HPLC) 流动相是液体。当固定相是固体吸附剂时,称为液 – 固色谱法;当固定相是液体时,称为液 – 液色谱法。

(二)按分离原理分类

1. 吸附色谱法 利用吸附剂表面或吸附剂的某些基团对不同组分吸附能力的差异来实现互相分离的色谱法。

2. 分配色谱法 利用不同组分在固定相和流动相中的溶解度不同,引起分配系数上的差异来实现互相分离的色谱法。

3. 离子交换色谱法 利用离子交换树脂与溶液中各种离子发生交换反应能力的差异来实现互相分离的色谱法。

4. 空间排阻色谱法 利用特殊凝胶(固定相)对不同大小的分子产生的阻滞差异而进行分离的色谱法。

(三)按操作形式分类

1. 柱色谱法 将固定相于柱管内构成色谱柱,流动相携带样品自上而下移动的分离方法。

2. 纸色谱法 用滤纸作固定液的载体,点样后用流动相(展开剂)展开而使组分互相分离的方法。

3. 薄层色谱法 将固定相涂在玻璃或铝箔板等板上,形成薄层,点样后,用流动相(展开剂)展开的分离方法。

本章主要介绍柱色谱法、纸色谱法和薄层色谱法。

点滴积累

1. 色谱法是利用样品中不同组分在流动相与固定相中的分配系数不同而实现分离和分析的方法。

2. 一定温度下,某一组分在固定相(s)与流动相(m)中的浓度(c)之比称为分配系数,以 K 表示。

$$K = \frac{c_s}{c_m}$$

第二节　柱色谱法

一、吸附柱色谱法

(一)原理

吸附柱色谱法是将固体吸附剂装在管状柱内,用液体流动相进行洗脱的色谱法称作**液-固吸附柱色谱法**。吸附是指当流体与多孔固体接触时,流体中某一组分或多个组分在固体表面处产生积蓄的现象。吸附剂一般为多孔性微粒状物质,其表面有许多吸附中心。当组分分子占据吸附中心,即被吸附,流动相(洗脱剂)分子从吸附中心置换出被吸附的组分分子时,即为解吸附。吸附剂对不同极性的物质具有不同的吸附能力,其分配过程为吸附-解吸附的过程。在吸附-解吸附的平衡中,不同的物质拥有不同的吸附系数 K,在低浓度和一定温度下:

$$K = \frac{c_s}{c_m}$$

式中 c_s 表示组分在固定相中的浓度,c_m 表示组分在流动相中的浓度,**K 值的大小可以说明组分被吸附的情况。通常极性强的组分 K 值大,被吸附得牢固,移动速率慢,在固定相中停留时间长**(也称保留时间长),**后流出色谱柱。反之,K 值小的组分先流出色谱柱。若 K 值为 0,则该组分不被吸附并随流动相流出。由此可见,各组分彼此之间的 K 值相差越大,越容易被分离。**

课堂活动

试讨论 K 值大小的含义。

(二)吸附剂的性质

吸附柱色谱法常用的吸附剂有氧化铝、硅胶和聚酰胺等。

1. 氧化铝　色谱用氧化铝有碱性、中性和酸性 3 种,以中性氧化铝使用最多。

碱性氧化铝(pH 9~10)适用于碱性和中性化合物的分离。如生物碱等。

酸性氧化铝(pH 4~5)适用于酸性物质的分离。如某些氨基酸、酸性色素等。

中性氧化铝(pH 7.5)用途广泛,凡是酸性、碱性氧化铝能分离的化合物,中性氧化铝均能适用。适用于分离生物碱、挥发油、萜类、甾体及在酸、碱中不稳定的苷类、酯、内酯等化合物。

吸附剂的活性与含水量密切相关。活性的强弱用活度级数(Ⅰ~Ⅴ)表示。含水量越高,活度级数越大,活性越低,吸附能力越差。活性强弱与含水量的关系可参阅表 14-1。

表 14 - 1　氧化铝、硅胶的含水量与活性的关系

活度级	氧化铝含水量%	硅胶含水量%	活度级	氧化铝含水量%	硅胶含水量%
I	0	0	IV	10	25
II	3	5	V	15	38
III	6	15			

在适当的温度下加热,除去水分可使氧化铝的吸附能力增强(活化),反之加入一定量水分可使活性降低,称为脱活性。

氧化铝活化方法:将需要活化的氧化铝置于铝盘内,铺 2 ~ 3cm 的厚度,于 400℃ 左右的电炉内,恒温 6 小时,取出,置于干燥器内,冷却,备用。这样得到的氧化铝活性可达I ~ II级。

2. 硅胶　硅胶具有微酸性,适用于分离酸性或中性物质,如有机酸、氨基酸、甾体等。

硅胶的吸附能力比氧化铝稍弱,是最常见的吸附剂。硅胶表面能吸附较多水分,将硅胶加热到100℃左右,水分被除去。硅胶的活性与含水量关系见表 14 - 1,含水量越高,活性级数越大,吸附能力越差。一般使用前于 120℃ 烘 2 小时活化后,即可使用。

3. 聚酰胺　由酰胺聚合而成的高分子化合物,色谱常用的是聚己内酰胺,为白色多孔的非晶形粉末,不溶于水和一般有机溶剂,易溶于浓盐酸、酚、甲酸等。

除上述 3 种主要的吸附剂外,硅藻土、硅酸镁、活性炭、天然纤维素等也可作为吸附剂。

（三）吸附剂和流动相的选择

流动相的洗脱作用是流动相分子与被分离的组分分子竞争占据吸附剂表面活性吸附中心的过程。强极性的流动相分子,占据表面活性吸附中心的能力强,洗脱作用就强;弱极性的流动相分子,占据表面活性吸附中心的能力弱,洗脱作用就弱。因此,为了使样品中吸附能力稍有差异的各组分分离,就必须同时考虑到被分离物质的极性、吸附剂的活性和流动相的极性 3 种因素。

1. 被分离物质的极性　烷烃 < 烯烃 < 醚 < 硝基化合物 < 二甲胺 < 酯类 < 酮类 < 醛类 < 硫醇 < 胺类 < 酰胺 < 醇类 < 酚类 < 羧酸类

2. 流动相的极性顺序　石油醚 < 环己烷 < 四氯化碳 < 苯 < 甲苯 < 乙醚 < 氯仿 < 乙酸乙酯 < 正丁醇 < 丙酮 < 乙醇 < 甲醇 < 水 < 醋酸

3. 吸附剂和流动相的选择原则　以硅胶或氧化铝为吸附剂,**分离极性较强的组分,一般选用吸附能力较弱的吸附剂,用极性较强的洗脱剂洗脱;分离极性较弱的组分,则应选择吸附能力较强的吸附剂,用极性较弱的洗脱剂洗脱**。为了得到极性适当的流动相,在实际工作中多采用混合溶剂作为流动相。

（四）操作方法

1. 装柱　在填充吸附剂前,色谱柱应先垂直固定于支架上,管的下端垫少许脱脂棉或玻璃棉,为保持一个平整表面,最好在上面加 5mm 左右洗过而干燥的沙子,有助于分离时色层边缘整齐,加强分离效果。色谱柱的直径与长度比一般为 1:10 ~ 1:20,如需保温,可用加有套管的色谱柱。

色谱柱的装填要均匀,不能有裂隙和气泡,否则被分离组分的移动速率不一,影响分离效果。

装柱的方法有干法装柱和湿法装柱。

（1）干法装柱:选用 80 ~ 120 目活化后的吸附剂,经过玻璃漏斗不间断地倒入柱内,边

装边轻轻敲打色谱柱,使填充均匀,并在吸附剂顶端加少许脱脂棉。然后沿管壁慢慢滴加洗脱剂,使吸附剂湿润,并使柱中空气全部排除。如有气泡,会使柱中的吸附剂形成裂缝,影响分离效果,甚至使实验失败。

(2)湿法装柱:将所需足量的吸附剂与适当的洗脱剂调成浆状,然后缓慢连续不断地倒入柱内,勿使气泡产生,过剩洗脱剂则让它流出。从顶端再加入一定量的洗脱剂,使其保持一定液面。让吸附剂自由沉降而填实,在柱顶上加少许脱脂棉。湿法装柱效果较好,是目前经常使用的方法。

2. 加样 将样品溶液小心滴加到柱顶部,加样完毕,打开柱下端活塞,使样品溶液缓缓流下至液面与吸附剂顶面平齐,再用少量洗脱剂冲洗盛样品溶液的容器2～3次,并轻轻滴入色谱柱顶部。

3. 洗脱 可用一种溶剂或混合溶剂作为洗脱剂。在洗脱过程中应不断加入洗脱剂,保持色谱柱顶表面有固定高度的液面,以便控制洗脱剂的流速。流速过快,柱中不易达到吸附平衡,影响分离效果。随着洗脱,各组分因被吸附和解吸附的能力不同而逐渐分离,先后流出色谱柱。可采用分段定量地收集洗脱液,并对洗脱液进行定性分析。将同一组分的洗脱液合并,即可对这一组分进行定量分析。

二、分配柱色谱法

有些物质(如脂肪酸或多元醇类)极性大,能被吸附剂强烈吸附,很难洗脱,不适合使用吸附色谱法,可用液－液分配色谱法进行分离。

(一)原理

分配柱色谱法是利用样品中各组分在两种互不相溶的溶剂间分配系数不同而实现分离目的的方法。 将一种溶剂附着在载体(支持剂)的表面作为固定相,另一种溶剂作为流动相冲洗色谱柱。

各组分之间的分配系数相差越大,越易分离。若各组分的分配系数相差不大时,可通过增加柱长,使分配次数增多,以达到较好的分离效果。

(二)载体、固定相

载体在分配柱色谱法中起负载固定相的作用。载体本身是惰性的,对样品组分不能有吸附作用。载体必须具有较大的表面积,能附着大量的固定相液体,在分配柱色谱法中常用的载体有吸水硅胶、硅藻土、纤维素以及微孔聚乙烯小球等。

(三)流动相

一般分配柱色谱法固定相的极性都较大,所以应选择极性较小的流动相,这样可以避免互溶,使组分在两相中建立起分配平衡。常用的流动相有石油醚、醇类、酮类、酯类、卤代烃类、苯等或其混合物。具体选择要根据样品各组分在二相中的分配系数而定,也可以根据被分离组分的性质选择流动相。

课堂活动

1. 请说出载体、固定相和流动相在分配柱色谱法中各自的作用。
2. 物质在两相中的分配系数与哪些因素有关?K 与移动速率的关系?
3. 在吸附柱色谱法和分配柱色谱法中,柱内填充的硅胶作用相同吗?

（四）操作方法

1. 装柱　先将固定相液体与载体充分混合，然后再装柱。装柱的要求与吸附柱色谱法基本相同。为防止流动相流经色谱柱时将固定相破坏，在使用前先将2种溶剂加到分液漏斗中用力振摇，使2种溶剂互相饱和，待静止分层时，再分别取出使用。

2. 加样　分配柱色谱法的加样方法有以下3种。

（1）将被分离样品配成浓溶液，用吸管轻轻沿着管壁加到含有固定相的载体的上端，然后加流动相洗脱。

（2）样品溶液先用少量含有固定相的载体溶解，待溶剂挥发后，加到色谱柱上端，然后用流动相洗脱。

（3）用一块比色谱柱直径略小的滤纸吸附样品溶液，待溶剂挥发后，放在色谱柱载体表面上，然后用流动相洗脱。

流动相的收集与处理和吸附柱色谱法相同。

点滴积累

1. 柱色谱法分为吸附柱色谱法和分配柱色谱法两种。
2. 在同一色谱条件下，K 值大的组分在固定相中滞留时间长；K 值小的组分则滞留时间短。各组分彼此之间的 K 值相差越大，越容易被分离。

第三节　纸色谱法

一、纸色谱法的原理

纸色谱法是以滤纸作为载体的色谱法，按分离原理属于分配色谱法的范畴。固定相一般为滤纸纤维上吸留的水，流动相为不与水相溶的有机溶剂。但在实际应用中，也常选用与水部分相溶的溶剂作为流动相。因为滤纸纤维吸留的水中约有6%通过氢键与纤维上的羟基结合成缔合物，这部分水和与水部分相溶的溶剂仍能形成不相溶的两相。除水以外，滤纸也可吸留其他物质做固定相，如甲酰胺、各种缓冲溶液等。

当纸色谱法固定相采用极性很小的溶剂作为固定相（如液状石蜡、硅油），用水或极性有机溶剂作为展开剂，称为反相纸色谱法，用于分离非极性物质。

操作时，在色谱滤纸条的一端，点加样品溶液适量，待干后，将滤纸悬挂于密闭的色谱缸内，选

课堂活动

纸色谱法、反相纸色谱法的固定相和流动相（展开剂）的极性有何不同？

择适当的溶剂系统作为展开剂（流动相），利用毛细现象从点样的一端向另一端展开。在此过程中，各组分随着展开剂的向前移动在两相之间不断进行分配（连续萃取），利用各组分在两相间的分配系数不同、移动速率亦不同的性质，实现分离的目的。展开后，取出滤纸条，画出溶剂前沿，晾干，用适当方法显色。**各组分在滤纸上移动的距离用比移值 R_f 表示**（图14-2）

$$R_f = \frac{\text{原点到斑点中心的距离}}{\text{原点到溶剂前沿的距离}}$$

$$\text{样品 A 的 } R_f = \frac{a}{c}$$

$$\text{样品 B 的 } R_f = \frac{b}{c}$$

根据 R_f 值的定义,其值在 0 ~ 1 之间变化。若该组分的 $R_f = 0$,表示它没有随展开剂展开,仍停留在原点上;若组分的 $R_f = 0.6$,则表示该组分从原点移动到溶剂前沿的 6/10 处。分配系数愈小,R_f 值愈大。**组分之间的分配系数相差越大,则各组分的 R_f 值相差也越大,表示越易分离**。由于样品中各组分在两相之间有固定的分配系数,它们在色谱滤纸上也必然有相对固定的比移值,因此,可以利用 R_f 值定性。

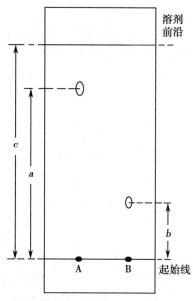

图 14 – 2 R_f 值的测量示意图

在实践中,影响 R_f 值的因素很多,如展开剂的组成、展开时的温度、展开剂蒸气的饱和程度及滤纸的性能等。要提高 R_f 值的重现性,必须严格控制色谱条件。**经常采用与对照品在同一色谱条件下进行操作的方法**,求得相对比移值。

$$R_s = \frac{\text{原点到样品斑点中心的距离}}{\text{原点到对照品斑点中心的距离}}$$

对照品可选用标准品,也可用样品中某一组分作为对照品,$R_s = 1$,表示样品与对照品一致。用 R_s 可以减小误差。

二、色谱滤纸的选择和处理

(一)对滤纸的一般要求

1. 质地均匀、纯净、平整无折痕,边缘整齐,以保证展开剂展开速度均匀。
2. 纸质的松紧和厚度适宜。过紧过厚则展开速度太慢;过于疏松易使斑点扩散。
3. 应有一定的机械强度,不易断裂。

(二)色谱滤纸的预处理

为了适应某些特殊需要,可对滤纸进行预处理,使滤纸具有新的功能。例如,将滤纸浸入一定 pH 的缓冲溶液中处理后,使滤纸维持恒定的酸碱度,用于分离酸、碱性物质。用甲酰胺、二甲基甲酰胺等代替水作固定相,以增加物质在固定相中的溶解度,用于分离一些极性较小的物质,降低 R_f 值,改善分离效果。

三、操作方法

(一)点样

取滤纸条一张,在距纸一端 2 ~ 3cm 处用铅笔轻轻划一条起始线,在线上画一"×"号表示点样位置。用内径为 0.5mm 的平头毛细管或微量注射器点样。

将 1 ~ 2μl 的样品溶液(一般含样品几到几十微克)均匀地点在已做好标记的起始线上(点样斑点称为原点),点样斑点直径不宜超过 2 ~ 3mm,斑点之间的间距为 2cm。若样品溶液浓度太稀,可反复点几次,每次点样后用红外灯或电吹风迅速干燥。

（二）展开

1. **展开剂的选择**　选择展开剂主要是根据样品组分在两相中的溶解度,即分配系数来考虑,选择展开剂应注意:

（1）展开剂不与被测组分发生化学反应。

（2）被测组分用展开剂展开后,R_f 值应为 $0.05 \sim 0.85$,分离 2 个以上组分时,其 R_f 值相差至少要大于 0.05。

（3）易于获得边缘整齐的圆形斑点。

（4）尽可能不使用高沸点溶剂做展开剂,便于滤纸干燥。

在纸色谱法中常用的展开剂为正丁醇、正戊醇、酚等或其混合溶剂。展开剂预先要用水饱和,否则展开过程中会把固定相中的水夺去。几类化合物纸色谱的常用展开剂和显色剂见表 14 - 2。

表 14 -2　几类化合物纸色谱的常用展开剂和显色剂

化合物类别	展开溶剂	显色剂
有机酸	(1)正丁醇:醋酸:水 =4:1:5 (2)正丁醇:乙醇:水 =4:1:5	溴甲酚绿(溶解 0.04g 溴甲酚绿于 100ml 乙醇中,加 0.01mol/L NaOH 直到刚出现蓝色为止)显黄色斑点
酚类	(1)正丁醇:醋酸: 水 =4:1:5 (2)正丁醇:吡啶:水 =2:1:5	三氯化铁(溶解 2g 三氯化铁于 100ml 0.5mol/L HCl 中)显蓝色或绿色斑点
糖类	(1)正丁醇:乙醇:水 =4:1:5 (2)正丁醇:醋酸:水 =4:1:5	邻苯二甲酸苯胺(0.93g 苯胺、1.66g 邻苯二甲酸溶于 100ml 水饱和的正丁醇中)105℃加热,呈红色或棕色斑点
氨基酸	(1)正丁醇:醋酸:乙醇:水 =4:1:1:2 (2)戊醇:吡啶:水 =35:35:30	茚三酮(0.3g 茚三酮溶于 100ml 醋酸)80℃加热,呈红色斑点

2. **展开方式**　根据色谱滤纸的形状,选择合适的色谱缸。先用展开剂蒸气饱和色谱缸,然后再将点样后的滤纸展开。

纸色谱法展开方式有:①上行展开,见图 14 -3,让展开剂利用毛细管效应向上扩展,适用于分离 R_f 值相差较大的样品;②下行展开,见图 14 -4,借助重力使展开剂向下移动,适用于分离 R_f 值相差较小的组分。

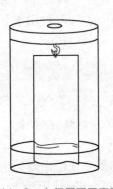

图 14 -3　上行展开示意图

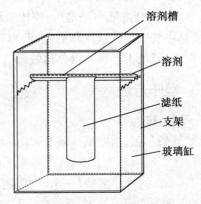

图 14 -4　下行展开示意图

对于成分复杂的混合物可以采用双向展开。此外,可采用圆形滤纸进行径向展开。通常使用上行展开。

(三)显色

展开完毕后,取出滤纸,在展开剂到达的前沿用铅笔轻轻划一条线。在室内晾干后,先观察有无色斑,然后置紫外线灯下观察荧光斑点,标出位置、大小,记录颜色和强度。若组分既不显色斑,又不显荧光,可根据被分离物质的性质,喷洒适当显色剂显色。必须注意,不能使用腐蚀性的显色剂(如浓硫酸),以免腐蚀色谱滤纸。

(四)定性

经过显色反应可初步分析样品属于哪一类物质。但要分析单个色斑对应哪一种物质,则需测定斑点的 R_f 值。R_f 值是物质的定性基础,但是影响 R_f 值的因素较多,使 R_f 值不易重现。因此常将样品与对照品同时在同一滤纸上随行展开进行比较,测量两斑点的 R_s 值后进行定性。

(五)定量

1. 目测法　将标准浓度系列溶液和样品溶液同时点在一张滤纸上,展开和显色后,经过目视比较,求出样品的近似含量。

2. 剪洗法　先将确定部位的色斑剪下,经溶剂浸泡、洗脱,再用比色法或分光光度法定量分析。

3. 光密度测定法　用色谱斑点扫描仪直接测定斑点的光密度,即可计算含量。

四、应用

纸色谱法仪器简单,操作方便,所需样品量少,样品分离后各组分的定性、定量都较方便,广泛用于混合物的分离、鉴定、微量杂质的检查等。如对中草药成分的研究、卫生检查及毒物分析、生化检验中氨基酸分离鉴别等,都可采用纸色谱法。

取色谱滤纸一条,用毛细管将甘氨酸、丙氨酸和谷氨酸分别点于滤纸的起始线上,吹干,将滤纸悬挂于盛有展开剂的色谱缸中,饱和半小时,用正丁醇:醋酸:水(4:1:2)作展开剂,然后将点有样品的滤纸一端浸入展开剂中约1.5cm处(点样处应距滤纸一端2cm)展开,展开剂前沿上升到一定高度后,取出,用铅笔在溶剂到达前沿处划一线,晾干。喷茚三酮(显色剂溶液),在 80~100℃烘箱中加热数分钟,取出即出现各氨基酸的蓝紫色斑点,分别测量 R_f 值。

第四节 薄层色谱法

一、薄层色谱法的原理

将固定相均匀地涂铺在具有光洁表面的玻璃、塑料或金属板上形成薄层,在此薄层上进行色谱分离的方法称为薄层色谱法。铺好固定相的板称为薄层板,简称薄板。

按分离原理不同,薄层色谱法可分为吸附薄层色谱法、分配薄层色谱法等。吸附薄层色谱法是利用吸附剂对各组分吸附能力的差异进行分离的方法。分配薄层色谱法是利用各组分在两相中分配系数不同来达到分离目的的方法。因此也称薄层色谱法为敞开的柱色谱法,可作为柱色谱法选择色谱条件的预备方法。

本节主要介绍吸附薄层色谱法。

二、吸附剂的选择

吸附薄层色谱法的固定相为吸附剂,常用硅胶和氧化铝。

(一)硅胶

薄层色谱法常用的硅胶有硅胶 H、硅胶 G 和硅胶 HF_{254} 等。

1. 硅胶 H 为不含黏合剂的硅胶,铺成硬板时常需另加黏合剂。

2. 硅胶 G 是由硅胶和煅石膏混合而成。

3. 硅胶 HF_{254} 不含黏合剂而含有一种荧光剂,在 254nm 紫外光下呈强黄绿色荧光背景。用含荧光剂的吸附剂制成的荧光薄层板可用于本身无荧光且不易显色物质的色谱分析研究。

(二)氧化铝

薄层色谱法常用的氧化铝有氧化铝 H、氧化铝 G 和氧化铝 HF_{254} 等。

在薄层色谱法中,吸附剂的颗粒大小对展开速率、R_f 值和分离效能都有明显影响。颗粒太大,则展开速度快,展开后斑点较宽,分离效果差;颗粒太小,则展开速度太慢,往往产生拖尾,而且不易用于干法铺板。因此,应该选用颗粒大小适宜的吸附剂。

吸附剂颗粒大小通常有两种表示方法,一种是颗粒直径(以 μm 表示),另一种是筛子单位面积的孔数(以目表示)。

干法铺板吸附剂颗粒直径一般为 75~100μm(150~200 目),湿法铺板吸附剂颗粒为 10~40μm(250~300 目)。吸附剂颗粒大小要均匀,如不均匀则制成的薄板不均匀,影响分离效果。

三、展开剂的选择

薄层色谱法中展开剂的选择原则与柱色谱法中流动相的选择原则类似。**分离极性较强的组分时,宜选用活性较低的吸附剂,用极性大的展开剂展开,否则组分的 R_f 值太小,不利于分离。分离极性较弱的组分时,宜选用活性较高的吸附剂和极性小的展开剂展开,否则各组分的 R_f 值太大,也不利于分离。**展开后,如果被测组分的 R_f 值太大,则应减小展开剂的极性;如果被测组分的 R_f 值太小,则应增大展开剂的极性。

四、操作方法

（一）薄层板的制备

薄层板通常采用玻璃板,其大小根据操作需要而定,要求薄层板表面光滑、平整清洁,使用前应洗涤干净,烘干备用。

1. 软板的制备(干法铺板) 吸附剂中不加黏合剂铺成的薄板称为软板。

将吸附剂置于玻璃板的一端,另取一根玻璃棒,在它的两端套上一段乳胶皮管,其厚度即为所铺吸附剂厚度,然后从玻璃板有吸附剂的一端,用力均匀向前推挤,中途不能停顿,速度不宜过快,否则铺出的薄层不均匀,影响分离效果(图14-5)。

干法铺板简单,只适用于氧化铝和硅胶,铺成的软板不坚固、易松散,展开时只能近水平展开,显色时易吹散,因此操作时应非常小心、细致。软板一般用于摸索色谱分离的条件。

2. 硬板的制备(湿法铺板) 在吸附剂中加入黏合剂进行铺板,干燥后形成的薄板即为硬板。黏合剂的作用是使吸附剂牢固地固定在薄板上。目前常用的黏合剂有煅石膏(G)、羧甲基纤维素钠(CMC-Na)和某些聚合物(如聚丙烯酸)等。

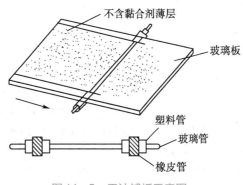

图14-5 干法铺板示意图

 知识链接

常用的黏合剂

煅石膏的用量一般为吸附剂的5%~15%。CMC-Na为0.5%~1%。市售的吸附剂如硅胶G或氧化铝G已混有一定比例的煅石膏。使用时,取一定量的吸附剂,加适量水后,调成均匀的糊状物即可铺板。用CMC-Na作为黏合剂时,把0.5~1g CMC-Na溶于100ml水中加热煮沸,冷却后,加入适量的吸附剂调成稠度适中的均匀糊状物铺板。为防止搅拌时产生气泡,可加入少量乙醇。煅石膏作黏合剂制成的硬板、机械性能差、易脱落,但能耐受腐蚀性试剂(如浓硫酸等)的作用。而CMC-Na作黏合剂制成的硬板机械性强,可用铅笔在薄板上写字或标记,但不宜在强腐蚀性试剂存在时加热。

铺板方法如下:

(1) 倾注法制板:取适量调制好的吸附剂糊倾注于准备好的玻璃板上,用洁净玻璃棒将糊状物涂铺成一均匀薄层,在较为水平的工作台上轻轻振动,使表面平坦光滑,放置在工作台上晾干后再置烘箱内活化。

(2) 平铺法制板:平铺法制板又称刮板法。将洁净的薄板放置在水平台面上,在薄板两边加上玻璃条做成的框边(框边的厚度稍高于中间载板0.25~1mm),将吸附剂倾倒在薄板上,再用一块边缘平整的玻璃片或塑料板将吸附剂从一端刮向另一端,然后在空气中干燥后活化备用,见图14-6。

上述两法所铺的薄层板只适于一般定性分析,不适宜于定量分析。

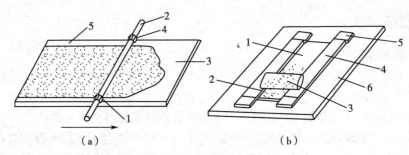

图 14 – 6 湿法铺板示意图

（a）1. 调节薄层厚度的塑料环（厚度 0.3～1.0mm）；2. 均匀直径的玻璃棒；3. 玻璃板；4. 防止玻璃滑动的环；5. 薄层吸附剂
（b）1. 涂层用的玻璃板；2. 薄层浆；3. 推刮薄层用的玻璃片或刀片；4. 调节涂层厚度的薄玻璃板；5. 垫薄玻璃用的长玻璃；6. 台面玻璃

（3）机械涂铺法制板：适于制备一定规格的定量薄层板，用涂铺器可以一次铺成多块薄板，且所得薄板的质量高、分离效果好、重现性好。

铺好的硅胶板晾干后，在 105～110℃活化 0.5～1 小时，冷却后即可使用，也可保存于干燥器中备用。制好的板应表面平整、厚薄一致，没有气泡和裂纹。

（二）点样

薄层色谱法的点样方法与纸色谱法相同，即点样起始线一般距离玻璃板一端 1.5～2cm，原点直径不超过 2～3mm。为了避免在空气中吸湿而降低活性，一般点样时间以不超过 10 分钟为宜。点样后待溶剂挥发，即可放入色谱缸内展开。应注意滴加样品的量要均匀，否则影响分离效果。

薄层色谱法的展开、显色、定性、定量方法与纸色谱法基本相似。

（三）展开

薄层色谱法的展开方式与纸色谱法基本相同。需在密闭容器内进行并根据所用薄层板的大小、形状和性质选用不同的色谱缸和展开方式。软板常选用近水平展开方式，而硬板常用上行展开，对于复杂组分的分离常常采用双向展开、多次展开等展开方式。除上述展开方式外，还有径向展开、下行展开等多种展开方式，见图 14 – 7。

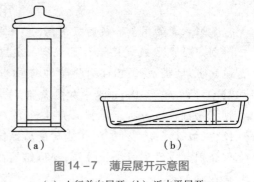

图 14 – 7 薄层展开示意图
（a）上行单向展开；（b）近水平展开

（四）显色

展开结束后斑点的检查方法和纸色谱法相同。先在日光下观察并画出有色物质的斑点，或在紫外线灯下观察有无荧光斑点。硬板可用铅笔划出斑点位置并记录荧光颜色，软板可用小针划痕并做记录。也可利用在荧光薄层板上待测物质产生荧光淬灭的暗斑进行定位。还可根据各种待测组分的性质，喷洒适宜的显色剂，通过显色反应，使组分显色。

（五）定性

薄层色谱法定性分析的依据是：在固定的色谱条件下，相同物质的 R_f 值相同。常用的定性方法是已知物对照法，即将样品与对照品在同一薄板上展开，比较样品组分与对照品的

R_f值。如果两者相同,表示该组分与对照品可能为同一物质。还可采用相对比移值(R_s)进行定性鉴别。

 知识链接

常用显色剂

生物碱、氨基酸衍生物、肽类、脂类及皂苷等均可用碘显色;硫酸对大部分有机化合物显色;氨基酸、脂肪族伯胺可用茚三酮显色;羧酸可用酸碱指示剂显色;酚类可用三氯化铁 – 铁氰化钾试剂显色;生物碱可用碘化铋钾试剂显色等。

(六)定量

1. 目视定量法　将一系列已知浓度的对照品溶液与样品溶液点在同一薄层板上,展开并显色后,以目视法直接比较样品斑点与对照品斑点的颜色深度或面积大小,可以近似判断出样品中待测组分的含量。

2. 洗脱定量法　样品和对照品在同一块薄板上展开后,将样品从薄板上连同吸附剂一起刮下,用溶剂将斑点中的组分洗脱下来,再用适当方法进行定量测定。

3. 薄层扫描仪定量　用一定波长、一定强度的光束照射到分离组分的色斑上,用仪器进行扫描,仪器用对照品校正后,即可求出色斑中组分的含量。薄层扫描仪直接定量的方法已成为薄层色谱法的主要定量方法。

 **课堂活动**

请比较纸色谱法和薄层色谱法在操作上的异同点。

五、应用

薄层色谱法适用于绝大多数物质的分离和分析,如生物碱、氨基酸、核苷酸、肽、蛋白质、糖类、酯类、甾类、酚类、激素类等,被广泛用于医药、化工、天然植物化学、生物化学和生命科学等诸多领域。

 案例分析

盐酸四环素的鉴别

案例:

取样品与盐酸四环素对照品,分别加甲醇制成每1ml中含溶质0.5mg的溶液,吸取上述两种溶液各1μl,分别点于同一块用pH为7.5的5%乙二胺四乙酸二钠处理过的硅胶G薄层板上,以丙酮 – 醋酸乙酯 – 水(23∶3∶1)为展开剂,展开后取出,用热空气干燥,用氨气熏后,置紫外线灯(365nm)下检视。样品所显主斑点的颜色与位置应和对照品的斑点相同。

分析:

由于四环素能与许多金属离子(铜、锌、镁、钙、铁等)形成有色配位化合物。故加5%的乙二胺四乙酸二钠处理硅胶G板,先和吸附剂中的金属离子形成配位化合物,以解决色谱过程中的干扰;在碱性条件下,四环素的降解产物具强烈荧光,故用氨气熏蒸。

在药学领域中,薄层色谱法不但用于合成药物的成分分析、中间体测定、杂质检查等,还应用于天然药物成分的研究、提纯及制备,在体内药物分析、复方制剂分析等各领域中的应用也日趋广泛。

点滴积累

1. R_f 值在 $0 \sim 1$ 之间变化。若该组分的 $R_f = 0$,表示它没有随展开剂展开,仍停留在原点上。分配系数愈小,R_f 值愈大。
2. 分离极性较强的组分,宜选用活性较低的吸附剂,用极性强的展开剂展开;分离极性较弱的组分,宜选用活性较高的吸附剂和极性弱的展开剂。

第五节 其他色谱法简介

一、气相色谱法

(一)气相色谱法的分类
以气体为流动相的色谱法称为气相色谱法,简称 GC。 气相色谱法分类如下。

1. 按固定相的物态 可分为气 - 固色谱法、气 - 液色谱法。

2. 按色谱原理不同 可分为吸附色谱法、分配色谱法。气 - 固色谱法中固定相用吸附剂,属于吸附色谱法;气 - 液色谱法中固定相为涂有固定液的载体,属于分配色谱法。

3. 按色谱柱不同 可分为填充柱色谱法、毛细管柱色谱法。

填充柱是将固定相装在一根玻璃或金属管中,管的内径为 $2 \sim 6\text{mm}$。毛细管柱可分为开管毛细管柱和填充毛细管柱等。

(二)气相色谱法的特点
气相色谱法具有分辨效能高、选择性好、样品用量少、灵敏高度、分析速率快(几秒至几十分钟)及应用广泛等特点。它主要用来分离测定一些气体及易挥发性物质。对于挥发性较差的液体、固体,需采用制备衍生物或裂解等方法,增加挥发性。

气相色谱法所用的仪器称为气相色谱仪,一般由 5 个系统组成,即载气系统、进样系统、分离系统、检测系统和记录系统(图 14 - 8)。样品中的各组分在气相色谱仪中被分离,并将各组分含量的变化转变为电信号记录下来,即可获得色谱图,根据色谱图中色谱峰的位置和面积大小可以进行定性和定量分析。

气相色谱法以测定有机物为主,但也可以测定一些无机物质,它是分析复杂组分混合物的有力工具,目前已被广泛用于石油化学、化工、有机合成、医药卫生、环境监测、食品检验等领域。

二、高效液相色谱法

高效液相色谱法简称 HPLC,是以经典液相色谱法为基础,引入了气相色谱法的理论与实验方法,以高压输送流动相,采用高效固定相和在线检测手段发展而成的现代分离分析方法。

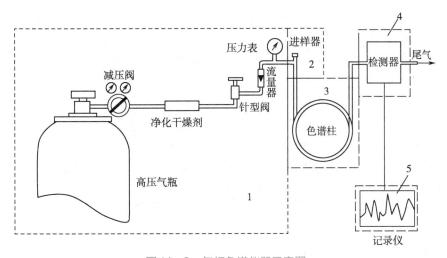

图 14 – 8　气相色谱仪器示意图

1. 载气系统;2. 进样系统;3. 分离系统;4. 检测系统;5. 记录系统

高效液相色谱法具有以下特点。

1. 高压　流动相在高压泵作用下能迅速通过色谱柱,使复杂组分得到良好分离。

2. 高效　高效液相色谱法较经典液相色谱法的分离效率大大提高,有时一根色谱柱可分离 100 种以上的组分。

3. 高速　高效液相色谱法的流动相在色谱柱内的流速较经典液相色谱法高得多,分析一个试样所需时间较经典液相色谱法所需时间少得多。

4. 高灵敏度　由于广泛使用了高灵敏度的检测器(紫外、荧光、电化学等),从而进一步提高了分析的灵敏度,最小检测量可达 $10^{-9} \sim 10^{-11}$ g。

高效液相色谱仪一般由高压泵、进样器、色谱柱、检测器四部分组成,近年来将高效液相色谱仪与光谱仪联接成一个整体仪器,实现在线检测,称为两谱联用仪。两谱联用仪能给出试样的色谱图,并能快速给出每个色谱组分的红外光谱图、质谱图或核磁共振谱图,同时获得定性定量信息。

高效液相色谱法在药物分析领域里的应用日益广泛,不仅用于原料的含量测定和杂质检查、药剂分析、中草药及中成药的有效成分研究,还用于药物代谢等研究领域。

 目标检测

一、选择题

(一) 单项选择题

1. 物质在互不相溶的两种溶剂中的分配系数与下列哪种因素有关(　　)

　　A. 与空气湿度有关　　　　　　　　　　B. 在低浓度时,与温度有关

　　C. 与放置时间有关　　　　　　　　　　D. 与两种溶剂的分子量有关

2. 碱性氧化铝为吸附剂时,适用于分离(　　)

　　A. 任何物质　　　　　　　　　　　　　B. 酸性物质

　　C. 酸性或中性化合物　　　　　　　　　D. 碱性或中性化合物

3. 设某样品斑点离原点的距离为 x,样品斑点离溶剂前沿的距离为 y,则 R_f 值为(　　)

　　A. x/y　　　　　　　B. y/x　　　　　　　C. $x/(x+y)$　　　　　D. $y/(x+y)$

189

4. 下列哪种物质是常用的吸附剂之一( )

    A. 碳酸钙   B. 硅胶   C. 纤维素   D. 硅藻土

5. 已知3种氨基酸a、b、c,其中R_f值分别为0.17、0.26、0.50,斑点在色谱纸上距原点由近到远的顺序是( )

    A. a、b、c   B. c、b、a   C. a、c、b   D. c、a、b

6. 某样品和标准品用薄层色谱法展开后,样品斑点中心离原点8.0cm,标准品斑点中心离原点6.0cm,溶剂前沿离原点10.0cm,则R_s值为( )

    A. 0.80   B. 0.60   C. 1.3   D. 0.75

7. 薄层色谱法与纸色谱法相比,具有的优点是( )

    A. 设备简单   B. 操作方便

    C. 样品用量少   D. 能用腐蚀性显色剂

8. CMC-Na表示何种物质( )

    A. 氧化铝   B. 羧甲基纤维素钠

    C. 硅酸钠   D. 煅石膏

9. 某物质的R_f等于"0",说明此种物质( )

    A. 样品中不存在   B. 在固定相中不溶解

    C. 没有随展开剂展开   D. 与溶剂反应生成新物质

10. 相对比移值R_s的取值范围是( )

    A. 1以上   B. 0~1   C. ≥0   D. 1~10

11. 吸附柱色谱法和分配柱色谱法的根本区别是( )

    A. 所用的洗脱剂不同   B. 溶剂不同

    C. 被分离的物质不同   D. 色谱机制不同

12. 在薄层色谱法中,硬板和软板的主要区别是( )

    A. 制板所用的吸附剂不同   B. 制板时所用的玻璃不同

    C. 所分离的组分不同   D. 制板时,一个加黏合剂,一个无黏合剂

13. 薄层色谱法点样线一般距玻璃板底端( )

    A. 0.2~0.3cm   B. 0.3~0.5cm   C. 1.5~2cm   D. 2~3cm

14. 纸色谱法分离酸、碱性物质时,可将滤纸浸入一定pH的缓冲溶液中预处理。其目的是( )

    A. 使滤纸有恒定的酸碱度   B. 洗去滤纸中的杂质

    C. 可增加滤纸的机械强度   D. 可增大R_f值

15. 常用作检识氨基酸的试剂是( )

    A. 氢氧化钠溶液   B. 1%盐酸

    C. 碱性酒石酸铜试液   D. 茚三酮试液

16. 吸附剂的活性与含水量密切相关,下列说法正确的是( )

    A. 含水量越高,活度级数越小,活性越低,吸附能力越差

    B. 含水量越高,活度级数越大,活性越低,吸附能力越差

    C. 含水量越高,活度级数越大,活性越高,吸附能力越差

    D. 含水量越高,活度级数越大,活性越低,吸附能力越强

17. 用薄层色谱法做碱性物质分离时,可适当加入下面哪种溶剂( )

A. 氨水　　　　　　B. 盐水　　　　　　C. 硫酸　　　　　　D. 醋酸

18. 下列各项除哪项外,都是色谱法中选择吸附剂的要求(　　)

　　A. 有较大的表面积和足够的吸附力

　　B. 对不同化学成分的吸附力不同

　　C. 与洗脱剂、溶剂及样品中各组分不起化学反应

　　D. 密度要大

19. 分配色谱法中流动相的极性与固定相的极性(　　)

　　A. 一定要相同　　　　　　　　　　　B. 有一定的差距

　　C. 可以相同,也可以不相同　　　　　D. 相近并能互溶

20. 当对生物碱进行吸附层析时,可选用的吸附剂是(　　)

　　A. Al_2O_3 Ⅱ～Ⅲ级　　　　　　　B. Al_2O_3 Ⅴ级

　　C. 硅胶　　　　　　　　　　　　　D. 纤维素

21. 纸色谱常用正丁醇 - 醋酸 - 水(4∶1∶5)作为展开剂,正确的操作方法是(　　)

　　A. 3 种溶剂混合后直接用作展开剂

　　B. 3 种溶剂混合,静置、分层后,取下层作展开剂

　　C. 依次用 3 种溶剂作展开剂

　　D. 3 种溶剂混合,静置分层后,取上层作展开剂

(二) 多项选择题

1. 分配系数大则(　　)

　　A. 迁移速率快　　　　　　B. 迁移速率慢　　　　　　C. 保留时间长

　　D. 保留时间短　　　　　　E. 不影响迁移速率和保留时间

2. 吸附剂的含水量越高则(　　)

　　A. 活性越高　　　　　　B. 活性越低　　　　　　C. 活度级数越大

　　D. 活度级数越低　　　　E. 不影响活性

3. 分离极性较强的组分一般选用(　　)

　　A. 强极性洗脱剂　　　　　　　　B. 弱极性洗脱剂

　　C. 强吸附性吸附剂　　　　　　　D. 弱吸附性吸附剂

　　E. 非极性洗脱剂

4. 吸附柱色谱法操作步骤有(　　)

　　A. 装柱　　B. 加样　　C. 洗脱　　D. 加热　　E. 冷却

5. R_f 值越大则(　　)

　　A. 分配系数越大　　　　　　B. 分配系数越小　　　　　　C. 移动距离越大

　　D. 移动距离越小　　　　　　E. 不能超过 1

6. 选择展开剂要注意(　　)

　　A. R_f 值应在 0.05～0.85 之间

　　B. 分离 2 个以上组分时,其 R_f 值相差至少要大于 0.05

　　C. 根据 R_f 值调整展开剂的极性

　　D. 易于获得边缘整齐的圆形斑点

　　E. 展开剂不与被测组分发生化学反应

7. 薄层色谱法点样要求(　　)

A. 点样起始线一般离玻璃板一端 $1.5\sim2cm$

B. 原点直径不超过 $2\sim3mm$

C. 一般点样时间以不超过 10 分钟为宜

D. 点样后可立即展开

E. 点样后不可立即展开

8. 薄层色谱法定量方法有(　　)

A. 目视定量法　　　　B. 洗脱定量法　　　　C. R_s 定量法

D. 薄层扫描仪定量法　　E. R_f 定量法

9. 高效液相色谱法具有的特点是(　　)

A. 高压　　　　B. 高效　　　　C. 高速

D. 高温　　　　E. 高灵敏度

10. 高效气相色谱仪分为(　　)

A. 液－液色谱　　　　B. 气－气色谱　　　　C. 气－液色谱

D. 气－固色谱　　　　E. 液－固色谱法

二、填空题

1. 色谱法按色谱过程的机制分为＿＿＿＿、＿＿＿＿、＿＿＿＿、＿＿＿＿。

2. 色谱法按操作形式不同分为＿＿＿＿、＿＿＿＿、＿＿＿＿。

3. 常用的吸附剂有＿＿＿＿、＿＿＿＿和＿＿＿＿。

4. 在分配色谱中,硅胶作＿＿＿＿＿＿使用。

5. 纸色谱法是以＿＿＿＿作为载体的色谱法,按原理属于＿＿＿＿的范畴。固定相一般为滤纸纤维上吸附的＿＿＿＿＿＿。

6. 纸色谱展开后,R_f 值应在＿＿＿＿之间,分离 2 个以上组分时,其 R_f 值相差至少要大于＿＿＿＿。

7. 薄层色谱的操作方法包括＿＿＿＿、＿＿＿＿、＿＿＿＿、＿＿＿＿和＿＿＿＿。

8. 分离极性较强的组分时,宜选用活性较＿＿＿＿的薄层板,用＿＿＿＿的展开剂展开。

9. 高效液相色谱法的英文缩写为＿＿＿＿,气相色谱法的英文缩写为＿＿＿＿。

三、简答题

1. 以吸附柱色谱为例,说明样品中各组分是如何分离的?

2. 什么是分配色谱?什么是分配系数?

3. 什么是 R_f 值,R_s 值,各代表什么意义?

四、计算题

1. 某样品和标准品经过薄层色谱后,样品斑点中心距原点 12.6cm,标准品斑点中心距原点 8.4cm,溶剂前沿距原点 16.0cm,试求样品和标准品的 R_f 值及 R_s 值。

2. A 样品斑点在薄层板上距原点 7.9cm 处时,溶剂前沿离原点 16.2cm。(1) 求 A 样品的 R_f 值是多少。(2) 若溶剂前沿离原点 14.8cm,A 样品斑点应在何处?

3. 有两种性质相似的组分,共存于某一溶液中。用纸色谱法分离时,它们的 R_f 值分别为 0.48 和 0.60,欲在分离后斑点中心之间相距 1.5cm,问滤纸条应裁取多长?

(高琦宽)

第十五章　有机化合物概述

 学习目标

1. 掌握有机物的结构特点、简单有机物结构简式的写法。
2. 熟悉有机化合物的概念和特性。
3. 了解官能团的概念及有机化合物的分类。

 导学情景

情景描述：

药剂班小丽的阿姨产检时，查出有轻度贫血，医生建议她每天吃一片右旋糖酐铁分散片，阿姨拿来咨询小丽这药的用法，并问右旋是什么意思。小丽结合自己学过的知识，跟阿姨解释，许多药物都属于有机物，具有相同分子式的有机物可以是很多种不同物质，有些有机物的左、右旋体有不同的生理作用，所以在临床上有不同的应用。

学前导语：

认识药物的作用是药剂专业学生必须具备的基础知识，而有机化合物的结构对药物的生理活性有着显著的影响，要掌握药物的生理活性，就要从认识药物的结构开始，本章就带领大家走进有机化合物的世界，学习有机化合物的结构特点，了解有机物的基本分类，为后续章节的学习奠定基础。

第一节　有机化学的研究对象

一、有机化合物和有机化学

自然界的物质种类繁多，根据它们的组成、结构和性质的特点，可将自然界的物质分为无机物和有机物两大类。人类认识和利用有机物的历史很长，早在 17 世纪以前，人类只能从动植物体内取得一些蛋白质、油脂、糖类、染料等有机物作为吃、穿、用方面的必需品。当时认为有机物是"有生机之物"，是在"生命力"的作用下产生的，因此，人们将从动植物体内得到的物质称为有机化合物。

1828 年，德国化学家维勒用典型的无机物氰酸铵（NH_4CNO）成功地合成了有机化合物尿素，从此改变了只能从有机体内得到有机化合物的认识。现在大多数有机物都可由人工合成的方法制得，因此"有机化合物"的名称也失去了历史上原来的意义，只是因为习惯而沿用至今。

研究证明,在大量的有机化合物中,它们除含元素碳外,绝大多数有机物都含有氢,有的也含有氧、氮、卤素、硫或磷等。因为碳氢化合物分子中的氢原子往往可被其他原子或原子团所取代,而衍生出来许许多多的其他有机化合物即衍生物,因此,现在观点认为,**有机化合物(简称有机物)是指碳氢化合物及其衍生物**。此外,一些简单的含碳化合物,如一氧化碳、二氧化碳、碳酸及其盐、氢氰酸及其盐等,由于它们的性质和无机物相似,通常仍然把它们划为无机物。因此,有机化合物一定含碳元素,但是含碳元素的化合物并不一定就是有机化合物。

研究有机物的组成、结构、性质、合成及其应用的科学称为**有机化学**,有机化学是化学学科的一个重要分支,其研究对象就是有机化合物。

二、有机化合物的特性

与无机化合物相比,大多数有机化合物具有以下特性。

(一)难溶于水,易溶于有机溶剂

多数有机化合物,难溶于水,易溶于汽油、酒精等有机溶剂。但是当有机化合物分子中含有能够同水形成氢键的羟基、磺基、羧基等时,该有机化合物也有可能溶于水中。无机化合物一般溶于水,难溶于有机溶剂。

(二)熔、沸点较低

常温下多数有机化合物为气体、易挥发的液体或低熔点的固体。因为固态有机化合物分子间的作用力主要是相对微弱的范德华力,只需较低能量就能破坏,因此有机化合物的熔点较低,一般不超过400℃。由于同样的原因,有机化合物的沸点也较低,如醋酸的熔点为16.6℃,沸点为118℃。而绝大多数无机化合物的熔点和沸点都较高,如氯化钠的熔点为801℃,沸点为1413℃。

(三)易燃烧,稳定性差

绝大多数有机化合物都可以燃烧,如酒精、棉花、汽油、塑料、木材和油脂等。而多数无机物例如食盐、砂石等,一般不能燃烧或难以燃烧。

多数有机物不如无机物稳定。有机物常因温度、微生物、空气或光照的影响而分解变质。许多食品或药物常注明有效期,就是因为这些物质的稳定性差,经过一段时间会发生变质。例如:白色的维生素C片剂长时间放置在空气中被氧化变质呈现黄色。

(四)反应速率慢,常有副反应发生

虽然在有机酸和有机碱中,也有一些解离度较大的物质,但大多数的有机化合物解离度很小。所以,很多有机反应,一般都是反应速率缓慢的分子间反应,往往需要加热、光照或使用催化剂,而瞬间进行的离子反应很少。

另外,多数有机物间的反应,除主反应外,常伴有许多副反应发生,反应产物常为复杂的混合物。因此有机反应式中的反应物和主要生成物之间不用等号连接,而只用"——"连接以表示有机主反应。

(五)不易导电

绝大多数有机物是非电解质,不易导电,如蔗糖、油脂、乙醇等。而大多数无机化合物在溶液或熔融状态下以离子形式存在,具有导电性。

知识链接

有机物与营养素

目前已知人体需要的营养素有 42 种,归纳起来为 7 大类,即蛋白质、脂肪、糖类、矿物质、维生素、水和膳食纤维。其中除了水和矿物质,其他 5 类都属于有机物。可见有机物质是给人体提供营养的主要源泉。

点滴积累

1. 有机化合物是指碳氢化合物及其衍生物。
2. 大多数有机化合物具有难溶于水,易溶于有机溶剂;熔、沸点较低;易燃烧,稳定性差;反应速率慢,常有副反应发生;不易导电等特性。

第二节 有机化合物的结构特点

有机化合物的结构是指分子中各原子间的结合方式和排列顺序。有机化合物的基本元素是碳元素,碳原子独特的结构和成键特点是有机化合物数目庞大、种类繁多的根本原因。

一、碳原子的特性

(一)碳原子的价态

碳原子位于元素周期表的第 2 周期ⅣA 族,最外层有 4 个电子。在化学反应中,碳原子既不易失去电子,也不易获得电子,要达到稳定的 8 电子结构,需要与 4 个电子形成 4 对共用电子对,因此碳与其他原子成键时易形成 4 条共价键,即在有机化合物分子中**碳原子总是4 价**。用"—"表示一条共价键,则甲烷分子的电子式和结构式可表示为:

$$
\begin{array}{cc}
\quad H & \qquad H \\
\quad \overset{\cdot}{\underset{\cdot}{H \times \overset{\times}{C} \times H}} & \qquad H-\overset{\displaystyle |}{\underset{\displaystyle |}{C}}-H \\
\quad H & \qquad H
\end{array}
$$

这种用短横线表示分子中原子之间连接顺序和方式的化学式,称为结构式。

课堂活动

构成有机化合物的元素除碳元素外,还包括 N、O、H 等元素,为什么在有机化合物分子中氮原子总是 3 价,氧原子总是 2 价,氢原子总是 1 价?

(二)碳原子的成键方式

在有机化合物分子中,碳原子不仅能和 H、O、N 等原子结合形成共价键,而且碳原子之间也可以通过共价键自相结合,称为**自相成键**。碳碳之间可以通过共用一对、两对或三对电子相结合。共用一对电子的键叫做**单键**,用"—"表示;共用两对电子的键叫做**双键**,用"="表示;共用三对电子的键叫做**叁键**,用"≡"表示。碳原子之间的单键、双键、叁键可表示如下:

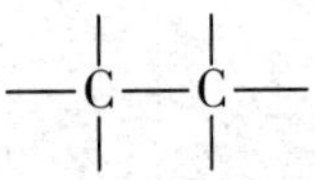

$$—\overset{|}{\underset{|}{C}}—\overset{|}{\underset{|}{C}}— \qquad —\overset{|}{C}=\overset{|}{C}— \qquad —C≡C—$$

碳碳单键 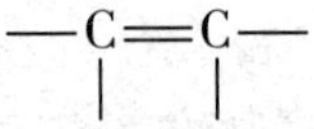　　　　碳碳双键 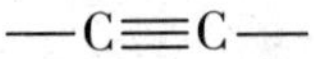　　　　碳碳叁键

知识拓展

碳原子与O、N等原子的几种连接形式

在有机物中,碳原子与O、N等原子也可形成的共价键,例如以下几种形式:

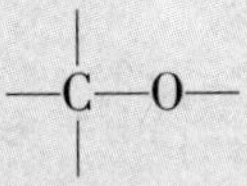

$$—\overset{|}{\underset{|}{C}}—O— \qquad —\overset{|}{C}=O \qquad —\overset{|}{\underset{|}{C}}—\overset{|}{N}— \qquad —\overset{|}{C}=\overset{|}{N}— \qquad —C≡N$$

碳氧单键 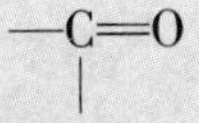　　　　碳氧双键 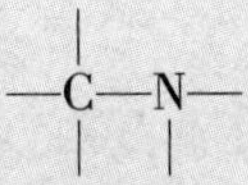　　　　碳氮单键 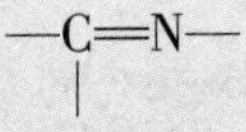　　　　碳氮双键 　　　　碳氮叁键

(三)碳原子的连接形式

碳原子之间还可以相互连接形成长短不一的链状和各种不同的环状,从而构成有机化合物的基本骨架。例如:

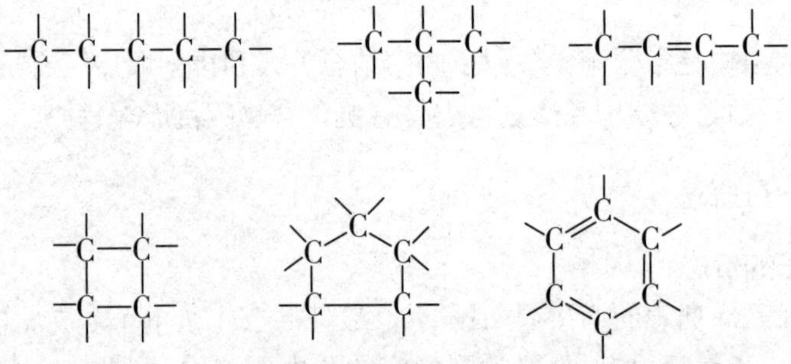

综上所述,有机化合物中的碳碳之间可形成单键、双键、叁键;连接形式上既可形成开放式碳链,又可形成环状碳链。这些结构上的特点,是造成有机化合物种类繁多的原因之一。有机化合物主要是以共价键形成的,这也是区别于无机化合物的一个主要特点。

二、同分异构现象

(一)结构简式的几种写法

分子式是以元素符号表示物质分子的组成及相对分子质量的化学式。由于它不能表明分子的结构,因此在有机化学中应用甚少。

结构式(图15-1a)对于碳原子个数较多的物质书写太烦琐,因此一般要简化,**简化后的结构式称为结构简式**。结构简式常见的有4种写法:第一种是在结构式的基础上,省略C、O或N等原子与所连H原子间的短线,并将与其所连H原子合并(图15-1b);第二种是在第一种写法的基础上,再省略C—C、C—O或C—N等原子之间的单键,但碳碳双键、碳碳叁键一般不省略(如图15-1c);第三种是以第二种写法为基础,在不改变碳架结构的情况下,可将相同的原子团合并(如图15-1d)。第四种是只表示出碳链或碳环,在链或环的端点和折角处各表示一个碳原子和相应的氢原子,这样表示的结构简式又称为**键线式**(环状有机化合物多用键线式表示)(如图15-1e)。结构简式是目前使用较为普遍的书写方法。

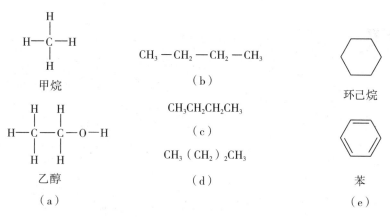

图 15-1　有机物分子结构式

（二）同分异构现象

有机化合物中存在着组成相同、结构和性质各异的现象。如分子组成都是 C_2H_6O 的化合物，可以有下列两种不同性质的有机化合物。它们的模型、结构式、主要性质如下。

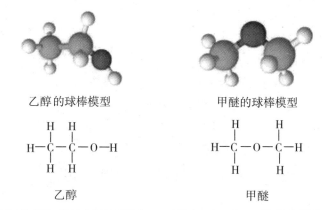

（沸点 78.5℃，能与金属钠反应）　（沸点-23.6℃，不能与金属钠反应）

像这种分子组成（分子式）相同、结构（结构式）不同的现象称为同分异构现象，分子组成（分子式）相同、而结构（结构式）不同的化合物互称为同分异构体。同分异构现象是有机化合物中普遍存在的一种现象，也是造成有机化合物数目众多的原因之一。

课堂活动

1. 下面结构式正确吗？不正确的指出原因，正确的将其结构式尝试着改写成不同结构简式的形式。

2. 下列结构简式有错误，请指出错误原因并更正。

$$CH_3-\overset{\displaystyle CH_3}{\underset{}{C}}-CH=\overset{\displaystyle CH_3}{\underset{}{CH}}-CH_3$$

点滴积累

1. 在有机化合物分子中,碳、氮、氧、氢原子分别是4、3、2、1价。
2. 在有机物分子中,碳原子既能和H、O、N等原子形成共价键,碳碳之间也可自相结合形成单键、双键、叁键,且可形成开放式碳链或环状碳链。
3. 由于有机化合物中普遍存在同分异构现象,有机化合物必须用结构式、结构简式或键线式来表示。

第三节 有机化合物的分类

有机化合物种类繁多、结构多样,为客观体现各类化合物之间的内在联系,方便学习和研究,有必要对有机化合物进行科学的归纳和分类。由于有机化合物的性质取决于分子结构,所以主要按照结构对有机化合物进行分类。通常的分类方法有两种:一种是按碳链分类,另一种是按官能团分类。

一、按碳链分类

(一) 开链化合物

由于开链化合物最初是在油脂中发现的,故又称为脂肪族化合物。开链化合物的特点是分子中的碳链呈开放链状结构,化合物中碳链形成一条或长或短的链,碳链可以是直链,也可以带支链。例如:

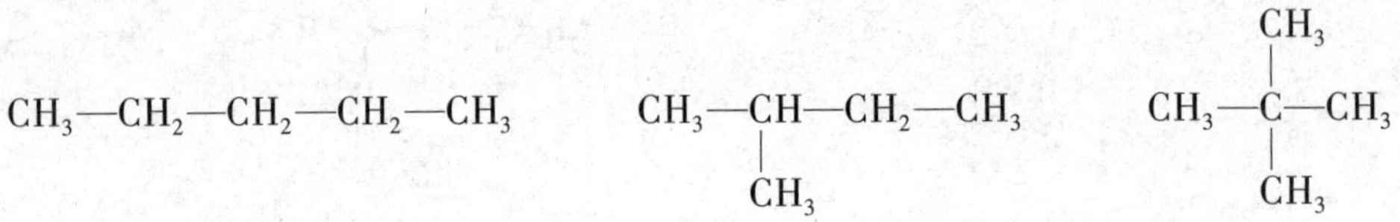

$$CH_3-CH_2-CH_2-CH_2-CH_3 \qquad CH_3-\underset{\underset{CH_3}{|}}{CH}-CH_2-CH_3 \qquad CH_3-\underset{\underset{CH_3}{|}}{\overset{\overset{CH_3}{|}}{C}}-CH_3$$

正戊烷 异戊烷 新戊烷

(二) 闭链化合物

这类化合物分子中,碳原子之间或碳与其他原子相互结合成环状结构。根据成环的原子种类不同,又可分为碳环化合物和杂环化合物两类。

1. 碳环化合物 碳环化合物是指完全由碳原子组成的环状化合物。根据碳环的结构又可分为脂环族化合物和芳香族化合物。

(1) 脂环族化合物:是指与脂肪族(开链)化合物性质相似的碳环化合物。例如:

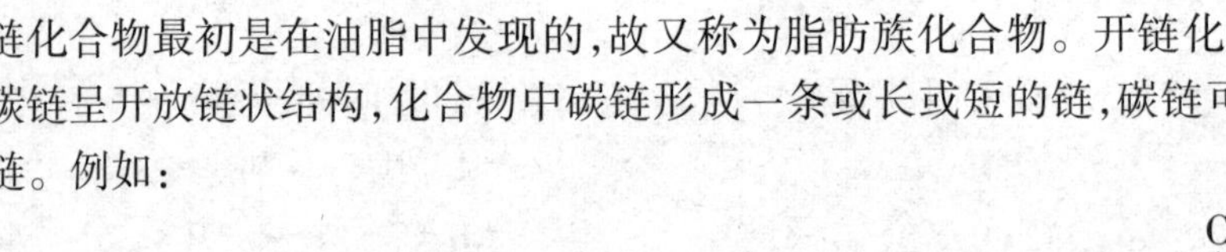

环丁烷 环己烷

(2) 芳香族化合物:多数是指含有苯环的化合物,这类物质最早从树脂或香脂中得到,所以称为芳香族化合物。芳香族化合物的性质与脂环族化合物不同,具有一些特殊性质。例如:

苯　　　　　　　　　萘

2. 杂环化合物　杂环化合物是指由碳原子和其他元素原子(称为杂原子)共同组成的环状化合物。常见杂原子有氧、硫、氮等原子。例如:

呋喃　　　　　　　　吡啶

归纳起来,有机化合物按照碳原子的连接方式(碳链)分类如下:

$$有机化合物\begin{cases} 开链化合物(脂肪族化合物) \\ 闭链化合物\begin{cases} 碳环化合物\begin{cases} 脂环族化合物 \\ 芳香族化合物 \end{cases} \\ 杂环化合物 \end{cases} \end{cases}$$

二、按官能团分类

有机化合物的化学性质除了和它们的碳链结构有关外,主要决定于分子中某些特殊的原子或原子团。这些**能决定一类有机化合物化学特性的原子或原子团称为官能团**。含有相同官能团的有机化合物往往具有相似的化学性质。按照有机物分子中含有官能团的不同,可对有机化合物进行分类。有机化合物中的主要官能团及其化合物类别见表 15-1。

表 15-1　常见有机化合物的类别及其官能团

类别	官能团		类别	官能团	
	名称	结构		名称	结构
烯烃	碳碳双键	$C{=}C$	酮	酮基	$C{=}O$
炔烃	碳碳叁键	$-C{\equiv}C-$	羧酸	羧基	$-COOH$
卤代烃	卤素	$-X(F、Cl、Br、I)$	胺	氨基	$-NH_2$
醇或酚	羟基	$-OH$	酰胺	酰胺键	$-CONH_2$
醚	醚键	$-C-O-C-$	酯	酯键	$\overset{O}{\underset{\|}{-C-O-}}$
醛	醛基	$-CHO$	硝基化合物	硝基	$-NO_2$

点滴积累

1. 由于有机物的性质取决于分子结构,所以主要按照结构对有机化合物进行分类。通常一种是按碳链分类,另一种是按官能团分类。以上两种分类方法结合使用,就可以使上千万种有机物各有归属,条理分明。

2. 能决定一类有机化合物化学特性的原子或原子团称为官能团。既然官能团能决定一类有机物的化学性质,因此在学习有机化学时,要逐步认识熟悉常见官能团。

目标检测

一、选择题

(一)单项选择题

1. 下面列举的是某种化合物的组成或性质,能说明该物质肯定是有机物的是(　　)

　　A. 仅由碳、氢两种元素组成　　　　　B. 含有碳、氢两种元素

　　C. 在氧气中能燃烧,且生成二氧化碳　　D. 熔点低且不溶于水

2. 下列不是多数有机物所共有的性质的是(　　)

　　A. 易导电　　　　　　　　　　　　　B. 易燃

　　C. 稳定性差　　　　　　　　　　　　D. 水中的可溶性差

3. 有机物分子中存在的化学键主要是(　　)

　　A. 共价键　　　　　　　　　　　　　B. 离子键

　　C. 金属键　　　　　　　　　　　　　D. 共价键和离子键

4. 有机反应式反应物和主要生成物之间不能用等号连接,而只能用"——→"连接的原因是(　　)

　　A. 多数有机化学反应速率较慢

　　B. 有机物与无机物不同

　　C. 多数有机化学反应复杂,副反应、副产物较多

　　D. 多数有机物熔点低、易燃烧

5. 相邻的两个碳原子之间不会存在(　　)

　　A. 单键　　　　　　B. 双键　　　　　　C. 叁键　　　　　　D. 四键

6. 大多数有机物难溶或不溶于水的主要原因是(　　)

　　A. 有机物的相对分子质量比较大

　　B. 有机物分子的共价链结合比较牢固

　　C. 有机物分子极性小,且与水没有相似的原子团

　　D. 有机物性质都比较稳定

7. 下列说法正确的是(　　)

　　A. 所有的有机化合物都难溶或不溶于水

　　B. 所有的有机化合物都容易燃烧

　　C. 所有的有机化学反应速率都十分缓慢

　　D. 所有的有机化合物都含有碳元素

8. 下列结构式书写错误的是(　　)

　　A. CH_3CH_3　　　B. $CH_2{=}CH_2$　　　C. $HC{=}CH$　　　D. $O{=}C{=}O$

(二)多项选择题

1. 下列说法不正确的是(　　)

　　A. 有机物都是从有机体中分离出来的物质

　　B. 有机物都是共价化合物

C. 有机物不一定都难溶于水

D. 有机物不具备无机物的性质

E. 有机物都易燃烧

2. 下列说法中,属于有机物的特点的是(　　)

A. 绝大多数有机物受热易分解,容易燃烧

B. 绝大多数有机物熔点、沸点低

C. 大多数有机物难溶于水和汽油、酒精等有机溶剂

D. 绝大多数有机物是非电解质,不易导电

E. 大多数有机物反应速率快

3. 下列属于有机物的是(　　)

A. CCl_4　　　　　　　　B. CH_4　　　　　　　　C. CO_2

D. CH_3CH_2OH　　　　E. NH_3

4. 下列关于有机化合物说法不正确的是(　　)

A. 一个分子式代表一种物质

B. 多个结构不同的化合物一定是同分异构体

C. 分子式相同而结构不同的化合物一定是同分异构体

D. 燃烧生成 CO_2 和 H_2O 的有机物,一定含有 C、H、O 三种元素

E. 一个结构式代表一种物质

5. 下列属于同分异构体的是(　　)

A. CH_3CH_2OH 与 CH_3OCH_3

B. $CH_3CH_2CH_2CH_3$ 与 $CH_3CH(CH_3)_2$

C. $CH_2{=}CHCH_2CH_3$ 与 $CH_3CH{=}CHCH_3$

D. $CH_3CH_2CH_2CH_3$ 与 $CH_2{=}CHCH_2CH_3$

E. CH_4 与 C_2H_6

二、填空题

1. 化工厂附近严禁火种,是因为化工厂内绝大多数的有机物容易_____。衣服上沾有动、植物油污,用水洗不掉,但可用汽油洗去,是因为大多数有机物难溶于_____,_____有机溶剂。

2. 有机化合物是指_____;能够决定有机物主要化学特性的原子或原子团称为_____。

3. 有机化合物的主要组成元素有_____、_____、_____、_____等元素。

4. 在有机化合物分子中,碳原子总是显_____价,氢原子总是显_____价,氧原子总是显_____价。碳碳之间不仅可以_____键相结合,而且还可形成_____或_____键。

三、简答题

1. 什么是有机化合物? 有机化合物主要由哪些元素组成? 有机物和无机物在性质上有哪些不同?

2. 上网查阅资料,结合实例说明有机物在医药上的重要作用。

(石宝珏)

第十六章　烃

学习目标

1. 掌握烷烃、烯烃、炔烃和苯的同系物的通式及其命名。
2. 熟悉常见的烃基及烷烃、烯烃、炔烃和苯的结构特征和性质。
3. 了解烃类的同分异构现象、烃类化合物在医学上的意义。

导学情景

情景描述：

李大妈最近头疼，别人推荐她买芬必得。但买到的药盒上写着布洛芬缓释胶囊，李大妈拿来问药剂班的小华，哪个药物名称才是正确的。小华结合自己学过的药学知识，向李大妈解释按照中国《新药审批办法》的规定，药物的命名包括商品名、通用名和化学名称。芬必得是商品名；布洛芬是通用名；其化学名称是 2－甲基－4－(2－甲基丙基)苯乙酸，或异丁(基)苯丙酸。

学前导语：

熟悉药物名称和主要结构是今后药剂专业学习中的重要内容，其中化学名称是根据化学结构式进行的命名，只有用化学命名法命名的药物才是最准确的命名，不会有任何的误解与混杂。如上述化学名称中出现的甲基、2－甲基丙基、异丁(基)属于烷基，苯(基)属于芳香烃(基)，与之相关的还有烯烃、炔烃等，它们同属于烃类，是有机物的基础。要想掌握药物的化学命名规则，就要认真学习本章，为今后理解复杂的药物命名打好基础。

在纷繁复杂的有机物世界里，有一类只由碳、氢两种元素组成的有机物，它们是最简单的有机物，也被称为有机物的母体，我们把**只由碳和氢两种元素组成的化合物称为碳氢化合物，简称烃。**

烃的种类很多，根据烃分子中碳原子互相连接的方式不同，可将烃分为开链烃和闭链烃两大类。

开链烃又称为脂肪烃，简称链烃，它的结构特征是分子中碳原子互相连接成不闭合的链。根据分子结构中是否含有碳碳双键或碳碳叁键，链烃又可分为饱和链烃和不饱和链烃。饱和链烃又称烷烃，不饱和链烃包括烯烃、炔烃和二烯烃等。

闭链烃又称环烃，分子中的碳原子连接成闭合的环。环烃可分为脂环烃和芳香烃两类。

综上所述，烃的分类如下：

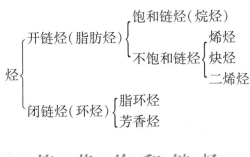

第一节 饱和链烃

一、烷烃的结构和同系物

（一）烷烃的结构

饱和链烃又称烷烃,是链烃的一类,其主要结构特征是所有碳原子之间都以共价单键相连接,碳原子剩余的价键全部与氢原子以共价键相连接。

最简单的烷烃是甲烷(CH_4),**甲烷分子的空间结构为空间正四面体**,碳原子位于正四面体的中心,四个氢原子分别位于正四面体的四个顶点,四个碳氢键之间的夹角都是$109°28'$。甲烷的分子结构模型如图 16 - 1 所示。

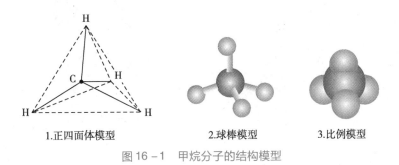

1.正四面体模型　　2.球棒模型　　3.比例模型

图 16 - 1　甲烷分子的结构模型

其他烷烃的分子结构与甲烷相似,烷烃分子中的碳原子与碳原子之间都以单键相连,其余价键都和氢原子相连接。单键又称为 σ 键,而 σ 键的特点是牢固,不易断裂。

虽然立体模型能够比较正确地反映分子的真实结构,但这种立体式书写起来很不方便,所以一般仍用平面结构式(或结构简式)表示分子结构。

（二）烷烃的通式和同系列

与甲烷结构、性质相似的有机物还有乙烷(C_2H_6)、丙烷(C_3H_8)、丁烷(C_4H_{10})等。它们的结构式、结构简式、球棒模型如下所示。

比较上述烷烃可以看出:如果碳原子的数目是 n,显然氢原子的数目是 $2n+2$。所以在一系列的烷烃分子中,可用式子 C_nH_{2n+2} 来表示烷烃的分子组成,**C_nH_{2n+2} 这个式子称为烷烃的通式**。

在这一系列的烷烃分子中,它们具有同一通式,在分子组成上相差 1 个或几个 CH_2 原子团,结构上都是以共价单键相结合成链状结构。**人们把结构相似、具有同一通式,且在分子组成上相差 1 个或多个 CH_2 原子团的一系列化合物,称为同系列。同系列中的化合物互称同系物。**同系物的化学性质相近,物理性质也随碳原子数的增加呈现规律性的变化。因此,

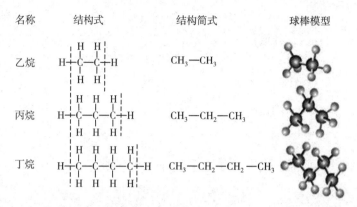

名称	结构式	结构简式	球棒模型
乙烷		$CH_3—CH_3$	
丙烷		$CH_3—CH_2—CH_3$	
丁烷		$CH_3—CH_2—CH_2—CH_3$	

只要深入研究一个或几个代表性的同系物,就可以推测出其他同系物的基本性质。

二、烷烃的同分异构及碳原子的类型

(一)烷烃的同分异构现象

在烷烃里,除甲烷、乙烷、丙烷没有同分异构体外,其他烷烃都有同分异构体。例如分子式为 C_4H_{10} 的丁烷有两种异构体,其球棒模型、结构简式为:

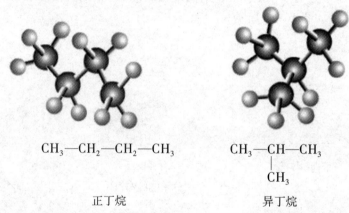

$$CH_3—CH_2—CH_2—CH_3 \qquad CH_3—CH—CH_3$$
$$\qquad\qquad\qquad\qquad\qquad\qquad\qquad |$$
$$\qquad\qquad\qquad\qquad\qquad\qquad\qquad CH_3$$

正丁烷　　　　　　　　　异丁烷

丁烷的同分异构现象,**是由于碳链骨架结构(分子中碳原子的连接顺序)不同而产生的同分异构现象,称为碳链异构现象**。在各类有机化合物里,碳链异构现象非常普遍。

随着烷烃分子中碳原子数目的增多,同分异构体的数目迅速增加。如 C_5H_{12} 有 3 种异构体,C_6H_{14} 有 5 种异构体,C_7H_{16} 有 9 种异构体。书写同分异构体时,主链可按照逐步减碳的方法,将尽可能的结构全部写出。

(二)有机物中碳原子的类型

在只含碳碳单键的碳架中,一般常按碳原子上直接相连的其他碳原子的数目不同,将碳原子分为 4 类。例如:

$$\overset{1°}{CH_3}$$
$$\quad |$$
$$\overset{1°}{CH_3}—\overset{3°}{CH}—\overset{4°}{C}—\overset{2°}{CH_2}—\overset{1°}{CH_3}$$
$$\qquad\quad | \qquad |$$
$$\quad\underset{1°}{CH_3}\ \underset{1°}{CH_3}$$

伯(1°)碳原子:与一个碳原子直接相连的碳原子。

仲(2°)碳原子:与两个碳原子直接相连的碳原子。

叔(3°)碳原子:与三个碳原子直接相连的碳原子。

季(4°)碳原子:与四个碳原子直接相连的碳原子。

另外,与伯、仲、叔碳原子相连的氢原子也常称为伯、仲、叔氢原子。

使用 1°、2°、3°和 4°标注以下烷烃中的碳原子的类型。

$$CH_3$$
$$|$$
$$CH_3CHCHCHCH_2CH_2CH_3$$
$$|\quad\quad|$$
$$CH_3\quad CH_2CH_3$$

三、烷烃的命名

烷烃的命名通常有普通命名法和系统命名法。

(一)普通命名法

对于结构比较简单的烷烃,常用普通命名法。其基本原则如下。

1. 根据分子中碳原子数目称为"某"烷,碳原子数在十个以下的用天干(甲、乙、丙、丁、戊、己、庚、辛、壬、癸)表示,十个碳原子以上的用中文小写数字表示。例如:CH_4 甲烷、C_5H_{12} 戊烷、C_6H_{14} 己烷、$C_{10}H_{22}$ 癸烷、$C_{13}H_{28}$ 十三烷。

2. 用"正"、"异"、"新"来区别异构体。把直链(不带支链)烷烃称正某烷;把链端第二个碳原子上有一个甲基而无其他支链的烷烃,按碳原子总数叫做异某烷;把链端第二个碳原子上有两个甲基而无其他支链的烷烃,则按碳原子总数叫做新某烷。例如:

$$CH_3{-}CH_2{-}CH_2{-}CH_2{-}CH_3 \quad\quad CH_3{-}CH{-}CH_2{-}CH_3 \quad\quad CH_3{-}\underset{\overset{|}{CH_3}}{\overset{\overset{CH_3}{|}}{C}}{-}CH_3$$

正戊烷　　　　　　　　　异戊烷　　　　　　　新戊烷

(二)系统命名法

1. **烷基** 烷烃常用"RH"表示。烷烃分子中去掉一个氢原子剩下的原子团,称为**烷基**。常用"R—"表示,其组成通式是 $C_nH_{2n+1}{-}$。简单烷基的命名是把相对应烷烃名称的"烷"字改为"基"字。常见的烷基有:

$CH_3{-}$	甲基
$CH_3CH_2{-}$	乙基
$CH_3CH_2CH_2{-}$	正丙基
$CH_3{-}CH{-}$ 带 CH_3	异丙基
$CH_3CH_2CH_2CH_2{-}$	正丁基

$CH_3CHCH_2{-}$ 带 CH_3	异丁基
$CH_3CHCH_2CH_3$ 带 CH_3	仲丁基
$CH_3{-}C$ 带 CH_3、CH_3	叔丁基

2. 对于结构比较复杂的烷烃,需要用系统命名法来命名。系统命名法是根据国际纯粹

与应用化学联合会(IUPAC)制定的命名原则。

烷烃的系统命名法主要原则和步骤如下。

（1）**选主链**：选择含碳原子数最多的碳链作为主链（当作母体），按主链碳原子数称为"某烷"。其他碳链为支链，看作取代基。

（2）**编号**：从靠近支链的一端开始用阿拉伯数字1，2，3…依次给主链碳原子编号。

（3）**定名称**：把取代基的位次和名称写在"某烷"之前。取代基的位次就是该取代基所连的主链碳原子的位次，把取代基的位次写在取代基名称之前，中间用半字线相连。例如：

$$\overset{1}{C}H_3—\overset{2}{C}H—\overset{3}{C}H_2—\overset{4}{C}H_3 \qquad \overset{3}{C}H_3—\overset{4}{C}H—\overset{5}{C}H_2—\overset{6}{C}H_2—\overset{7}{C}H_3$$

2 - 甲基丁烷 　　　　　　 3 - 甲基己烷

如果有相同的取代基则要合并，用中文小写数字二、三、四等数字表示取代基的数目；用阿拉伯数字逐一表示取代基的位次，阿拉伯数字之间用"，"隔开。若有几种不同的取代基，应把简单的（小的）写在前面，复杂的（大的）写在后面，中间再用半字线相连。例如：

$$\overset{1}{C}H_3—\overset{2}{C}H—\overset{3}{C}H—\overset{4}{C}H—\overset{5}{C}H_3$$

2，4 - 二甲基 - 3 - 乙基己烷

知识拓展

最多原则和最小原则

1. **最多原则** 如果有几条等长碳链均可作为主链时，应选择含支链（取代基）最多的碳链为主链。例如：

$$\overset{1'}{C}H_3—\overset{2'}{C}H_2—\overset{3'}{C}H—\overset{4'}{C}H_2—\overset{5'}{C}H_3$$

2 - 甲基 - 3 - 乙基戊烷（不能称 3 - 异丙基戊烷）

2. **最小原则** 如果主链上有几个相同的取代基，并且有几种可能编号时，应按"位次和"最小原则。

$$\overset{1}{C}H_3—\overset{2}{C}—\overset{3}{C}H_2—\overset{4}{C}H—\overset{5}{C}H_3$$

2，2，4 - 三甲基戊烷（不能称 2，4，4 - 三甲基戊烷）

课堂活动

请给下列化合物命名或写出结构简式：

(1) $CH_3-CH-CH_2-CH_3$
　　　　　$|$
　　　　　CH_3

(2) $CH_3-CH_2-CH-CH_3$
　　　　　　　　　$|$
　　　　　　　　　CH_2CH_3

(3) 2,3-二甲基戊烷

(4) 2-甲基-3-乙基己烷

四、烷烃的性质

烷烃的物理性质随着分子里碳原子数目的增加，呈现规律性的变化。在常温常压下，$C_1 \sim C_4$ 的直链烷烃是气体，$C_5 \sim C_{16}$ 是液体，C_{17} 以上是固体。它们的沸点和熔点随碳原子数目的增加而升高，同系物之间，每增加一个 CH_2，沸点升高 $20 \sim 30℃$。烷烃都难溶于水，易溶于乙醇、乙醚等有机溶剂。烷烃的相对密度都小于1。

烷烃的主要化学性质如下。

（一）稳定性

烷烃的化学性质比较稳定，通常状况下，它们不与强氧化剂（如高锰酸钾）、强酸、强碱作用。例如，将甲烷气体通入高锰酸钾酸性溶液，可以观察到高锰酸钾溶液不褪色，说明甲烷不与强氧化剂反应。

烷烃的化学性质之所以稳定，是因为烷烃分子里的化学键全部是牢固的共价单键即 σ 键。但是化学稳定性是相对的，在一定条件下，σ 键也可以断裂而发生某些化学反应。

烷烃的稳定性在医药上很有意义，如烷烃凡士林（$C_{18} \sim C_{24}$）和液状石蜡（$C_{18} \sim C_{22}$）等。由于它们的性质稳定，不易与药物发生化学反应，而且不会被皮肤吸收，所以凡士林常用作软膏类药物的基质，液状石蜡用作滴鼻剂或喷雾剂的基质。

（二）氧化反应

烷烃在空气中完全燃烧生成 CO_2 和 H_2O，同时放出大量的热。天然气、汽油、柴油的主要成分是烷烃的混合物，燃烧时放出大量热能，它们都是重要的能源。

案例分析

案例：

天然气（或煤气）已经走进了千家万户，为我们提供了便利、洁净的生活能源，但有相当一部分老百姓把天然气和液化气混为一谈，都称它们为"煤气"。其实它们是有区别的。

分析：

天然气的主成分是甲烷，由甲烷和氢气组成；液化气的主成分是丙烷和丁烷。另外，天然气的热值也高于液化气约 2.85 倍。

（三）取代反应

烷烃在光照、高温或催化剂的作用下 C—H 键可以断开，与卤素单质发生反应。例如，把盛有氯气和甲烷混合气体的集气瓶放在光亮的地方,就可以看到瓶中氯气的黄绿色会逐渐变浅。这是因为在光照条件下,氯气与甲烷发生了下述反应:

$$CH_4 + Cl_2 \xrightarrow{\text{光}} CH_3Cl + HCl$$

$$CH_3Cl \xrightarrow[\text{光}]{Cl_2} CH_2Cl_2 \xrightarrow[\text{光}]{Cl_2} CHCl_3 \xrightarrow[\text{光}]{Cl_2} CCl_4$$

一氯甲烷　　二氯甲烷　三氯甲烷(氯仿)　四氯甲烷(四氯化碳)

有机化合物分子中的某些原子或原子团,被其他的原子或原子团所代替的反应,称为取代反应。有机化合物分子中的氢原子被卤素原子取代的反应称为卤代反应。

五、医药上常用的烷烃

常用的烷烃混合物,除了汽油、煤油和柴油外,在医药上还有以下几种产品。

(一)石油醚

石油醚是低级烷烃的混合物。沸点范围在 30～60℃ 的是戊烷和已烷的混合物;沸点范围在 90～120℃ 的是庚烷和辛烷的混合物。它们主要被用作有机溶剂。石油醚极易燃烧并具有毒性,使用及贮存时要特别注意安全。

(二)液状石蜡

液状石蜡的主要成分是 18～24 个碳原子的液体烷烃的混合物,是呈透明的液体。它不溶于水和醇,能溶于醚和氯仿中。液状石蜡性质稳定,在医药上常用作肠道润滑的缓泻剂。

(三)凡士林

凡士林是液状石蜡和固体石蜡的混合物,呈软膏状半固体,不溶于水,溶于醚和石油醚。因为它不能被皮肤吸收,而且化学性质稳定,不易和软膏中的药物起变化,所以在医药上常用作软膏基质。

(四)石蜡

石蜡是 $C_{25}～C_{34}$ 固体烃的混合物,医药上用作蜡疗、药丸包衣、封瓶、理疗等。

点滴积累

1. 烷烃是指碳碳之间单键相连,碳的其余价键全部被氢原子所饱和的开链烃。其通式为 C_nH_{2n+2}。
2. 烷烃的系统命名可简单归结为"选主链,编号,定名称"。
3. 烷烃通常表现为性质稳定,但在一定条件下也能发生取代反应。

第二节　不饱和链烃

分子中具有碳碳双键或碳碳叁键的链烃属于不饱和链烃,简称不饱和烃。不饱和烃分为烯烃和炔烃,其中**含碳碳双键($\diagdown C=C \diagup$)的不饱和链烃叫烯烃,含碳碳叁键($-C\equiv C-$)的不饱和链烃叫炔烃**,它们所含的氢原子数比相应的烷烃少。

一、烯烃、炔烃的结构及组成通式

分子中具有一个碳碳双键的链烃称为单烯烃,习惯上又称为**烯烃**。烯烃比相同碳原子数的烷烃少 2 个氢原子,其**组成通式是 C_nH_{2n},碳碳双键**($\diagdown C=C \diagup$)**是烯烃的官能团**。最简单的烯烃是乙烯。其结构式、结构简式分别为:

$$\underset{H}{\overset{H}{\diagdown}}C=C\underset{H}{\overset{H}{\diagup}} \qquad\qquad CH_2=CH_2$$

乙烯分子中含有一个碳碳双键,碳碳双键并不等于两个单键的加和,其中一个是 σ 键,另一个是 π 键,而 π 键的特点是不牢固、易断裂。

分子中具有一个碳碳叁键的链烃称为**炔烃**。炔烃比相同碳原子数的烯烃少 2 个氢原子,其**组成通式是 C_nH_{2n-2},碳碳叁键**($—C≡C—$)**是炔烃的官能团**。最简单的炔烃是乙炔。其结构式、结构简式分别为:

$$H—C≡C—H \qquad\qquad CH≡CH$$

乙炔分子中含有一个碳碳叁键,碳碳叁键是由一个 σ 键和两个 π 键构成的。

因烯烃和炔烃分子中均含有易断裂的 π 键,所以它们的化学性质相似,并且比烷烃活泼。

知识链接

乙 烯

乙烯是重要的化工原料,它的产量可以用来衡量一个国家的石油化工水平,从石油中获得乙烯已成为生产乙烯的主要途径。乙烯主要用于生产聚乙烯、乙丙橡胶、聚氯乙烯等。在有机合成方面,广泛用于合成乙醇、环氧乙烷及乙二醇、乙醛、乙酸等。乙烯是一种气体激素,促进 RNA 和蛋白质的合成,加速水果成熟。常用乙烯利溶液浸泡未完全成熟的番茄、苹果、梨、香蕉、柿子等果实,能显著促进成熟。乙烯还可用于医药高新材料的合成等。

二、烯烃、炔烃的同分异构

(一)烯烃的同分异构

因双键的存在,烯烃的同分异构现象比烷烃复杂很多,除了存在烷烃那样的碳链异构外,还存在由双键位置不同而引起的位置异构,以及由于双键两侧的基团在空间的排列方式不同而产生的顺反异构。

1. 碳链异构 含 4 个以上碳原子的烯烃开始出现碳链的多种连接方式,即碳链异构。例如:

$$CH_3CH_2CH=CH_2 \qquad\qquad\qquad \underset{\underset{CH_3}{|}}{CH_3C}=CH_2$$

1-丁烯 $\qquad\qquad\qquad\qquad\qquad$ 2-甲基-1-丙烯

2. 位置异构　由于碳碳双键等官能团在碳链当中的位置不同而产生的同分异构称为位置异构。例如：

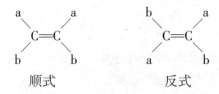

$$CH_3CH_2CH=CH_2 \qquad\qquad CH_3CH=CHCH_3$$

$$1-丁烯 \qquad\qquad\qquad 2-丁烯$$

3. 顺反异构　由于碳碳双键上所连接的原子或基团在空间排列不同而形成的同分异构称为顺反异构。一般把相同原子或基团在碳碳双键同侧的称为**顺式**，相同原子或基团在碳碳双键异侧的称为**反式**。

顺式　　　　　反式

如把 2-丁烯写成：

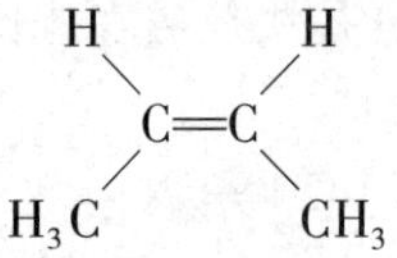

顺-2-丁烯 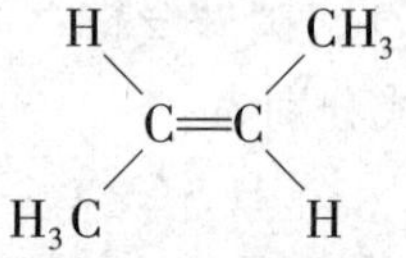　　　　反-2-丁烯

烯烃和其他含有双键的化合物常有顺反异构现象，但并不是所有的烯烃或其他含有双键的化合物都有这种异构，只在双键的每一个双键碳原子上分别连有两个不同的原子或基团时才有顺反异构现象。

（二）炔烃的同分异构

炔烃的异构与烯烃相似，同样有碳链异构和叁键的位置异构。但是炔烃没有顺反异构。

课堂活动

请指出下列结构中哪些是顺反异构，哪些是同一种结构？

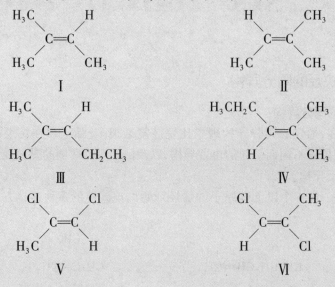

三、烯烃、炔烃的命名

（一）烯烃的命名

烯烃的命名原则与烷烃相似，步骤如下。

1. 选主链 选择含有碳碳双键在内的最长碳链作为主链，按主链上所含碳原子的数目称为"某烯"。

2. 编号 从靠近双键的一端开始依次给主链碳原子编号。双键的位次即位次小的双键碳原子的位次，将双键的位次写在烯烃名称之前，中间用半字线相连。若双键正好在中间，则主链编号从靠近取代基的一端开始。

3. 定名称 把支链作为取代基，将其位次、数目和名称写在烯烃名称之前（这与烷烃的命名原则相同），并用半字线与主链名称相连。例如：

$$\overset{6}{C}H_3\overset{5}{C}H_2\overset{4}{C}H_2\overset{3}{C}H\overset{}{=}\overset{2}{C}H\overset{1}{C}H_3 \qquad \overset{5}{C}H_3\overset{4}{C}HCH_2\overset{3}{C}H_2\overset{2}{C}H\overset{}{=}\overset{1}{C}H_2$$

$$CH_3$$

2 - 己烯　　　　　　　4 - 甲基 - 1 - 戊烯

$$\overset{1}{C}H_2\overset{}{=}\overset{2}{C}-\overset{3}{C}H_2\overset{4}{C}HCH_3 \qquad \overset{6}{C}H_3\overset{5}{C}H_2\overset{4}{C}H\overset{}{=}\overset{3}{C}H-\overset{2}{C}-\overset{1}{C}H_3$$

4 - 甲基 - 2 - 乙基 - 1 - 己烯　　　　2，2 - 二甲基 - 3 - 己烯

（二）炔烃的命名

炔烃的系统命名法与烯烃的相似，只需将烯烃母体名称中的"烯"字换为"炔"字即可。例如：

$$CH_3CH_2CH_2C{\equiv}CH \qquad CH_3CH_2CH(CH_3)C{\equiv}CH$$

1 - 戊炔　　　　　　　3 - 甲基 - 1 - 戊炔

四、烯烃、炔烃的性质

常温下 $C_2 \sim C_4$ 的烯烃是气体，$C_5 \sim C_{18}$ 为液体，C_{19} 以上的高级烯烃是固体。它们的熔点、沸点和密度都随着碳原子数的增加而升高。烯烃均无色，难溶于水，易溶于有机溶剂。

炔烃的物理性质也是随着碳原子数的增加而呈规律性的变化。

炔烃和烯烃的化学性质相似，原因是分子中均含有不牢固的 π 键，它们很容易发生加成、氧化和聚合等反应。但炔烃的反应活性不如烯烃。此外，对在碳碳叁键碳上连有氢原子的炔烃，还能发生一些特殊的反应。

（一）加成反应

有机化合物分子中双键或叁键上的 π 键断裂，加入其他原子或原子团的反应，称为**加成反应**。简单地说就是 π 键变单键的过程。炔烃的加成反应可分两步进行，先断裂一个 π 键变成双键，接着再断裂另一个 π 键变成单键。

1. 催化加氢（又称催化氢化） 在 Pt、Pd、Ni 等催化剂的催化下，烯烃与氢气发生加成反应，生成相应的烷烃。例如：

$$RCH{=\!=}CHR' + H_2 \xrightarrow{Pt} RCH_2CH_2R'$$

炔烃的催化加氢分两步进行,第一步加一个氢分子,生成烯烃,第二步再与一个氢分子加成,生成烷烃。

$$R_1C{\equiv\!\equiv}CR_2 + H_2 \xrightarrow{Pt} R_1CH{=\!=}CHR_2 \xrightarrow{R_1}{_{H_2}} R_1CH_2CH_2R_2$$

2. 与卤素加成 烯烃易与氯、溴发生加成反应,生成邻二卤代烃。此反应较容易发生,在常温下就能很顺利地进行。例如:

$$R_1CH{=\!=}CHR_2 + Br_2 \longrightarrow R_1CHBrCHBrR_2$$

炔烃也能与氯、溴发生加成反应,但反应相对较难,特别是与氯气的加成反应需要催化剂或加热作为反应条件,反映了炔烃的反应活性较烯烃弱。

$$R_1C{\equiv\!\equiv}CR_2 + Br_2 \longrightarrow R_1CBr{=\!=}CBrR_2 \xrightarrow{Br_2} R_1CBr_2CBr_2R_2$$

烯烃、炔烃与溴水或溴的四氯化碳溶液发生加成反应后,溴的红棕色消失,现象明显,操作简便,所以常用此方法鉴定碳碳双键或碳碳叁键的存在。

3. 与卤化氢加成 烯烃与卤化氢发生加成反应,生成相应的一卤代烷。例如:

$$CH_2{=\!=}CH_2 + HBr \longrightarrow CH_3CH_2Br$$

乙烯是一个对称烯烃(两个双键碳原子上连接的原子或基团都相同的烯烃为对称烯烃,不同的为不对称烯烃),因此在加卤化氢时,卤素原子加到任何一个碳原子上都生成相同的产物。但对于不对称烯烃,与卤化氢发生反应时,则会得到两种加成产物。例如:

$$CH_2{=\!=}CHCH_3 + HBr \longrightarrow CH_3CHBrCH_3 + CH_2BrCH_2CH_3$$
$$2-溴丙烷 \quad\quad 1-溴丙烷$$

实验证明丙烯与溴化氢作用时,主要产物是 2-溴丙烷。

这是马尔柯夫尼柯夫(Markovnikov)根据许多实验事实总结出的一条经验规律:当不对称烯烃和不对称试剂(如:HX、H_2O)发生加成反应时,不对称试剂中的氢原子,主要加到含氢较多的双键碳原子上,这一规则简称为马氏规则。炔烃与卤化氢的加成反应分两步进行,反应也遵循马氏规则。

(二)氧化反应

烯烃和炔烃由于其碳碳双键与碳碳叁键的结构中包含易断开的 π 键,容易被氧化。氧化剂和氧化条件不同,氧化的产物也会不同。用高锰酸钾的酸性溶液作氧化剂,可以很容易地将双键或叁键断开,发生氧化反应。

$$烯烃或炔烃 \xrightarrow{KMnO_4/H^+} 高锰酸钾溶液褪色$$

所以,当含烯烃或炔烃的物质与酸性的高锰酸钾溶液作用时,高锰酸钾溶液的紫红色立即褪去,这是鉴定不饱和键的一种方法。

另外,烯烃、炔烃和烷烃一样,在空气中燃烧时生成二氧化碳和水,同时放出大量的热。

(三)聚合反应

在一定条件下,烯烃分子中的 π 键断开,可以彼此相互加成,生成大分子化合物。这种由许多小分子化合物结合成大分子化合物的反应称为**聚合反应**。例如:

$$nCH_2{=\!=}CH_2 \xrightarrow[200℃\sim300℃,高压]{O_2(0.05\%)} {+\!\!\left[CH_2{-}CH_2\right]\!\!}_n$$

$$聚乙烯$$

反应中小分子化合物乙烯称为单体,生成的高分子产物聚乙烯称为聚合物。聚乙烯无色、无味、无毒,是一种性能优良、用途广泛的塑料,医药上常用它制作输液管、医用导管、整形材料等。

在一定条件下,乙炔能自相加成发生聚合反应,生成不同的聚合产物。

(四) 金属炔化物的生成

凡是具有 —C≡C— 结构的炔烃,其连在叁键碳上的氢原子性质活泼,容易被金属原子取代而生成金属炔化物。

例如将乙炔通入银盐或亚铜盐的氨溶液中,则生成白色乙炔银或棕红色乙炔亚铜沉淀。

$$CH\!\equiv\!CH + 2[Ag(NH_3)_2]NO_3 \longrightarrow AgC\!\equiv\!CAg\downarrow + 2NH_3 + 2NH_4NO_3$$

乙炔银(白色)

$$CH\!\equiv\!CH + 2[Cu(NH_3)_2]Cl \longrightarrow CuC\!\equiv\!CCu\downarrow + 2NH_3 + 2NH_4Cl$$

乙炔亚铜(棕红色)

这可作为鉴别碳碳叁键是否在链端的方法。炔烃的叁键在链端可发生上述反应,生成沉淀,如 1 - 丁炔;叁键在链中间时,叁键碳原子上没有连接氢原子,不能发生此反应,如 2 - 丁炔。

 知识拓展

二 烯 烃

分子中含有两个碳碳双键的不饱和链烃称为二烯烃,其通式为 C_nH_{2n-2}。根据二烯烃中双键的相对位置不同,可将二烯烃分为累积二烯烃(如丙二烯 $CH_2\!=\!C\!=\!CH_2$)、隔离二烯烃(如 1,4 - 戊二烯 $CH_2\!=\!CH\!-\!CH_2\!-\!CH\!=\!CH_2$)和共轭二烯烃(如 1,3 - 丁二烯 $CH_2\!=\!CH\!-\!CH\!=\!CH_2$)三类。二烯烃的命名与烯烃相似,选择含有两个双键在内的最长碳链作为母体,从距离双键最近的一端给主链上的碳原子进行编号,根据主链碳原子的个数,称母体为"某二烯",两个双键的位次用阿拉伯数字逐一标在"某二烯"的前面,位次之间用",",隔开,双键位次与母体之间用半字线相连。有取代基时,则将取代基的位次、数目和名称写在母体名称的前面。例如:

$CH_2\!=\!CH\!-\!CH\!=\!CH_2$ $CH_2\!=\!C(CH_3)\!-\!CH\!=\!CH_2$

1,3 - 丁二烯   2 - 甲基 -1,3 - 丁二烯

$CH_2\!=\!CH\!-\!CH(CH_3)\!-\!C(CH_3)\!=\!CH_2$

2,3 - 二甲基 -1,4 - 戊二烯

 点滴积累

1. 不饱和烃的命名原则可归结为"选主链,编号,定名称"。

2. 烯烃和炔烃的化学性质相似,因均有不牢固的 π 键存在,很容易发生加成、氧化和聚合等反应。

3. 末端炔烃,其连在叁键碳上的氢原子性质活泼,容易被金属原子取代而生成金属炔化物。

<h1>第三节 闭 链 烃</h1>

<h2>一、脂环烃</h2>

由碳、氢两种元素组成而性质与脂肪烃相似的一类碳环化合物,称作脂环烃。根据环上碳原子的饱和程度不同,分为环烷烃、环烯烃和环炔烃。这里只简单讨论环烷烃。

<h3>(一)环烷烃</h3>

1. 环烷烃的分类　根据环烷烃分子所含碳环的数目,可分为单环环烷烃、双环环烷烃和多环环烷烃。我们把分子中只含 1 个碳环结构的称作单环环烷烃;分子中含 2 个及以上碳环结构的称作多环环烷烃。这里我们只学习单环环烷烃,如:

环丙烷　　　　　　　　环丁烷　　　　　　　　甲基环丙烷

2. 单环环烷烃　单环环烷烃的通式为 C_nH_{2n},与单烯烃互为同分异构体。其中性质较稳定的环烷烃是五员碳环(环戊烷)和六员碳环(环己烷)。

单环环烷烃的命名与烷烃相似,即在同碳原子个数的烷烃名称前加一个"环"字,称为环某烷。如:

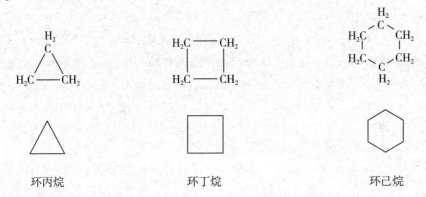

环丙烷　　　　　　　　环丁烷　　　　　　　　环己烷

当环上连有 1 个取代基时其位次可省略,若连有两个或两个以上取代基时,应使取代基位次总和最小。例如:

甲基环丁烷　　　　　　　　1-甲基-3-乙基环己烷

<h3>(二)环烷烃的性质</h3>

环烷烃与烷烃的化学性质相似,在一般条件下,不与强酸、强碱、强氧化剂等发生反应,而能发生取代反应。但是,小环环烷烃(如环丙烷和环丁烷)与烯烃的化学性质相似,能发生开环加成反应。

知识拓展

环烯烃、环炔烃

环烯烃、环炔烃的命名与烯烃、炔烃相似,也是在相应的烯烃、炔烃名称前加上"环"字。

环己烯　　　　环庚炔　　　　1,3-环戊二烯

二、芳香烃

这里所讲的芳香烃是指分子中含有苯环的烃类,芳香烃具有芳香性。**"芳香性"是指一般情况下难以加成,难以氧化,易于发生取代反应的性质。**

根据分子中所含苯环的数目,芳香烃可以分为单环芳香烃和多环芳香烃。苯是最简单也是最重要的芳香烃。

知识链接

芳香族化合物的由来

在有机化学发展的初期,人们从天然产物中提取到了一些具有芳香气味的物质(如树脂、精油等),于是将此类物质称为芳香族化合物,后来发现此类化合物的分子结构中都含有苯环,芳香族化合物的定义就演变为"含有苯环结构的化合物"。我们通常所说的芳香烃,一般是指分子中含有苯环结构的烃。但含苯环的化合物并不都具有芳香气味,有些还有相当难闻的气味。因此这里的"芳香"一词已失去了其历史原意,其真实含义是"含苯的"。绝大多数的芳香族化合物分子中都含有苯环结构,因此芳香族化合物的母体就是苯环。

(一) 苯的结构

苯是最简单也是最重要的芳香烃,分子式为 C_6H_6。

1865 年凯库勒首先提出了苯的环状结构,他认为苯分子是一个由 6 个碳原子组成的六边形结构,每个碳原子上接 1 个氢原子,为满足碳原子的四价,六边形内存在 3 个单键和 3 个双键交替连接的特殊结构,称为凯库勒式。例如:

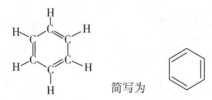

简写为

经过现代物理方法的研究,证明苯分子中 6 个碳碳键长一样,无单双键之分,故苯环是正六边形结构。六个碳之间形成环状大 π 键,此环状大 π 键不同于一般的 π 键,因它受到六个碳原子的限制,比较牢固,不易断裂。

为了表示苯分子结构的这一特征,苯的结构式也可表示为:

但由于历史的原因,苯的凯库勒结构式一直沿用至今。本书是使用凯库勒式来代表苯的结构,但绝不能认为苯是由单键、双键交替组成的环状结构。

（二）单环芳烃的命名

苯是单环芳烃的母体,一个苯环上的氢原子被烷基取代可生成烷基苯(也称苯的同系物)。苯及烷基苯的组成通式为 C_nH_{2n-6}($n\geq6$)。

1. 一元烷基苯　苯环上的 1 个氢原子被烷基取代而形成的化合物称为一元烷基苯。命名时,以苯为母体,烷基作为取代基,称为某基苯,常把"基"字省略,简称某苯。例如:

2. 二元烷基苯　苯环上的 2 个氢原子被烷基取代而形成的化合物称为二元烷基苯。根据 2 个烷基的相对位置不同命名时,可用邻、间、对或用阿拉伯数字(注意应使它们的位次总和为最小)来标明位置。例如:

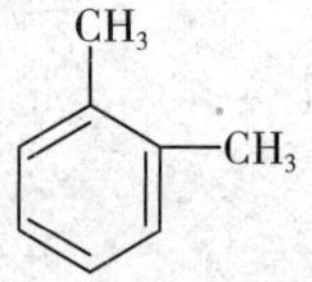

邻二甲苯　　　　　间二甲苯　　　　　对二甲苯
（1,2-二甲苯）　　（1,3-二甲苯）　　（1,4-二甲苯）

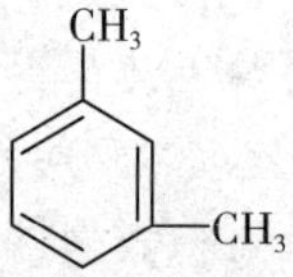

3. 三元烷基苯　苯环上的 3 个氢原子被烷基取代而形成的化合物称为三元烷基苯。三元烷基苯有 3 种位置异构体。3 个烷基相同的三元取代苯命名时可用连、偏、均或用阿拉伯数字来标明位置。3 个烷基不同的烷基苯命名时只能用阿拉伯数字来标明位置。例如:

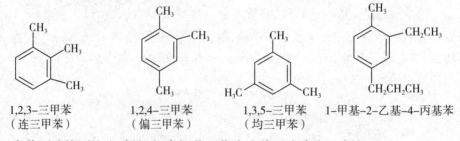

1,2,3-三甲苯　　1,2,4-三甲苯　　1,3,5-三甲苯　　1-甲基-2-乙基-4-丙基苯
（连三甲苯）　　（偏三甲苯）　　（均三甲苯）

4. 当苯环连接不饱和碳链时,常把苯环作为取代基来命名。例如:

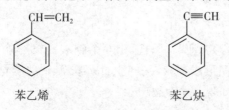

苯乙烯　　　　　　　　苯乙炔

芳香烃分子中去掉一个氢原子所剩下的基团称为芳香烃基,简称"芳基",常用"Ar—"表示。常见的芳基有:

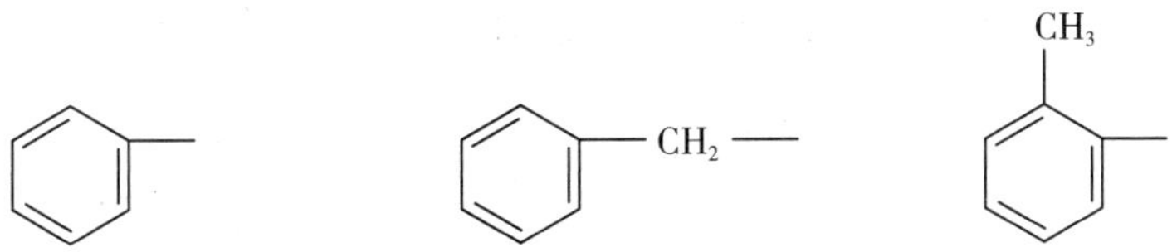

苯基（C_6H_5—）　　　　苯甲基（苄基）（$C_6H_5CH_2$—）　　　　邻甲苯基

（三）苯和烷基苯的化学性质

1. 稳定性　苯的化学性质比较稳定,通常表现为难加成、难氧化。例如:苯不能使高锰酸钾酸性溶液褪色。

烷基苯与苯一样具有稳定性,苯环不易被氧化,但它的同系物含 α – H(与苯环直接相连的碳原子称为 α 碳原子,它上面的氢原子称为 α – H)的侧链烷基却可以被氧化剂氧化。例如:

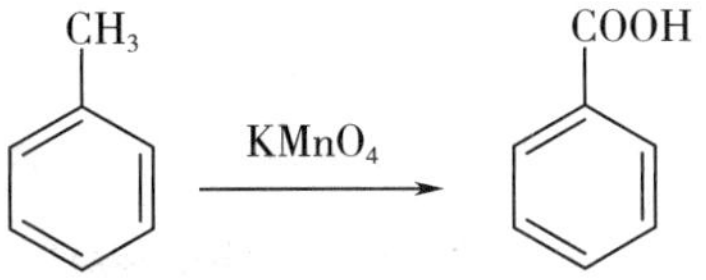

甲苯　$\xrightarrow{\text{KMnO}_4}$　苯甲酸

利用 $KMnO_4$ 的酸性溶液可以区分苯和甲苯。

2. 取代反应　在一定条件下,苯环上的氢原子能被其他原子或原子团所取代,比较重要的取代反应有卤代、硝化和磺化等反应。

（1）卤代反应:在 FeX_3、Fe 粉等的催化下,苯与卤素作用,苯环上的氢原子被卤素原子取代,生成卤苯。例如:

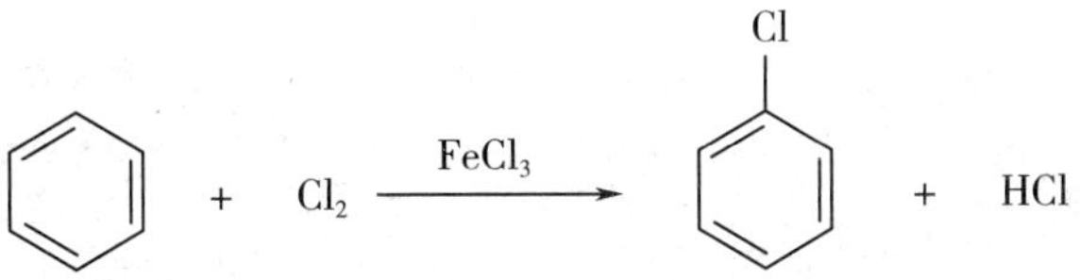

$$+ \quad Cl_2 \quad \xrightarrow{\text{FeCl}_3} \quad \text{(Cl)} \quad + \quad HCl$$

氯苯

卤素的反应活性顺序是:$F_2 > Cl_2 > Br_2 > I_2$。由于氟代反应过于激烈,难以控制,而碘代反应则过于缓慢,因此苯的卤代反应主要是指氯代和溴代反应。

（2）硝化反应:苯与浓硫酸和浓硝酸的混合物(混酸)共热,苯环上的氢原子被硝基(—NO_2)取代(在苯环上引入—NO_2)的反应,称为硝化反应。

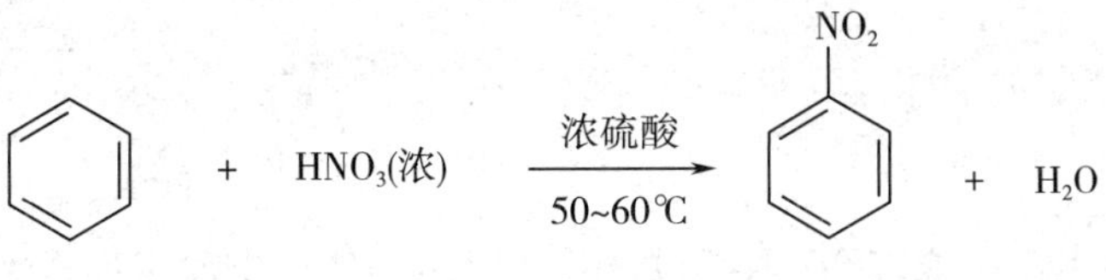

$$+ \quad HNO_3(浓) \quad \xrightarrow[50\sim60℃]{\text{浓硫酸}} \quad \text{(NO}_2) \quad + \quad H_2O$$

硝基苯

（3）磺化反应:苯在加热条件下与浓硫酸反应,苯环上的氢原子被磺酸基(—SO_3H)取代(在苯环上引入—SO_3H)的反应,称为磺化反应。

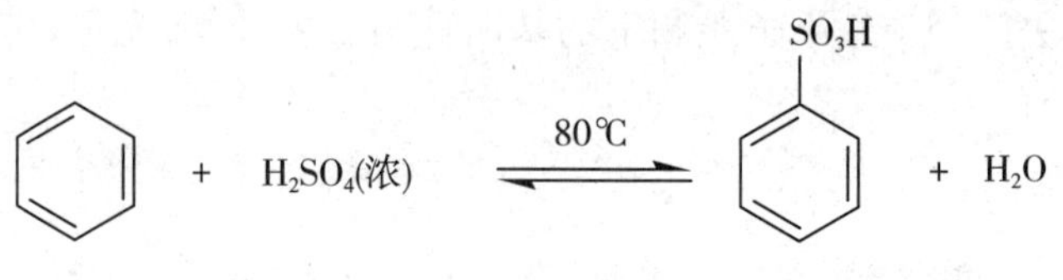

$$\text{苯} + H_2SO_4(\text{浓}) \underset{}{\overset{80℃}{\rightleftharpoons}} \text{苯磺酸}(SO_3H) + H_2O$$

苯磺酸

此反应是一个可逆反应,随着反应的进行,水量逐渐增多,不利于苯磺酸的生成。常用发烟硫酸作磺化剂。

烷基苯也可以发生卤代、硝化、磺化等取代反应。烷基苯的取代反应活性比苯强,且取代反应主要发生在邻、对位。例如:

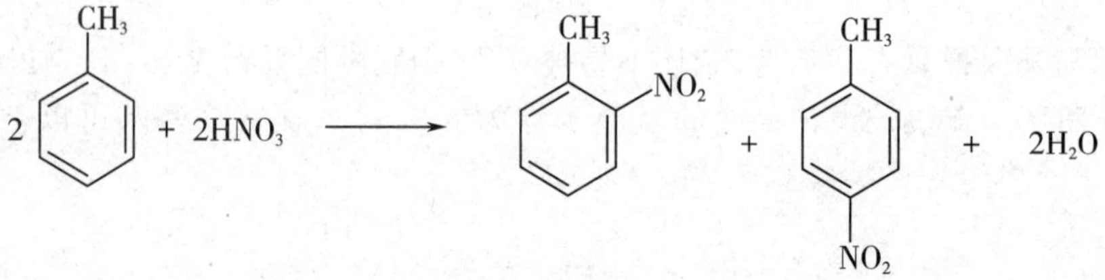

$$2\,\text{甲苯}(CH_3) + 2HNO_3 \longrightarrow \text{邻硝基甲苯} + \text{对硝基甲苯} + 2H_2O$$

邻硝基甲苯   对硝基甲苯

3. 加成反应　苯环在一般条件下不容易发生加成反应。例如:苯和苯的同系物均不能使溴水褪色;但是在催化剂、高温或光照的作用下,也可与 H_2 加成。

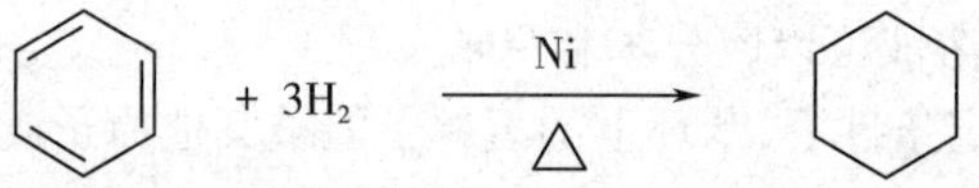

$$\text{苯} + 3H_2 \xrightarrow[\triangle]{Ni} \text{环己烷}$$

案例分析

案例:

某装潢公司员工李某,一天在涂油漆的时候发生头晕、头痛、恶心、呕吐、步态不稳等症状,怀疑为苯中毒。大家急忙将他扶到厂区之外,并更换被污染的衣服,清洗皮肤。过了一段时间,李某症状减轻。

分析:

苯是工业上广泛使用的一种有机溶剂和原料,在工业和生活中主要应用于染料、制药、橡胶等。苯用作油漆和喷漆的溶剂与稀释剂时,特别是在通风不良的场所或室内,短时间吸入高浓度的苯蒸气可引起急性中毒。中毒主要表现为乏力、头痛、头晕、咽干、咳嗽、恶心、呕吐、视物模糊、步态不稳、幻觉等,严重者可至昏迷甚至死亡。

发现苯中毒时,轻者可采取案例中所用的方法救治,情况严重者应及时送往医院进行对症治疗。

（四）稠环芳烃

稠环芳香烃是由两个或两个以上的苯环,共用两个邻位碳原子而成的多环芳香烃。重要的有萘、蒽、菲,它们都是染料、医药的重要原料。

1. 萘　萘是煤焦油成分中含量最高的一种化合物,是最简单的稠环芳香烃,分子式为 $C_{10}H_8$。常温下,它是一种白色片状晶体,熔点 80.6℃,沸点 218℃,有特殊气味,能挥发易升华,不溶于水。萘是重要的化工原料,也是常用的防蛀剂。

（1）萘的结构

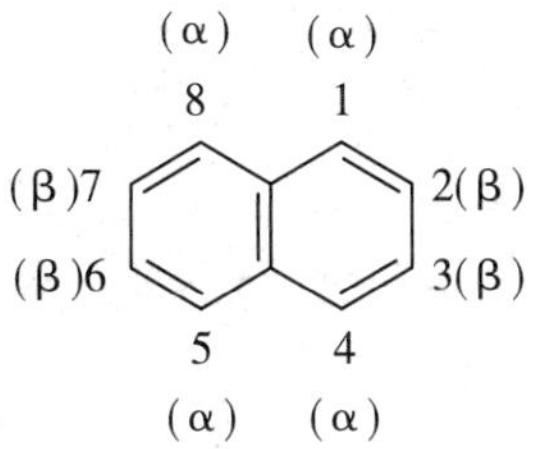

1、4、5、8 为 α 位碳原子,2、3、6、7 为 β 位碳原子。因此,萘的一元取代物有 α 取代物和 β 取代物两种异构体。

（2）萘的化学性质:萘的化学性质与苯相似,也容易发生取代反应。例如:

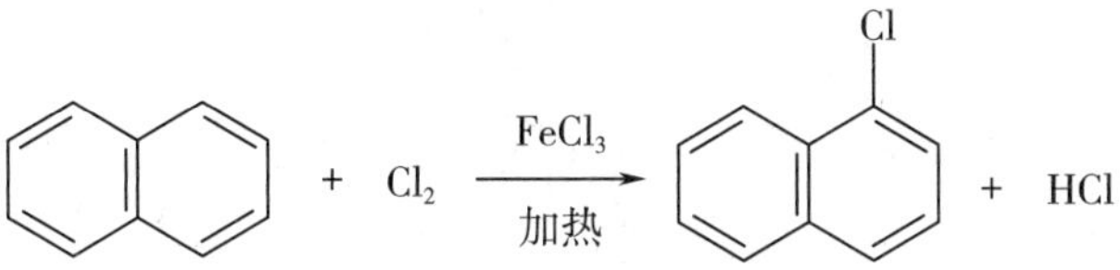

2. 蒽和菲　蒽和菲都存在于煤焦油中。它们都是无色晶体,均溶于苯。蒽和菲的分子式都为 $C_{14}H_{10}$,两者互为同分异构体。两者都是由 3 个苯环稠合而成。蒽为直线稠合,其结构式及碳原子的位次表示如下:

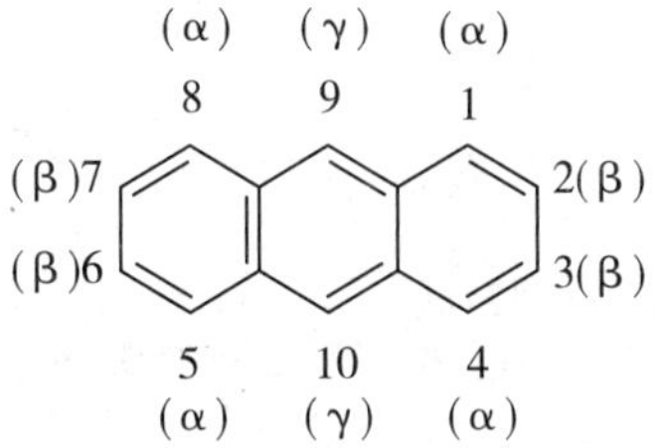

菲为角式稠合,其结构式及碳原子的位次表示如下:

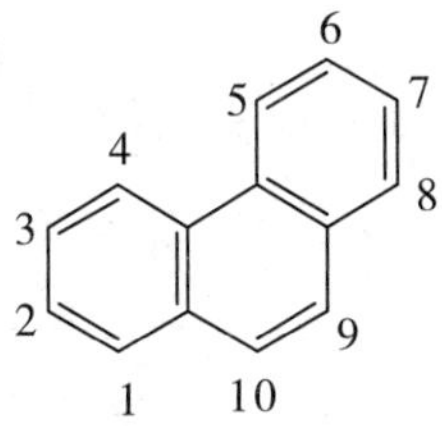

蒽和菲具有一定的不饱和性,与 H_2 或 X_2 能发生加成反应,在一定条件下,也能被氧化。

对于菲的结构认识和对菲的衍生物结构的了解,在生物化学、药物化学等方面具有重要意义。对生物体有重要生理作用的许多天然化合物,如胆固醇、胆酸、性激素等,分子结构中都含有菲的衍生物——环戊烷多氢菲的骨架:

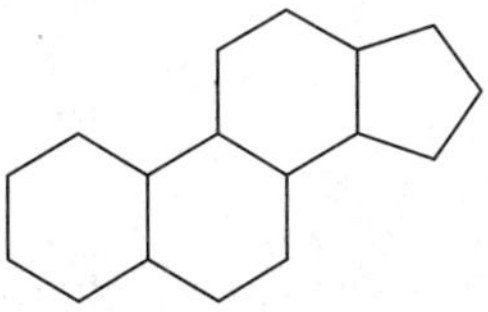

环戊烷多氢菲

含有环戊烷多氢菲的化合物称为甾体化合物。

点滴积累

1. 苯及苯的同系物的组成通式为 $C_nH_{2n-6}(n \geq 6)$。
2. 苯的化学性质比较稳定,通常表现为难加成、难氧化、易取代,在一定的条件下能发生卤代、硝化和磺化等取代反应及与 H_2 的加成反应。

目标检测

一、选择题

(一) 单项选择题

1. 下列烷烃的结构式错误的是(　　)

   A. H₃C—CH—CH₂
   　　　　｜
   　　　　CH₃

   B. H₃C—CH—CH₃
   　　　　｜
   　　　　CH₃

   C. CH₃CH₂CH₃

   D. H₃C—CH—CH₂CH₃
   　　　　｜
   　　　　CH₃

2. 下列烷烃互为同分异构体的是(　　)

   A. 甲烷与乙烷

   B. 丙烷与2－甲基丙烷

   C. 正丁烷与异丁烷

   D. 己烷与新戊烷

3. 下列碳架式属于碳链异构的是(　　)

   A. C—C—C—C 与 C—C—C—C
   　　　　　　　　　　　　　｜
   　　　　　　　　　　　　　C

   B. C—C—C—C 与 C—C—C—C
   　　　　　｜　　　　　　　｜　｜
   　　　　　C　　　　　　　C　C

   C. C—C—C—C 与 C—C—C—C
   　　　　｜　　　　　　　　　　｜
   　　　　C　　　　　　　　　　C

   D. C—C—C—C 与 C—C—C—C
   　　　　｜　｜　　　　　　｜　｜
   　　　　C　C　　　　　　C　C

4. H₃C—CH—CH—CH₂—CH₃ 的系统命名正确的是(　　)
   　　　　｜　｜
   　　　　CH₃ CH₃

   A. 2,3－二甲基戊烷

   B. 2－甲基－3－甲基戊烷

   C. 二甲基戊烷

   D. 2,3－甲基戊烷

5. 下列物质不存在的是(　　)

   A. 2－甲基－1－己炔

   B. 3－甲基－1－己炔

   C. 4－甲基－1－己炔

   D. 5－甲基－1－己炔

6. 乙烯较难发生的反应是(　　)

   A. 取代反应

   B. 加成反应

   C. 氧化反应

   D. 聚合反应

7. 哪个烯烃存在顺反异构体(　　)

   A. 乙烯

   B. 丙烯

   C. 2－丁烯

   D. 2－甲基－2－丁烯

8. 丙炔和2分子HBr加成的主要产物是(　　)

A. 1,1 - 二溴丙烷　　　　　　　　B. 1,2 - 二溴丙烷
C. 2,2 - 二溴丙烷　　　　　　　　D. 2,3 - 二溴丙烷

9. 分子中含有一个碳碳双键的是(　　)
　　A. 聚乙烯　　　　B. 丙烯　　　　　C. 2 - 丁炔　　　D. 苯

10. 苯环上的氢原子被 1 个氯原子取代后生成的一氯化物只有 1 种的是(　　)
　　A. 乙苯　　　　B. 邻二甲苯　　　　C. 间二甲苯　　　　D. 对二甲苯

（二）多项选择题

1. 下列分子式不属于饱和链烃的是(　　)
　　A. C_3H_4　　　B. C_5H_{12}　　　C. C_4H_8　　　D. C_7H_8　　　E. C_6H_{14}

2. 下列烷烃,有 3 种及 3 种以上同分异构体的是(　　)
　　A. C_4H_{10}　　　B. C_5H_{12}　　　C. C_6H_{14}　　　D. C_7H_{16}　　　E. C_8H_{18}

3. 下列各组物质中,是同一种物质的是(　　)
　　A. 异戊烷与 2 - 甲基丁烷
　　B. 异己烷与 2 - 甲基戊烷
　　C. 新戊烷与 2,2 - 二甲基丙烷
　　D. 异戊烷与 2,2 - 二甲基丙烷
　　E. 2 - 丁烯与 1 - 丁烯

4. 一般不与烷烃发生取代反应的是(　　)
　　A. 氯化氢　　　　　　B. 溴蒸气　　　　　　C. 水蒸气
　　D. 二氧化碳　　　　　E. 氯气

5. 下列化合物中能使溴水褪色的是(　　)
　　A. 2 - 丁烯　　　　　B. 1 - 丁烯　　　　　C. 2 - 丁炔
　　D. 丁烷　　　　　　E. 异戊烷

6. 不能和银氨溶液反应生成白色沉淀的是(　　)
　　A. 1 - 丁烯　　B. 2 - 丁烯　　C. 1 - 丁炔　　D. 2 - 丁炔　　E. 戊烷

7. 下列各组物质中,属于同分异构体的是(　　)
　　A. 正丁烷和异丁烷　　　　　　B. 1 - 丁炔和 1,3 - 丁二烯
　　C. 间二甲苯和邻二甲苯　　　　D. 1 - 丁炔和 2 - 丁炔
　　E. 异戊烷与 2 - 甲基丁烷

二、填空题

1. 在有机化合物中,我们通常把_____和_____两种元素组成的化合物称为烃,根据烃分子中碳原子与碳原子之间的连接方式不同,又可把烃分为_____和_____。

2. 烯烃和炔烃都称为不饱和烃,从分子结构看,烯烃分子中含有_____,炔烃分子中含有_____。

3. _____是最简单的芳香烃,也被称为芳香烃的母体。

4. 人们把结构相似、通式相同、分子组成相差 1 个或多个 CH_2 原子团的一系列化合物称为_____。烷烃的分子组成通式是_____,烯烃的分子组成通式是_____,炔烃的分子组成通式是_____,烷基苯的分子组成通式是_____。

5. 有机化合物分子中的某些原子或原子团,被其他的原子或原子团所代替的反应,称为_____。有机化合物分子中双键或叁键上的 π 键断裂,加入其他原子或原子团的反应,称

为_____。

三、简答题

1. 用系统命名法,写出下列各种化合物的名称(写学名)

(1) 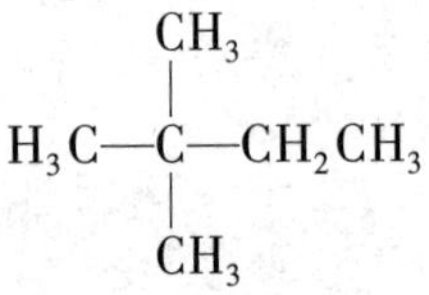
$$H_3C-\overset{\overset{\displaystyle CH_3}{|}}{\underset{\underset{\displaystyle CH_3}{|}}{C}}-CH_2CH_3$$

(2) 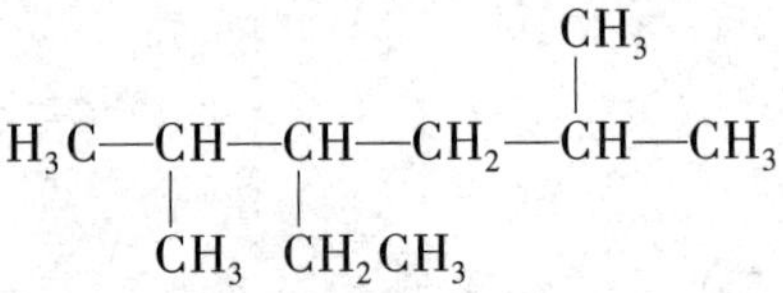
$$H_3C-\overset{}{\underset{\underset{\displaystyle CH_3}{|}}{CH}}-\overset{}{\underset{\underset{\displaystyle CH_2CH_3}{|}}{CH}}-CH_2-\overset{\overset{\displaystyle CH_3}{|}}{CH}-CH_3$$

(3) $CH_3CH_2CH=CH_2$

(4) 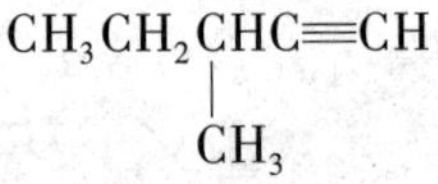
$$CH_3CH_2\overset{}{\underset{\underset{\displaystyle CH_3}{|}}{CH}}C≡CH$$

(5)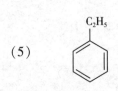

(6)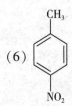

2. 写出下列各化合物的结构简式

(1) 异庚烷

(2) 2,2,4 - 三甲基 - 6 - 乙基辛烷

(3) 2,3 - 二甲基 - 1 - 丁烯

(4) 3,3 - 二甲基 - 1 - 己炔

(5) 间氯甲苯

(6) 对甲乙苯

3. 用化学方法鉴别下列各组化合物

(1) 1 - 戊炔与2 - 戊炔

(2) 丁烷、1 - 丁烯、1 - 丁炔

(3) 苯与甲苯

(4) 乙苯与苯乙烯

4. 推断结构

有分子式为 C_6H_{10} 的 A 和 B 两种炔烃,氢化后都生成 2 - 甲基戊烷,都能与 2 个分子溴加成,A 能使硝酸银的氨溶液产生白色沉淀,B 则不能。试推出 A 和 B 的结构式。

(杨经儒 肖立军)

第十七章　醇、酚、醚

学习目标

1. 掌握醇、酚、醚的命名方法及主要性质。
2. 熟悉醇、酚、醚的结构和分类。
3. 了解常见的醇、酚、醚及其在医药上的应用。
4. 具有严谨的科学实验态度,学会善于观察实验现象的能力。

情景描述:

印刷工刘师傅经常与工业酒精等有机溶剂接触,5 天前出现头晕、恶心、呕吐,1 天来症状加重,剧烈头痛、眼痛,渐视物模糊,遂到当地医院就诊。入院查体血清中甲醇含量 67mg/100ml,确诊为"甲醇中毒"而住院治疗。

学前导语:

甲醇可经呼吸道、消化道和皮肤吸收,吸收后迅速分布在各组织内,并在体内抑制某些氧化酶和糖的需氧分解,主要作用于神经系统等,对视神经和视网膜有选择性损害,易引起视神经萎缩,导致双目失明。

甲醇属于醇,与之相关的化合物还有酚和醚,它们与我们的生活、工作密切相关,如果学好醇、酚、醚等烃的含氧衍生物的相关知识,我们能更愉快地工作、健康地生活。

第一节　醇

一、醇的结构及分类

(一)醇的结构

水分子(H—O—H)中去掉 1 个氢原子而剩下的原子团(—OH),称为**羟基**。

脂肪烃、脂环烃或芳香烃侧链上的氢原子被羟基取代后的生成物称为醇。羟基(—OH) 是醇的官能团,称为醇羟基。醇由烃基和羟基两部分共同组成,可用 R—OH 结构通式来表示。

(二)醇的分类

1. 根据分子中羟基的数目,醇可分为一元醇和多元醇(见表 17 – 1)。

表 17 − 1 根据分子中羟基的数目给醇分类

类别	概念	举例
一元醇	分子中只含有一个羟基的醇	CH_3OH 甲醇(一元醇)
多元醇	分子中含有两个或两个以上羟基的醇	$\begin{array}{ccc} CH_2 & CH & CH_2 \\ \| & \| & \| \\ OH & OH & OH \end{array}$ 丙三醇(三元醇)

2. 在一元醇中,根据羟基所连碳原子的类型不同,醇又可分为伯醇(1°)、仲醇(2°)、叔醇(3°),见表 17 −2。

表 17 −2 根据羟基所连的碳原子的类型给醇分类

类别	概念	举例
伯醇	羟基连接在伯碳原子上的醇	$CH_3—CH_2—OH$ 乙醇
仲醇	羟基连接在仲碳原子上的醇	$CH_3—\overset{\displaystyle CH_3}{\underset{}{CH}}—OH$ 2 − 丙醇
叔醇	羟基连接在叔碳原子上的醇	$H_3C—\overset{\displaystyle CH_3}{\underset{\displaystyle CH_3}{C}}—OH$ 2 − 甲基 −2 − 丙醇

3. 根据羟基所连的烃基种类,醇可分为脂肪醇、脂环醇和芳香醇(见表 17 −3)。

表 17 −3 根据羟基所连的烃基给醇分类

类别	概念	举例
脂肪醇	羟基与脂肪烃基相连的醇	CH_3OH 甲醇
脂环醇	羟基与脂环烃基相连的醇	⬠—OH 环戊醇
芳香醇	羟基连结在芳香烃侧链上的醇	⬡—$CH_2—OH$ 苯甲醇

饱和一元脂肪醇的通式是 $C_nH_{2n+1}OH$,化学式为 $C_nH_{2n+2}O$。

二、醇的命名

醇的命名有系统命名法和普通命名法。对于结构比较复杂的醇,一般采用系统命名法。

(一)饱和一元脂肪醇的命名

1. 选主链 选择包括羟基所连接的碳原子在内的最长碳链作为主链,按主链上所含碳

原子的数目称为"某醇"。

2. 编号 从靠近羟基最近的一端开始,用阿拉伯数字依次给主链碳原子编号,羟基所连的碳原子的位次即羟基的位次,把表示羟基位次的编号写在"某醇"之前,中间用半字线隔开,若羟基在 1 位碳时,位次也可以省略。

3. 定名称 把支链作为取代基,并按取代基从小到大的顺序,将取代基的位次、数目、名称依次写在醇名的前面,阿拉伯数字与汉字之间用半字线隔开。

饱和一元脂肪醇的系统名称(含半字线位置)为:取代基位次 - 取代基的数目、名称 - 官能团(醇羟基)位次 - 主链名称(某醇)。例如:

$$\overset{4}{C}H_3-\overset{3}{C}H-\overset{2}{C}H_2-\overset{1}{C}H_2-OH$$
$$\underset{CH_3}{|}$$

3 - 甲基 - 1 - 丁醇(3 - 甲基丁醇)

$$\overset{CH_3}{\underset{}{|}}$$
$$\overset{3}{C}H_3-\overset{2}{C}-\overset{1}{C}H_2-OH$$
$$\underset{CH_3}{|}$$

2,2 - 二甲基 - 1 - 丙醇(2,2 - 二甲基丙醇)

$$\overset{CH_3}{\underset{}{|}}$$
$$\overset{6}{C}H_3-\overset{5}{C}H-\overset{4}{C}H-\overset{3}{C}H_2-\overset{2}{C}H-\overset{1}{C}H_3$$
$$\underset{C_2H_5}{|}\quad\underset{OH}{|}$$

5 - 甲基 - 4 - 乙基 - 2 - 己醇

$$\overset{OH\; CH_3}{|\quad|}$$
$$\overset{5}{C}H_3-\overset{4}{C}H_2-\overset{3}{C}-\overset{2}{C}H-\overset{1}{C}H_3$$
$$\underset{CH_2CH_3}{|}$$

2 - 甲基 - 3 - 乙基 - 3 - 戊醇

知识拓展

不饱和一元脂肪醇的系统命名法

应选择既含有羟基又含不饱和键的最长碳链为主链,从靠近羟基的一端开始编号,根据主链所含碳原子数称为"某烯(炔)醇",且将不饱和键与羟基的位次分别标于"烯(炔)"字、"醇"字之前,主链的碳原子数"某"字应写在"烯(炔)"字前面。例如:

$$\overset{4}{C}H_2=\overset{3}{C}H-\overset{2}{C}H-\overset{1}{C}H_3$$
$$\underset{OH}{|}$$

3 - 丁烯 - 2 - 醇

$$\overset{4}{C}H_2$$
$$\|$$
$$CH_3-CH_2-\overset{3}{C}-\overset{}{C}H-\overset{1}{C}H_3$$
$$\underset{OH}{|}$$

3 - 乙基 - 3 - 丁烯 - 2 - 醇

(二)脂环醇的命名

在"醇"字前加上脂环烃基的名称,通常省去"基"字,称为"环某醇"。若脂环上有取代基,则从羟基所在的碳原子开始,按"取代基位次总和最小"的原则给环上的碳原子编号,将取代基的位次、数目、名称依次写在"环某醇"的名称之前。例如:

环戊醇

2,5-二甲基环己醇

（三）芳香醇的命名

一般以脂肪醇为母体，将苯基作为取代基。例如：

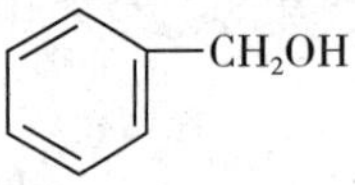

苯甲醇 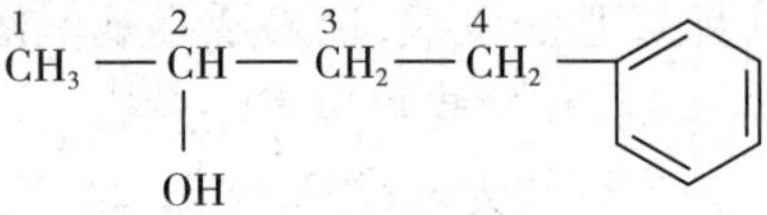   4-苯基-2-丁醇

（四）多元醇的命名

应选择连有尽可能多个羟基的最长碳链为主链，根据主链中碳原子及羟基的数目称为某二醇、某三醇等，并将羟基的位次写在"某醇"前面。例如：

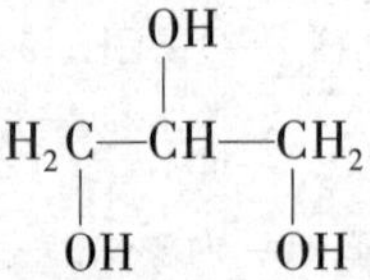

1,2,3-丙三醇（丙三醇） 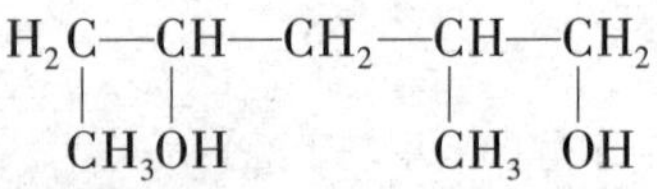   2-甲基-1,4-己二醇

醇的命名除以上系统命名法外，根据醇的来源或性质，医药学中也常用俗名，例如：乙醇俗称酒精，丙三醇俗称甘油等。另外，醇的命名方法还有普通命名法。

知识拓展

醇的普通命名法

醇的普通命名法一般仅用于结构简单的一元醇的命名，命名方法是在"醇"字前加上烃基名称，通常"基"字可省略。例如：

$CH_3—CH_2—CH_2—CH_2—OH$

正丁醇

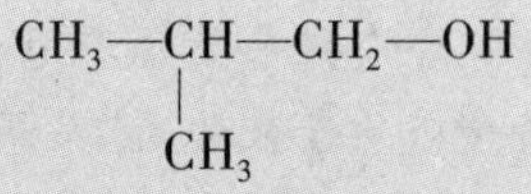

$CH_3—CH—CH_2—OH$
        |
        CH_3

异丁醇

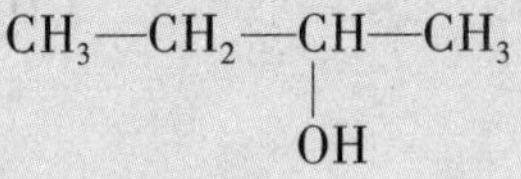

$CH_3—CH_2—CH—CH_3$
             |
             OH

仲丁醇

$CH_3—C—OH$

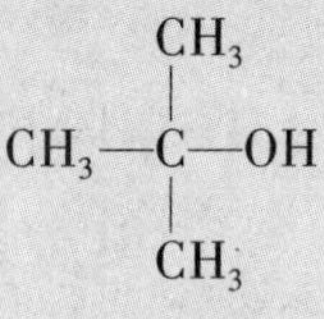

叔丁醇

课堂活动

命名或写出结构简式：

1. 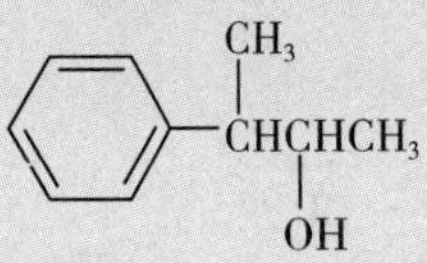 $CHCH_3$（带 CH_3 和 OH 及苯环）

2. 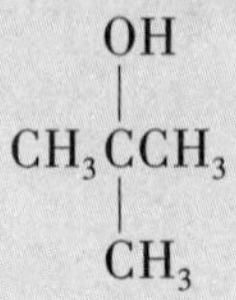 CH_3CCH_3（带 OH 和 CH_3）

3. CH_3CCH_2OH（带 CH_3 和 CH_3）

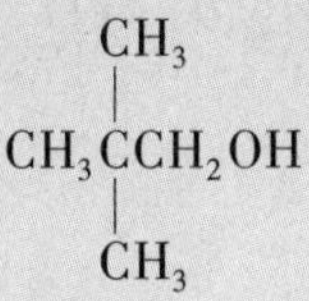

4. 酒精

5. 甘油

6. 苯甲醇

三、醇的性质

含 1 ~ 3 个碳原子的低级一元醇是无色透明的中性液体,具有特殊的芳香气味和辛辣味道(酒味)。含 4 ~ 11 个碳原子的中级醇是带有难闻气味的油状液体。含有 12 个碳原子以上的高级醇则是无色、无味的蜡状固体。低级醇能与水以任意比例混溶,但随着相对分子质量的增大,溶解度随之减小。如甲醇、乙醇、丙醇、异丙醇可以与水以任意比例混溶,丁醇、戊醇仅部分溶于水,己醇、庚醇微溶于水,壬醇以上则不溶于水。

羟基是醇的官能团,醇的主要化学性质都发生在羟基以及与其相连的碳原子上。

(一)与活泼金属反应

醇与水在结构上有相似之处,和活泼金属反应时,醇羟基中的氢原子能被活泼金属(钠、钾)所置换,生成醇钠(钾)和氢气。

【演示实验 17 - 1】在一支干燥的试管里,加入约 2ml 无水乙醇,再放一粒(绿豆大小)用滤纸吸干煤油的金属钠,用大拇指堵住试管口,观察反应现象。反应结束后,放开拇指,迅速用火柴点燃生成的气体,观察现象。冷却,然后向试管内再加 1 滴酚酞试液,观察溶液颜色变化(见彩图 3)。

实验结果表明,乙醇与金属钠反应,放出氢气并生成乙醇钠。但醇与钠的反应不如水与钠的反应那样剧烈,说明醇的酸性比水弱。

醇钠是一种白色固体,遇水后强烈水解为醇和氢氧化钠。由于醇是比水更弱的酸,因而醇钠的碱性比氢氧化钠还要强。乙醇钠的水溶液显碱性,遇酚酞变红。

乙醇和钠的反应及乙醇钠水解的反应如下:

$$2CH_3—CH_2—OH + 2Na \longrightarrow 2CH_3—CH_2—ONa + H_2\uparrow$$
$$\qquad 乙醇 \qquad\qquad\qquad 乙醇钠$$
$$CH_3—CH_2—ONa + H_2O \longrightarrow CH_3—CH_2—OH + NaOH$$

各种结构不同的醇与活泼金属(钠、钾等)反应活性不同,其活性顺序为:

$$甲醇 > 伯醇 > 仲醇 > 叔醇$$

常温下,含羟基(—OH)的化合物均能与活泼金属(钠、钾)反应,放出氢气。

(二)与无机酸的反应

1. 醇与氢卤酸的反应 醇与氢卤酸反应,生成卤代烃和水,该反应是可逆的。

$$R\boxed{OH + H}X \Longleftrightarrow RX + H_2O(X = Cl, Br, I)$$

醇和氢卤酸反应的速率与氢卤酸的种类及醇的结构有关。不同氢卤酸的反应活性顺序为:HI > HBr > HCl,各类醇的反应活性顺序为:叔醇 > 仲醇 > 伯醇。因此,可以用不同结构的醇与氢卤酸反应速率的快慢来鉴别叔醇、仲醇和伯醇。

盐酸的活性较弱,与醇反应较困难,反应时需在无水氯化锌的催化下才能进行。由无水氯化锌和浓盐酸所配成的溶液称为卢卡斯试剂(Lucas agent)。含 6 个碳以下的醇可溶于卢卡斯试剂,而反应生成的卤代烃却难溶于该试剂,故使反应液变浑浊,所以可根据反应液变浑浊所需时间的长短来判断醇的类型。一般叔醇立即反应使溶液变浑浊,仲醇需数分钟后变浑浊,伯醇在室温下放置数小时内无浑浊。因此,可用卢卡斯试剂来区别 6 个碳以下的伯、仲、叔醇。例如:

$$CH_3-\underset{\underset{CH_3}{|}}{\overset{\overset{CH_3}{|}}{C}}-OH + HCl \xrightarrow[20℃]{无水\ ZnCl_2} CH_3-\underset{\underset{CH_3}{|}}{\overset{\overset{CH_3}{|}}{C}}-Cl + H_2O \qquad 立即浑浊$$

$$CH_3\underset{\underset{OH}{|}}{CH}CH_2CH_3 + HCl \xrightarrow[20℃]{无水\ ZnCl_2} CH_3\underset{\underset{Cl}{|}}{CH}CH_2CH_3 + H_2O \qquad 数分钟后浑浊$$

$$CH_3CH_2CH_2CH_2OH + HCl \xrightarrow[20℃]{无水\ ZnCl_2} CH_3CH_2CH_2CH_2Cl + H_2O \qquad 数小时无浑浊$$

2. 与含氧无机酸的反应　醇能与硫酸、硝酸、亚硝酸、磷酸等含氧无机酸发生反应生成无机酸酯。酯相当于醇和酸分子间失去一分子水后相互结合成的化合物。这种**醇和酸脱水生成酯和水的反应称为酯化反应**。例如：

$$CH_3-\underset{\underset{CH_3}{|}}{CH}-CH_2-CH_2OH + HO-NO \longrightarrow CH_3-\underset{\underset{CH_3}{|}}{CH}-CH_2-CH_2-ONO + H_2O$$

异戊醇　　　　亚硝酸　　　　　　　　　亚硝酸异戊酯

亚硝酸异戊酯用作血管舒张药，可缓解心绞痛，但副作用大。

$$\begin{array}{l}CH_2-OH \\ | \\ CH-OH \\ | \\ CH_2-OH \end{array} + \begin{array}{l}HO-NO_2 \\ \\ HO-NO_2 \\ \\ HO-NO_2 \end{array} \longrightarrow \begin{array}{l}CH_2-ONO_2 \\ | \\ CH-ONO_2 \\ | \\ CH_2-ONO_2 \end{array} + 3H_2O$$

甘油　　　　　硝酸　　　　三硝酸甘油酯

知识链接

硝 酸 甘 油

三硝酸甘油酯俗称硝酸甘油，能松弛血管平滑肌，具有扩张冠状动脉、微血管的作用，医药上用作血管扩张药。例如，硝酸甘油片剂舌下给药(吞服无效)，作用迅速而短暂，主要用于冠心病、心绞痛的治疗及预防，也可用于降低血压或治疗充血性心力衰竭。

三硝酸甘油酯还可作为炸药使用，1866 年，诺贝尔(Nobel)发明的安全炸药就是由硝酸甘油和硅藻土等成分组成的。

（三）脱水反应

在脱水剂(如浓硫酸等)存在下与醇共热，可发生脱水反应，其脱水方式随反应温度不同而异。

1. 分子内脱水　温度较高时，醇发生分子内脱水生成烯烃。例如：乙醇与浓硫酸共热到170℃左右，发生分子内脱水，生成乙烯。其反应式为：

$$\underset{\underset{\boxed{H\qquad OH}}{|\qquad|}}{CH_2-CH_2} \xrightarrow[170℃]{浓\ H_2SO_4} CH_2=CH_2 + H_2O$$

乙醇　　　　　　　　　　　乙烯

在适当条件下,从一个有机化合物分子中脱去一个小分子(如水、卤化氢等)生成不饱和化合物的反应称为消除反应(也称消去反应)。

 知识拓展

扎依采夫规则

仲醇和叔醇发生消除反应分子内脱水时,遵循俄国化学家扎依采夫得出的经验规则。即:当有不同的消除取向时,形成的烯烃是氢从含氢较少的碳上消除,即主要生成双键碳上取代基多的烯烃。这就是扎依采夫规则。例如:

$$H_3C—CH_2—CH_2—CH—CH_3 \xrightarrow{-H_2O} \begin{cases} H_3C—CH_2—CH=CH—CH_3 \quad 主要产物 \\ 2-戊烯 \\ H_3C—CH_2—CH_2—CH=CH_2 \quad 次要产物 \\ 1-戊烯 \end{cases}$$

不同结构的醇,发生分子内脱水反应的难易是不一样的,叔醇最容易脱水,其次是仲醇,伯醇最难脱水。即反应活性顺序为:叔醇＞仲醇＞伯醇。

2. 分子间脱水　温度较低时,醇可发生分子间脱水生成醚。例如,乙醇在浓硫酸存在下加热到140℃,发生分子间脱水生成乙醚。脱水是由一分子醇中的羟基与另一分子醇羟基中的氢原子间进行,这种方式属于取代反应,反应式为:

$$CH_3—CH_2—O\!-\!\!\boxed{H + H—O}\!\!-\!CH_2—CH_3 \xrightarrow[140℃]{浓\ H_2SO_4} CH_3—CH_2—O—CH_2—CH_3 + H_2O$$

　　　　乙醇　　　　　　　乙醇　　　　　　　　　　　　乙醚

醇分子去掉羟基中的氢原子以后,剩下的原子团称为烃氧基(RO—)。 例如:

$$CH_3O— \qquad\qquad CH_3CH_2O—$$

甲氧基　　　　　　　　乙氧基

(四)氧化反应

在有机反应中,通常将去氢或加氧的反应称为氧化反应,加氢或去氧的反应称为还原反应。

在一定条件下,醇分子中含 α–H 原子(与羟基直接相连的碳原子上的氢)的伯醇、仲醇很容易被多种氧化剂氧化。醇的结构不同,其氧化产物也不同。

【演示实验17-2】在一支试管中加1.5mol/L硫酸3ml,再加0.17mol/L重铬酸钾溶液1ml,然后再逐滴加入乙醇数滴,边加边振摇试管,注意观察整个过程中溶液的颜色变化(乙醇与酸性重铬酸钾的氧化反应见彩图4)。

可以看出,重铬酸钾溶液的颜色由橙红色变为蓝绿色。这一现象表明乙醇被重铬酸钾氧化,同时重铬酸钾被还原为 Cr^{3+}。

 知识链接

重铬酸钾

重铬酸钾化学式为 $K_2Cr_2O_7$,相对分子质量294.18,为橙红色晶体,能溶于水,是一种有毒且有致癌性的强氧化剂。

经硫酸酸化的重铬酸钾溶液称为重铬酸钾的酸性溶液,氧化能力很强。在氧化过程中,重铬酸钾的酸性溶液中的 $Cr_2O_7^{2-}$(橙红色)还原为 Cr^{3+}(绿色),而 Cr^{3+} 又与水结合生成配离子 $[Cr(H_2O)_6]^{3+}$(灰蓝色)。

$$Cr_2O_7^{2-} + 14H^+ + 6e^- \longrightarrow 2Cr^{3+} + 7H_2O$$

$$Cr^{3+} + 6H_2O \longrightarrow [Cr(H_2O)_6]^{3+}$$

因此,在整个反应中,$K_2Cr_2O_7$ 溶液的颜色由橙红色变为黄色,再变为黄绿色、绿色,最后变为灰蓝色。

将重铬酸钾的饱和溶液与浓硫酸混合,即得实验室里常用的铬酸洗液。铬酸洗液的氧化性很强,在实验室中用于洗涤玻璃器皿上附着的油污。

用重铬酸钾($K_2Cr_2O_7$)的酸性溶液作氧化剂,伯醇被氧化生成醛,醛进一步被氧化生成羧酸,仲醇则被氧化为酮,同时 $K_2Cr_2O_7$ 溶液的颜色由橙红色变为绿色;叔醇因分子中不含 α-H,在同样条件下不能被氧化。所以,利用该反应可将叔醇与伯醇、仲醇区别开来。

$$RCH_2OH \xrightarrow{[O]} RCHO \xrightarrow{[O]} RCOOH$$

$$\underset{\underset{R-CH-R'}{|}}{OH} \xrightarrow{[O]} \underset{\underset{R-C-R'}{\|}}{O}$$

[O]:代表加氧氧化,来自氧化剂,例如重铬酸钾的酸性溶液、高锰酸钾的酸性溶液等氧化剂。

案例分析

案例:

司机酒后驾车容易肇事,属于交通违法行为或触犯刑法危险驾驶罪,因此交通法规禁止酒后驾车。交通警察使用酒精测试仪来检测司机是否喝酒:让司机呼出的气体通过盛有经过硫酸酸化处理的强氧化剂三氧化铬(CrO_3)的硅胶测试仪,根据测试仪内物质是否由橙红色变成绿色并通过显示在电子屏幕上的数字来判断。

分析:

如果驾驶人员呼出的气体含有乙醇蒸气,乙醇会先被三氧化铬氧化成乙醛,再氧化为乙酸,同时三氧化铬(CrO_3)被还原成绿色的 Cr^{3+},酒精测试仪根据硅胶的颜色发生变化(喝得越多颜色越深,橙黄变灰绿),并通过电子传感元件转换成数字显示在电子屏幕上,当该数字超过一定的数值时,酒精测试仪的蜂鸣器发出报警声。

交警酒驾标准:酒精浓度 0.20~0.80mg/ml 属于酒后驾车,大于 0.80mg/ml 属于醉酒驾车。

伯醇和仲醇不仅可以发生加氧氧化,还可以在活性铜或银等催化剂的存在下直接发生脱氢氧化,分别生成醛和酮。叔醇分子中没有 α-H,因而无此反应。

$$R-CH_2-OH \xrightarrow[-2H]{催化剂} \underset{\underset{R-C-H}{\|}}{O}$$

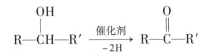

$-2H$:代表脱氢氧化。

由以上反应可以看出,**伯醇氧化生成醛,仲醇氧化生成酮**。由于叔醇分子中的 α 碳原子上没有氢原子,所以在同样的条件下不易被氧化。

 知识链接

饮酒过量会导致酒精中毒

乙醇在人体内的代谢过程主要在肝脏中进行。先是在醇脱氢酶作用下氧化为乙醛,乙醛对人体有害,但它很快会在醛脱氢酶作用下氧化为乙酸,乙酸可被细胞利用。但肝脏不能转化过量的乙醇,所以饮酒过量时,大量的乙醇就继续存留在血液中,在体内循环导致酒精中毒症状,严重时甚至可使呼吸、心跳抑制而死亡。

(五)邻多元醇的特性

多元醇的化学性质和一元醇相似,能够发生一元醇的反应。此外,由于多元醇分子中羟基数目的增多,还产生一些特殊性质,如乙二醇、丙三醇等**具有邻二醇(—C—C—)结构的**
OH OH

化合物,都能与新制得的氢氧化铜反应生成深蓝色的产物;而不具有邻二醇结构的化合物无此反应,因而这一性质常用于鉴别具有邻二醇结构的化合物。

【演示实验 17-3】在一支试管中分别加入 0.5mol/L CuSO₄ 溶液 2ml 和 2mol/L NaOH 溶液 3ml,得到 $Cu(OH)_2$ 沉淀。将沉淀分装在另外两支试管中,在其中一支试管中加入甘油 15 滴,另一支试管中加入乙醇 15 滴,用力振荡,观察有何现象发生(见彩图 5)。

 课堂活动

用化学方法鉴别 1,3-丁二醇和 2,3-丁二醇。

可以看到,加入甘油的试管形成了深蓝色的溶液。反应式如下:

$$CuSO_4 + 2NaOH = Na_2SO_4 + Cu(OH)_2\downarrow$$

CH₂—OH   CH₂—O
CH—OH   + Cu(OH)₂ ⟶   CH—O Cu   +2H₂O
CH₂—OH   CH₂—OH
甘油   甘油铜(深蓝色)

四、常见的醇

(一)甲醇

甲醇(CH_3OH)最初由木材干馏所得,故俗称木醇或木精,是无色易燃液体,有酒精味,沸点 64.7℃,能与水和酒精互溶,其毒性很大。工业酒精中往往含有的甲醇超标。

知识链接

甲醇的毒性

甲醇的毒性非常大,主要作用于神经系统。甲醇在体内经酶的作用,先氧化成甲醛,继而氧化成甲酸。甲酸导致酸中毒症状;甲醛则对视网膜细胞有特殊的毒性作用,还可引起神经系统的功能障碍,对肝脏也有毒性作用。甲醇可经消化道、呼吸道、皮肤接触进入机体,主要聚集在脑脊液、眼房水和玻璃体内,经肺可缓慢排出一些,肾脏也可排出一小部分,因此这些组织受到的损害最大。甲醇中毒主要造成脑水肿、充血、脑膜出血;视神经和视网膜萎缩;肺充血、水肿;肝、肾细胞肿胀等。人体摄入 5～10ml 甲醇即可引起中毒,10ml 以上可造成失明,30ml 可导致死亡。

在实际工作中应尽量避免使用甲醇,尤其是有神经系统疾患及眼病者。必须使用时,所用仪器设备应充分密闭,工作环境应通风,若皮肤被污染应及时用水冲洗,以免受到甲醇的毒害。

(二) 乙醇

乙醇(CH_3CH_2OH)是无色透明、易挥发、易燃的液体,是饮用酒的主要成分,所以俗称酒精,沸点 78.5℃,能与水以任意比混溶。乙醇是常用的燃料、溶剂和消毒剂,也用于制取其他化合物。

知识链接

乙醇的几种常用形式

(1) 无水乙醇:乙醇含量大于 99.5%,无水乙醇又称绝对酒精,主要用作化学试剂,是重要的有机溶剂和化工原料。

(2) 药用酒精:乙醇含量为 95% 的乙醇溶液,在医药中主要用于提取中草药的有效成分,配制液体试剂、碘酊(俗称碘酒)、消毒酒精、擦浴酒精等,也用于燃烧灭菌。

(3) 消毒酒精:乙醇含量为 75% 的乙醇溶液,消毒酒精能使蛋白质脱水变性凝固,干扰微生物的新陈代谢,抑制细菌繁殖,故具有杀菌消毒作用。

(4) 擦浴酒精:乙醇含量为 25%～35% 的乙醇溶液,常用来给高热患者擦浴,利用酒精挥发时能吸收热量这一性质,达到退热、降温的目的。

在临床上乙醇还有其他的应用形式,如用手蘸 50% 的乙醇溶液给长期卧床的患者按摩皮肤,可促进血液循环,防止压疮。30% 的乙醇溶液用于患者的头发护理,湿润头发缠结处,以便梳理。

学以致用

工作场景:

一天,小李的哥哥因下雨感冒发热,体温 39.7℃,服药后体温下降不明显。于是小李拿出家中 50 度的普通白酒,兑上一半温水后,用毛巾蘸着兑温水的白酒,反复为其哥哥擦洗身体,半小时后哥哥体温降至 37.6℃。

知识运用：

乙醇含量为25%～35%的乙醇溶液,常用来给高热患者擦浴,50度的白酒指50%(v/v)乙醇水溶液,向其内加酒的一半体积的水,使白酒的浓度约降为30%,恰好符合擦浴酒精浓度的要求。酒精擦浴是一种简易有效的降温方法。因为酒精是一种易挥发的液体,酒精在皮肤上迅速蒸发时,能够吸收和带走机体大量的热,所以常用于高热患者的降温。

（三）丙三醇

丙三醇(CH_2—CH—CH_2)俗称甘油,是一种无色、无臭、略带甜味的黏稠性液体,沸点
　　　　　　|　　|　　|
　　　　　OH　OH　OH

290℃,比水重,能与水以任意比例混溶。纯甘油吸湿性很强,对皮肤有刺激作用,如果将纯甘油涂抹在皮肤上,则反而将皮肤中水分吸出致使皮肤干裂。当含20%以上的水时,甘油溶液即不再吸水。所以,使用时应先用适量的水稀释。稀释后的甘油溶液可以用来润泽皮肤,防止皮肤干裂。另外甘油在药剂上常做溶剂,如酚甘油、碘甘油等。

 知识链接

甘油制剂

临床上常用55%的甘油水溶液(开塞露)来灌肠以治疗便秘,就是利用甘油的高渗作用,软化大便,刺激肠壁,反射性地引起排便反应,再加上其具有润滑作用,能使大便容易排出,尤其适应于儿童及年老体弱者便秘的治疗。

（四）苯甲醇

苯甲醇($C_6H_5CH_2OH$)又称苄醇,是最简单的芳香醇,为无色液体,沸点205.2℃,具有芳香气味,微溶于水,易溶于有机溶剂。苯甲醇具有微弱的麻醉作用,既能镇痛又能防腐。

 知识链接

无痛水的前世今生

过去曾把含有苯甲醇的注射用水称为无痛水,注射以苯甲醇为溶剂的青霉素,可减轻注射该药时的疼痛。现经研究发现,多次注射以苯甲醇为溶剂的青霉素虽能缓解疼痛,但由于苯甲醇有溶血作用并对肌肉有刺激性,还可导致臀肌挛缩症,临床上已停止使用含有苯甲醇的无痛水。

 知识拓展

硫　醇

硫醇(R—SH)是指烃分子中的氢原子被巯基(—SH)取代后所形成的化合物,也可以看作是硫取代了醇分子中的羟基氧所得的产物。硫醇的官能团是巯基(或称硫氢基)。硫醇的命名与醇的相似,只需在"醇"字前加一个"硫"字即可。例如：

$$CH_3SH \qquad\qquad CH_3CH_2SH \qquad\qquad \underset{\underset{SH}{|}}{CH_3CHCH_3}$$

甲硫醇　　　　　乙硫醇　　　　　异丙硫醇

　　低级硫醇易挥发并具有极难闻的臭味,即便是量很少,气味也很明显,因此,常在燃气中加入少量的低级硫醇以起报警作用。

　　硫醇的沸点低于同碳原子数的醇,硫醇的水溶性也低于相应的醇。

　　硫醇的化学性质与醇相似,但也有差别。

　　硫醇具有弱酸性,其酸性比醇强,能与氢氧化钠或氢氧化钾反应生成硫盐。

　　硫醇很容易被氧化生成二硫化物,二硫化物中的—S—S—称为二硫键。在体内含有巯基的肽,可以通过此反应形成含二硫键的蛋白质,二硫键对保持蛋白质分子的空间结构起着重要作用。形成的二硫化物也很容易被还原为硫醇。机体内巯基和二硫键经常相互转化,此反应在生理上具有重要意义。

　　硫醇还可以与汞、铅、银等重金属离子形成不溶于水的硫醇盐。例如:

$$2RSH + HgO \longrightarrow (RS)_2Hg\downarrow + H_2O$$

白色

　　因此,临床上常用二巯丙醇(2,3 - 二巯基丙醇)、二巯丁二酸钠(2,3 - 二巯基丁二酸钠)、二巯丙磺酸钠(2,3 - 二巯基丙磺酸钠)等含巯基的药物,作为重金属中毒的解毒剂。

点滴积累

1. 醇的通式为 R—OH,官能团为醇羟基。醇能与活泼金属反应放出氢气,与酸反应生成酯。醇发生分子内脱水生成烯,分子间脱水生成醚。

2. 具有邻二醇结构的多元醇能与氢氧化铜生成深蓝色的物质,可用于鉴别。

3. 伯醇氧化生成醛,仲醇氧化生成酮,叔醇难以被氧化。

第二节 酚

一、酚的结构

　　酚是羟基与芳环碳原子直接相连的化合物。酚中的羟基又称为酚羟基,是酚的官能团。由此可见,酚是由芳基和酚羟基共同组成,通式可表示为 Ar—OH。例如:

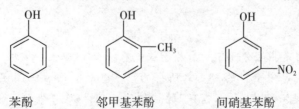

苯酚　　　　　　邻甲基苯酚　　　　　　间硝基苯酚

二、酚的分类和命名

根据分子中所含酚羟基的数目,酚可分为一元酚、二元酚和三元酚等。一般将二元以上的酚统称为多元酚。

(一)一元酚的命名

一元酚的命名是以苯酚为母体,苯环上其他原子、原子团或烃基作为取代基,从酚羟基所在的碳开始对苯环编号,将取代基的位次、数目及名称写在母体名称之前;亦可用邻、间、对来表示取代基与酚羟基间的位置关系。例如:

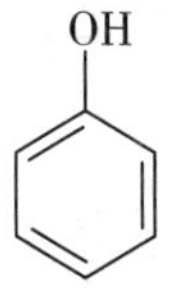

苯酚

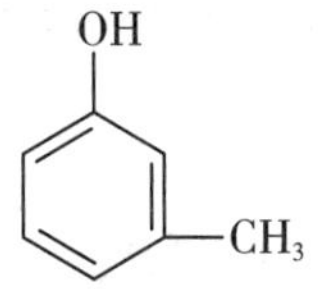

3-甲基苯酚
(间甲苯酚)

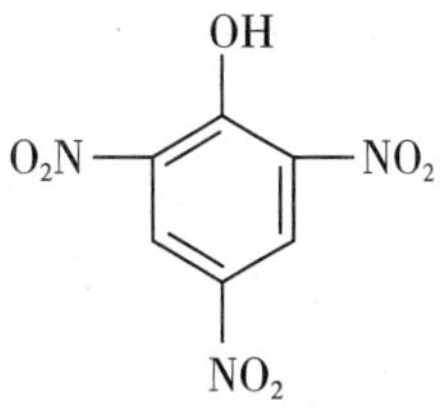

2,4,6-三硝基苯酚

(二)二元酚的命名

二元酚的命名是以二酚为母体,两个酚羟基间的相对位置用阿拉伯数字或邻、间、对表示。例如:

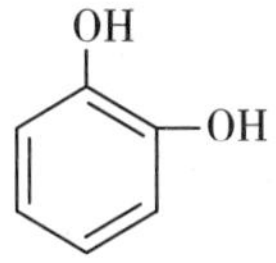

1,2-苯二酚
(邻苯二酚)

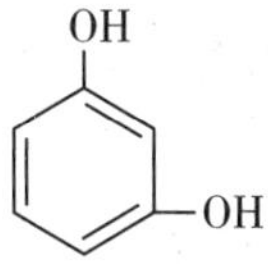

1,3-苯二酚
(间苯二酚)

1,4-苯二酚
(对苯二酚)

(三)三元酚的命名

三元酚命名时,以三酚为母体,酚羟基的相对位置用阿拉伯数字或连、偏、均表示。例如:

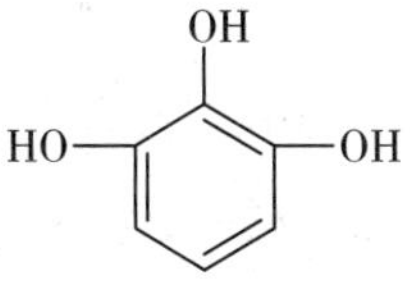

1,2,3-苯三酚
(连苯三酚)

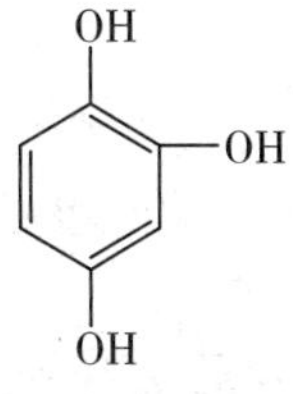

1,2,4-苯三酚
(偏苯三酚)

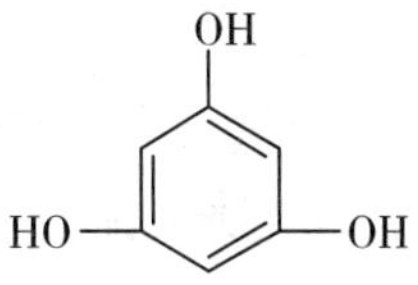

1,3,5-苯三酚
(均苯三酚)

三、酚的性质

常温下,大多数酚都是固体。酚具有特殊的气味,有毒,对皮肤有腐蚀作用。纯净的酚无色,但由于酚易被空气氧化,所以常带有不同程度的黄色或红色。酚能溶于乙醇、乙醚、苯等有机溶剂。一元酚微溶于水,多元酚易溶于水。

课堂活动

写出苯甲醇和苯酚的结构简式,比较芳香醇和酚在结构上的异同。

酚和醇都含有羟基,因而它们的化学性质有相似之处,但由于羟基所连接的烃基不同,所以性质又有所差别。酚的主要化学性质如下:

（一）弱酸性

酚羟基由于受苯环的影响而表现出酸性。酚的酸性比醇强得多,它不仅能与钾、钠等活泼金属反应放出氢气,还能与氢氧化钠等强碱发生中和反应,而醇则不能与氢氧化钠等强碱反应。

【演示实验17-4】取一支试管,加入少量苯酚晶体,再加入2ml水,振荡后得到浑浊液（苯酚常温下微溶于水）,然后再往试管里逐滴加入2mol/L的氢氧化钠溶液,边加边振荡,直至溶液变澄清,然后滴加0.1mol/L的醋酸溶液,振摇,溶液又变浑浊,如图17-1所示。

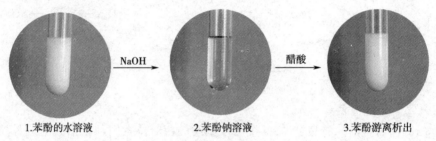

1.苯酚的水溶液   2.苯酚钠溶液   3.苯酚游离析出

图17-1 苯酚的弱酸性实验

实验表明,苯酚具有弱酸性,可以和氢氧化钠生成易溶于水的苯酚钠。

$$\text{苯酚} + NaOH \longrightarrow \text{苯酚钠} + H_2O$$

向澄清的苯酚钠溶液中滴加醋酸,可使苯酚游离出来,说明苯酚的酸性比醋酸还弱。

$$\text{（ONa）} + CH_3COOH \longrightarrow \text{（OH）} + CH_3COONa$$

多数酚的酸性比醋酸、碳酸弱,故酚不能将醋酸、碳酸从其盐中置换出来;苯酚只能溶于碱性较强的氢氧化钠或碳酸钠溶液中,但不能溶于碱性较弱的碳酸氢钠溶液。

（二）与三氯化铁的显色反应

【演示实验17-5】在试管中加入0.1mol/L的苯酚溶液2ml,再滴加2滴0.06mol/L的$FeCl_3$溶液,振荡,观察现象（见彩图6所示）。

实验结果表明,苯酚和三氯化铁溶液反应显紫色,这是苯酚很灵敏的特性反应。因此,常利用这一反应把苯酚与其他化合物区别开来。

三氯化铁溶液与大多数含酚羟基的化合物都能发生显色反应。例如:三氯化铁溶液与苯酚、间苯二酚、1,3,5-苯三酚显紫色;与甲酚显蓝色;与邻苯二酚、对苯二酚显绿色;与1,2,3-苯三酚显红色等。酚的这一特性可用于酚的鉴别。

（三）氧化反应

【演示实验17-6】在一支试管中加入2mol/L氢氧化钠溶液2ml,再加0.03mol/L高锰酸钾溶液2～3滴,然后滴加0.2mol/L苯酚溶液2～3滴,观察发生的变化(见彩图7所示)。

实验结果表明,苯酚能被碱性高锰酸钾溶液氧化,高锰酸钾溶液的紫色褪去。

 知识链接

在碱性溶液中高锰酸钾的氧化

在强碱性(如NaOH)溶液中,高锰酸钾($KMnO_4$)仍具有强氧化性,能将还原物氧化,同时本身被还原为K_2MnO_4(亮绿色)和MnO_2(黑色沉淀)。因此,当在高锰酸钾的碱性溶液中加入苯酚时,溶液呈绿色并伴有黑色沉淀生成。

酚类很容易被氧化,氧化产物很复杂。例如,纯苯酚是无色的晶体,在空气中能被氧化成粉红色、红色或暗红色。如用重铬酸钾和硫酸作氧化剂,苯酚可被氧化成对苯醌。多元酚更易被氧化,甚至在室温下也能被弱氧化剂所氧化。由于酚类容易被氧化,所以在保存酚及其含有酚羟基的药物(如肾上腺素等)时,应避免与空气接触,必要时须加抗氧化剂。酚类也可以被用作抗氧化剂。

(四)苯环上的取代反应

由于苯环受酚羟基的影响,使苯环上酚羟基的邻位和对位的氢原子很容易发生取代反应。

【演示实验17-7】在盛有1ml饱和苯酚溶液的试管中,逐滴加入饱和溴水,观察现象(图17-2)。

实验结果表明,苯酚容易与饱和溴水发生反应,生成白色沉淀。此反应灵敏度很高,且可定量进行,也是苯酚特有的反应,因此,常用于苯酚的鉴别和定量分析。

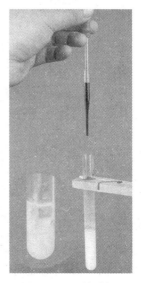

图17-2 苯酚与
溴水的反应

苯酚与饱和溴水的反应式为:

苯酚   2,4,6-三溴苯酚(白色)

四、常见的酚

(一)苯酚

苯酚(C_6H_5OH)简称酚,由于苯酚最初由分离煤干馏后的煤焦油所得,且具有弱酸性,故俗称石炭酸。纯净的苯酚为无色晶体,若见到的酚呈红色则是被空气氧化所致。苯酚具有特殊气味;常温时微溶于水,溶液呈浑浊状;温度高于65℃时可

课堂活动

试用化学方法鉴别乙醇、甘油和苯酚溶液。

完全溶于水。苯酚可溶于乙醇、乙醚、苯等有机溶剂。

苯酚易被氧化,应盛放在棕色瓶中避光保存。苯酚是重要的化工原料,用于制造塑料、染料、药物等。

(二)甲酚

甲酚有邻、间、对三种异构体,因其来源于煤焦油,故又名煤酚。

邻甲酚	间甲酚	对甲酚
(沸点192℃)	(沸点202℃)	(沸点202℃)

由于这 3 种异构体的沸点相近,一般不易分离,常使用它们的混合物。煤酚的杀菌能力比苯酚强,因为它难溶于水,能溶于肥皂溶液,故常配制成 50% 的肥皂溶液,称为煤酚皂溶液,俗称"来苏儿",常用于器械和环境消毒。但因其对人体、水环境有害,目前已逐步被其他消毒剂所代替。

(三)苯二酚

苯二酚有 3 种同分异构体。即:

邻苯二酚	间苯二酚	对苯二酚
(儿茶酚)	(雷锁辛)	(氢醌)

邻苯二酚俗名为儿茶酚,间苯二酚俗名为雷锁辛,对苯二酚俗名为氢醌。这 3 种异构体均为无色的结晶,邻苯二酚和间苯二酚易溶于水,而对苯二酚由于结构对称,它的熔点最高,在水中的溶解度最小。

点滴积累

1. 酚是羟基直接与芳环相连的化合物,通式为 Ar—OH,官能团称为酚羟基。
2. 苯酚呈弱酸性,比碳酸弱,能与强碱生成盐;酚易被氧化。
3. 苯酚遇三氯化铁显紫色,与溴水反应生成白色沉淀,此性质可用于苯酚的鉴别。

第三节 醚

一、醚的结构

醚可以看作是两个烃基通过一个氧原子连接而成的化合物。 醚的官能团为**醚键**

(—C—O—C—)。分子中的烃基可以是脂肪烃基,也可以是芳香烃基。

开链醚的结构通式为:(Ar)R—O—R′(Ar′)

式中的两个烃基可以相同,也可以不同。

二、醚的分类和命名

根据烃基是否相同,醚可分为单醚和混醚。

(一) 单醚

两个烃基相同的醚称为单醚。

单醚命名时,将烃基的数目、名称写在"醚"字之前,称为"二某醚",烃基为烷基时,"二"字通常可以省略;但烃基为芳香烃基时,"二"字不能省略。例如:

$$CH_3CH_2—O—CH_2CH_3$$

乙醚

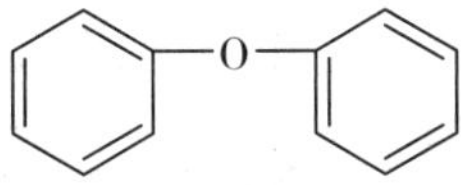

二苯醚

(二) 混醚

两个烃基不同的醚称为混醚。

混醚命名时,若都为脂肪烃基时,将烃基的名称按先小后大的顺序写于"醚"字之前;若有芳香烃基,芳香烃基要写在脂肪烃基之前。命名时"基"字省略。例如:

$$CH_3—O—CH_2CH_3$$

甲乙醚

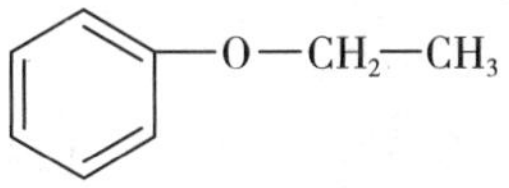

苯乙醚

另外,醚也可按烃基的种类分为脂肪醚和芳香醚。两个烃基都是脂肪烃基为脂肪醚;一个或两个烃基是芳香烃基为芳香醚。

两个烃基全部是烷基的脂肪醚称为烷基醚,烷基醚与同碳原子数的饱和一元脂肪醇互为同分异构体,其分子式为 $C_nH_{2n+2}O$。例如甲醚和乙醇互为同分异构体。

> **知识拓展**
>
> ### 环醚的命名
>
> 环醚的命名,是在相应的烷烃名称前加"环氧"二字及成环碳原子的编号,命名为"环氧某烷",也可按杂环化合物的名称命名。例如:
>
>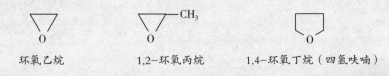
>
> 环氧乙烷　　　　1,2-环氧丙烷　　　　1,4-环氧丁烷(四氢呋喃)

三、醚的性质

在常温下,除甲醚、甲乙醚等是气体外,大多数醚是易挥发、易燃的无色液体,有特殊气味。醚的沸点和同分子量的烷烃接近,比同分子量的醇的沸点低得多。醚的溶解度和同分子量的醇近似,比同分子量的烷烃大得多。

醚的化学性质与醇或酚有很大的不同。醚是一类相当不活泼的化合物(环醚除外)。醚与金属钠无反应,对碱及还原剂相当稳定。因此,常用一些醚作为有机反应中的溶剂。但是醚在强酸性条件下可以发生一些反应。

烷基醚放置于空气中,醚键碳原子上的碳氢键会生成过氧键而形成结构复杂的有机过氧化物。例如,乙醚与空气长期接触时可被氧化生成过氧化乙醚。过氧化乙醚性质很不稳定,受热或受撞击时易发生爆炸,故蒸馏乙醚时绝对不要蒸得太干;不然若有过氧化物存在,就会由于局部浓度增大引起事故。为避免意外,在使用存放时间较长的乙醚时,应先检验一下。检验是否有过氧化物的方法很多,比较简单的方法就是将少量的醚用湿润碘化钾 – 淀粉试纸检验,如试纸变蓝,说明有过氧化物存在。醚中的过氧化物用硫酸亚铁或亚硫酸钠溶液很容易除去。

 知识链接

乙 醚

乙醚是具有特殊气味的无色液体,沸点为 34.5℃,微溶于水,比水轻,极易挥发、燃烧,因此使用时要远离火源,且失火时不能用水浇灭。

乙醚有麻醉作用,是最早用于外科手术的吸入性全身麻醉剂,但由于其起效慢,还有恶心、呕吐等副作用,现已被性质更稳定、效果更好的安氟醚和异氟醚所替代。

 知识拓展

安氟醚与异氟醚

安氟醚的药名是恩氟烷,异氟醚的药名是异氟烷。其结构式如下:

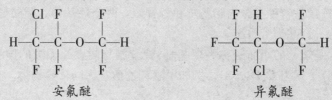

安氟醚　　　　　　　　　　　　异氟醚

安氟醚和异氟醚互为同分异构体,具有良好的麻醉作用,诱导麻醉及苏醒均较快。在体内很少被分解,以原形由呼吸道排出。成人诱导麻醉时,吸入气体的体内浓度一般为 1.5% ~3% ;维持麻醉时气体的体内浓度为 1% ~1.5%。麻醉较深时对循环及呼吸系统均有抑制作用,骨骼肌松弛作用亦较好。术后恶心、呕吐的发生率较低。可用于各种手术的麻醉。

 点滴积累

1. 醚是两个烃基通过一个氧原子连接而成的化合物,开链醚的通式为 (Ar) R—O—R′(Ar′),官能团是醚键 —C—O—C—。

2. 醚的性质比较稳定。

目标检测

一、选择题

（一）单项选择题

1. 醇、酚、醚都是烃的（　　）

　　A. 同素异形体　　　B. 同分异构体　　　C. 同系物　　　　D. 含氧衍生物

2. 下列各组物质中,互为同分异构体的是（　　）

　　A. 甲醇和甲醚　　　B. 乙醇和乙醚　　　C. 乙醇和甲醚　　　D. 甲醇和乙醚

3. 下列物质不属于醇的是（　　）

 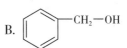

4. 在乙醇钠的水溶液中滴入一滴酚酞后,溶液将显（　　）

　　A. 无色　　　　　　B. 蓝色　　　　　　C. 黄色　　　　　　D. 红色

5. 下列何种试剂可用于区别正丁醇和仲丁醇（　　）

　　A. 溴水　　　　　　B. 卢卡斯试剂　　　C. 钾　　　　　　　D. 硫酸

6. 乙醇的俗称为（　　）

　　A. 酒精　　　　　　B. 木精　　　　　　C. 木醇　　　　　　D. 甘油

7. 临床上作外用消毒剂的酒精浓度为（　　）

　　A. 25% ~35%　　　B. 75%　　　　　　C. 95%　　　　　　D. 99.5%

8. 常用作缓解心绞痛的药物——三硝酸甘油酯是甘油与下列何种试剂经酯化反应后得到的（　　）

　　A. 磷酸　　　　　　B. 硝酸　　　　　　C. 硫酸　　　　　　D. 亚硝酸

9. 2 – 丙醇脱氢氧化(Cu 为催化剂)的产物是（　　）

　　A. 丙醛　　　　　　B. 丙酮　　　　　　C. 丙烯　　　　　　D. 异丙醚

10. 浓硫酸与乙醇共热于170℃.主要生成乙烯,这个反应属于（　　）

　　A. 取代反应　　　　B. 加成反应　　　　C. 酯化反应　　　　D. 消除反应

11. 丙三醇的俗名是（　　）

　　A. 木醇　　　　　　B. 甘露醇　　　　　C. 肌醇　　　　　　D. 甘油

12. 下列溶液中通入二氧化碳后,能使溶液变浑浊的是（　　）

　　A. 氢氧化钠溶液　　　　　　　　　　B. 碳酸钠溶液

　　C. 苯酚钠溶液　　　　　　　　　　　D. 苯酚溶液

13. 苯酚的水溶液呈弱酸性,其酸性强度比碳酸（　　）

　　A. 强　　　　　　　B. 相等　　　　　　C. 弱　　　　　　　D. 不一定

14. 误饮工业酒精会严重危及人的健康甚至生命,这是因为其中含有超标的（　　）

　　A. 乙醇　　　　　　B. 甲醇　　　　　　C. 苯　　　　　　　D. 苯酚

15. 下列化合物与卢卡斯试剂作用,最快呈现浑浊的是（　　）

A. 1 - 戊醇   B. 2 - 戊醇

C. 3 - 戊醇   D. 2 - 甲基 - 2 - 丁醇

16. 甲酚又称为( )

     A. 石炭酸   B. 电石   C. 煤酚   D. 草酸

17. "来苏儿"常用于医疗器械和环境消毒,其主要成分是( )

     A. 乙醚   B. 苯酚   C. 甲酚   D. 甘油

18. 50% 的甘油水溶液叫"开塞露",用于灌肠以治疗便秘,这是因为甘油具有( )

     A. 润肤作用   B. 麻醉作用   C. 防腐作用   D. 氧化作用

19. 乙醇加氧氧化先生成( )

     A. 乙醚   B. 乙醛   C. 乙酸   D. 乙烷

20. 醚的官能团是( )

     A. 羟基   B. 醇羟基   C. 酚羟基   D. 醚键

(二) 多项选择题

1. 下列有机化合物属于醇的是( )

     A. 饱和烃分子中的氢原子被羟基取代后的化合物

     B. 脂环烃分子中的氢原子被羟基取代后的化合物

     C. 芳环上的氢原子被羟基取代后的化合物

     D. 芳环侧链上的氢原子被羟基取代后的化合物

     E. 烷烃分子中的氢原子被羟基取代后的化合物

2. 下列有机化合物中属于伯醇的是( )

     A. 正丁醇   B. 仲丁醇   C. 异丁醇   D. 异丙醇   E. 叔丁醇

3. 2 - 丙醇发生脱水反应时,产物有( )

     A. 丙烯   B. 异丙醚   C. 丙炔   D. 丙烷   E. 丙醚

4. 下列化合物中,属于醇的是( )

     A. 环己烷基与羟基直接相连   B. 乙基与羟基直接相连

     C. 苯基与羟基直接相连   D. 苯甲基与羟基直接相连

     E. 以上答案均不对

5. 下列物质中,能与三氯化铁溶液发生显色反应的是( )

     A. 乙烷   B. 苯酚   C. 间苯二酚   D. 煤酚   E. 1,2,3 - 苯三酚

6. 下列物质中能与金属钠反应的物质是( )

     A. 苯酚   B. 酒精   C. 甘油   D. 乙醚   E. 水

7. 下列物质中能与苯酚发生反应的是( )

     A. 重铬酸钾的酸性溶液   B. 氢氧化钠   C. 三氯化铁

     D. 溴水   E. 碳酸氢钠

8. 下列各组物质,能用新制备的 $Cu(OH)_2$ 区分的是( )

     A. 乙醇和乙醚   B. 乙醇和乙二醇   C. 乙醚和甘油

     D. 甲醇和甲醚   E. 乙醇和丙醇

9. 下列可以用来区别苄醇和苯酚的试剂是( )

     A. 金属钠   B. 三氯化铁溶液   C. 氢氧化铜

     D. 溴水   E. 高锰酸钾溶液

10. 下列何种试剂可用于检验乙醚中的过氧化乙醚(　　)

    A. 淀粉碘化钾溶液 　　　　　　　　　B. 氢氧化钠

    C. 硫酸亚铁和硫氰酸钾溶液 　　　　　D. 硫酸

    E. 高锰酸钾

二、填空题

1. _____俗称木精,具有_____气味,有_____,误饮少量可致人失明,多量则可致死。

2. 由于酚类容易被_____,所以在保存酚及其含有_____的药物时,应避免与空气接触。

3. 在一定条件下醇可以被氧化,其中伯醇氧化生成_____,仲醇氧化生成_____;不易被氧化的醇是_____。

4. 乙醇和浓硫酸共热可发生脱水反应,随反应温度的不同,脱水方式和产物也不同,当加热到_____时,乙醇主要发生分子间脱水,主要生成_____;加热到170℃时,主要发生_____脱水,主要生成_____。

5. 将稍许苯酚溶于水,溶液变浑浊,这是_____变化;向该溶液中滴加 NaOH 溶液,溶液_____,再向该澄清液中加醋酸,溶液_____,这一过程发生了_____变化。

6. 甲酚有_____种位置异构体,它们的总称为_____,将它们配制成50%肥皂溶液称为“来苏儿”,临床上可用作_____。

7. 在适当条件下,从一个有机化合物分子中脱去一个小分子,生成不饱和化合物的反应称为_____。

8. 在有机化学中,物质得到氧或失去氢的反应称为_____,物质失去氧或得到氢的反应称为_____。

9. 酸与醇脱水生成酯和水的反应称为_____。

三、简答题

1. 写出下列化合物的名称

(1) 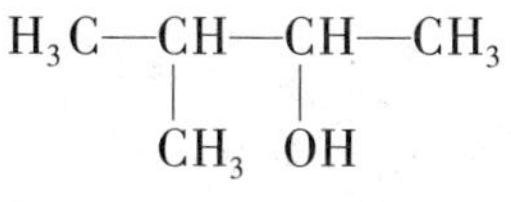 $H_3C-CH-CH-CH_3$
　　　　　　|　　|
　　　　　CH_3　OH

(2)

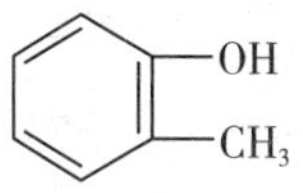

(3) 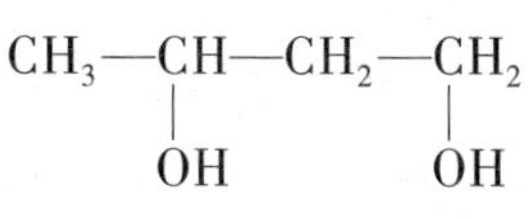 $CH_3-CH-CH_2-CH_2$
　　　　　　|　　　　　|
　　　　　OH　　　　OH

(4)

(5)

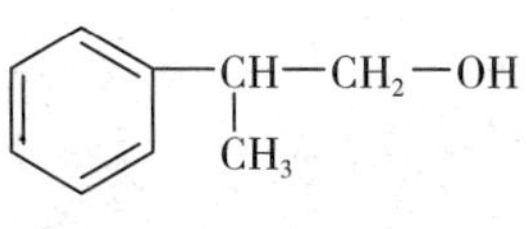

(6)

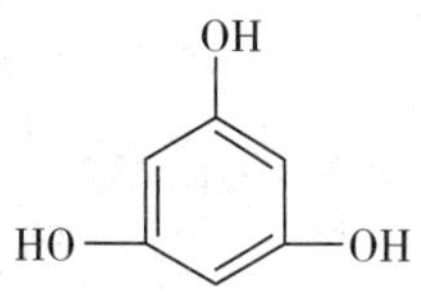

2. 写出下列化合物的结构简式

(1) 酒精　　　　　(2) 木醇　　　　　(3) 石炭酸

(4) 甘油　　　　　(5) 乙醚　　　　　(6) 间苯二酚

3. 用化学方法鉴别下列各组化合物

(1) 乙醇和甘油

（2）甲苯、苯甲醇和邻甲酚

4. 拓展题(选做)　化合物 A，分子式为 C_3H_8O，与 Na 反应产生 H_2，与卢卡斯试剂反应，数分钟后溶液变浑浊，生成 B；B 与 KOH 的乙醇溶液共热生成 C，C 在 H_2SO_4 催化下与水加成又生成 A。根据上述性质试写出 A、B、C 的结构简式和名称。

（宋守正）

第十八章 醛 和 酮

学习目标

1. 掌握醛和酮的结构、命名及主要化学性质。
2. 熟悉重要的醛、酮及其在医药上的应用。
3. 了解醛和酮的分类。

导学情景

情景描述：

小李家新装修了房子，一家人高高兴兴地搬进了新家。但是没过几天，小李就发现每次回家都会闻到一种刺激性的气味，在家里待久了还会有头晕脑涨、眼睛难受等不适感觉。小李请专业空气检测机构对新房内的空气质量进行检测，发现室内空气中甲醛浓度严重超标。

学前导语：

甲醛是一种无色、有强烈刺激性气味的气体，是强致癌和致畸物质，人造板材、黏合剂、油漆等装修材料是室内甲醛的主要来源。要认识甲醛，熟悉其性质，防止甲醛危害人的身体健康，就要学习醛的有关知识。本章将带领大家学习醛、酮的相关化学知识，以能更好地应对日常生活中发生的类似小李家的问题。

醛和酮都是重要的有机化合物，广泛存在于自然界中，常用作溶剂、香料、药物及制药的原料。醛、酮在医药和生物学中均占据重要地位，许多醛和酮是生物体内糖、脂肪及蛋白质代谢过程中具有重要作用的中间体。

第一节 醛和酮的结构、分类和命名

一、醛和酮的结构及分类

（一）醛、酮的结构

碳原子以双键与氧原子连接所形成的基团称为羰基。羰基的结构为：$\diagdown C{=}O$（简写为—CO—）。醛和酮的分子结构中都含有羰基，因此统称为羰基化合物。

羰基分别与烃基和氢原子相连的化合物称为醛（甲醛除外，其羰基两端都与氢原子相连）。羰基与一个氢原子连接形成的基团称为**醛基**(简写为—CHO)，是醛的官能团。

羰基与两个烃基相连的化合物称为酮。酮分子中的羰基又称为**酮基**，是酮的官能团。

醛和酮的结构通式分别如下：

$$
醛 \quad (Ar)R—\overset{\displaystyle O}{\overset{\|}{C}}—H \qquad\qquad 醛基 \quad —\overset{\displaystyle O}{\overset{\|}{C}}—H
$$

$$
酮 \quad (Ar)R—\overset{\displaystyle O}{\overset{\|}{C}}—R'(Ar') \qquad\qquad 酮基 \quad —\overset{\displaystyle O}{\overset{\|}{C}}—
$$

（二）醛、酮的分类

醛和酮有多种分类方式，但常见的是按照分子中烃基的类型分为脂肪醛、酮，芳香醛、酮和脂环醛、酮。例如：

脂肪醛： $H_3C—CHO$　　　　脂肪酮： $H_3C—\overset{\displaystyle O}{\overset{\|}{C}}—CH_3$

芳香醛： 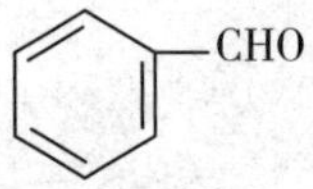　　　　　　　　　芳香酮：

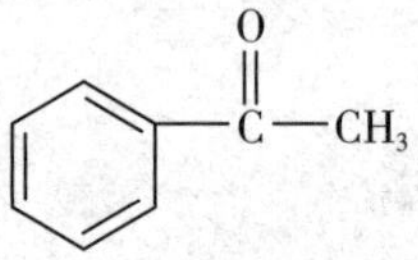

脂环醛： 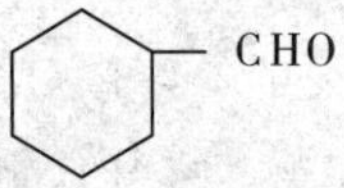　　　　　　　　　脂环酮：

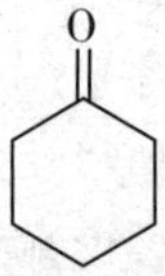

二、醛和酮的命名

醛、酮通常采用系统命名法命名。

（一）饱和一元脂肪醛、酮的命名

1. 选主链　选择含有羰基碳原子在内的最长碳链为主链，按主链碳原子数称为"某醛"或"某酮"。

2. 编号　醛的编号从醛基碳原子开始，因醛基总在碳链首端，故醛基位次"1"可省略。

酮的编号则从靠近酮基的一端开始，将酮基的位次标在"某酮"前面（若酮基的位次是唯一的，其位次也可以省略）。

另外，也可用希腊字母对主链碳原子编号，与羰基相连的碳依次用 α、β、γ、δ⋯等表示。

课堂活动

写出下列化合物的名称或结构简式

1. $CH_3—CH_2—\underset{\underset{\displaystyle CH_3}{|}}{CH}—\underset{\underset{\displaystyle CH_3}{|}}{CH}—CHO$

2. $CH_3—\overset{\displaystyle O}{\overset{\|}{C}}—CH_2—\underset{\underset{\displaystyle CH_3}{|}}{CH}—CH_3$

3. β-甲基戊醛

4. 4,5-二甲基-3-己酮

3. 定名称　将取代基的位次、数目、名称写在"某醛"或"某酮"前面。例如：

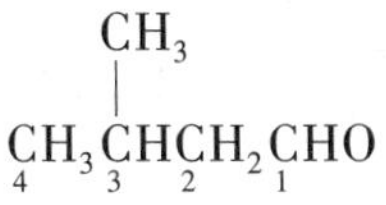

$$CH_3\underset{4}{C}H\underset{3}{C}H_2\underset{2}{C}HO$$
$$\underset{1}{C}$$

3 – 甲基丁醛
（β – 甲基丁醛）

$$CH_3\underset{5}{—}\underset{4}{C}H\underset{3}{—}\underset{2}{C}H\underset{1}{—}C\underset{}{—}CH_3$$

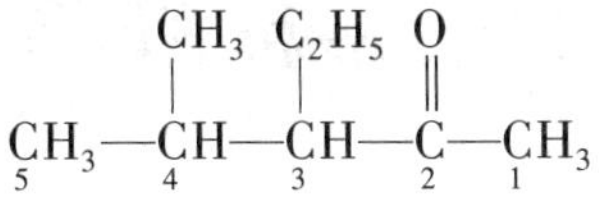

4 – 甲基 – 3 – 乙基 – 2 – 戊酮
（β – 甲基 – α – 乙基 – 2 – 戊酮）

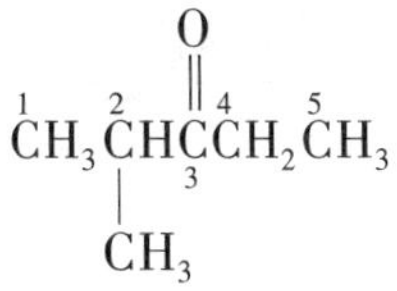

$$CH_3\underset{1}{C}H\underset{2}{C}CH_2\underset{4}{C}H_2\underset{5}{C}H_3$$

2 – 甲基 – 3 – 戊酮
（α – 甲基 – 3 – 戊酮）

（二）芳香醛、酮的命名

命名芳香醛、酮时,以脂肪醛、酮为母体,将芳香烃基作为取代基,"基"字可以省略。例如：

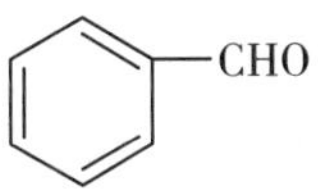

苯甲醛 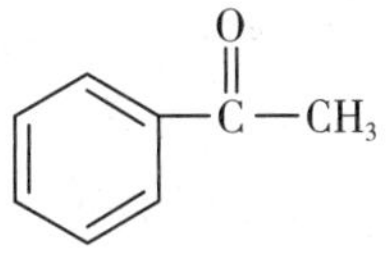　　　　　　　　　　　　　　苯乙酮

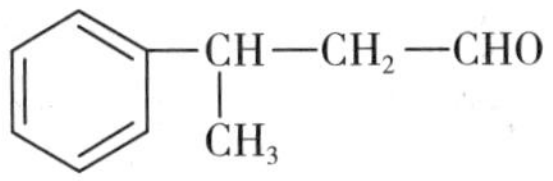

3-苯基丁醛 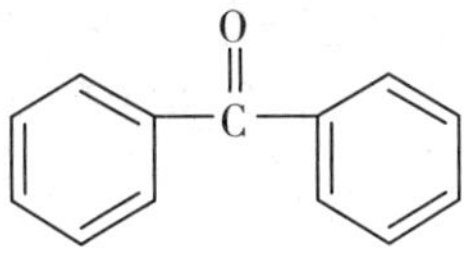　　　　　　　　　　　　二苯甲酮

（三）脂环醛、酮的命名

脂环醛的命名与芳香醛相似,即以脂肪醛为母体,环基作为取代基而命名。环酮是将羰基碳原子作为碳环的组成原子,根据构成环的碳原子总数称为"环某酮",若环上有其他取代基,则从羰基碳开始给碳环编号,并使其取代基的位次总和最小。例如：

环戊基甲醛　　　　　　　　环戊酮　　　　　　　2,4-二甲基环己酮

> **点滴积累**
>
> 1. 醛、酮分子中都有羰基,羰基分别与烃基和氢原子相连的化合物是醛（甲醛除外）,羰基与两个烃基相连的化合物是酮。
> 2. 饱和一元醛命名时,编号应从醛基碳原子开始,醛基位次省略;饱和一元酮命名时编号应从靠近酮基的一端开始,酮基的位次标在"某酮"前面。

第二节　醛和酮的性质

一、物理性质

室温下除甲醛是气体外,其他低级脂肪醛、酮都为液体,高级脂肪醛、酮和芳香酮多为固体。醛、酮的沸点比相对分子质量相近的醇要低得多,这是因为醛、酮分子间不能像醇那样形成分子间氢键。但羰基具有极性,使得分子间作用力增大,因此其沸点比相应的烷烃和醚要高。

3 个碳原子以内的醛、酮能与水分子形成分子间氢键,故易溶于水。随着相对分子质量的增加,其水溶性迅速降低,6 个碳原子以上的醛、酮几乎不溶于水,而易溶于乙醚、甲苯等有机溶剂。醛、酮的密度均小于1。低级醛具有强烈刺激性气味,中级（$C_8 \sim C_{13}$）醛、酮和某些芳香醛在较低浓度时往往具有香味,可用于化妆品和食品工业。

二、化学性质

醛、酮分子中都含有羰基,所以它们具有相似的化学性质。但由于醛、酮分子中的羰基上所连接的基团不完全相同,醛的羰基上一端连烃基,另一端连氢原子,而酮的羰基上连接的是两个烃基,这种结构上的差异导致醛和酮性质上的差异。具体表现在,醛的化学性质比酮活泼,且具有许多不同于酮的特性反应。

醛、酮的化学性质主要有以下三方面:一是由羰基中的 π 键断裂而引起的加成反应;二是受羰基的极性影响而发生的 α-H 的反应;三是醛的特殊反应。

$$R-\overset{\underset{|}{H}}{\underset{|}{C}}-\overset{\overset{O}{||}}{C}-H$$

π键断裂引起的加成反应
醛的特性反应
α-H的反应

（一）醛和酮的相似性质

1. 加成反应　羰基的 $\diagup$C=O$\diagdown$ 双键与 $\diagup$C=C$\diagdown$ 双键结构相似,也是由一个 σ 键和一个 π 键组成,因此,容易和一些试剂发生加成反应。

（1）与氢氰酸加成:醛、脂肪族甲基酮和 8 个碳原子以下的环酮能与氢氰酸加成,生成 α-羟基腈,又称 α-氰醇。芳香甲基酮则难以反应。

$$(CH_3)H-\overset{\overset{R}{|}}{C}=O + HCN \rightleftharpoons (CH_3)H-\overset{\overset{R}{|}}{\underset{\underset{CN}{|}}{C}}-OH$$

$$CH_3-\overset{\overset{CH_3}{|}}{C}=O + HCN \rightleftharpoons CH_3-\overset{\overset{CH_3}{|}}{\underset{\underset{CN}{|}}{C}}-OH$$

反应后的产物 α-羟基腈比原来的醛、酮增加了一个碳原子,α-羟基腈很活泼,在酸性

条件下易水解生成 α-羟基酸。该反应在有机合成上是增长碳链的一种方法。

氢氰酸易挥发且有剧毒，使用不安全。因此在实验室中，一般不直接使用氢氰酸进行反应，而是常用醛、酮与氰化钾（钠）水溶液的混合物，再滴加硫酸以生成氢氰酸。操作须在通风柜中进行。例如：

$$CH_3-\overset{\overset{\displaystyle CH_3}{|}}{C}=O + NaCN + H_2SO_4 \longrightarrow CH_3-\overset{\overset{\displaystyle CH_3}{|}}{\underset{\underset{\displaystyle CN}{|}}{C}}-OH + NaHSO_4$$

（2）与亚硫酸氢钠加成：醛、脂肪族甲基酮和 8 个碳原子以下的环酮与亚硫酸氢钠饱和溶液发生加成反应，生成 α-羟基磺酸钠，它不溶于饱和亚硫酸氢钠溶液而析出结晶。

$$(CH_3)H-\overset{\overset{\displaystyle R}{|}}{C}=O + HSO_3Na(NaHSO_3) \rightleftharpoons (CH_3)H-\overset{\overset{\displaystyle R}{|}}{\underset{\underset{\displaystyle SO_3Na}{|}}{C}}-OH \downarrow$$

α-羟基磺酸钠

此反应是可逆反应，为使平衡向右移动，反应中常加入过量的饱和亚硫酸氢钠溶液。α-羟基磺酸钠若与稀酸或稀碱共热，能分解生成原来的醛、酮。因此，常利用此反应来鉴别、分离和提纯醛、酮。其反应过程如下。

$$R-\overset{\overset{\displaystyle SO_3Na}{|}}{\underset{\underset{\displaystyle H(CH_3)}{|}}{C}}-OH \quad \overset{HCl}{\underset{\triangle}{\longrightarrow}} \quad (CH_3)H-\overset{\overset{\displaystyle R}{|}}{C}=O + SO_2\uparrow + NaCl + H_2O$$

$$\overset{Na_2CO_3}{\underset{\triangle}{\longrightarrow}} \quad (CH_3)H-\overset{\overset{\displaystyle R}{|}}{C}=O + Na_2SO_3 + NaHCO_3$$

（3）与氨的衍生物加成：氨分子中的氢原子被其他原子或原子团取代的产物称为氨的衍生物，通式为 H_2N-G，常见的氨的衍生物有 H_2N-OH（羟胺）、H_2N-NH_2（肼）、

H_2N-HN-⟨苯环⟩$-NO_2$（2,4-二硝基苯肼）等。醛、酮能与许多氨的衍生物反应，反应

NO_2

并不停留在第一步的加成反应，加成产物能继续脱水形成含有碳氮双键 $\diagup C=N-$ 结构的化合物。其反应过程可用通式表示如下：

$$(R')H-\overset{\overset{\displaystyle R}{|}}{C}=O + H-\overset{\overset{\displaystyle H}{|}}{N}-G \longrightarrow \left[(R')H-\overset{\overset{\displaystyle OH}{|}}{\underset{\underset{\displaystyle R}{|}}{C}}-\overset{\overset{\displaystyle H}{|}}{N}-G \right] \overset{-H_2O}{\longrightarrow} (R')H-\overset{\overset{\displaystyle R}{|}}{C}=N-G$$

上述反应也可简单表示如下：

$$(R')H-\overset{\overset{\displaystyle R}{|}}{C}=O + H_2N-G \longrightarrow (R')H-\overset{\overset{\displaystyle R}{|}}{C}=N-G + H_2O$$

在氨的衍生物中，2,4-二硝基苯肼几乎能与所有的醛、酮迅速反应生成橙黄色或橙红色的 2,4-二硝基苯腙晶体。该反应灵敏，易于观察，因此常用于鉴别醛、酮。

$$CH_3-\overset{\overset{\displaystyle H}{|}}{C}=O + H_2N-NH-\underset{\underset{\displaystyle NO_2}{}}{\overset{\overset{\displaystyle NO_2}{}}{\bigcirc}} \longrightarrow CH_3-\overset{\overset{\displaystyle H}{|}}{C}=N-NH-\underset{\underset{\displaystyle NO_2}{}}{\overset{\overset{\displaystyle NO_2}{}}{\bigcirc}} \downarrow + H_2O$$

$$CH_3-\overset{\overset{\displaystyle CH_3}{|}}{C}=O + H_2N-NH-\underset{\underset{\displaystyle NO_2}{}}{\overset{\overset{\displaystyle NO_2}{}}{\bigcirc}} \longrightarrow CH_3-\overset{\overset{\displaystyle CH_3}{|}}{C}=N-NH-\underset{\underset{\displaystyle NO_2}{}}{\overset{\overset{\displaystyle NO_2}{}}{\bigcirc}} \downarrow + H_2O$$

《中国药典》上常用氨的衍生物鉴定含羰基结构的药物,因此把这些氨的衍生物称为**羰基试剂**。

 案例分析

案例:

抗心律失常药盐酸胺碘酮能选择性地扩张冠状动脉血流量,在临床上适用于各种原因引起的室上性和室性心律失常,长期口服能防止室性心动过速和室颤的复发。

其化学结构式为:

该药物的鉴别非常重要,《中国药典》规定将盐酸胺碘酮加乙醇溶解后,再滴加2,4-二硝基苯肼的高氯酸溶液,根据是否生成黄色沉淀来鉴别。

分析:

该药物分子结构中含有羰基,羰基与2,4-二硝基苯肼可发生加成反应,生成黄色的胺碘酮-2,4-二硝基苯腙沉淀。

2. α-活泼氢的反应(卤代反应)　醛、酮分子中与羰基直接相连的碳原子称为α-碳原子,α-碳原子上的氢原子称为α-氢原子。α-氢原子受羰基的影响变得较活泼,容易被卤原子取代而发生卤代反应。

$$-\overset{\overset{\displaystyle O}{\|}}{C}-\overset{\overset{\displaystyle }{|}}{\underset{\underset{\displaystyle H}{|}}{C}}- + X_2 \xrightarrow{H^+ \text{ 或 } OH^-} -\overset{\overset{\displaystyle O}{\|}}{C}-\overset{\overset{\displaystyle }{|}}{\underset{\underset{\displaystyle X}{|}}{C}}- + HX(X=Cl,Br,I)$$

碱性条件下,结构式为 $CH_3-\overset{\overset{\displaystyle O}{\|}}{C}-H(R)$ 的醛或酮(乙醛和甲基酮),与卤素反应时,其甲基上的3个α-H能被卤原子全部取代而生成三卤代物,该物质在碱溶液中不稳定,分解成羧酸盐和三卤甲烷 CHX_3(又称卤仿),该反应称为**卤仿反应**。若反应中所用的卤素是碘,则产物为三碘甲烷(即碘仿),该反应则称为**碘仿反应**。碘仿是不溶于水的黄色固体,并有特殊气味,容易辨别,且反应灵敏,故常用碘与氢氧化钠溶液来鉴别乙醛或甲基酮。

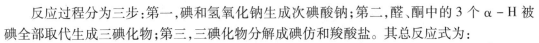

反应过程分为三步:第一,碘和氢氧化钠生成次碘酸钠;第二,醛、酮中的 3 个 α－H 被碘全部取代生成三碘化物;第三,三碘化物分解成碘仿和羧酸盐。其总反应式为:

$$CH_3-\overset{\overset{O}{\|}}{C}-H(R) \xrightarrow{I_2+NaOH} CI_3 \vdots \overset{\overset{O}{\|}}{C}-H(R) \xrightarrow{NaOH} CHI_3\downarrow + H(R)-\overset{\overset{O}{\|}}{C}-ONa$$

三碘代醛(酮)   碘仿   羧酸盐

另外,由于卤素与碱反应生成的次卤酸钠具有氧化性,能将具有 $CH_3-\overset{\overset{OH}{|}}{CH}-H(R)$ 结构的醇氧化成乙醛或甲基酮,故此类醇也能发生卤仿反应。因此碘仿反应不仅可用于乙醛、甲基酮的鉴别,也可用于检验具有 $CH_3-\overset{\overset{OH}{|}}{CH}-H(R)$ 结构的醇。

$$CH_3CH_2OH \xrightarrow{NaOI} CH_3CHO \xrightarrow{NaOI} CHI_3\downarrow + HCOONa$$

$$R-\overset{\overset{OH}{|}}{CH}-CH_3 \xrightarrow{NaOI} R-\overset{\overset{O}{\|}}{C}-CH_3 \xrightarrow{NaOI} CHI_3\downarrow + RCOONa$$

3. 还原反应　醛、酮在镍(Ni)、铂(Pt)、钯(Pd)等催化剂的作用下,可以发生加氢还原反应,使羰基还原为相应的醇羟基。**醛被还原生成伯醇,酮被还原生成仲醇。**

$$R-\overset{\overset{O}{\|}}{C}-H + H_2 \xrightarrow{Ni、Pt 或 Pd} R-\overset{\overset{OH}{|}}{\underset{\underset{H}{|}}{C}}-H$$

醛   伯醇

$$R-\overset{\overset{O}{\|}}{C}-R' + H_2 \xrightarrow{Ni、Pt 或 Pd} R-\overset{\overset{OH}{|}}{\underset{\underset{H}{|}}{C}}-R'$$

酮   仲醇

> **课堂活动**
>
> 试一试,说出下列哪些化合物能发生碘仿反应?
>
> 乙醇、丙醇、乙醛、丙醛、2－丁酮

4. 生成缩醛(酮)的反应　在干燥氯化氢的作用下,一分子醛与一分子醇发生加成反应,生成半缩醛,半缩醛中的羟基称为半缩醛羟基。

$$R-\overset{\overset{O}{\|}}{C}-H+ H-OR' \xrightarrow{干燥HCl} R-\overset{\overset{OH}{|}}{\underset{\underset{OR'}{|}}{C}}-H \dashrightarrow 半缩醛羟基$$

半缩醛

半缩醛不稳定,其分子中的半缩醛羟基很活泼,能继续与另一分子醇脱去一分子水而生成缩醛。

$$R-\overset{\overset{OH}{|}}{\underset{\underset{OR'}{|}}{C}}-H + HOR' \xrightarrow{干燥 HCl} R-\overset{\overset{OR'}{|}}{\underset{\underset{OR'}{|}}{C}}-H + H_2O$$

半缩醛   缩醛

例如:乙醛和乙醇在干燥氯化氢的作用下,生成二乙醇缩乙醛。

$$CH_3-\overset{\overset{\displaystyle O}{\|}}{C}-H + CH_3CH_2OH \xrightarrow{\text{干燥 HCl}} CH_3-\overset{\overset{\displaystyle OH}{|}}{\underset{\underset{\displaystyle OCH_2CH_3}{|}}{C}}-H$$

$$CH_3-\overset{\overset{\displaystyle OH}{|}}{\underset{\underset{\displaystyle OCH_2CH_3}{|}}{C}}-H + CH_3CH_2OH \xrightarrow{\text{干燥 HCl}} CH_3-\overset{\overset{\displaystyle OCH_2CH_3}{|}}{\underset{\underset{\displaystyle OCH_2CH_3}{|}}{C}}-H + H_2O$$

缩醛是具有花果香味的液体,其结构类似于醚,性质也与醚相似,对碱、氧化剂和还原剂都很稳定,但对酸不稳定,遇稀酸易水解生成原来的醛和醇。利用这一性质,在药物合成中常用来保护较活泼的醛基,使醛基在反应中不受破坏,待反应完毕后,再用稀酸水解释放原来的醛基。酮与醇也可以发生缩醛反应,但反应要缓慢得多,甚至难以进行。

虽然多数半缩醛不稳定,但是单糖(多羟基醛或多羟基酮)分子内的羰基与羟基形成的环状半缩醛(酮)是稳定的。

（二）醛的特殊性质

醛基上的氢原子由于受到羰基的影响而变得比较活泼,不仅能被高锰酸钾等强氧化剂氧化,而且能被一些弱氧化剂如托伦试剂和费林试剂氧化。酮的羰基上连接的是两个烃基,没有活泼氢,所以不能被弱氧化剂氧化。

1. 银镜反应 在硝酸银溶液中滴加少量氢氧化钠溶液,再逐滴加入氨水至最初产生的褐色氧化银沉淀恰好溶解而得到的无色透明溶液,称为**银氨溶液**或**托伦试剂**,其主要成分是$Ag(NH_3)_2OH$。

【演示实验 18-1】 向试管中加入 2ml 0.05mol/L $AgNO_3$ 溶液,再加入 1 滴 50g/L NaOH 溶液,然后一边振摇试管,一边逐滴加入 0.5mol/L $NH_3\cdot H_2O$,直到最初产生的褐色氧化银沉淀恰好溶解为止(即得托伦试剂)。将此溶液分装于 2 支洁净的试管中,然后分别加入 1ml 乙醛和 1ml 丙酮,振摇,放在 60℃水浴中加热,观察现象(见彩图 8 所示)。

实验表明,加入乙醛的试管内壁上附着一层光亮如镜的金属银,而加入丙酮的试管无变化。反应方程式如下:

$$(Ar)R-\overset{\overset{\displaystyle O}{\|}}{C}-H + 2[Ag(NH_3)_2]OH \xrightarrow{\text{水浴加热}} (Ar)R-\overset{\overset{\displaystyle O}{\|}}{C}-ONH_4 + 2Ag\downarrow + 3NH_3\uparrow + H_2O$$

托伦试剂中的$[Ag(NH_3)_2]^+$起着氧化剂作用,当它与醛共热时,醛被氧化为羧酸,而它本身被还原为金属银附着在试管内壁上,形成银镜,因此该反应称为**银镜反应**。

所有的醛均能与托伦试剂发生银镜反应,而酮无此反应,故**托伦试剂常用于醛和酮的鉴别**。

2. 费林反应 费林试剂是硫酸铜和酒石酸钾钠的氢氧化钠溶液混合而成的深蓝色透明溶液。

【演示实验 18-2】 向试管中加入 2ml 费林试剂甲(0.2mol/L 硫酸铜溶液)和 2ml 费林试剂乙(0.8mol/L 酒石酸钾钠的氢氧化钠溶液),摇匀后得到深蓝色溶液(即费林试剂)。将此溶液分装于洁净的已编号的 4 支试管中,再分别加入 1ml 甲醛、1ml 乙醛、1ml 苯甲醛和1ml 丙酮,振摇,水浴加热至沸腾,观察现象(见彩图 9 所示)。

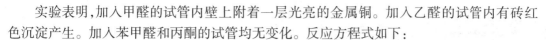

实验表明,加入甲醛的试管内壁上附着一层光亮的金属铜。加入乙醛的试管内有砖红色沉淀产生。加入苯甲醛和丙酮的试管均无变化。反应方程式如下:

$$HCHO + Cu^{2+}(配离子) + 3OH^- \xrightarrow{\text{水浴加热}} HCOO^- + Cu\downarrow + 2H_2O$$

$$RCHO + 2Cu^{2+}(配离子) + 5OH^- \xrightarrow{\text{水浴加热}} RCOO^- + Cu_2O\downarrow + 3H_2O$$

费林试剂中的 Cu^{2+}(配离子)作为氧化剂,将脂肪醛氧化成相应的羧酸,而其自身被还原为砖红色 Cu_2O 沉淀。甲醛的还原能力比其他的醛更强,能将 Cu_2O 进一步还原为单质铜,并附着于洁净的试管壁上形成铜镜,因此甲醛与费林试剂的反应又称为**铜镜反应**,此反应可用于甲醛和其他醛的鉴别。

只有脂肪醛能被费林试剂氧化,芳香醛和酮均不能,因此**可用费林试剂来鉴别脂肪醛和芳香醛、脂肪醛和酮**。

酮虽然不能被弱氧化剂氧化,但在强烈的氧化条件下,羰基与两侧碳原子之间的键可分别断裂,生成几种小分子羧酸的混合物。

3. 醛与希夫试剂的反应 将二氧化硫通入红色的品红水溶液中,至红色刚好褪去,所得的无色溶液称为品红亚硫酸试剂,又称为希夫试剂。**醛与希夫试剂作用可显紫红色**,而酮则不显色,因此**希夫试剂常用于醛和酮的鉴别**。

另外,甲醛与希夫试剂生成的紫红色产物加入硫酸后颜色不消失,而其他醛生成的紫红色产物加入硫酸后会褪色,故**希夫试剂也可用于甲醛与其他醛的鉴别**。

课堂活动

用化学方法鉴别下列各组化合物

1. 乙醇、乙醛和丙酮

2. 甲醛、乙醇和甘油

3. 甲醛、乙醛和丙醛

4. 甲醛、乙醛和苯甲醛

三、常见的醛和酮

(一)甲醛

甲醛($HCHO$)是最简单的醛,俗称蚁醛,常温下是一种具有强烈刺激性气味的无色气体,沸点为 $-21℃$,易溶于水。甲醛能使蛋白质凝固,具有杀菌作用,医药上把质量分数为 $35\% \sim 40\%$ 的甲醛水溶液称为**福尔马林**,是医药上常用的消毒剂和防腐剂,用于外科器械、污染物的消毒以及解剖标本的保存。

甲醛在水溶液中以水合甲醛的形式存在,水合甲醛失水缩合生成多聚甲醛晶体,因此甲醛水溶液久置后会产生浑浊或沉淀。多聚甲醛经加热($160 \sim 200℃$)后,可解聚重新生成甲醛。

甲醛溶液与氨水共同蒸发时,可生成一种叫环六亚甲基四胺$[(CH_2)_6N_4]$的白色晶体,药名为乌洛托品,在医药上用作尿道消毒剂,因为它能在患者体内慢慢分解产生甲醛,甲醛随尿液排出时将细菌杀死。

甲醛的用途十分广泛,黏合剂、合成树脂、表面活性剂、塑料、橡胶、皮革、造纸、染料、制药、农药、炸药、建筑材料以及消毒、熏蒸和防腐过程中均要使用到甲醛。

知识链接

室内污染隐形杀手——甲醛

在世界卫生组织公布的室内污染五大"杀手"中,甲醛位居第一,人造板材及黏合剂是室内甲醛污染的元凶,其释放期可长达 3～15 年。另外如化纤地毯、泡沫塑料、油漆和涂料等装饰材料也都有可能向外散发甲醛。

世界卫生组织已将甲醛确定为强致癌和致畸物质。大量文献记载,甲醛对人体健康的影响主要表现在嗅觉异常、刺激、过敏、肺功能异常、肝功能异常等方面。

那么,如何除去室内的甲醛呢?

1. 注意室内通风换气。这是清除室内甲醛最有效的办法之一。

2. 可在室内放置几盆绿色植物。有研究表明,虎尾兰、绿萝、芦荟和吊兰等都对甲醛有一定的吸收作用。

3. 在室内放几包活性炭。活性炭是国际公认的吸毒能手,能有效去除室内异味。

(二)乙醛

乙醛(CH_3CHO)为无色、易挥发、具有刺激性气味的液体,沸点为 20.8℃,能溶于水、乙醇及乙醚中。在乙醛中通入氯气可得到三氯乙醛(CCl_3CHO),它易与水反应得到水合三氯乙醛,简称水合氯醛。水合氯醛是无色透明晶体,具有刺激性气味,易溶于水、乙醇及乙醚中。水合氯醛是一种较安全的催眠药和抗惊厥药,药效较好,但对胃有一定的刺激性,故不宜口服,常用灌肠法给药。

(三)苯甲醛

苯甲醛(C_6H_5CHO)是最简单的芳香醛,无色液体,沸点为 179℃,具有苦杏仁味,又称为苦杏仁油。微溶于水,易溶于乙醇和乙醚。苯甲醛常以结合状态存在于水果中,如桃、杏、梅等许多果实的种子中,尤以苦杏仁中含量最高。

苯甲醛的醛基易被氧化,室温下能被空气中的氧气氧化成羧基(—COOH)而生成苯甲酸晶体,因此在保存苯甲醛时常加入少量对苯二酚作抗氧剂。

苯甲醛是有机合成中重要的原料,可用于制备药物、香料和染料。

(四)丙酮

丙酮(CH_3COCH_3)是最简单的酮,为无色、易挥发、易燃的液体。沸点 56.5℃,能与水、乙醇、乙醚、氯仿等混溶,并能溶解树脂、油脂等多种有机物,是常用的有机溶剂。

【演示实验18-3】在一支试管中加入 2ml 丙酮溶液,然后加入 10 滴 0.05mol/L 亚硝酰铁氰化钠溶液,再加入 5 滴 1mol/L 的氢氧化钠溶液,观察现象。

实验结果表明,**丙酮和亚硝酰铁氰化钠的氢氧化钠溶液反应呈鲜红色。**

丙酮是人体内糖类代谢的中间产物,正常情况下,人体血液中的丙酮含量很低。但当人体代谢出现紊乱时,如糖尿病患者,体内常有过量的丙酮产生,并随尿液排出。临床上检查患者尿中是否含有丙酮,可用亚硝酰铁氰化钠{$Na_2[Fe(CN)_5NO]$}的氢氧化钠溶液(或浓氨水)与之反应,如有丙酮存在即呈现鲜红色。

学以致用

工作场景：

张大爷最近两个月饭量增加,但是体重却反而下降了,同时出现了口渴、尿量增多的症状,药学专业的小张和爷爷一起去医院就诊。医生给张大爷检查了血糖、尿糖、尿中酮体的含量等。其中用亚硝酰铁氰化钠的碱性溶液给张大爷做了尿中酮体含量的尿检,发现其尿中酮体的含量增高,根据各项指标,初步诊断为糖尿病,并向张大爷作了解释。小张听后立刻明白了原因,用自己所学的知识详细给爷爷作了解释,建议他要按医嘱服药,并注意低糖饮食。

知识应用：

1. 丙酮是生化反应中糖类物质的分解产物,糖尿病患者因体内代谢紊乱,会产生过量的丙酮,随尿排出,故糖尿病患者尿液中有丙酮存在。

2. 丙酮遇到亚硝酰铁氰化钠的氢氧化钠溶液时,呈现鲜红色。颜色越深,表示丙酮的含量越高。

 点滴积累

1. 乙醛、甲基酮、具有 $CH_3{-}\overset{\text{OH}}{CH}{-}H(R)$ 结构的醇遇碘和氢氧化钠溶液生成黄色碘仿。

2. 托伦试剂、希夫试剂可用于鉴别醛和酮。

3. 脂肪醛能与费林试剂反应生成砖红色沉淀(甲醛生成铜镜),芳香醛和酮不可以。

 目标检测

一、选择题

(一) 单项选择题

1. 托伦试剂的主要成分是(　　)

　　A. $AgNO_3$　　　　　　B. $NH_3 \cdot H_2O$　　　　C. $Cu(OH)_2$　　　D. $Ag(NH_3)_2OH$

2. 下列物质中,既能与饱和亚硫酸氢钠反应,又能发生碘仿反应的是(　　)

　　A. 丙醛　　　　　　　B. 丙酮　　　　　　　C. 乙醇　　　　　　D. 苯乙酮

3. 下列可用于鉴别乙醛和丙醛的试剂是(　　)

　　A. 托伦试剂　　　　B. 费林试剂　　　　C. 希夫试剂　　　D. 碘和氢氧化钠

4. 下列化合物能发生卤代反应的是(　　)

　　A. 2,2 - 二甲基丙醛　　　　　　　　　B. 苯甲醛

　　C. 邻甲基苯甲醛　　　　　　　　　　D. 2 - 甲基丙醛

5. 下列各组物质中,能用2,4 - 二硝基苯肼鉴别的是(　　)

　　A. 苯甲醇和苯酚　　　　　　　　　B. 丙酮和丙醛

　　C. 苯甲醛和苯甲醇　　　　　　　　D. 乙醛和苯甲醛

6. 下列物质能与费林试剂反应的是(　　　)

    A. 丙酮 　　　　　　B. 苯甲醇 　　　　　C. 苯甲醛 　　　　D. 2-甲基丙醛

7. 鉴别醛和酮最快的试剂是(　　　)

    A. 希夫试剂 　　　　　　　　　　　　B. 托伦试剂

    C. 费林试剂 　　　　　　　　　　　　D. 亚硝酰铁氰化钠和氢氧化钠

8. 下列不能鉴别乙醛和丙酮的试剂是(　　　)

    A. 托伦试剂 　　　　B. 费林试剂 　　　　C. 希夫试剂 　　　　D. 福尔马林

9. 既能与氢发生加成反应,又能与希夫试剂反应的是(　　　)

    A. 丙烯 　　　　　　B. 丙醛 　　　　　　C. 丙酮 　　　　　　D. 苯

10. 药物分析中,用来鉴别醛和酮的苯肼、羟胺等氨的衍生物被称为(　　　)

    A. 希夫试剂 　　　　B. 羰基试剂 　　　　C. 托伦试剂 　　　　D. 费林试剂

11. 临床上检查患者尿液中的丙酮,可采用(　　　)

    A. 托伦试剂 　　　　　　　　　　　　B. 希夫试剂

    C. 费林试剂 　　　　　　　　　　　　D. 亚硝酰铁氰化钠和氢氧化钠

12. 可用于表示脂肪醛的通式是(　　　)

    A. RCOR′ 　　　　　B. RCOOH 　　　　C. RCHO 　　　　　D. ROR′

13. 丙酮加氢后生成(　　　)

    A. 丙醛 　　　　　　B. 丙烷 　　　　　　C. 正丙醇 　　　　　D. 异丙醇

14. 福尔马林的主要成分是(　　　)

    A. 35%~40%乙酸水溶液 　　　　　　B. 35%~40%乙醛水溶液

    C. 35%~40%甲醛水溶液 　　　　　　D. 35%~40%甲酸水溶液

15. 能区分脂肪醛和芳香醛的是(　　　)

    A. 高锰酸钾 　　　　B. 费林试剂 　　　　C. 希夫试剂 　　　　D. 托伦试剂

(二) 多项选择题

1. 碱性条件下,能发生碘仿反应的是(　　　)

    A. 苯甲醛 　　　B. 乙醛 　　　C. 丙酮 　　　D. 乙醇 　　　E. 2-丁酮

2. 下列试剂能鉴别丙醛和丙酮的是(　　　)

    A. 托伦试剂 　　　　　　B. 希夫试剂 　　　　　　C. 费林试剂

    D. 碘和氢氧化钠溶液 　　　E. 2,4-二硝基苯肼

3. 下列化合物能被费林试剂氧化的是(　　　)

    A. 甲醛 　　　B. 苯甲醛 　　　C. 丙醛 　　　D. 丙酮 　　　E. 乙醛

4. 下列化合物能与氢氰酸发生加成反应的是(　　　)

    A. 丙酮 　　　B. 乙醛 　　　C. 苯甲醛 　　　D. 苯乙酮 　　　E. 3-戊酮

5. 下列说法不正确的是(　　　)

    A. 所有酮都可以发生碘仿反应

    B. 醛和酮都可以发生催化加氢反应

    C. 醛和甲基酮都能与氢氰酸发生加成反应

    D. 只有甲基酮可以发生碘仿反应

    E. 醇不能发生碘仿反应

二、填空题

1. ＿＿＿＿＿＿、＿＿＿＿＿＿＿＿和＿＿＿＿＿＿＿＿以下的环酮能与氢氰酸、亚硫酸氢钠饱和溶液发生加成反应。

2. 在催化剂铂的存在下,醛可加氢还原生成＿＿＿＿＿＿醇,酮可加氢还原生成＿＿＿＿＿＿醇。

3. 羰基碳分别与＿＿＿＿＿＿＿＿及氢原子相连的化合物称为醛,羰基碳与两个＿＿＿＿＿＿＿＿相连的化合物称为酮。

4. 醛的结构通式为＿＿＿＿＿＿＿＿,官能团为＿＿＿＿＿＿,最简单的脂肪醛是＿＿＿＿＿＿。

5. 酮的结构通式为＿＿＿＿＿＿＿＿,官能团为＿＿＿＿＿＿,最简单的脂肪酮是＿＿＿＿＿＿。

三、简答题

1. 命名下列化合物

(1)

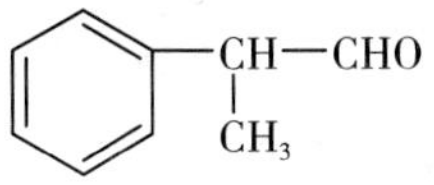

(2) $CH_3-CH-CH_2-CHO$
     $\quad\quad\quad |$
     $\quad\quad CH_2CH_3$

(3) $CH_3-CH_2-CH-C-$
     $\quad\quad\quad\quad\quad |$
     $\quad\quad\quad\quad CH_3$

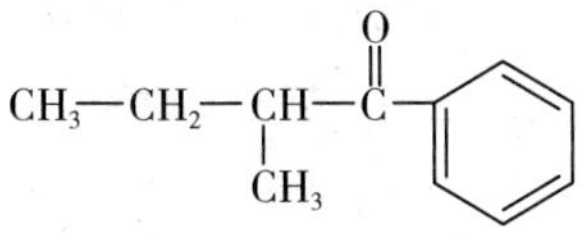

(4)

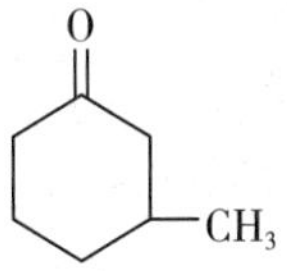

2. 写出下列化合物的结构简式

(1) 3,4 – 二甲基己醛
(2) 3 – 苯基丁醛
(3) 3 – 甲基 – 2 – 戊酮
(4) 5 – 甲基 – 2 – 乙基环己酮

3. 完成方程式

(1) $CH_3CHO + H_2 \xrightarrow{Ni}$

(2)

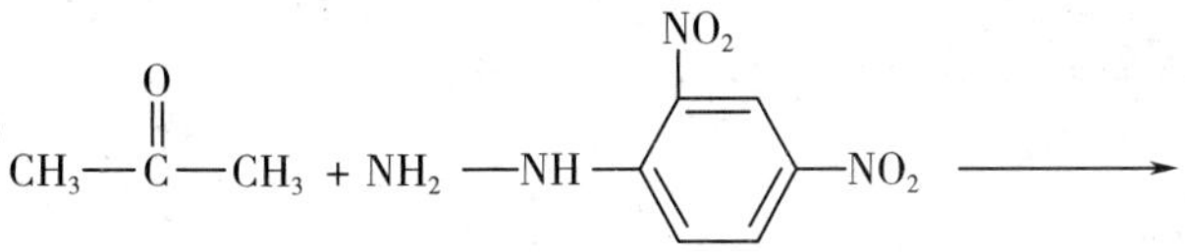

(3) $CH_3-\overset{O}{\overset{\|}{C}}-CH_3 \xrightarrow{I_2 + NaOH}$

(4)

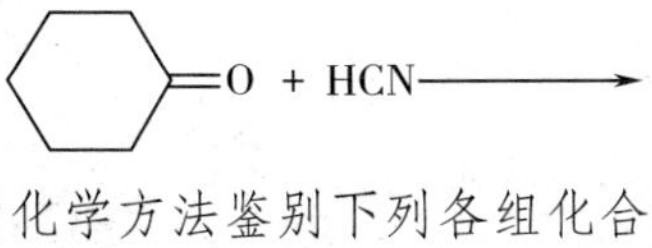

4. 用化学方法鉴别下列各组化合物

(1) 苯酚、苯甲醛和丙酮
(2) 丙醇、丙醛和丙酮

(丁亚明)

第十九章　有机酸和对映异构

第一节　羧　　酸

一、羧酸的结构和分类

（一）羧酸的结构

羧酸分子中都含有羧基（—COOH），羧基是羧酸的官能团。从结构上看，**羧酸可看作是烃分子中的氢原子被羧基取代生成的化合物**（除甲酸外）。其中一元脂肪酸的通式可表示为：

$$\text{(Ar)}R—\overset{\displaystyle O}{\overset{\|}{C}}—OH \quad 或 \quad \text{(Ar)}R—COOH$$

R＝H 时为甲酸，甲酸是最简单的羧酸，它的结构简式为 HCOOH。

（二）羧酸的分类

根据羧酸所连接的烃基不同,羧酸可分为脂肪酸、脂环酸和芳香酸;根据羧酸分子中所连烃基的饱和程度不同,可分为饱和酸与不饱和酸;根据羧酸分子中所连羧基的数目多少不同,可分为一元酸、二元酸和三元酸等,二元酸以上的称为多元羧酸。例如:

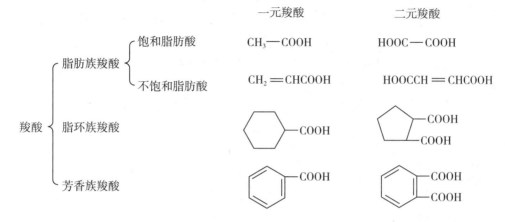

二、羧酸的命名

（一）一元饱和脂肪酸的命名

1. 选主链　选择包括羧基在内的最长碳链作为主链,根据主链碳原子数称为"某酸"。

2. 编号　从羧基碳原子开始用阿拉伯数字编号(若用希腊字母,则将主链上与羧基相连的碳原子定位为 α 碳,并依次为 β、γ、δ 等编号),确定其他取代基的位次。

3. 定名称　将取代基的位置、数目和名称写在主链名称前面。例如:

$$\overset{3}{C}H_3-\overset{2}{\underset{\beta}{C}}\underset{\alpha}{H}-\overset{1}{C}OOH$$
$$\overset{|}{C}H_3$$

2 - 甲基丙酸
（α - 甲基丙酸）

$$\overset{5}{\underset{\delta}{C}}H_3-\overset{4}{\underset{\gamma}{C}}H_2-\overset{3}{\underset{\beta}{C}}\underset{\alpha}{H}-\overset{2}{C}H_2-\overset{1}{C}OOH$$
$$\overset{|}{C}H_3$$

3 - 甲基戊酸
（β - 甲基戊酸）

$$\overset{CH_3}{|}\qquad\overset{CH_3}{|}$$
$$\overset{5}{\underset{\delta}{C}}H_3-\overset{4}{\underset{\gamma}{C}}H-\overset{3}{\underset{\beta}{C}}H_2-\overset{2}{\underset{\alpha}{C}}H-\overset{1}{C}OOH$$

2,4 - 二甲基戊酸（α,γ - 二甲基戊酸）

（二）脂环酸或芳香酸的命名

以脂肪酸为母体,把脂环烃基或芳香烃基作为取代基。例如:

苯甲酸　　　　　环戊(基)乙酸　　　　　环己(基)甲酸

（三）不饱和脂肪酸的命名

选择包括羧基和不饱和键在内的最长碳链为主链,从羧基碳原子开始编号,并注明双键或三键的位置,称为"某烯酸"或"某炔酸"。主链碳原子数大于 10 时,应在中文数字之后加一个"碳"字。例如:

$$CH_3-CH-CH=CH-COOH \qquad CH_3(CH_2)_7CH = CH(CH_2)_7COOH$$
$$\quad\quad\quad |$$
$$\quad\quad CH_3$$

　4 – 甲基 –2 – 戊烯酸　　　　　　　　　　　　　9 – 十八碳烯酸

（四）二元酸的命名

二元酸的命名要选择两个羧基位于两端的碳链作为主链,根据主链上碳原子的数目称为某二酸。例如:

$$HOOC-COOH \qquad HOOC-CH_2-COOH$$

　　乙二酸　　　　　　　　丙二酸

芳香二元酸的命名,可用邻、间、对表示二个羧基的相对位置。例如:

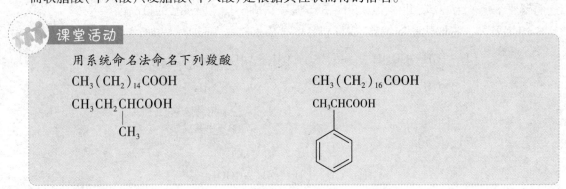

邻苯二甲酸

（五）俗名法

许多羧酸存在于天然物质中,一些俗名常根据来源或性状而得名。例如,甲酸最初是由蒸馏蚂蚁而得来的,所以又称蚁酸;乙酸是食醋的主要成分,因而称为醋酸;苯甲酸存在于安息香胶内,所以称为安息香酸;丁酸俗称酪酸,是黄油腐败所产生的酸;己酸俗称羊油酸,是存在于山羊脂肪中的酸;其他如草酸(乙二酸)、琥珀酸(丁二酸)也是根据其来源得名的。而软脂酸(十六酸)、硬脂酸(十八酸)是根据其性状而得的俗名。

课堂活动

用系统命名法命名下列羧酸

$$CH_3(CH_2)_{14}COOH \qquad\qquad CH_3(CH_2)_{16}COOH$$

$$CH_3CH_2CHCOOH \qquad\qquad CH_3CHCOOH$$
$$\qquad\quad\ |$$
$$\qquad\quad CH_3$$

三、羧酸的性质

（一）物理性质

在饱和一元羧酸中,甲酸、乙酸和丙酸都是具有刺激性气味的液体,正丁酸至壬酸是有腐败恶臭气味的油状液体,癸酸以上的脂肪羧酸是蜡状固体;脂肪族二元羧酸和芳香羧酸是晶状固体。

羧酸是极性化合物,羧基是一种亲水基,能与水形成氢键。因此低级脂肪酸易溶于水,但其他羧酸随着相对分子质量的增加,在水中的溶解度逐渐减小,癸酸以上的羧酸不溶于水。低级饱和脂肪族二元羧酸也可溶于水,并随碳链的增长水溶性减弱。芳香羧酸的水溶性极小。脂肪族一元羧酸都能溶于乙醇、乙醚等有机溶剂。饱和一元羧酸的沸点随相对分子质量增加而增高。羧酸的沸点比相对分子质量相近的醇高。

（二）化学性质

羧酸分子中羧基上的碳氧双键没有醛、酮分子中的碳氧双键活泼,羧酸的化学反应主要发生在羧基中的羟基氢原子上。

1. 酸性　羧酸具有弱酸性,能使紫色石蕊试液变红色,能与钠、钾等活泼金属反应产生氢气;与氢氧化钠、氢氧化钾等强碱作用生成羧酸盐和水,其反应式分别为:

$$2R—COOH + 2Na \longrightarrow 2R—COONa + H_2 \uparrow$$
$$R—COOH + NaOH \longrightarrow R—COONa + H_2O$$

【演示实验19–1】向2支分别盛有少量Na_2CO_3、$NaHCO_3$粉末的试管中,分别加入约3ml乙酸溶液,观察现象。

实验表明,试管中有气泡产生,能使澄清石灰水变浑浊。这说明这种气体是CO_2气体,从而表明羧酸的酸性比碳酸强,能与碳酸盐或碳酸氢盐反应产生二氧化碳气体,利用此反应可区别羧酸和酚。

$$R—COOH + NaHCO_3 \longrightarrow R—COONa + H_2O + CO_2 \uparrow$$

羧酸与盐酸、硫酸等无机强酸相比,它的酸性还是弱得多,但在有机物中是酸性较强的一类化合物。

羧酸、碳酸、酚和醇的酸性顺序为:

多元羧酸 > 甲酸 > 其他一元羧酸 > 碳酸 > 苯酚 > 水 > 乙醇

 知识链接

羧酸与药学的关系

羧酸具有一定的药理作用,故许多药物本身是羧酸,如甲酸就是治疗风湿症的蚁精,苯甲酸可作治疗真菌感染的药物,丁二酸在医学上有抗痉挛、祛痰及利尿作用等。但由于羧酸在水中的溶解度小,而其钠盐、钾盐及铵盐在水中的溶解度大,因此在临床上常将羧酸类药物制成钠盐或钾盐的形式,如临床上抗生素类药物青霉素,青霉素不溶于水,临床上常制成粉状青霉素钠盐或钾盐,以提高其水溶性。

2. 酯化反应　**羧酸与醇脱水生成酯和水的反应,称为酯化反应**。酯化反应的速率很慢,当加入催化剂后可大大加快反应速率。在实验室中通常使用浓硫酸作催化剂。例如:

$$CH_3—\overset{\overset{\displaystyle O}{\|}}{C}\vdash OH + H\dashv OCH_2CH_3 \xrightarrow{\text{浓}H_2SO_4} CH_3—\overset{\overset{\displaystyle O}{\|}}{C}—OCH_2CH_3 + H_2O$$

　　　　乙酸　　　　　乙醇　　　　　　　　　　乙酸乙酯

经过实验证明:羧酸与醇的脱水反应,即失水方式是羧酸失去羟基(—OH),醇失去氢原子(—H)方式进行,其余部分结合生成酯。

3. 脱羧反应　**羧酸分子脱去羧基放出二氧化碳的反应称为脱羧反应**。一元羧酸脱羧较困难,只有在特殊条件下才能发生脱羧反应。例如:甲酸与浓硫酸共热能脱羧生成一氧化碳,实验室里常用此法制取少量的一氧化碳。

$$H—COOH \xrightarrow[\triangle]{\text{浓} H_2SO_4} H_2O + CO \uparrow$$

其他一元羧酸的碱金属盐与碱石灰($NaOH/CaO$)共热,可以发生脱羧反应。

$$R\text{—}COONa + NaOH(CaO) \xrightarrow{\text{强热}} R\text{—}H + Na_2CO_3$$

但低级的二元羧酸如草酸,丙二酸等则易脱去一个羧基而生成一元羧酸和二氧化碳。例如:

$$HOOC\text{—}COOH \xrightarrow{\Delta} HCOOH + CO_2\uparrow$$

利用此反应可鉴别一元羧酸与多元羧酸。

脱羧反应在生物化学中占有重要地位。人体内的脱羧反应由于酶的催化作用,在体温下就可顺利进行。

4. 甲酸的特性　甲酸(HCOOH)的结构特殊,它的羧基直接与氢原子相连。从结构上看,甲酸分子中既有羧基又有醛基,因而表现出一些与它的同系物不同的化学性质:

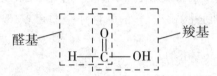

（1）有较强的酸性:甲酸的酸性比其他饱和一元酸强。

（2）具有还原性:甲酸能发生银镜反应、费林反应,还能使高锰酸钾溶液褪色。这些反应可用于甲酸的鉴别。

四、常见的羧酸

（一）甲酸

甲酸(HCOOH)俗称蚁酸,是有刺激性气味的无色液体,腐蚀性很强。主要存在于许多昆虫(如赤蚁、蜂、毛虫)和某些植物(如荨麻、松节针)中。被蚂蚁或蜂类蜇伤后引起皮肤红肿和疼痛,就是由甲酸引起的。出现此类情况时,可在患处涂上一些氨水或小苏打稀溶液或肥皂水,通过中和甲酸起到止痛、止痒作用。甲酸有杀菌力,可作消毒剂或防腐剂。12.5g/L的甲酸溶液称为蚁精,在医药上用于风湿病的外用药。

（二）乙酸

乙酸(CH_3COOH)俗称**醋酸**,是食醋的主要成分,食醋中含醋酸 3% ~ 5%。醋酸是有强烈刺激性酸味的无色液体,沸点 118℃,熔点 16.6℃,可与水混溶。乙酸在 16.6℃以下能凝结成冰状固体,所以常将无水乙酸称为冰醋酸。

医药上常用 0.5% ~ 2% 的溶液作为消毒防腐剂,用于烫伤或灼伤感染的创面洗涤。近年来"食醋消毒法"预防流感被广泛应用。

醋酸是常用的有机试剂,也是染料、香料、塑料和制药工业的重要原料。

（三）苯甲酸

苯甲酸(C_6H_5COOH)俗称**安息香酸**,存在于安息树脂及多种树脂中。

苯甲酸是无味的白色结晶,熔点 121.7℃,难溶于冷水,易溶于热水、乙醇、乙醚和氯仿中。苯甲酸易挥发,具有抑菌防腐作用,毒性较低,因而苯甲酸的钠盐常用作食品、药剂和日用品的防腐剂。此外,苯甲酸可用作治疗癣病的药物。

（四）乙二酸

乙二酸（HOOC—COOH）俗称**草酸**，是最简单的二元羧酸，广泛存在于自然界的草本植物中，特别是大黄、菠菜等植物，并常以盐的形式存在。人尿中，草酸以草酸钙或草酸脲的形式存在。另外，肾或膀胱结石中也含有草酸钙。

草酸为无色透明的晶体，易溶于水，有毒。其酸性比一般的一元羧酸的酸性强，且是二元羧酸中酸性最强的。草酸具有还原性，可使紫色的高锰酸钾溶液褪色，因此分析化学中常用草酸钠标定高锰酸钾溶液的浓度。

$$5HOOC—COOH + 2KMnO_4 + 3H_2SO_4 \longrightarrow 2MnSO_4 + K_2SO_4 + 10CO_2\uparrow + 8H_2O$$

高价铁盐可被草酸还原成易溶于水的低价铁盐，所以可用草酸溶液去除铁锈或蓝黑墨水的污迹。

学以致用

工作场景：

药学生小孙看望邻居王大妈时，王大妈正在用力擦洗水壶中沉积的厚厚水垢，可擦洗效果并不理想。小孙接过水壶装了适量水，再往水中加入食醋，放在火炉上将水烧开后，打开水壶看，水垢已全部去除，水壶内壁光亮如新。

知识应用：

水垢的主要成分是碳酸钙和氢氧化镁，而食醋的主要成分是醋酸，醋酸的酸性比碳酸强，故醋酸既能与氢氧化镁发生中和反应，又能与碳酸钙发生反应生成易溶于水的物质，所以能去除水垢。

点滴积累

1. 羧酸可以看作是烃分子中的氢原子被羧基（—COOH）所取代的化合物。
2. 羧酸具有酸性，能发生酯化反应、脱羧反应等。甲酸既有羧酸的酸性，又有醛的还原性。

第二节　羟基酸和酮酸

羧酸分子中烃基上的氢原子被其他原子或基团取代后的化合物称为取代羧酸。常见的取代羧酸有卤代羧酸、羟基酸、酮酸和氨基酸等，本节只学习羟基酸与酮酸。

一、羟基酸

羧酸分子中烃基上的氢原子被羟基取代后生成的化合物称为羟基酸，或**分子中既有羟基又有羧基的化合物**称为**羟基酸**。羟基连在脂肪碳链上的称为**醇酸**，羟基连在芳香环上的称为**酚酸**。醇酸和酚酸可根据其来源而采用俗名。

醇酸的系统命名法是以羧酸为母体，羟基作为取代基，并用阿拉伯数字或希腊字母标明取代基的位置。例如：

$$CH_3CHCOOH$$
$$|$$
$$OH$$

2 - 羟基丙酸（乳酸）
α - 羟基丙酸

HO—CH—COOH
$$|$$
CH₂—COOH

羟基丁二酸（苹果酸）
α - 羟基丁二酸

HO—CH—COOH
$$|$$
HO—CH—COOH

2,3 - 二羟基丁二酸（酒石酸）
α,β - 二羟基丁二酸

酚酸的系统命名法是以芳香酸为母体，羟基作为取代基，并根据羟基在芳环上的位置来命名。例如：

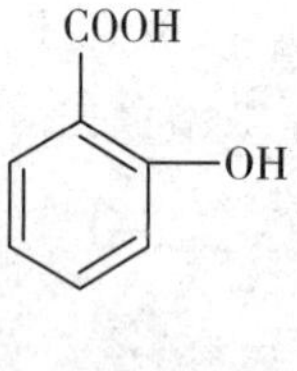

2-羟基苯甲酸（水杨酸） 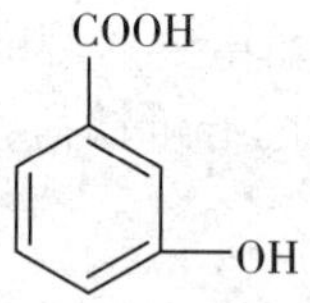 3-羟基苯甲酸 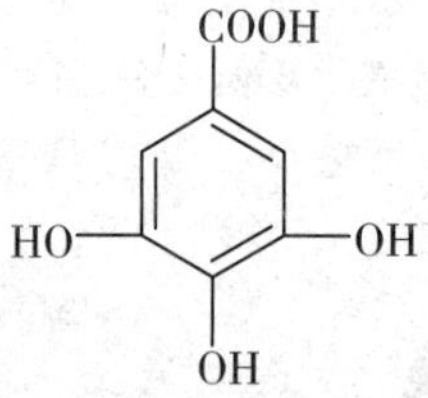 3,4,5-三羟基苯甲酸（没食子酸）

二、酮酸

分子中既含有羧基，又含羰基的化合物称为**羰基酸**。羰基酸分为**醛酸**和**酮酸**。羰基连在碳链端位的称为醛酸，羰基连在碳链中其他位置的都称为酮酸。最简单的酮酸是丙酮酸。

$$CH_3—C—COOH$$ (C=O)

酮酸的命名法与羟基酸相似，也是以羧酸为母体，酮基为取代基，其位次用阿拉伯数字或希腊字母表示。例如：

$$CH_3—CH_2—C—COOH$$ (C=O)

2 - 丁酮酸（α - 丁酮酸）

HOOCCH₂COCOOH

α - 酮丁二酸（草酰乙酸）

$$CH_3—C—CH_2—COOH$$ (C=O)

3 - 丁酮酸（β - 丁酮酸）

HOOCCH₂CH₂COCOOH

α - 酮戊二酸

三、常见的羟基酸和酮酸

1. 乳酸　因最初从酸牛奶中发现而得名。学名 α - 羟基丙酸，结构式为：

$$CH_3CHCOOH$$
$$|$$
$$OH$$

乳酸是肌肉中糖原的代谢产物。人体在剧烈运动时，糖原就分解成乳酸，同时释放出热量，供给肌肉所需的能量。当肌肉中乳酸的含量增多时，就会感到"酸胀"，经休息后，一部分乳酸经血液循环输送回肝脏转变成糖原，另一部分经肾脏由尿液排出，酸胀感消失。

乳酸有很强的吸湿性，一般呈糖浆状液体。易溶于水、乙醇和乙醚。在医药上，乳酸可作为消毒剂和外用防腐剂，乳酸具有消毒防腐作用，可用于治疗阴道滴虫；其钙盐可治疗佝偻病等缺钙症；其钠盐可纠正人体的酸中毒。

2. 水杨酸　因其发现于柳树或水杨树树皮中而得名。学名邻羟基苯甲酸，结构为：

水杨酸具有杀菌和解热镇痛作用,由于它对肠胃的刺激性强,只能外用,不宜口服,故多用其衍生物如乙酰水杨酸等。乙酰水杨酸的药品通用名为阿司匹林,具有解热、镇痛、抗血栓形成及抗风湿作用,刺激性较水杨酸小,是内服的退热镇痛药。阿司匹林肠溶片可用于预防心、脑血管疾病。

3. 柠檬酸　又名枸橼酸,学名:3-羟基-3-羧基戊二酸或β-羟基-β-羧基戊二酸,结构式为:

$$\begin{array}{c} CH_2—COOH \\ | \\ HO—C—COOH \\ | \\ CH_2—COOH \end{array}$$

柠檬酸为无色晶体,常含一分子结晶水,无臭,有很强的酸味,易溶于水。柠檬酸广泛存在于各种水果和蔬菜中,在动物的骨骼、血液、肌肉中也有分布。柠檬酸在医药、工业、食品、化妆等行业具有广泛的用途。

柠檬酸具有收缩、增固毛细血管并降低其通透性的作用,还能提高凝血功能及血小板数量,缩短凝血时间和出血时间,具有一定的止血作用。制药工业用其作为医药清凉剂,医疗上可用其测血钾等。其主要盐类产品有柠檬酸钠、钙和铵盐等,柠檬酸钠是血液抗凝剂,柠檬酸铁铵可作补血药品。

柠檬酸常用于化妆品中,起加快角质更新的作用,角质更新有助于皮肤中的黑色素剥落、毛孔收缩、黑头溶解等。

4. β-丁酮酸　又叫乙酰乙酸,结构式为:

$$\begin{array}{c} O \\ \| \\ CH_3—C—CH_2—COOH \end{array}$$

乙酰乙酸是无色黏稠液体,不稳定,容易脱羧生成丙酮,也能还原为β-羟基丁酸。**β-丁酮酸、β-羟基丁酸及丙酮三者在医学上合称为酮体**。在正常情况下,人的血液中酮体的含量很少(0.8~5mg/100ml)。在某些情况下,例如饥饿、糖尿病等,血液中酮体的含量增加(300~400mg/100ml)。由于β-丁酮酸及β-羟基丁酸的酸性,会使血液的 pH 下降乃至引起酸中毒。

点滴积累

1. 羧酸分子中烃基上的氢原子被其他原子或基团取代后的化合物称为取代羧酸。
2. 取代羧酸既有羧酸的酸性,又有与羧酸不同的特性。
3. β-丁酮酸、β-羟基丁酸、丙酮三者在医学上合称为酮体。

第三节　对映异构简介

旋光异构也称对映异构或光学异构。这种异构现象与物质的旋光性有关,而物质的旋光性与生理、病理、药理现象有密切关系。因此,旋光异构是一种极为重要的异构现象。

一、偏振光与旋光性

(一)偏振光

光波是一种电磁波,且为横波。其特点之一是光的振动方向垂直于其传播方向。普通光源所产生的光线是由多种波长的光波组成,它们都在垂直于其传播方向的各个不同的平面上振动。

一束普通光(图 19－1 左)通过尼科尔(Nicol)棱镜(由方解石晶体加工制成,图 19－1 中)后,由于这种棱镜只允许振动平面与晶体晶轴平行的光通过。因此,透过棱镜的光波只在 1 个平面上振动,而在其他平面上振动的光则被尼科尔棱镜阻挡住。这种**只在 1 个平面上振动的光称为平面偏振光**,简称**偏振光**或**偏光**(图 19－1 右)。

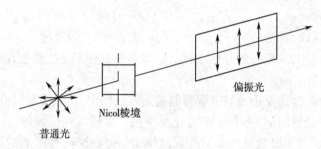

偏振光

Nicol棱境

普通光

图 19－1 偏振光的产生

(二)旋光性

若两块尼科尔棱镜平行放置,普通光透过第 1 个棱镜变成偏光,偏光也会透过第 2 个棱镜。如在两个棱镜间放置 1 个盛有液体或溶液的玻璃管,在第 2 个棱镜后观察时,可以发现,当玻璃管中放入乙醇、丙酮等物质时,仍可以看到光透过第 2 个棱镜。如果管里盛的是乳酸或葡萄糖等水溶液,则观察不到有光透过,只有把第 2 个棱镜旋转一定角度后,偏光才能完全通过(图 19－2)。

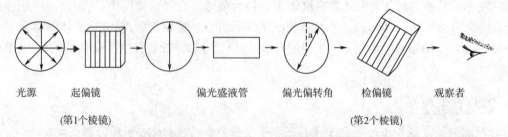

光源　　起偏镜　　　　　偏光盛液管　　偏光偏转角　　检偏镜　　　观察者

(第1个棱镜)　　　　　　　　　　　　　　　　　　　　　(第2个棱镜)

图 19－2 偏光通过 2 个棱镜的情况

由此可以把化合物分成两类:一类是不能使偏振光振动平面旋转的物质,无旋光性,称为**非旋光性物质**,例如水、乙醇、丙酮、甘油及氯化钠等。另一类是能使偏振光振动平面旋转一定角度的物质,它们具有**旋光性**,称为**旋光性物质**,如乳酸、葡萄糖的溶液。能使偏振光的振动平面按顺时针方向旋转的旋光性物质称为右旋物质(或右旋体),用(＋)表示,例如右旋葡萄糖用(＋)－葡萄糖表示;同理,能使偏振光的振动平面按逆时针方向旋转的旋光性物质称为左旋物质(或为左旋体),用(－)表示,例如左旋葡萄糖用(－)－葡萄糖表示。

知识链接

旋光体在临床医学上的应用

由于旋光性物质的左、右旋体还可能有不同的生理作用,所以在临床医学上有不同的应用。例如,作为血浆代用品的葡萄糖酐一定要用右旋糖酐,因为其左旋体会给患者带来较大的危害;右旋的维生素 C 具有抗坏血病作用,而左旋的维生素 C 无效;左旋肾上腺素的升血压作用是右旋体的 20 倍;左旋氯霉素是抗生素,但右旋氯霉素几乎无抗生素作用;右旋四咪唑为抗抑郁药,其左旋体则是治疗癌症的辅助药物;右旋苯丙胺是精神兴奋药,其左旋体则具抑制食欲作用。

二、对映异构现象

(一)对映异构现象

自然界中有许多种旋光性物质。旋光性物质使偏振光平面产生左旋或右旋现象。例如,从肌肉中取得的乳酸是右旋乳酸,表示为(＋)－乳酸;而从糖酵解得到的乳酸是左旋乳酸,表示为(－)－乳酸。右旋乳酸和左旋乳酸的空间构型不同,可用球棒表示式或用透视式表示,如图 19－3 所示。

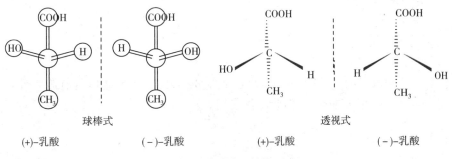

球棒式		透视式	
(+)-乳酸	(−)-乳酸	(+)-乳酸	(−)-乳酸

图 19－3 乳酸分子的构型表示

透视式中粗实线连接的原子或基团表示在纸面的前方,用虚线连接的原子或基团表示在纸面的后方。

从球棒表示式可以看出,右旋乳酸与左旋乳酸分子结构的关系有如实物与其镜像的关系,但二者不能重合,好比人的左手与右手一样。(＋)－乳酸与(－)－乳酸的构造式相同而构型不同,所以属于立体异构中的构型异构。像这样**具有相同的分子构造,但构成分子的原子或基团在空间的排列互为实物和镜像关系称为对映异构关系**。两个互为对映异构关系的异构体称为**对映异构体**,简称**对映体**。这种立体异构现象称为对映异构现象。

(二)手性分子和手性碳原子

分子结构与其镜像之间的关系好比人的左手与右手的关系,相互不能重合,它们具有手性,这种分子称为**手性分子**。凡是手性分子都有旋光性。能够与其镜像重合的分子,称为非手性分子,非手性分子没有旋光性。

分子是否具有手性是由其分子结构决定的。常见的手性分子一般含有手性碳原子。所谓**手性碳原子**(或称为不对称碳原子)是指连有 **4 个不同原子或原子团的碳原子**,常以"＊"标示。例如乳酸分子中只有 C_2 是手性碳原子。

267

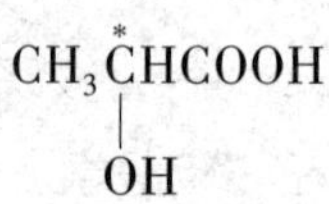

$$CH_3\overset{*}{C}HCOOH$$
$$OH$$

除上述乳酸外,甘油醛、2-羟基丁二酸等均只含有 1 个手性碳原子。

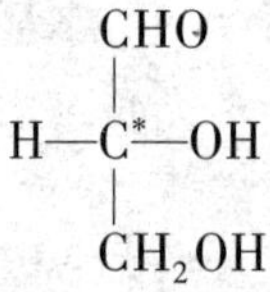

CHO
H—C*—OH
CH₂OH
甘油醛

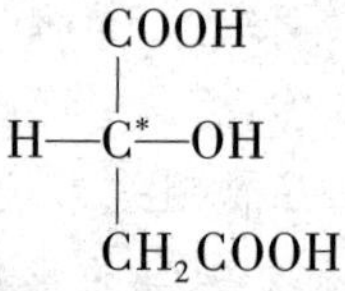

COOH
H—C*—OH
CH₂COOH
2-羟基丁二酸

它们的分子与其镜像都不能重合,各有一对对映异构体:

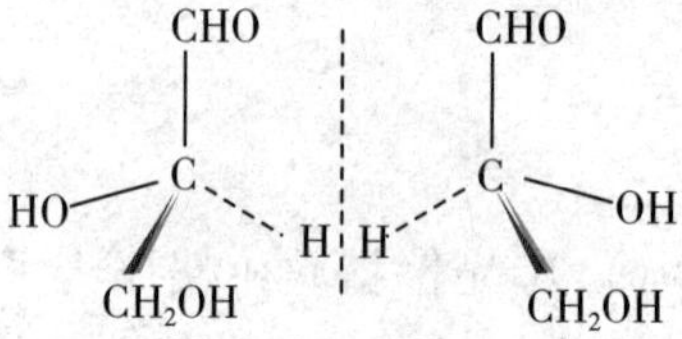

甘油醛

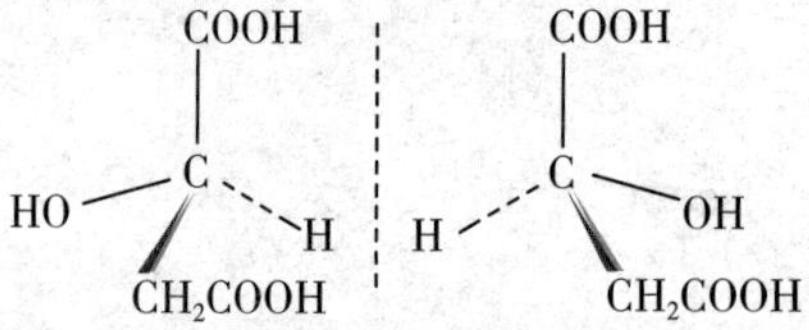

2-羟基丁二酸

含一个手性碳原子的化合物分子必然是手性分子,其对映异构体具有旋光性。含多个手性碳原子的分子情况比较复杂,在此不作介绍。

三、费歇尔投影式

对映体在结构上的区别仅在于原子或基团的空间排布方式不同,用平面结构式无法表示。为了更直观、更简便地表示分子的立体空间结构,1891 年德国化学家费歇尔提出了表示方法。该方法是将球棍模型按一定的方式放置,然后将其投影到平面上,即得到 1 个平面的式子,这种式子称为**费歇尔投影式**。投影的具体方法是:将立体模型所代表的主链位于竖线上,将编号小的碳原子写在竖线的上端,得到相交叉的两条实线连有 4 个原子或基团。竖线连的 2 个基团指向纸后方,其余 2 个与手性碳原子连接的横键就指向前方观察者。按此法进行投影,即可写出投影式。例如:乳酸的对映体投影方法如图 19-4 所示。

乳酸对映体的费歇尔投影式分别为:

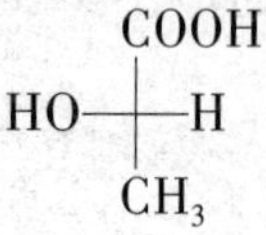

COOH
HO——H
CH₃
(+)-乳酸

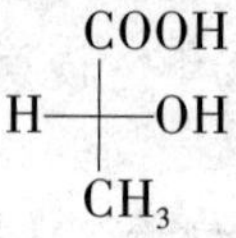

COOH
H——OH
CH₃
(-)-乳酸

费歇尔投影式是表示对映体的最好方法,它采用简单的十字交叉平面式表示三维空间立体结构,书写投影式时,有以下严格规定:

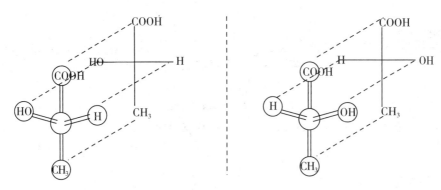

图 19 - 4　乳酸对映体的模型及投影方法

1. 横线与竖线的"＋"字交叉点代表手性碳原子。
2. 横线上连接的原子或基团代表的是透视式中位于纸面前方的两个原子或基团。
3. 竖线上连接的原子或基团代表的是透视式中位于纸面后方的两个原子或基团。

四、D/L 构型

一对对映体具有不同的构型,常用 D/L 构型进行标示。将甘油醛作为其他旋光性物质构型的比较标准,并人为规定,在费歇尔投影式中,手性碳上的羟基排在横键右端的为 D 构型,手性碳上的羟基排在横键左端的为 L 构型,这样确定出来的构型称为相对构型。甘油醛的两种构型为:

$$
\begin{array}{c}\text{CHO}\\ \text{H}\!-\!\!\!-\!\!\!-\text{OH}\\ \text{CH}_2\text{OH}\end{array}
\qquad\qquad
\begin{array}{c}\text{CHO}\\ \text{HO}\!-\!\!\!-\!\!\!-\text{H}\\ \text{CH}_2\text{OH}\end{array}
$$

D - 甘油醛　　　　　　　　　　L - 甘油醛

其他对映体如乳酸的费歇尔投影式中,羟基与 D - 甘油醛的羟基相同,位于碳链的右侧,称为 D - 乳酸;若羟基与 L - 甘油醛的羟基相同,位于碳链的左侧,则称为 L - 乳酸。

$$
\begin{array}{c}\text{COOH}\\ \text{H}\!-\!\!\!-\!\!\!-\text{OH}\\ \text{CH}_3\end{array}
\qquad\qquad
\begin{array}{c}\text{COOH}\\ \text{HO}\!-\!\!\!-\!\!\!-\text{H}\\ \text{CH}_3\end{array}
$$

D - 乳酸　　　　　　　　　　　L - 乳酸

一些化合物如糖类及 α - 氨基酸的构型常用 D/L 构型表示法标记。

需要注意物质的构型与旋光性之间没有必然的联系,物质的旋光性必须通过实验测定。

课堂活动

下列构型属于 L - 型的是(　　　)

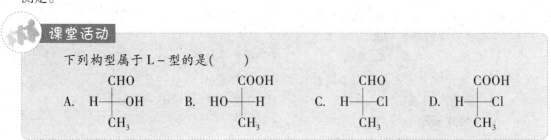

点滴积累

1. 互为实物和镜像关系的异构体称为旋光异构体即对映异构体,它包括右旋体和左旋体。
2. 连有 4 个不同的原子或原子团的碳原子称为手性碳原子,含一个手性碳原子的化合物分子必然是手性分子,其对映异构体具有旋光性。

目标检测

一、选择题

(一)单项选择题

1. 羧酸的官能团是( )
   A. —OH   B. —COOH   C. —CO—   D. —CHO

2. 下列说法与乙酸性质不符的是( )
   A. 乙酸的酸性比碳酸酸性强,能与 Na_2CO_3 作用放出 CO_2
   B. 乙酸能发生酯化反应
   C. 乙酸能与托伦试剂作用生成银镜
   D. 乙酸能使蓝色石蕊试剂变红

3. 下列物质中不属于酮体成分的是( )
   A. 乙酸   B. 丙酮   C. β-羟基丁酸   D. β-丁酮酸

4. 临床上检验糖尿病患者尿中的酮体使用的试剂是( )
   A. 丙酮   B. 亚硝酸铁氰化钠
   C. 亚硝酰铁氰化钠   D. 亚硝酰铁氰化钠和氢氧化钠

5. 下列物质不能与金属钠反应产生氢气的是( )
   A. 乙酸   B. 乙酸乙酯   C. 乙醇   D. 乙酰乙酸

6. $CH_3CHCOOH$ 的俗名是( )
          |
         OH
   A. 醋酸   B. 乳酸   C. 蚁酸   D. 乙酰乙酸

7. 对肠胃的刺激性较小,具有解热镇痛作用的药物是( )
   A. 醋酸   B. 乳酸   C. 水杨酸   D. 乙酰水杨酸

8. 对映异构是一种极为重要的异构现象,它与物质的( )有关
   A. 旋光性   B. 物理性质   C. 化学性质   D. 可燃性

9. 不属于羧酸的有机物是( )
   A. 醋酸   B. 草酸   C. 安息香酸   D. 石炭酸

10. 下列酸中受热能发生脱羧反应产生二氧化碳的是( )
    A. 醋酸   B. 草酸   C. 安息香酸   D. 甲酸

(二)多项选择题

1. 能使紫色高锰酸钾褪色的物质有( )
   A. 甲酸   B. 乙二酸   C. 乙醇   D. 乙酸   E. 乙醛

2. 下列物质中,能与 $FeCl_3$ 发生显色反应的是(　　)

　　A. 石炭酸　　　B. 水杨酸　　C. 苯甲酸　　D. 醋酸　　　E. 草酸

3. 下列物质能发生酯化反应的是(　　)

　　A. 乙酸　　　　B. 乙醇　　　C. 乙醛　　D. 乙醚　　　E. 丙酮

4. 下列物质能发生银镜反应的有(　　)

　　A. 甲酸　　　　B. 甲醇　　　C. 甲醛　　D. 甲酸甲酯　E. 苯甲醛

5. 能使紫色石蕊变红色的物质有(　　)

　　A. 蚁酸　　　　B. 石炭酸　　C. 醋酸　　D. 甲酸甲酯　E. 安息香酸

二、填空题

1. 甲酸俗名_____,结构式为_____,其结构中有_____,又有_____,所以甲酸既有酸性,又有_____。

2. 酮体是_____、_____、_____三者的合称。血液中酮体含量增高,将会使血液中酸性增强,而有引发_____中毒的可能。

3. 手性碳原子或不对称碳原子是指_____。

4. 乙酸是弱酸,能使紫色石蕊试液变_____。

5. 乙酸与乙醇发生酯化反应脱水时,乙酸去掉的是羧基上的_____,而乙醇去掉的是_____。

三、简答题

1. 名词解释

（1）酯化反应　　　（2）酮体　　　（3）手性碳原子

2. 用系统命名法命名下列化合物或写结构式

（1）$\underset{\underset{CH_3}{|}}{CH_3CHCOOH}$

（2）$\underset{\underset{OH}{|}}{CH_3CHCOOH}$

（3） （一个苯环,邻位有 COOH 和 OH）

（4） （一个苯环,邻位有 COOH 和 CH₃）

（5）$\underset{\underset{O}{||}}{CH_3CCH_2COOH}$

（6）乙酸乙酯

（7）草酸

（8）琥珀酸

3. 用化学方法鉴别下列各组化合物

（1）甲酸、乙酸和乙二酸

（2）苯甲醇和苯甲酸

4. 推导题

经实验测得某有机物的分子式为 $C_4H_8O_2$,能溶于 $NaOH$,并能使紫色石蕊变红色,与 $NaHCO_3$ 溶液反应产生大量 CO_2。试写出该有机物的可能结构式并用系统命名法对其命名。

（廖禹东　宋守正）

271

第二十章 酯和油脂

 学习目标

1. 掌握酯和油脂的结构。
2. 熟悉油脂的性质。
3. 了解皂化反应及油脂在生活中的运用。

 导学情景

情景描述：

小明家的食用油一直在阳台上存放,时间长了食用油没有原来那么香了,做出来的菜口感也不好。原来小明家的食用油有些酸败变质了。

学前导语：

食用油长期储存在不适宜的环境(如空气、阳光、水分)中就会逐渐变质而发生油脂的酸败,食用酸败的食用油会对身体造成损害,并导致人体内维生素 B 缺乏。掌握正确地存放日常生活用品食用油的方法,我们需要认真学习本章的内容。

第一节 酯

一、酯的结构和命名

（一）酯的结构

酯是一种重要的羧酸衍生物,酸与醇反应生成酯。它包括无机酸酯和有机酸酯——羧酸酯。无机酸与醇生成无机酸酯,羧酸与醇作用生成羧酸酯。一般所说的酯是羧酸酯,它在生命活动中发挥着重要的作用。

酯可以看作是羧酸分子中羧基上的羟基被烃氧基取代生成的化合物。从结构上来看,一元酸酯是由酰基（ $R_1-\overset{O}{\overset{\|}{C}}-$ ）和烃氧基（ $-OR_2$ ）连接而成的化合物。其结构通式为 $R_1-\overset{O}{\overset{\|}{C}}-O-R_2$,可以简写为 R_1COOR_2 。 R_1 和 R_2 可以相同,也可以不同。酯的官能团是酯键,结构为 $-\overset{O}{\overset{\|}{C}}-O-$ 。

（二）酯的命名

酯一般按照生成它的羧酸和醇的名称来命名,酸的名称在前,醇的名称在后,且把"醇"字改为"酯"字,命名为"某酸某酯"。例如:

某酸 某酯   甲酸甲酯   甲酸乙酯

乙酸苯酯   苯甲酸甲酯

二、酯的性质

（一）物理性质

酯一般比水轻,难溶于水,易溶于乙醇、乙醚等有机溶剂。低级酯是无色具有香味的液体,多存在于水果和花草中。例如:乙酸乙酯、戊酸乙酯具有苹果香味,丁酸丁酯、丁酸甲酯具有菠萝香味,乙酸异戊酯有香蕉味,乙酸戊酯具有梨的香味,苯甲酸甲酯有茉莉花香味。高级酯为蜡状固体。低级酯能溶解很多有机物,又容易挥发,是良好的有机溶剂。由于酯分子间不能形成氢键,因此其沸点比相应的醇和羧酸都要低。

> **课堂活动**
>
> 乙酸乙酯广泛用于油墨、胶黏剂、人造革的生产中,也是制药和有机酸的萃取剂,还可用作香料的组分。
>
> 讨论:(1) 写出乙酸乙酯的结构简式;(2) 指出其官能团。

（二）化学性质

酯与其他羧酸衍生物相似,也能发生水解、醇解、氨解反应。

1. 水解反应　酯为中性化合物,其重要化学性质是水解反应。酯的水解反应是酯与水作用,生成相应的羧酸和醇。酯在酸作用下的水解,是酯化反应的逆反应,但水解不完全,平衡时只有一部分酯发生了水解。

$$R_1-\overset{\overset{\displaystyle O}{\|}}{C}-O-R_2 + H-OH \underset{\text{酯化}}{\overset{\text{水解}}{\rightleftharpoons}} R_1-\overset{\overset{\displaystyle O}{\|}}{C}-OH + R_2-OH$$

酯   羧酸   醇

一般情况下,酯的水解速率很慢,但当少量酸或碱作催化剂时,水解反应可加速进行。当强碱(NaOH 或 KOH)作催化剂时,生成的羧酸能被强碱全部中和生成羧酸盐,因此,在足量碱的作用下,酯的水解反应可以趋于完成。

> **课堂活动**
>
> 写出乙酸乙酯与氢氧化钠的反应方程式。

$$R_1-\overset{\overset{\displaystyle O}{\|}}{C}-O-R_2 + H-OH \overset{\text{NaOH}}{\underset{\triangle}{\longrightarrow}} R_1-\overset{\overset{\displaystyle O}{\|}}{C}-ONa + R_2-OH$$

酯   羧酸钠   醇

2. 醇解反应　酯的醇解与水解反应相似,由酯中的酰基与醇中的烃氧基结合生成新的酯。

$$R_1{-}\overset{\overset{\text{O}}{\|}}{C}{-}O{-}R_2 + H{-}OR_3 \xrightarrow{\triangle} R_1{-}\overset{\overset{\text{O}}{\|}}{C}{-}OR_3 + R_2{-}OH$$

酯　　　　　　醇　　　　　　新的酯　　　　新的醇

其他羧酸衍生物如酰卤、酸酐、酰胺的醇解反应原理与酯相同。

3. 氨解反应　酯与氨作用生成酰胺和醇的反应,称为酯的氨解反应。

$$R_1{-}\overset{\overset{\text{O}}{\|}}{C}{-}O{-}R_2 + NH_3 \longrightarrow R_1{-}\overset{\overset{\text{O}}{\|}}{C}{-}NH_2 + R_2{-}OH$$

酯　　　　　氨　　　　酰胺　　　　醇

许多氨的衍生物如胺($R{-}NH_2$)和肼($NH_2{-}NH_2$)等,只要氮原子上连有氢原子,都可以与酯发生氨解反应。如异羟肟酸铁就是酯直接与羟胺($NH_2{-}OH$)作用生成异羟肟酸,再与三氯化铁反应生成异羟肟酸铁,显红色或紫红色。因此,临床上常用这一颜色反应来鉴定酯及羧酸衍生物的存在。

 点滴积累

1. 酯是由酰基($R_1{-}\overset{\overset{\text{O}}{\|}}{C}{-}$)和烃氧基($-OR_2$)连接而成的化合物。
2. 酯能发生水解、醇解和氨解反应。
3. 临床上常用氨解反应鉴定酯及羧酸衍生物的存在。

第二节　油　脂

一、油脂的组成和结构

　　油脂是油和脂肪的总称,属于具有特殊结构的酯类化合物。油脂广泛存在于动植物体中,是生命重要的物质基础。人们通常把来源于植物体中,在常温下呈液态的油脂称为油,如花生油、芝麻油、蓖麻油、棉籽油、豆油等。把来源于动物体内,在常温下呈固态或半固体的油脂称为脂肪,如猪脂、牛脂、羊脂(习惯也称为猪油、牛油、羊油)。**油脂是由高级脂肪酸和甘油生成的甘油酯**。由于甘油分子中含有 3 个羟基,因此,它可以和 3 分子的高级脂肪酸结合生成酯。其结构通式和示意图如下。

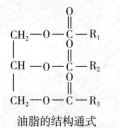

油脂的结构通式

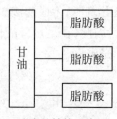

油脂的结构示意图

式中 R_1、R_2、R_3 分别代表不同脂肪酸的烃基。在脂肪酸甘油酯的分子中,3 个脂肪酸的烃基可以是相同的,也可以是不相同的。如果 3 个脂肪酸的烃基是相同的,这种甘油酯属于单甘油酯。如果 3 个脂肪酸的烃基是不相同的,这种甘油酯属于混甘油酯。

在自然界存在的油脂中,构成甘油酯的 3 个脂肪酸在多数情况下是不同的。天然油脂实际上是多种不同脂肪酸混甘油酯的混合物。

油脂成分中的饱和脂肪酸与不饱和脂肪酸含量多少,对油脂的熔点有相当大的影响。一般来讲,脂肪中含高级饱和脂肪酸的甘油酯较多;油中含高级不饱和脂肪酸甘油酯较多。例如:奶油属于脂肪,它是由 60% ~ 70% 饱和脂肪酸与 30% ~ 40% 不饱和脂肪酸组成的混甘油酯;棉籽油属于油,它是由约 75% 不饱和脂肪酸与 25% 饱和脂肪酸组成的混甘油酯。

组成油脂的脂肪酸种类较多,大多数是含有偶数碳原子的直链高级脂肪酸,其中含 16 和 18 碳原子的高级脂肪酸最为常见。脂肪酸可以是饱和的高级脂肪酸,也可以是不饱和的高级脂肪酸。常见油脂中重要的脂肪酸见表 20 – 1。

表 20 – 1 常见油脂中重要的高级脂肪酸

类别	名称	结构简式
饱和脂肪酸	月桂酸(十二酸)	$CH_3(CH_2)_{10}COOH$
	豆蔻酸(十四酸)	$CH_3(CH_2)_{12}COOH$
	软脂酸(棕榈酸,十六酸)	$CH_3(CH_2)_{14}COOH$
	硬脂酸(十八酸)	$CH_3(CH_2)_{16}COOH$
	花生酸(二十酸)	$CH_3(CH_2)_{18}COOH$
不饱和脂肪酸	棕榈油酸(9–十六碳烯酸)	$CH_3(CH_2)_5CH=CH(CH_2)_7COOH$
	油酸(9–十八碳烯酸)	$CH_3(CH_2)_7CH=CH(CH_2)_7COOH$
	亚油酸(9,12–十八碳二烯酸)	$CH_3(CH_2)_3(CH_2CH=CH)_2(CH_2)_7COOH$
	亚麻酸(9,12,15–十八碳三烯酸)	$CH_3(CH_2CH=CH)_3(CH_2)_7COOH$
	花生四烯酸(5,8,11,14–二十碳四烯酸)	$CH_3(CH_2)_3(CH_2CH=CH)_4(CH_2)_3COOH$

二、油脂的性质

(一)物理性质

纯净的油脂是无色、无臭、无味的,但一般油脂,尤其是植物油脂,常有颜色和气味,这是因为天然油脂中往往溶有维生素和色素等物质。油脂一般难溶于水,易溶于汽油、氯仿、四氯化碳和石油醚等有机溶剂中。油脂的密度一般都在 $0.9 \sim 0.95 g/cm^3$,比水轻。黏度比较大,触摸时有明显的油腻感。由于天然油脂是混合物,所以没有固定的熔点和沸点。

(二)化学性质

从结构上来看,油脂是脂肪酸的甘油酯,因此具有酯的典型反应,如发生水解反应等。此外,构成各种油脂的脂肪酸不同程度地都含有碳碳双键,还可以发生加成反应、氧化反应等。

1. 油脂的水解 油脂和其他酯类一样,在酸、碱或酶等催化剂的作用下,可以发生水解反应。1 分子油脂完全水解后可生成 1 分子甘油和 3 分子高级脂肪酸。

$$
\begin{array}{l}
CH_2-O-\overset{O}{\overset{\|}{C}}-R_1 \\
CH-O-\overset{O}{\overset{\|}{C}}-R_2 \quad +3H_2O \xrightarrow{\text{酸或酶}} \\
CH_2-O-\overset{O}{\overset{\|}{C}}-R_3
\end{array}
\qquad
\begin{array}{ll}
CH_2OH & R_1COOH \\
CHOH & + \quad R_2COOH \\
CH_2OH & R_3COOH
\end{array}
$$

油脂　　　　　　　　甘油　高级脂肪酸

油脂在不完全水解时,可生成脂肪酸、甘油二酯或甘油一酯。油脂水解生成的甘油、脂肪酸、甘油二酯或甘油一酯在体内均可被吸收。

$$
\begin{array}{l}
CH_2-O-\overset{O}{\overset{\|}{C}}-R_1 \\
CH-O-\overset{O}{\overset{\|}{C}}-R_2 \\
CH_2-OH
\end{array}
\qquad\qquad
\begin{array}{l}
CH_2-O-\overset{O}{\overset{\|}{C}}-R_1 \\
CH-OH \\
CH_2-OH
\end{array}
$$

甘油二酯　　　　　　　　　　甘油一酯

油脂在碱性(NaOH 或 KOH)溶液中水解时,生成甘油和高级脂肪酸盐。这种高级脂肪酸盐通常称作肥皂,所以**油脂在碱性溶液中的水解反应又称为皂化反应**。

$$
\begin{array}{l}
CH_2-O-\overset{O}{\overset{\|}{C}}-R_1 \\
CH-O-\overset{O}{\overset{\|}{C}}-R_2 \quad +3NaOH \xrightarrow{\triangle} \\
CH_2-O-\overset{O}{\overset{\|}{C}}-R_3
\end{array}
\qquad
\begin{array}{ll}
CH_2OH & R_1COONa \\
CHOH & + \quad R_2COONa \\
CH_2OH & R_3COONa
\end{array}
$$

油酯　　　　　　　甘油　高级硬脂酸钠（肥皂）

 知识链接

硬皂与软皂

油脂和氢氧化钠或氢氧化钾在碱性条件下水解可生成甘油和高级脂肪酸的钠盐或钾盐。高级脂肪酸钠盐称为钠肥皂,又称为硬皂,这是常用的普通肥皂,如洗衣皂、药皂。高级脂肪酸钾盐称为软肥皂,它就是医药上常用的软皂。由于软皂对人体皮肤、角膜刺激性小,医药上常用作灌肠剂或乳化剂。钾皂具有比钠皂更强的润湿、渗透、分散和去污的能力。

工业上把 1g 油脂完全皂化所需要的氢氧化钾的质量(单位:mg),称为皂化值。

皂化值反映油脂的平均相对分子质量的大小,皂化值越大,油脂的平均相对分子质量越小,也表示该油脂中较低级脂肪酸的含量多。

2. 加成反应　在含不饱和脂肪酸的油脂中,因其中的不饱和脂肪酸含有碳碳双键,故能在一定条件下与氢气或卤素发生加成反应。

（1）加氢:例如油酸甘油酯催化加氢生成硬脂酸甘油酯。这样,液体油脂通过加氢,可以变成固体脂肪。因此,把含不饱和脂肪酸多的油脂通过完全或部分加氢变成饱和或比较

饱和的油脂的过程,称为油脂的氢化(或油脂的硬化)。反应式为:

$$CH_2-O-\overset{\displaystyle O}{\overset{\|}{C}}-C_{17}H_{33}$$
$$CH-O-\overset{\displaystyle O}{\overset{\|}{C}}-C_{17}H_{33} + 3H_2 \xrightarrow[\triangle]{Ni} CH-O-\overset{\displaystyle O}{\overset{\|}{C}}-C_{17}H_{35}$$
$$CH_2-O-\overset{\displaystyle O}{\overset{\|}{C}}-C_{17}H_{33} \qquad\qquad CH_2-O-\overset{\displaystyle O}{\overset{\|}{C}}-C_{17}H_{35}$$

三油酸甘油酯　　　　　　　　三硬脂酸甘油酯

通过油脂的氢化制得的油脂称为人造脂肪,通常又称为硬化油。工业上常通过油脂的氢化反应把多种植物油转化变成硬化油。硬化油性质稳定,不易变质,便于储存和运输,可用于制造肥皂、脂肪酸、甘油、人造黄油等。人造黄油的主要成分就是氢化的植物油。

（2）加碘：利用油脂与碘的加成,可判断油脂的不饱和程度。工业上把100g油脂所能吸收的碘的质量(以克计),称为碘值。碘值越大,表示油脂的不饱和程度越大;碘值越小,表示油脂的不饱和程度越小。

医学研究证实,长期食用低碘值的油脂易引起动脉血管硬化,因此老年人应多食用碘值较高的植物油如豆油、橄榄油等。

3. 油脂的酸败　油脂在空气中长期储存,逐渐发生变质,会产生难闻的气味,这种现象称为油脂的酸败。

酸败是一复杂的化学变化过程,其实质是油脂受光、热、水、空气中的氧、水分和微生物(酶)的作用,一方面油脂中不饱和脂肪酸的双键被氧化生成过氧化物,这些过氧化物再经分解作用生成有臭味的低级醛、酮和羧酸等化合物;另一方面油脂被水解成甘油和游离的高级脂肪酸,后者在微生物的作用下可进一步发生氧化、分解等生成小分子化合物。

油脂酸败后有游离脂肪酸产生,中和1g油脂中的游离脂肪酸所需氢氧化钾的质量数(以mg计)称为酸值。酸值大,说明油脂中游离脂肪酸的含量较高,即酸败程度较严重。酸败的油脂有毒性和刺激性,一般情况下酸值大于6的油脂不宜食用。为防止油脂的酸败,油脂应贮存于密闭的容器中,放置在阴凉处。也可添加少量适当的抗氧化剂(如维生素E等)。一些常见油脂的皂化值、碘值和酸值见表20-2。

表20-2　一些常见油脂的皂化值、碘值和酸值

油脂名称	皂化值	碘值	酸值
猪油	193～200	46～66	1.56
蓖麻油	176～187	81～90	0.12～0.8
花生油	185～195	83～93	/
菜籽油	170～180	92～109	2.4
棉籽油	191～196	103～115	0.6～0.9
豆油	189～194	124～136	/
亚麻油	189～196	170～204	1～3.5
桐油	190～197	160～180	/

4. 油脂的干化　某些油脂在空气中放置过久,能生成一层干燥而具有韧性的薄膜,这种

现象称为油脂干化。

具有干化性质的油脂称为干性油,干性的好坏是以形成干燥薄膜的速率与薄膜的韧性来衡量的,形成速率快,薄膜的韧性大,油脂的干性好。油脂的干化在油漆工业中有重要的意义。

根据各种油干化程度的不同,可将油脂分为干性油(桐油、亚麻油),半干性油(向日葵油、棉籽油)及不干性油(花生油、蓖麻油)3 类,经碘值分析:

干性油	碘值 >130
半干性油	碘值为 100 ~ 130
不干性油	碘值 <100

知识链接

油脂的乳化

油和脂肪都比水轻,且难溶于水,与水混合形成一种不稳定的乳浊液,放置一段时间,小油滴经过互相碰撞,又合并成大油滴,很快又分为油脂层和水层。要得到比较稳定的乳浊液,必须加入适量的乳化剂,如肥皂、胆酸盐等。

乳化剂的结构通常由两部分组成,一部分称亲油基,另一部分称亲水基。例如:钠肥皂 $C_{17}H_{35}COONa$ 分子中的"—COONa"为亲水基,"—$C_{17}H_{35}$"为亲油基。在溶液中,乳化剂的亲水基伸向水中,亲油基插入油中,使油滴的表面形成一层乳化剂分子的保护膜,防止小油滴互相碰撞而聚合,从而形成比较稳定的乳浊液。这种利用乳化剂使油脂形成比较稳定的乳浊液的过程,称为油脂的乳化。人体的胆酸盐是一种乳化剂,油脂在人体小肠内,经胆酸盐的乳化分散成小油滴,从而增大了油脂与脂肪酶的接触面积,便于油脂的水解,以利于脂肪的消化吸收。因此油脂的乳化具有重要的生理意义。

三、油脂的意义

脂类是组成生物细胞的重要成分,是生物体维持正常生命活动不可缺少的物质和人体能量的主要来源。正常人体脂类含量为体重的 14% ~ 19%,肥胖者可达体重的 30% 以上。绝大部分甘油三酯储存于脂肪组织细胞中,分布在腹腔、皮下、肌纤维间及脏器周围。油脂是一类重要的有机化合物,在生理上和实用上具有很重要的意义。

(一)储存和供给能力

油脂是动物体内能源储存和供给的重要物质之一。人体所需总热量的 20% ~ 30% 来自脂肪,1g 脂肪氧化产生 38.91kJ 热能,是糖类物质的两倍。在饥饿或禁食时,脂肪成为机体所需能量的主要来源。

(二)构成生物膜

脂蛋白主要由脂和蛋白质组成,是构成生物细胞膜的一部分。细胞膜的完整性是维持细胞正常功能的重要保证。

(三)保护脏器、防止热量散失

脂肪不易导热,分布于皮下的脂肪组织可以防止热量散失而保持体温,一般肥胖的人比瘦小的人在夏天更怕热、冬天更能抗冻,就是体内脂肪多的缘故。脏器周围的脂肪组织可对撞击起缓冲和保护内脏作用。

（四）提供必需脂肪酸，调节生理功能

必需脂肪酸对维持正常机体的生理功能有重要作用。如果缺乏必需脂肪酸，往往表现为上皮功能不正常，发生皮炎，对疾病的抵抗力降低。饮食中必须注意要多从植物中摄取必需脂肪酸。

油脂除可食用外，还可用于制造肥皂和油漆。油脂还广泛应用在医药工业中，如蓖麻油一般用作泻药，麻油则用作膏药的基质原料。实验证明麻油熬炼时泡沫较少，制成的膏药外观光亮，且麻油药性清凉，有消炎、镇痛等作用。

点滴积累

1. 油脂是由高级脂肪酸和甘油生成的甘油酯，它是油和脂肪的总称。
2. 油脂在碱性条件下的水解反应，称为皂化反应。
3. 油脂在空气中放置一段时间，会逐渐变质，产生难闻的气味，这种变化称为油脂的酸败。

目标检测

一、选择题

（一）单项选择题

1. 酯的通式是（　　）

    A. R—CO—R′　　　B. R—COOH　　　C. R—O—R′　　　D. R—COOR′

2. 1mol 油脂完全水解后能生成（　　）

    A. 1mol 甘油和 1mol 甘油二酯　　　　　　B. 1mol 甘油和 1mol 脂肪酸

    C. 3mol 甘油和 1mol 脂肪酸　　　　　　D. 1mol 甘油和 3mol 脂肪酸

3. 加热油脂和氢氧化钠溶液的混合物，生成甘油和脂肪酸钠的反应称为油脂的（　　）

    A. 氢化　　　　　B. 乳化　　　　　C. 酯化　　　　　D. 皂化

4. 提高饱和程度后，液态油变成固态的脂肪，这一过程称为油脂的（　　）

    A. 氢化　　　　　B. 乳化　　　　　C. 酶化　　　　　D. 皂化

5. 医药上常用软皂的成分是（　　）

    A. 高级脂肪酸盐　　　　　　　　　　B. 高级脂肪酸钠盐

    C. 高级脂肪酸钾盐　　　　　　　　　　D. 高级脂肪酸钾、钠盐

6. 油脂皂化值的大小可以用来判断油脂的（　　）

    A. 平均相对分子质量　　　　　　　　B. 酸败程度

    C. 不饱和程度　　　　　　　　　　　D. 在水中的溶解度

（二）多项选择题

1. 下列关于油脂叙述正确的是（　　）

    A. 油脂属于脂类　　　　　　　　　　B. 油脂都不能使溴水褪色

    C. 油脂无固定的熔、沸点　　　　　　D. 油脂属于高级脂肪酸的甘油酯

    E. 以上答案都正确

2. 下列说法中正确的是（　　）

    A. 油脂在人体内不能水解

B. 油脂是动植物体的重要组成成分

C. 油脂在人体内氧化时能产生大量热量

D. 油脂能促进人体对维生素 A、维生素 D、维生素 E、维生素 K 等的吸收

E. 油脂有固定的熔、沸点

3. 下列属于油脂的化合物为(　　　)

  A. 猪油　　　　B. 花生油　　C. 牛油　　　D. 肥皂　　　E. 豆油

4. 油脂分子中如含有较多的低级脂肪酸和不饱和的高级脂肪酸成分,说法不正确的是(　　　)

  A. 不易被空气氧化　　　　　　　　B. 常温是液态

  C. 常用作制作肥皂的原料　　　　　D. 便于存储运输

  E. 难溶于水,易溶于有机溶剂

二、填空题

1. 酯的水解反应能进行到底的条件是_____。

2. 一分子油脂完全水解后可以得到_____、_____,油脂不完全水解可以得到_____、_____。

3. 油脂酸败是由于受_____、_____、_____等的作用,发生的反应有_____、_____等。

4. 钠肥皂 $C_{17}H_{35}COONa$ 作为一种乳化剂,其中亲水基部分为_____,亲油基部分为_____,亲油基插入_____,亲水基伸向_____,使油滴的表面形成一层_____膜。

三、简答题

1. 名词解释

(1) 酯　　　　　　(2) 皂化反应　　　(3) 油脂的氢化　　(4) 油脂的乳化

2. 写结构式

(1) 酯的结构通式　(2) 酰基　　　　　(3) 羧基　　　　　(4) 烃氧基

3. 鉴别题

(1) 甘油与花生油　　　　　　　　　(2) 饱和酸与不饱和酸

4. 推断结构式

某有机物 A 分子量为 60,在有机物中加稀硫酸,煮沸后生成 B、C 两种物质,B 物质能跟碳酸钠起反应,放出二氧化碳,还能跟托伦试剂反应。C 物质能跟金属钠反应放出氢气,不能跟碳酸钠反应,误食 C 物质,可导致失明,推断写出 A、B、C 各物质的名称和结构式。

5. 完成反应

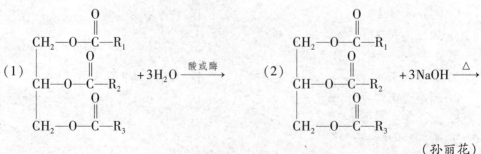

(孙丽花)

第二十一章　含氮有机化合物

学习目标

1. 掌握胺和酰胺的结构、命名、主要化学性质和季铵碱的结构特点。
2. 熟悉尿素、重氮盐的结构和性质。
3. 了解季铵盐的结构特点和偶氮化合物及含氮有机化合物在医学上的用途。

导学情景

情景描述：

1998 年 8 月,某运输公司一辆卡车去装运苯胺,因天气酷热,随车的一名装卸工就爬到敞篷车厢内,坐在了苯胺桶上。当天下午,这个工人就感到不适,嘴唇发黑发紫,人已处于不能自控的状态。经医院抢救,全身换了三次血液,命是保住了,人却痴呆了。原因是天气炎热,人体出汗之后,湿润且油脂溢出的皮肤更容易吸收苯胺,没想到苯胺蒸气在当时的气候条件下溢出,结果直接伤害了这名工人。

学前导语：

苯胺为无色透明的油状有毒液体,由于极易挥发,且易溶于有机溶剂,所以很容易经皮肤和呼吸道吸收。苯胺不溶于水,因此一旦污染后用水冲洗也不易清除。苯胺的这些特性使其对人体更具伤害性。苯胺属于含氮有机化合物,与之相关的还有酰胺、季铵碱等,它们与我们的生活、工作密切相关。在本章,大家将一起学习含氮有机化合物。

第一节　胺

一、胺的结构和分类

（一）胺的结构

胺与氨的结构相似,**可以看作是氨分子的烃基衍生物**,即氨分子中的氢原子被烃基取代而生成的化合物。例如：

$$CH_3NH_2 \qquad \text{〈苯环〉—NH—〈苯环〉} \qquad (CH_3)_3N$$

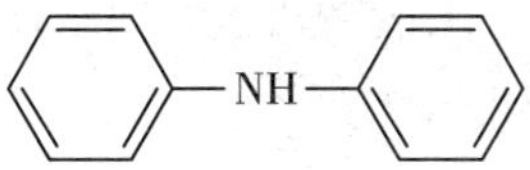

（二）胺的分类

1. 根据分子中氮原子所连烃基种类不同,**胺可分为脂肪胺和芳香胺**,氮原子与脂肪烃基

相连称为脂肪胺;氮原子直接与芳香环相连称为芳香胺。例如:

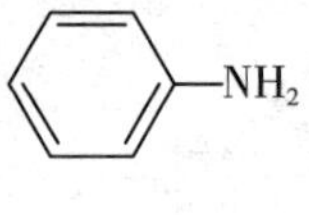

脂肪胺   芳香胺

2. 根据胺分子中与氮原子相连的烃基数目不同,胺可分为伯胺、仲胺、叔胺。

(1) **伯胺**:氮原子与 1 个烃基相连,通式为 R—NH_2,官能团为氨基(—NH_2)。例如:

$$CH_3—NH_2$$

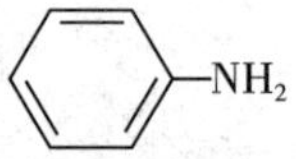

(2) **仲胺**:氮原子与 2 个烃基相连,通式为 R_1—NH—R_2,官能团为亚氨基(—NH—)。
例如:

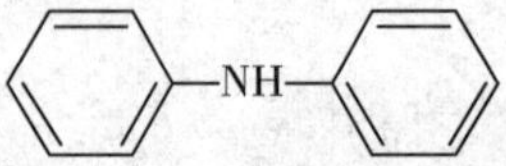

$$CH_3—NH—CH_3$$

(3) **叔胺**:氮原子与 3 个烃基相连,通式为 $\begin{array}{c} R_1—N—R_3 \\ | \\ R_2 \end{array}$,官能团为次氨基(—N—)。

例如:

$$(CH_3)_3N \qquad (CH_3)_2NC_2H_5$$

 知识链接

"氨"、"胺"、"铵"三个字的区别

"氨"、"胺"及"铵"三个字的写法不同,含义也是不同的。"氨"用来表示氮的基团,如气态氨或氨基(—NH_2)、亚氨基(—NH—)、次氨基(—N—)等;"胺"用来表示氨的烃基衍生物,如甲胺(CH_3NH_2)、乙胺($CH_3CH_2NH_2$)等;而"铵"是用来表示 NH_4^+ 或其中的氢原子被烃基取代后的产物,如卤化铵、季铵盐、季铵碱等。

3. 根据分子中氨基的数目不同,胺还可分为一元胺和多元胺等。例如:

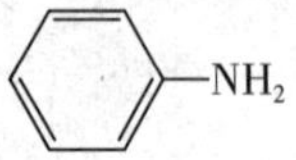

一元胺 $H_2NCH_2CH_2NH_2$

二元胺

二、胺的命名

(一) 简单胺的命名

简单胺的命名采用习惯命名法,根据氮原子所连烃基种类是否相同可分成两类。

1. 氮原子所连烃基种类相同 以胺为母体,烃基作为取代基,称为"某胺"。当氮原子上所连烃基相同时,用中文数字"二"、"三"等表示相同烃基的数目;若所连烃基不同,则按基团的次序规则由小到大写出。例如:

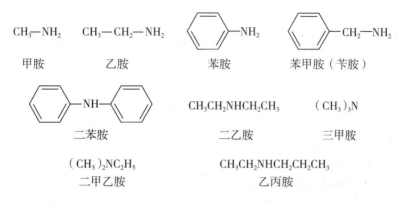

$CH_3—NH_2$ 甲胺

$CH_3—CH_2—NH_2$ 乙胺

苯胺

苯甲胺（苄胺）

二苯胺

$CH_3CH_2NHCH_2CH_3$ 二乙胺

$(CH_3)_3N$ 三甲胺

$(CH_3)_2NC_2H_5$ 二甲乙胺

$CH_3CH_2NHCH_2CH_2CH_3$ 乙丙胺

2. 氮原子所连烃基种类不同　当芳香胺的氮原子上连有脂肪烃基时，以芳香胺为母体，在脂肪烃基的前面冠以字母“*N*－”或“*N*,*N*－二”，表示该脂肪烃基直接连接在氮原子上，而不是连在芳环上。例如：

N–甲基–*N*–乙基苯胺

N,*N*–二甲基苯胺

（二）复杂胺的命名

复杂胺的命名采用系统命名法，以烃基作为母体，氨基作为取代基。例如：

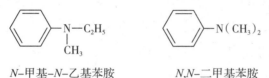

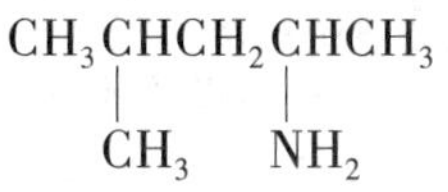

2－甲基－4－氨基戊烷

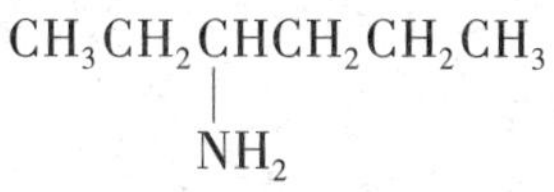

3－氨基己烷

（三）多元胺的命名

与多元醇的命名相似。例如：

$H_2NCH_2CH_2NH_2$ 乙二胺

$H_2N(CH_2)_4NH_2$ 1,4–丁二胺

邻苯二胺

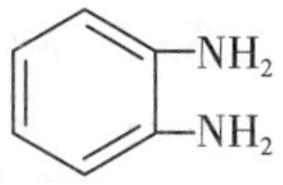

课堂活动

用系统命名法命名下列化合物，并指明各属于伯、仲、叔胺的哪一类？

$(C_2H_5)_3N$

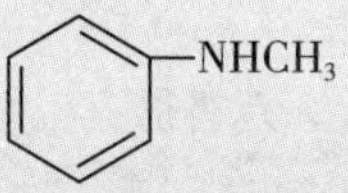

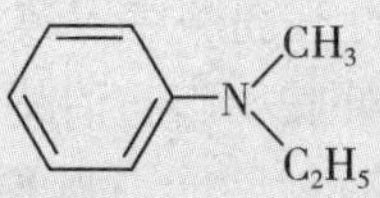

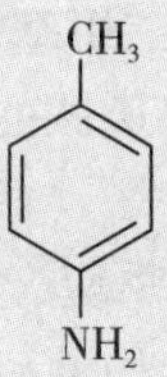

三、胺的性质

脂肪胺中的甲胺、二甲胺、三甲胺等在常温下是气体，其他 6 个碳原子以下的胺是液体，能溶于水。高级脂肪胺是无臭固体，不溶于水，伯胺和仲胺的沸点介于相对分子质量相近的

醇与烷烃之间,叔胺的沸点与相应的烷烃相近。芳香胺是高沸点的无色液体或低熔点的固体,但毒性很大,并能渗入皮肤,因此无论接触皮肤或吸入蒸气都会引起中毒现象。

 知识链接

芳香胺的毒性

芳香胺具有特殊臭味,剧毒,不仅其蒸气可吸入人体,液体也能透过皮肤而被吸收,使用时应注意安全。

就像本章开篇我们提到的苯胺,它为无色透明油状液体,在常温下能强烈挥发,有特殊气味。由于其极易挥发,因而外包装往往被污染。又因为易溶于有机溶剂,所以很容易经皮肤和呼吸道吸收。苯胺不溶于水,因此一旦污染后用水冲洗也不易清除。苯胺的这些特性使其对人体更具伤害性。苯胺是一种用途广泛的工业原料,用于染料、医药、橡胶、塑料、香料等行业,是常见的危险运输物品。由于作业人员对其性质缺乏了解,因而受伤害的事故时有发生。苯胺在有毒有害品中并不是极毒物品,中毒后的反应是渐进状的,恰恰是这一点对人的伤害更甚,等到人们有所察觉时,已经是中毒有一段时间了。毒性在体内一旦积累,因其易溶于油脂中,所以较易于被人体吸收,要治愈的难度也大。

另外,某些芳香胺还具有致癌作用。比如:

$$H_2N-\langle\ \rangle-\langle\ \rangle-NH_2$$

联苯胺

胺与氨结构相似,都含有带孤对电子的氮原子,所以它们的化学性质有相似之处。

(一)碱性

胺能接受水中的氢离子,使水溶液呈碱性,例如:

$$\langle\ \rangle-NH_2 + H_2O \longrightarrow \langle\ \rangle-NH_3^+ + OH^-$$

1. **碱性强弱** 胺的碱性强弱与氮原子上所连基团的结构和数目有关。

脂肪胺中,仲胺的碱性最强,伯胺次之,叔胺最弱,但它们的碱性都比氨强。芳香胺的碱性比氨弱。一些常见的芳香胺的碱性强弱顺序如下:

N,N – 二甲基苯胺 > N – 甲基苯胺 > 苯胺 > 二苯胺 > 三苯胺(接近中性)

综上所述,各类胺的碱性强弱顺序大致为:

脂肪仲胺 > 脂肪伯胺 > 脂肪叔胺 > 氨 > 芳香胺

2. **胺的成盐反应** 胺有碱性,能与强酸中和生成盐。

$$CH_3NH_2 + HCl \longrightarrow CH_3NH_3^+Cl^-(\text{或}CH_3-NH_2 \cdot HCl)$$

甲胺 　　　　　　氯化甲铵 　　(或盐酸甲胺)

$$\langle\ \rangle-NH_2 + HCl \longrightarrow \langle\ \rangle-NH_3^+Cl^-\text{或}(\langle\ \rangle-NH_2 \cdot HCl)$$

苯胺 　　　　　　氯化苯铵 　　　(或盐酸苯胺)

胺与酸形成的盐一般都是有一定熔点的结晶性固体，易溶于水而不溶于非极性溶剂，其水溶液呈酸性。由于胺属于弱碱，一般只能与强酸形成稳定的盐，因此在该盐溶液中加入强碱，胺又能游离出来。利用这一性质可鉴别、分离和提纯胺。

$$\text{—NH}_3^+\text{Cl}^- + \text{NaOH} \longrightarrow \text{—NH}_2 + \text{NaCl} + \text{H}_2\text{O}$$

 知识链接

麻醉药普鲁卡因

在制药过程中，常常把难溶于水的含有氨基、亚氨基或次氨基的药物变成可溶性的盐，以供药用。例如局部麻醉药普鲁卡因在水中的溶解度小，所以把它制成普鲁卡因盐酸盐，易溶于水，便于制成注射液。

$$\text{H}_2\text{N}\text{—}\text{—COOCH}_2\text{CH}_2\text{N}\begin{matrix}\text{C}_2\text{H}_5\\ \\\text{C}_2\text{H}_5\end{matrix} \cdot \text{HCl}$$

（二）酰化反应

伯胺或仲胺均能跟酰卤（RCOX）或酸酐（R_1COOCR$_2$）作用生成酰胺，此反应称为**酰化反应**。提供酰基的试剂被称为**酰化剂**。反应时，氨基氮原子上的氢原子被酰基取代，使胺分子中引入一个酰基，生成酰胺。伯胺、仲胺的氮原子上都有氢原子，所以伯胺、仲胺可以发生酰化反应；叔胺因氮原子上无氢原子，不能发生此类反应。例如：

$$\text{CH}_3\text{—NH}_2 + \text{CH}_3\text{—}\overset{O}{\overset{\|}{\text{C}}}\text{—O—}\overset{O}{\overset{\|}{\text{C}}}\text{—CH}_3 \longrightarrow \text{CH}_3\text{—}\overset{H}{\overset{|}{\text{N}}}\text{—}\overset{O}{\overset{\|}{\text{C}}}\text{—CH}_3 + \text{CH}_3\text{—}\overset{O}{\overset{\|}{\text{C}}}\text{—OH}$$

甲胺　　　　　　　乙酐　　　　　　　　乙酰甲胺　　　　　　乙酸

$$\text{CH}_3\text{—}\overset{O}{\overset{\|}{\text{C}}}\text{—Cl} + \text{H—N—}\text{} \longrightarrow \text{CH}_3\text{—}\overset{O}{\overset{\|}{\text{C}}}\text{—NH—}\text{} + \text{HCl}$$

乙酰氯　　　　　　苯胺　　　　　　乙酰苯胺（退热冰）

大多数胺是液体，经酰化后生成的酰胺是具有一定熔点的固体，而且比较稳定，在强酸或强碱的水溶液中加热易水解生成原来的胺。因此酰化反应常用于胺类的分离、提纯和鉴定。另外，此反应在有机合成上还常用来保护芳环上活泼的氨基，使其在反应过程中免被破坏。

 学以致用

工作场景：

邻居家的小孩才 3 岁，最近有点感冒发热，家人准备去买点药，但是在买什么药上面有了争执。奶奶说：XX 牌的感冒药好；妈妈说：YY 牌的感冒药好。其实，如果稍有医学常识，我们就会知道这两种药的主要有效成分是一样的，都是对乙酰氨基酚。

知识运用：

现在用的很多感冒药中都含有能解热镇痛的有效成分——对乙酰氨基酚。1875年，研究人员发现苯胺有很强的解热作用，但对中枢神经系统毒性大，无药用价值。后来研究发现，对氨基酚分子中引入酰基制得的对乙酰氨基酚有很好的解热镇痛作用。酰化反应用于药物的合成和结构修饰，可降低毒性，提高药效。

$$HO-\!\!\!\!\bigcirc\!\!\!\!-NH-\overset{\overset{O}{\|}}{C}-CH_3$$

对乙酰氨基酚（或对羟基乙酰苯胺）

因此，奶奶和妈妈所提到的这两种感冒药其实它们的有效成分是一样的。但是，由于人的个体差异以及感冒也有多种原因引起，还是应该到医院让医生检查一下，再确定选择何种感冒药。

（三）与亚硝酸反应

胺易与亚硝酸反应。不同的胺与亚硝酸反应，各有不同的反应产物和现象。该反应可以用来鉴别伯胺、仲胺和叔胺。亚硝酸不稳定，只能在反应过程中由亚硝酸钠与盐酸作用产生。

1. 伯胺　脂肪伯胺与亚硝酸的反应是先生成重氮盐，但不稳定，在低温（0～5℃）也立刻分解，定量地放出氮气。

$$RCH_2NH_2 \xrightarrow[0\sim5℃]{NaNO_2,HCl} [RCH_2\overset{+}{N}\!\equiv\!NCl^-] \longrightarrow N_2\uparrow + RCH_2OH$$

脂肪伯胺　　　　　　　　　脂肪伯胺重氮盐

芳香伯胺与亚硝酸反应，生成较稳定的重氮盐，在0～5℃下不分解，但在室温时分解而放出氮气。例如：

$$\bigcirc\!\!-NH_2 \xrightarrow[0\sim5℃]{NaNO_2,HCl} \bigcirc\!\!-\overset{+}{N}\!\equiv\!NCl^- \xrightarrow{室温} N_2\uparrow + \bigcirc\!\!-OH$$

芳香胺　　　　　　　　　芳香重氮盐

此反应能定量地放出氮气，可用于伯胺的定量测定。

2. 仲胺　脂肪仲胺或芳香仲胺与亚硝酸反应，都生成黄色油状液体或固体 N-亚硝基胺。仲胺氮上氢原子被亚硝基（—NO）取代。例如：

$$(CH_3CH_2)_2NH + HNO_2 \longrightarrow (CH_3CH_2)_2N-N\!=\!O + H_2O$$

二乙胺　　　亚硝酸　　　　　　　　N-亚硝基二乙胺

3. 叔胺　脂肪叔胺与亚硝酸反应生成不稳定的水溶性亚硝酸盐。例如：

$$(CH_3CH_2)_3N + HNO_2 \longrightarrow [(CH_3CH_2)_3NH]^+NO_2^-$$

三乙胺　　　　　　　　　　亚硝酸三乙铵

芳香族叔胺与亚硝酸作用，不生成盐，而是在芳环上引入亚硝基，生成对亚硝基芳叔胺。如对位被其他基团占据，则亚硝基在邻位上取代。例如：

$$(CH_3)_2N\!\!-\!\!\bigcirc\!\!-\! + HNO_2 \longrightarrow (CH_3)_2N\!\!-\!\!\bigcirc\!\!-NO + H_2O$$

N,N-二甲苯胺　　　　　　　　　　对亚硝基-N,N-二甲基苯胺

亚硝基芳叔胺在碱性溶液中呈翠绿色,在酸性溶液中由于互变成醌式盐而呈橘红色。例如:

$$[(CH_3)_2\overset{+}{N}=\!\!\!\!=\!\!\!\!=\!\!\!\!=NOH]Cl^- \xrightleftharpoons[H^+]{OH^-} (CH_3)_2N-\!\!\!\!-\!\!\!\!-NO$$

橘红色　　　　　　　　　　　　翠绿色

根据亚硝酸与脂肪族和芳香族伯、仲、叔胺反应现象的不同,可以鉴别不同的胺。

亚硝基胺是强致癌物质,食品添加剂亚硝酸钠在体内可转化为亚硝基胺。因此,国家标准对亚硝酸钠进行了严格的限量规定,以保障人们的身体健康。

(四)芳环上的取代反应

氨基是很强的邻、对位定位基,在邻、对位上容易发生取代反应。

苯胺在水溶液中与溴水的反应很灵敏,可溴化生成 2,4,6 – 三溴苯胺的白色沉淀,与苯酚相似,此反应可用于苯胺的定性鉴别和定量分析。

$$\text{(苯胺)} + 3Br_2 \longrightarrow \text{(2,4,6-三溴苯胺)} + 3HBr$$

2,4,6–三溴苯胺(白色)

知识链接

磺胺类药物

磺胺类药物的基本结构是对氨基苯磺酰胺,简称磺胺。结构式如下:

$$H_2N-\!\!\!\!-\!\!\!\!-SO_2NH_2$$

磺胺类药物是一类用于预防和治疗细菌感染性疾病的化学治疗药物。它为人工合成的抗菌药,在化学治疗史上占有很重要的地位。1935 年正式应用于临床,有效地控制了当时严重危害人类健康的肺炎、脑膜炎、败血症等疾病。磺胺类药物在抗生素出现后其重要性虽有所降低,但因其具有较广的抗菌谱,而且疗效确切、性质稳定、使用简便、价格便宜、便于长期保存、可以口服、吸收迅速等优点,特别是许多长效高效磺胺类药及增效剂等的出现,为磺胺药的临床应用开辟了新的广阔的前景。所以目前仍是仅次于抗生素的一大类重要药物。常见的磺胺类药物有:磺胺嘧啶、磺胺甲噁唑(新诺明)、菌特灵、增效磺胺、复方新诺明等。

(五)伯胺与醛或酮的反应

伯胺能与醛或酮发生加成反应,继而发生脱水,形成含有碳氮双键的化合物,这类化合物称为**席夫碱**。例如:

$$\text{(苯胺)}-NH_2 + H-\!\!\overset{O}{\underset{}{C}}-\text{(苯)} \longrightarrow \text{(苯)}-\overset{H}{\underset{H}{N}}-\overset{OH}{\underset{}{C}}-\text{(苯)} \xrightarrow{-H_2O} \text{(苯)}-N=\overset{}{\underset{H}{C}}-\text{(苯)}$$

由于某些席夫碱具有特殊的生理活性,近年来越来越引起医药界的重视。据报道,氨基酸类、缩氨脲类、缩胺类、杂环类、腙类席夫碱及其应用的配合物具有抑菌、杀菌、抗肿瘤、抗病毒等独特药用效果。

案例分析

案例:

1986 年出生的张某,年纪轻轻不务正业,后来跟朋友吸食冰毒,染上毒瘾。由于没钱买毒品,他租用别人家的车库,制造出了冰毒,不但供自己吸食,还卖给别人从中牟利。近日,他因制毒贩毒被公安机关依法逮捕。那冰毒到底是什么呢?

分析:

冰毒即 N – 甲基苯异丙胺,又称甲基安非他明、去氧麻黄素,是一种无味或略有苦味的透明晶体,形状像冰糖或冰,所以称为"冰毒",属于严禁的毒品。它对人的心、肺、肾及神经系统有严重的损害作用,吸食或注射超过 0.2g 即致死,成瘾性强,吸食后会产生严重的依赖性。

$$\text{苯基}-CH_2-CH-CH_3$$
$$\quad\quad\quad\quad NH-CH_3$$

N – 甲基苯异丙胺

四、季铵盐和季铵碱

(一)季铵盐

季铵盐($R_4N^+X^-$)可看做是无机铵盐($R_4N^+X^-$)中的 4 个氢原子都被烃基取代的产物。通式为 $R_4N^+X^-$,其中 4 个烃基可以相同,也可以各不相同;X^- 可以是卤离子,也可以是其他的酸根离子。

季铵盐是结晶性固体,为离子型化合物,具有盐的性质,易溶于水,不溶于非极性溶剂,水溶液能导电。

季铵盐的用途很广,有的是常用的试剂,如阴离子交换树脂、阳离子表面活性剂。在临床上,常用的消毒剂苯扎溴铵(新洁尔灭)和杜米芬是季铵盐。其中新洁尔灭的化学名是溴化二甲基十二烷基苄铵,杜米芬的化学名为溴化二甲基十二烷基–(2 - 苯氧乙基)铵。

$$\left[\text{苯基}-CH_2-\overset{\overset{CH_3}{|}}{\underset{\underset{CH_3}{|}}{N}}-C_{12}H_{25} \right]^+Br^-$$

$$\left[\text{苯基}-O-CH_2-CH_2-\overset{\overset{CH_3}{|}}{\underset{\underset{CH_3}{|}}{N}}-C_{12}H_{25} \right]^+Br^-$$

溴化二甲基十二烷基苄铵(新洁尔灭)　溴化二甲基十二烷基–(2-苯氧乙基)铵(杜米芬)

(二)季铵碱

季铵碱($R_4N^+OH^-$)可看做氢氧化铵($H_4N^+OH^-$)分子中铵根离子(NH_4^+)的 4 个氢原子都被烃基取代的产物。通式为 $R_4N^+OH^-$,其中 4 个烃基可以相同,也可以不同。

季铵碱也是离子化合物,为结晶性固体,溶于水,具有强碱性,其碱性与氢氧化钠、氢氧化钾相当。

季铵碱的名称与季铵盐相似。如：

$$[(CH_3)_4N]^+OH^-$$
氢氧化四甲铵

$$[HOCH_2CH_2N(CH_3)_3]^+OH^-$$
氢氧化三甲基-2-羟基乙铵(胆碱)

点滴积累

1. 简单胺命名根据烃基称为某胺；芳脂胺的命名以芳胺为母体,在脂肪烃基的前面冠以字母"$N-$"或"$N,N-$二"。
2. 碱性强弱顺序:脂肪仲胺>脂肪伯胺>脂肪叔胺>氨>芳香胺。
3. 胺具有碱性,能发生酰化反应、与亚硝酸的反应、生成席夫碱的反应和苯环上的取代反应。

第二节 酰 胺

一、酰胺的结构和命名

(一)酰胺的结构

从结构上看,酰胺可以看成是羧酸分子中羧基上的羟基被氨基($-NH_2$)或烃氨基($-NHR$、$-NR_2$)取代的产物。也可以看作是氨或胺分子中氮原子上的氢原子被酰基取代后生成的化合物。其结构通式为:

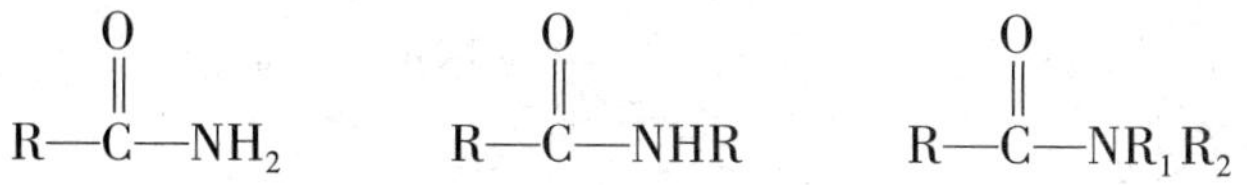

$$\underset{R-C-NH_2}{\overset{O}{\|}} \qquad \underset{R-C-NHR}{\overset{O}{\|}} \qquad \underset{R-C-NR_1R_2}{\overset{O}{\|}}$$

(二)酰胺的命名

酰胺的命名是根据分子中所含有酰基的名称命名,称为某酰胺或某酰某胺。可根据氮原子上是否连有烃基分成两类。

1. 氮原子上没有烃基 这样的酰胺结构简单,直接根据氨基所连的酰基名称来命名。例如:

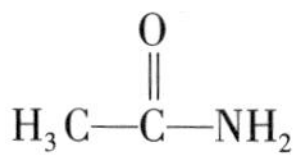

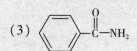

乙酰胺 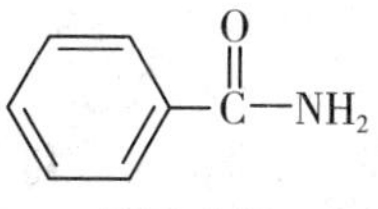   苯甲酰胺

课堂活动

请写出下列化合物的结构简式或给结构式命名:

(1) 乙酰苯胺

(2) $N-$甲基苯甲酰胺

(3) 苯甲酰胺结构式

(4) 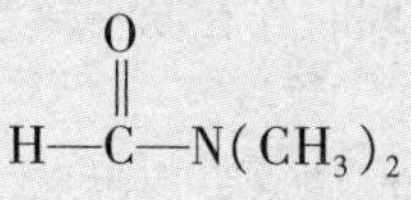 $\underset{H-C-N(CH_3)_2}{\overset{O}{\|}}$

2. 氮原子上连有烃基　酰胺分子中氮原子上的氢原子被烃基取代后生成的取代酰胺命名时,在酰胺前冠以"$N-$"或"$N,N-$二",以表示该烃基是与氮原子直接相连的。例如:

$$H_3C-\overset{\overset{\displaystyle O}{\|}}{C}-NHCH_3 \qquad H-\overset{\overset{\displaystyle O}{\|}}{C}-N(CH_3)_2 \qquad \underset{}{\overset{}{\bigcirc}}-\overset{\overset{\displaystyle O}{\|}}{C}-NHCH_3$$

　　　$N-$甲基乙酰胺　　　　　$N,N-$二甲基甲酰胺　　　　　$N-$甲基苯甲酰胺

二、酰胺的性质

(一) 酰胺的酸碱性

氨是碱性物质,当氨分子中的氢原子被酰基取代后则碱性减弱,酰胺不能使石蕊变色,为近中性化合物,只能与强酸作用生成不稳定的结合物,遇水即完全水解。

(二) 水解

酰胺在酸、碱或酶的作用下可以发生水解,生成羧酸(盐)或铵、胺(氨),加热可以加快水解速度。

$$R-\overset{\overset{\displaystyle O}{\|}}{C}-NH_2 + H_2O \xrightarrow[\triangle]{HCl} RCOOH + NH_4Cl$$

$$R-\overset{\overset{\displaystyle O}{\|}}{C}-NH_2 + H_2O \xrightarrow[\triangle]{NaOH} RCOONa + NH_3\uparrow$$

$$R-\overset{\overset{\displaystyle O}{\|}}{C}-NH_2 + H_2O \xrightarrow{酶} RCOOH + NH_3\uparrow$$

(三) 与次卤酸钠反应

酰胺与次卤酸钠在碱性溶液中反应,可失去羰基生成伯胺,反应后使碳链减少一个碳原子,这类反应称为**霍夫曼降级反应**。利用此反应可制备伯胺。

$$R-\overset{\overset{\displaystyle O}{\|}}{C}-NH_2 + NaOBr \xrightarrow{NaOH} RNH_2 + NaBr + CO_2\uparrow$$

三、尿素

尿素简称脲,又称碳酰二胺,是碳酸的二酰胺。

$$H_2N-\overset{\overset{\displaystyle O}{\|}}{C}-NH_2$$

尿素为白色结晶,熔点 133℃,易溶于水和乙醇,难溶于乙醚。它是蛋白质在人或哺乳动物体内分解代谢的最终产物,成人每天从尿中排泄 25～30g 尿素。尿素具有酰胺的一般性质,但因分子中两个氨基同时连在同一羰基碳上,而具有特殊的性质。

(一) 弱碱性

酰胺为近中性化合物,尿素虽属酰胺类化合物,但其分子中含有两个氨基,其氨基可以和酸作用生成盐,所以尿素具有碱性,是弱碱,其水溶液不能使石蕊试纸变色,能与强酸作用生成盐。例如:在尿素的水溶液中加入浓硝酸,则析出硝酸脲的白色沉淀。

$$H_2N-\overset{\overset{\displaystyle O}{\|}}{C}-NH_2 + HNO_3（浓）\longrightarrow H_2N-\overset{\overset{\displaystyle O}{\|}}{C}-NH_2 \cdot HNO_3 \downarrow$$
硝酸脲

利用这种性质可从尿液中分离尿素。

（二）水解

尿素在化学性质上与酰胺相似,在尿素酶的存在下可发生水解反应,如在酸催化下加热,水解产物为二氧化碳和铵盐。

$$H_2N-\overset{\overset{\displaystyle O}{\|}}{C}-NH_2 + H_2O + 2HCl \overset{\triangle}{\longrightarrow} CO_2 \uparrow + 2NH_4Cl$$

如在碱催化下加热,则水解生成氨气和碳酸盐。

$$H_2N-\overset{\overset{\displaystyle O}{\|}}{C}-NH_2 + 2NaOH \overset{\triangle}{\longrightarrow} Na_2CO_3 + 2NH_3 \uparrow$$

（三）与亚硝酸反应

尿素分子中含有两个氨基,与伯胺一样可与亚硝酸反应,放出氮气,并生成碳酸。

$$H_2N-\overset{\overset{\displaystyle O}{\|}}{C}-NH_2 + 2HNO_2 \longrightarrow [HO-\overset{\overset{\displaystyle O}{\|}}{C}-OH] + 2N_2 \uparrow + 2H_2O$$
$$\longrightarrow CO_2 \uparrow + H_2O$$

通过测定放出氮气的体积,便可以定量地测定尿素的含量,**这是测定尿素含量常用的方法之一**。利用这个反应也可以破坏和除去亚硝酸。

（四）缩二脲的生成及缩二脲反应

将尿素加热至 150～160℃,两分子尿素失去一分子氨,缩合生成缩二脲。其反应式如下:

$$H_2N-\overset{\overset{\displaystyle O}{\|}}{C}\underset{\underline{}}{\overline{\,NH_2\,}} + \underline{\,H\,}\,HN-\overset{\overset{\displaystyle O}{\|}}{C}-NH_2 \longrightarrow H_2N-\overset{\overset{\displaystyle O}{\|}}{C}-NH-\overset{\overset{\displaystyle O}{\|}}{C}-NH_2 + NH_3 \uparrow$$
缩二脲

缩二脲为无色结晶,熔点190℃,难溶于水,易溶于碱溶液。在缩二脲的碱性溶液中加入少量硫酸铜溶液,即呈紫色或紫红色,**这个颜色反应称为缩二脲反应**。不仅缩二脲能发生此反应,凡分子中含有两个或两个以上酰胺键($-\overset{\overset{\displaystyle O}{\|}}{C}-\overset{\overset{\displaystyle H}{|}}{N}-$)结构的化合物(如多肽和蛋白质)都能发生缩二脲反应。

点滴积累

1. 酰胺氮原子上如没有烃基则称为某酰胺;氮原子上如连有烃基,以酰胺为母体,在烃基前冠以字母"$N-$"或"$N,N-$二",作为取代基。
2. 酰胺近中性,能发生水解反应和霍夫曼降级反应。
3. 尿素有弱碱性,能发生水解反应、与亚硝酸反应、缩二脲的生成及缩二脲反应。

第三节 重氮和偶氮化合物

重氮和偶氮化合物都含有—N≡N—官能团。当官能团的一端与烃基相连,另一端与其他非碳原子或原子团相连时,称为重氮化合物,其中的官能团—$\overset{+}{N}$≡N 称为**重氮基**;当官能团的两边都分别与烃基相连时,称为偶氮化合物,其中的官能团—N≡N—称为**偶氮基**。

重氮化合物的命名一般顺序为:非碳原子基团 + 重氮 + 烃基,例如:

CH_2N_2

重氮甲烷   氯化重氮苯   氢氧化重氮苯

偶氮化合物的命名一般顺序为将"偶氮"做词头放在偶氮基两端的烃基名称前,例如:

H_3C—N≡N—CH_3

偶氮甲烷   偶氮苯

对二甲氨基偶氮苯

一、重氮盐的生成

在低温和强酸性水溶液中,芳香伯胺与亚硝酸作用生成重氮盐的反应称为**重氮化反应**。例如:

$$\text{—}NH_2 \xrightarrow[0\sim5℃]{NaNO_2,HCl} \text{—}\overset{+}{N}≡NCl^- + NaCl + H_2O$$

在进行重氮化反应时,一般是先将芳香伯胺溶于强酸溶液中(常用的是盐酸或硫酸)。将溶液冷却至 0～5℃,然后将冷的亚硝酸钠溶液慢慢加入。亚硝酸钠与酸作用,生成亚硝酸,立刻和胺发生重氮化反应。用淀粉碘化钾试纸检验过量的亚硝酸,以确定反应终点。生成的重氮盐不需分离,可以在原溶液中进行下一步反应。重氮化反应时,要不断搅拌,且酸的用量要稍微过量,以便防止尚未起反应的胺与生成的重氮盐发生反应。亚硝酸也不能太过量,否则会影响下一步的反应。

二、重氮盐的性质

重氮盐是离子型化合物,具有盐的性质。纯净的重氮盐是白色固体,溶于水,不溶于有机溶剂。干燥的重氮盐很不稳定,在空气中颜色迅速变深,受热或震动会引起爆炸。重氮盐水溶液在低温下较稳定,所以制成的重氮盐宜在反应液中不经分离而尽快使用。

重氮盐的化学性质很活泼,可发生许多反应,主要可分成放氮反应和不放氮反应两大类。

(一)放氮反应

重氮盐分子中的重氮基在不同条件下可被卤素、氰基、羟基、氢原子等取代,同时放出氮气,称为**放氮反应**,又可以称为**取代反应**。该反应把一些本来难以引入芳环的基团通过这种

反应方便地连接到芳环上,能合成许多有用的有机化合物。例如:

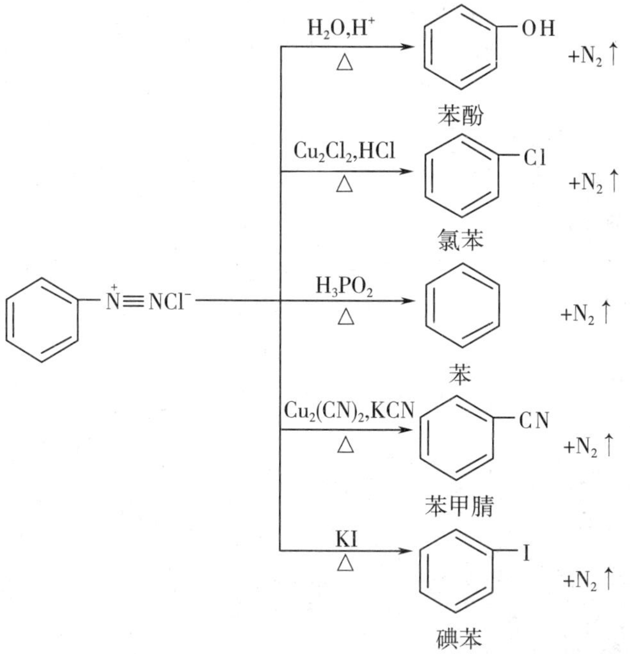

$$\text{H}_2\text{O,H}^+,\triangle \longrightarrow \text{苯酚} \quad +\text{N}_2\uparrow$$

$$\text{Cu}_2\text{Cl}_2,\text{HCl},\triangle \longrightarrow \text{氯苯} \quad +\text{N}_2\uparrow$$

$$\text{H}_3\text{PO}_2,\triangle \longrightarrow \text{苯} \quad +\text{N}_2\uparrow$$

$$\text{Cu}_2(\text{CN})_2,\text{KCN},\triangle \longrightarrow \text{苯甲腈} \quad +\text{N}_2\uparrow$$

$$\text{KI},\triangle \longrightarrow \text{碘苯} \quad +\text{N}_2\uparrow$$

(二)不放氮反应

重氮盐在低温下与酚或芳胺作用,生成有颜色的偶氮化合物,该反应没有氮气生成,称为**不放氮反应**,又可以称为**偶合反应**。偶合的位置一般发生在羟基或氨基的对位上。偶合的条件有所不同,如果是和酚类偶合,在弱碱性介质中进行较适宜;如果是和芳胺偶合,则在中性或弱酸性介质中进行较适宜。例如:

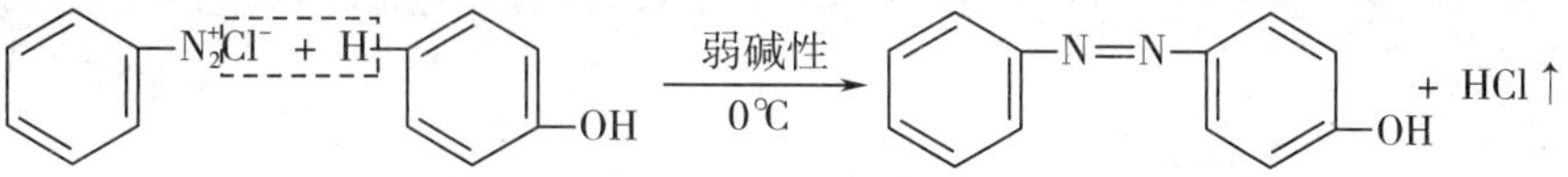

对-羟基偶氮苯(橘黄色)

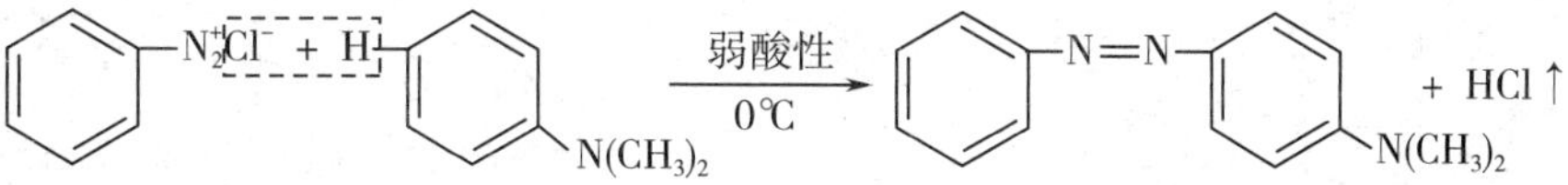

对-N,N-二甲基偶氮苯(黄色)

偶合反应是制造偶氮染料的重要反应。在药物分析中,芳香第一胺类伯胺药物的鉴别反应即是重氮化-偶合反应。凡是药物分子中有芳香第一氨基,在酸性溶液中可以与亚硝酸钠进行重氮化反应,其生成的重氮盐与碱性 β-萘酚偶合,生成有颜色的偶氮染料。例如:

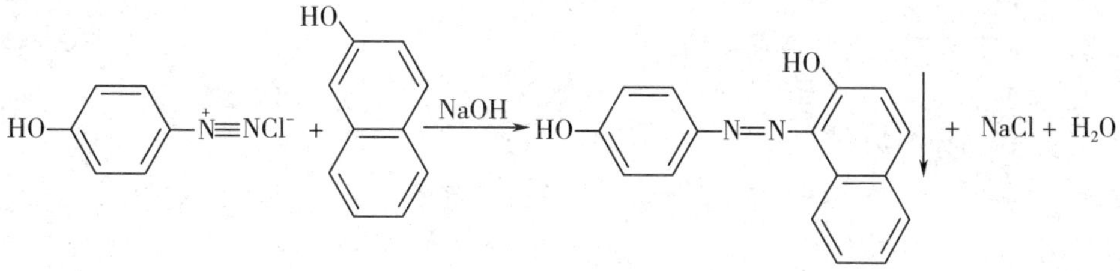

三、偶氮化合物

自然界中的物质之所以呈现颜色,是因为物质都能吸收一定波长的光,而吸收光的波长与物质的分子结构有关。偶氮化合物是有色的固体物质,虽然分子中有氨基等亲水基团,但分子量较大,一般不溶或难溶于水,而溶于有机溶剂。

有的偶氮化合物能牢固地附着在纤维品上,耐洗耐晒,经久而不褪色,可以作为染料,称为偶氮染料。有的偶氮化合物能随着溶液的 pH 改变而灵敏地变色,可以作为酸碱指示剂。有的可以凝固蛋白质,能杀菌消毒而用于医药工作中。有的能使细菌着色,作为染料用于组织切片的染色剂。例如:

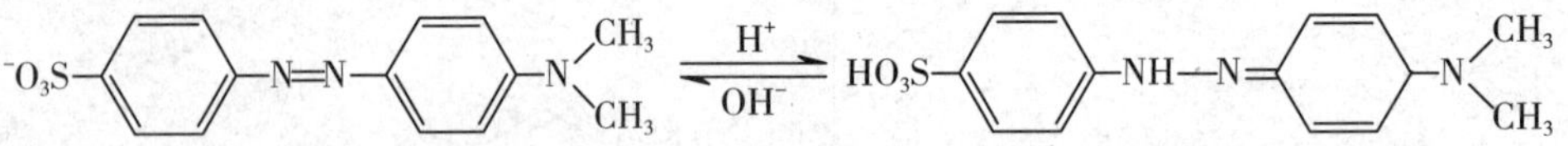

甲基橙 pH>4.4(黄色)　　　　　　　　　　　　　甲基橙 pH<3.1(红色)

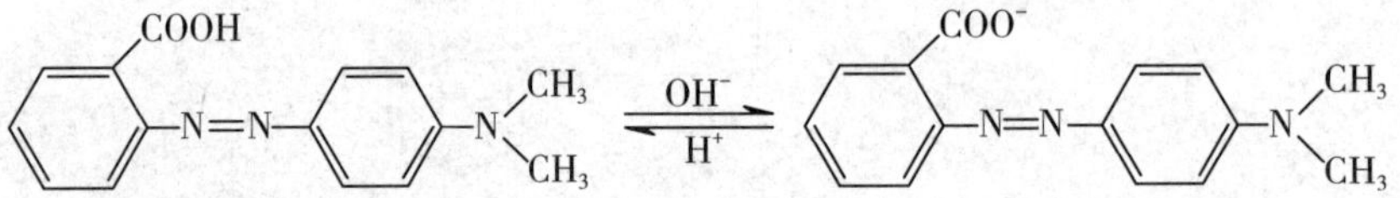

甲基红 pH>6.2(黄色)　　　　　　　　　　　　甲基红 pH<6.2(红色)

点滴积累

1. 重氮化反应是在低温和强酸性水溶液中,芳香伯胺与亚硝酸发生反应。
2. 重氮盐的性质活泼,主要可以分成放氮反应和不放氮反应两类。
3. 偶氮化合物是一类有色的固体物质,有的能随溶液 pH 改变而灵敏地变色,可以作为酸碱指示剂。

目标检测

一、选择题

(一)单项选择题

1. 下列物质不能与溴水反应的是(　　　)
    A. 乙烯　　　　　　　B. 苯酚　　　　　　　C. 乙醚　　　　　　　D. 苯胺

2. 下列属于伯胺的是(　　　)
    A. 乙胺　　　　　　　B. 二乙胺　　　　　　C. 三乙胺　　　　　　D. N－乙基苯胺

3. 下列化合物不能发生酰化反应的是(　　　)
    A. 甲胺　　　　　　　B. 二甲胺　　　　　　C. 三甲胺　　　　　　D. N－乙基苯胺

4. 能与苯胺反应生成白色沉淀的是(　　　)
    A. 盐酸　　　　　　　B. 溴水　　　　　　　C. 乙酰氯　　　　　　D. 亚硝酸

5. 甲胺的官能团是(　　　)
    A. 甲基　　　　　　　B. 氨基　　　　　　　C. 亚氨基　　　　　　D. 次氨基

6. 下列化合物能与溴水反应生成白色沉淀的是(　　　)

A. 脂肪族伯胺　　　B. 脂肪族仲胺　　　C. 脂肪族叔胺　　　D. 苯胺

7. 命名为（　　　）

A. 2 - 硝基丁烷　　　　　　　　　　B. 1 - 甲基 - 4 - 硝基萘

C. 对硝基甲苯　　　　　　　　　　D. 苯胺

8. 对于苯胺的叙述不正确的是（　　　）

A. 有剧毒　　　　　　　　　　　　B. 可发生取代反应

C. 是合成磺胺类药物的原料　　　　D. 可与氢氧化钠成盐

9. 重氮盐的放氮反应不能合成的有机物是（　　　）

A. 苯酚　　　　B. 氯苯　　　　C. 苯　　　　D. 苯甲醛

10. 重氮盐与芳胺发生偶合反应，需要提供的介质是（　　　）

A. 强酸性　　　B. 弱酸性　　　C. 强碱性　　　D. 弱碱性

（二）多项选择题

1. 脂肪伯胺的性质是（　　　）

A. 酸性　　　　　　　　B. 酰化反应　　　　　　　C. 水解反应

D. 碱性　　　　　　　　E. 与亚硝酸反应

2. 能与溴水反应产生白色沉淀的物质是（　　　）

A. 乙烯　　　B. 乙炔　　　C. 苯胺　　　D. 苯酚　　　E. 乙烷

3. 能和苯胺反应的物质是（　　　）

A. 乙醇　　　B. 溴水　　　C. 盐酸　　　D. 氢氧化钠　E. 亚硝酸

4. 有毒性且能发生酰化反应的物质是（　　　）

A. 三甲胺　　　B. 甲胺　　　C. 苯胺　　　D. 甲乙丙胺　E. 尿素

5. 下列对人体有毒害的物质是（　　　）

A. 氮气　　　B. 乙酸乙酯　　　C. 苯胺　　　D. 二乙胺　　　E. 甲醛

二、填空题

1. 酰胺分子中虽有氨基，但在水溶液中不显_____，而近于_____。

2. 凡含有_____结构的物质均可发生缩二脲反应。

3. 酰胺可以看成是羧酸分子中羧基上的羟基被_____或_____取代的产物。也可以看作是_____或_____分子中氮原子上的氢原子被_____取代后生成的化合物。

4. 伯胺和仲胺都能与乙酰氯或乙酸酐作用生成_____，由于叔胺的氮原子上没有氢原子，不能发生_____反应。

5. 芳香伯胺在_____和_____条件下，与亚硝酸作用生成_____的反应称为重氮化反应。

三、简答题

1. 用系统命名法命名下列化合物或写出结构式

（1）$(CH_3)_3N$　　　　　（2）$H_2NCH_2CH_2NH_2$　　　（3）

（4）$[(C_2H_5)_4N]^+OH^-$　（5）乙胺　　　　　　（6）碘化四甲铵

（7）苯胺　　　　　　　　（8）邻甲基苯胺　　　　（9）氯化重氮苯

（10）偶氮苯

2. 完成下列化学反应式

（1）—NH$_2$ + HCl —→

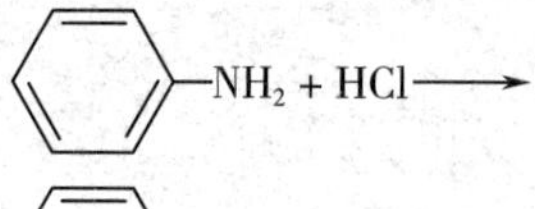

（2）⬡—NH$_2$ + CH$_3$COCl —→

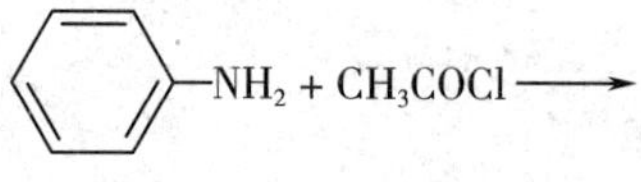

（3）$\overset{O}{\overset{\|}{H_2N-C-NH_2}}$ + HNO$_2$ —→

（4）⬡—NH$_2$ $\xrightarrow[\text{0~5℃}]{\text{NaNO}_2,\text{HCl}}$

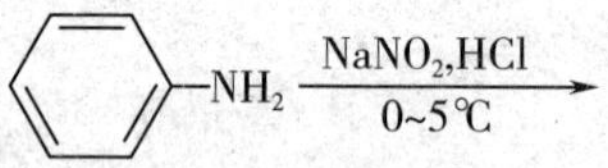

3. 鉴别下列各组物质

（1）苯胺、苯酚、苯甲醛　　（2）甲胺、苯胺、尿素

4. 推测结构

某化合物 A 分子式为 C_6H_7N，具有碱性，使 C_6H_7N 在低温下与亚硝酸钠和盐酸作用生成 $C_6H_5N_2Cl(B)$，B 在室温下不稳定，易分解。试推断化合物 A 和 B 的结构式。

（肖立军）

第二十二章 杂环化合物和生物碱

学习目标

1. 熟悉杂环化合物的结构特点及命名方法。
2. 了解杂环化合物的分类及重要的杂环化合物在医药上的用途。
3. 了解生物碱的性质、生理功能及其在医药上的用途。

导学情景

情景描述：

我们经常会在不同场合见到有人吸烟。大家都知道吸烟有害健康，到底危害如何呢？科学家曾做实验将正常人的肺与吸了 60 支烟后人的肺进行比较，结果发现：正常的肺就像一个粉色的大气球，气管呈健康的淡粉色，而吸烟者的肺看上去却像是蒙上了一层黄灰色的烟雾，气管是阻塞的，而且还呈棕黑色。根据大量的跟踪数据显示：吸烟最容易导致肺气肿和慢性支气管炎，引发长期病症。如果吸烟者在 40 岁左右戒烟，将有可能延长 10 年寿命。因此，为了自身和他人的健康，我们都应该拒绝吸烟。而且，我国已在 2011 年开展了全面禁烟运动，效果明显，吸烟者数目也在日益减少。

学前导语：

烟草烟雾中包含 4000 多种化学物质，其中包括 70 多种致癌化学物质和数百种有毒物质。其中一种有毒物质是尼古丁，能使人上瘾。它属于含氮的杂环化合物。接下来我们就学一学杂环化合物的相关知识。

第一节 杂环化合物

一、杂环化合物的结构、分类和命名

（一）结构

杂环化合物是由碳原子和非碳原子共同组成的具有环状结构的一类有机化合物。环中的非碳原子称为杂原子，常见的杂原子有氧、硫、氮等。例如：

| 呋喃 | 吡咯 | 噻吩 | 吡啶 | 嘌呤 |

（二）分类

根据分子中环的数目不同,杂环化合物可分为单杂环(含一个环)和稠杂环(含多个环)两大类。单杂环又分为五元杂环和六元杂环,稠杂环则可以分为苯并杂环(苯和单杂环稠合而成的)以及杂稠杂环(单杂环稠合而成的)。表22-1列出了常见的五元杂环、六元杂环、稠杂环的基本母核结构和名称。

（三）命名

杂环化合物的命名比较复杂,目前我国主要采用音译法,即根据杂环化合物的英文名称,选用同音汉字,再加上"口"偏旁组成音译名。例如呋喃(Furan)、吡咯(Pyrrole)、嘌呤(Purine)(表22-1)。

表22-1 常见杂环化合物的基本母核结构和名称

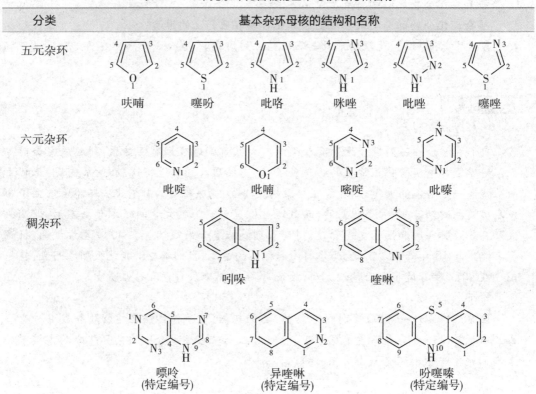

分类	基本杂环母核的结构和名称
五元杂环	呋喃　噻吩　吡咯　咪唑　吡唑　噻唑
六元杂环	吡啶　吡喃　嘧啶　吡嗪
稠杂环	吲哚　喹啉
	嘌呤(特定编号)　异喹啉(特定编号)　吩噻嗪(特定编号)

当杂环上有取代基时,杂环化合物的命名需将杂环母核进行编号,以标明取代基的位置。一般情况下,以杂环为母体,把取代基的位次、数目和名称写在杂环母体名称的前面。

1. 含 1 个杂原子的杂环　一般从杂原子开始,顺环依次用 1、2、3…编号(或与杂原子相邻的碳原子为 α-位,顺次为 β-位、γ-位等)。例如:

2-甲基吡咯（α-甲基吡咯）　2-羟基吡啶（α-羟基吡啶）

2. 含 2 个杂原子的杂环　环上有不同的杂原子时,则按 O、S、NH、N 的顺序编号,并使

这些杂原子位次的数字之和为最小。例如:

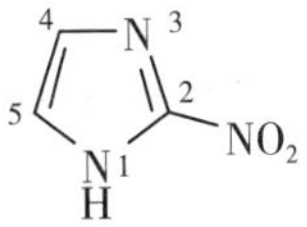

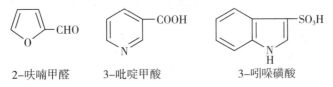

2-硝基咪唑 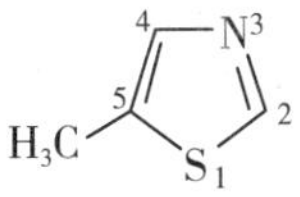　　　　5-甲基噻唑 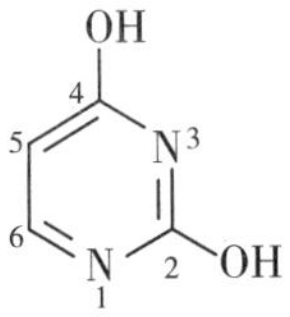　　　　2,4-二羟基嘧啶

3. 有些稠杂环母核有特定编号。例如:

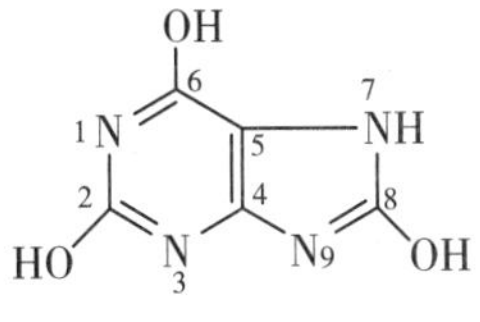

2,6,8-三羟基-7*H*-嘌呤

4. 当杂环上连有—CHO、—COOH、—SO$_3$H、—CONH$_2$ 等基团时,则以醛、羧酸、磺酸、酰胺作为母体,将杂环作为取代基来命名。例如:

2-呋喃甲醛　　　3-吡啶甲酸　　　　3-吲哚磺酸

课堂活动

写出下列杂环化合物的名称

1. 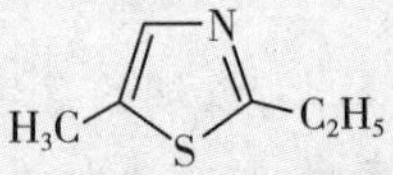　　　　　　　　　　　　　　　2.

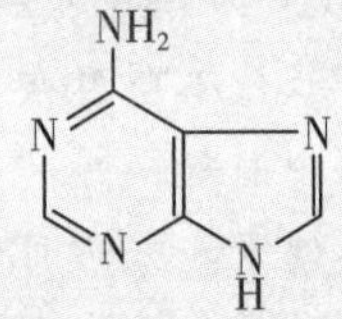

3. 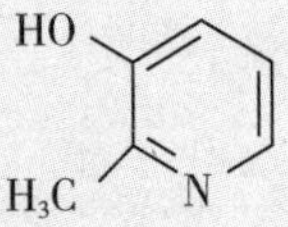　　　　　　　　　　　　　　　4.

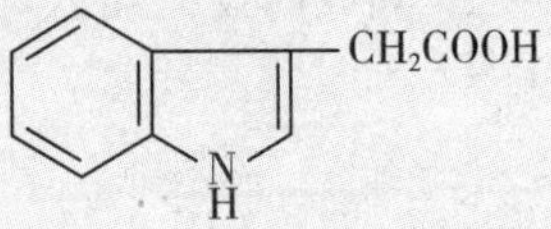

二、常见的杂环化合物

(一)呋喃

呋喃为无色、易挥发、易燃液体,沸点 31.4℃,难溶于水,易溶于乙醇、乙醚等有机溶剂。呋喃有麻醉和弱刺激作用,吸入后可引起头痛、头晕、恶心、呕吐、血压下降、呼吸衰竭。呋喃主要用于制造药物、染料、农药等,是一种重要的有机工业原料。呋喃蒸气遇浸过盐酸的松木片呈绿色,此反应可用来鉴别呋喃。

呋喃衍生物中较为常见的是呋喃甲醛,因为呋喃甲醛可从稻糠、玉米芯、高粱秆等农副产品中所含的多糖中制得,所以又称糠醛。糠醛的化学性质与苯甲醛相似,也能与托伦试剂发生银镜反应。在医药工业上,糠醛是重要的原料,可用于制备呋喃类药物,如呋喃妥因、呋塞米等。

（二）吡咯

吡咯为无色液体，沸点131℃，微溶于水，而易溶于乙醇、乙醚等有机溶剂。吡咯在空气中易氧化，颜色迅速变深。吡咯蒸气或醇溶液遇盐酸浸湿过的松木片呈红色，借此检验吡咯及其低级同系物。

吡咯氮原子上连接的氢原子表现出一定的酸性，能与固体氢氧化钾加热成为钾盐：

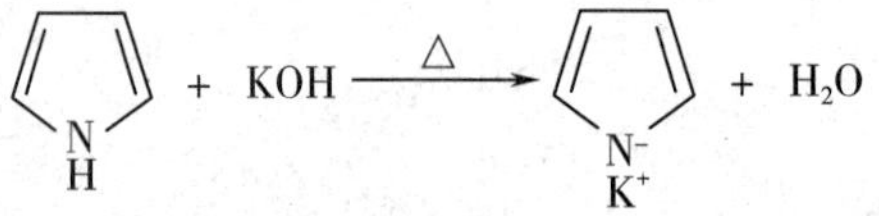

$$\text{吡咯} + KOH \xrightarrow{\triangle} \text{吡咯钾盐} + H_2O$$

吡咯的衍生物广泛存在于自然界，血红素、叶绿素、维生素 B_{12} 及多种生物碱中均含有吡咯环。

 知识链接

吸烟成瘾的物质—尼古丁

香烟中的有害物质有2000多种，最主要的有害物质是烟焦油和一氧化碳，其中的成瘾物质是尼古丁。

尼古丁又名烟碱，学名：1－甲基－2－（3－吡啶基）吡咯烷，它是由两个含氮杂环（即一个吡啶环和一个氢化吡咯环）构成，属吡啶类生物碱，主要存在于烟草中，其结构式为：

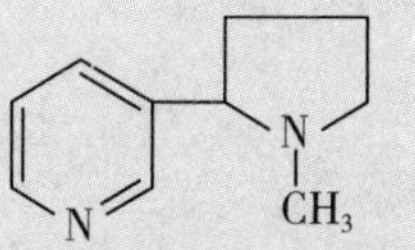

尼古丁毒性极大，少量可使中枢神经系统兴奋，血压升高；过量会抑制中枢神经系统，出现恶心、呕吐、头痛，使心脏麻痹以至死亡。

吸烟过多的人逐渐会引起慢性中毒。吸烟时间越长，烟量越大，吸烟的危害越大。被动吸烟同样危害身体健康。吸烟可诱发多种癌症、心脑血管疾病、呼吸道和消化道疾病等，是造成早亡、病残的最大病因之一。

（三）噻唑

噻唑是无色或淡黄色、有臭味的液体，沸点117℃，微溶于水，可溶于乙醇、乙醚等有机溶剂，具有弱碱性，性质比较稳定，在空气中不会自动氧化。应用广泛的抗菌药物青霉素结构中就含有氢化噻唑环。

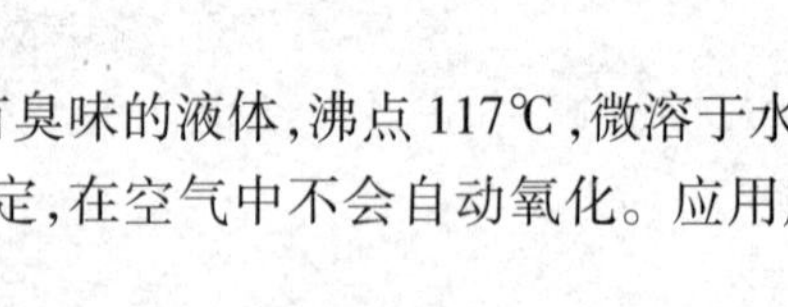

青霉素G

（四）吡啶

吡啶为无色液体，有恶臭，有毒，触及人体易使皮肤灼伤。吡啶的沸点为115.3℃，能与水、乙醇、乙醚等混溶，其本身也可作溶剂，可以溶解各种有极性或无极性的化合物，甚至是无机盐，所以吡啶是一个有广泛应用价值的溶剂。

吡啶中氮原子可以接受质子(H^+)而显弱碱性,与强酸作用生成盐,其碱性比脂肪胺和氨弱,比苯胺略强。

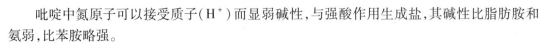

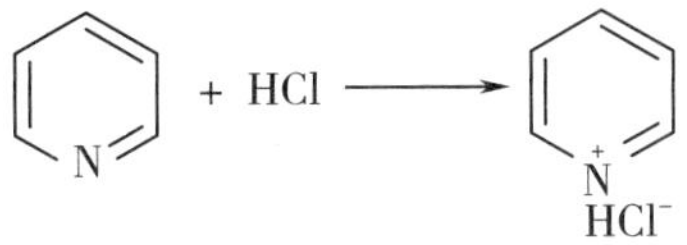

知识链接

药物中常见的吡啶衍生物

药物中常见的吡啶衍生物有烟酸及其衍生物。

烟酸(β-吡啶甲酸)　　　烟酰胺(β-吡啶甲酰胺)

烟酸,又名尼克酸,属于 B 族维生素,烟酸和烟酰胺合称为维生素PP,是人体必需的 13 种维生素之一,能促进细胞的新陈代谢,并有血管扩张作用,临床上主要用于防治癞皮病,也用作血管扩张药,治疗高脂血症等。

异烟酸(γ-吡啶甲酸)是烟酸的同分异构体。异烟酸与水合肼生成的异烟酰肼,简称异烟肼,又名雷米封,是高效、低毒的抗结核药。

异烟酸(γ-吡啶甲酸)　　　异烟酰肼(γ-吡啶甲酰肼)

点滴积累

1. 杂环化合物是由碳原子和非碳原子(氧、硫、氮等)共同组成的具有环状结构的一类有机化合物。
2. 杂环化合物基本母核的命名根据英文名称读音采用音译法。

第二节　生物碱简介

一、生物碱的概念及命名

生物碱是存在于生物体内的一类具有碱性和生理活性的含氮有机化合物。它们主要存在于植物体内,又称为植物碱。生物碱是很多中草药的有效成分。例如:阿片中的镇痛成分吗啡、止咳成分可待因、麻黄的抗哮喘成分麻黄碱、颠茄的解痉成分阿托品、长春花的抗癌成分长春新碱等。

生物碱分子大多数是结构复杂的多环化合物,多数以含氮杂环的形式存在,也有少数是胺类化合物。

生物碱多按其来源命名,如烟碱来源于烟草,麻黄碱来源于麻黄,从喜树中提取的生物碱叫喜树碱。生物碱也可以采用国际通用名称的译音,如烟碱又称为尼古丁。

生物碱多是天然药物的有效成分。例如:麻黄中的麻黄碱,能发汗解表,平喘止咳;黄连中的小檗碱,有清热去火,抗菌消炎的功效。生物碱的研究促进了有机合成药物的发展,例如:研究鸦片中生物碱吗啡的结构,人工合成了许多镇痛药如哌替啶和芬太尼等。

二、生物碱的一般性质

生物碱多为无色或白色固体,少数有色(如小檗碱、蛇根碱显黄色,小檗红碱显红色)或呈液态(如烟碱、毒芹碱、槟榔碱等),一般不溶或难溶于水,能溶于乙醇、氯仿、丙酮等有机溶剂,也可溶于稀酸溶液,大多味苦,少数具有其他的味道(如甜菜碱具有甜味),少数生物碱具挥发性(如麻黄碱、伪麻黄碱等),极少数生物碱具有升华的性质(如咖啡因),大多数生物碱具有旋光性。

(一)碱性

大多数生物碱具有复杂的含氮杂环结构,因而具有碱性,能与酸作用生成盐。生物碱盐易溶于水,遇强碱又可变为难溶于水的生物碱,利用这一性质可提取或精制生物碱。

$$生物碱 \underset{NaOH}{\overset{HCl}{\rightleftharpoons}} 生物碱盐$$
$$(难溶于水) \qquad (易溶于水)$$

临床上使用的生物碱药物,一般都制成生物碱盐,例如:盐酸吗啡、硫酸阿托品、磷酸可待因、盐酸麻黄碱等,生物碱盐有利于机体的吸收。

(二)沉淀反应

大多数生物碱或其盐的水溶液能与一些试剂反应,生成难溶性的盐或配合物而产生沉淀。例如:生物碱与碘化铋钾($KBiI_4$)多生成红棕色沉淀,与碘化汞钾(K_2HgI_4)多生成白色或淡黄色沉淀等。根据沉淀反应可检查某些植物中是否含有生物碱,并利用沉淀的颜色、性状等来鉴别生物碱。

(三)显色反应

有些生物碱与一些试剂反应显现不同的颜色,常用于鉴识某种生物碱。例如:1%钒酸铵的浓硫酸溶液与马钱子碱反应显血红色,与莨菪碱反应显红色,与吗啡反应显棕色,与奎宁反应显浅橙色,与可待因反应显蓝色。钼酸铵-浓硫酸溶液遇乌头碱显黄棕色,遇小檗碱显棕绿色等。常用的生物碱显色试剂有钒酸铵-浓硫酸溶液、钼酸铵-浓硫酸溶液、甲醛-浓硫酸溶液、浓硝酸、浓硫酸等。

 知识链接

重要的生物碱

(一)麻黄碱

麻黄碱俗称麻黄素,主要来源于中药麻黄,是一种不含杂环的生物碱,属仲胺。麻黄碱为无色晶体,易溶于水和有机溶剂。

$$\text{苯} -CH-CH-CH_3$$
$$\qquad\quad | \quad | $$
$$\qquad\quad OH \quad NH-CH_3$$

麻黄碱有兴奋交感神经、升高血压、扩张气管的作用,可用于治疗支气管哮喘、过敏性反应、鼻黏膜肿胀和低血压等。

(二) 小檗碱

小檗碱又称黄连素,是存在于黄连、黄柏中的一种异喹啉类生物碱,其结构为:

游离的小檗碱主要以季铵碱的形式存在,植物中常以盐酸盐的形式存在。小檗碱为黄色晶体,味极苦,能溶于水,难溶于有机溶剂。

小檗碱具有显著的抗菌作用,临床上常用其盐酸盐来抑制痢疾杆菌、链球菌及葡萄球菌,治疗肠炎和细菌性痢疾等。

 点滴积累

1. 生物碱是存在于生物体内的一类具有碱性和生理活性的含氮有机化合物,多按其来源命名。
2. 大多数生物碱具有碱性,还可发生沉淀反应、显色反应等。

目标检测

一、选择题

(一) 单项选择题

1. 下列化合物中属于五元含氮杂环化合物的是( )
   A. 呋喃　　　　　B. 吡咯　　　　　C. 噻吩　　　　　D. 吡啶

2. 青霉素 G 是下列哪种杂环的衍生物( )
   A. 吡咯　　　　　B. 噻唑　　　　　C. 咪唑　　　　　D. 喹啉

3. 烟酸和下列哪种物质合称为维生素 PP( )
   A. 甲酰胺　　　　B. 苯胺　　　　　C. 甲苯　　　　　D. 烟酰胺

4. 下列何种结构为咪唑( )

5. 小檗碱又名( )
   A. 尼古丁　　　　B. 黄连素　　　　C. 麻黄素　　　　D. 尼克酸

6. 生物碱一般不溶于( )
   A. 水　　　　　　B. 乙醚　　　　　C. 氯仿　　　　　D. 丙酮

7. 钒酸铵的浓硫酸溶液与吗啡反应显( )
   A. 蓝色　　　　　B. 绿色　　　　　C. 红色　　　　　D. 棕色

8. 烟碱主要存在于下列哪种物质中( )

    A. 颠茄   B. 黄连   C. 烟草   D. 鸦片

9. 下列哪种生物碱的盐酸盐用于治疗肠炎和细菌性痢疾(　　　)

    A. 烟碱   B. 小檗碱   C. 麻黄碱   D. 莨菪碱

10. 吡咯蒸气遇盐酸浸湿的松木片呈(　　　)

    A. 绿色   B. 黄色   C. 红色   D. 蓝色

(二) 多项选择题

1. 下列化合物属于生物碱的是(　　　)

    A. 麻黄碱   B. 吗啡   C. 吲哚   D. 阿托品   E. 甲胺

2. 下列物质不属于五元杂环化合物的是(　　　)

    A. 嘧啶   B. 喹啉   C. 噻吩   D. 嘌呤   E. 苯

3. 生物碱具备下列哪些性质(　　　)

    A. 碱性   B. 酸性   C. 沉淀反应

    D. 显色反应   E. 氧化性

4. 不属于杂环化合物的是(　　　)

    A. ⬡—OH   B. ⬡—NH₂   C. ⬠=O

    D. 呋喃   E. 吡啶

5. 麻黄碱在治疗上具有下列哪些作用(　　　)

    A. 兴奋交感神经   B. 升高血压   C. 扩张气管

    D. 降低血压   E. 抗菌

二、填空题

1. 在杂环化合物中,常见的杂原子有_____、_____、_____。

2. 当杂环上连有—CHO、—COOH、—SO₃H、—CONH₂ 等基团时,则以 _____、
_____、_____、_____作为母体,将杂环作为取代基来命名。

3. 吡啶中氮原子可以接受_____而显弱碱性,其碱性比脂肪胺和氨_____,比苯胺略
_____。

三、简答题

(一) 命名下列化合物或写出结构简式

1. 　　　　2. 　　　　3.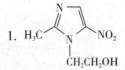

4. 2,4 - 二甲基呋喃   5. 3 - 乙基吡啶   6. 6 - 氨基嘌呤

(二) 下列杂环化合物,含有哪些杂环母核?

1.

    2. 略

    3. 略

(石宝珏)

第二十三章　糖　　类

学习目标

1. 掌握糖的分类、淀粉水解的最终产物、淀粉与碘的反应。
2. 熟悉单糖和双糖的主要化学性质。
3. 了解单糖的结构、各种糖的用途。

导学情景

情景描述：

药剂班的小王放假回家，邻居张大妈是个“糖尿病号”，医生让她每隔一段时间就查一次血糖，并且生病打针也不要用葡萄糖注射液，每顿饭的主食也要限量，张大妈很疑惑。小王告诉她，糖尿病就是由于血液中的葡萄糖过高，因此要避免摄入过多的葡萄糖或能在体内转化为葡萄糖的其他糖分。但也要注意不能摄入糖分过少而导致出现低血糖。

学前导语：

糖的种类很多，有一些相互间可以转化，有一些结构非常相似，下面我们就来学习糖类的知识。

糖类是绿色植物光合作用的产物，广泛分布于自然界，如植物的根、茎、叶、果实中含有的葡萄糖、果糖、蔗糖、淀粉、纤维素、果胶质等。

糖类是由 C、H、O 三种元素按一定比例与结构组成的，大多数糖类化合物中氢、氧原子的个数比是 2∶1，恰如水的组成，可以用通式 $C_n(H_2O)_m$ 来表示，所以糖类最早被称为“碳水化合物”。从化学结构上看，**糖类是多羟基醛、多羟基酮或它们的脱水缩合物**，即糖类化合物分子中的官能团主要有 3 种：羟基（—OH）、醛基（—CHO）或酮基（—CO—）。最简单的糖就是丙醛糖和丙酮糖。其结构式为：

丙醛糖	丙酮糖
CHO │ CHOH │ CH_2OH	CH_2OH │ C=O │ CH_2OH

随着科学的发展，研究人员发现有些糖类化合物如脱氧核糖（$C_5H_{10}O_4$）、鼠李糖（$C_6H_{12}O_5$）分子中氢、氧原子的个数比不是 2∶1，而有些化合物如甲醛（CH_2O）、乙酸（$C_2H_4O_2$）、乳酸

（$C_3H_6O_3$）等虽然分子组成符合通式 $C_n(H_2O)_m$，但不属糖类，因此，碳水化合物这个名称已失去了原来的含义。但因沿用已久，迄今仍然在某些学科中使用。

糖类根据其能否水解及水解产物的不同，可以分为单糖、低聚糖（也称寡糖）和多糖（也称多聚糖）（表 23 - 1）。糖类中很多化合物的名称常根据其来源而用俗名，如来自甘蔗的蔗糖、来自乳汁的乳糖等。

表 23 - 1　糖类化合物的分类

类别	概念	常见的糖	常见糖的化学式
单糖	不能水解的多羟基醛或多羟基酮	葡萄糖、果糖	$C_6H_{12}O_6$
低聚糖	能水解成 2～10 个单糖分子的糖	蔗糖、麦芽糖、乳糖	$C_{12}H_{22}O_{11}$
多糖	能水解成 10 个以上单糖分子的糖	淀粉、纤维素、糖原	$(C_6H_{10}O_5)_n$

 课堂活动

1. 糖类化合物由哪些元素组成？糖类化合物可以分为哪几类？
2. 下面两种化合物具有相同的分子式 $C_3(H_2O)_3$，哪一种是糖类化合物？

$$CH_3-\underset{OH}{CH}-\overset{O}{\overset{\|}{C}}-OH \qquad CH_2-\underset{OH}{CH}-\overset{O}{\overset{\|}{C}}-H$$
$$OH$$

第一节　单　糖

一、常见的单糖

常见的单糖一般是含有 3～6 个碳原子的多羟基醛或多羟基酮。我们通常把多羟基醛称为醛糖，多羟基酮称为酮糖。根据分子中碳原子的数目，单糖又可分为丙糖（三碳糖）、丁糖（四碳糖）、戊糖（五碳糖）、己糖（六碳糖）等。单糖是组成低聚糖和多糖的基本单元。存在于自然界的大多数单糖是戊糖和己糖。单糖种类很多，但与医学关系最为密切的有葡萄糖、果糖、核糖、脱氧核糖等。

（一）葡萄糖

1. 葡萄糖的物理性质、存在形式和用途　葡萄糖为无色或白色结晶粉末，熔点 146℃，易溶于水，难溶于乙醇，有甜味。葡萄糖溶液具有右旋性，所以又称为右旋糖。临床常用的葡萄糖注射液为无色澄清透明液体，性质稳定，在室内常温保存即可。

葡萄糖广泛存在于动植物体中，如葡萄、带甜味的其他水果、蜂蜜等。人和动物的血液中也含有葡萄糖。我们把**人体血液中的葡萄糖称为血糖，正常人在空腹状态下血糖含量为 3.9～6.1mmol/L**。血糖含量是临床医学中诊断疾病的一个重要指标。如果人体血液中葡萄糖浓度过低，就会患低血糖。

知识链接

糖与糖尿病

糖进入人体内代谢为葡萄糖,刺激人体产生胰岛素,从而降低血糖至正常值。但由于多种病因使体内分泌的胰岛素绝对或相对不足,导致血糖过高,继而引起人体一系列的代谢紊乱,称为糖尿病。

葡萄糖是人体的三大营养物质之一,葡萄糖在人体内能直接参与新陈代谢过程。在消化道中,葡萄糖能不经过消化过程而直接被人体吸收,在人体组织中氧化,放出热量,是人体进行生命活动所需能量的主要来源。葡萄糖还是合成维生素 C 和葡萄糖酸钙等药物的原料。

葡萄糖注射液具有解毒、利尿、强心的作用,临床上用于治疗水肿、心肌炎、血糖过低等,50g/L 的葡萄糖注射液是临床上输液常用的等渗溶液。

 案例分析

案例:

有位同学患了急性肠炎,身体虚弱,不能正常饮食,医生一般会给其静脉输液,输液的成分中就含有葡萄糖,这是为什么?

分析:

葡萄糖是生命活动中不可缺少的物质,它在人体内能直接参与新陈代谢过程。在消化道中,葡萄糖比任何其他单糖都容易被吸收,而且吸收后能直接被人体组织利用。葡萄糖在人体内能被氧气氧化为二氧化碳和水,这一反应放出一定的热量,每克葡萄糖被氧化为二氧化碳和水时,释放出 17.1kJ 热量,人和动物所需要能量的 50% 来自葡萄糖,因此,输注葡萄糖注射液是为了给人体提供"能源"。

2. 葡萄糖的结构　葡萄糖的分子式为 $C_6H_{12}O_6$,属于己醛糖,根据其开链式结构,确定葡萄糖学名为 2,3,4,5,6 - 五羟基己醛。

(1) 糖分子的 D、L 构型:单糖分子的开链结构采用 D、L 标记法,并且以甘油醛为标准而定,凡分子中编号最大的手性碳原子上的羟基在右侧的称为 D - 型,在左侧的称为 L - 型。葡萄糖分子中编号最大的手性碳原子即 C_5 上的羟基在右,故为 D 型。D - 葡萄糖的开链式结构为:

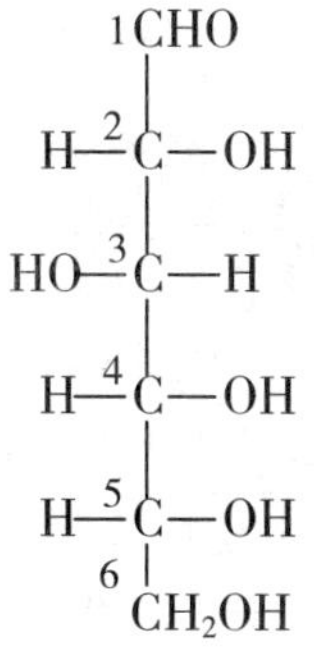

$$
\begin{array}{c}
^1CHO \\
H-^2C-OH \\
HO-^3C-H \\
H-^4C-OH \\
H-^5C-OH \\
^6CH_2OH
\end{array}
\quad 可简写为 \quad
\begin{array}{c}
CHO \\
H-\!\!\!\!-OH \\
HO-\!\!\!\!-H \\
H-\!\!\!\!-OH \\
H-\!\!\!\!-OH \\
CH_2OH
\end{array}
$$

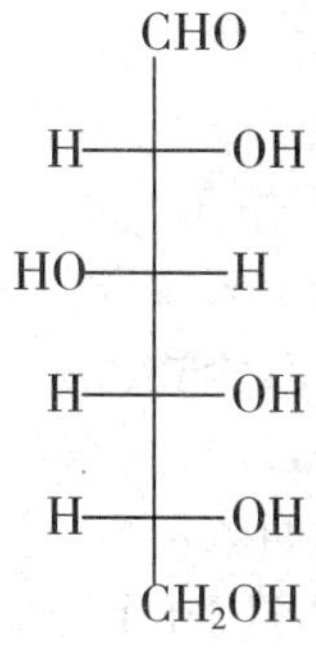

天然存在的单糖一般都是 D 型，如 D - 果糖、D - 核糖等。对于 D 型单糖，本教材以下内容为简明起见不再标注 D - ，如 D - 葡萄糖直接简写为葡萄糖。

（2）葡萄糖的氧环式结构：由于葡萄糖分子中既含有醛基又含有羟基，两者可以发生分子内的缩合反应。醛基一般与 C_5 上的羟基发生反应形成含氧的六元环状半缩醛结构，也叫氧环式结构。糖分子中的半缩醛羟基称为苷羟基。由于 1 位碳上的苷羟基和氢原子在空间有两种排列方式，苷羟基与 C_5 上的羟基处于同侧（右侧）的为 α 型，称为 α - 葡萄糖，处于异侧（左侧）的则为 β 型，称为 β - 葡萄糖。这两种异构体在溶液中可以通过开链式结构互相转变，成为一个平衡体系。由于葡萄糖的环状结构是由一个氧和五个碳形成的六元环，与含氧六元杂环吡喃相似，故称为吡喃型葡萄糖。α - 葡萄糖和 β - 葡萄糖的互变关系如下：

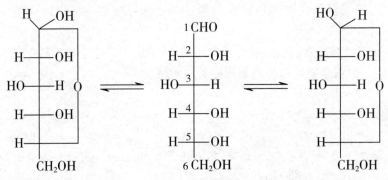

α-葡萄糖（36%）　　　开链式葡萄糖（微量）　　　β-葡萄糖（64%）

（3）葡萄糖的哈沃斯式结构：为了更接近真实地表示葡萄糖分子在空间的环状结构，常写成哈沃斯式。由氧环式结构式改写为哈沃斯式可用下面的方法：先画出含有一个氧原子的六元环，并标出碳原子的编号，其中 1 位碳在右边，4 位碳在左边。1、2、3、4 位碳原子之间的键均用粗线，意为在纸平面之前，5 位碳和氧原子在纸平面之后。连在氧环式碳链左边的原子或原子团（如 2 位和 4 位上的氢原子，3 位上的羟基）写在环平面的上方，连在氧环式碳链右边的原子或原子团（如 2 位和 4 位的羟基、3 位上的氢原子），写在环平面的下方（即左上右下）。

注意：写成哈沃斯式后，5 位碳上的羟甲基写在环平面的上方。氢原子在环平面的下方。在葡萄糖的哈沃斯式中，苷羟基与 C_5 上羟甲基异侧的为 α 型，同侧的为 β 型。

α-葡萄糖　　　　　　　β-葡萄糖

（二）果糖

1. 果糖的物理性质和存在形式　　纯净的果糖是白色晶体。熔点为 102℃，易溶于水。果糖是天然糖中最甜的糖。天然果糖为左旋体，又称左旋糖。

果糖在许多食品中存在，蜂蜜、水果、瓜类以及一些块根块茎类蔬菜，如甜菜、甜土豆、洋葱等含有果糖，其中果糖常以游离态存在于蜂蜜和水果浆汁中，以结合状态存在于蔗糖中。某些植物中含有一种多糖叫菊根粉，是由果糖组成的。动物的前列腺和精液中也含有果糖。

2. 果糖的结构　　**果糖属于己酮糖，分子式为 $C_6H_{12}O_6$，与葡萄糖互为同分异构体**。果糖的开链结构式如下：

$$
\begin{array}{c}
^1CH_2OH \\
| \\
^2C{=}O \\
| \\
HO{-}{}^3C{-}H \\
| \\
H{-}{}^4C{-}OH \\
| \\
H{-}{}^5C{-}OH \\
| \\
^6CH_2OH \\
\text{果糖}
\end{array}
$$

知识拓展

一、果糖的氧环式结构及哈沃斯式结构

果糖分子中的酮基可分别与 C_5 或 C_6 上的羟基作用形成五元环状的呋喃果糖和六元环状的吡喃果糖。通常,游离态的果糖以六元环状半缩酮(吡喃型)形式存在为主(约80%),而结合态果糖则以五元环状半缩酮(呋喃型)形式存在,如蔗糖中的果糖为呋喃环结构。

由于半缩酮苷羟基在空间的排列方式不同,氧环式的呋喃果糖和吡喃果糖同样有 α− 和 β− 两种异构体,其构型的确定与葡萄糖相同。果糖的氧环式结构及哈沃斯式结构如下:

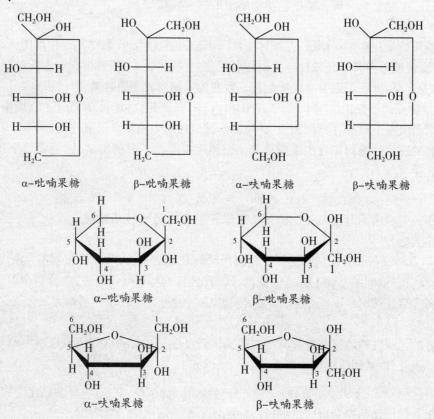

<table>
<tr><td>α−吡喃果糖</td><td>β−吡喃果糖</td><td>α−呋喃果糖</td><td>β−呋喃果糖</td></tr>
</table>

α−吡喃果糖 　　　β−吡喃果糖

α−呋喃果糖 　　　β−呋喃果糖

二、核糖和脱氧核糖

核糖的分子式为 $C_5H_{10}O_5$，脱氧核糖(也称 2 - 脱氧核糖)的分子式为 $C_5H_{10}O_4$，它们都属于戊醛糖。它们的开链式结构如下：

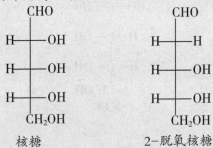

核糖　　　　　　　　2-脱氧核糖

核糖和脱氧核糖是重要的戊醛糖，核糖是核糖核酸(RNA)的重要组成成分，脱氧核糖是脱氧核糖核酸(DNA)的重要组成成分。核糖核酸参与蛋白质和酶的生物合成过程，脱氧核糖核酸是传送遗传密码的要素，因此核糖和脱氧核糖都是生命活动中不可或缺的糖类。它们的氧环式结构及哈沃斯式结构此处不再介绍。

二、单糖的性质

单糖都是结晶，有吸湿性，易溶于水，难溶于乙醇等有机溶剂。单糖有甜味，不同的单糖甜度不同。单糖还具有旋光活性。单糖的主要化学性质如下。

（一）氧化反应

单糖无论是醛糖还是酮糖，在碱性条件下都能被托伦试剂、费林试剂和班氏试剂等弱氧化剂氧化，说明单糖具有还原性。**凡能被弱氧化剂**(托伦试剂、费林试剂和班氏试剂等)**氧化的糖，称为还原性糖，否则为非还原性糖。所有的单糖均为还原性糖。**

1. 银镜反应　托伦试剂中的 $[Ag(NH_3)_2]^+$ 有弱氧化性，能被葡萄糖还原成单质银，附着在玻璃器皿壁上形成光亮的银镜，葡萄糖则被氧化后生成复杂的氧化产物。

所有的还原性糖均能发生银镜反应。银镜反应除用于醛的鉴别外，也常用于还原性糖的鉴别。反应如下：

$$还原性糖 + 托伦试剂 \xrightarrow{\triangle} 银镜(Ag\downarrow) + 复杂氧化产物$$

工业上则利用葡萄糖与托伦试剂反应原理将银均匀地镀在玻璃或瓶胆坯夹层中，制成镜子和热水瓶。

2. 与费林试剂或班氏试剂的反应　班氏试剂是硫酸铜、碳酸钠和柠檬酸钠配成的碱性溶液，是在费林试剂的基础上改进的试剂，试剂比较稳定，不用分甲、乙液分别存放。单糖与费林试剂或班氏试剂的反应相似，都是试剂里 Cu^{2+} 的配离子被单糖还原为氧化亚铜(Cu_2O)砖红色沉淀。

所有的还原性糖均能与费林试剂或班氏试剂反应。与费林试剂或班氏试剂的反应除用于醛的鉴别外，也常用于还原性糖的鉴别。反应如下：

$$还原性糖 + 班氏(或费林)试剂 \xrightarrow{\triangle} 砖红色沉淀(Cu_2O\downarrow) + 复杂氧化产物$$

临床上常用葡萄糖与班氏试剂反应的原理来检验尿液中的葡萄糖。

3. 醛糖与溴水的反应　单糖还可被其他氧化剂氧化成不同的产物。例如，葡萄糖被溴水氧化成葡萄糖酸,而酮糖则不被溴水氧化。因此**可用溴水区分醛糖和酮糖**。

（二）成苷反应

由于单糖多以环状结构存在,其中环状结构的苷羟基比较活泼,能够与另一分子糖或非糖中的羟基、氨基等脱水生成缩醛或缩酮。这种化合物称为糖苷(简称苷)。例如葡萄糖与甲醇在干燥的 HCl 催化作用下,脱去一分子水生成葡萄糖甲苷。

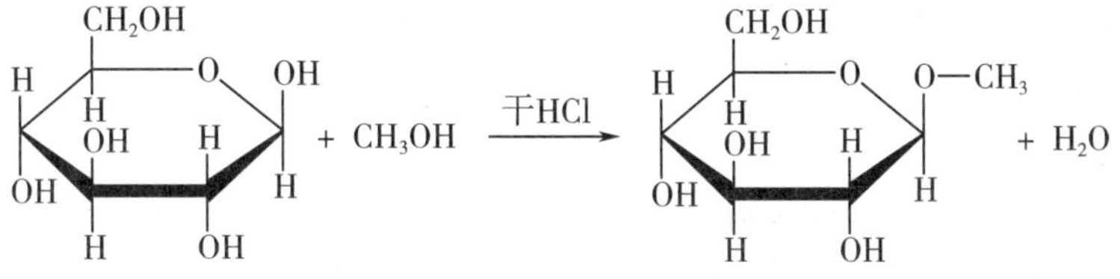

β-葡萄糖　　　　　　　　　　β-葡萄糖甲苷

糖苷是由糖和非糖部分通过苷键连接而成的一类化合物。糖的部分称为糖苷基,非糖部分称为配糖基或苷元,糖苷基和苷元之间由氧原子连接而成的键称为氧苷键(或苷键)。由于糖苷分子中已没有苷羟基,所以糖苷不再具有还原性。

糖苷广泛存在于植物体中,且大多数具有生物活性,是许多中草药的有效成分之一。例如,杏仁中的苦杏仁苷有止咳平喘作用;洋地黄中的洋地黄苷有强心作用。

（三）成酯反应

单糖分子中的半缩醛羟基和醇羟基均能与酸作用生成酯。人体内糖代谢的重要中间产物有葡萄糖和果糖的磷酸酯。人体内果糖能形成磷酸酯,是体内糖代谢的中间产物,在糖代谢过程中占重要地位。

人体内磷酸化试剂是 ATP(三磷酸腺苷),在磷酸激酶催化下进行反应,与磷酸作用生成葡萄糖 – 1 – 磷酸酯、葡萄糖 – 6 – 磷酸酯和葡萄糖 – 1,6 – 二磷酸酯。糖的磷酸酯是体内糖代谢的中间产物。例如:

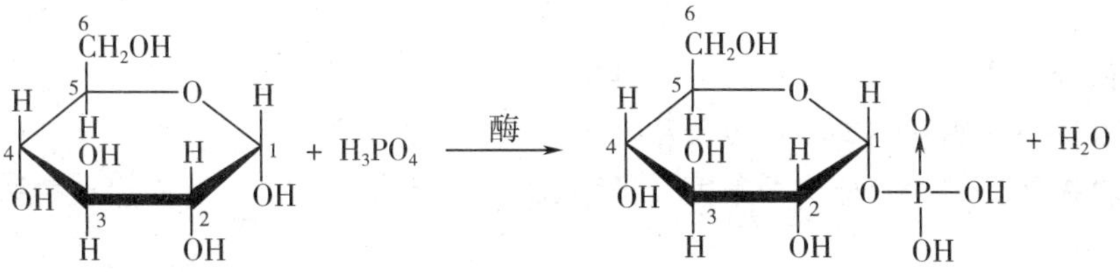

α-葡萄糖　　　　　　　　　　α-葡萄糖–1–磷酸酯

知识链接

果糖注射液

果糖的代谢不依赖胰岛素,进入血液后,即使在无胰岛素的情况下也能迅速转化为肝糖原,参与代谢,所以果糖注射液适用于糖尿病患者。

（四）颜色反应

1. **莫立许反应**　在糖的水溶液中加入莫立许试剂(α – 萘酚的乙醇溶液),然后沿试管壁慢慢加入浓硫酸,在浓硫酸和糖溶液的交界面很快出现紫色环,该反应称为莫立许反应。**所有的糖都能发生莫立许反应,常用于糖类物质的鉴定。**

2. **塞利凡诺夫反应**　在酮糖的溶液中加入塞利凡诺夫试剂(间苯二酚的盐酸溶液),加热,很快出现红色,此反应称为塞利凡诺夫反应。在同样条件下,醛糖反应缓慢,现象不明显。**可用塞利凡诺夫反应区分醛糖和酮糖。**

学以致用

工作场景:

丧失体内自我调节血糖水平的人会得糖尿病,患者的尿液中含有葡萄糖,设想怎样通过患者的尿液去自测是否患有糖尿病?

知识运用:

利用糖的氧化反应自测尿糖。

尿糖的自测只需添置酒精灯一架,玻璃试管、滴管、长柄木夹子及试管刷各一只,一瓶复方硫酸铜溶液(又称班氏试剂),95% 酒精若干。

操作时先用滴管取试剂 20 滴放在试管内,再加 2 滴患者的小便摇匀,用木夹子夹住试管,试管倾斜约 45°,将试管底部放在酒精灯上加热煮沸 1 分钟,冷却后观察试管内液体颜色变化。如仍为蓝色则尿糖阴性,提示尿中无糖分。若绿色则为"+",尿中有微量糖;黄绿色为"+ +";土黄色为"+ + +";红棕色为"+ + + +"。从绿色到红棕色,提示尿糖量从少到多的变化。通过自测,患者可自我调节饮食量,知晓疗效,调整药物剂量。

点滴积累

1. 糖类根据其能否水解及水解产物的不同,可分为单糖、低聚糖和多糖。
2. 常见的单糖一般是含有 3～6 个碳原子的多羟基醛或多羟基酮。
3. 单糖分子的开链结构采用 D、L 标记法,天然存在的单糖一般都是 D 型;环状结构有 α 型和 β 型。
4. 凡能被弱氧化剂(托伦试剂、费林试剂和班氏试剂等)氧化的糖为还原性糖,否则为非还原性糖。所有的单糖均为还原性糖。
5. 所有的糖都可用莫立许试剂鉴定。溴水、塞利凡诺夫试剂可以区分酮糖和醛糖。

第二节 双糖和多糖

一、常见的双糖

能水解生成 2 分子单糖的糖称为双糖(又称二糖)。双糖是低聚糖中最重要的糖,其物理性质类似于单糖,能形成结晶,易溶于水,有甜味,有旋光活性等。**常见的双糖有蔗糖、麦芽糖和乳糖**,三者分子式为 $C_{12}H_{22}O_{11}$,它们互为同分异构体。

(一)蔗糖

蔗糖广泛存在于植物中,甘蔗、甜菜里面就含有大量的蔗糖,蔗糖甜度高于葡萄糖,仅次于果糖,是重要的甜味添加剂;在医药上,蔗糖可用作矫味剂,制成糖浆应用。蔗糖具有渗透作用,高浓度的蔗糖可以抑制细菌生长,所以可用作食品药品的防腐剂。由蔗糖加热生成的褐色焦糖,在饮料(如可乐)和食品(如酱油)中用作着色剂。

蔗糖分子的结构

蔗糖分子是由 1 分子 α-吡喃葡萄糖 1 位碳上的苷羟基与 1 分子 β-呋喃果糖 2 位碳上的苷羟基脱去 1 分子水缩合而成的糖苷。葡萄糖与果糖之间是通过 α-1,2-苷键相结合的。蔗糖分子中已没有游离的苷羟基,蔗糖既可看作是葡萄糖苷,又可看作是果糖苷。蔗糖的哈沃斯式为:

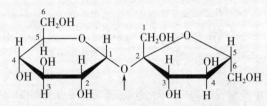

α-吡喃葡萄糖部分 1,2-苷键 β-呋喃果糖部分

蔗糖分子结构

纯净的蔗糖是白色的晶体,易溶于水,具有吸湿性,难溶于乙醇。

蔗糖无还原性,是非还原性糖,不能与托伦试剂、费林试剂、班氏试剂等弱氧化剂作用。在酸或酶的作用下,**1 分子蔗糖能水解生成 1 分子葡萄糖和 1 分子果糖**。

$$C_{12}H_{22}O_{11} + H_2O \xrightarrow{H^+ \text{或酶}} C_6H_{12}O_6 + C_6H_{12}O_6$$

蔗糖　　　　　　　　　　葡萄糖　　　果糖

 知识链接

红糖、白糖、冰糖的异同点及部分功效

红糖、白糖、冰糖都是从甘蔗或甜菜中提取的食糖,都属于蔗糖的范畴,按照含蔗糖的高低排序为:冰糖、白糖和红糖。

红糖(也称赤砂糖或黑糖)是蔗糖和糖蜜的混和物,红糖中除主要成分蔗糖外,还含有一定量的葡萄糖、果糖、糖蜜、微量元素、维生素等营养成分。中医认为红糖营养成分保留较好,性质偏温,具有补中缓肝、和血化瘀、健脾暖胃等功效;如受凉或被雨淋湿后喝碗生姜红糖水可预防感冒,也可以治疗妇女体虚受寒所致的痛经等。

白糖是红糖经洗涤、离心、分蜜、脱光等几道工序制成的。

冰糖则是白糖在一定条件下通过重结晶后形成的。中医认为冰糖能补中益气、和胃润肺、止咳化痰,对肺燥咳嗽、干咳无痰都有很好的辅助治疗作用;如龟甲胶、秋梨膏均加入冰糖作配料。

(二)麦芽糖

麦芽糖主要存在于发芽的谷粒和麦芽中,麦芽糖一般是淀粉在淀粉酶的催化下水解得到的。人细细咀嚼馒头有甜味,就是由于馒头中的淀粉在淀粉酶的作用下发生水解,生成少量麦芽糖的缘故。因此,麦芽糖是淀粉在消化过程中的一个中间产物。麦芽糖可用作糖果

以及细菌的培养基。饴糖就是麦芽糖的粗制品。

知识拓展

麦芽糖分子的结构

麦芽糖分子是由 1 分子 α-吡喃葡萄糖的苷羟基与另 1 分子 α-吡喃葡萄糖中 4 位碳上的醇羟基间脱去 1 分子水缩合而成的糖苷。两个葡萄糖之间通过 α-1,4-苷键相结合,分子中还保留了 1 个苷羟基。其哈沃斯式为:

α-吡喃葡萄糖部分 α-1,4-苷键 吡喃葡萄糖部分

麦芽糖分子结构

纯净的麦芽糖为白色晶体,易溶于水,有甜味,甜味比蔗糖弱,是一种价廉的营养品。

麦芽糖有还原性,是还原性糖,能与托伦试剂、费林试剂或班氏试剂作用,也能发生成苷反应和成酯反应。麦芽糖是淀粉水解的中间产物。在酸或酶的作用下,**1 分子麦芽糖能水解生成两分子葡萄糖**。

$$C_{12}H_{22}O_{11} + H_2O \xrightarrow{H^+ \text{或酶}} 2\ C_6H_{12}O_6$$
　　麦芽糖　　　　　　　　　　葡萄糖

案例分析

案例:

葡萄糖可以口服也可以静脉注射,但是蔗糖、麦芽糖等双糖只能口服而不能静脉注射,这是为什么?

分析:

葡萄糖是不能水解的单糖,它不需要消化可以直接进入细胞内,因此葡萄糖可以口服也可以静脉注射。但蔗糖、麦芽糖等双糖只能口服而不能静脉注射,是因为除单糖外的其他糖类只能经过口服,在消化道内经过消化作用水解成单糖后,才能被细胞吸收利用。

(三)乳糖

乳糖因主要存在于人和哺乳动物的乳汁中而得名,乳糖也是奶酪工业的副产品。纯净的乳糖为白色粉末,在水中的溶解性不大,味不甚甜。乳糖的吸湿性较小,在医药上常用作矫味剂和填充剂,如糖衣片等。

乳糖有还原性,是还原性糖,能与托伦试剂、费林试剂或班氏试剂作用,也能发生成苷反应和成酯反应。在酸或酶的作用下,**1 分子乳糖能水解生成 1 分子半乳糖和 1 分子葡萄糖**。

$$C_{12}H_{22}O_{11} + H_2O \xrightarrow{H^+ \text{或酶}} C_6H_{12}O_6 + C_6H_{12}O_6$$
　　乳糖　　　　　　　　　　半乳糖　　葡萄糖

乳糖分子的结构

乳糖分子是由 1 分子 β-吡喃半乳糖 1 位碳上的苷羟基与另 1 分子吡喃葡萄糖 4 位碳上的醇羟基间脱去 1 分子水缩合而成的糖苷。半乳糖和葡萄糖之间通过 β-1, 4-苷键相结合,分子中还保留了 1 个苷羟基。其哈沃斯式为:

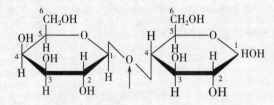

β-吡喃半乳糖部分 β-1,4-苷键 吡喃葡萄糖部分

乳糖分子结构

案例分析

案例:

某些人喝了牛奶会发生腹泻,这是为什么?

分析:

某些人喝了牛奶会发生腹泻,是由于他们体内缺少足够的能分解牛奶中乳糖的乳糖酶所致。乳糖只有水解为单糖后才能够通过小肠壁进入血液,为人体所吸收。如果小肠中没有乳糖酶或者其活力低下,乳糖就不能被水解,而原封不动地进入大肠,并被大肠杆菌代谢,于是就会出现腹泻等不适症状。

二、常见的多糖

多糖是由大量的单糖分子脱水缩合而成的天然高分子化合物,每个多糖分子可水解成许多单糖分子。

常见的多糖有淀粉、糖原、纤维素等,它们都是由很多个葡萄糖单元脱水缩合而成的,可以用通式($C_6H_{10}O_5$)$_n$ 表示(n 的数值各不相同,它们不是同分异构体)。多糖与单糖、双糖不同,无甜味,大多不溶于水,无还原性,属于非还原性糖,不能被托伦试剂、费林试剂、班氏试剂氧化。在酸或酶的作用下,多糖可以逐步水解,最终产物为单糖。

知识链接

多糖的生理功能

多糖具有重要的生理功能,与生命现象密切相关,是动物、植物、微生物体的重要组成成分,一些多糖,如淀粉、糖原还作为能量贮存在生物体内。蛋白多糖是组织间质及各种黏液的重要成分。此外,许多酶、激素的作用也与其中所含的多糖有关。一些不溶性多糖,如植物的纤维素和动物的甲壳素,则构成植物和动物的骨架。还有一些多糖如黏多糖、血型物质等,具有复杂多样的生理功能,在生物体内起着重要的作用。

（一）淀粉

淀粉是无臭无味的白色粉状物，是绿色植物光合作用的产物，是植物贮存营养物质的一种形式，主要存在于植物的种子、块根、块茎等部位。

淀粉除作为人类的主食外，还是生产葡萄糖等药物的原料，也是酿制食醋、酒的原料，在药物制剂中用作赋形剂。

天然淀粉由直链淀粉（又称可溶性淀粉）和支链淀粉（又称胶体淀粉）组成。例如，玉米淀粉中直链淀粉占27%，其余为支链淀粉；而糯米几乎100%是支链淀粉。有些豆类淀粉全是直链淀粉，直链淀粉比支链淀粉容易消化。

知识链接

含有淀粉的食物

含有淀粉的食物有粮食类，如小麦、大米、小米、玉米、红薯、豆类等；蔬菜类，如土豆、芋头、蚕豆、百合、莲藕、南瓜、山药等；果类，如荸荠、栗子等。不同食物中淀粉含量不同，淀粉在大米中的含量为75%～80%，在小麦中的含量为65%～70%，在玉米中的含量约为65%，在土豆中的含量为20%～25%。

淀粉是由许多α-葡萄糖分子间脱水缩合而形成的多糖。如以小圆圈表示葡萄糖单元，直链淀粉和支链淀粉的结构如图23-1、图23-2所示。

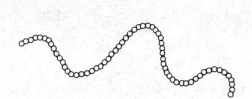
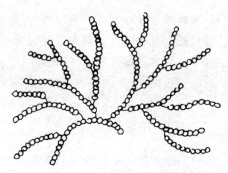

图23-1　直链淀粉结构示意图　　　　图23-2　支链淀粉结构示意图

知识拓展

直链淀粉分子内通过氢键相互作用，长链卷曲成螺旋状，每圈约含6个葡萄糖单位，中间的空穴恰能容纳碘分子，故遇碘生成蓝色复合物。反应非常灵敏，加热至70℃以上时，由于形成螺旋结构的氢键被破坏，淀粉分子伸展，蓝色消失。冷却后蓝色可复现。淀粉-碘复合物结构如图23-3所示。

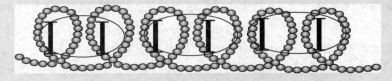

图23-3　淀粉-碘复合物结构示意图

天然淀粉是直链淀粉和支链淀粉的混合物。**直链淀粉遇碘分子显蓝色**,淀粉遇碘离子(如碘化钾)不显色,我们常利用淀粉和碘化钾组成的混合液作为氧化还原反应一类滴定的指示剂,或用碘证实淀粉的存在。**支链淀粉遇碘分子显紫至紫红色。**

淀粉在酸或酶作用下水解,首先生成糊精,继续水解得到麦芽糖,**淀粉水解最终产物是葡萄糖**。

$$(C_6H_{10}O_5)_n \longrightarrow (C_6H_{10}O_5)_m \longrightarrow C_{12}H_{22}O_{11} \longrightarrow C_6H_{12}O_6$$

  淀粉   糊精   麦芽糖   葡萄糖

知识链接

为什么糖尿病患者主食要限量

糖尿病患者饮食中,米饭、馒头等主食需限量,是因为其中富含淀粉,淀粉经消化分解后生成葡萄糖,使人体血液里的葡萄糖含量增多,会加重糖尿病。

(二)糖原

糖原是人和动物体内贮存的一种多糖,是无定形粉末,又称为肝糖或动物淀粉。糖原主要存在于肝脏和肌肉中,因此有肝糖原和肌糖原之分。

知识链接

糖原的功能

我们每天都在吃饭,米饭里有很多淀粉,可水解为葡萄糖,一部分被人体利用,当然还有多余的就合成糖原。

糖原在人体代谢中主要起维持血糖浓度,供给机体能量的作用。当血糖(血液中葡萄糖)浓度增高时,肝脏会在胰岛素的作用下,经一系列酶催化反应而合成糖原贮存于肝脏和肌肉中,分别叫做肝糖原和肌糖原,只有动物才有糖原,植物没有。当血糖浓度降低时,在高血糖素的作用下,肝糖原首先氧化分解产生葡萄糖进入血液,以维持血糖浓度的正常,供机体利用;肌糖原氧化先分解成乳酸,经血液循环到肝脏,再在肝脏内转变为肝糖原或分解成葡萄糖。例如,一般人没吃早餐血糖低也不会马上晕倒,就是因为身体里的糖原会分解为葡萄糖及时补充。当然如果实在饿过头,糖原都不够就会晕了,所以大家一定要吃早餐。

糖原易溶于热水成透明胶体溶液,**糖原遇碘分子显红棕色**。和淀粉一样,**糖原水解的最终产物也是葡萄糖**。糖原的结构与淀粉相似,但支链比淀粉更多、更短,其结构如图23-4所示。

(三)纤维素

纤维素是自然界分布最广的多糖,是构成植物细胞壁的主要成分,棉、麻及木材等的主要成分是纤维素。其中木材中含量约为50%,棉花中含量多达95%。

纯净的纤维素是白色、无臭、无味的固体,性质稳定,不溶于水和一般的有机溶剂,但在一定条件下,某些酸、碱和盐的水溶液可使纤维素发生无限溶胀或溶解。纤维素的水解比淀粉困难,在一定条件下水解的最终产物也是葡萄糖。纤维素遇碘不呈色。

牛、羊、马等食草动物的胃能分泌纤维素水解酶,能将纤维素水解成葡萄糖,所以纤维素可作为食草动物的饲料。人的胃肠不能分泌纤维素水解酶，因此纤维素不能直接作为人类的能源物质。膳食中的纤维素虽不能被人体消化吸收，但能促进肠蠕动，防止便秘，排除有害物质，减少胆酸和中性固醇的肝肠循环，降低血清胆固醇，影响肠道菌丛，抗肠癌等。所以纤维素在人类的食物中也是不可缺少的。为此，多吃些蔬菜、水果以保持一定的纤维素摄入对人类健康是有益的。

纤维素也存在于谷类、豆类和种子的外皮以及蔬菜、水果中。含大量纤维素的食物有：粗粮、麸子、蔬菜、豆类等。建议糖尿病患者适当多食用豆类和新鲜蔬菜等富含纤维素的食物，对降低血糖、血脂有一定作用。

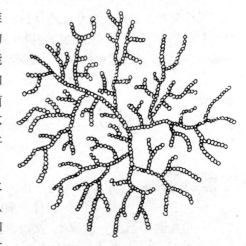

图 23-4 糖原结构示意图

 课堂活动

1. 我们日常摄入的食物中哪些含有较丰富的淀粉？怎样检验它们是否含有淀粉？
2. 米饭没有甜味，但咀嚼后有甜味，这是为什么？
3. 草中的主要化学成分是什么？为什么牛、羊、马等动物能以草为生？人能靠吃草生存吗？

 点滴积累

1. 能水解生成 2 分子单糖的糖称为双糖，常见的双糖有蔗糖、麦芽糖和乳糖，三者分子式均为 $C_{12}H_{22}O_{11}$，它们互为同分异构体。
2. 蔗糖是非还原性糖，麦芽糖和乳糖是还原性糖。
3. 多糖无甜味，多不溶于水，无还原性。常见的多糖有淀粉、糖原、纤维素等，可用通式 $(C_6H_{10}O_5)_n$ 表示，它们水解的最终产物是葡萄糖。
4. 直链淀粉遇碘分子显蓝色，常用以检验淀粉或碘分子的存在；支链淀粉遇碘分子显紫至紫红色，糖原遇碘分子显红棕色。

目标检测

一、选择题

（一）单项选择题

1. 下列对糖类的叙述正确的是（　　）
  A. 都可以水解
  B. 都符合 $C_n(H_2O)_m$ 的通式
  C. 都有甜味
  D. 都含有 C、H、O 三种元素
2. 葡萄糖是一种单糖的主要原因是（　　）
  A. 结构简单
  B. 不能水解为更小分子的糖
  C. 分子中含羟基和醛基的个数少
  D. 分子中含碳原子个数少

3. 临床上用于检验糖尿病患者尿液中葡萄糖的试剂是(　　)

    A. 托伦试剂　　　　B. 班氏试剂　　　　C. Cu_2O　　　　D. CuO

4. 下列物质中不属于糖类的是(　　)

    A. 脂肪　　　　　　B. 葡萄糖　　　　　C. 纤维素　　　　D. 淀粉

5. 下列糖中最甜的是(　　)

    A. 葡萄糖　　　　　B. 果糖　　　　　　C. 蔗糖　　　　　D. 核糖

6. 血糖通常是指血液中的(　　)

    A. 果糖　　　　　　B. 糖原　　　　　　C. 葡萄糖　　　　D. 麦芽糖

7. 下列反应中葡萄糖被还原的是(　　)

    A. 葡萄糖发生银镜反应

    B. 葡萄糖在人体内变成 CO_2 和 H_2O

    C. 葡萄糖变成六元醇

    D. 葡萄糖变成五醋酸酯

8. 蔗糖水解的产物是(　　)

    A. 葡萄糖和果糖　　　　　　　　　　B. 葡萄糖

    C. 半乳糖和葡萄糖　　　　　　　　　D. 半乳糖和果糖

9. 下列哪种试剂可以鉴别乙酸、果糖、蔗糖(　　)

    A. NaOH 溶液　　　　　　　　　　　B. 新制的 $Cu(OH)_2$ 悬浊液

    C. 石蕊试液　　　　　　　　　　　　D. Na_2CO_3 溶液

10. 下列物质中,能水解且最终产物为两种物质的是(　　)

    A. $C_6H_{12}O_6$　　　　　　　　　　　　B. $C_{12}H_{22}O_{11}$(蔗糖)

    C. $(C_6H_{10}O_5)_n$(淀粉)　　　　　　　D. $(C_6H_{10}O_5)_n$(纤维素)

11. 下列糖中,人体消化酶不能消化的是(　　)

    A. 糖原　　　　　　B. 淀粉　　　　　　C. 葡萄糖　　　　D. 纤维素

12. 下列物质在一定条件下能发生水解反应,又能发生银镜反应的是(　　)

    A. 葡萄糖　　　　　B. 果糖　　　　　　C. 蔗糖　　　　　D. 麦芽糖

13. 青苹果汁遇碘水显蓝色,熟苹果汁能还原银氨溶液,这说明(　　)

    A. 青苹果中只含有淀粉而不含单糖　　B. 熟苹果中只含有单糖而不含淀粉

    C. 苹果转熟时淀粉水解为单糖　　　　D. 苹果转熟时单糖聚合成淀粉

(二) 多项选择题

1. 关于葡萄糖的说法下列正确的是(　　)

    A. 葡萄糖的分子式是 $C_6H_{12}O_6$

    B. 葡萄糖是一种多羟基醛,因而具有醛和多元醇的性质

    C. 葡萄糖能水解

    D. 葡萄糖属于单糖

    E. 葡萄糖属于双糖

2. 下列物质中不属于糖类的是(　　)

    A. CH₂—CH—CH₂ 　　　　　　　　B. H₃C—CH—C—OH
       OH OH OH 　　　　　　　　　　　　OH (C=O)

$$
\text{C.} \quad CH_2-CH_2-\overset{\overset{\displaystyle O}{\|}}{C}-OH
$$
$$
\qquad\ \ OH
$$

$$
\text{D.} \quad CH_2-CH-\overset{\overset{\displaystyle O}{\|}}{C}-OH
$$
$$
\qquad\ \ OH\ \ OH
$$

$$
\text{E.} \quad \begin{array}{c} CHO \\ | \\ CHOH \\ | \\ CH_2OH \end{array}
$$

3. 单糖能发生的化学反应是(　　)

    A. 银镜反应　　　　　　　B. 水解反应　　　　　　　C. 成苷反应

    D. 成酯反应　　　　　　　E. 消除反应

4. 下列糖中属于还原性糖的是(　　)

    A. 麦芽糖　　　B. 蔗糖　　　C. 乳糖　　　D. 果糖　　　E. 淀粉

5. 关于蔗糖和麦芽糖的下列说法错误的是(　　)

    A. 二者互为同系物

    B. 二者互为同分异构体

    C. 两者均为还原性糖

    D. 两者均能水解,且最终产物都是葡萄糖

    E. 两者均为单糖

6. 下列关于淀粉和纤维素的叙述中正确的是(　　)

    A. 它们的通式都是$(C_6H_{10}O_5)_n$,是同分异构体

    B. 它们都是混合物

    C. 它们都可以发生水解,其终产物都是葡萄糖

    D. 它们都是天然高分子化合物

    E. 它们都是多糖

二、填空题

1. 根据水解的情况,糖类可分为____糖、____糖和____糖三类。从化学结构看,糖类化合物是_____或_____和它的脱水缩合物。

2. 临床上常用_____试剂来检查尿液中的葡萄糖。血液中的_____称为血糖,正常人在空腹状态下血糖含量为_____ mmol/L。

3. 在葡萄糖、蔗糖、麦芽糖和乳糖中,不能发生银镜反应的是_____,它们在硫酸的作用下,能发生水解反应的是_____。

4. 多糖没有甜味,大多_____溶于水,淀粉遇碘显_____色,淀粉水解的最终产物是_____。

三、简答题

1. 写出葡萄糖的开链结构式,指出其开链结构的构型,葡萄糖的环状结构都有什么构型?

2. 鉴别

    (1) 葡萄糖和果糖　　　　　　　　(2) 麦芽糖和淀粉

    (3) 葡萄糖和蔗糖　　　　　　　　(4) 葡萄糖和淀粉

3. 解释名词

还原性糖、非还原性糖、血糖、双糖、单糖、醛糖、酮糖

4. 如何设计实验证明淀粉已经水解? 如何证明淀粉的水解已经完全?

5. 已知方志敏烈士在监狱中写给鲁迅先生的信是用米汤写的,鲁迅先生是如何看到信的内容的?

（石宝珏）

第二十四章　氨基酸和蛋白质

学习目标

1. 掌握氨基酸和蛋白质的主要化学性质。
2. 熟悉氨基酸的结构、分类及命名。
3. 了解蛋白质的基本结构。

导学情景

情景描述：

一天，李某误服可溶性重金属盐中毒，药剂班的小宋利用所学知识，赶紧让其家人为他灌入大量鲜牛奶和蛋清，然后送入医院抢救。小宋的这一做法得到医生的赞赏，为抢救李某的生命赢得了宝贵的时间。

学前导语：

可溶性重金属盐会使蛋白质凝结而变性，误服重金属盐会使人体内组织中的蛋白质变性而中毒，如果立即服用富含大量蛋白质的鲜牛奶或蛋清，可使重金属跟牛奶、蛋清中的蛋白质发生变性作用，从而减轻重金属对机体的危害。同学们要想了解、掌握蛋白质的知识，就需要学好本章内容。

第一节　氨　基　酸

一、氨基酸的结构、分类和命名

（一）氨基酸的结构

从结构上看，氨基酸是羧酸分子中烃基上的氢原子被氨基（—NH_2）取代后形成的化合物。或者说分子中同时含有**氨基（—NH_2）和羧基（—COOH）的有机化合物称为氨基酸**。氨基酸是一类取代羧酸。自然界中蛋白质水解的最终产物都是羧酸 α 位上的 H 原子被—NH_2 取代，因此称之为 α - 氨基酸。可以说**α - 氨基酸是蛋白质的基本组成单位**。

羧基（—COOH）和氨基（—NH_2）是氨基酸的官能团，前者是酸性基团，后者是碱性基团，其结构通式如下：

氨基酸结构通式中 R 为烃基或取代烃基,是分子中的可变部分。组成蛋白质的各种不同的 α-氨基酸只是 R 基团部分不同而已。

许多氨基酸是人体必不可少的物质,有些氨基酸还可直接用作药物。

（二）α-氨基酸的分类

1. 根据分子中烃基(R—)的不同,把氨基酸分为脂肪族氨基酸、芳香族氨基酸、杂环氨基酸。

2. 根据分子中氨基和羧基的相对数目不同,可将氨基酸分为中性氨基酸(分子中氨基数目等于羧基数目)、酸性氨基酸(分子中羧基数目多于氨基数目)和碱性氨基酸(分子中氨基数目多于羧基数目)。

必须指出,因为羧基的解离能力比氨基大,所以中性氨基酸并不是真正的中性物质,其水溶液均呈弱酸性。

（三）α-氨基酸的命名

α-氨基酸可用系统命名法命名,其命名原则与羟基酸相同,即以羧酸为母体,氨基作取代基来命名,即从羧基碳原子开始编号,以阿拉伯数字表示氨基位次(也可用 α、β、γ 等表示氨基位次)。例如:

$$
\begin{array}{ccc}
CH_2-COOH & CH_3-CH-COOH & CH_3-CH-CH-COOH \\
| & | & | \quad\; | \\
NH_2 & NH_2 & CH_3 \;\; NH_2
\end{array}
$$

氨基乙酸   α-氨基丙酸   α-氨基-β-甲基丁酸

氨基酸的命名除了系统命名法外,还常根据其来源和性质而采用俗名。例如:天冬氨酸因最初从天冬植物中发现而得名,甘氨酸因具有甜味而得名。

自然界中存在的氨基酸有200余种,而构成蛋白质的氨基酸只有20种(表24-1),其中大多数氨基酸人体能自身合成,称为营养非必需的氨基酸;成人只有8种氨基酸必须通过食物摄取,称为必需氨基酸(表24-1中带"＊"为必需氨基酸)。婴儿除去成人的8种必需氨基酸外,组氨酸也属于婴儿的必需氨基酸。

表24-1 构成蛋白质的20种氨基酸分类表

名称	中文缩写	英文缩写	结构式	等电点
中性氨基酸(15种)				
丙氨酸 (α-氨基丙酸) Alanine	丙	Ala A	$CH_3-CH-COOH$ $\quad\;\;\;\;	$ $\quad\;\;\;\; NH_2$	6.00
缬氨酸 (β-甲基-α-氨基丁酸) ＊Valine	缬	Val V	$CH_3-CH-CH-COOH$ $\qquad	\quad\;	$ $\qquad CH_3 \;\; NH_2$	5.96
亮氨酸 (γ-甲基-α-氨基戊酸) ＊Leucine	亮	Leu L	$CH_3-CH-CH_2-CH-COOH$ $\qquad	\qquad\qquad	$ $\qquad CH_3 \qquad\quad NH_2$	5.98

续表

名称	中文缩写	英文缩写	结构式	等电点
异亮氨酸 (β-甲基-α-氨基戊酸) * Isoleucine	异亮	Ile I	$CH_3-CH_2-\overset{\underset{\underset{CH_3}{\mid}}{}}{CH}-\overset{\underset{\underset{NH_2}{\mid}}{}}{CH}-COOH$	6.02
苯丙氨酸 (β-苯基-α-氨基丙酸) * Phenylalanine	苯丙	Phe F	$-CH_2-\overset{\underset{\underset{NH_2}{\mid}}{}}{CH}-COOH$	5.48
色氨酸 [α-氨基-β-(3-吲哚基)丙酸] * Tryptophane	色	Trp W	$-CH_2-\overset{\underset{\underset{NH_2}{\mid}}{}}{CH}-COOH$	5.89
蛋(甲硫)氨酸 (α-氨基-γ-甲硫基丁酸) * Methionine	蛋(甲硫)	Met M	$CH_3-S-CH_2-CH_2-\overset{\underset{\underset{NH_2}{\mid}}{}}{CH}-COOH$	5.74
脯氨酸 (α-四氢吡咯甲酸) Proline	脯	Pro P	$\overset{N}{\underset{H}{}}-COOH$	6.30
甘氨酸 (α-氨基乙酸) Glycine	甘	Gly G	CH_2-COOH $\mid$ NH_2	5.97
丝氨酸 (α-氨基-β-羟基丙酸) Serine	丝	Ser S	$CH_2-CH-COOH$ $\mid$ $\mid$ OH NH_2	5.68
苏氨酸 (α-氨基-β-羟基丁酸) * Threonine	苏	Thr T	$CH_3-CH-CH-COOH$ $\mid$ $\mid$ OH NH_2	5.60
半胱氨酸 (α-氨基-β-巯基丙酸) Cysteine	半胱	Cys C	$CH_2-CH-COOH$ $\mid$ $\mid$ SH NH_2	5.02
酪氨酸 (α-氨基-β-对羟苯基丙酸) Tyrosine	酪	Tyr Y	$HO-\bigcirc-CH_2-\overset{\underset{\underset{NH_2}{\mid}}{}}{CH}-COOH$	5.66
天冬酰胺 (α-氨基丁酰胺酸) Asparagine	天胺	Asn N	$H_2N-\overset{\underset{\underset{O}{\parallel}}{}}{C}-CH_2-\overset{\underset{\underset{NH_2}{\mid}}{}}{CH}-COOH$	5.41
谷氨酰胺 (α-氨基戊酰胺酸) Glutamine	谷胺	Gln Q	$H_2N-\overset{\underset{\underset{O}{\parallel}}{}}{C}-CH_2-CH_2-\overset{\underset{\underset{NH_2}{\mid}}{}}{CH}-COOH$	5.65
碱性氨基酸(3种)				
组氨酸 [α-氨基-β-(4-咪唑基)丙酸] Histidine	组	His H	$-CH_2-\overset{\underset{\underset{NH_2}{\mid}}{}}{CH}-COOH$	7.59

续表

名称	中文缩写	英文缩写		结构式	等电点
赖氨酸 (α,ε-二氨基己酸) *Lysine	赖	Lys	K	$\underset{NH_2}{CH_2}—(CH_2)_3—\underset{NH_2}{CH}—COOH$	9.74
精氨酸 (α-氨基-δ-胍基戊酸) Arginine	精	Arg	R	$H_2N—\underset{NH}{C}—NH(CH_2)_3—\underset{NH_2}{CH}—COOH$	10.76
酸性氨基酸（2 种）					
天冬氨酸 (α-氨基丁二酸) Aspartic acid	天冬	Asp	D	$HOOC—CH_2—\underset{NH_2}{CH}—COOH$	2.77
谷氨酸 (α-氨基戊二酸) Glutamic acid	谷	Glu	E	$HOOC—CH_2—CH_2—\underset{NH_2}{CH}—COOH$	3.22

注：带"*"为必需氨基酸

 知识链接

必需氨基酸与蛋白质的互补

构成蛋白质的氨基酸有 20 多种,其中有 8 种氨基酸(包括缬氨酸、赖氨酸、蛋氨酸、亮氨酸、异亮氨酸、苏氨酸、苯丙氨酸和色氨酸,标有"*"号)在人体内不能合成,而营养上又不可缺少,必须通过食物供给,这 8 种氨基酸叫做必需氨基酸。其他大多数氨基酸人体能自身合成。不同的食物中含有的氨基酸不同,粮谷类食品比较缺乏赖氨酸,而豆类食品富含赖氨酸,两种食品混食,可以相互取长补短,满足人类需要,这称之为蛋白质的互补。因此,人们不能偏食,要保证食物的多样化以获得足够的人体必需氨基酸。

二、氨基酸的性质

α-氨基酸都是无色晶体,熔点较高,一般为 200～300℃,熔化时易分解脱羧放出 CO_2。一般能溶于水,都能溶于强酸或强碱中,难溶于乙醇、乙醚、苯、石油醚等非极性有机溶剂。各种 α-氨基酸的钠盐、钙盐都溶于水。

氨基酸分子中既有氨基又有羧基,因此,它既具有氨基(如成盐、与亚硝酸作用等)和羧基(如成盐、成酯、脱羧等)的典型反应,又由于氨基和羧基的相互影响而表现出一些特殊的性质。

1. 两性解离和等电点　**氨基酸分子中含有酸性的羧基和碱性的氨基,因此是两性化合物。**

（1）两性解离:氨基酸分子中的羧基具有典型羧基的性质,可发生酸式解离形成负离子。

$$\underset{NH_2}{RCHCOOH} \rightleftharpoons \underset{NH_2}{RCHCOO^-} + H^+$$

氨基酸分子中的氨基具有典型氨基的性质,可发生碱式解离形成正离子。

$$RCHCOOH + H_2O \rightleftharpoons RCHCOOH + OH^-$$
$$\underset{NH_2}{\qquad\qquad} \underset{NH_3^+}{\qquad\qquad}$$

氨基酸分子中羧基和氨基也可同时发生解离,形成两性离子,这种离子也称为分子内盐。

$$\underset{NH_2}{RCHCOOH} \rightleftharpoons \underset{NH_3^+}{RCHCOO^-}$$
两性离子

(2)等电点:在一般情况下,羧基与氨基解离的程度并不相等,纯净的氨基酸的水溶液不是中性的,因为在不同 pH 的水溶液中氨基酸带电情况不同,在电场中的行为也不同。将氨基酸溶液的 pH 调节到某一特定值时,氨基酸的酸式解离和碱式解离程度相等,分子中的正离子数和负离子数正好相当,氨基酸主要以电中性的偶极离子存在,在电场中既不向正极移动又不向负极移动,这个特定的 pH 就称为**氨基酸的等电点**,常用 pI 表示。

氨基酸在水溶液中解离情况如下:

$$\underset{NH_2}{RCHCOOH}$$

$$\underset{NH_2}{RCHCOO^-} \underset{OH^-}{\overset{H^+}{\rightleftharpoons}} \underset{NH_3^+}{RCHCOO^-} \underset{OH^-}{\overset{H^+}{\rightleftharpoons}} \underset{NH_3^+}{RCHCOOH}$$

| pH > pI | pH = pI | pH < pI |
| 负离子 | 两性离子 | 正离子 |

氨基酸溶于水时,氨基酸分子带电荷的情况随水溶液的酸碱度变化而变化,当溶液的 pH > pI 时,氨基酸主要以负离子形式存在;pH < pI 时,氨基酸主要以正离子形式存在;pH = pI 时,氨基酸主要以两性离子形式存在,其净电荷为零。

由于各种氨基酸的组成和结构不同,羧基和氨基的解离程度也不同,因此不同的氨基酸具有不同的等电点。

酸性氨基酸,水溶液为酸性,氨基酸带净的负电荷。pI < 7,一般为 2.7 ~ 3.2。

碱性氨基酸,水溶液为碱性,氨基酸带净的正电荷。pI > 7,一般为 7.6 ~ 10.8。

中性氨基酸,由于羧基解离程度大于氨基,溶液中含有的负离子浓度比正离子多,要使氨基酸达到等电点,必须加入适量的酸来抑制羧基解离,故中性氨基酸的等电点小于7,一般为 5.0 ~ 6.3,见表 24 - 1。

等电点是氨基酸的一个重要的理化常数。在等电点时,氨基酸的溶解度最小,容易从溶液中结晶析出。利用调节等电点的方法,可以分离提纯氨基酸。一般情况下,若氨基酸在纯水中显酸性时,则表明其羧基的解离程度较大,此时加入适量的酸可调至其等电点;若氨基酸在纯水中显碱性时,即

课堂活动

请同学们分析讨论,在 pH = 3 的水溶液中,甘氨酸(pI = 5.97)主要以什么形式存在?

表明其氨基的解离程度较大,那么只要加入适量的碱便可调至其等电点。

2. 氨基酸与茚三酮显色反应 α-氨基酸与水合茚三酮在水溶液中共热,经过一系列反应,最终生成蓝紫色的化合物(含亚氨基的氨基酸如脯氨酸和羟脯氨酸与茚三酮反应呈黄色)。这是鉴别 α-氨基酸最灵敏、最简便的方法。由于该反应中释放的 CO_2 量与氨基酸的量成正比,故又可以作为氨基酸的定量分析方法。

3. 成肽反应 1分子 α-氨基酸中的羧基与另1分子氨基酸中的氨基之间脱水缩合生成含有酰胺键(—CONH—)结构化合物的反应,称为成肽反应。**酰胺键(—CONH—)称为肽键**,所生成的化合物称为肽。2分子氨基酸形成的肽称为二肽,2个以上的氨基酸由多个肽键结合起来形成的肽称为多肽,相对分子质量高于 10 000 的肽一般称为蛋白质。

例如:

$$H_2NCHC\overset{O}{\overset{\|}{}}[OH + H]NHCHCOOH \longrightarrow H_2NCH[\overset{O}{\overset{\|}{C}}\overset{H}{N}]CHCOOH + H_2O$$

二肽

> **点滴积累**
>
> 1. α-氨基酸的结构式为 RCHCOOH 。
>   ＿＿＿＿＿＿＿＿＿｜
>   NH₂
>
> 2. 氨基酸存在两性解离和等电点,在等电点时其溶解度最小,易结晶析出。
>
> 3. 氨基酸能发生成肽反应;利用氨基酸能与茚三酮生成蓝紫色的化合物,可对氨基酸进行定性和定量分析。

第二节 蛋 白 质

一、蛋白质的组成、分类和结构

(一)蛋白质的组成

蛋白质是一类存在于动植物细胞中的生物大分子化合物,它是肌肉、毛发、皮肤、指甲、酶、抗体、激素等的组成物质,在机体内具有多种生理作用。例如:催化人体内的化学反应、完成人体新陈代谢过程的各种肌肉运动、对人体起免疫作用的抗体、物质转运与贮存、运动和支持作用、生长繁殖遗传和变异作用、生物膜的功能与受体等。

从化学结构上看,蛋白质属于聚酰胺类化合物,是由多肽链形成具有特定结构和功能的分子,蛋白质多肽链则是许多个氨基酸构成的。其相对分子质量很大,估计在人体内有10万种以上的蛋白质,其质量约占人体干重的45%。经分析不同来源的蛋白质,发现其组成都很相似,主要有碳、氧、氢、氮等。

由于生物体中绝大部分N元素都来自蛋白质,且各种来源不同的蛋白质的含氮量相当接近,平均为16%,即100g蛋白质中含有16g N,1g N存在于6.25g蛋白质中,这个6.25称为**蛋白质系数**,在化学分析中可通过测定生物体中N的质量分数来计算出蛋白质含量。

$$\omega(蛋白质) = \omega(N) \times 6.25$$

案例分析

案例:

2008年9月,人们发现某大型牛奶公司在所产的乳制品中通过添加三聚氰胺以提高蛋白质检测数值,其所生产的毒牛奶造成了全国数千名儿童患上肾结石。

分析:

三聚氰胺是一种低毒的化工原料,分子式为$C_3N_6H_6$,三聚氰胺分子中氮的含量高达66.6%。若在牛奶中加入三聚氰胺,会使牛奶中氮的含量剧增,按蛋白质系数计算得出牛奶含高蛋白质的假象。

动物实验结果表明,三聚氰胺在动物体内代谢时会影响泌尿系统。婴幼儿大量摄入会造成肾结石。

(二)蛋白质的分类

蛋白质的来源各异,种类繁多。目前对蛋白质的分类方法很多,其中根据蛋白质的化学组成不同,分为单纯蛋白质和结合蛋白质。

1. 单纯蛋白质　由α-氨基酸组成的蛋白质,即单纯蛋白质。如乳清蛋白、球蛋白、谷蛋白等。

2. 结合蛋白质　由单纯蛋白质和非蛋白质(又称为辅基)两部分组成。按辅基不同,结合蛋白质又可以分为若干类。

(三)蛋白质的结构

蛋白质是具有特定结构的高分子化合物。它的特定结构决定了各种蛋白质的特定生理功能。为了方便研究,通常将蛋白质的结构分为4个不同结构层次进行描述,包括一、二、三、四级结构。一般将一级结构称为初级结构,二、三、四级结构称为高级结构或空间结构。

组成蛋白质的氨基酸有20多种,它们按一定顺序和方式连接称为**蛋白质的一级结构**。在一级结构中,酰胺键即肽键(—CONH—)是主键,氨基酸通过肽键相互连接成一条或几条多肽链,如1965年我国科学家人工合成的具有生理活性的结晶牛胰岛素有两条多肽链,多肽链是蛋白质的基本结构。

一级结构是蛋白质的基本结构,它不仅决定蛋白质的空间结构,而且也决定了蛋白质的生物活性。若蛋白质多肽链中氨基酸的排列顺序有所改变,蛋白质的性质、生物活性就会发生相应变化。

 知识链接

降血糖激素——胰岛素

胰岛素是动物胰脏分泌的一种蛋白质激素,具有降低血糖的作用。胰岛素分泌过多时,血糖迅速下降,脑组织受到影响,可出现惊厥、昏迷,甚至引起胰岛素休克,即"低血糖"。相反,胰岛素分泌不足或胰岛素受体缺乏时常导致血糖升高。若超过肾糖阈,糖就会从尿中排出,引起糖尿,即"糖尿病"。患此病后,由于血液成分中含有过量的葡萄糖,时间久了,会导致高血压、冠心病和视网膜血管病等病变。当人体自身胰岛功能受损后,就需要进行胰岛素替代治疗。

蛋白质的空间结构就是多肽链在自然状态下的存在构象,包括二、三、四级结构。空间结构决定着蛋白质的特有生物学活性。蛋白质分子中的多肽链一般不是全部以松散的线性存在的,而是部分卷曲、盘旋、折叠或整条多肽链卷曲成螺旋状的空间结构。

二、蛋白质的性质

1. 两性解离和等电点 蛋白质分子中存在着游离的氨基和羧基,与 α - 氨基酸的性质相似,能产生两性解离,也具有等电点。

$Pr \begin{cases} NH_2 \\ COOH \end{cases}$ (Pr 代表不包括链端氨基和羧基在内的蛋白质大分子)代表蛋白质分子,则其在水溶液中的存在形式可表示如下:

$$Pr \begin{cases} NH_2 \\ COO^- \end{cases} \underset{OH^-}{\overset{H^+}{\rightleftharpoons}} Pr \begin{cases} NH_3^+ \\ COO^- \end{cases} \underset{OH^-}{\overset{H^+}{\rightleftharpoons}} Pr \begin{cases} NH_3^+ \\ COOH \end{cases}$$

负离子　　　　　两性离子　　　　　正离子
pH>pI　　　　　pH= pI　　　　　pH<pI

不同蛋白质具有不同的等电点。一般含酸性氨基酸较多的蛋白质,其等电点较低(pI < 7),含碱性氨基酸较多的蛋白质,其等电点较高(pI > 7),一些蛋白质的等电点见表 24 - 2。

表 24 - 2　一些蛋白质的等电点

蛋白质	等电点	蛋白质	等电点
胃蛋白酶	1.1	胰岛素	5.3
酪蛋白	3.7	血红蛋白	6.8
卵清蛋白	4.7	核糖核酸酶	9.5
血清白蛋白	4.8	溶菌酶	11.0

大多数蛋白质的等电点接近5,而人的体液(如血液)pH 为 7.35 ~ 7.45,所以,人体内的蛋白质大多以负离子形式存在,或与体内的钾离子、钠离子、钙离子、镁离子等结合成盐。蛋白质和蛋白质盐可以组成缓冲对,在血液中起着重要的缓冲作用。

蛋白质在等电点时的黏度、溶解度、渗透压都最小,易于沉淀析出。因此利用蛋白质的等电点,可以分离提纯蛋白质。

2. 蛋白质的变性反应 蛋白质受到物理因素(加热、高压、搅拌、振荡、紫外线的照射、超声波等)或化学因素(强酸、强碱、脲、重金属盐、生物碱试剂、有机溶剂等)的影响,致使蛋白质溶液性质,如黏度、表面张力、旋光性、结晶性和溶解性等发生变化,特别是使活性蛋白(如酶、激素、抗体等)失去生物活性,这种现象称为**蛋白质的变性**。

蛋白质变性是不可逆的。变性后的蛋白质,溶解度减小(可出现沉淀、结絮、凝固等)、失去原有的生物活性(原来的蛋白酶变性后就失去了催化活性)。**生物活性的丧失是蛋白质变性的主要特性。**

蛋白质的变性在医药领域中广泛应用。例如医疗器皿用酒精消毒或高温、高压下蒸煮消毒,都是使细菌蛋白质变性而将其杀灭;但有时需要避免其发生,例如预防接种的疫苗,需贮存于冰箱中,以免因温度过高使蛋白质变性而造成其失去活性。

3. 蛋白质的盐析　同胶体溶液相似,蛋白质分子带有相同电荷且表面有一层水化膜,因此,蛋白质溶液相对稳定。向蛋白质中加入电解质(硫酸铵、硫酸钠)到一定浓度时,蛋白质沉淀析出,这个作用叫做**盐析**。盐析作用是由于加入的盐类离子强烈地水化,使蛋白质的水化膜遭到破坏;同时盐类带相反电荷的离子,对蛋白质的电荷也会产生吸附放电,从而降低蛋白质溶液的稳定性,使蛋白质沉淀析出。

这样析出的蛋白质仍可溶解在水中,从而恢复原来蛋白质的性质,所以**盐析是一个可逆的过程**。利用这个性质,可以采用多次盐析的方法分离、提纯蛋白质。

4. 蛋白质的颜色反应　蛋白质能够发生多种显色反应,这些反应可以用来鉴别蛋白质。

(1) 缩二脲反应:蛋白质在碱性溶液(如 NaOH)中与硫酸铜溶液反应呈现紫红色。蛋白质的含量越多,产生的颜色也越深。医学上,利用这个反应来测定血清蛋白的总量及其中白蛋白和球蛋白的含量。

(2) 茚三酮反应:所有的蛋白质分子中都含有 α - 氨基酸残基,都能与水合茚三酮溶液共热而产生蓝紫色。

(3) 黄蛋白反应:蛋白质遇浓硝酸时显黄色。这是因为蛋白质中存在有苯环的氨基酸(如苯丙氨酸、酪氨酸、色氨酸),苯环与浓硝酸发生硝化反应,生成黄色的硝基化合物。皮肤、指甲不慎沾上浓硝酸会出现黄色就是这个缘故。

(4) 米伦反应:蛋白质分子中含有酪氨酸残基时,在其溶液中加入米伦(Millon)试剂(硝酸汞和硝酸亚汞的硝酸溶液)即产生白色沉淀,再加热变为暗红色,此反应称为米伦反应。这是酪氨酸分子中酚基所特有的反应。

知识拓展

生物催化剂——酶

酶是生物体内活细胞产生的一种生物催化剂,大多数由蛋白质组成。生物体内含有数千种酶,它们支配着生物的新陈代谢、营养和能量转换等许多催化过程,与生命过程关系密切的反应大多是酶催化反应。

在生物体内有数千种不同的酶,它们在人和动物的生理活动中起着重要的作用。例如:食物中的淀粉被人们的唾液和胰液中含有的淀粉酶水解为麦芽糖或更进一步水解为葡萄糖等肠道可以吸收的小分子;食物中的脂肪被胰液和小肠液中的脂肪酶水解;食物中的蛋白质被胃液和胰液中的蛋白酶水解。

由于酶的催化作用具有反应条件温和、效率高、专一性等特性,因此,在医药领域利用酶可诊断、预防和治疗疾病,并可制造各种药物。如青霉素酰化酶用于制造半合成青霉素和头孢菌素。

5. 蛋白质的水解　蛋白质在酸、碱溶液中加热或在酶的催化下,能水解为相对分子质量较小的肽类化合物,最终逐步水解得到各种 α - 氨基酸。食物中的蛋白质在人体内各种蛋白酶的作用下水解成各种氨基酸,氨基酸被肠壁吸收进入血液,再在体内重新合成人体所需要的蛋白质。

蛋白质 —— 初解蛋白质 —— 消化蛋白质 —— 多肽 —— 二肽 —— α-氨基酸

传统食品臭豆腐和豆腐乳,就是大豆蛋白在微生物作用下水解生成相对分子质量较小的肽类化合物及氨基酸。

 点滴积累

1. 蛋白质具有两性、能发生盐析和变性反应,也能发生缩二脲反应、茚三酮反应、黄蛋白反应、米伦反应等颜色反应。
2. 蛋白质水解的最终产物是α-氨基酸。
3. 根据蛋白质的颜色反应可鉴定蛋白质。

 目标检测

一、选择题

（一）单项选择题

1. 关于蛋白质的叙述正确的是（　　）
   A. 蛋白质都不可发生两性解离
   B. 蛋白质溶液中加入浓硫酸铵溶液无沉淀析出
   C. 蛋白质水解后的最终产物是一种氨基酸
   D. 蛋白质水解最后生成α-氨基酸

2. 人体必需氨基酸有（　　）
   A. 6 种　　　　　B. 7 种　　　　　C. 8 种　　　　　D. 9 种

3. 临床上检验患者尿中的蛋白质,利用蛋白质受热凝固的性质,这是属于（　　）
   A. 水解反应　　　B. 显色反应　　　C. 变性　　　　　D. 沉淀

4. 大多数的蛋白质等电点接近于 5,所以在血液中它们常常是（　　）
   A. 带正电荷　　　　　　　　　　　B. 带负电荷
   C. 不带电荷　　　　　　　　　　　D. 既带正电荷,又带负电荷

5. 构成蛋白质的基本单位是（　　）
   A. α-氨基酸　　　B. β-氨基酸　　　C. 葡萄糖　　　　D. 蔗糖

6. 下列能发生黄蛋白反应的是（　　）
   A. 甘氨酸　　　　B. 谷氨酸　　　　C. 苯丙氨酸　　　D. 赖氨酸

7. 欲使蛋白质沉淀且不变性,宜选用（　　）
   A. 有机溶剂　　　B. 重金属盐　　　C. 浓硫酸　　　　D. 硫酸铵

8. 重金属盐中毒急救措施是给患者服用大量的（　　）
   A. 牛奶　　　　　B. 生理盐水　　　C. 吃煮鸡蛋　　　D. 醋

9. 75%的医用酒精可用来消毒,是因为酒精能够（　　）
   A. 与细菌蛋白质发生氧化反应　　　B. 使细菌蛋白质发生变性
   C. 使细菌蛋白质发生盐析　　　　　D. 与细菌蛋白质生成配合物

（二）多项选择题

1. 下列说法不恰当的是（　　　）

A. 蛋白质水解的最终产物是一种氨基酸

B. 蛋白质水解的最终产物是一种 α－氨基酸

C. 结合蛋白质水解的最终产物是各种 α－氨基酸的混合物

D. 结合蛋白质水解后溶液中除各种 α－氨基酸外，还可能有其他物质

E. 以上说法都正确

2. 下列物质中含有蛋白质的是（　　　）

A. 豆腐　　　　　B. 奶粉　　　　　C. 鸡蛋　　　　　D. 酪氨酸　　　　E. 酶

3. 下列物质能使蛋白质变性的是（　　　）

A. 葡萄糖　　　　　　　　　B. $AgNO_3$　　　　　　　　　C. $HgCl_2$

D. CH_3CH_2OH　　　　　　E. 75% 医用酒精

二、填空题

1. 按照氨基酸分子中所含_____和_____的数目，可将氨基酸分为_____、_____和_____三类。

2. 氨基酸分子中因为有_____和_____两种官能团，所以既具有_____性，又具有_____性。

3. 蛋白质在_____中能与_____作用而显紫红色，这是_____反应。

4. 皮肤、指甲不慎溅上浓硝酸后，出现_____色，这是因为_____。

三、简答题

1. 名词解释

（1）氨基酸

（2）肽

（3）蛋白质的等电点

（4）蛋白质的盐析

（5）蛋白质的变性

2. 命名下列化合物或写出结构式

（1）CH₂COOH　　　　（2）HOOC(CH₂)₂CHCOOH　　　（3）CH₃CH—CHCOOH
　　　|　　　　　　　　　　　　　　　　　|　　　　　　　　　　　　　|　　|
　　　NH₂　　　　　　　　　　　　　　　　NH₂　　　　　　　　　　　CH₃　NH₂

（4）亮氨酸　　　　　（5）异亮氨酸　　　　　（6）蛋氨酸

3. 鉴别题

（1）丙氨酸和蛋白质　　　　　　　（2）蛋白质和淀粉

（3）蛋白质和甘油　　　　　　　　（4）苯酚和蛋白质

（孙丽花）

基础化学实训

化学实训基本知识

一、化学实训室规则

化学是以实训为基础的一门自然科学,通过实训可以帮助学生理解和巩固化学知识;掌握实训的基本方法和基本技能;培养学生观察问题、分析问题和解决问题的能力;培养学生理论联系实际的学风和实事求是、严肃认真、团结协作的科学态度;不断养成勤俭节约、爱护公物的良好习惯。要使实训顺利完成,必须熟悉以下几个问题。

(一)化学实训规则

1. 实训前必须认真预习实训内容,明确实训目标,掌握实训原理,了解实训步骤、方法以及注意事项。

2. 进入实训室要自觉遵守纪律,保持安静。

3. 实训开始前,应先检查仪器、药品是否齐全,如有缺少或破损,立即报告教师,及时登记、补领或调换。如对仪器的使用方法、药品的性能不明确时,不得开始实训,以免发生意外事故。

4. 实训中要严格按照教材所规定的方法、步骤和试剂用量进行操作,做规定以外的实训须经教师允许。实训时要精神集中、认真操作、仔细观察、积极思考并作好实训记录。

5. 实训时必须严格遵守实训室的各项制度,注意安全,不得擅离操作岗位;要爱护仪器,节约药品,不浪费水、电和煤气;实训室内一切物品未经教师许可,不准带出室外。

6. 实训中要经常保持实训台面和地面的整洁,公用仪器和药品用毕,随时放回原处,废纸、火柴梗等杂物应抛入废物缸内,水槽应保持清洁、畅通。

7. 实训完毕,应洗净仪器,整理好实训用品和实训台。值日生整理好卫生,关好水、电、门、窗。

8. 认真书写实训报告,按时交给教师审阅。

(二)试剂使用规则

1. 严格按实训规定用量取用试剂,不得随意增减。

2. 取试剂时应看清瓶签上的名称和浓度,切勿拿错。不准用手直接取用试剂;取用的试剂未用完时,不能放回原试剂瓶内,应倾倒在指定的容器内,决不允许将试剂任意混合。

3. 固体药品要用药匙取用,药匙必须保持清洁和干燥,用后应立即擦洗干净;取用液体试剂要用滴管或吸管,滴管应保持垂直,不可倒立,不能触及所用的容器器壁。未洗净的吸管,不得吸取其他试剂瓶中的试液,以免污染试剂。

4. 药品和试剂用毕后应立即盖好瓶塞,放回原处。要求回收的试剂,应放入指定的回收容器中。

5. 使用腐蚀性药品及易燃、易爆的药品时,要小心谨慎,严格遵守操作规程,遵从教师指导。

6. 由多个小组公用的试剂一般不得随意移动位置,若有移动,用毕应立即归放原处。

（三）实训安全规则

1. 凡是做有毒或有恶臭气体的实训,应在通风橱内进行。

2. 加热或倾倒液体时,切勿俯视容器,以防液滴飞溅造成伤害。加热试管时,不要将试管口对着自己或他人。

3. 使用易燃试剂一定要远离火源。

4. 稀释浓硫酸时,应将浓硫酸慢慢注入水中,且不断搅拌,切勿将水注入浓硫酸中。配制氢氧化钠、氢氧化钾等浓溶液时,必须使用耐热容器;夏天使用浓氨水时,应将氨水瓶在流水下冷却,再开启瓶塞,以免浓氨水溅出。

5. 嗅闻气体时,要用手扇闻,不要用鼻子凑在容器上去闻。不得尝试剂的味道。

6. 严禁将食品、餐具等带入实训室。

7. 实训完毕,应洗净双手。离开实训室前,要关好实训室的水、电、气、门、窗等。

（四）实训室意外事故处理

1. 割伤　伤口中若有玻璃碎片或固体物,须先取出,立即用药棉擦伤口,碘酒消毒后敷药包扎。严重者立即用绷带扎紧伤口上部止血,急送医院。

2. 烫伤　用稀高锰酸钾溶液或苦味酸溶液清洗,再涂上烫伤软膏。

3. 酸灼伤　立即用大量水冲洗,再用20g/L碳酸氢钠溶液清洗,最后用水冲洗。

4. 碱灼伤　立即用大量水冲洗,再用稀醋酸溶液清洗,最后用水冲洗。

5. 白磷灼伤　用1%的硫酸铜溶液或稀高锰酸钾溶液冲洗伤口,然后包扎。

6. 吸入有毒气体　立即到室外呼吸新鲜空气。如果吸入氯气、氯化氢气体,可吸入少量乙醇和乙醚的混合蒸气解毒;如果是溴蒸气,可吸入氨气解毒。

7. 毒物入口　把10ml 5%硫酸铜溶液加入一杯温水中,内服,用手指伸入咽喉部催吐,并立即送医。

8. 触电　立即切断电源。必要时进行人工呼吸。

9. 起火　若有机溶剂(乙醚、乙醇、苯等)着火,应立即用湿布或沙土等灭火;若电气设备发生火灾,首先切断电源,再用二氧化碳或四氯化碳灭火器灭火。

（五）实训数据的记录、处理和实训报告

1. 实训数据的记录　学生应有专门的实训记录本,标上页码。实训过程中所得的各种测量数据、现象以及各种特殊仪器的型号、滴定液的浓度等,应及时、准确、工整地用中性笔记录于记录本上,不允许记录于纸条上、手上或其他本子上再誊写,也不允许暂记在脑子里等下一个数据一起记录。数据应如实记录,决不能拼凑和伪造数据。若发现某数据读错、测错而需要改动时,应将该数据划一横线,并在其上方写上正确的数据。

记录实训数据时,保留几位有效数字应和所用仪器的准确度相适应。如用分析天平称量时,应记录至0.0001g,滴定管和移液管的读数应记录至0.01ml。

2. 分析数据的处理　实训结束后,对已测得的原始数据应进行处理,并说明数据处理的方法,如列出计算公式及表格等;对平行测定得到的实训结果 X_1、X_2、$X_3\cdots X_n$,应将其平均后以其算术平均值报告实训结果。同时,为说明实训数据的可靠性,还应把分析结果的精密度表示出来。分析结果的精密度可用相对平均偏差或相对标准偏差表示。

3. 实训报告　实训完毕,应及时而认真地写出实训报告。

二、化学实训常用仪器简介

名称	主要用途	注意事项
 实训图1　试管	1. 盛小量试剂 2. 做小量试剂的反应容器 3. 制取和收集小量气体	1. 可直接加热,但要用试管夹夹住,且外壁要干燥。先均匀加热,再集中在药品部位加热 2. 反应液体不超过试管容积的1/2,加热时不超过1/3,且管口与桌面成约45°角。加热固体时,管口要稍低于管底 3. 振荡试管应通过手腕抖动进行 4. 加热完毕应将试管放在试管架上
 实训图2　烧杯	1. 较多量物质的反应容器 2. 溶解物质 3. 接收滤液	1. 不可直接加热,需垫上石棉网,且加热前应擦干外壁和底部 2. 用玻璃棒搅拌杯内液体时,应轻轻沿同一方向进行
 实训图3　量筒量杯	用于量出一定体积的液体	1. 不能加热,也不能量热的液体 2. 读数时,视线应与液体凹液面的最低点保持水平
 实训图4　酒精灯	1. 常用的热源之一 2. 进行焰色反应	1. 用前应检查灯芯和酒精量 2. 应借助漏斗添加酒精 3. 用火柴点燃 4. 用灯帽盖灭

名称	主要用途	注意事项
实训图 5　石棉网	使容器均匀受热	1. 石棉网的大小要合适 2. 石棉不能脱落 3. 不能与水接触
实训图 6　铁架台	1. 固定反应容器 2. 铁圈可代替漏斗架用于过滤	1. 铁圈、铁夹的位置要合适 2. 用铁夹夹持仪器时,力度要适中 3. 加热后的铁圈避免撞击或骤冷
实训图 7　试管夹	加热试管时用来夹持试管	1. 应夹在离管口 1/3 处 2. 要从试管底部套上或取下 3. 手握试管夹长柄部分 4. 防烧损
实训图 8　试管刷	洗涤试管等玻璃仪器	手持试管刷的部位要合适,防止顶部铁丝撞破试管
实训图 9　药匙	取用少量固体试剂	1. 要保持干燥、清洁 2. 用完后应洗净、干燥后再使用

续表

名称	主要用途	注意事项
实训图 10　滴管	1. 吸取或滴加少量液体 2. 吸取沉淀上清液	1. 滴加试剂时,滴管口要垂直向下,滴液不能成流,不要接触容器壁 2. 专管专用
实训图 11　滴瓶	盛液体试剂	1. 滴管和滴瓶要配套,用后立即将滴管插入原滴瓶 2. 见光易分解的物质放在棕色滴瓶中
实训图 12　试剂瓶	用于存放固体、液体或者收集气体	1. 不能直接加热 2. 瓶塞不能互换 3. 不能做反应容器 4. 盛放碱液应使用橡皮塞 5. 不用时应洗净并在磨口塞与瓶颈间垫上纸条
实训图 13　漏斗	1. 过滤液体 2. 倾注液体	1. 不能直接加热 2. 过滤时,滤纸边缘低于漏斗边缘,液面低于滤纸边缘

续表

名称	主要用途	注意事项
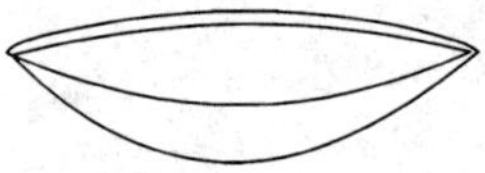 实训图 14　表面皿	1. 用于覆盖烧杯或蒸发皿等 2. 做点滴反应器皿或气室 3. 盛放干净试剂	1. 不能直接加热 2. 不能用做蒸发皿
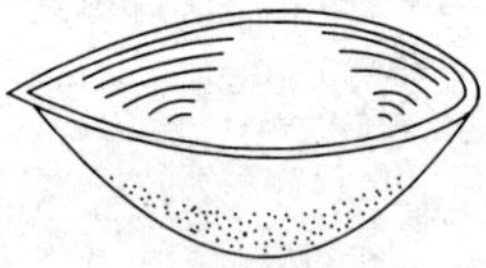 实训图 15　蒸发皿	1. 溶液的蒸发、浓缩 2. 焙干物质	1. 盛液量不超过容积的 2/3 2. 可直接加热 3. 加热过程中要不断搅拌 4. 接近蒸干时,停止加热,利用余热蒸干
 实训图 16　研钵	研磨固体物质	1. 不可加热 2. 不可做反应容器 3. 不可将易爆物质混合研磨 4. 不可敲击被研磨物质
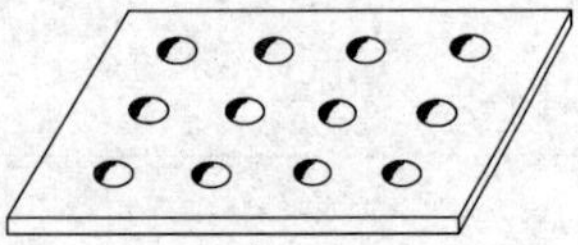 实训图 17　点滴板	用于有颜色或有沉淀的点滴反应	1. 常用白色点滴板 2. 有白色沉淀的反应用黑色点滴板 3. 试剂量一般为 2~3 滴
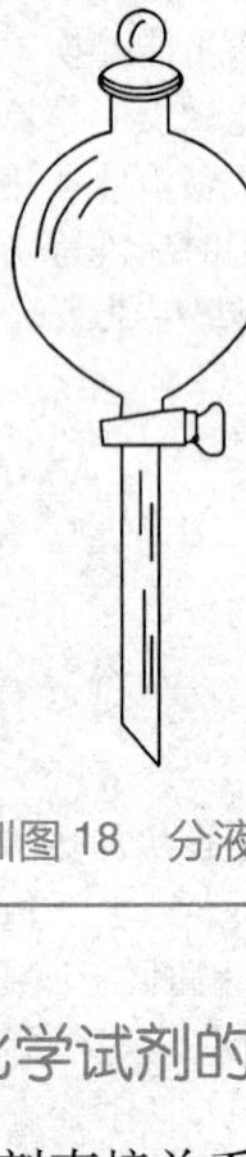 实训图 18　分液漏斗	1. 分离互不相溶的液体 2. 气体发生装置中用于滴加液体	1. 不能加热 2. 旋塞处涂一层凡士林以防漏液 3. 分液时,下层液体从漏斗管流出,上层液体从上口倒出 4. 在气体发生装置中漏斗颈应插于液面下

三、化学试剂的规格

化学试剂直接关系分析结果的好坏,它的规格是以所含杂质来划分的,一般分为 4 个等级,见下表:

化学试剂规格

等级	名称	符号	标签标志
一级品	优级纯（保证试剂）	G.R	绿色
二级品	分析纯（分析试剂）	A.R	红色
三级品	化学纯	C.P 或 P	蓝色
四级品	实验试剂	L.R	棕色等
	生物试剂	B.R 或 C.R	黄色等

在一般分析工作中，通常使用 A.R 级的试剂；普通化学实验，使用 C.P 级试剂。

此外，还有一些特殊用途的高纯试剂，如基准试剂、色谱纯试剂、光谱纯试剂等。基准试剂的纯度相当于或高于优级纯试剂，可作为滴定分析法的基准物质，也可用于直接法配制滴定液。

在分析工作中，选择试剂的纯度除了要与所用方法相当外，其他如实训用的水，操作器皿也要与之相适应。若试剂都选用 G.R 级的，则不宜使用普通的蒸馏水或去离子水，而应使用经两次蒸馏制得重蒸馏水。所用器皿的质地也要求较高，使用过程中不应有物质溶解到溶液中，以免影响测定的准确性。

选择试剂时，也不要盲目追求高纯度，应根据分析工作的具体情况进行选择，避免造成浪费。当然也不能随意降低试剂的规格而影响分析结果的准确度。

实训用水由于用量较大，其杂质直接影响分析结果，因此也必须对所用蒸馏水、去离子水的质量加以监控。

实训一　化学实训基本操作

【实训目标】

1. 熟练掌握玻璃仪器的洗涤方法和托盘天平、酒精灯、量筒等常用仪器的使用方法。

2. 熟悉并自觉遵守实训室规则。

3. 培养学生耐心细致、一丝不苟的工作态度。

【实训用品】

器材： 试管、烧杯、量筒、酒精灯、玻璃棒、胶头滴管、表面皿、蒸发皿、试管刷、试管夹、药匙、石棉网、托盘天平（台秤）、研钵、铁架台、火柴。

药品： 酒精、蒸馏水、0.1mol/L NaCl、固体 $NaHCO_3$、洗衣粉、去污粉。

【实训内容】

一、玻璃仪器的洗涤和干燥

化学实训所用仪器的干净程度直接影响着实训结果的准确性，因此，在实训前后必须认真洗涤仪器。仪器干净的标准是：**内壁附着的水要均匀，不应挂有水珠。**

1. **洗涤方法**　一般先用自来水冲洗，再用试管刷刷洗。若洗不干净，可用毛刷蘸少量去污粉或洗衣粉刷洗。若仍洗不干净，可用重铬酸钾洗液或其他洗涤液浸泡处理（浸泡后将洗液小心倒回原瓶中供重复使用），然后再用自来水冲洗，最后用蒸馏水淋洗。

2. 干燥方法　干燥仪器的常用方法如下。

（1）晾干：将仪器置于干燥处，任其自然晾干。

（2）烘干：把仪器内的水倒尽后，放在电烘箱内烘干。

（3）烤干：烧杯和蒸发皿等可放在石棉网上用小火烤干。试管可直接用小火烤干。操作时，试管口要低于试管底，烤到不见水珠时，使管口向上赶尽水汽。

（4）吹干：带有刻度的计量仪器不能用烘干或烤干的方法进行干燥，可采用电吹风吹干。

二、托盘天平的使用

托盘天平（实训图 1-1）又称台秤，常用于精确度不高的称量，一般能称准到 0.1g。

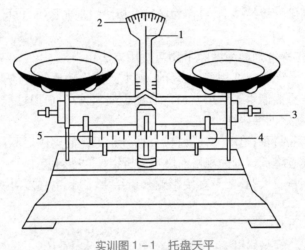

实训图 1-1　托盘天平

1. 指针；2. 标尺；3. 调节螺丝；4. 游码标尺；5. 游码

使用步骤如下。

1. 调零点　称量前，先将游码拨到游码标尺的"0"处，检查天平的指针是否停在标尺的中间位置，若不在中间位置，可调节托盘下侧的调节螺丝，使指针指到零点，或以零点为标准左右摆动格数相同。

2. 称量　称量时，左盘放被称药品，右盘放砝码。药品不能直接放在托盘上，可放在称量纸或表面皿上。加砝码时，应按照由大到小的原则进行。有些托盘天平有游码及游码刻度尺，称少量药品时可用游码。当指针停在标尺的中间位置时，托盘天平已达平衡，根据所加砝码和游码的质量，记录药品的质量。

3. 称量完毕　将砝码放回砝码盒中，游码移至刻度"0"处，将两个天平盘清理干净重叠，放在天平的一侧，以免天平摆动磨损刀口。

三、量筒的使用

量筒是常用的有刻度的量器。量取精确度不高的一定体积液体时可用量筒，可准确到 0.1ml。量液时，量筒应放平稳，当液体加到接近刻度线时，改用胶头滴管滴加，当凹液面最低处与所需刻度相切时，即停止滴加。观察和读取量筒内液体体积数据时，视线应与量筒内液体的凹液面最低处保持水平（实训图 1-2）。

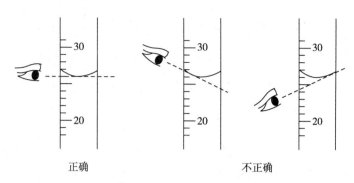

实训图 1-2　量筒的读数

四、酒精灯的使用

酒精灯是化学实训常用的加热仪器,常用于加热温度不需要太高的化学反应。使用方法如下。

（一）检查

1. 灯芯　若顶端不平或已烧焦要剪去少许,灯芯高度一般在 0.3~0.5cm。

2. 酒精量　应占酒精灯容积的 1/4~2/3。添加酒精要借助漏斗。绝对禁止向燃着的酒精灯里添加酒精,以免失火。

（二）点燃

酒精灯只能用火柴点燃。禁止用已燃的酒精灯去点燃另一个酒精灯。

酒精灯火焰分为外焰、内焰、焰心三层。外焰的温度最高,加热时应使用外焰。

（三）熄灭

用灯帽盖灭酒精灯。盖灭后,需将灯帽再提起一次,放走热酒精蒸气同时进入一部分冷空气,再盖好。绝不可用嘴吹灭。

五、学生练习

（一）仪器洗涤与干燥

1. 洗净 2 个烧杯(100ml、250ml)和试管若干支。

2. 用电吹风吹干洗净的烧杯;用酒精灯烘干 2 支洗净的试管。

（二）试剂的取用与加热

1. 向试管中滴加 1ml 0.1mol/L 的氯化钠溶液,用酒精灯加热至沸腾。

2. 用量筒量取 18ml 0.1mol/L 的氯化钠溶液。

3. 用托盘天平称取 2g 碳酸氢钠固体于试管中并加热。

【注意事项】

1. 称量时根据所称药品的特性选用不同的称量纸。

2. 量筒读数时要放平稳。

3. 酒精灯连续使用时间不能太长,以免灯内酒精大量气化而发生危险。

4. 液体取用时,若没有说明用量,一般取 1~2ml。

【实训思考】

1. 如何判断仪器是否洗涤干净?

2. 带有刻度的计量仪器为什么不能用加热的方法进行干燥?

3. 潮湿的、易潮解的或腐蚀性强的试剂,如何在托盘天平上称质量?

(接明军)

实训二 药用氯化钠的粗略制备

【实训目标】

1. 熟练掌握称量、溶解、沉淀、过滤、蒸发浓缩等基本操作。

2. 学会从粗食盐中除去所含杂质粗略制备药用氯化钠的方法。

3. 培养学生严谨的工作态度。

【实训用品】

器材:台秤、50ml 烧杯、玻璃棒、量筒、铁架台(带铁圈)、滤纸、布氏漏斗、抽滤泵、酒精灯、蒸发皿。

药品:粗食盐(已炒好)、1mol/L $BaCl_2$ 溶液、2mol/L NaOH、1mol/L Na_2CO_3、2mol/L HCl、pH 试纸。

【实训原理】

将粗食盐在火上煅炒,使有机物炭化,已炒好的粗食盐中含有不溶性杂质(如泥沙等)和可溶性杂质(主要是 Ca^{2+}、Mg^{2+}、K^+、Fe^{3+} 和 SO_4^{2-},微量的重金属离子和 Br^-、I^- 离子本实训不予考虑)。

不溶性杂质,可用过滤的方法除去。

可溶性杂质,可用下列方法除去:在粗食盐中加入稍微过量的 $BaCl_2$ 溶液时,即可将 SO_4^{2-} 转化为难溶解的 $BaSO_4$ 沉淀。

$$Ba^{2+} + SO_4^{2-} = BaSO_4 \downarrow$$

然后再加入 NaOH 和 Na_2CO_3 溶液,发生下列反应:

$$Fe^{3+} + 3OH^- = Fe(OH)_3 \downarrow$$
$$Mg^{2+} + 2OH^- = Mg(OH)_2 \downarrow$$
$$Ca^{2+} + CO_3^{2-} = CaCO_3 \downarrow$$
$$Ba^{2+} + CO_3^{2-} = BaCO_3 \downarrow$$

将食盐溶液中的杂质 Mg^{2+}、Ca^{2+} 以及沉淀 SO_4^{2-} 时加入的过量 Ba^{2+} 相应转化为难溶的 $Mg(OH)_2$、$CaCO_3$、$BaCO_3$ 沉淀,通过过滤的方法除去。

过量的 NaOH 和 Na_2CO_3 可以用盐酸中和除去。

少量可溶性杂质(如 KCl 等)由于含量很少,在蒸发浓缩和结晶过程中仍留在母液中,不会和 NaCl 同时结晶出来。

【实训内容】

1. 用台秤称取 5g 粗食盐,放入 50ml 烧杯中,加约 15ml 蒸馏水,用玻璃棒搅拌,加热使其全部溶解。

2. 向粗盐溶液中滴加 1mol/L $BaCl_2$ 溶液 1.5~2ml 至沉淀完全,继续加热煮沸几分钟,使 $BaSO_4$ 颗粒长大而易于沉降和过滤。停止加热及搅拌,待沉淀沉降后,沿烧杯壁滴加数滴 $BaCl_2$ 溶液,检验 SO_4^{2-} 是否沉淀完全。如有白色沉淀生成,则需补加 $BaCl_2$ 溶液至沉淀完全;如没有白色沉淀生成,冷却后,可用布氏漏斗抽滤,沉淀弃去,保留滤液。

3. 将滤液加热至沸,加入 2mol/L NaOH 溶液 0.5ml 和 1mol/L Na$_2$CO$_3$ 溶液 1ml,至沉淀完全,抽滤,弃去 Mg(OH)$_2$、CaCO$_3$、BaCO$_3$ 沉淀,保留滤液。

4. 在滤液中逐滴加入 2mol/L HCl,加热,搅拌,赶尽 CO$_2$,并用玻璃棒蘸取滤液在 pH 试纸上检测,直至滤液呈微酸性(pH≈4)。

5. 将中和后的溶液移入蒸发皿,小火加热蒸发、浓缩至稀粥状的稠液为止,切不可将溶液蒸发至干。

6. 冷却至室温后,将晶体过滤,并用 1～1.5ml 蒸馏水洗涤两次,将得到的晶体置于烘箱中,在 105℃烘干即得纯食盐。

7. 称出纯食盐的质量,按下式计算食盐的提纯率。

$$提纯率 = \frac{精盐的质量}{粗盐的质量} \times 100\%$$

【注意事项】

1. 食盐溶液中杂质 Mg^{2+}、Ca^{2+} 以及沉淀 SO$_4^{2-}$ 时加入的过量 Ba^{2+} 必须用 NaOH 溶液和 Na$_2$CO$_3$ 溶液沉淀完全,并保持溶液呈碱性。

2. 为了避免滤液中少量可溶性杂质 KCl、NaBr、KI 等在蒸发浓缩、结晶过程中结晶析出,切忌将溶液蒸干。

3. 注意抽滤装置的安装和使用;抽滤时为防止滤纸被抽破,可用两层滤纸。

【实训思考】

1. 为什么不能用重结晶法提纯氯化钠?

2. 除去 Ca^{2+}、Mg^{2+} 和 SO$_4^{2-}$ 离子的先后顺序是否可以倒置过来? 如先除去 Ca^{2+}、和 Mg^{2+},再除 SO$_4^{2-}$,有何不同?

(宋守正)

实训三　溶液的配制和稀释

【实训目标】

1. 学会进行质量浓度、物质的量浓度溶液的配制。

2. 学会溶液稀释的操作,并能说出主要步骤。

3. 练习量筒、滴管的使用。

4. 培养实事求是、科学严谨的作风。

【实训用品】

器材:100ml 量筒、烧杯、托盘天平及砝码、玻璃棒、洗瓶、胶头滴管、称量纸、角匙。

药品:氯化钠、浓盐酸、$\varphi_B = 0.95$ 的药用酒精。

【实训内容】

一、溶液的配制

(一)质量浓度溶液的配制

配制 9g/L 的 NaCl 溶液(生理盐水)100ml。

1. **计算**　根据所需溶液的浓度和体积计算所需溶质的质量_____g。

2. **称量**　用托盘天平称取_____g NaCl 固体。

3. **溶解** 将 NaCl 倒入烧杯中,加入适量蒸馏水,并用玻璃棒搅拌至溶解。

4. **转移** 将上述溶液用玻璃棒引流至 100ml 量筒中,用洗瓶快速冲洗烧杯内壁和玻璃棒 2~3 次,并将洗涤液全部转移至量筒中。

5. **定容** 向量筒中加蒸馏水距 100ml 刻度线 1~2cm 时,改用胶头滴管滴加,至溶液凹液面的最低点与刻度线相切。

6. **混匀** 用玻璃棒将溶液搅拌均匀。

回收:将配制好的溶液倒入试剂瓶中,贴上标签,标上试剂名称、浓度、配制时间,备用;或倒入指定的容器内。

(二)物质的量浓度配制

用质量分数 $\omega_B = 0.37$,密度 $\rho = 1.19kg/L$ 浓盐酸配制 0.2mol/L 盐酸 100ml。

1. **计算** 先根据转换公式 $c = \dfrac{\omega\rho}{M}$,计算出浓盐酸物质的量浓度,再根据稀释公式,计算出所需要浓盐酸_____ ml。

2. **量取** 用 10ml 量杯准确量取浓盐酸_____ ml。

3. **定容** 用少量蒸馏水洗涤量筒 2~3 次,并将洗涤液倒入 100ml 量筒中,向量筒中加入蒸馏水距 100ml 刻度线 1~2cm 时,改用胶头滴管滴加,至溶液凹液面的最低点与刻度线相切。

4. **混匀** 用玻璃棒将溶液搅拌均匀。

回收:将配制好的溶液倒入试剂瓶中,贴上标签,标上试剂名称、浓度、配制时间,备用;或倒入指定的容器内。

二、溶液的稀释

用体积分数 $\varphi_B = 0.95$ 的药用酒精配制 $\varphi_B = 0.75$ 消毒酒精 100ml。

1. **计算** 根据稀释公式,计算出所需要溶质_____ ml。

2. **量取** 用 100ml 量筒准确量取 $\varphi_B = 0.95$ 的药用酒精_____ ml。

3. **定容** 向量筒中加入蒸馏水稀释至液面距 100ml 刻度线 1~2cm 时,改用胶头滴管滴加,至溶液凹液面的最低点与刻度线相切。

4. **混匀** 用玻璃棒将溶液搅拌均匀。

回收:将配制好的溶液倒入试剂瓶中,贴上标签,标上试剂名称、浓度、配制时间,备用;或倒入指定的容器内。

【注意事项】

转移溶液时要小心,若有溶液流出量筒外,要重新做实验。

【实训思考】

1. 溶液配制的方法有哪些?

2. 将烧杯里的溶液倒入量筒后,为什么还要冲洗烧杯内壁和玻璃棒 2~3 次,并将洗液也倒入量筒?

3. 定容时,为什么要用胶头滴管滴加溶液?

4. 某同学用量筒配制溶液时,加水超过了刻度线,就倒出一些,又重新加水至刻度线。你认为这种做法对吗? 这样做会造成什么结果?

(阮桂春)

实训四 化学反应速率和化学平衡

【实训目标】

1. 学会验证浓度、温度、催化剂等因素对化学反应速率影响的实验操作和验证浓度、温度对化学平衡移动影响的实验操作。

2. 培养学生具有总结归纳的能力。

【实训用品】

器材:烧杯、试管、试管夹、试管架、温度计、角匙、滴管、玻璃棒、酒精灯、二氧化氮平衡仪、火柴、铁架台(或三角架)、石棉网、量筒。

药品:0.1mol/L $Na_2S_2O_3$、0.1mol/L H_2SO_4、0.3mol/L $FeCl_3$、1mol/L KSCN、质量分数为0.03 的 H_2O_2 溶液、MnO_2 固体。

【实训内容】

一、影响化学反应速率的因素

1. 浓度对化学反应速率的影响 取两支试管,编为1、2 号,按下表要求加入 0.1mol/L $Na_2S_2O_3$ 溶液和蒸馏水并振荡摇匀。再向2 支试管同时加入 0.1mol/L H_2SO_4 溶液2ml,振荡摇匀,观察浑浊出现的时间先后顺序,并填入下表。

试管号	$Na_2S_2O_3$ 溶液 0.1mol/L	蒸馏水	H_2SO_4 溶液 0.1mol/L	出现浑浊的先后顺序
1	4ml	—	1ml	
2	2ml	2ml	1ml	

产生现象的原因:_____。

2. 温度对化学反应速率的影响 取两支试管,编为1、2 号,分别加入 0.1mol/L $Na_2S_2O_3$ 溶液2ml 和 0.1mol/L H_2SO_4 溶液3ml 摇匀。1 号试管置于室温,按要求加热2 号试管,观察浑浊出现的时间先后顺序,并填入下表。

试管号	$Na_2S_2O_3$ 溶液 0.1mol/L	H_2SO_4 溶液 0.1mol/L	温度	出现浑浊的先后顺序
1	2ml	3ml	室温	
2	2ml	3ml	室温 +20℃	

产生现象的原因:_____。

3. 催化剂对化学反应速率的影响 取两支试管,编为1、2 号,分别加入质量分数为0.03 的 H_2O_2 溶液各3ml,向1 号试管加入少许 MnO_2 固体,2 号试管留作比较,观察2 支试管产生气体的先后顺序,并填入下表。

试管号	H₂O₂ 溶液 ω =0.03	MnO₂ 固体	产生气体的先后顺序
1	3ml	少许	
2	3ml	—	

产生现象的原因：_____。

二、影响化学平衡的因素

1. 浓度对化学平衡的影响　取小烧杯一只，加入 0.2mol/L $FeCl_3$ 溶液和 1mol/L KSCN 溶液各 10 滴，再加入 15ml 蒸馏水稀释并摇匀。将此混合液分成 3 份加入 3 支试管中，编为 1、2、3 号，按照下表要求完成实验。

试管号	加入试剂	现象	化学平衡移动的方向
1	0.3mol/L $FeCl_3$ 溶液 5 滴		
2	1mol/L KSCN 溶液 5 滴		
3	用作对照		

产生现象的原因：_____

_____。

2. 温度对化学平衡的影响　取出装有 NO_2、N_2O_4 混合气体的平衡仪，将平衡仪的一端放入装有冰水的烧杯中，另一端放入装有热水的烧杯中，观察两端气体的颜色变化，并填入下表。

反应条件	现象	化学平衡移动的方向
冰水中		
热水中		

产生现象的原因：_____

_____。

（王　虎）

实训五　电解质溶液

【实训目标】

1. 熟练掌握同离子效应、盐的水解的实训操作和缓冲溶液的配制方法。

2. 学会区别强电解质和弱电解质；使用 pH 试纸和酸碱指示剂判断溶液的酸碱性；根据实训现象判断是否发生离子反应。

3. 培养学生具有观察、分析、研究问题的能力及严肃认真的科学态度。

【实训用品】

器材:试管、烧杯、滴管、点滴板、广泛 pH 试纸、精密 pH 试纸、红色石蕊试纸、蓝色石蕊试纸。

药品:0.1mol/L HCl 溶液、0.1mol/L CH$_3$COOH 溶液、0.1mol/L NH$_3$·H$_2$O 溶液、0.1mol/L NaOH 溶液、0.1mol/L NaCl 溶液、0.1mol/L AgNO$_3$ 溶液、0.1mol/L CuSO$_4$ 溶液、0.1mol/L CH$_3$COONa 溶液、0.1mol/L NH$_4$Cl 溶液、蒸馏水、酚酞试液、甲基橙试液、石蕊试液、NH$_4$Cl 晶体、锌粒、大理石。

【实训内容】

一、强电解质和弱电解质的比较

取 2 支试管,分别加入 0.1mol/L HCl 溶液、0.1mol/L CH$_3$COOH 溶液 1ml,然后各加入同样大小的锌粒,观察反应的剧烈程度。解释实训现象并写出反应的离子方程式。

二、同离子效应

取 2 支试管,各加入 0.1mol/L NH$_3$·H$_2$O 溶液 1ml 和酚酞试液 1 滴,振荡,观察溶液颜色。向其中 1 支试管中加入少量 NH$_4$Cl 晶体,振荡后与另一试管比较,观察颜色有何变化并解释原因。

三、溶液的酸碱性及酸碱指示剂

(一)常用酸碱指示剂在酸碱溶液中颜色的变化

1. 取 2 支试管,各加入蒸馏水 1ml 与酚酞试液 1 滴,观察其颜色。然后向 1 支试管中加入 2 滴 0.1mol/L HCl 溶液,另 1 支试管中加入 2 滴 0.1mol/L NaOH,观察颜色的变化。

2. 取 2 支试管,各加入蒸馏水 1ml 与甲基橙试液 1 滴,观察其颜色。然后向 1 支试管中加入 2 滴 0.1mol/L HCl 溶液,另 1 支试管中加入 2 滴 0.1mol/L NaOH,观察颜色的变化。

3. 取 2 支试管,各加入蒸馏水 1ml 与石蕊试液 1 滴,观察其颜色。然后向 1 支试管中加入 2 滴 0.1mol/L HCl 溶液,另 1 支试管中加入 2 滴 0.1mol/L NaOH,观察颜色的变化。

(二)用广泛 pH 试纸测定溶液近似 pH

在白色点滴板的 5 个凹穴内,各放入一小片广泛 pH 试纸,在每片试纸上分别滴加蒸馏水、0.1mol/L HCl、0.1mol/L NaOH、0.1mol/L CH$_3$COOH、0.1mol/L NH$_3$·H$_2$O 各 1 滴,将 pH 试纸显现的颜色与标准比色板对照,记录溶液的近似 pH,填入下表中。

溶液	H$_2$O	HCl	NaOH	CH$_3$COOH	NH$_3$·H$_2$O
pH					

四、离子反应

(一)气体的生成

在试管中加入大理石 1 粒,然后加入 0.1mol/L HCl 1ml,观察现象。写出反应的离子方程式。

(二)沉淀的生成

1. 在试管中加入 0.1mol/L NaCl 溶液 1ml 和 0.1mol/L AgNO$_3$ 溶液 5 滴,观察现象。写

出反应的离子方程式。

2. 在试管中加入 0.1mol/L $CuSO_4$ 溶液 1ml 和 0.1mol/L NaOH 溶液 5 滴，振荡，观察现象。写出反应的离子方程式。

（三）弱电解质（水）的生成

在试管中加入 0.1mol/L HCl 溶液 1ml，然后加入 0.1mol/L NaOH 溶液 1ml，触摸试管底部，解释观察到的现象。写出反应的离子方程式。

五、盐的水解

在白色点滴板凹穴内，分别放入红色石蕊试纸、蓝色石蕊试纸、广泛 pH 试纸各 3 片，每穴一片，在每片试纸上分别滴加 1 滴 0.1mol/L NaCl 溶液、0.1mol/L CH_3COONa 溶液、0.1mol/L NH_4Cl 溶液，用红、蓝色石蕊试纸测得溶液的酸碱性，用广泛 pH 试纸测定溶液的近似 pH。将实验结果填入下表中。

溶液	红色石蕊试纸	蓝色石蕊试纸	pH	酸碱性	原因
氯化钠					
醋酸钠					
氯化铵					

六、缓冲溶液的配制和缓冲作用

（一）缓冲溶液的配制

取洁净的小烧杯 1 只，加入蒸馏水 10ml、0.1mol/L CH_3COOH 溶液 5ml 和 0.1mol/L CH_3COONa 溶液 5ml，混匀，即得到 $CH_3COOH - CH_3COONa$ 缓冲溶液。并用精密 pH 试纸测其 pH。

（二）缓冲溶液的缓冲作用

取 4 支洁净试管并编号，向 1、2 号试管中各加入自制的 $CH_3COOH - CH_3COONa$ 缓冲溶液 5ml，3、4 号试管中各加入蒸馏水 5ml。按下表进行实验，并将有关数据填入下表。

试管编号	pH	加入的酸或碱	pH	pH 的变化值
1		1 滴 0.1mol/L HCl		
2		1 滴 0.1mol/L NaOH		
3		1 滴 0.1mol/L HCl		
4		1 滴 0.1mol/L NaOH		

【注意事项】

1. 本次实训所用药品较多，应耐心细致以免用错试剂。

2. 不能将试纸直接插入试剂瓶中。点滴板每次用完要注意冲洗干净再用。因实训所用试纸较多，用后应放入废物缸中，不可抛入水槽中，以防水槽和下水道堵塞或腐蚀。

3. 实训时要将试管编号并按照教师要求的顺序进行。

4. 实训过程中要认真观察实验现象，并及时做好记录。

【实训思考】

1. 现有氯化钠、氯化铵、碳酸钠、硫酸钠四包白色粉末,用化学方法将它们鉴别开。
2. 盐的水解的实质是什么? 举例说明不同类型盐的水解情况及溶液的酸碱性。
3. 0.1mol/L CH₃COONa 溶液中有几种粒子存在? 浓度最大的是哪种粒子?

(接明军)

实训六　几种药物成分的定性鉴别

【实训目标】

1. 学会用化学方法定性鉴别抗贫血药"福乃得"中的硫酸亚铁成分和止咳药"咳停片"配方中的氯化铵成分。
2. 通过对药物成分的定性鉴别,培养学生具有探究某种药物成分的能力。

【相关知识】

药物成分定性鉴别都是已知物的确证,因此我们只需利用各种阴、阳离子与不同试剂的特征反应来检测某些阴、阳离子。

定性鉴别药物成分的程序主要包括取样、试样溶解、定性鉴别等步骤。

含铁的制剂是用于治疗缺铁性贫血的主要药物,其主要成分为硫酸亚铁或其他二价铁盐。"福乃得"是常用的一种补铁剂。

氯化铵为无色或白色结晶性粉末,味咸凉、微苦,易溶于水。氯化铵可反射性地增加呼吸道黏膜腺体的分泌,从而使痰液易于排出,因此常用于配制止咳、祛痰药物。

【提出假设】

1. 假设抗贫血药"福乃得"中含有硫酸亚铁。
2. 假设止咳药"咳停片"配方中的无臭、味咸的白色结晶性成分是氯化铵。

【收集资料】

1. 硫酸亚铁和氯化铵的性状。
2. 鉴别 Fe^{2+}、SO_4^{2-}、NH_4^+、Cl^- 的化学反应。

【实训用品】

器材: 试管、试管架、试管夹、酒精灯、火柴。

药品: 3% H_2O_2、福乃得片剂、咳停片、红色石蕊试纸、蒸馏水;

0.1mol/L 的 KSCN、$BaCl_2$、$AgNO_3$;

6mol/L 的 HCl、NaOH、HNO_3。

【实训内容】

一、硫酸亚铁成分鉴别

1. 取样且溶解试样　取本品,除去糖衣,研细,称取适量试样(约相当于硫酸亚铁0.5g),加适量的蒸馏水振摇使其溶解,滤过,取滤液待用。

2. Fe^{2+} 的鉴别　在试管中加入少量上述溶液,加 2 滴 KSCN 溶液,观察,无颜色变化。再向试管中加入适量的 H_2O_2,观察到溶液显血红色,示有 Fe^{3+},进而推得上述溶液中含有 Fe^{2+}。请解释此结论。

3. SO_4^{2-} 的鉴别　在试管中加入少量上述溶液,加稀盐酸使成酸性后,然后再加 5 滴

349

$BaCl_2$ 溶液,即生成白色沉淀,表示有 SO_4^{2-}。请解释此结论。

二、氯化铵成分鉴别

1. 取样且溶解试样 取本品,除去糖衣,研细,称取适量试样(约相当于氯化铵 0.5g),加适量的蒸馏水振摇使其溶解,滤过,取滤液待用。

2. NH_4^+ 的鉴别 在试管中加入少量上述溶液,加 1ml NaOH 溶液,加热试管,并将湿润的红色石蕊试纸覆于试管口部,观察到湿润的红色石蕊试纸变蓝,表示有 NH_4^+。请解释此结论。

3. Cl^- 的鉴别 在试管中加入少量上述溶液,加稀硝酸使成酸性后,加硝酸银试剂 2 滴,即生成白色凝乳状沉淀,表示有 Cl^-。请解释此结论。

【注意事项】

1. 各鉴别反应都有明显外观变化(如沉淀的生成和溶解、溶液颜色的变化、气体的逸出等)。反应中严格按照操作要求滴加试剂,并非滴加试剂越多现象就越明显。

2. $BaCl_2$ 溶液有毒,使用时要注意安全。$AgNO_3$ 溶液会使皮肤、地板变黑,注意不要滴在皮肤或地板上。

【实训思考】

1. 鉴别反应样品和试剂的量一般为 1～2 滴,多加是否对鉴别反应更有利?

2. Fe^{2+} 的鉴别加 KSCN 后,为什么要加 H_2O_2,先鉴别出 Fe^{3+} 后,就能推断出原溶液含有 Fe^{2+}。

3. 用 KSCN 鉴别 Fe^{3+} 的反应为什么要在酸性条件下进行?

4. SO_4^{2-} 的鉴别为什么要加稀盐酸使成酸性后,再加 $BaCl_2$ 试剂?

5. Cl^- 的鉴别为什么要加硝酸使成酸性后,再加硝酸银试剂?

(刘俊萍)

实训七 电子天平的称量练习

【实训目标】

1. 熟练掌握电子天平的基本操作和常用称量方法。

2. 学会直接称量法和减重称量法。

3. 培养学生具有准确、整齐、简明地记录实验原始数据的习惯。

【实训用品】

器材:电子天平(实训图 7－1)、称量瓶、50ml 烧杯、250ml 锥形瓶。

药品:无水碳酸钠(Na_2CO_3)。

【实训内容】

一、电子天平的基本操作

(一)天平检查

1. 调水平 查看水平仪,如不水平,通过水平调节脚调节至水平。

2. 开机 接通电源,按下“开机/关机(ON)”键,天平启动。开机过程中自动进行 30 秒左右的自检,显示所有可能用到的功能显示,自动清零,进入使用状态。为了获得较精确的测量结果,天平须开机预热 30 分钟后使用。

3. 校准　首次使用天平必须进行校准,不同的型号有不同的方式,主要有两种。

（1）外加校准砝码电子天平:空盘时按下除皮键,显示"0.0000g",再按下调校键,显示"CAL－200",此时用镊子放上200g标准砝码（天平的随机附件中配备）,经数秒钟后,显示"200.0000g",拿去标准砝码,显示"0.0000g",若显示不为零,则再清零（按除皮键）,重复以上校准操作,至显示为零。

（2）内部校准电子天平:空盘时按下除皮键,显示"0.0000g",再按下调校键,可听到天平内部有电机驱动声音,显示屏上出现"CAL",待数秒后,驱动声停止,屏上显示"0.0000g",说明仪器已校准完毕。该系列的天平都配有一个内装的校准砝码,由电机驱动加载,并在结束调校后被重新卸载。

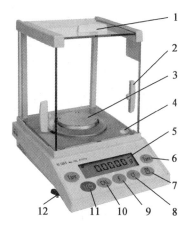

实训图 7 -1　电子天平
1. 顶门　2. 边门　3. 称盘　4. 水平仪　5. 显示屏　6. 清零键（Tare）
7. 打印键　8. 清除功能键　9. 功能键 10. 校准键（CAL）　11. 开关键（ON－开显示屏,OFF－关显示屏）
12. 水平调节螺丝

（二）直接称量法

按一下"去皮/置零"键,将天平清零,等待天平显示"0.0000g"后,在秤盘上放置称量瓶,待称重稳定后,即可读数,并记录称量结果,重复 3 次。

（三）减重称量法

精密称取约 0.12g 无水 Na_2CO_3 三份。

1. 取一洁净、干燥的称量瓶,装入适量的无水 Na_2CO_3 粉末至称量瓶中（实训图 7 -2）。

2. 将装有无水 Na_2CO_3 试样的称量瓶放在天平中央,按"去皮/置零"键;取出称量瓶,轻敲出一些试样于锥形瓶中,再放在天平中央,读数显示为负值。其绝对值即为敲出试样的质量,在要求范围内,记录 Na_2CO_3 的质量 m。

3. 重复上述操作,可连续称出第二、第三份试样。

实训图 7 -2　倾出样品操作

（四）复原

称量结束,取出被称物,按"OFF"键,关闭天平,用软毛刷清洁天平内部,关闭天平侧门,罩上天平罩,切断电源,做好登记后方可离开实验室。

二、数据记录与处理

无水 Na_2CO_3 的称量数据记录

记录项目	数据记录示例	测定次数		
		1	2	3
称量瓶 + Na_2CO_3 去皮显示（g）	0.0000			
敲出样品后天平显示（g）	－0.1145			
称出的 Na_2CO_3（g）	0.1145			

【注意事项】

1. 用天平称量之前一定要检查仪器是否水平。

2. 称量物不得超过天平的量程。

3. 称量时要把天平的门关好,待稳定后再读数。

4. 不能用天平直接称量腐蚀性的物质。

5. 使用称量瓶时,应用纸拿。

6. 称量时应将被称物置于天平正中央。

【实训思考】

1. 在实验中记录称量数据应准确至几位?为什么?

2. 称量时,每次均应将砝码和物体放在天平盘的中央,为什么?

3. 减重称量法时,倾出的样品如果超出范围,应如何操作?

(阮桂春)

实训八　滴定分析常用仪器的基本操作

【实训目标】

1. 熟练掌握滴定管、容量瓶和移液管的操作。

2. 学会容量瓶和移液管的相对校准。

3. 培养学生具有耐心细致的科研品质和一丝不苟的工作态度。

【实训用品】

器材: 25ml 酸式滴定管(或聚四氟乙烯滴定管)、25ml 碱式滴定管、250ml 锥形瓶、50ml 小烧杯、500ml 大烧杯、10ml 刻度吸管、20ml 移液管、100ml 容量瓶、小滴管、60ml 吸耳球、洗瓶、粗纱线、滤纸、透明胶带、剪刀。

药品: 0.1000mol/L NaOH 滴定液、0.1000mol/L HCl 滴定液、0.1% 甲基橙指示剂、铬酸洗液、凡士林。

【实训内容】

一、移液管的操作

1. 取一只 50ml 小烧杯,用少量欲移取的 0.1000mol/L NaOH 润洗 2～3 次。加入适量的 0.1000mol/L NaOH,用于洗涤移液管。

2. 取 20ml 移液管和 10ml 刻度吸管各 1 支,用蒸馏水洗净后,用滤纸条吸干移液管尖端的溶液,再用上述小烧杯中的 0.1000mol/L NaOH 各润洗 2～3 遍。

3. 将 20ml 刻度吸管插入装有 0.1000mol/L NaOH 滴定液的试剂瓶中,准确移取 20.00ml 0.1000mol/L NaOH 于 100ml 干燥的容量瓶中,反复移取 5 次,观察溶液液面与容量瓶上的刻度是否相符,如不相符,则在操作熟练后,用透明胶带在容量瓶的颈部裹一圈,作为实际液面的标记,将容量瓶晾干后再重复校准一次,以后配合该支移液管使用时,以新标记为准。经相互校准的容量瓶与移液管做上相同记号。

4. 用 10ml 刻度吸管移取 8.00ml 0.1000mol/L NaOH 于小烧杯中。量取溶液时要从 0.00ml 刻度处放液至 8.00ml 处。反复操作,直至熟练。

二、容量瓶的操作

1. 取 100ml 容量瓶,用粗纱线将容量瓶塞子拴在容量瓶的颈部,检查是否漏水。

2. 用蒸馏水将容量瓶洗净,洗净的容量瓶内壁应不挂水珠。

3. 准确移取 8.00ml 0.1000mol/L NaOH 于上述容量瓶中。

4. 加蒸馏水至容量瓶的 2/3 体积时平摇 10 次以上,使溶液混匀。继续加蒸馏水至标线。在近标线 1cm 左右时要改用滴管小心滴加。

5. 盖紧瓶塞,将容量瓶倒转 15 次以上,确保溶液混匀。

6. 按下式计算 NaOH 溶液的浓度: $c_2 = \dfrac{c_1 V_1}{V_2}$

三、滴定管的操作

取酸式滴定管和碱式滴定管各 1 支,各进行下述操作。

1. 涂凡士林(碱式滴定管不需要涂凡士林)。

2. 检查滴定管是否漏水。

3. 洗涤滴定管,并用滴定液润洗 2~3 次。

4. 在酸式滴定管和碱式滴定管中分别装入相应的滴定液。

5. 检查气泡或排气泡,并调准液面至零刻度线。

6. 从碱式滴定管中放出 20.00ml 0.1000mol/L NaOH 滴定液于 250ml 锥形瓶,加 20ml 蒸馏水,加 1 滴甲基橙指示剂。

7. 用 0.1000mol/L HCl 滴定液滴定至近终点时,用蒸馏水冲洗锥形瓶内壁。

8. 进行半滴操作,直至溶液由黄色变橙色为滴定终点。

9. 读数滴定管并记录数据。

【注意事项】

1. 不能在容量瓶中进行溶质的溶解,应将溶质在烧杯中溶解后再转移到容量瓶中。

2. 容量瓶只能用于配制溶液,不能长期储存溶液。

3. 容量瓶不能加热,不能在烘箱中烘干,不能移取太热或太冷的溶液。如果溶质在溶解过程中放热,要待溶液冷却后再转移入容量瓶。

4. 在使用移液管时,为了减少测量误差,每次都应从最上面刻度(0 刻度)处为起始点,往下放出所需体积的溶液,而不是需要多少体积就吸取多少体积。

5. 移液管和容量瓶常配合使用,因此在使用前须作两者的相对体积校准。同一实验中应尽可能使用同一支移液管、容量瓶和滴定管。

6. 每次滴定须从零刻度或零刻度下某一固定刻度开始,以使每次测定结果能抵消滴定管的刻度误差。

【实训思考】

1. 用 20ml 移液管放液结束后,管内下端的残液是否需要吹出?

2. 用 10ml 刻度吸管移取 7.00ml 溶液时,一般不是从 3.00ml 刻度处将溶液全部放出,而是从 0.00ml 刻度处放液至 7.00ml 处,为什么?

3. 移液管最后的洗涤液是被移取的溶液,而锥形瓶和容量瓶最后的洗涤液是蒸馏水,两者为什么不同?

(李　春)

实训九　酸碱滴定练习

【实训目标】

1. 熟练掌握滴定操作。

2. 学会判断滴定终点的方法。

3. 养成科学、严谨的工作态度,树立社会责任感。

【实训用品】

器材: 酸式滴定管(或聚四氟乙烯滴定管)、碱式滴定管、250ml 锥形瓶、50ml 小烧杯、500ml 大烧杯、20ml 移液管、小滴管、60ml 吸耳球、洗瓶、滤纸等。

药品: 0.1mol/L NaOH 被测溶液、0.1000mol/L HCl 滴定液、0.1% 甲基橙指示剂、0.1% 酚酞指示剂、铬酸洗液、凡士林。

【实训内容】

一、滴定操作练习

1. 酸式滴定管的操作　用移液管准确移取 20.00ml NaOH 被测溶液于锥形瓶中,加入 20ml 蒸馏水,加入 1 滴甲基橙指示剂,用 0.1000mol/L HCl 滴定液滴定至终点,且 30 秒内不褪色为终点,记录消耗的 HCl 体积。注意近终点时要用洗瓶冲洗锥形瓶内壁,HCl 滴定液应半滴加入。

2. 碱式滴定管的操作　与上述相似,移取 20.00ml HCl 溶液于锥形瓶内,加入 1 滴酚酞指示剂,用碱式滴定管将 0.1mol/L NaOH 被测溶液滴定至锥形瓶中的溶液由无色变浅粉红色,且 30 秒内不褪色为终点。

二、滴定结束工作

实验结束后,将滴定管和锥形瓶内的溶液倒入废物缸内,用自来水冲洗干净,并用蒸馏水润洗 2~3 次,将滴定管倒挂在滴定管夹上。锥形瓶及其他物品洗净后放入指定的位置,保持桌面整洁,整理好实验室卫生。

【注意事项】

1. 滴定管是用来测定自管内流出体积的一种测量仪器,滴定管的零刻度在最上面,数值自上而下读取,因此,初读数和终读数要由同一个人在同种环境下读取,以减小误差。

2. 滴定时不应太快,每秒钟放出 3~4 滴为宜,尤其在接近计量点时,应半滴半滴地加入。

3. 滴定管读数可垂直夹在滴定管架上或手持滴定管上端使自由地垂直读取刻度,读数时还应该注意视线、刻度线与凹液面处在同一水平面上,否则将会引起误差。读数应该在凹液面下缘最低点,但遇滴定液颜色太深,不能观察下缘时,可以读液面两侧最高点,"初读"与"终读"应用同一标准。

4. 滴定管有无色、棕色两种,一般需避光的滴定液(如硝酸银滴定液、碘滴定液、高锰酸钾滴定液、亚硝酸钠滴定液、溴滴定液等),需用棕色滴定管。

【实训思考】

1. 滴定管调节零点后,未用小烧杯靠掉出口管尖上的液滴就进行滴定,对滴定结果会产

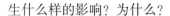

生什么样的影响？为什么？

2. 酸滴定碱的实验中,从碱式滴定管中快速放出 NaOH 溶液后马上读数,与等 1 分钟后再读数有什么区别？请通过实验加以验证。

3. 在滴定分析实验中,滴定管、移液管为何需要用滴定液和要移取的溶液润洗几次？滴定中使用的锥形瓶是否也要用滴定液润洗？为什么？

（李　春）

实训十　酸碱滴定液的配制与标定

【实训目标】

1. 熟练掌握用基准物质标定盐酸滴定液和用比较法标定氢氧化钠滴定液的方法。
2. 学会盐酸、氢氧化钠滴定液的配制和根据指示剂的颜色变化正确判断滴定终点。
3. 培养学生认真细致的工作作风。

【实训用品】

器材:托盘天平、分析天平、滴定管、移液管、烧杯、锥形瓶、试剂瓶。

药品: NaOH(固体)、浓 HCl、无水 Na$_2$CO$_3$(AR)、甲基红 – 溴甲酚绿指示剂、酚酞指示剂等。

【实训内容】

一、盐酸滴定液(0.1mol/L)的配制和标定

1. **盐酸滴定液(0.1mol/L)的配制**　用量筒量取浓盐酸 4.5ml,置于 500ml 量筒中,加蒸馏水至刻度线,充分混匀,转移至试剂瓶中,密塞,贴上标签备用。

2. **盐酸滴定液(0.1mol/L)的标定**　精密称取在 270~300℃ 干燥至恒重的基准碳酸钠 3份,每份约 0.12g,置于 250ml 锥形瓶中,加约 20ml 蒸馏水溶解,加甲基红 – 溴甲酚绿指示剂10 滴,用待标定的盐酸滴定液滴定至溶液由绿色转变为紫红色时,煮沸 2 分钟,冷却至室温,继续滴定至溶液由绿色变为暗紫色即为终点,记录盐酸滴定液消耗的体积。平行操作 3 次。按下式计算平均浓度。

$$c_{HCl} = \frac{2m_{Na_2CO_3}}{V_{HCl}M_{Na_2CO_3} \times 10^{-3}}$$

二、氢氧化钠滴定液(0.1mol/L)的配制和标定

1. **氢氧化钠饱和溶液的配制**　用托盘天平称取固体氢氧化钠 120g,放入盛有 20ml 蒸馏水的 100ml 烧杯内,边搅拌边加蒸馏水至刻度线,待冷却后,转入聚乙烯塑料瓶中,用橡皮塞密塞,贴好标签,静置数日,备用。

2. **氢氧化钠滴定液(0.1mol/L)的配制**　取饱和氢氧化钠溶液的上清液 2.8ml 置 500ml量筒内,加新煮沸放冷的蒸馏水,稀释至标线,混匀,转入试剂瓶中,密塞,贴标签,备用。

3. **氢氧化钠滴定液(0.1mol/L)的标定**　用移液管移取已知浓度的盐酸滴定液20.00ml,置锥形瓶中,加酚酞指示剂 2 滴,用待标定的氢氧化钠滴定液滴定至溶液呈浅红色,且半分钟内不消失即为终点。平行操作 3 次。按下式计算平均浓度。

$$c_{NaOH} = \frac{c_{HCl}V_{HCl}}{V_{NaOH}}$$

【注意事项】

1. 滴定前应仔细检查滴定管是否洗净,是否漏液,活塞转动是否灵活,否则很容易导致实验失败。

2. 滴定管在装液前应用待装溶液润洗。

3. 滴定前滴定管中应无气泡,若有气泡应排出,再调节初读数。

【实训思考】

1. 盐酸和氢氧化钠滴定液能否用直接法来配制?为什么?

2. 在用无水碳酸钠标定盐酸时,近终点时加热煮沸2分钟的目的是什么?

3. 比较法标定氢氧化钠时,量取已知浓度的盐酸滴定液时,一定要量取20.00ml吗?19.90ml可以吗?

(杜宗涛)

实训十一　硼砂的含量测定

【实训目标】

1. 熟练掌握用酸碱滴定法测定硼砂的含量。

2. 学会根据甲基红指示剂的颜色变化判断滴定终点。

3. 培养学生认真细致的工作作风。

【实训用品】

器材:分析天平、滴定管、烧杯、锥形瓶等。

药品:盐酸滴定液、甲基红指示剂、硼砂样品等。

【实训原理】

硼砂($Na_2B_4O_7 \cdot 10H_2O$)与盐酸的反应式如下:

$$Na_2B_4O_7 + 2HCl + 5H_2O \xlongequal{\hspace{1cm}} 2NaCl + 4H_3BO_3$$

在化学计量点附近有一个明显的突跃范围(pH 6.4 ~ 4.4),因此很容易测定。

【实训内容】

精密称取硼砂样品0.4g,置于250ml锥形瓶中,用热蒸馏水约50ml溶解,加甲基红指示剂2滴,用盐酸滴定液滴定至溶液由黄色转变为红色时即为终点。平行操作3次。按下式计算硼砂的含量。

$$\omega_{Na_2B_4O_7 \cdot 10H_2O} = \frac{c_{HCl}V_{HCl}M_{Na_2B_4O_7 \cdot 10H_2O} \times 10^{-3}}{2m_s}$$

【注意事项】

硼砂在冷水中的溶解度较小,故应使用热蒸馏水,以加速其溶解。

【实训思考】

为什么在操作步骤中称取硼砂样品时,要求每份约为0.4g?

(杜宗涛)

实训十二　食醋总酸量的测定

【实训目标】

1. 熟练掌握移液管和容量瓶的使用方法。

2. 学会食醋中总酸量的测定方法。

3. 培养学生严谨认真的精神。

【实训用品】

器材：滴定管、移液管、容量瓶、烧杯、锥形瓶等。

药品：氢氧化钠滴定液、酚酞指示剂、食醋样品等。

【实训内容】

用移液管移取市售食醋 10.00ml，置于 100ml 容量瓶中，加蒸馏水稀释至刻度线，摇匀。再用移液管吸取稀释醋样 10.00ml，置于锥形瓶中，加蒸馏水约 50ml，酚酞指示剂 2 滴，用氢氧化钠滴定液滴定至溶液呈粉红色且半分钟不褪色即为终点。平行操作 3 次。按下式计算食醋中的总酸量含量（用通常标注的 100ml 食醋中含有乙酸的克数表示）。

$$\rho_{HAc} = \frac{c_{NaOH} V_{NaOH} M_{HAc} \times 10^{-3}}{V_s \times \frac{10}{100}} \times 100\% \ (g/ml)$$

【注意事项】

食醋中本身有色素，会影响酚酞指示剂终点颜色的观察，所以对稀释后的醋样要进一步用蒸馏水稀释。

【实训思考】

1. 容量瓶在使用前要用待装溶液润洗吗？为什么？

2. 移液管在移取溶液前要用待移取的溶液润洗吗？为什么？

（杜宗涛）

实训十三　生理盐水中氯化钠含量的测定

【实训目标】

1. 巩固沉淀滴定法的使用条件。

2. 学会用吸附指示剂法测定生理盐水中氯化钠的含量。

3. 培养学生具有耐心细致、一丝不苟的工作态度。

【实训用品】

器材：10ml 移液管、25ml 棕色酸式滴定管、250ml 锥形瓶、100ml 烧杯、50ml 量筒、吸耳球。

药品：样品生理盐水、AgNO$_3$ 滴定液（0.1mol/L）、荧光黄指示剂、2% 糊精溶液。

【实训内容】

精密移取生理盐水样品液 10.00ml 于 250ml 锥形瓶中，加蒸馏水 40ml，再加 2% 糊精溶液 5ml 与荧光黄指示液 5～8 滴，在不断振摇下，用 0.1mol/L AgNO$_3$ 滴定液滴定至溶液由黄绿色变为粉红色沉淀即达终点。记录消耗的 AgNO$_3$ 滴定液体积。平行操作 3 次。计算氯化钠的含量和相对平均偏差。

氯化钠的含量公式如下：

$$\rho_{NaCl} = \frac{c_{AgNO_3} V_{AgNO_3} M_{NaCl}}{V_s} (g/L)$$

【注意事项】

1. 为了避免生成氧化银沉淀,应控制溶液为中性或弱碱性(pH 7~10)。

2. 实验过程中应避免强光照射,防止卤化银感光分解析出金属银,影响终点观察。

3. 实验结束后,将未用完的 $AgNO_3$ 滴定液和氯化银沉淀分别倒入回收瓶中贮存。

4. 盛装过 $AgNO_3$ 的滴定管、移液管和锥形瓶等容器,实验结束后均要用蒸馏水淋洗干净。

【实训思考】

1. 实验中为什么要加入糊精溶液? 应在什么时间加入?

2. 本实验可不可以用 K_2CrO_4 代替荧光黄作指示剂? 为什么?

（石宝珏）

实训十四 过氧化氢含量的测定

【实训目标】

1. 通过实训巩固高锰酸钾法的基本原理。

2. 熟练掌握高锰酸钾法的操作技能。

3. 学会自身指示剂确定滴定终点的方法。

4. 培养学生善于观察、勤于思考的优良品质。

【实训用品】

器材:棕色酸式滴定管(25ml)、刻度吸管(10ml)、吸耳球、容量瓶(200ml)、锥形瓶、胶头滴管、洗瓶。

药品:3mol/L H_2SO_4 溶液、0.02mol/L $KMnO_4$ 滴定液、30% H_2O_2 溶液。

【实训内容】

因为 H_2O_2 和 $KMnO_4$ 在酸性条件下可以定量地发生下列反应:

$$2MnO_4^- + 5H_2O_2 + 6H^+ == 2Mn^{2+} + 5O_2 \uparrow + 8H_2O$$

所以,可以用高锰酸钾法直接测定过氧化氢含量。

用刻度吸管吸取 1.00ml 30% H_2O_2 样品,置于 200ml 容量瓶中,加水稀释至刻度,摇匀。吸取 10.00ml 的 H_2O_2 稀释液 3 份,分别置于 3 个盛有 15ml 蒸馏水的 250ml 锥形瓶中,各加 3mol/L H_2SO_4 溶液 5ml,用 0.02mol/L $KMnO_4$ 滴定液滴定至微红色,保持 30 秒内不褪色为终点。按下式计算未经稀释样品中 H_2O_2 的含量。

$$\rho_{H_2O_2} = \frac{5}{2} \times \frac{c_{KMnO_4} V_{KMnO_4} M_{H_2O_2}}{V_s}$$

计算 3 次测定的平均值和相对平均偏差。

【注意事项】

1. 实验一般在室温下进行,不能加热。

2. 高锰酸钾法终点不太稳定,这是由于空气中含有的还原性物质能使高锰酸钾缓慢分解,而使微红色消失。故只要 30 秒内不褪色就可以认为已经到达终点。

【实训思考】

本实验中如果加入的硫酸偏少了,会发生什么现象?

(赵广龙)

实训十五　硫代硫酸钠滴定液的配制与标定

【实训目标】

1. 熟练掌握硫代硫酸钠滴定液的配制和标定方法。

2. 学会碘量瓶的使用。

3. 培养学生具有实事求是的科学态度。

【实训用品】

器材:棕色碱式滴定管(25ml)、碘量瓶(500ml)、洗瓶、大量筒、小量筒、电子天平、托盘天平。

药品:硫代硫酸钠晶体、无水碳酸钠、基准 $K_2Cr_2O_7$、碘化钾晶体、3mol/L H_2SO_4 溶液、0.5%淀粉溶液。

【实训内容】

一、0.1mol/L 硫代硫酸钠滴定液的配制

称取硫代硫酸钠 26g 与无水碳酸钠 0.2g,加新煮沸过的冷蒸馏水适量使其溶解并稀释至 1000ml,摇匀,放置 8 ~ 10 天,过滤,贮存备用。

二、硫代硫酸钠滴定液的标定

硫代硫酸钠滴定液可以用 $K_2Cr_2O_7$ 作基准物质,采用间接碘量法标定,滴定反应为:

$$Cr_2O_7^{2-} + 6I^- + 14H^+ \Longrightarrow 2Cr^{3+} + 3I_2 + 7H_2O$$
$$I_2 + 2S_2O_3^{2-} \Longrightarrow 2I^- + S_4O_6^{2-}$$

精密称取在 120℃ 干燥至恒重的基准物质 $K_2Cr_2O_7$ 0.12g,置于碘量瓶中,加水 50ml 溶解,加碘化钾 2.0g,轻轻振摇,加 3mol/L 硫酸 10ml,摇匀,密塞,水封后在暗处放置 10 分钟,取出加水 250ml 稀释,用待标定的硫代硫酸钠滴定液滴定至近终点时(浅黄绿色),加淀粉指示剂 3ml,继续滴定至溶液由蓝色变为亮绿色为终点。按下式计算硫代硫酸钠滴定液的浓度。

$$c_{Na_2S_2O_3} = 6 \times \frac{m_{K_2Cr_2O_7} \times 10^3}{V_{Na_2S_2O_3} M_{K_2Cr_2O_7}}$$

平行测定 3 次,计算平均值和相对平均偏差,

【注意事项】

1. 实验一般在室温下进行,不能加热。

2. 滴定时不要剧烈振摇溶液,滴定速度适当地快些。

3. 硫代硫酸钠滴定液的贮存应使用密封性好的棕色瓶,避光、避热。

【实训思考】

1. 配制硫代硫酸钠滴定液时为什么要用新煮沸过的冷蒸馏水? 为什么要加少量的碳酸钠?

2. 水封后在暗处放置 10 分钟,取出加水 250ml 稀释。此处稀释的目的是什么?

(赵广龙)

实训十六 EDTA 滴定液的配制与标定

【实训目标】
1. 熟练掌握 EDTA 滴定液的配制与标定方法。
2. 学会用铬黑 T 指示剂确定滴定终点。
3. 培养学生耐心细致、一丝不苟的工作态度。

【实训用品】
器材:100ml 烧杯、250ml 烧杯、250ml 锥形瓶、250ml 容量瓶、25ml 移液管、表面皿、滴管、玻璃棒、洗瓶、托盘天平、电子天平、酸式滴定管。

药品:EDTA、铬黑 T 指示剂、氨性缓冲溶液(pH = 10)、金属锌(基准试剂)、6mol/L HCl、6mol/L $NH_3 \cdot H_2O$。

【实训内容】

一、0.01mol/L EDTA 滴定液的配制

(一)直接配制法

精密称取 0.95g(准确至 0.0001g)干燥至恒重的分析纯 $Na_2H_2Y \cdot 2H_2O$,置于小烧杯中,加适量纯化水温热溶解,冷却后转移至 250ml 容量瓶中,稀释至刻度,摇匀备用。并计算 EDTA 滴定液的浓度

$$c_{EDTA} = \frac{m_{EDTA}}{V_{EDTA} M_{EDTA}} \times 10^3$$

(二)间接配制法

用托盘天平称取 1.9g $Na_2H_2Y \cdot 2H_2O$,溶于 300ml 温热的水中,冷却后稀释至 500ml,混匀并贮于硬质玻璃瓶或聚乙烯塑料瓶中。

二、0.01mol/L EDTA 滴定液的标定

1. 精密称取金属锌约 0.3g(准确至 0.0001g),置于 100ml 烧杯中,加入 6mol/L 的 HCl 试剂 10ml,盖上表面皿,等完全溶解后,用蒸馏水冲洗表面皿和烧杯壁,将溶液转入 250ml 容量瓶中,用水稀释至刻度并摇匀。

2. 用 25ml 移液管准确移取上述锌溶液 25.00ml 于 250ml 锥形瓶中,加入 20~30ml 蒸馏水,在不断摇动下滴加 6mol/L $NH_3 \cdot H_2O$ 至产生白色沉淀,继续滴加 6mol/L $NH_3 \cdot H_2O$ 至沉淀恰好溶解。加入氨性缓冲溶液(pH = 10)10ml 及铬黑 T 指示剂数滴(此时溶液为紫红色),用待标定的 EDTA 滴定至溶液由紫红色变为纯蓝色即为终点。按下式计算 EDTA 的浓度:

$$c_{EDTA} = \frac{m_{Zn}}{V_{EDTA} M_{Zn}} \times 10^3$$

平行测定 3 次,计算相对平均偏差。

【注意事项】

1. 临近终点时,EDTA 滴定液应缓慢加入。

2. 滴定应在自然光或日光灯下进行,否则会影响滴定终点的判断。

【实训思考】

1. 进行测定的过程中,你觉得成败的关键是什么?

2. 测定时加入氨性缓冲溶液的目的是什么?

(王　虎)

实训十七　水的总硬度测定

【实训目标】

1. 熟练掌握用 EDTA 滴定液测定水的总硬度方法。

2. 学会用铬黑 T 指示剂确定滴定终点;正确计算与表示水的总硬度。

3. 培养学生耐心细致、一丝不苟的工作态度。

【实训用品】

器材:量筒(10ml)、100ml 烧杯、250ml 锥形瓶、100ml 容量瓶、滴管、酸式滴定管。

药品:EDTA 滴定液(0.01mol/L)、铬黑 T 指示剂、氨性缓冲溶液(pH = 10)

【实训内容】

用 100ml 移液管准确移取水样 100.0ml,置于 250ml 锥形瓶中,加入氨性缓冲溶液 (pH = 10)10ml 及铬黑 T 指示剂数滴(此时溶液为酒红色)。用 0.01mol/L EDTA 滴定液滴 定至溶液由酒红色变为蓝色即为终点。记录消耗 EDTA 滴定液的体积。按下式计算水的总 硬度:

$$\rho_{CaCO_3} = \frac{(cV)_{EDTA} M_{CaCO_3}}{V_{水样}} \times 10^3 (mg/L)$$

平行测定 3 次,计算相对平均偏差。

【注意事项】

本实验在操作中消耗的 EDTA 量较少,一定要注意观察指示剂颜色改变。

【实训思考】

1. 进行测定的过程中,你觉得成败的关键是什么?

2. 测定时加入氨性缓冲溶液的目的是什么?

(王　虎)

实训十八　饮用水 pH 的测定

【实训目标】

1. 熟练掌握 pH 计的使用方法。

2. 学会用单标准缓冲溶液法和双标准 pH 缓冲溶液法测定溶液 pH。

3. 培养学生具有科学严谨的工作态度。

【实训用品】

器材:pHS - 29 型酸度计(或 pHS - 3C 型酸度计)、231 型 pH 玻璃电极、232 型饱和甘汞电极(或复合 pH 玻璃电极)、烧杯(50ml)、温度计、塑料洗瓶、面纸、胶头滴管、广泛 pH 试纸。

药品:邻苯二甲酸氢钾标准缓冲溶液(pH = 4.00)、磷酸盐标准缓冲溶液(pH = 6.86)、待测饮用水、纯化水。

【实训内容】

一、酸度计的准备与校准

1. 将玻璃电极(或 pH 复合电极)提前 24 小时以上在纯化水中浸泡活化。

2. 接通电源,按下开关,指示灯亮。预热 30 分钟以上。

3. 安装电极。

4. 选择仪器测量方式为"pH"方式。

5. 调节"温度"补偿器,使仪器显示的温度与待测液的温度一致。

6. 将浸泡 24 小时以上的电极用纯化水清洗后,用面纸吸水,插入 pH = 6.86 的标准缓冲溶液中,调节"定位"调节器,使酸度计显示屏的读数为 6.86。

7. 取出电极,用纯化水清洗,再用面纸吸水之后,插入 pH = 4.00 的邻苯二甲酸氢钾标准缓冲溶液中,调节"斜率"调节器,使酸度计显示屏读数为 4.00。

重复 6、7 步操作,直至酸度计显示屏的数据重复显示标准缓冲溶液的 pH(允许变化范围为:±0.01pH)。

二、待测溶液 pH 的测定

将电极用纯化水清洗后,再用待测饮用水清洗,用面纸吸水后,将电极插入待测饮用水中,轻轻晃动烧杯,待显示屏上显示的数据稳定后,读取待测饮用水的 pH。重复测量 2 次,记录数值。

测量完毕,关上"电源"开关,拔去电源。取下电极,用纯化水将电极清洗干净,浸入纯化水中备用。

【注意事项】

1. 玻璃电极(或 pH 复合电极)应提前 24 小时浸泡在蒸馏水中活化。玻璃电极的球泡很薄,用面纸吸水时,动作要轻,防止损坏玻璃膜。

2. 饮用水接近中性,这里应选择与待测饮用水 pH 接近的磷酸盐标准缓冲溶液(pH = 6.86)定位。

【实训思考】

1. 电位法测定溶液的 pH,为什么要进行"温度补偿"和"斜率补偿"?

2. 玻璃电极或复合电极使用前应如何处理?

3. 采用定位法校准仪器时,应该用哪种标准缓冲溶液定位?

(李 春)

实训十九 吸收曲线的绘制

【实训目标】

1. 熟练掌握 722 型分光光度计的操作方法。

2. 学会绘制吸收光谱曲线并能找出最大吸收波长。

3. 培养学生具有观察、分析、研究问题的能力及严肃认真的科学态度。

【实训用品】

器材: 722 型分光光度计、电子天平、称量瓶、容量瓶(100ml、50ml)、吸量管(20ml)、烧杯(100ml)、吸耳球、擦镜纸等。

药品: $KMnO_4$(A. R.)。

【实训内容】

一、配制 $KMnO_4$ 溶液

精密称取 $KMnO_4$(A. R.)试剂 0.0125g,置于洁净的小烧杯中,加适量的蒸馏水溶解后,定量转入 100ml 容量瓶中,用蒸馏水稀释至标线,摇匀备用。此 $KMnO_4$ 溶液的浓度为 0.125g/L。

二、绘制 $KMnO_4$ 溶液的吸收曲线

1. 精密吸取 $KMnO_4$ 溶液 20.00ml 置于洁净的 50ml 容量瓶中,加蒸馏水稀释至标线处,摇匀备用。此 $KMnO_4$ 溶液的浓度为 50μg/L。

2. 将稀释好的 $KMnO_4$ 溶液和参比溶液(蒸馏水)分别置于 1cm 的吸收池中,并放入 722 型分光光度计的吸收池架上,按照 722 型分光光度计的操作规程(见教材正文)测定其吸光度。

3. 分别以波长为 440nm、460nm、480nm、500nm、505nm、510nm、515nm、518nm、520nm、522nm、524nm、525nm、526nm、528nm、530nm、535nm、540nm、550nm、560nm、580nm、600nm、620nm 的光作为入射光,测定其吸光度,并做好数据的记录。

4. 根据测定结果,以入射光波长(λ)为横坐标,其对应的吸光度(A)为纵坐标,将测得的吸光度数值逐点描绘在坐标纸上,将各点连成平滑的曲线,即得吸收光谱曲线。

三、找出最大吸收波长

在吸收光谱曲线中,找到吸收峰最高处所对应的波长,即是 $KMnO_4$ 溶液的最大吸收波长。

【注意事项】

1. 每改变一次入射光的波长,都需要用蒸馏水调节透光率为 100%,再测定溶液的吸光度。

2. 实训完毕,要将仪器的各旋钮恢复至原位,切断电源,作好仪器使用记录。

【实训思考】

1. 用不同浓度的 $KMnO_4$ 溶液绘制的吸收光谱曲线,最大吸收波长是否相同?

2. 同一波长下,不同浓度的 $KMnO_4$ 溶液其吸光度的变化有什么规律?

3. 吸收曲线在实际应用中有何意义?

(接明军)

实训二十　微量铁的含量测定

【实训目标】

1. 熟练掌握 722 型分光光度计的操作方法。

2. 学会标准曲线的绘制及标准品对照法计算待测液的含量。

3. 培养学生具有观察问题、分析问题、研究问题的能力。

【实训用品】

器材：722 型分光光度计、分析天平、容量瓶、移液管、烧杯、吸耳球、比色管、擦镜纸等。

药品：$NH_4Fe(SO_4)_2 \cdot 12H_2O$（A. R.）、6mol/L HCl 溶液、10% 盐酸羟胺溶液、1mol/L 的 $CH_3COOH—CH_3COONa$ 缓冲溶液、0.15% 邻二氮菲溶液、蒸馏水。

【实训原理】

在 pH 为 2~9 的溶液中，邻二氮菲与 Fe^{2+} 能形成稳定的红色配离子，其最大吸收波长为 510nm，适用于微量测定。Fe^{3+} 能与邻二氮菲生成淡蓝色配合物，但稳定性较差，因此在实际应用中先用盐酸羟胺将 Fe^{3+} 还原为 Fe^{2+}，再与邻二氮菲作用，其反应式为：

$$4Fe^{3+} + 2NH_2OH =\!=\!= 4Fe^{2+} + N_2O + H_2O + 4H^+$$

反应在 pH 为 4.5~5 的 $CH_3COOH—CH_3COONa$ 缓冲溶液中进行。

【实训内容】

一、铁标准溶液的配制

精密称取 $NH_4Fe(SO_4)_2 \cdot 12H_2O$ 约 0.4820g，置于干净的烧杯中，加入 6mol/L HCl 溶液 20ml 和少量蒸馏水，溶解后，定量转移至 1000ml 的容量瓶中，加水稀释至标线，摇匀，即得浓度为 0.1000mg/ml（100μg/ml）铁标准溶液。

二、标准曲线绘制

精密移取上述标准铁溶液 0.00ml、1.00ml、2.00ml、3.00ml、4.00ml、5.00ml 于 50ml 比色管中，各加入 $CH_3COOH—CH_3COONa$ 缓冲溶液 5ml、10% 盐酸羟胺 1ml、0.15% 邻二氮菲溶液 5ml，用蒸馏水稀释至标线，摇匀，放置 10 分钟。在 510nm 波长处用 1cm 比色皿，以第一份溶液作空白，测量各标准溶液的吸光度。以吸光度为纵坐标，铁的含量为横坐标，绘制标准曲线。

三、试样中铁含量的测定

精密吸取试样液 5.00ml，置于 50ml 比色管中，加入 $CH_3COOH—CH_3COONa$ 缓冲溶液 5ml、10% 盐酸羟胺 1ml、0.15% 邻二氮菲溶液 5ml，用蒸馏水稀释至标线，摇匀，放置 10 分钟。在 510nm 波长处用 1cm 比色皿，测量其吸光度。

由标准曲线上查出测量液中铁的含量，进而求出试样中铁的含量。按下式计算试样中铁的含量：

$$c_{试样} = c_{试液} \times 10$$

【注意事项】

1. 盛标准溶液和试样液的比色管应编号，以免混淆。

2. 在测定标准系列各溶液的吸光度时，要从稀溶液至浓溶液依次测定。

3. 实训完毕，要将仪器的各旋钮恢复至原位，切断电源，作好仪器使用记录。

【实训思考】

1. 实训中加盐酸羟胺的目的是什么？

2. 制作标准曲线和试样测定时，加入试剂的顺序能否任意改变？

（接明军）

实训二十一　磺胺类药物的薄层色谱

【实训目标】

1. 熟练掌握薄层色谱的操作。

2. 学会 R_f 的测量和计算。

3. 培养学生耐心细致、一丝不苟的工作态度。

【实训用品】

器材:玻璃板 12cm×6cm、恒温干燥箱、研钵、色谱缸(直径 10cm)、干燥器、毛细管。

药品:羧甲基纤维素钠、薄层用硅胶、展开剂氯仿 - 甲醇(10:1)、2% 对二甲氨基苯甲醛的 1% HCl 溶液、SN、ST、SD、SG、SA、SM$_2$ 等磺胺药物的混合溶液。

【实训内容】

一、硅胶硬板的制备

将硅胶和 0.5% 羧甲基纤维素钠溶液按 1g 与 2ml 的比例混合,在研钵中研磨均匀,用吸管吸取适量的吸附剂,放在洁净的玻璃板上,用手轻轻摇动玻璃板,使糊状物均匀分布在板上,将板置于水平台上,室温下干燥后,置于 110℃恒温干燥箱中活化 30 分钟,取出制备好的硅胶薄板,放干燥器中备用。

二、点样

在薄板上距一端 2cm 处用铅笔轻轻划一条起始线,在起始线中间打一个"×"作为原点,用毛细管吸取磺胺药物的混合液,在原点处点 2～3 次样品液,每次点样后须待溶剂挥发后再点,原点扩散直径不能超过 2～3mm。

三、展开

将薄板放入盛有氯仿 - 甲醇(10:1)的密闭色谱缸内,饱和约 10 分钟,然后进行展开,展开剂浸没下端的高度不宜超过 0.5cm,薄板上的原点不能浸入展开剂,展开到板的 3/4 高度后取出,用铅笔记下溶剂前沿线。

四、显色

展开后的薄板待展开剂挥发后,喷洒 2% 对二甲氨基苯甲醛的 1% HCl 溶液,观察板上斑点颜色。

五、测定各斑点 R_f 值

【注意事项】

1. 薄板一定要洁净,干燥后才可用于铺板,否则会造成表面脱落。

2. 薄板要铺得均匀,对光观察应透光一致。如表面厚薄不均匀,会造成展开剂前沿线不整齐,影响 R_f 值。

3. 点样时,在"×"原点处点 2～3 次样品液,每次点样后须待溶剂挥发后再点,原点扩散直径不能超过 2～3mm。

【实训思考】

1. 影响薄层色谱 R_f 值的因素有哪些?
2. 硬薄板与软薄板在操作上有何不同?

(高琦宽)

实训二十二 熔点的测定

【实训目标】

1. 熟练掌握熔点测定仪器的选用和组装。
2. 学会独立进行有机化合物熔点测定的基本操作。
3. 培养学生具有严谨、认真的科学操作方法和观察方法。

【实训用品】

器材: 熔点测定管(又称 b 形管)、200℃温度计、铁架台、铁夹、铁环、酒精灯、毛细管(长 7～8cm,内径 1mm)、研钵、表面皿、药匙、玻璃管(内径 5mm,长 50cm)、橡胶圈。

药品: 液状石蜡、尿素、桂皮酸。

【实训内容】

一、毛细管的熔封

取一根长短适度的毛细管,呈约 45°角在小火焰的边缘加热,并不断捻动,使其融化,端口封闭。封端后的毛细管,底部封口处的玻璃壁应尽可能的薄,并且均匀,使其具有良好的热传导性。

二、样品的装填

将干燥过的待测样品 0.1～0.2g 置于干燥洁净的表面皿上,研成粉末。用测熔点毛细管开口的一端垂直插入粉末状的样品中,即有些许样品进入毛细管中(实训图 22-1a)。然后将毛细管开口端朝上,让它在一长约 50cm、直立于表面皿上的玻璃管中自由落下,样品便落入毛细管底部。如此反复操作几次,使毛细管中的样品装得致密均匀,样品高 2～3mm。如此,每个样品制作 3 根这样的熔点管。然后将装有样品的一根毛细管用细橡皮圈固定在温度计上,并使毛细管装样部位位于水银球中部(实训图 22-1c)。

三、熔点的测定

将熔点测定管固定在铁架台上,注入导热液,使导热液液面位于熔点管交叉口处。管口配置开有小槽的软木塞,将带有测熔点毛细管的温度计插入其中,使温度计的水银球位于熔点测定管两支管的中间。

粗测时,用小火在熔点测定管底部加热(实训图 22-1b),升温速度控制在每分钟 5℃为宜。仔细观察温度的变化及样品是否熔化。记录样品熔化时的温度,即得试样的粗测熔点。移去火焰,让导热液温度降至粗测熔点以下约 30℃,即可参考粗测熔点进行精测。

精测时,将温度计从熔点测定管中取出,换上第二根熔点管后便可加热测定。初始升温可以快一些,约每分钟 5℃;当温度升至离粗测熔点约 10℃时,控制升温速度在每分钟 1℃左右。如果熔点管中的样品出现塌落、湿润,甚至显现出小液滴,即表明开始熔化,记录此时的

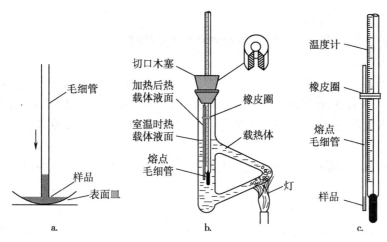

实训图 22 –1　熔点的测定
a. 装填样品　b. 熔点测定　c. 安装毛细玻璃管

温度(即初熔温度)。继续缓缓升温,直至样品全熔,记录全熔(即管中绝大部分固体已熔化,只剩少许即将消失的细少晶体)时的温度。初熔到全熔之间的温度范围即为熔程。纯净的固体有机物一般都有固定的熔点,其熔程不超过 1℃。当纯物质中混有杂质时,熔点会下降,熔程增大。

　　本实训采用尿素与桂皮酸为样品。每个样品测定 3 次,第一次为粗测,加热可较快,测知其大概熔点范围后,再做两次精测,求取平均值。

【注意事项】

　　1. 待测样品一定要经充分干燥,含有水分的样品会导致其熔点下降、熔距变宽。另外,样品还应充分研磨成细粉状,不得有颗粒,装样要致密均匀,否则样品颗粒间传热不匀,也会使熔距变宽。样品量太少不便观察,熔点偏低;太多会造成熔程变大,熔点偏高。

　　2. 导热介质的选择可根据待测物质的熔点而定。若熔点在 95℃ 以下,可以用水作导热液;若熔点在 95 ~ 220℃,可选用液状石蜡;若熔点温度再高些,可用浓硫酸(250 ~ 270℃)。

　　3. 样品经测定熔点冷却后又会转变为固态,由于结晶条件不同,会产生不同的晶型。同一化合物的不同晶型,它们的熔点常常不一样。因此,每次测熔点都应使用新装样品的熔点管。每个样品至少测定两次,取其平均值。两次测定值相差不得大于 0.5℃。

　　4. 实验完毕,应将温度计吊放,不能平放在桌面上,也不能立即冲洗。

【实训思考】

　　1. 进行加热时,你觉得如何操作才能控制好温度上升的速度?

　　2. 热浴介质如果变色,应采取怎样的方法褪色?

　　3. 什么是固体物质的熔点?固体纯净物与混合物在熔点数据上有何不同?

　　4. 有 2 种样品,测得其熔点数据相同,如何证明它们是相同还是不同物质。

(肖立军)

实训二十三　常压蒸馏和沸点的测定

【实训目标】

1. 熟练掌握常压蒸馏的操作方法。

2. 了解蒸馏的原理和意义。

3. 培养学生认真观察、如实记录实验结果的求实精神。

【实训原理】

1. 沸点的定义　当液体的蒸气压增大到与外界施于液面的总压力(通常是大气压力)相等时,就有大量气泡从液体内部逸出,即液体沸腾,这时的温度称为液体的沸点。纯净的液体有机物在一定压力下具有固定的沸点(注:共沸混合物也有固定的沸点)。

2. 蒸馏的概念　将液态物质加热到沸腾变为蒸气,又将蒸气冷却为液体,这两个过程的联合操作叫蒸馏。

3. 实验的意义　通过测定沸点可以鉴别有机化合物并判断其纯度。

利用蒸馏可将沸点相差较大(如相差30℃)的液体混合物分开,可以用于分离提纯挥发性物质、回收溶剂、浓缩溶液等。

【实训用品】

器材: 蒸馏烧瓶、水浴锅或烧杯、温度计(100℃)、冷凝管、接液管、锥形瓶、玻璃漏斗、橡皮管、酒精灯、铁架台、烧瓶夹。

药品: 沸石、75%乙醇。

【实训内容与步骤】

一、蒸馏装置的安装

1. 根据蒸馏物的量,选择大小合适的蒸馏瓶(蒸馏物液体的体积一般不要超过蒸馏瓶的2/3,也不要少于1/3)。

2. 仪器安装顺序一般为:热源(酒精灯或电炉)→石棉网或热浴(如水浴、油浴)→蒸馏瓶(应注意固定方法、离热源的距离,其轴心保持垂直)→冷凝管(若为直行冷凝管则应保证上端出水口向上,与橡皮管相连至水池;下端进水口向下,通过橡皮管与水龙头相连,以保证套管内充满水)→接液管(或称尾接管)→接受瓶(一般不用烧杯作接收器,常压蒸馏用锥形瓶)。安装仪器顺序一般都是自上而下,从左到右,先难后易。拆卸仪器与安装顺序相反。整套装置力求做到"正看一个面,侧看一条线"。蒸馏装置见实训图 23 – 1。

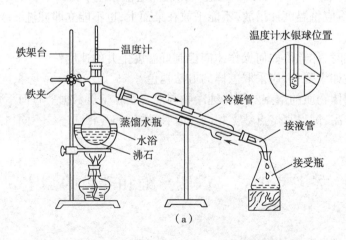

(a)

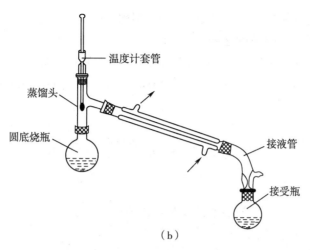

（b）

实训图 23-1　蒸馏装置

二、蒸馏操作

1. 加料　将待蒸乙醇通过漏斗小心倒入蒸馏瓶中,不要使液体从支管流出,加入几粒沸石,温度计通过橡皮塞插在蒸馏烧瓶中,使温度计水银球的上限与蒸馏瓶侧管的下限同处一水平线。检查装置是否稳妥与严密。

2. 加热　先打开冷凝水龙头,缓缓通入冷水,然后开始加热。注意冷水自下而上,蒸气自上而下,两者逆流冷却效果好。当液体沸腾,蒸气到达水银球部位时,温度计读数急剧上升,调节热源,让水银球上的液滴和蒸气温度达到平衡,使蒸馏速度以每秒 1~2 滴为宜。此温度计读数就是馏出液的沸点。

蒸馏时若热源温度太高,使蒸气成为过热蒸气,造成温度计所显示的沸点偏高;若热源温度太低,馏出物蒸气不能充分浸润温度计水银球,造成温度计读得的沸点偏低或不规则。

3. 收集馏液　准备两个接受瓶,一个接受前馏分(即沸点较低的液体),待温度稳定后,用另一个接受所需馏分,记下该馏分的沸程:即该馏分的第一滴和最后一滴时温度计的度数。

温度稳定后所测温度:_____

蒸馏结束时温度:_____

沸程:_____

4. 结束蒸馏　在所需馏分蒸出后,温度计度数突然改变,此时应停止加热。即使杂质很少,也不要蒸干,以免蒸馏瓶破裂及发生其他意外事故。

5. 拆除蒸馏装置　蒸馏完毕,先应撤出热源,然后停止通水,最后拆除蒸馏装置(与安装顺序相反)。

【注意事项】

1. 温度计水银球的上限与蒸馏瓶侧管的下限处于同一水平线上。

2. 蒸馏完毕,先应撤出热源,然后停止通水。

3. 馏分蒸出后,即使杂质很少,也不要蒸干,以免蒸馏瓶破裂及发生其他意外事故。

【实训思考】

1. 什么叫沸点?液体的沸点和大气压有什么关系?

2. 蒸馏时加入沸石的作用是什么?如果蒸馏前忘记加沸石,能否立即将沸石加至将近沸腾的液体中? 当重新蒸馏时,用过的沸石能否继续使用?

3. 蒸馏时怎样控制馏出液的速度?

4. 如果液体具有恒定的沸点,那么能否认为它是单纯物质?

5. 实验中,温度计读取的沸点应是烧瓶中溶液的沸点,还是接受瓶中馏出液的沸点?

(杨经儒)

实训二十四　醇和酚的性质

【实训目的】

1. 熟练掌握具有邻二醇结构多元醇以及苯酚等物质的鉴别。

2. 学会验证醇和酚主要化学性质的实验操作。

3. 培养学生具有一丝不苟的工作态度和善于观察的能力。

【实训用品】

器材:试管、烧杯、酒精灯(或水浴箱)、打火机、铁架台(或三角架)、石棉网、玻璃棒、广泛 pH 试纸、带导管的橡皮塞。

试剂:无水乙醇、金属钠、酚酞试液、正丁醇、仲丁醇、叔丁醇、3mol/L 硫酸、0.17mol/L 重铬酸钾溶液、卢卡斯试剂、2.5mol/L 氢氧化钠溶液、乙醇、0.3mol/L 硫酸铜溶液、甘油、0.2mol/L 苯酚溶液、饱和碳酸氢钠溶液、苯酚、碳酸钠固体、2mol/L 盐酸、饱和溴水、0.2mol/L 邻苯二酚溶液、0.2mol/L 苯甲醇溶液、0.06mol/L 三氯化铁溶液、0.03mol/L 高锰酸钾溶液。

【实训内容和步骤】

一、醇的性质

(一) 醇与金属钠的反应

取干燥试管 1 支,加入无水乙醇 1ml,再加入新切的绿豆大小的金属钠一粒,观察发生的变化,记录并解释。冷却后,加入纯化水少许,然后再加入酚酞试液 1 滴,观察发生的变化,记录并解释。

(二) 醇的氧化

取试管 4 支,分别加入 3mol/L 硫酸、0.17mol/L 重铬酸钾溶液各 10 滴,然后在以上 4 支试管中分别逐滴加入正丁醇、仲丁醇、叔丁醇、纯化水各 5 滴,振摇,观察发生的变化,记录并解释。

(三) 与卢卡斯试剂的反应

取干燥试管 3 支,分别加入正丁醇、仲丁醇、叔丁醇各 5 滴,在 50~60℃ 水浴中预热片刻。然后同时向 3 支试管中加入卢卡斯试剂 1ml,振摇,观察发生的变化,记录并解释。

(四) 甘油与氢氧化铜溶液的反应

取试管 2 支,各加入 2.5mol/L 氢氧化钠溶液 1ml 和 0.3mol/L 硫酸铜溶液 10 滴,摇匀,观察现象。然后分别加入乙醇 2~3 滴、甘油 2~3 滴,振摇,观察变化。然后往深蓝色溶液中滴加浓盐酸到酸性(提示:用广泛 pH 试纸验证溶液是否呈酸性,广泛 pH 试纸呈红色),观察变化。

二、酚的性质

（一）苯酚的溶解性

取 1 支试管，加入苯酚固体少量，再加入 1ml 水，振荡后观察现象。加热后观察现象。再冷却，又有何现象发生？解释原因。

（二）苯酚的弱酸性

在上述苯酚浑浊液中滴加 2.5mol/L 的氢氧化钠溶液，边滴边振荡，直至溶液变透明为止。

将上述透明溶液一分为二，一份滴加盐酸数滴，边滴边振荡，有何变化？另取 1 支试管，加入少量碳酸钠固体和 2mol/L 盐酸 2ml，用带导管的橡皮塞塞住管口，将产生的气体通入第 2 支试管中，有何现象？

解释以上变化的原因并写出化学方程式。

（三）溴与苯酚的反应

在试管中加 0.2mol/L 苯酚溶液 5 滴，逐滴加入饱和溴水，振摇，直至白色沉淀生成，记录现象并解释。

（四）酚与三氯化铁的反应

取试管 3 支，分别加入 0.2mol/L 苯酚溶液、0.2mol/L 邻苯二酚溶液、0.2mol/L 苯甲醇溶液各 10 滴，再各加入 0.06mol/L 三氯化铁溶液 1 滴，振摇，观察发生的变化，记录并解释。

（五）酚的氧化

在试管中加入 2.5mol/L 氢氧化钠溶液 5 滴、0.03mol/L 高锰酸钾溶液 1~2 滴，再加入 0.2mol/L 苯酚溶液 2~3 滴，观察发生的变化，记录并解释。

【注意事项】

1. 钠是活泼金属，遇水剧烈反应并放出大量的热，使氢气自燃，非常危险。使用时必须严格按照实验要求取用和存放，用量不超过绿豆大小，禁止与水接触，以免发生事故。

2. 醇与金属钠反应的关键操作时试管和试剂必须是无水的，否则会对实验结果产生干扰并有危险。

3. 苯酚有较强的腐蚀性，可经皮肤使人中毒。使用苯酚时，要注意安全。

【实训思考】

1. 为什么乙醇与金属钠作用时必须使用干燥的试管和无水乙醇？

2. 用卢卡斯试剂区分伯醇、仲醇、叔醇有限制吗？

3. 苯酚为什么能溶于氢氧化钠和碳酸钠溶液中，而不溶于碳酸氢钠溶液？

（宋守正）

实训二十五　醛和酮的性质

【实训目标】

1. 熟练掌握醛、酮的鉴别实验操作。

2. 学会验证醛、酮主要化学性质的实验操作。

3. 学会配制托伦试剂和费林试剂。

【实训用品】

器材：试管、试管夹、烧杯、水浴锅、温度计、酒精灯、石棉网。

药品：甲醛、乙醛、丙酮、苯甲醛、希夫试剂、乙醇、2.5mol/L 盐酸、0.5mol/L 氨水、费林试剂甲、费林试剂乙、50g/L NaOH、0.05mol/L $AgNO_3$、0.05mol/L 亚硝酰铁氰化钠、碘试剂、2,4 - 二硝基苯肼试剂、饱和 $NaHSO_3$ 溶液。

【实训内容】

一、醛、酮的化学共性

（一）与2,4 - 二硝基苯肼的反应

取 4 支试管，分别加入甲醛、乙醛、丙酮、苯甲醛各 3 滴，再向每支试管中各加入 10 滴 2，4 - 二硝基苯肼试剂，充分振荡，观察现象并解释原因。

（二）与饱和 $NaHSO_3$ 的反应

取 3 支试管，各加入 10 滴饱和 $NaHSO_3$ 溶液，再分别加入 5 滴乙醛、苯甲醛、丙酮，振摇。析出晶体后，再往试管中加入 2.5mol/L 的盐酸，观察现象并解释原因。

（三）碘仿反应

在试管中滴加 2ml 碘试剂，逐滴加入 50g/L 氢氧化钠至碘的颜色褪去，即得碘仿试剂。

取 4 支试管，分别加入 3 滴甲醛、乙醛、苯甲醛、丙酮。再向每支试管中各加入 10 滴碘仿试剂，振摇，观察现象。再将它们在温水浴中温热数分钟，观察现象并解释原因。

二、醛的化学特性

（一）银镜反应

在 1 支洁净的大试管中加入 2ml 0.05mol/L $AgNO_3$ 溶液，1 滴 50g/L NaOH 溶液，然后边振摇边滴加 0.5mol/L 氨水，直至生成的氧化银沉淀恰好溶解为止（切勿过量），此溶液即为托伦试剂。把配好的托伦试剂分装在 4 支洁净的试管中，然后分别加入 5 滴甲醛、乙醛、丙酮、苯甲醛，摇匀后放在 60℃的热水浴中加热几分钟（不要振荡），观察现象并解释原因。

（二）费林反应

取 2ml 费林试剂甲和 2ml 费林试剂乙于 50ml 小烧杯中混匀，即得深蓝色溶液（即费林试剂）。取 4 支洁净的试管，分别加入 5 滴甲醛、乙醛、苯甲醛、丙酮，然后再各滴入 10 滴费林试剂，振摇，放在 80℃左右热水浴中加热 2~3 分钟，观察现象并解释原因。

（三）希夫反应

取 4 支试管，分别加入 5 滴甲醛、乙醛、乙醇、丙酮，然后再各加入 10 滴希夫试剂，振摇，观察现象并解释原因。

三、丙酮的显色反应

取 1 支洁净的试管，加入 10 滴丙酮，再滴入 5 滴 0.05mol/L 亚硝酰铁氰化钠和 3 滴 50g/L 的 NaOH 溶液，振摇，观察现象并解释原因。

【注意事项】

1. 做银镜反应时，试管必须洗刷洁净；配制托伦试剂时，氨水不能过量，以免降低试剂的灵敏性；实验完毕时，可加少量稀硝酸洗涤银镜，以免反应液久置产生易爆炸的雷酸银，导致危险。

2. 芳香醛、酮不能与费林试剂反应,但费林试剂若加热时间太长也会分解生成砖红色的氧化亚铜沉淀。

3. 希夫反应不能加热,且溶液中不能含有碱性物质及氧化剂,因为它们都能与亚硫酸作用,使试剂恢复成原来品红的颜色。品红的颜色虽然同试剂与醛反应后所呈现的颜色稍有不同,但是难以区别,容易误认为有醛存在,出现假阳性。

【实训思考】

1. 进行银镜反应实验时,你觉得银镜反应成败的关键是什么?

2. 设计三种实验方法鉴别甲醛和丙酮。

(丁亚明)

实训二十六 有机酸的性质

【实训目标】

1. 熟练掌握甲酸、乙酸、乙二酸的鉴别方法。

2. 学会验证有机酸性质的实验操作。

3. 培养准确操作、细心观察的工作作风,提高运用知识解决问题的能力。

【实训用品】

器材:试管、小烧杯、pH 试纸、表面皿、水浴锅等。

药品:0.1mol/L 甲酸、0.1mol/L 乙酸、0.1mol/L 乙二酸、0.1mol/L 丁二酸、0.1mol/L 氯乙酸、0.1mol/L 三氯乙酸、0.1mol/L 水杨酸、阿司匹林饱和悬浊液、1mol/L 碳酸钠溶液、2g/L 高锰酸钾酸性溶液、托伦试剂、0.5mol/L 硫酸铜溶液(费林试剂甲)、酒石酸钾钠的氢氧化钠溶液(费林试剂乙)、1mol/L 氢氧化钠溶液、10g/L 三氯化铁溶液、4g/L 氢氧化钠。

【实训内容】

一、常见羧酸与取代羧酸的酸性比较

分别取 3 滴 0.1mol/L 甲酸、0.1mol/L 乙酸、0.1mol/L 乙二酸、0.1mol/L 丁二酸、0.1mol/L 氯乙酸、0.1mol/L 三氯乙酸、0.1mol/L 水杨酸、阿司匹林饱和悬浊液于点滴板的凹孔中,并将 8 小片 pH 试纸置于其中,比较各 pH 试纸的颜色,记录各溶液的 pH。

二、羧酸酸性与碳酸酸性的比较

在一支试管中加入 0.1mol/L 乙酸溶液 1ml,再加入 1mol/L 碳酸钠溶液数滴,记录并解释发生的现象。

三、羧酸与高锰酸钾的反应

取 3 支试管,分别加入 10 滴 0.1mol/L 甲酸、0.1mol/L 乙酸、0.1mol/L 乙二酸,然后各加入 5 滴高锰酸钾酸性溶液,振荡,观察并解释现象。

四、甲酸的还原性

(一)银镜反应

取 1 支洁净的试管,加 10 滴 0.1mol/L 甲酸,再加入 5 滴托伦试剂,在 50~60℃水浴中

加热 10 分钟,观察并解释现象。

（二）费林反应

取 1 支洁净的试管,加 0.5mol/L 硫酸铜溶液(费林试剂甲)与氢氧化钠的酒石酸钾钠溶液(费林试剂乙)各 5 滴,充分振荡后,滴加 10 滴 0.1mol/L 甲酸,在 80℃ 水浴中加热至砖红色沉淀,解释现象。

五、酚酸与三氯化铁的显色反应

取 3 支洁净的试管,分别加入 0.1mol/L 乙酸、0.1mol/L 水杨酸、阿司匹林饱和悬浊液各 5 滴,再各加入 4g/L 氢氧化钠至溶液澄清,然后各滴加 2 滴 10g/L 三氯化铁溶液,振荡,观察现象。

【注意事项】

1. 进行银镜反应时,要求试管洁净、水浴加热不能沸腾、加热时试管不能振荡。
2. 银镜反应完毕后,应立即加入少量硝酸洗去银镜。

【实训思考】

1. 如何用化学方法鉴别甲酸、乙酸和水杨酸?
2. 银镜反应能否在酒精灯上直接加热?

（廖禹东）

实训二十七　肥皂的制备

【实训目标】

1. 巩固油脂的性质和皂化反应等知识。
2. 学会制作肥皂的一般工艺流程。
3. 提高在工作中不断发现问题和解决问题的能力。

【实训用品】

器材:铁三脚架、酒精灯、石棉网、小烧杯、玻璃棒。

药品:猪油、300g/L NaOH、75% 乙醇、松香、Na_2SiO_3、陶土或高岭土、饱和氯化钠溶液。

【实训内容】

一、皂化反应

取 5g 猪油放入 250ml 的烧杯中,加入 10ml 300g/L 的 NaOH 和 10ml 75% 乙醇,将烧杯放在石棉网上加热,并不断搅拌,加热至样品完全溶解,液面无油珠,得黏稠状液体,停止加热。

二、盐析、分离

把黏稠液倒入盛有 50ml 饱和氯化钠溶液的另一个烧杯中,充分搅拌,因肥皂不溶于盐水,便凝结在液面上。静置一段时间后,溶液便分成上、下两层(上层是肥皂,下层是甘油和食盐的混合液)。取出上层物质(肥皂)置于另一烧杯里。

三、制成成品

往已取出的上层物质中加入适量填充剂陶土(或高岭土)、松香,用干净纱布包裹后,将

固态物质挤干,压成条状,晾干,即得肥皂。

【注意事项】

1. 检验油脂是否已经完全皂化 取 3～5 滴烧杯里已皂化的试样放在试管里,加 5～6ml 蒸馏水,把试管置于酒精灯上加热,不时摇荡;如果试样完全溶解,没有油滴分出,表示皂化完全。

2. 在油脂的皂化实验过程中加入松香可以增加肥皂的泡沫,加入硅酸钠可以对纺织品起到湿润作用,加入陶土或高岭土可以增加洗涤时的摩擦力。

【实训思考】

在制取肥皂的实训过程中,关键是哪一步?为什么?

(孙丽花)

实训二十八 糖 的 性 质

【实训目标】

1. 通过实训巩固对糖类性质的理解,熟练掌握糖类的鉴别方法。

2. 学会蔗糖、淀粉的水解操作。

3. 培养学生耐心细致,一丝不苟的工作态度。

【实训用品】

器材:烧杯、试管、试管夹、试管架、温度计、白色点滴板、滴管、玻璃棒、酒精灯(或水浴箱)、打火机、铁架台(或三角架)、石棉网、量筒。

药品:0.5mol/L 葡萄糖、0.5mol/L 果糖、0.5mol/L 麦芽糖、0.5mol/L 蔗糖、碘液、20g/L 淀粉、10g/L $AgNO_3$、50g/L NaOH、0.2mol/L $NH_3 \cdot H_2O$、班氏试剂、莫立许试剂(α - 萘酚的酒精溶液)、塞利凡诺夫试剂(间苯二酚的浓盐酸溶液)、浓盐酸。

【实训内容】

一、糖的还原性

(一)银镜反应

取大试管 1 支,加入 10g/L 的 $AgNO_3$ 溶液 5ml,加 50g/L 的 NaOH 溶液 1 滴,逐滴加入 0.2mol/L 的 $NH_3 \cdot H_2O$ 使沉淀恰好消失为止,即得托伦试剂。另取干净的试管 5 支,编号,各加托伦试剂 10 滴,分别加入 5 滴 0.5mol/L 的葡萄糖、果糖、麦芽糖、蔗糖和 20g/L 的淀粉溶液,摇匀,置于 60℃ 的热水浴中加热数分钟,观察发生的变化,记录并解释。

(二)与班氏试剂的反应

取 5 支试管,各加入 1ml 班氏试剂,再分别加入 5 滴 0.5mol/L 的葡萄糖、果糖、麦芽糖、蔗糖及 20g/L 的淀粉溶液,摇匀,放在 60℃ 的热水浴中加热数分钟,观察发生的变化,记录并解释。

提示:此反应可用于尿糖的检验。

二、糖的颜色反应

(一)淀粉与碘的反应

向试管里加 20g/L 的淀粉溶液 1ml,再滴入 1 滴碘液,振摇,观察颜色变化;再将此溶液稀释到淡蓝色,加热,再冷却,观察发生的一系列变化,记录并解释。

(二)莫立许反应

取 5 支试管,分别加入 10 滴 0.5mol/L 的葡萄糖、果糖、麦芽糖、蔗糖及 20g/L 的淀粉溶液,再各加 2 滴莫立许试剂,摇匀,把试管倾斜成约 45°角,沿试管壁慢慢加入 10 滴浓硫酸(不要摇动试管)。慢慢竖起试管,硫酸在下层,试液在上层,观察液面交界处出现什么颜色变化。如果数分钟内没有颜色出现,可在水浴上温热,观察发生的变化,记录并解释。

(三)塞利凡诺夫反应

取试管 5 支,各加入 10 滴塞利凡诺夫试剂,再分别加入 0.5mol/L 的葡萄糖、果糖、麦芽糖、蔗糖及 20g/L 的淀粉溶液各 5 滴,摇匀,将试管放入沸水浴中加热,观察发生的变化,记录并解释。

三、糖(双糖、多糖)的水解

(一)蔗糖的水解

取 1 支大试管,加入 0.5mol/L 的蔗糖溶液 1ml,再加浓盐酸 1 滴,摇匀,放在沸水浴中加热 5~10 分钟,取出冷却后,滴入 50g/L 的 NaOH 至溶液呈碱性(提示:用红色石蕊试纸检验溶液是否呈碱性,红色石蕊试纸应变蓝),再加入 10 滴班氏试剂,摇匀,放在水浴中加热,观察发生的变化,记录并解释蔗糖在水解前和水解后对氧化剂(班氏试剂)反应的差别。

(二)淀粉的水解

取 1 支大试管,加入 20g/L 的淀粉溶液约 5ml,再加 5 滴浓盐酸,振摇,置沸水浴中加热。每隔 2 分钟用滴管吸取溶液 1 滴,置点滴板的凹穴里,滴入 1 滴碘液,观察水解液与碘显色,由深蓝色逐渐变为紫红、红色,直至碘的颜色不变。继续加热 2 分钟至水解完全,停止加热。然后取出试管,滴加 50g/L 的 NaOH 溶液,中和至溶液呈现碱性为止(提示:用红色石蕊试纸检验溶液是否呈碱性,红色石蕊试纸应变蓝)。取此溶液 2ml 于另一试管中,加入班氏试剂 1ml,加热后观察有何现象发生。说明原因并写出有关的化学方程式。

【实训思考】

1. 进行银镜反应实训时,你觉得银镜反应成败的关键是什么?

2. 从实训中如何区别还原性糖和非还原性糖?

3. 在糖的还原性实训中,蔗糖与班氏试剂和托伦试剂长时间加热后,也会发生反应,为什么?

【注意事项】

1. 进行银镜反应的实训时,要求试管须洗刷干净;配制托伦试剂时氨水不能过量;水浴加热不能沸腾;加热时试管不能振荡。

2. 银镜反应完毕后,应立即加入少量硝酸洗去银镜,以免反应液久置后产生雷酸银,造成危险。

(石宝珏)

实训二十九　蛋白质的性质

【实训目标】

1. 熟练掌握氨基酸和蛋白质的主要化学性质的实验操作。

2. 学会利用颜色反应鉴别蛋白质的方法。

【实训用品】

器材:10ml 量筒、试管、试管架、试管夹、烧杯、胶头滴管、玻璃棒、酒精灯、石棉网、洗瓶、水浴锅、纱布。

药品:0.2mol/L 甘氨酸、酪氨酸悬浊液、鸡蛋、浓硝酸、氨水、10g/L $CuSO_4$、10g/L $AgNO_3$、10g/L 醋酸铅、2mol/L 醋酸、饱和鞣酸溶液、饱和苦味酸溶液、20g/L NaOH、95% 乙醇、饱和硫酸铵溶液、2.5mol/L 盐酸。

【实训内容】

一、蛋白质溶液的配制

取 1 个鲜鸡蛋的蛋白置于装约 50ml 蒸馏水的烧杯中,用玻璃棒搅拌,让鸡蛋白充分溶解,用双层纱布过滤鸡蛋白溶液,将滤液装入试剂瓶中待用。

二、蛋白质的两性性质

取 2 支试管,一支试管加入 1ml 蛋白质溶液,再加 1ml 2.5mol/L HCl,沿试管壁慢慢加入 20g/L NaOH 溶液 1ml,不要振荡,即分成上、下两层,观察两层交界处发生的现象。另一支试管中,滴入 1ml 蛋白质溶液后,加入 1ml 20g/L NaOH 溶液,然后沿试管壁慢慢加入 1ml 2.5mol/L 盐酸,不要振荡,即分成上、下两层,观察两层交界处发生的现象。

三、蛋白质的变性

1. 加热对蛋白质的作用 取 1 支试管,加入 1ml 蛋白质溶液,用酒精灯加热试管,观察有何变化。解释观察到的现象。

2. 脱水剂对蛋白质的作用 取 1 支试管,加入 3~4ml 蛋白质溶液,用滴管沿试管壁慢慢加入 20~25 滴 95% 乙醇,静置几分钟,观察溶液是否变浑浊。再在试管中加入 3~4ml 蒸馏水,振荡,观察沉淀是否溶解。解释观察到的现象。

四、蛋白质的盐析

取 1 支试管,加入 3~4ml 蛋白质溶液,用滴管沿着试管壁慢慢加入 3~4ml 饱和硫酸铵溶液,静置,观察溶液是否变浑浊。另取 1 支试管,加入 1ml 上述浑浊液,再加入 2~3ml 蒸馏水,振荡,观察浑浊液是否变澄清。解释观察到的现象。

五、颜色反应

1. 缩二脲反应 取 2 支试管,分别加入 1ml 0.2mol/L 甘氨酸溶液和蛋白质溶液,再加入 2ml 20g/L NaOH 溶液和 2~5 滴 10g/L $CuSO_4$ 溶液,振荡,观察颜色有何变化,解释观察到的现象。

2. 氨基酸与茚三酮的反应 取 3 支试管,分别加入 1ml 0.2mol/L 甘氨酸溶液、酪氨酸悬浊液和蛋白质溶液,再加入 2~3 滴茚三酮试剂,在沸水浴中加热 5~10 分钟,观察溶液的颜色变化,解释观察到的现象。

3. 黄蛋白反应 取 3 支试管,分别加入 1ml 0.2mol/L 甘氨酸溶液、酪氨酸悬浊液和蛋白质溶液,再加入 6~8 滴浓硝酸,放在沸水浴中或试管直接加热,观察有何变化。冷却后,再加入过量的氨水,观察溶液颜色有何变化,解释观察到的现象。

4. 米伦反应　取试管 2 支,分别加入 1ml 0.2mol/L 甘氨酸溶液和蛋白质溶液,再各滴加 3 滴米伦试剂,在水浴中加热,观察溶液的颜色变化,解释观察到的现象。

【注意事项】

1. 浓硝酸是强氧化剂,具有腐蚀性,使用时应注意安全。

2. 缩二脲反应中,硫酸铜溶液不要过量,以免在碱性溶液中生成氢氧化铜沉淀。

【实训思考】

1. 如何解释浓硝酸滴在皮肤上能使皮肤变黄?

2. 为什么可以用生鸡蛋抢救重金属盐中毒患者?

3. 蛋白质的盐析和蛋白质的沉淀有什么不同?

（孙丽花）

参 考 文 献

1. 石宝珏. 无机与分析化学基础. 北京:人民卫生出版社,2008.
2. 曾崇理. 有机化学. 第 2 版. 北京:人民卫生出版社,2008.
3. 傅春华,黄月君. 基础化学. 第 2 版. 北京:人民卫生出版社,2013.
4. 刘斌,陈任宏. 有机化学. 第 2 版. 北京:人民卫生出版社,2013.
5. 谢美红,李春. 分析化学. 北京:化学工业出版社,2013.
6. 石宝珏. 医用化学基础. 北京:高等教育出版社,2013.
7. 傅春华. 医用化学. 第 2 版. 北京:高等教育出版社,2014.
8. 国家药典委员会. 中华人民共和国药典. 北京:中国医药科技出版社,2010.
9. 刘珍. 化验员读本化学分析. 第 4 版. 北京:化学工业出版社,2011.
10. 周纯宏. 无机与分析化学. 北京:科学出版社,2010.
11. 黄刚. 医用化学基础. 北京:人民卫生出版社,2008.
12. 丁秋玲. 无机化学. 第 2 版. 北京:人民卫生出版社,2008.
13. 邱细敏,朱开梅. 分析化学. 第 3 版. 北京:中国医药科技出版社,2012.
14. 黄南珍. 无机化学. 北京:人民卫生出版社,2008.
15. 傅菜花,廖禹东. 医用化学. 北京:清华大学出版社,2014.
16. 谢庆娟,杨其绛. 分析化学. 北京:人民卫生出版社,2010.
17. 钱芳. 分析化学基础. 北京:北京大学医学出版社,2010.
18. 邱细敏. 医用化学检测技术. 北京:化学工业出版社,2013.
19. 李湘苏. 有机化学. 北京:科学出版社,2010.
20. 贾云宏. 有机化学. 北京:科学出版社,2008.

目标检测参考答案

第一章 物质结构基础

一、选择题

（一）单项选择题

1. D	2. C	3. B	4. B	5. C	6. B	7. C	8. A	9. C	10. D
11. D	12. B	13. C	14. A	15. D	16. B	17. A	18. A	19. A	20. B
21. B	22. C	23. A	24. B	25. B					

（二）多项选择题

1. AE	2. AC	3. ABCD	4. AC	5. ACDE
6. ABCD	7. CD	8. ABDE	9. ABDE	10. ABCDE

二、填空题

1. （略）

2. 7、3、3、1、16、7、7、1、1

3. 电子层数、从左到右元素的金属性逐渐减弱,非金属性逐渐增强、核外最外层电子数、从上到下元素的金属性逐渐增强,非金属性逐渐减弱

三、简答题

（略）

第二章 溶液

一、选择题

（一）单项选择题

1. D	2. B	3. D	4. B	5. D	6. D	7. B	8. C	9. D	10. B
11. B	12. B	13. D	14. A	15. D	16. C	17. D	18. A	19. D	20. C

（二）多项选择题

1. ABC	2. ABE	3. ACDE	4. CD

二、填空题

1. n、摩尔、mol

2. 6.02×10^{23}、N_A、6.02×10^{23}

3. 6.02×10^{23}、98g

4. 0.1mol、22g

5. 9、氯化钠

6. 0.75

7. 溶质的量

8. 具有半透膜、半透膜两侧溶液浓度不同

9. 渗透浓度

10. 720～800kPa、280～320mmol/L

三、简答题

1. 计算 称量 溶解 转移 定容 混匀(参考例2－11)

2. 正常

四、计算题

1. 70g/L   2. 1mol/L   3. 0.48ml   4. 约395ml

第三章　化学反应速率与化学平衡

一、选择题

(一) 单项选择题

　1. D　　　2. D　　　3. D　　　4. D　　　5. B　　　6. A　　　7. D　　　8. B　　　9. D　　　10. D

11. D　　12. C

(二) 多项选择题

1. ABCDE　　　　2. ABC　　　　3. ADE

二、填空题

1. 浓度、温度、压强、催化剂

2. CO_2、吸

3. 浓度、温度、压强

三、简答题

(略)

第四章　电解质溶液

一、选择题

(一) 单项选择题

　1. D　　　2. D　　　3. B　　　4. D　　　5. C　　　6. C　　　7. A　　　8. C　　　9. C　　　10. D

11. C　　12. B　　13. C　　14. A　　15. B　　16. C　　17. D　　18. C　　19. D　　20. A

21. B　　22. C　　23. D　　24. C　　25. A　　26. B　　27. C　　28. A　　29. C　　30. D

(二) 多项选择题

1. ABE　　　2. ABCD　　　3. ABC　　　4. AC　　　5. CD

6. ABC　　　7. BC　　　8. ABCE　　　9. BDE　　　10. BE

二、填空题

1. 水中的氢离子或氢氧根离子、弱电解质、水

2. 酸性、碱性、中性

3. 碱性、红、小于、红

4. $H_2CO_3 - NaHCO_3$、$NaHCO_3$、H_2CO_3

5. 弱酸及其对应的盐、弱碱及其对应的盐、多元酸的酸式盐及其对应的次级盐

6. $FeCl_3$、NH_4NO_3、CH_3COONa、Na_2S、CH_3COOK、$NaHCO_3$、CH_3COONH_4、KCl

7. HNO_3、$Al_2(SO_4)_3$、$NaCl$、$NaHCO_3$、$NaOH$

8. 7.35～7.45、<7.35、酸、$NaHCO_3$、>7.45、碱、NH_4Cl

9. 氢离子、负对数、$pH = -\lg[H^+]$

10. 5、酸、10^{-9}、碱

11. 红、变浅、同离子效应使氨水的解离度降低

12. CH_3COONa、$CH_3COO^- + H^+ \rightleftharpoons CH_3COOH$、$CH_3COOH$、$CH_3COOH + OH^- \rightleftharpoons CH_3COO^- + H_2O$

13. 难溶性物质生成、弱电解质生成、气体生成

14. 大、大

三、简答题(略)

四、计算题

1.(1)1;(2)13;(3)5;(4)4

2.12

第五章　常见元素及其化合物

一、选择题

(一)单项选择题

1. B　　2. D　　3. D　　4. A　　5. B　　6. C　　7. C　　8. A　　9. A　　10. D

11. B　　12. C　　13. B

(二)多项选择题

1. ACD　　　　2. ABCDE　　　3. BCD　　　　4. ABCD　　　　5. ABCD

二、简答题

(略)

第六章　定量分析基础

一、选择题

(一)单项选择题

1. B　　2. A　　3. B　　4. A　　5. C　　6. D　　7. C　　8. B　　9. A　　10. B

11. C　　12. B　　13. C　　14. B　　15. C　　16. C　　17. B　　18. A　　19. C　　20. C

(二)多项选择题

1. ABC　　　　2. AE　　　　3. ABCDE　　　4. ACDE

二、填空题

1. 研究物质化学组成的分析方法及有关理论

2. 鉴别物质的化学组成、测定各组分的相对含量、确定物质的化学结构

3. 仪器分析、滴定分析、重量分析

4. 常量、微量

5. 测量值、真实值、精密度

6. 增加平行测定次数

7. 空白试验、试剂误差

8. 准确度、精密度

9. 1.05、4.72

10. 最少、最少

三、简答题

1. 7.532、1.019、1.138、2.128、0.1787

2.(1)0.694;(2)21.00;(3)0.03%

第七章　滴定分析法概述

一、选择题

(一)单项选择题

1. C　　2. C　　3. A　　4. D　　5. C　　6. A　　7. A　　8. C　　9. A　　10. C

11. B　　12. C　　13. A

(二)多项选择题

1. BCD　　　　2. ABC　　　　3. BD　　　　4. ACD　　　　5. ABCDE

6. BD　　　　7. ABDE

二、填空题

1. 已知准确浓度

2. 滴定管中滴加到被测物质溶液中的操作、化学计量关系定量反应完全

3. 溶质 B 的物质的量除以溶液的体积

4. 滴定终点与化学计量点

5. 2~3、浓度不变

6. 附着在管壁上的溶液流下、0.00。

7. 刻度线、旋转180°

8. 小烧杯、玻璃棒、容量瓶、小烧杯、玻璃棒、容量瓶、1、滴管、凹液面实线的最低处、倒掉重配、15。

9. 0.01、15、0.00、废液缸

三、简答题

（略）

四、计算题

1. 0.08753mol/L

2. 0.1061mol/L

3. 0.7773（或77.73%）

第八章　酸碱滴定法

一、选择题

（一）单项选择题

1. C　　2. B　　3. C　　4. B　　5. B　　6. B　　7. C　　8. D　　9. A　　10. D

（二）多项选择题

1. ACDE　　　2. ABC　　　3. BD　　　4. BCE

二、填空题

1. 4.8~6.8

2. 滴定突跃所在的 pH 范围

3. 凡是变色范围全部或部分在滴定突跃范围内的指示剂,都可以指示滴定终点

4. $cK_a \geqslant 10^{-8}$

5. 除去杂质 Na_2CO_3

6. 直接配制法、间接配制法

7. 理论变色范围

8. NaOH 溶液、酚酞、粉红色

9. 无水 Na_2CO_3、邻苯二甲酸氢钾

10. 温度、溶剂、指示剂用量、滴定程序

三、名词解释

四、计算题

1. 0.1138mol/L　　2. 3.19%（g/ml）　　3. 0.41g

第九章　沉淀滴定法

一、选择题

（一）单项选择题

1. B　　2. C　　3. D　　4. A　　5. B　　6. B　　7. B　　8. B　　9. D

（二）多项选择题

1. BDE　　　2. AC　　　3. AC　　　4. BCE

二、填空题

1. 指示剂、铬酸钾指示剂、铁铵矾指示剂、吸附指示剂

2. 莫尔法、硝酸银、7～10、氯、溴

3. 法扬司法、弱酸或弱碱、吸附

三、简答题

（略）

四、计算题

1. 97.98%

2. 0.1194mol/L、6.978g/L

第十章 氧化还原滴定法

一、选择题

（一）单项选择题

1. C　　2. C　　3. D　　4. B　　5. B　　6. C　　7. C　　8. C　　9. C　　10. A

11. B　　12. C　　13. B　　14. C　　15. C

（二）多项选择题

1. ABCDE　　2. BDE　　3. ABCD　　4. ABE　　5. BCDE

二、填空题

1. 得到、降低、还原

2. 直接法、间接法、碘、氧化、还原

3. As_2O_3、$K_2Cr_2O_7$

4. 慢、稍快、稍慢

5. 酸度不够

三、简答题

（略）

四、计算题

0.1038mol/L

第十一章 配位滴定法

一、选择题

（一）单项选择题

1. B　　2. B　　3. A　　4. D　　5. A　　6. B　　7. A　　8. B　　9. C　　10. D

11. B　　12. A　　13. C　　14. D　　15. A

（二）多项选择题

1. ABC　　2. ABC　　3. ACD　　4. BCD　　5. BCDE

二、填空题

1. 配离子、外界离子

2. 七、Y^{4-}

3. $K_稳$、$\lg K_稳$

4. 最高 pH

5. 调节溶液 pH

三、简答题

1. （略）

2. （略）

3. 0.05000mol/L

4. 84.16%

5. 301.8mg/L

第十二章　电位分析法

一、选择题

（一）单项选择题

 1. B　　　2. A　　　3. C　　　4. D　　　5. B　　　6. D　　　7. B　　　8. A　　　9. C　　　10. D

（二）多项选择题

1. ABCE　　　　2. ACE　　　　3. BCD　　　　4. ABCE　　　　5. ABCDE

二、填空题

1. 电极电位、参比电极、指示电极、复合电极

2. 指示电极

3. 饱和甘汞电极（SCE 电极）、pH 玻璃电极、参比电极

4. 3

5. 单标准 pH 缓冲溶液法、双标准 pH 缓冲溶液法

6. 蒸馏水、24 小时

7. 饱和氯化钾、氯化钾结晶

8. 氟离子、浓硫酸、乙醇

三、简答题

（略）

第十三章　紫外 – 可见分光光度法

一、选择题

（一）单项选择题

 1. B　　　2. A　　　3. C　　　4. B　　　5. A　　　6. B　　　7. C　　　8. A　　　9. A　　　10. D

11. B　　　12. C

（二）多项选择题

1. ABD　　　　2. BD　　　　3. ABDE　　　　4. ABCDE

二、填空题

1. 0. 11、0. 47

2. $\sqrt[3]{T}$

3. 最大吸收峰、最大吸收波长、形状、最大吸收波长、定性分析

4. 相似、相同、不同、高低峰不同

三、名词解释

（略）

四、计算题

1. $2. 65 \times 10^4 L/(mol \cdot cm)$

2. $6. 07 \times 10^{-5} mol/L$

3. 0. 835

第十四章　色谱分析法

一、选择题

（一）单项选择题

 1. B　　　2. D　　　3. C　　　4. B　　　5. A　　　6. C　　　7. D　　　8. B　　　9. C　　　10. C

11. D　　　12. D　　　13. C　　　14. A　　　15. D　　　16. B　　　17. A　　　18. D　　　19. B　　　20. A

21. D

（二）多项选择题

1. BC　　　　2. BC　　　　3. AD　　　　4. ABC　　　　5. BCE

6. ABCDE   7. ABCE   8. ABD   9. ABCE   10. CD

二、填空题

1. 吸附色谱法、分配色谱法、离子交换色谱法、空间排阻色谱法

2. 柱色谱法、纸色谱法、薄层色谱法

3. 硅胶、氧化铝、聚酰胺

4. 载体

5. 滤纸、分配色谱、水

6. 0.05 ~ 0.85、0.05

7. 薄层板的制备、点样、展开、显色、定性、定量

8. 低、极性大

9. HPLC、GC

三、简答题

（略）

四、计算题

1. 样品的 $R_f = 0.7875$；标准品的 $R_f = 0.525$，$R_s = 1.5$

2. （1）A 样品的 $R_f = 0.49$；（2）A 样品斑点应在 7.3cm 处

3. $L = 12.5cm$

第十五章 有机化合物概述

一、选择题

（一）单项选择题

1. A   2. A   3. A   4. C   5. D   6. C   7. D   8. C

（二）多项选择题

1. ABDE   2. ABD   3. ABD   4. ABD   5. ABC

二、填空题

1. 燃烧、水、易溶于

2. 碳氢化合物及其衍生物、官能团

3. 碳（C）、 氢（H）、氧（O）、氮（N）。

4. 4、1、2。（碳碳）单、（碳碳）双、（碳碳）叁。

三、简答题

（略）

第十六章 烃

一、选择题

（一）单项选择题

1. A   2. C   3. C   4. A   5. A   6. A   7. C   8. C   9. B   10. D

（二）多项选择题

1. ACD   2. BCDE   3. ABC   4. ACD   5. ABC

6. ABDE   7. ABCD

二、填空题

1. 碳或 C 和氢或 H   链烃和环烃烷。

2. 碳碳双键   碳碳叁键。

3. 苯。

4. 同系列。C_nH_{2n+2}，C_nH_{2n}，C_nH_{2n-2}，$C_nH_{2n-6}(n \geqslant 6)$。

5. 取代反应   加成反应。

三、简答题

1. 用系统命名法,写出下列各种化合物的名称(写学名)

(1) 2,2 – 二甲基丁烷

(2) 2,5 – 二甲基 – 3 – 乙基己烷

(3) 1 – 丁烯

(4) 3 – 甲基 – 1 – 戊炔

(5) 乙苯

(6) 对硝基甲苯(4 – 硝基甲苯)

2. 写出下列各化合物的结构简式

(1) $CH_3CHCH_2CH_2CH_3$
        $|$
        CH_3

(2)
$$
\begin{array}{cc}
CH_3 & CH_3 \\
| & | \\
CH_3CCH_2CHCH_2CHCH_3 \\
| & | \\
CH_3 & CH_2CH_3
\end{array}
$$

(3)
$$
\begin{array}{c}
CH_3 \\
| \\
CH_2=C-CHCH_3 \\
| \\
CH_3
\end{array}
$$

(4)
$$
\begin{array}{c}
CH_3 \\
| \\
HC\equiv C-C-CH_2-CH_2-CH_3 \\
| \\
CH_3
\end{array}
$$

(5)

(6)

3. 用化学方法鉴别下列各组化合物

提示:(1) 用硝酸银氨溶液

(2) 先用硝酸银氨溶液,再用溴水

(3) 高锰酸钾溶液

(4) 溴水

4. 推断结构

A. $CH_3CHCH_2C\equiv CH$
        $|$
        CH_3

B. $CH_3CHC\equiv CCH_3$
        $|$
        CH_3

第十七章 醇、酚、醚

一、选择题

(一) 单项选择题

1. D	2. C	3. C	4. D	5. B	6. A	7. B	8. B	9. B	10. D
11. D	12. C	13. C	14. B	15. D	16. C	17. C	18. A	19. B	20. D

(二) 多项选择题

1. ABDE	2. AC	3. AB	4. ABD	5. BCDE
6. ABCE	7. ABCD	8. BC	9. BD	10. AC

二、填空题

1. 甲醇、酒精、很强的毒性

2. 氧化、酚羟基

3. 醛、酮、叔醇

4. 140℃、乙醚、分子内、乙烯

5. 物理、变澄清、又变浑浊、化学

6. 三、煤酚、消毒剂

7. 消去(除)

8. 氧化反应、还原反应

9. 酯化反应

三、简答题

(略)

第十八章 醛和酮

一、选择题

（一）单项选择题

1. D　　2. B　　3. D　　4. D　　5. C　　6. D　　7. A　　8. D　　9. B　　10. B

11. D　　12. C　　13. D　　14. C　　15. B

（二）多项选择题

1. BCDE　　2. ABCD　　3. ACE　　4. ABC　　5. ACDE

二、填空题

1. 醛、脂肪族甲基酮、8 个碳原子

2. 伯，仲

3. 烃基，烃基

4. $(Ar)R-\overset{O}{\overset{\|}{C}}-H$ ，醛基，甲醛

5. $(Ar)R-\overset{O}{\overset{\|}{C}}-R'(Ar')$ ，酮基，丙酮

三、简答题

1. 命名下列化合物

（1）2 - 苯基丙醛　　　　　　　　　　（2）3 - 甲基戊醛

（3）2 - 甲基 - 1 - 苯基 - 1 - 丁酮　　（4）3 - 甲基环己酮

2. 写出下列化合物的结构式

（1）$CH_3CH_2-\underset{\underset{CH_3}{|}}{CH}-\underset{\underset{CH_3}{|}}{CH}-CH_2-\overset{O}{\overset{\|}{C}}-H$

（2）$CH_3-CH-CH_2-\overset{O}{\overset{\|}{C}}-H$ （苯环）

（3）$CH_3-\overset{O}{\overset{\|}{C}}-\underset{\underset{CH_3}{|}}{CH}-CH_2-CH_3$

（4）（环己酮，2位C_2H_5，5位H_3C）

3. 完成方程式

（1）CH_3-CH_2-OH

（2）$CH_3-\underset{\underset{CH_3}{|}}{C}=N-NH-$（2,4-二硝基苯基）$+ H_2O$

（3）$CH_3-\overset{O}{\overset{\|}{C}}-ONa + CHI_3\downarrow$

(4)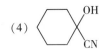

4. 用化学方法鉴别下列各组化合物(略)

第十九章　有机酸和对映异构

一、选择题

（一）单项选择题

1. B　　2. C　　3. A　　4. D　　5. B　　6. B　　7. D　　8. A　　9. D　　10. B

（二）多项选择题

1. ABCE　　2. AB　　3. AB　　4. ACDE　　5. ACE

二、填空题

1. 蚁酸、HCOOH、羧基、醛基、还原性

2. β－丁酮酸、β－羟基丁酸、丙酮,酸

3. 与4个不相同的原子或原子团相连接的碳原子

4. 红

5. 羟基、羟基上的氢原子

三、简答题

（略）

第二十章　酯和油脂

一、选择题

（一）单项选择题

1. D　　2. D　　3. D　　4. A　　5. C　　6. A

（二）多项选择题

1. ACD　　2. BCD　　3. ABCE　　4. ACD

二、填空题

1. 碱作催化剂并加热

2. 一分子甘油、三分子高级脂肪酸、脂肪酸、甘油一酯或甘油二酯

3. 日光、空气中氧、微生物、高温、氧化、水解

4. —COONa、—$C_{17}H_{35}$、油中、水中、乳化剂分子的保护

三、简答题

1. 名词解释（略）

2. 写结构式（略）

3. 鉴别题

(1) 甘油
花生油 $\Big\}$ ——硫酸铜的碱性溶液→ 深蓝色
不反应

(2) 饱和酸
不饱和酸 $\Big\}$ ——碘水不褪色
褪色

4. 推断结构式

A. HCOCH$_3$　　B. HCOH　　C. CH_3OH

（结构中O为双键）

5. 完成反应

(1) $\begin{array}{l} CH_2OH \quad R_1COOH \\ CHOH + R_2COOH \\ CH_2OH \quad R_3COOH \end{array}$

(2) $\begin{array}{l} CH_2OH \quad R_1COONa \\ CHOH + R_2COONa \\ CH_2OH \quad R_3COONa \end{array}$

第二十一章 含氮有机化合物

一、选择题

（一）单项选择题

1. C　　2. A　　3. C　　4. B　　5. B　　6. D　　7. D　　8. D　　9. D　　10. B

（二）多项选择题

1. BDE　　　　2. CD　　　　3. BCE　　　　4. BC　　　　5. CDE

二、填空题

1. 碱性、中性

2. 两个或两个以上酰胺键

3. 氨基、烃氨基、氨、胺、酰基

4. 酰胺、酰化

5. 0℃、强酸、重氮盐

三、简答题

1.（1）三甲胺　　　　（2）乙二胺　　　　（3）N－甲基苯胺

（4）氢氧化四乙铵　　　（5）$CH_3CH_2NH_2$　　　（6）$[(CH_3)_4N]^+I^-$

（7）　　　（8）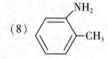　　　（9）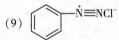

（10）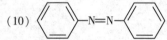

2.（略）

3.（略）

4. A.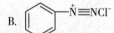　　　B.

第二十二章 杂环化合物和生物碱

一、选择题

（一）单项选择题

1. B　　2. B　　3. D　　4. D　　5. B　　6. A　　7. D　　8. C　　9. B　　10. C

（二）多项选择题

1. ABD　　　　2. ABDE　　　　3. ACD　　　　4. ABC　　　　5. ABC

二、填空题

1. 氧（O）、硫（S）、氮（N）

2. 醛、羧酸、磺酸、酰胺

3. 质子（H^+）、弱、强

三、简答题

（略）

第二十三章 糖类

一、选择题

（一）单项选择题

1. D　　2. B　　3. B　　4. A　　5. B　　6. C　　7. C　　8. A　　9. B　　10. B

11. D　　12. D　　13. C

（二）多项选择题

1. ABD   2. ABCD   3. ACD   4. ACD   5. ACDE

6. BCDE

二、填空题

1. 单、低聚（或寡）、多（或多聚）、多羟基醛、多羟基酮

2. 班氏、葡萄糖、3.9～6.1

3. 蔗糖、蔗糖、麦芽糖和乳糖

4. 不、蓝、葡萄糖

三、简答题

（略）

第二十四章　氨基酸和蛋白质

一、选择题

（一）单项选择题

 1. D　　2. C　　3. C　　4. B　　5. A　　6. C　　7. D　　8. A　　9. B

（二）多项选择题

1. ABCE   2. ABCE   3. BCDE

二、填空题

1. 氨基、羧基、酸性、碱性、中性

2. 氨基、羧基、酸、碱

3. 碱、$CuSO_4$、缩二脲

4. 黄、黄蛋白反应产生硝基衍生物

三、简答题

1. 名词解释　（略）

2. 命名下列化合物或写出结构式

（1）甘氨酸　　　　　　　　（2）谷氨酸　　　　　　　　（3）缬氨酸

（4）$CH_3CHCH_2CHCOOH$　　（5）$CH_3CH_2CH—CHCOOH$　　（6）$CH_3SCH_2CH_2CHCOOH$
　　　　$\ \ CH_3\ \ \ NH_2$　　　　　　　$CH_3\ \ NH_2$　　　　　　　　　　　NH_2

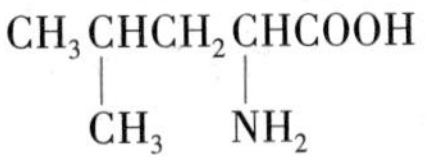

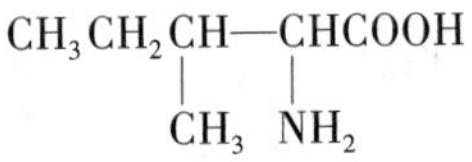

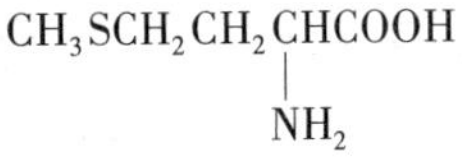

3. 鉴别题（略）

基础化学教学大纲

（供制药技术专业用）

一、课程任务

基础化学是中职制药技术专业的一门重要专业核心课。主要涵盖无机化学、分析化学和有机化学三大部分内容。本课程的任务是使学生掌握无机化学、分析化学和有机化学的基础知识、基本原理和基本实训操作技能，初步形成应用化学知识解决实际问题的能力，逐步培养学生的辩证思维能力，养成严谨求实的科学态度，强化学生的职业道德观念，形成良好的职业素质和服务态度，为学生学习药学类相关专业知识和职业技能奠定良好的基础，同时也为学生继续教育和适应职业变化的能力打下基础。

二、课程目标

（一）知识目标

1. 掌握基础化学的基础理论和基本知识；掌握职业岗位中经常用到的有关计算如溶液配制的计算；掌握常用滴定分析法、仪器分析法测定有关物质含量及其在专业中的应用，树立准确的"量"的概念；掌握各类重要有机化合物的命名、典型的化学性质及其在医药中的应用。

2. 熟悉物质结构、化学反应速率、化学平衡、电解质溶液等的基础理论知识，熟悉有关仪器分析法的测定原理及测定方法；熟悉常见有机化合物的鉴别方法。

3. 了解色谱法的测定原理及测定方法；了解常见元素及其化合物、与医药有关的有机化合物的用途。

（二）技能目标

1. 熟练掌握基础化学的基本操作技能，通过无机化学、分析化学和有机化学实训，能认真观察、记录实训现象，会分析并解释实训结果，并写出合格的实训报告，进一步培养学生动手能力和分析解决问题的能力。

2. 学会滴定分析法、分光光度法、色谱法等分析方法的基本操作及对物质含量的测定方法；学会验证无机化学基础理论知识、各类重要有机化合物的典型性质的基本操作技能。

（三）职业素质和态度目标

1. 具有从事制药技术工作所应有的良好的职业素质和服务态度，初步具备逻辑思维和观察、分析、解决问题的能力，逐步形成辩证唯物主义世界观。

2. 具有创新意识、创新精神、爱国主义情操及适应社会和自身发展的能力。

3. 具有良好的人际交往、心理素质、职业道德观念、行为规范和团队精神。

4. 具有耐心细致,严谨求实的科学态度。

三、教学时间分配

教学内容	学时数		
	理论	实训	合计
第一章 物质结构基础	8	4	12
第二章 溶液	10	2	12
第三章 化学反应速率与化学平衡	4	2	6
第四章 电解质溶液	10	2	12
第五章 常见元素及其化合物	4	2	6
第六章 定量分析基础	6	2	8
第七章 滴定分析法概述	7	4	11
第八章 酸碱滴定法	7	6	13
第九章 沉淀滴定法	4	2	6
第十章 氧化还原滴定法	5	4	9
第十一章 配位滴定法	4	4	8
第十二章 电位分析法	4	2	6
第十三章 紫外-可见分光光度法	4	4	8
第十四章 色谱分析法	5	2	7
第十五章 有机化合物概述	3	3	6
第十六章 烃	11	3	14
第十七章 醇酚醚	7	2	9
第十八章 醛和酮	5	2	7
第十九章 有机酸和对映异构	8	2	10
第二十章 酯和油脂	4	2	6
第二十一章 含氮有机化合物	6	0	6
第二十二章 杂环化合物和生物碱	3	0	3
第二十三章 糖类	5	2	7
第二十四章 氨基酸和蛋白质	4	2	6
合计	138	60	198

四、教学内容与要求

单元	教学内容	教学要求	教学活动参考	参考学时	
				理论	实训
一、物质结构基础	（一）原子结构 1. 原子的构成和同位素 2. 原子核外电子的排布 （二）元素周期律与元素周期表 1. 元素周期律 2. 元素周期表 （三）化学键与分子的极性 1. 离子键 2. 共价键 3. 分子的极性和氢键 实训一　化学实训基本操作 实训二　药用氯化钠的粗略制备	掌握 了解 掌握 熟悉 掌握 了解 熟练掌握 学会	理论讲授 讨论 示教 练习 多媒体演示 技能实训	8	4
二、溶液	（一）物质的量 1. 物质的量及单位 2. 摩尔质量 （二）溶液的浓度 1. 常用溶液浓度的表示方法 2. 溶液浓度的换算 3. 溶液的稀释和配制 （三）溶液的渗透压 1. 渗透现象和渗透压 2. 影响渗透压的因素 3. 渗透压在医药上的意义 （四）分散系和胶体溶液 1. 分散系 2. 胶体溶液 3. 高分子溶液 实训三　溶液的配制和稀释	掌握 熟悉 了解 熟练掌握	理论讲授 讨论 示教 练习 多媒体演示 技能实训	10	2
三、化学反应速率与化学平衡	（一）影响化学反应速率的因素 1. 浓度对化学反应速率的影响 2. 温度对化学反应速率的影响 3. 催化剂对化学反应速率的影响 （二）化学平衡 1. 可逆反应和化学平衡 2. 化学平衡常数 3. 化学平衡的移动 实训四　化学反应速率和化学平衡	掌握 熟悉 掌握 学会	理论讲授 演示 示教 讨论 技能实训	4	2
四、电解质溶液	（一）电解质在溶液中的解离 1. 电解质和非电解质 2. 强电解质和弱电解质 3. 弱电解质的解离平衡	掌握	理论讲授 讨论 示教 练习	10	

单元	教学内容	教学要求	教学活动参考	参考学时	
				理论	实训
四、电解质溶液	4. 同离子效应 （二）溶液的酸碱性及其 pH 1. 水的解离 2. 溶液的酸碱性 3. 溶液的 pH （三）离子反应 1. 离子反应的概念 2. 离子方程式的写法及离子反应的条件 （四）盐的水解 1. 盐的类型 2. 盐的水解及其酸碱性判断 3. 盐的水解在医药上的应用 （五）缓冲溶液 1. 缓冲溶液的概念 2. 缓冲溶液的组成 3. 缓冲作用原理 4. 缓冲溶液的选择和配制 5. 缓冲溶液在医药上的意义	熟悉 掌握 了解 掌握 熟悉 了解	多媒体演示		
	实训五　电解质溶液	熟练掌握	技能实训		2
五、常见元素及其化合物	（一）常见非金属元素及其化合物 1. 卤族元素 2. 氧族元素 3. 氮及其化合物 （二）常见金属元素及其化合物 1. 碱金属 2. 碱土金属 3. 铝及其化合物 4. 铁及其化合物	熟悉 了解	理论讲授 自学	4	
	实训六　几种药物成分的定性鉴别	学会	技能实训		2
六、定量分析基础	（一）定量分析概论 1. 定量分析的任务 2. 定量分析方法的分类 3. 定量分析的一般程序 （二）定量分析的误差 1. 误差的来源和减小误差的方法 2. 准确度和误差 3. 精密度和偏差 （三）有效数字及其运算规则 1. 有效数字 2. 有效数字的运算规则 3. 有效数字在定量分析中的应用	掌握 熟悉 了解	理论讲授 讨论 示教 练习 多媒体演示	6	
	实训七　电子天平的称量练习	学会	技能实训		2

续表

单元	教学内容	教学要求	教学活动参考	参考学时 理论	参考学时 实训
七、滴定分析法概述	（一）滴定分析的特点及分类 1. 滴定分析的基本术语和特点 2. 滴定反应的基本条件 3. 滴定分析法的分类 （二）基准物质与滴定液 1. 基准物质 2. 滴定液 （三）滴定分析的计算 1. 滴定分析的计算依据 2. 滴定分析的计算实例 （四）滴定分析常用仪器 1. 滴定管 2. 容量瓶 3. 移液管 实训八　滴定分析常用仪器的基本操作 实训九　酸碱滴定练习	 掌握 熟悉 掌握 熟练掌握 学会	理论讲授 讨论 示教 练习 多媒体演示 技能实训	7	 4
八、酸碱滴定法	（一）酸碱指示剂 1. 指示剂的变色原理 2. 指示剂的变色范围 3. 影响指示剂变色范围的因素 （二）酸碱滴定类型和指示剂的选择 1. 强碱滴定强酸 2. 强碱滴定弱酸 3. 强酸滴定弱碱 （三）酸碱滴定液的配制和标定 1. 盐酸滴定液的配制和标定 2. 氢氧化钠滴定液的配制和标定 （四）应用与示例 1. 食醋中总酸量含量测定 2. 乙酰水杨酸的含量测定 实训十　酸碱滴定液的配制与标定 实训十一　硼砂含量的测定 实训十二　食醋总酸量的测定	 了解 掌握 熟悉 掌握 熟练掌握	理论讲授 讨论 示教 练习 多媒体演示 技能实训	7	 6
九、沉淀滴定法	（一）沉淀溶解平衡简介 1. 溶度积 2. 溶度积规则 （二）沉淀滴定法 1. 银量法概述 2. 铬酸钾指示剂法 3. 吸附指示剂法 4. 硝酸银滴定液的配制和标定 5. 应用与示例 实训十三　生理盐水中氯化钠含量的测定	 了解 熟悉 掌握 熟练掌握	理论讲授 讨论 示教 练习 多媒体演示	4	 2

续表

单元	教学内容	教学要求	教学活动参考	参考学时	
				理论	实训
十、氧化还原滴定法	（一）氧化还原反应 1. 氧化还原反应的概念 2. 氧化剂和还原剂 （二）氧化还原滴定法 1. 概述 2. 高锰酸钾法 3. 碘量法 实训十四　过氧化氢含量的测定 实训十五　硫代硫酸钠滴定液的配制与标定	了解 熟悉 掌握 熟练掌握	理论讲授 讨论 示教 练习 多媒体演示 技能实训	5	4
十一、配位滴定法	（一）配合物 1. 配合物的概念和组成 2. 配合物的命名 3. 螯合物简介 4. 配位平衡 （二）配位滴定法 1. 概述 2. EDTA滴定液的配制与标定 3. EDTA滴定法的应用与示例 实训十六　EDTA滴定液的配制与标定 实训十七　水的总硬度测定	熟悉 了解 熟悉 掌握 熟练掌握	理论讲授 讨论 示教 练习 多媒体演示 技能实训	4	4
十二、电位分析法	（一）电位分析法的基本概念 1. 电极的性能 2. 参比电极 3. 指示电极 4. pH复合电极 （二）直接电位法测定溶液pH 1. 测定原理 2. 测量方法 3. pH计及其使用方法 4. 应用与示例 实训十八　饮用水pH的测定	了解 掌握 熟练掌握	理论讲授 讨论 示教 练习 多媒体演示 技能实训	4	2
十三、紫外–可见分光光度法	（一）概述 1. 光的本质与物质的颜色 2. 光的吸收定律 3. 吸收光谱曲线 （二）紫外–可见分光光度法 1. 紫外–可见分光光度计 2. 定性、定量分析方法 实训十九　吸收曲线的绘制（可见分光光度法） 实训二十　微量铁的含量测定（可见分光光度法）	了解 掌握 学会	理论讲授 讨论 示教 练习 多媒体演示 技能实训	4	4

单元	教学内容	教学要求	教学活动参考	参考学时	
				理论	实训
十四、色谱分析法	（一）色谱法的原理和分类 1. 色谱法的原理 2. 色谱法的分类 （二）柱色谱法 1. 吸附柱色谱法 2. 分配柱色谱法 （三）纸色谱法 1. 纸色谱法的原理 2. 色谱滤纸的选择和处理 3. 操作方法 4. 应用 （四）薄层色谱法 1. 薄层色谱法的原理 2. 吸附剂的选择 3. 展开剂的选择 4. 操作方法 5. 应用 （五）其他色谱法简介 1. 气相色谱法 2. 高效液相色谱法	熟悉 了解 熟悉 了解	理论讲授 讨论 示教 练习 多媒体演示	5	
	实训二十一　磺胺类药物的薄层色谱	学会	技能实训		2
十五、有机化合物概述	（一）有机化学的研究对象 1. 有机化合物和有机化学 2. 有机化合物的特性 （二）有机化合物的结构特点 1. 碳原子的特性 2. 同分异构现象 （三）有机化合物的分类 1. 按碳链分类 2. 按官能团分类	熟悉 掌握 了解	理论讲授 讨论 示教 练习 多媒体演示	3	
	实训二十二　熔点的测定	熟练掌握	技能实训		3
十六、烃	（一）饱和链烃 1. 烷烃的结构和同系物 2. 烷烃的同分异构及碳原子的类型 3. 烷烃的命名 4. 烷烃的性质 5. 医药上常用的烷烃 （二）不饱和链烃 1. 烯烃、炔烃的结构及组成通式 2. 烯烃、炔烃的同分异构 3. 烯烃、炔烃的命名 4. 烯烃、炔烃的性质	熟悉 掌握 了解 熟悉 了解 掌握	理论讲授 讨论 示教 练习 多媒体演示	11	

续表

单元	教学内容	教学要求	教学活动参考	参考学时	
				理论	实训
十六、烃	（三）闭链烃 1. 脂环烃 2. 芳香烃 实训二十三　常压蒸馏和沸点的测定	了解 掌握 熟练掌握	技能实训		3
十七、醇酚醚	（一）醇 1. 醇的结构及分类 2. 醇的命名 3. 醇的性质 4. 常见的醇 （二）酚 1. 酚的结构 2. 酚的分类和命名 3. 酚的性质 4. 常见的酚 （三）醚 1. 醚的结构 2. 醚的分类和命名 3. 醚的性质 实训二十四　醇和酚的性质	熟悉 掌握 熟悉 了解 熟练掌握	理论讲授 讨论 示教 练习 多媒体演示 技能实训	7	2
十八、醛和酮	（一）醛和酮的结构、分类和命名 1. 醛和酮的结构及分类 2. 醛和酮的命名 （二）醛和酮的性质 1. 物理性质 2. 化学性质 3. 常见的醛和酮 实训二十五　醛和酮的性质	掌握 了解 熟悉 学会	理论讲授 讨论 示教 练习 多媒体演示 技能实训	5	2
十九、有机酸和对映异构	（一）羧酸 1. 羧酸的结构和分类 2. 羧酸的命名 3. 羧酸的性质 4. 常见的羧酸 （二）羟基酸和酮酸 1. 羟基酸 2. 酮酸 3. 常见的羟基酸和酮酸 （三）对映异构简介 1. 偏振光与旋光性 2. 对映异构现象 3. 费歇尔投影式 4. D/L 构型 实训二十六　有机酸的性质	掌握 熟悉 熟悉 熟练掌握	理论讲授 讨论 示教 练习 多媒体演示 技能实训	8	2

续表

单元	教学内容	教学要求	教学活动参考	参考学时	
				理论	实训
二十、酯和油脂	（一）酯 1. 酯的结构和命名 2. 酯的性质 （二）油脂 1. 油脂的组成和结构 2. 油的性质 3. 油脂的意义 实训二十七　肥皂的制备	了解 熟悉 学会	理论讲授 讨论 示教 练习 多媒体演示 技能实训	4	 2
二十一、含氮有机化合物	（一）胺 1. 胺的结构和分类 2. 胺的命名 3. 胺的性质 4. 季铵盐和季铵碱 （二）酰胺 1. 酰胺的结构和命名 2. 酰胺的性质 3. 尿素 （三）重氮和偶氮化合物 1. 重氮盐的生成 2. 重氮盐的性质 3. 偶氮化合物	掌握 熟悉 了解	理论讲授 讨论 示教 练习 多媒体演示	6	
二十二、杂环化合物和生物碱	（一）杂环化合物 1. 杂环化合物的结构、分类和命名 2. 常见的杂环化合物 （二）生物碱简介 1. 生物碱的概念及命名 2. 生物碱的一般性质	掌握 了解	理论讲授 讨论 示教 练习 多媒体演示	3	
二十三、糖类	（一）单糖 1. 常见的单糖 2. 单糖的性质 （二）双糖和多糖 1. 常见的双糖 2. 常见的多糖 实训二十八　糖的性质	掌握 熟悉 熟练掌握	理论讲授 讨论 示教 练习 多媒体演示 技能实训	5	 2
二十四、氨基酸和蛋白质	（一）氨基酸 1. 氨基酸的结构、分类和命名 2. 氨基酸的性质 （二）蛋白质 1. 蛋白质的组成、分类和结构 2. 蛋白质的性质 实训二十九　蛋白质的性质	掌握 了解 熟悉 熟练掌握	理论讲授 讨论 示教 练习 多媒体演示 技能实训	4	 2

五、大纲说明

（一）适用对象与参考学时

本教学大纲主要供中等职业学校制药技术专业教学使用。总学时为 198 学时，其中理论教学 138 学时，实训教学 60 学时。各学校可根据专业培养目标、专业知识结构需要、职业技能要求、学校教学实训条件及学生实际情况的差异自行调整学时。

（二）教学要求

1. 本课程对理论部分教学要求分为掌握、熟悉、了解 3 个层次。掌握：指对基本知识、基本理论有较深刻的认识，并能综合、灵活地运用所学的知识解决实际问题。熟悉：指能够领会概念、原理的基本含义，解释有关化学现象。了解：指对基本知识、基本理论能有一定的认识，能够记忆所学的知识要点。

2. 本课程重点突出以能力为本位的教学理念，在实训技能方面分为熟练掌握、学会 2 个层次。熟练掌握：能独立、正确、规范的完成常用化学实训操作，并能概括性叙述其要点。学会：即在教师的指导下独立进行较为简单的实训操作。

（三）教学建议

1. 教学内容上应注意无机化学、分析化学和有机化学的基础理论、基本知识和基本技能与专业实践相结合，理论联系实际，由浅入深、循序渐进，激发学生的学习兴趣，调动学生积极主动的学习热情，鼓励学生创新思维，引导学生综合运用所学知识独立解决实际问题，养成良好的职业素质和服务态度，逐步形成辩证唯物主义世界观。

2. 力求体现和贯彻"需用为准、够用为度、实用为先"的原则，基本知识应广而不深、点到为止，基本技能贯穿教学的始终，把握好内容的深浅度，避免理论知识偏深、偏难、偏多的状况。

3. 应重视现代教育技术与课程的整合，要使数字化教学资源与各种教学要素和教学环节有机结合来加强直观教学，帮助学生理解教学内容，培养学生的观察能力和思维品质。应重视化学实训基本操作技能的训练，有意识地引导学生开展探究实训，培养学生分析和解决实际问题的能力，发挥化学实训的教育功能。

4. 要坚持终结性评价与过程性评价相结合、定性评价与定量评价相结合、教师评价与学生评价相结合的原则，注重考核与评价方法的多样性和针对性。考核与评价要充分考虑职业教育的特点和基础化学课程的功能，做到知识的考核与评价和实践能力的考核与评价相结合（知识考核与评价包括练习、提问、作业、测验和考试等；实践能力考核与评价包括实训操作、实训记录、实训报告和体验探究的过程等）。

基础化学教学大纲

（供药剂专业用）

一、课程任务

基础化学是中职药剂专业的一门重要公共基础课。主要涵盖无机化学、分析化学和有机化学三大部分内容。本课程的任务是使学生掌握无机化学、分析化学和有机化学的基础知识、基本原理和基本实训操作技能，初步形成应用化学知识解决实际问题的能力，逐步培养学生的辩证思维能力，养成严谨求实的科学态度，强化学生的职业道德观念，形成良好的职业素质和服务态度，为学生学习药学类相关专业知识和职业技能奠定良好的基础，同时也为学生继续教育和适应职业变化的能力打下基础。

二、课程目标

（一）知识目标

1. 掌握基础化学的基础理论和基本知识；掌握职业岗位中经常用到的有关计算如溶液配制的计算；掌握常用滴定分析法、仪器分析法测定有关物质含量及其在专业中的应用，树立准确的"量"的概念；掌握各类重要有机化合物的命名、典型的化学性质及其在医药中的应用。

2. 熟悉物质结构、化学反应速率、化学平衡、电解质溶液等的基础理论知识，熟悉有关仪器分析法的测定原理及测定方法；熟悉常见有机化合物的鉴别方法。

3. 了解色谱法的测定原理及测定方法；了解常见元素及其化合物、与医药有关的有机化合物的用途。

（二）技能目标

1. 熟练掌握基础化学的基本操作技能，通过无机化学、分析化学和有机化学实训，能认真观察、记录实训现象，会分析并解释实训结果，并写出合格的实训报告，进一步培养学生动手能力和分析解决问题的能力。

2. 学会滴定分析法、分光光度法、色谱法等分析方法的基本操作及对物质含量的测定方法；学会验证无机化学基础理论知识、各类重要有机化合物的典型性质的基本操作技能。

（三）职业素质和态度目标

1. 具有从事药剂工作所应有的良好的职业素质和服务态度，初步具备逻辑思维和观察、分析、解决问题的能力，逐步形成辩证唯物主义世界观。

2. 具有创新意识、创新精神、爱国主义情操及适应社会和自身发展的能力。

3. 具有良好的人际交往、心理素质、职业道德观念、行为规范和团队精神。

4. 具有耐心细致,严谨求实的科学态度。

三、教学时间分配

教学内容	学时数		
	理论	实训	合计
第一章　物质结构基础	5	2	7
第二章　溶液	6	2	8
第三章　化学反应速率与化学平衡	3	1	4
第四章　电解质溶液	8	2	10
第五章　常见元素及其化合物	2	1	3
第六章　定量分析基础	5	2	7
第七章　滴定分析法概述	4	4	8
第八章　酸碱滴定法	6	6	12
第九章　沉淀滴定法	3	2	5
第十章　氧化还原滴定法	4	4	8
第十一章　配位滴定法	3	4	7
第十二章　电位分析法	2	2	4
第十三章　紫外－可见分光光度法	4	2	6
第十四章　色谱分析法	4	2	6
第十五章　有机化合物概述	2	2	4
第十六章　烃	7	2	9
第十七章　醇酚醚	4	1	5
第十八章　醛和酮	4	1	5
第十九章　有机酸和对映异构	5	1	6
第二十章　酯和油脂	3	1	4
第二十一章　含氮有机化合物	4	0	4
第二十二章　杂环化合物和生物碱	2	0	2
第二十三章　糖类	4	1	5
第二十四章　氨基酸和蛋白质	4	1	5
合计	98	46	144

四、教学内容与要求

单元	教学内容	教学要求	教学活动参考	参考学时	
				理论	实训
一、物质结构基础	（一）原子结构 1. 原子的构成和同位素 2. 原子核外电子的排布 （二）元素周期律与元素周期表 1. 元素周期律 2. 元素周期表 （三）化学键与分子的极性 1. 离子键 2. 共价键 3. 分子的极性和氢键 实训一　化学实训基本操作 实训二　药用氯化钠的粗略制备	熟悉 掌握 了解 掌握 熟悉 掌握 了解 熟练掌握 学会	理论讲授 讨论 示教 练习 多媒体演示 技能实训	5	2
二、溶液	（一）物质的量 1. 物质的量及单位 2. 摩尔质量 （二）溶液的浓度 1. 常用溶液浓度的表示方法 2. 溶液浓度的换算 3. 溶液的稀释和配制 （三）溶液的渗透压 1. 渗透现象和渗透压 2. 影响渗透压的因素 3. 渗透压在医药上的意义 （四）分散系和胶体溶液 1. 分散系 2. 胶体溶液 3. 高分子溶液 实训三　溶液的配制和稀释	掌握 熟悉 了解 熟练掌握	理论讲授 讨论 示教 练习 多媒体演示 技能实训	6	2
三、化学反应速率与化学平衡	（一）影响化学反应速率的因素 1. 浓度对化学反应速率的影响 2. 温度对化学反应速率的影响 3. 催化剂对化学反应速率的影响 （二）化学平衡 1. 可逆反应和化学平衡 2. 化学平衡常数 3. 化学平衡的移动 实训四　化学反应速率和化学平衡	熟悉 了解 掌握 学会	理论讲授 演示 示教 讨论 技能实训	3	1
四、电解质溶液	（一）电解质在溶液中的解离 1. 电解质和非电解质 2. 强电解质和弱电解质 3. 弱电解质的解离平衡	掌握 熟悉	理论讲授 讨论 示教 练习	8	

单元	教学内容	教学要求	教学活动参考	参考学时 理论	参考学时 实训
四、电解质溶液	4. 同离子效应		多媒体演示		
	（二）溶液的酸碱性及其 pH				
	1. 水的解离				
	2. 溶液的酸碱性	掌握			
	3. 溶液的 pH	了解			
	（三）离子反应				
	1. 离子反应的概念				
	2. 离子方程式的写法及离子反应的条件	熟悉			
	（四）盐的水解				
	1. 盐的类型				
	2. 盐的水解及其酸碱性判断				
	3. 盐的水解在医药上的应用	了解			
	（五）缓冲溶液				
	1. 缓冲溶液的概念	熟悉			
	2. 缓冲溶液的组成				
	3. 缓冲作用原理				
	4. 缓冲溶液的选择和配制				
	5. 缓冲溶液在医药上的意义	了解			
	实训五　电解质溶液	熟练掌握	技能实训		2
五、常见元素及其化合物	（一）常见非金属元素及其化合物		理论讲授 自学	2	
	1. 卤族元素	熟悉			
	2. 氧族元素				
	3. 氮及其化合物				
	（二）常见金属元素及其化合物				
	1. 碱金属	了解			
	2. 碱土金属				
	3. 铝及其化合物				
	4. 铁及其化合物				
	实训六　几种药物成分的定性鉴别	学会	技能实训		1
六、定量分析基础	（一）定量分析概论		理论讲授 讨论 示教 练习 多媒体演示	5	
	1. 定量分析的任务	掌握			
	2. 定量分析方法的分类				
	3. 定量分析的一般程序				
	（二）定量分析的误差				
	1. 误差的来源和减小误差的方法				
	2. 准确度和误差				
	3. 精密度和偏差				
	（三）有效数字及其运算规则				
	1. 有效数字	熟悉			
	2. 有效数字的运算规则				
	3. 有效数字在定量分析中的应用	了解			
	实训七　电子天平的称量练习	学会	技能实训		2

续表

单元	教学内容	教学要求	教学活动参考	参考学时	
				理论	实训
七、滴定分析法概述	（一）滴定分析的特点及分类 1. 滴定分析的基本术语和特点 2. 滴定反应的基本条件 3. 滴定分析法的分类 （二）基准物质与滴定液 1. 基准物质 2. 滴定液 （三）滴定分析的计算 1. 滴定分析的计算依据 2. 滴定分析的计算实例 （四）滴定分析常用仪器 1. 滴定管 2. 容量瓶 3. 移液管 实训八 滴定分析常用仪器的基本操作 实训九 酸碱滴定练习	掌握 熟悉 掌握 熟练掌握 学会	理论讲授 讨论 示教 练习 多媒体演示 技能实训	4	4
八、酸碱滴定法	（一）酸碱指示剂 1. 指示剂的变色原理 2. 指示剂的变色范围 3. 影响指示剂变色范围的因素 （二）酸碱滴定类型和指示剂的选择 1. 强碱滴定强酸 2. 强碱滴定弱酸 3. 强酸滴定弱碱 （三）酸碱滴定液的配制和标定 1. 盐酸滴定液的配制和标定 2. 氢氧化钠滴定液的配制和标定 （四）应用与示例 1. 食醋中总酸量含量测定 2. 乙酰水杨酸的含量测定 实训十 酸碱滴定液的配制与标定 实训十一 硼砂含量的测定 实训十二 食醋总酸量的测定	了解 掌握 熟悉 掌握 熟练掌握 学会	理论讲授 讨论 示教 练习 多媒体演示 技能实训	6	6
九、沉淀滴定法	（一）沉淀溶解平衡简介 1. 溶度积 2. 溶度积规则 （二）沉淀滴定法 1. 银量法概述 2. 铬酸钾指示剂法 3. 吸附指示剂法 4. 硝酸银滴定液的配制和标定 5. 应用与示例 实训十三 生理盐水中氯化钠含量的测定	了解 熟悉 掌握 学会	理论讲授 讨论 示教 练习 多媒体演示 技能实训	3	2

单元	教学内容	教学要求	教学活动参考	参考学时 理论	参考学时 实训
十、氧化还原滴定法	（一）氧化还原反应 1. 氧化还原反应的概念 2. 氧化剂和还原剂 （二）氧化还原滴定法 1. 概述 2. 高锰酸钾法 3. 碘量法 实训十四 过氧化氢含量的测定 实训十五 硫代硫酸钠滴定液的配制与标定	了解 熟悉 掌握 学会	理论讲授 讨论 示教 练习 多媒体演示 技能实训	4	4
十一、配位滴定法	（一）配合物 1. 配合物的概念和组成 2. 配合物的命名 3. 螯合物简介 4. 配位平衡 （二）配位滴定法 1. 概述 2. EDTA滴定液的配制与标定 3. EDTA滴定法的应用与示例 实训十六 EDTA滴定液的配制与标定 实训十七 水的总硬度测定	熟悉 了解 熟悉 学会	理论讲授 讨论 示教 练习 多媒体演示 技能实训	3	4
十二、电位分析法	（一）电位分析法的基本概念 1. 电极的性能 2. 参比电极 3. 指示电极 4. pH复合电极 （二）直接电位法测定溶液pH 1. 测定原理 2. 测量方法 3. pH计及其使用方法 4. 应用与示例 实训十八 饮用水pH的测定	了解 熟悉 学会	理论讲授 讨论 示教 练习 多媒体演示 技能实训	2	2
十三、紫外-可见分光光度法	（一）概述 1. 光的本质与物质的颜色 2. 光的吸收定律 3. 吸收光谱曲线 （二）紫外-可见分光光度法 1. 紫外-可见分光光度计 2. 定性、定量分析方法 实训十九 吸收曲线的绘制（可见分光光度法） 实训二十 微量铁的含量测定（可见分光光度法）	了解 熟悉 学会	理论讲授 讨论 示教 练习 多媒体演示 技能实训	4	2

单元	教学内容	教学要求	教学活动参考	参考学时 理论	参考学时 实训
十四、色谱分析法	（一）色谱法的原理和分类 1. 色谱法的原理 2. 色谱法的分类	熟悉	理论讲授 讨论 示教 练习 多媒体演示	4	
	（二）柱色谱法 1. 吸附柱色谱法 2. 分配柱色谱法	了解			
	（三）纸色谱法 1. 纸色谱法的原理 2. 色谱滤纸的选择和处理 3. 操作方法 4. 应用				
	（四）薄层色谱法 1. 薄层色谱法的原理 2. 吸附剂的选择 3. 展开剂的选择 4. 操作方法 5. 应用	熟悉			
	（五）其他色谱法简介 1. 气相色谱法 2. 高效液相色谱法	了解			
	实训二十一　磺胺类药物的薄层色谱	学会	技能实训		2
十五、有机化合物概述	（一）有机化学的研究对象 1. 有机化合物和有机化学 2. 有机化合物的特性	熟悉	理论讲授 讨论 示教 练习 多媒体演示	2	
	（二）有机化合物的结构特点 1. 碳原子的特性 2. 同分异构现象	掌握			
	（三）有机化合物的分类 1. 按碳链分类 2. 按官能团分类	了解			
	实训二十二　熔点的测定	学会	技能实训		2
十六、烃	（一）饱和链烃 1. 烷烃的结构和同系物	熟悉	理论讲授 讨论 示教 练习 多媒体演示	7	
	2. 烷烃的同分异构及碳原子的类型	了解			
	3. 烷烃的命名	掌握			
	4. 烷烃的性质				
	5. 医药上常用的烷烃	了解			
	（二）不饱和链烃 1. 烯烃、炔烃的结构及组成通式	熟悉			
	2. 烯烃、炔烃的同分异构	了解			
	3. 烯烃、炔烃的命名	掌握			
	4. 烯烃、炔烃的性质				

续表

单元	教学内容	教学要求	教学活动参考	参考学时	
				理论	实训
十六、烃	（三）闭链烃 1. 脂环烃 2. 芳香烃 实训二十三　常压蒸馏和沸点的测定	了解 掌握 学会	技能实训		2
十七、醇酚醚	（一）醇 1. 醇的结构及分类 2. 醇的命名 3. 醇的性质 4. 常见的醇 （二）酚 1. 酚的结构 2. 酚的分类和命名 3. 酚的性质 4. 常见的酚 （三）醚 1. 醚的结构 2. 醚的分类和命名 3. 醚的性质 实训二十四　醇和酚的性质	熟悉 掌握 了解 学会	理论讲授 讨论 示教 练习 多媒体演示 技能实训	4	1
十八、醛和酮	（一）醛和酮的结构、分类和命名 1. 醛和酮的结构及分类 2. 醛和酮的命名 （二）醛和酮的性质 1. 物理性质 2. 化学性质 3. 常见的醛和酮 实训二十五　醛和酮的性质	掌握 了解 熟悉 学会	理论讲授 讨论 示教 练习 多媒体演示 技能实训	4	1
十九、有机酸和对映异构	（一）羧酸 1. 羧酸的结构和分类 2. 羧酸的命名 3. 羧酸的性质 4. 常见的羧酸 （二）羟基酸和酮酸 1. 羟基酸 2. 酮酸 3. 常见的羟基酸和酮酸 （三）对映异构简介 1. 偏振光与旋光性 2. 对映异构现象 3. 费歇尔投影式 4. D/L构型 实训二十六　有机酸的性质	熟悉 掌握 熟悉 了解 学会	理论讲授 讨论 示教 练习 多媒体演示 技能实训	5	1

续表

单元	教学内容	教学要求	教学活动参考	参考学时 理论	参考学时 实训
二十、酯和油脂	（一）酯 1. 酯的结构和命名 2. 酯的性质 （二）油脂 1. 油脂的组成和结构 2. 油的性质 3. 油脂的意义 实训二十七　肥皂的制备	了解 熟悉 学会	理论讲授 讨论 示教 练习 多媒体演示 技能实训	3	 1
二十一、含氮有机化合物	（一）胺 1. 胺的结构和分类 2. 胺的命名 3. 胺的性质 4. 季铵盐和季铵碱 （二）酰胺 1. 酰胺的结构和命名 2. 酰胺的性质 3. 尿素 （三）重氮和偶氮化合物 1. 重氮盐的生成 2. 重氮盐的性质 3. 偶氮化合物	掌握 熟悉 了解	理论讲授 讨论 示教 练习 多媒体演示	4	
二十二、杂环化合物和生物碱	（一）杂环化合物 1. 杂环化合物的结构、分类和命名 2. 常见的杂环化合物 （二）生物碱简介 1. 生物碱的概念及命名 2. 生物碱的一般性质	熟悉 了解	理论讲授 讨论 示教 练习 多媒体演示	2	
二十三、糖类	（一）单糖 1. 常见的单糖 2. 单糖的性质 （二）双糖和多糖 1. 常见的双糖 2. 常见的多糖 实训二十八　糖的性质	熟悉 了解 学会	理论讲授 讨论 示教 练习 多媒体演示 技能实训	4	 1
二十四、氨基酸和蛋白质	（一）氨基酸 1. 氨基酸的结构、分类和命名 2. 氨基酸的性质 （二）蛋白质 1. 蛋白质的组成、分类和结构 2. 蛋白质的性质 实训二十九　蛋白质的性质	熟悉 了解 熟悉 学会	理论讲授 讨论 示教 练习 多媒体演示 技能实训	4	 1

五、大纲说明

（一）适用对象与参考学时

本教学大纲主要供中等职业学校药剂专业教学使用。总学时为 144 学时,其中理论教学 98 学时,实训教学 46 学时。各学校可根据专业培养目标、专业知识结构需要、职业技能要求、学校教学实训条件及学生实际情况的差异自行调整学时。

（二）教学要求

1. 本课程对理论部分教学要求分为掌握、熟悉、了解 3 个层次。掌握:指对基本知识、基本理论有较深刻的认识,并能综合、灵活地运用所学的知识解决实际问题。熟悉:指能够领会概念、原理的基本含义,解释有关化学现象。了解:指对基本知识、基本理论能有一定的认识,能够记忆所学的知识要点。

2. 本课程重点突出以能力为本位的教学理念,在实训技能方面分为熟练掌握、学会 2 个层次。熟练掌握:能独立、正确、规范的完成常用化学实训操作,并能概括性叙述其要点。学会:即在教师的指导下独立进行较为简单的实训操作。

（三）教学建议

1. 教学内容上应注意无机化学、分析化学和有机化学的基础理论、基本知识和基本技能与专业实践相结合,理论联系实际,由浅入深、循序渐进,激发学生的学习兴趣,调动学生积极主动的学习热情,鼓励学生创新思维,引导学生综合运用所学知识独立解决实际问题,养成良好的职业素质和服务态度,逐步形成辩证唯物主义世界观。

2. 力求体现和贯彻"需用为准、够用为度、实用为先"的原则,基本知识应广而不深、点到为止,基本技能贯穿教学的始终,把握好内容的深浅度,避免理论知识偏深、偏难、偏多的状况。

3. 应重视现代教育技术与课程的整合,要使数字化教学资源与各种教学要素和教学环节有机结合来加强直观教学,帮助学生理解教学内容,培养学生的观察能力和思维品质。应重视化学实训基本操作技能的训练,有意识地引导学生开展探究实训,培养学生分析和解决实际问题的能力,发挥化学实训的教育功能。

4. 要坚持终结性评价与过程性评价相结合、定性评价与定量评价相结合、教师评价与学生评价相结合的原则,注重考核与评价方法的多样性和针对性。考核与评价要充分考虑职业教育的特点和基础化学课程的功能,做到知识的考核与评价和实践能力的考核与评价相结合(知识考核与评价包括练习、提问、作业、测验和考试等;实践能力考核与评价包括实训操作、实训记录、实训报告和体验探究的过程等)。

附　录

附录一　希腊字母表

正体		斜体		读音	
大写	小写	大写	小写	国际音标注音	汉字注音
A	α	*A*	*α*	[ˈælfə]	阿尔法
B	β	*B*	*β*	[biːtə, ˈbeitə]	贝塔
Γ	γ	*Γ*	*γ*	[ˈgæmə]	伽马
Δ	δ	*Δ*	*δ*	[ˈdeltə]	德耳塔
E	ε	*E*	*ε*	[epˈpsailən, ˈepsilən]	伊普西隆
Z	ζ	*Z*	*ζ*	[ˈziːtə]	截塔
H	η	*H*	*η*	[ˈiːtə, eitə]	艾塔
Θ	θϑ	*Θ*	*θ, ϑ*	[ˈθiːtə]	西塔
I	ι	*I*	*ι*	[aiˈoutə]	约塔
K	κ	*K*	*κ*	[ˈkæpə]	卡帕
Λ	λ	*Λ*	*λ*	[ˈlæmdə]	拉姆达
M	μ	*M*	*μ*	[mjuː]	米尤
N	ν	*N*	*ν*	[njuː]	纽
Ξ	ξ	*Ξ*	*ξ*	[gzai, ksai, zai]	克西
O	ο	*O*	*ο*	[ouˈmaikrən]	奥密克戎
Π	π	*Π*	*π*	[pai]	派
P	ρ	*P*	*ρ*	[rou]	柔
Σ	σ	*Σ*	*σ, s*	[ˈsigmə]	西格马
T	τ	*T*	*τ*	[tɔː]	陶
Υ	υ	*Υ*	*υ*	[jupˈsailən, ˈjuːpsilən]	宇普西隆
Φ	φ, ϕ	*Φ*	*φ*	[fai]	斐
X	χ	*X*	*χ*	[kai]	喜
Ψ	ψ	*Ψ*	*ψ*	[psai]	普西
Ω	ω	*Ω*	*ω*	[ˈoumigə]	奥米伽

附录二　常用物理量及其单位

物理量名称	物理量符号	单位名称	单位符号	与基本单位的换算关系
长度	l, L	米	m	SI 基本单位
		厘米	cm	$1cm = 10^{-2}m$
		毫米	mm	$1mm = 10^{-3}m$
		微米	μm	$1μm = 10^{-6}m$
		纳米	nm	$1nm = 10^{-9}m$
质量	m	千克	kg	SI 基本单位
		克	g	$1g = 10^{-3}kg$
		毫克	mg	$1mg = 10^{-6}kg$
		微克	μg	$1μg = 10^{-9}kg$
时间	t	秒	s	SI 基本单位
		分	min	$1min = 60s$
		小时	h	$1h = 60min$
温度	t, T	热力学温度	K	SI 基本单位
		摄氏温度	℃	$t(℃) = T - 273.15K$
体积	V	升	L	$1ml = 10^{-3}L$
		毫升	ml	$1ml = 1cm^3$
压强	P	帕斯卡	Pa	SI 导出单位
		千帕	kPa	$1kPa = 10^3Pa$
密度	ρ	克每立方厘米	g/cm^3	$1g/cm^3 = 1g/ml$
		千克每立方米	kg/m^3	$1kg/m^3 = 10^{-3}kg/L$
		千克每升	kg/L	$1kg/L = 1g/ml$
物质的量	n	摩尔	mol	SI 基本单位
		毫摩尔	mmol	$1mmol = 10^{-3}mol$
		微摩尔	μmol	$1μmol = 10^{-6}mol$
摩尔质量	M	克每摩尔	g/mol	$1g/mol = 1mg/mmol$
物质的量浓度	c_B	摩尔每升	mol/L	$1mmol/L = 10^{-3}mol/L$
质量浓度	ρ_B	克每升	g/L	$1g/L = 10^{-3}kg/L$

附录三　常见化合物的相对分子质量

化合物	相对分子质量	化合物	相对分子质量
$AgBr$	187.77	H_2SO_4	98.07
$AgCl$	143.32	I_2	253.81
AgI	234.77	K_2CO_3	138.21
$AgNO_3$	169.87	K_2CrO_4	194.19
Al_2O_3	101.96	$K_2Cr_2O_7$	294.18
As_2O_3	197.84	KH_2PO_4	136.09
$BaCl_2 \cdot 2H_2O$	244.27	KI	166.00
BaO	153.33	KIO_3	214.00
$Ba(OH)_2 \cdot 8H_2O$	315.47	$KHC_4H_4O_6$（酒石酸氢钾）	188.18
$BaSO_4$	233.39	$KHC_8H_4O_4$（邻苯二甲酸氢钾）	204.44
$CaCO_3$	100.09	$KMnO_4$	158.03
CaO	56.08	$KAl(SO_4)_2 \cdot 12H_2O$	474.38
$Ca(OH)_2$	74.09	KBr	119.00
CO_2	44.01	$KBrO_3$	167.00
CuO	79.55	KCl	74.55
Cu_2O	143.09	$KClO_3$	138.55
$CuSO_4 \cdot 5H_2O$	249.68	$KSCN$	97.18
FeO	71.85	$MgCO_3$	84.31
Fe_2O_3	159.69	$MgCl_2$	95.21
$FeSO_4 \cdot 7H_2O$	278.01	$MgSO_4 \cdot 7H_2O$	246.47
$FeSO_4 \cdot (NH_4)_2SO_4 \cdot 7H_2O$	392.13	MgO	40.30
H_3BO_3	61.83	$Mg(OH)_2$	58.32
HCl	36.46	$NaBr$	102.89
$HClO$	100.47	$NaCl$	58.44
HNO_3	63.02	$NaHCO_3$	84.01
$HC_2H_3O_2$（醋酸）	60.05	NH_3	17.03
$H_2C_2O_4 \cdot 2H_2O$（草酸）	126.07	Na_2CO_3	105.99
H_2O	18.02	$Na_2C_2O_4$	134.00
H_2O_2	34.01	$NaC_7H_5O_2$（苯甲酸钠）	144.41
H_3PO_4	98.00	$Na_3C_6H_5O_7 \cdot 2H_2O$（枸橼酸钠）	294.12

化合物	相对分子质量	化合物	相对分子质量
Na_2O	61.98	$PbSO_4$	303.26
$NaOH$	40.00	$PbCrO_4$	323.19
$Na_2S_2O_3$	158.10	SO_2	64.06
$Na_2S_2O_3 \cdot 5H_2O$	248.17	SO_3	80.06
P_2O_5	141.94	SiO_2	60.08
PbO_2	239.20	ZnO	81.38

附录四　部分酸、碱、盐的溶解性表（20℃）

阳离子	阴离子								
	OH^-	NO_3^-	Cl^-	SO_4^{2-}	S^{2-}	SO_3^{2-}	CO_3^{2-}	SiO_3^{2-}	PO_4^{3-}
H^+	–	溶、挥	溶、挥	溶	溶、挥	溶、挥	溶、挥	微	溶
NH_4^+	溶、挥	溶	溶	溶	溶	溶	溶	溶	溶
K^+	溶	溶	溶	溶	溶	溶	溶	溶	溶
Na^+	溶	溶	溶	溶	溶	溶	溶	溶	溶
Ba^{2+}	溶	溶	溶	不	–	不	不	不	不
Ca^{2+}	微	溶	溶	微	–	不	不	不	不
Mg^{2+}	不	溶	溶	溶	–	微	微	不	不
Al^{3+}	不	溶	溶	溶	–	–	–	不	不
Mn^{2+}	不	溶	溶	溶	不	不	不	不	不
Zn^{2+}	不	溶	溶	溶	不	不	不	不	不
Cr^{3+}	不	溶	溶	溶	–	–	–	不	不
Fe^{2+}	不	溶	溶	溶	不	不	不	不	不
Fe^{3+}	不	溶	溶	溶	–	–	–	不	不
Sn^{2+}	不	溶	溶	溶	不	–	–	–	不
Pb^{2+}	不	溶	微	不	不	不	不	不	不
Cu^{2+}	不	溶	溶	溶	不	不	不	不	不
Bi^{3+}	不	溶	–	溶	不	不	不	–	不
Hg^+	–	溶	不	微	不	不	不	–	不
Hg^{2+}	–	溶	溶	溶	不	不	不	–	不
Ag^+	–	溶	不	微	不	不	不	不	不

附录五 常用缓冲溶液的配制

名 称	配制方法
醋酸－醋酸钠缓冲溶液(pH = 4.75)	取醋酸钠82g,加水200ml溶解后,加冰醋酸59ml,加水稀释至1000ml
醋酸－醋酸铵缓冲溶液(pH = 4.5)	取醋酸铵7.7g,加水50ml溶解后,加冰醋酸6ml,再加水稀释至100ml
氨－氯化铵缓冲溶液(pH = 10)	取氯化铵5.4g,加水20ml溶解后,加浓氨水试液35ml,再加水稀释至100ml

附录六 标准 pH 缓冲溶液的配制

名 称	配制方法	不同温度下的 pH			
		20℃	25℃	30℃	40℃
0.05mol/L 草酸三氢钾溶液 $KH_3(C_2O_4)_2 \cdot 2H_2O$	称取在54℃±3℃下烘干4~5小时的草酸三氢钾12.61g,溶于蒸馏水,在容量瓶中稀释至1000ml	1.68	1.68	1.68	1.69
25℃饱和酒石酸氢钾溶液 $KHC_4H_4O_6$	在磨口玻璃瓶中装入蒸馏水和过量的酒石酸氢钾粉末(约20g/L),控制温度在25℃±5℃,剧烈振摇20~30分钟,溶解澄清后,取上清液备用	—	3.56	3.55	3.55
0.05mol/L 邻苯二甲酸氢钾溶液 $KHC_8H_4O_4$	称取在115℃±5℃下烘干2~3小时的邻苯二甲酸氢钾10.12g,溶于蒸馏水,在容量瓶中稀释至1000ml	4.00	4.00	4.01	4.03
0.025mol/L 磷酸二氢钾 和 0.025mol/L 磷酸氢二钠混合溶液	分别称取在115℃±5℃下烘干2~3小时的磷酸二氢钾3.39g和磷酸氢二钠3.53g,溶于蒸馏水,在容量瓶中稀释至1000ml	6.88	6.86	6.85	6.84
0.01mol/L 硼砂溶液 $Na_2B_4O_7 \cdot 10H_2O$	称取硼砂3.80g(注意:不能烘!),溶于蒸馏水,在容量瓶中稀释至1000ml	9.23	9.18	9.14	9.07
25℃饱和氢氧化钙溶液 $Ca(OH)_2$	在磨口玻璃瓶或聚乙烯塑料瓶中装入蒸馏水和过量的酒石酸氢钾粉末(5~10g/L),控制温度在25℃±5℃,剧烈振摇20~30分钟,迅速用抽滤法滤取清液备用	12.64	12.46	12.29	11.98

附录七　常用试剂的配制

名　称	浓度(mol/L)	配制方法
盐酸	6	浓盐酸496ml,加水稀释至1000ml
	3	浓盐酸250ml,加水稀释至1000ml
	2	浓盐酸167ml,加水稀释至1000ml
硝酸	6	浓硝酸375ml,加水稀释至1000ml
	2	浓硝酸127ml,加水稀释至1000ml
硫酸	6	浓硫酸333ml,慢慢倒入500ml水中,并不断搅拌,最后加水稀释至1000ml
	3	浓硫酸167ml,慢慢倒入800ml水中,并不断搅拌,最后加水稀释至1000ml
醋酸	6	浓醋酸353ml,加水稀释至1000ml
	2	浓醋酸118ml,加水稀释至1000ml
氨水	6	浓氨水400ml,加水稀释至1000ml
	2	浓氨水133ml,加水稀释至1000ml
氢氧化钠	6	氢氧化钠250g溶于水中,稀释至1000ml
	2	氢氧化钠80g溶于水中,稀释至1000ml
硫氢酸铵	0.5	将38g硫氢酸铵溶于水中,稀释至1000ml
硝酸银	0.1	溶解17g硝酸银于水中,稀释至1000ml
高锰酸钾	0.01	溶解1.6g高锰酸钾于水中,稀释至1000ml
铁氰化钾	0.1	溶解33g铁氰化钾于水中,稀释至1000ml
亚铁氰化钾	0.1	溶解42g亚铁氰化钾于水中,稀释至1000ml
碘化钾	0.5	溶解83g碘化钾于水中,稀释至1000ml
亚硝酸钴钠		溶解150g亚硝酸钴钠于水中,加水至1000ml
醋酸铀酰锌		溶解200g醋酸铀酰锌于水中,加水至1000ml
氰化钾	5%	溶解50g氰化钾于水中,稀释至1000ml
亚硝酰铁氰化钠		溶解10g亚硝酰铁氰化钠于1000ml水中
四苯硼酸钠		溶解3g四苯硼酸钠于100ml水中
甲基橙		取甲基橙0.1g,加蒸馏水100ml,溶解后,滤过
酚酞		取酚酞1g,加95%乙醇100ml使溶解
荧光黄		取荧光黄0.1g,加95%乙醇100ml溶解后,滤过
曙红		取水溶性曙红0.1g,加水100ml,溶解后,滤过
铬酸钾		取铬酸钾5g,加水溶解,稀释至100ml
硫酸铁铵		取硫酸铁铵8g,加水溶解,稀释至100ml
铬黑T		取铬黑T 0.1g,加氯化钠10g,研磨均匀

续表

名　称	浓度(mol/L)	配制方法
淀粉		取淀粉 0.5g,加冷蒸馏水 5ml,搅匀后,缓缓倾入 100ml 沸蒸馏水中,随加随搅拌,煮沸,至稀薄的半透明液,放置,倾取上层清液应用,本液应临用新制
碘化钾淀粉		取碘化钾 0.5g,加新制的淀粉指示液 100ml,使溶解(本液配制后 24 小时即不适用)

附录八　常用有机试剂的配制

试剂名称	配制方法	备注
碘试剂	称取 2g 碘和 5g 碘化钾,溶于 100ml 水中	
费林试剂	甲溶液:溶解 5g 硫酸铜晶体于 100ml 水中,如浑浊可过滤 乙溶液:溶解酒石酸钠钾 17g 于 20ml 热水中,加入 20ml 5mol/L 的氢氧化钠稀释到 100ml	两种溶液分别贮存,用时等量混合
希夫试剂	溶解 0.2g 品红盐酸盐于 100ml 热水中,冷却后,加入 2g 亚硫酸氢钠和 2ml 浓盐酸,加蒸馏水稀释到 200ml,待红色褪去即可使用。若呈浅红色,可加入少量活性炭振荡并过滤	密封保存于棕色试剂瓶中
班氏试剂	称取柠檬酸钠 20g,无水碳酸钠 11.5g,溶于 100ml 热水中,在不断搅拌下把含 2g 硫酸铜晶体的 20ml 水溶液慢慢加到此混合液中	溶液应澄清,否则需过滤
卢卡斯试剂	将无水氯化锌在蒸发皿中加热熔融,稍冷后在干燥器中冷至室温,取出研碎,将 34g 熔化好的无水氯化锌溶于 23ml 浓盐酸(质量分数为 36.5%,密度是 1.17g/ml) 中,同时冷却,以防氯化氢逸出,约得 35ml 溶液,放冷后即得	密塞保存于玻璃瓶中
莫立许试剂	称取 α - 萘酚 10g 溶于适量 75% 酒精中,再用同样的酒精稀释至 100ml	现用现配
塞利凡诺夫试剂	称取间苯二酚 0.05g 溶于 500ml 浓盐酸中,用水稀释到 100ml	
托伦试剂	量取 20ml 5% 硝酸银溶液,放在 50ml 锥形瓶中,滴加 2% 氨水,振摇,直到沉淀刚好溶解	现用现配
茚三酮试剂	溶解 0.1g 水合茚三酮于 50ml 水中	两天内用完,久置变质
氯化亚铜氨溶液	取 1g 氯化亚铜,加入 1～2ml 浓氨水和水 10ml,用力振摇,静置片刻,倾出溶液,并投入一块铜片(或一根铜丝)贮存备用	此溶液因亚铜盐易被空气中的氧所氧化而呈蓝色,可在温热下滴加 20% 盐酸羟胺溶液使蓝色褪去,再用于实验
蛋白质溶液	将鸡蛋的蛋清以 10 倍体积的水稀释、振摇混匀,用脱脂棉代替滤纸过滤 2 遍	
蛋白质氯化钠溶液	将鸡蛋的蛋清以 10 倍体积的生理盐水稀释、混匀,用脱脂棉代替滤纸过滤 2 遍	

附录九　化学特定用字注音表

用字	汉语拼音	注音	用字	汉语拼音	注音
氨	ān	安	胩	kǎ	卡
铵	ān	俺	脒	mǐ	米
胺	àn	按	胍	guā	瓜
烃	tīng	听	胲	sà	萨
烷	wán	完	膦	lìn	吝
烯	xī	希	胂	shèn	慎
炔	quē	缺	腙	zōng	宗
羟	qiǎng	抢	肟	wò	握
羧	suō	梭	胲	hǎi	海
羰	tāng	汤	肽	tài	太
羴	yōu	悠	胨	dòng	洞
醇	chún	纯	苯	běn	本
醚	mí	迷	脒	shì	示
醛	quán	全	芘	pǐ	匹
酮	tóng	同	苝	běi	北
酯	zhǐ	旨	噁	è	恶
酚	fēn	分	呋	fū	夫
酰	xiān	先	喃	nán	南
酞	tài	太	噻	sāi	塞
醌	kūn	昆	蒽	ēn	恩
胨	tián	田	菲	fēi	非
萘	nài	耐	苊	jì	忌
萜	tiē	贴	茚	yìn	印
蒈	kǎi	楷	芴	wù	物
蒎	pài	派	苧	shǒu	守
莰	kǎn	砍	薁	qū	屈
醋	cù	促	苄	biàn	变
酶	méi	梅	菶	fèng	奉
酊	dīng	丁	菁	jīng	精
酐	gān	干	苊	è	扼
腈	jīng	睛	蓋	mèng	梦
脲	niào	尿	苷	gān	甘
肼	jǐng	井	芘	pī	批

用字	汉语拼音	注音	用字	汉语拼音	注音
哚	duǒ	朵	嘧	mì	密
喹	kuí	葵	哌	pāi	拍
咔	kǎ	卡	吗	mǎ	马
吖	yā	呀	啉	lín	林
呫	zhān	沾	嘌	piào	票
卟	bǔ	补	呤	lìng	令
啡	fēi	非	吲	yǐn	引
磺	huáng	黄	钅申	shēn	申
砜	fēng	风	铳	liǔ	柳
矾	fán	凡	氰	qíng	情
磷	lǐn	凛	气丿	piē	撇
吩	fēn	分	氘	dāo	刀
吡	pī	批	氚	chuān	川
咪	mī	眯	甙	dài	代
唑	zuò	坐	甾	zāi	灾
啶	dìng	定	巯	qiú	球
哒	dá	达	铼	liǎng	两
嗪	qín	秦	畾	léi	雷

附录十　中学化学的部分基础知识回顾

我国有句古训"温故知新",是说旧的知识通过复习就会有新的体会和认识。下面我们列出与基础化学联系密切的部分中学化学基础知识,供大家复习和参考,以便同学们能顺利地进入新化学课程的学习。

一、物质的组成和分类

从化学的角度看,构成物质的三种微粒是:原子、分子和离子。

（一）原子

1. 原子是构成所有物质的最基本单元,原子不同形式的组合构成了不同的分子。也可以说原子是化学变化中的最小粒子,从分子的角度看,化学变化(生成了新物质的变化)可以认为是一种物质的分子变为另一种物质的分子,在变化过程中分子改变了,原子始终不变,只是原子的组合形式发生了变化。

2. 由原子直接构成的物质　包括:①金属(如铁、铜、钠等);②稀有气体(如氦气、氖气等);③一些固态非金属(如硫、碳等)。

（二）分子

1. 分子是保持物质化学性质的最小粒子,即分子是物质性质的体现者。

由原子组成的各种物质的分子,由于结构不同,各自的性质也不同,这就是所谓的"结构

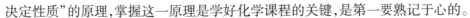

决定性质"的原理,掌握这一原理是学好化学课程的关键,是第一要熟记于心的。

2. 由分子构成的物质 包括:①一些非金属单质(如 H_2、N_2、O_2、F_2、Cl_2、Br_2、I_2 等);②气态氢化物(如 HCl、H_2S、NH_3 等);③酸类(如 H_2SO_4、HNO_3 等);④非金属氧化物(如 CO、CO_2、SO_2、H_2O 等);⑤有机化合物(如 CH_4、C_2H_5OH 等)。

(三)离子

1. 离子是带电荷的原子或原子团。带正电荷的离子叫阳离子,如 Na^+、H^+、NH_4^+ 等;带负电荷的离子叫阴离子,如 Cl^-、SO_4^{2-} 等。

原子团是由两个或两个以上原子组成的,在许多化学反应里,作为一个整体参加反应的原子集团。在初中阶段学到的原子团一般是带有电荷的离子,如 NH_4^+、NO_3^-、OH^-、CO_3^{2-}、SO_4^{2-} 等。

2. 阴、阳离子由于静电作用可形成不带电性的化合物。主要有:

(1) 绝大多数的盐类,例如:$Mg^{2+} + 2Cl^- =\!=\!= MgCl_2$

(2) 强碱,例如:$Na^+ + OH^- =\!=\!= NaOH$

(3) 低价金属氧化物,例如:$Ca^{2+} + O^{2-} =\!=\!= CaO$

(四)物质的分类

1. 纯净物 纯净物是由一种物质组成的物质。它可分为单质和化合物。

学习研究单质和化合物,要研究其物理性质和化学性质。物理性质是物质不需要发生化学变化就表现出来的性质,如颜色、状态、气味、熔点、沸点、硬度、密度、溶解性、挥发性、导电性、吸附性等。化学性质是物质在化学变化中表现出来的性质,如物质与金属、非金属、氧化物、酸、碱、盐、水等的反应以及可燃性、还原性、氧化性、稳定性、酸性、碱性等。

(1) 单质:由同种元素组成的纯净物。单质分为三大类:金属单质(如铁、钙等)、非金属单质(如氧、硅等)和稀有气体单质(如氦、氖等)。

(2) 化合物:由不同种元素组成的纯净物。如:酸、碱、盐、氧化物、氢化物及有机化合物等。

2. 混合物 混合物是由两种或多种物质组成的物质。如空气、粗盐等。

我们研究物质的性质,都必须取用纯净物。而实际上,绝对纯净的物质是没有的,通常所谓的纯净物是指含杂质很少的具有一定纯度的物质。

二、化学用语

(一)相对原子质量

由于原子的实际质量很小,人们一般用元素的相对原子质量来进行有关计算。元素周期表中每个元素最下面的数字为其相对原子质量。它的 SI 单位是 1,一般省略不写。

(二)元素符号

1. 元素是具有相同的核电荷数(即核内质子数)的一类原子的总称。元素符号是表示元素的一种专用符号。所有元素的元素符号都可以在本书后所附的元素周期表中查到。

2. 书写元素符号的方法 元素用元素符号表示,由一个字母表示的元素符号要大写;由两个字母表示的元素符号,第一个字母大写,第二个字母小写,即"一大二小",以免混淆。例如,C 表示碳元素,Ca 表示钙元素,Co 表示钴元素(注意:CO 不表示钴元素,而是表示一氧化碳分子)。

3. 元素符号的意义 既可以表示一种元素,又可以表示这种元素的一个原子。

4. 我们学习和研究化学,要熟记常见的元素符号及其表示的元素名称,做到从写符号、读名称,逐渐能做到见符号、知名称。只有这样才能顺利的学习后续课程。例如:常见的元素符号及其元素名称如下:

H	He	Li	Be	B	C	N	O	F	Ne
氢	氦	锂	铍	硼	碳	氮	氧	氟	氖
Na	Mg	Al	Si	P	S	Cl	Ar	K	Ca
钠	镁	铝	硅	磷	硫	氯	氩	钾	钙
Cr	Mn	Fe	Co	Cu	Zn	As	Se	Br	Ag
铬	锰	铁	钴	铜	锌	砷	硒	溴	银
I	Ba	Pt	Au	Hg	Pb	Ra	La	Ac	U
碘	钡	铂	金	汞	铅	镭	镧	锕	铀

（三）化学式

1. **化学式**　用元素符号和数字来表示物质组成的式子。

无论单质还是化合物,为了方便,都可以用化学式表示。化学式不仅描述了组成物质的原子的种类,而且描述了组成物质的不同原子的比例。

2. **写法**　①金属、固态非金属和稀有气体:用元素符号表示,如 Mg、S、Ne;②多原子分子形成的单质:元素符号右下角用数字写出构成一个单质分子的原子个数,如 H_2、N_2、O_2、F_2、Cl_2、Br_2、I_2、O_3;③氧化物:一般其他元素在左、氧元素在右,如 CuO、CO_2;④两种元素组成的其他化合物:一般金属元素或氢元素在左边,非金属元素在右边,如 $NaCl$、H_2S、HCl,初中阶段 CH_4、NH_3 例外。随着学习的进行,还会学到更多化学式的写法。

3. **相对分子质量**　化学式中各原子的相对原子质量的总和。相对分子质量和相对原子质量同样,是一个比值,它的 SI 单位为 1(一般不写出)。

4. **计算物质的相对分子质量**　①计算相对分子质量时,一定要注意" + "和" × "的正确使用,同种元素的相对原子质量与其个数相乘,不同元素的相对原子质量相加;②化学式中原子团右下角的数字表示其个数,计算时先求一个原子团的相对质量,再乘以其个数;③化学式中的圆点,如"$KAl(SO_4)_2 \cdot 12H_2O$"中的" · ",表示和,不表示积。例如:

$CaCl_2$ 的相对分子质量为:

$40 + 35.5 \times 2 = 111$

$KAl(SO_4)_2 \cdot 12H_2O$(明矾)的相对分子质量为:

$39 + 27 + (32 + 16 \times 4) \times 2 + 12 \times (1 \times 2 + 16) = 474$

（四）化合价

1. **化合价规则**　①在化合物中,正、负化合价的代数和为零;②在原子团离子中,正、负化合价的代数和等于离子所带的电荷数;③单质中,元素的化合价为零。

2. **表示方法**　将其正、负化合价的数值标注在元素符号或原子团的正上方,表示某元素或原子团的化合价是多少。例:

$\overset{+3}{Fe}$表示铁元素的化合价是 + 3 价　　$\overset{-2}{O}$表示氧元素的化合价是 - 2 价

$\overset{-2}{SO_4}$表示硫酸根的化合价是 - 2 价　　$\overset{+1}{NH_4}$表示铵根的化合价是 + 1 价

3. **一般规律**　①在化合物里,氢通常显 + 1 价,氧通常显 - 2 价。②金属元素在化合物里显正价;非金属元素与氢化合时或者非金属元素与金属元素化合时,非金属元素通常显负价。③许多元素原子的化合价不是固定不变的,例如铁可显 +2、+3 价等,命名时,低价金属元素的名称前通常加个"亚"字。

4. 常见元素及原子团的化合价可用口诀的形式来记住,例如:

金正非负单质零, 化合总价和为零。

正一氢锂钠钾银, 正二镁钙钡铜锌;

铝价正三氧负二, 单质零价要记准。

负一硝酸氢氧根, 负二硫酸碳酸根。

负三记住磷酸根, 正一价的是铵根。

谈变价,也不难; 二三铁,二四碳;

二四六硫都齐全; 铜汞一二价里寻。

负三正五磷和氮; 氟氯溴碘是负一;

氯价最常显负一, 还有正价一五七;

锰显正价二四六, 最高价数也是七。

5. 化合价的应用

(1) 由化合价书写化学式:其方法常用十字交叉法,其具体步骤是:

1) 元素排列时呈正价的排在左、呈负价的排在右(初中化学中只有氨气、甲烷的化学式是正价在右、负价在左)。

2) 在元素的正上方分别标出各自在化合物中的化合价。

3) 将呈正价部分的 X、呈负价部分的 Y 所属化合价的绝对值,对角交叉到对方符号的右下角。当化合价的绝对值是"1"时,可省略不写;当 X 或 Y 是原子团且原子团个数大于1,应先将其用"( )"号括起后,再在其右下角写上交叉所得的数字。

4) 如果 X 及 Y 右下角的 n 或 m 有最大公约数,应化为最简整数比。化学式代入后,应依据化合物中,元素正负化合价的代数和为零进行检查。简而言之:正前负后,标价交叉,化简复查。

$$\overset{+m}{X} \quad \overset{-n}{Y} \longrightarrow \overset{+m}{X_n} \overset{-n}{Y_m} \longrightarrow X_n Y_m$$

例如: $\overset{+3}{Fe} \quad \overset{-2}{O} \longrightarrow \overset{+3}{Fe_2} \overset{-2}{O_3} \longrightarrow Fe_2 O_3$

(2) 由化学式判断化合价:①由化学式判断元素化合价的原则:在化合物中,正、负化合价的代数和为零;②原子团中元素化合价的求法:在原子团离子中,正、负化合价的代数和等于原子团离子所带的电荷数。

(3) 由化合价书写离子符号

元素或原子团的化合价数值 = 离子所带电荷数

化合价的正、负与离子所带电荷电性相同。离子所带正、负电荷数标在元素符号或原子团的右上角,正、负号写在电荷数值的后面,1 个离子带 1 个单位电荷时,书写离子符号时可将 1 省略。如 Na^+、H^+、NH_4^+、Fe^{3+}、Cl^-、OH^-、CO_3^{2-}、HCO_3^-、PO_4^{3-}、HPO_4^{2-}、$H_2PO_4^-$、CH_3COO^- 等。

(五)化学方程式

1. 化学方程式 用化学式表示化学反应的式子。

2. 物质在变化过程中,遵循能量守恒定律(即总能量不变)和质量守恒定律(即总原子个数不变)。

中学阶段化学方程式具体书写原则:①化学方程式须配平(即在化学式前面加上适当的化学计量数,使等号两边元素种类及原子个数相等);②要注意反应条件和生成物状态如"↑"、"↓"等符号的正确使用。

3. 中学阶段学到的四种基本反应类型

(1) 化合反应:是由两种或两种以上的物质生成一种新物质的反应。简记为:A + B ==== AB,例如:

$$2Cu + O_2 \xrightarrow{\text{加热}} 2CuO$$

(2) 分解反应:是由一种物质生成两种或两种以上的其他物质的反应。简记为:AB ==== A + B,例如:

$$CaCO_3 \xrightarrow{\text{加热}} CaO + CO_2 \uparrow$$

(3) 置换反应:是由一种单质和一种化合物反应,生成另外一种单质和另外一种化合物的反应。简记为:A + BC ==== AC + B,例如:

$$Zn + H_2SO_4 ==== ZnSO_4 + H_2 \uparrow$$

(4) 复分解反应:是由两种化合物互相交换成分,生成另外两种化合物的反应。简记为:AB + CD ==== AD + CB,例如:

$$BaCl_2 + Na_2SO_4 ==== BaSO_4 \downarrow + 2NaCl$$

复分解反应的本质是溶液中的离子结合成难解离的物质(如水)、难溶的物质(沉淀)或挥发性气体,而使复分解反应趋于完成,

以上四种基本反应类型是从反应前后物质的种类来区分反应的。不是任何一个反应都可以用这四种反应来分类。

三、酸碱盐

(一) 酸

1. 酸　解离时生成的阳离子全部是 H^+ 的化合物。

中学阶段常见的酸:盐酸(氢氯酸)HCl、硫酸 H_2SO_4、硝酸 HNO_3、磷酸 H_3PO_4、碳酸 H_2CO_3、乙酸(醋酸)CH_3COOH(CH_3COOH 在无机与分析化学部分可简写为 HAc)、氢硫酸 H_2S、氢氟酸 HF、氢氰酸 HCN、甲酸 HCOOH。

注意:氢硫酸(H_2S)与硫酸(H_2SO_4),氢氯酸即盐酸(HCl)与氯酸($HClO_3$)之间的区别。

2. 酸的通性

(1) 酸能使酸碱指示剂变色。如:酸可使紫色石蕊试液变红。

(2) 活泼金属 + 酸 —→ 盐 + 氢气,例如:

$$Fe + H_2SO_4 ==== FeSO_4 + H_2 \uparrow$$

注意:①氧化性酸如硝酸与金属反应不放出氢气;②在金属活动性顺序中,排在氢前面的金属可以置换出酸中的氢,排在氢后面的金属不能置换出酸中的氢。金属活动性顺序为:

K　Ca　Na　Mg　Al　Zn　Fe　Sn　Pb　(H)　Cu　Hg　Ag　Pt　Au

(3) 某些金属氧化物 + 可溶性酸 —→ 盐 + 水,例如:

$$CuO + 2HCl ==== CuCl_2 + H_2O$$

注意:①凡能跟酸起反应生成盐和水的金属氧化物,叫做碱性氧化物。②金属氧化物大多是碱性氧化物,如氧化铜、氧化钙等;但也有少数金属氧化物是酸性氧化物,如 Mn_2O_7、

CrO_3 等。③此类反应属于复分解反应。

（4）碱 + 酸 $\longrightarrow$ 盐 + 水,例如:

$$NaOH + HCl = NaCl + H_2O$$

注意:中和反应:酸跟碱作用生成盐和水的反应,叫做中和反应。但是"生成盐和水的反应是中和反应"这句话是错误的。如:碱性氧化物与酸的反应也能生成盐和水。

（5）盐 + 可溶性酸 $\longrightarrow$ 另一种盐 + 另一种酸,例如:

$$AgNO_3 + HCl = AgCl\downarrow + HNO_3$$

（二）碱

1. 碱　解离时生成的阴离子全部是 OH^- 的化合物。

常见的碱举例:氨水 $NH_3 \cdot H_2O$、氢氧化钠 $NaOH$、氢氧化钾 KOH、氢氧化钡 $Ba(OH)_2$、氢氧化钙 $Ca(OH)_2$、氢氧化镁 $Mg(OH)_2$、氢氧化铝 $Al(OH)_3$、氢氧化铜 $Cu(OH)_2$、氢氧化铁 $Fe(OH)_3$、氢氧化亚铁 $Fe(OH)_2$。

2. 碱的通性

（1）碱能使酸碱指示剂变色。例如:可使紫色石蕊试液变蓝,可使无色的酚酞试液变红。

（2）碱能跟某些非金属氧化物发生反应,生成盐和水,例如:

$$2NaOH + CO_2 = Na_2CO_3 + H_2O$$

注意:①凡能跟碱起反应生成盐和水的氧化物,叫做酸性氧化物(又称酸酐)。②非金属氧化物大多是酸性氧化物,也有少数非金属氧化物不是酸性氧化物(如 CO、NO 等);还有少数金属氧化物是酸性氧化物,如 Mn_2O_7、CrO_3 等。

（3）可溶性碱能跟可溶性盐发生反应,生成另一种盐和另一种碱,例如:

$$Ba(OH)_2 + K_2SO_4 = BaSO_4\downarrow + 2KOH$$

（4）碱能跟酸发生中和反应,生成盐和水。

（三）盐

1. 盐　解离时能生成金属阳离子(或 NH_4^+)和酸根阴离子的化合物。

常见的盐举例:

（1）氯化钠 $NaCl$、氯化钾 KCl、氯化银 $AgCl$、氯化铁 $FeCl_3$、氯化亚铁 $FeCl_2$、氯化铵 NH_4Cl。

（2）硫酸钡 $BaSO_4$、硫酸铵 $(NH_4)_2SO_4$、硫酸铜 $CuSO_4$。

（3）硝酸银 $AgNO_3$、硝酸钾 KNO_3、硝酸钡 $Ba(NO_3)_2$、硝酸铜 $Cu(NO_3)_2$。

（4）碳酸钠(纯碱、苏打) Na_2CO_3、碳酸氢钠(小苏打) $NaHCO_3$、碳酸钙(大理石) $CaCO_3$、碳酸氢钾 $KHCO_3$、碳酸钾 K_2CO_3、碳酸氢铵 NH_4HCO_3、碳酸铵 $(NH_4)_2CO_3$。

（5）醋酸钠 CH_3COONa、醋酸钙 $(CH_3COO)_2Ca$。

2. 盐的通性

（1）较活泼金属 + 较不活泼金属盐溶液 $\longrightarrow$ 另一种盐 + 另一种金属,例如:

$$Fe + CuSO_4 = FeSO_4 + Cu$$

（2）盐跟可溶性酸反应,生成另一种盐和另一种酸。

（3）可溶性盐跟可溶性碱发生反应,生成另一种盐和另一种碱。

（4）两种可溶性盐发生反应,生成另外两种新盐,例如:

$$NaCl + AgNO_3 = AgCl\downarrow + NaNO_3$$

（石宝珏）

氢氧化铁溶胶　　　　　　　　　　　硫酸铜溶液

彩图1　丁铎尔现象

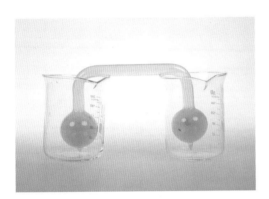

热水　　　　　冰水

彩图2　温度对化学平衡的影响

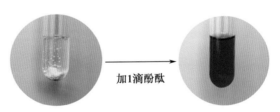

加1滴酚酞

1. 钠与乙醇反应产生氢气　　　　　　2. 乙醇钠的强碱性

彩图3　钠与乙醇的反应

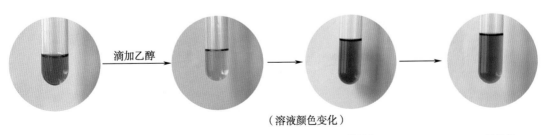

滴加乙醇

（溶液颜色变化）

1.酸性重铬酸钾溶液　　　　2.黄色　　　　　3.黄绿色　　　　4.灰蓝色

彩图4　乙醇与酸性重铬酸钾的反应

硫酸铜+氢氧化钠  甘油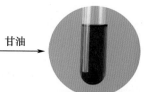

淡蓝色氢氧化铜沉淀　　　　　深蓝色的甘油铜溶液

彩图 5　甘油的鉴别反应

彩图 6　苯酚遇 $FeCl_3$ 显紫色

彩图 7　苯酚与碱性 $KMnO_4$ 溶液反应

 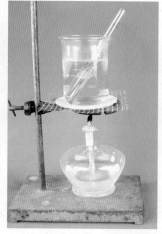

彩图 8　银镜反应

1.甲醛（铜镜）

2.乙醛（砖红色沉淀）

彩图 9　费林反应现象